COLOMBIA DIVERSIDAD BIOTICA II

TIPOS DE VEGETACION EN COLOMBIA

EL ESTUDIO DE LA VEGETACION EN COLOMBIA
(Recuento histórico-tareas futuras)

METODOS DE ESTUDIO DE LA VEGETACION

TIPOS DE VEGETACION EN COLOMBIA
Una aproximación al conocimiento de la terminología
fitosociológica, fitoecológica y de uso común

LA DISTRIBUCION DE LOS TIPOS DE VEGETACION EN COLOMBIA SEGUN REGIONES NATURALES

J. ORLANDO RANGEL CH.
PETTER DAVID LOWY C.
MAURICIO AGUILAR PUENTES

Instituto de Ciencias Naturales
UNIVERSIDAD NACIONAL DE COLOMBIA

Instituto de Hidrología, Meteorología y Estudios Ambientales IDEAM
MINISTERIO DEL MEDIO AMBIENTE

Con el auspicio de

Comité de Investigaciones y Desarrollo Científico-CINDEC. U.N.
Academia Colombiana de Ciencias Exactas, Físicas y Naturales

Santafé de Bogotá, D.C.
1997

LISTA DE AUTORES

Mauricio Aguilar-P.
Instituto de Ciencias Naturales
Dirección: Calle 22 sur # 24-13
Santafé de Bogotá, Colombia

Aida Garzón-C.
Instituto de Ciencias Naturales
Dirección: Diagonal 43 # 40-53
Bloque 8, Apto. 401.
Santafé de Bogotá, Colombia

Petter D. Lowy-C.
Instituto de Ciencias Naturales
Dirección: Cra. 69B No. 40A-51
Bloque 6, Apto 303.
Santafé de Bogotá, Colombia

J. Orlando Rangel-Ch.
Instituto de Ciencias Naturales
Apartado 7495
Académico Correspondiente
Acad. Col. Cs. Ex. F. Nat.
Santafé de Bogotá, Colombia

Thomas Van der Hammen
Profesor Emérito
Universidad de Amsterdam
Acad Col.Cs.Ex.F.Nat.
Santafé de Bogotá, Colombia

Alejandro Velázquez
Laboratorio de Biogeografía,
Facultad de Ciencias, UNAM.
Cruz Azul 14, C.P. 14370;
México D.F., México.

Editor científico:
J. Orlando Rangel-Ch.

Asistentes editoriales: Petter D. Lowy-C., Mauricio Aguilar-P & Aida Garzón-C..

Mapas-ilustraciones: Mauricio Aguilar-P.
Perfiles de vegetación: Eugenia de Brieva. Instituto de Ciencias Naturales

Carátula: Visualizar Diseño

Impreso por: Editorial Guadalupe Ltda.
Apartado 29765 - FAX: (571) 2685308
Santafé de Bogotá, D.C.- Colombia, 1997

Universidad Nacional de Colombia.

ISBN: 958-608-125-7

UNIVERSIDAD NACIONAL DE COLOMBIA

Rector: **Guillermo Páramo-R.**
Vicerector: **Jairo Novoa**
Vicerector Académico: **Jairo Caro-G.**

CINDEC

Directora del CINDEC: **Carmen Alicia Cardozo de Martínez**
Subdirectora del CINDEC: **Afife Mrad de Osorio**

FACULTAD DE CIENCIAS

Decano Facultad de Ciencias: **Enrique Forero-G.**
Vicedecano Académico: **Mauricio García.**
Secretario: **J. Gregorio Portilla**

INSTITUTO DE CIENCIAS NATURALES

Director: **Gonzalo Andrade-C**
Coordinadora de Investigación en Zoología: **Martha Rocha de Campos**
Coordinador de Investigación en Arqueología: **German Peña**
Coordinador de Investigación en Botánica: **J. Orlando Rangel-Ch**

INSTITUTO DE HIDROLOGIA, METEOROLOGIA Y ESTUDIOS AMBIENTALES -IDEAM-

Director: **Pablo Leyva-F.**
Secretaria: **Rita Piñeres de Visbal**
Subdirector ecosistemas: **David Yanine Díaz**
Jefe de documentación y divulgación: **Javier Rodríguez**

ACADEMIA COLOMBIANA DE CIENCIAS EXACTAS FISICAS Y NATURALES

Presidente: **Luis Eduardo Mora-Osejo**
Vicepresidente: **Hernando Groot-Liévano**
Secretario: **Jose A. Lozano-Iriarte**
Tesorera: **Inés Bernal de Ramírez**
Director de Biblioteca: **Victor Albis González**
Director de la Revista: **Santiago Díaz-P**

INDICE

INDICE DE FIGURAS

Figura 95. Comunidad de *Espeletia grandiflora y Calamagrostis effusa*, Cundinamarca: Páramo de Sumapaz, alrededores de la cuchilla de la Rabona, 3700-4025 m.

Figura 96. Comunidad de *Clusia aff. clusioides, Axinaea sp., Viburnum pichinchensis y Escallonia myrtilloides*, Cordillera Occidental, Chocó: Valle de San Francisco, 3300 m.

Figura 97. Comunidad de *Coussapoa contorta, Weinmannia balbisiana* y especies de Lauraceae y Myristicaceae, Cordillera Occidental, Chocó: San José del Palmar, Vereda el Tambor 1650 m.

Figura 98. Comunidad selvática de *Inga acrocephala y Cecropia sp.* Chocó, Curundó, 550 m.

PRESENTACION

La políticas ambientales vigentes en Colombia, propenden por la conservación y el uso sostenible de los recursos naturales renovables. De acuerdo con la ley 99 de 1993, artículo 16: **El Ministerio del Medio Ambiente contará con el apoyo científico y técnico de los centros de investigaciones ambientales y de las universidades públicas y privadas y en especial del Instituto de Ciencias Naturales de la Universidad Nacional**; con esto se reconoce y apoya la labor de explorar, investigar y dar a conocer a la comunidad científica, a las instancias decisorias y al público en general, los diferentes aspectos de la biodiversidad que hacen parte de los objetivos del Instituto de Ciencias Naturales.

Dado su carácter de renovable, la biodiversidad ocupa un lugar prominente dentro de los recursos con que cuenta el país para el desarrollo futuro. Aspectos fundamentales, como las condiciones de acceso, la justa distribución de los beneficios que su aprovechamiento genere, la propiedad de los resultados de la investigación científica y de los conocimientos tradicionales sobre su utilización, son asuntos que deben tratarse y definirse en el contexto internacional.

La discusión sobre estos temas condujo a la adopción del Convenio de Diversidad Biológica, que es una base reguladora de las relaciones internacionales en el asunto. Tal convenio, ratificado por 156 países, fue suscrito por el gobierno colombiano en 1994 y se convirtió en la Ley 165 del mismo año "Ley marco de la Biodiversidad" con lo cual el país se ubica apropiadamente en el escenario que el acuerdo establece.

Por su megadiversidad, Colombia es uno de los diez países mas ricos del globo en recursos bióticos, riqueza aún mal conocida y por consecuencia mal aprovechada. Por lo tanto si se promueven formas de desarrollo sustentables, se hace imperioso continuar con las investigaciones como la que se presenta, que contribuirán a llenar los vacíos existentes.

El concepto de diversidad biológica abarca desde el nivel molecular hasta el de ecosistemas, pasando por los de diversidad genética y específica. Preferentemente se han considerado las dimensiones mayores, esto es la diversidad de especies y de ecosistemas.

La transformación de los hábitats naturales en Colombia, ha alcanzado niveles de gran intensidad, de manera que asociaciones vegetales o incluso ecosistemas completos, se encuentran amenazados de desaparición. Se calcula que en al menos un tercio de la superficie del país, la cobertura vegetal original ha sido completamente transformada.

Aunque no hay acuerdo sobre las tasas de deforestación en Colombia y se cree que en los años ochenta pudo ser de 600.000 hectáreas por año (1.3 % anual), regiones completas han sido alteradas, causando la desaparición de unos cuantos tipos de vegetación. Algunos estimativos sugieren que no queda mas del 15 % del área original que ocupaban.

Por lo expuesto, la obra del profesor Rangel y su grupo de colaboradores, resulta de gran interés para la comunidad científica, las instituciones gubernamentales y no gubernamentales y para el público en general, al tratar temas como: El estudio de la vegetación en Colombia (Recuento Histórico-tareas futuras), capítulo en el cual se mencionan los acercamientos formales y no formales del estudio de la vegetación. Los Métodos de estudio de la vegetación, capítulo II en donde se hacen recomendaciones sobre las caracterizaciones del esqueleto vegetal, según la fisionomía, la composición florística y la textura foliar. Como complemento se alude a los análisis de la diversidad y de la riqueza vegetal. Los Tipos de vegetación en Colombia (Una aproximación al conocimiento de la terminología fitosociológica, fitoecológica y de uso común), capítulo III en donde se recoge, procesa y ordena la información publicada (1008 registros) sobre comunidades vegetales, asociaciones y otras unidades sintaxonómicas. Se incluyen también datos sobre especies dominantes que definen cada una de las comunidades, áreas de distribución, algunos rasgos ecológicos y las especies asociadas. En el cuarto y último capítulo de esta excelente obra, los autores tratan el tema de la distribución de los tipos de vegetación en las regiones naturales de Colombia (aproximación inicial) y hacen una síntesis de la información relacionada con este tópico. La mayoría de estos términos se ocupan de la vegetación andina.

Esta obra es una demostración más de la forma en que los profesionales e instituciones nacionales, pueden colaborar al mejor conocimiento de una riqueza invaluable y en peligro de extinción, cual es la diversidad vegetal del país; por ello el Instituto de Ciencias Naturales de la Universidad Nacional de Colombia la presenta con orgullo.

M. GONZALO ANDRADE-C.
Director
Instituto de Ciencias Naturales
Bogotá, Febrero de 1997

PROLOGO

Menos de un año después de haberme obsequiado el Tomo I de la obra Colombia Diversidad Biótica, Orlando Rangel, su editor y uno de los principales autores, me envió un manuscrito parcial del segundo tomo, el cual estaba a punto de entregarse en la imprenta para su publicación. De esta forma Orlando está cumpliendo a ritmo sostenido con la realización de su gran sueño, como lo es la recopilación y divulgación científica de la inmensa diversidad biológica que encierra su patria, la república de Colombia.

Es bien sabido que Colombia se ubica entre los países con mayor biodiversidad en el planeta, razón por la cual apenas unas décadas atrás se consideraba una tarea casi imposible llegar a conocer cualitativa y cuantitativamente esta riqueza tan difícil de identificar y de ubicar en el contexto geográfico y ecológico. Pero ahora estamos observando con no poca sorpresa cómo un grupo de profesionales altamente preparados y motivados, logra alcanzar paso a paso esta meta, guiado por el deseo de contribuir de forma concreta y eficiente al mejor conocimiento de las riquezas biológicas de su país, con el convencimiento de que tan minucioso trabajo constituye una de las premisas, indispensables para lograr no sólo la conservación, sino también la utilización racional y duradera de estos valores insustituibles.

Este segundo Tomo de Colombia Diversidad Biótica, se ocupa de la enumeración y descripción de los numerosos tipos de vegetación encontrados a lo largo y ancho del país, de tal forma que el lector, puede comprobar que la gran diversidad biológica de Colombia no se limita a un número impresionante de especies vegetales y animales (alfa-diversidad), sino también a una extraordinaria diversidad biogeográfica y de ecosistemas (gama y beta-diversidad). El hecho de disponer en una sola obra de toda la información biológica y ecológica, ordenada bajo los mismos parámetros y con el mismo rigor metodológico, constituye un indudable avance, único hasta ahora en el complejo mundo del trópico americano. La disponibilidad de esta voluminosa información permite analizar una serie de problemas ambientales bajo puntos de vista novedosos. Basta pensar en la urgente necesidad de planes de ordenamiento territorial más acordes con la verdadera realidad ecológica, en la imperiosa necesidad de aportar información necesaria para definir políticas de conservación y seleccionar áreas de preservación, o en la obligación gubernamental de encontrar soluciones modernas y adecuadas a los numerosos casos de conflictos de uso en determinadas regiones naturales.

Indudablemente, el esfuerzo realizado por J.Orlando Rangel y por sus colaboradores en la elaboración de esta obra, constituye un ejemplo digno de admiración, teniendo en cuenta las difíciles condiciones imperantes en nuestra región a nivel social y financiero. El hecho de que Colombia haya logrado avanzar tan decididamente en esta dirección, nos demuestra una vez más que el profesionalismo serio, aunado con una marcada voluntad de superación, constituyen los instrumentos necesarios para el logro de grandes éxitos. Al felicitar sinceramente a nuestros colegas colombianos por obra tan importante, también queremos manifestarles nuestra solidaridad en la lucha, cada vëz más difícil, por la preservación de un ambiente natural, en el cual puedan continuar existiendo niveles tan extraordinarios de diversidad biológica y ecológica, para el bien de nuestras generaciones presentes y futuras.

OTTO HUBER
Fundación Instituto Botánico de Venezuela (FIBV)
Caracas, Venezuela, octubre de 1996.

EL ESTUDIO DE LA VEGETACION EN COLOMBIA
(Recuento histórico-tareas futuras)

Thomas Van der Hammen & J. Orlando Rangel-Ch.

Resumen

Se presenta un recuento sobre el transcurrir de los estudios sobre la vegetación de Colombia, que tienen un punto de inicio histórico en las contribuciones de Humboldt y de Caldas. En la fase intermedia del proceso se encuentran los trabajos de Cuatrecasas, Van der Hammen y Saravia & colaboradores. En épocas recientes la implementación de la metodología de la escuela Zurich-Montpellier (Braun Blanquet) ha permitido un avance considerable en el conocimiento de la vegetación del país, tanto en los sistemas bióticos cordilleranos como en las tierras extrandinas del Amazonas, Chocó, Caribe, Orinoquia y Pacífico.

Abstract

We present a historical review about vegetation-studies in Colombia. We start presenting Humboldt´s and Caldas´ contributions. The intermediate investigatic phase is marked by the contributions of Cuatrecasas, Van der Hammen, and Saravia & collaborators. Currently, the implementation of the Zurich - Montpellier approach (Braun-Blanquet) has allowed an improvement in the understanding of vegetation types in all the natural regions of Colombia (Andean, Amazonian, Orinocan, Caribbean and Pacific).

INTRODUCCION

Las primeras menciones de términos utilizados para referirse a los tipos de vegetación tales como selva, bosques de montaña, sabana o páramo, no se basaban tanto en su composición florística, sino en una impresión visual del paisaje en su conjunto, es decir en el aspecto fisionómico. Solamente en algunos casos, cuando se presentaban una o pocas especies dominantes y notorias, se utilizaban nombres como bosque de robles o guandal. Efectivamente, es posible subdividir los tipos de vegetación con base únicamente en la estructura, llegando a diferenciar las que se han llamado "formaciones", que están relacionadas con zonas macroclimáticas y que se pueden reconocer y utilizar a escala del globo (como selva tropical, sabana tropical, bosque montano, estepa, tundra). Holdridge (1967) propuso un sistema de zonas de vida fundamentado en caracterizaciones climáticas (biotemperatura y precipitación) y dió denominaciones con base en las formaciones vegetales más desarrolladas como bosque tropical y bosque subtropical; su propuesta tiene la

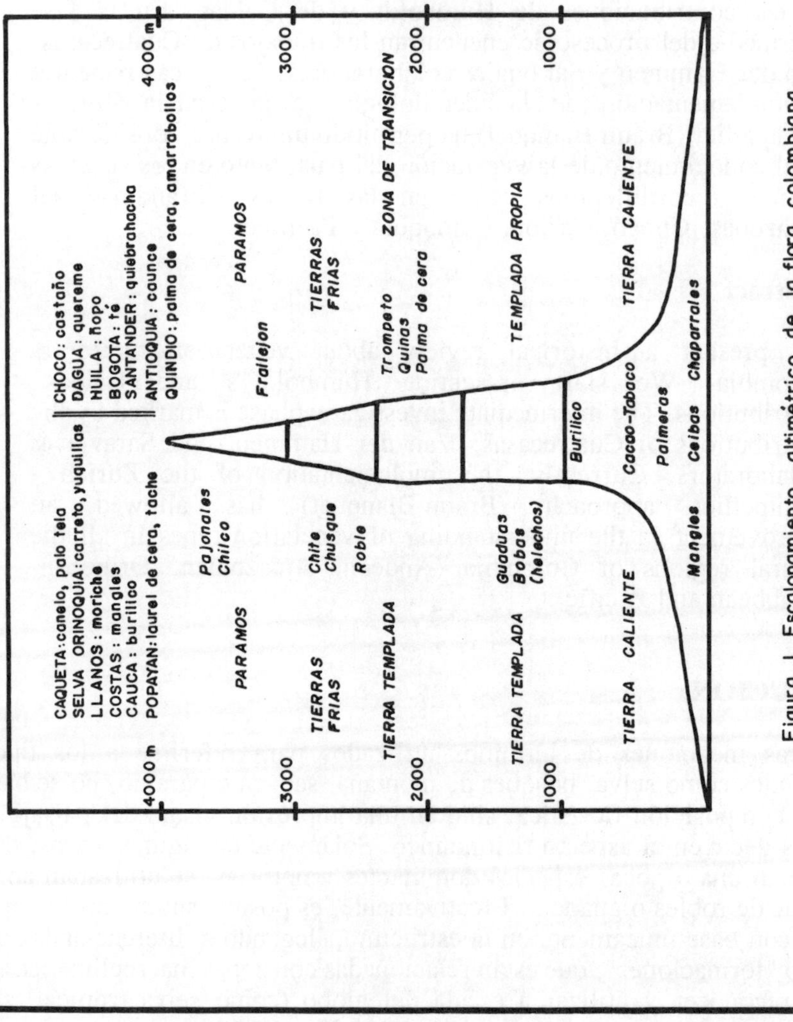

Figura 1. Escalonamiento altimétrico de la flora colombiana, según Vergara & Velasco, (1901) 1974. (Reimpresión).

característica de funcionar también como indicadora de series ecológicas como la de la precipitación, al contemplar las escalas seco, semiseco, húmedo y pluvial. El sistema es muy útil para evaluaciones que conduzcan a mapas preliminares; el mapa ecológico de Colombia basado en este sistema es un documento de consulta importante (Espinal & Montenegro, 1963). Para el trópico, el sistema mencionado tiene la desventaja de que no le confiere la importancia debida a las diferencias marcadas entre los climas latitudinales tropicales y los templados/fríos. Por ejemplo, el clima de la alta-montaña tropical, sin estaciones térmicas pero con pronunciadas diferencias entre día y noche (clima diurno) es muy diferente al de los Alpes y al de la tundra, lo cual implica también formas de crecimiento y arreglos arquitecturales diferentes.

En el marco global de las clasificaciones de la vegetación de Colombia y por extensión de los ecosistemas, figuran las aproximaciones de Cuatrecasas (1934) sobre la diferenciación ecológica de las sinecias en un corte altitudinal desde la selva ecuatorial del Magdalena hasta los frailejonales del páramo y el mapa de Bosques de Colombia (IGAC, INDERENA & CONIF, 1984) donde se hace una clasificación fisionómica y fisiográfica de la masa forestal con anotaciones sobre la composición florística, especialmente de las especies dominantes. También figuran las contribuciones de, Del Llano (1990) con base en criterios geobotánicos, de Páramo (1990) y de González *et al*. (1990). Hernández *et al*. (1992) se refirieron a los diferentes tipos de vegetación y a la dinámica de las especies dominantes en épocas pasadas y actuales en Colombia.

Una clasificación más precisa y detallada se debe basar además de la estructura en la composición florística cualitativa y cuantitativa, procedimiento que aporta igualmente información sobre la diversidad vegetal del área o la localidad. Cada especie vegetal posee una amplitud ecológica limitada con relación a ciertos factores como la temperatura, precipitación, humedad del aire (y sus distribuciones diarias, mensuales y anuales), con el suelo, nutrientes, pH y radiación solar. De esta manera, las plantas son los mejores indicadores de los factores ecológicos, con frecuencia mejor que algunos instrumentos y observaciones de corto plazo y por lo tanto una clasificación de la vegetación con base en la composición florística, constituye al mismo tiempo una clasificación ecológica y de ecosistemas. Es evidente que para un proceso de clasificación y descripción de la vegetación es necesario conocer la flora, por consiguiente, el trabajo de los taxónomos especialistas resulta de gran importancia y es decisivo para un buen estudio.

LOS ACERCAMIENTOS NO FORMALES EN EL ESTUDIO DE LA VEGETACIÓN DE COLOMBIA

Las observaciones sobre las variaciones en la distribución de la vegetación y de las especies vegetales según la altitud, habían sido enunciadas por escaladores como Sausurre y Ramond, este último en 1789 documentó ampliamente la diversidad de paisajes en los Pirineos e hizo énfasis en caracteres generales - ya de dominio de

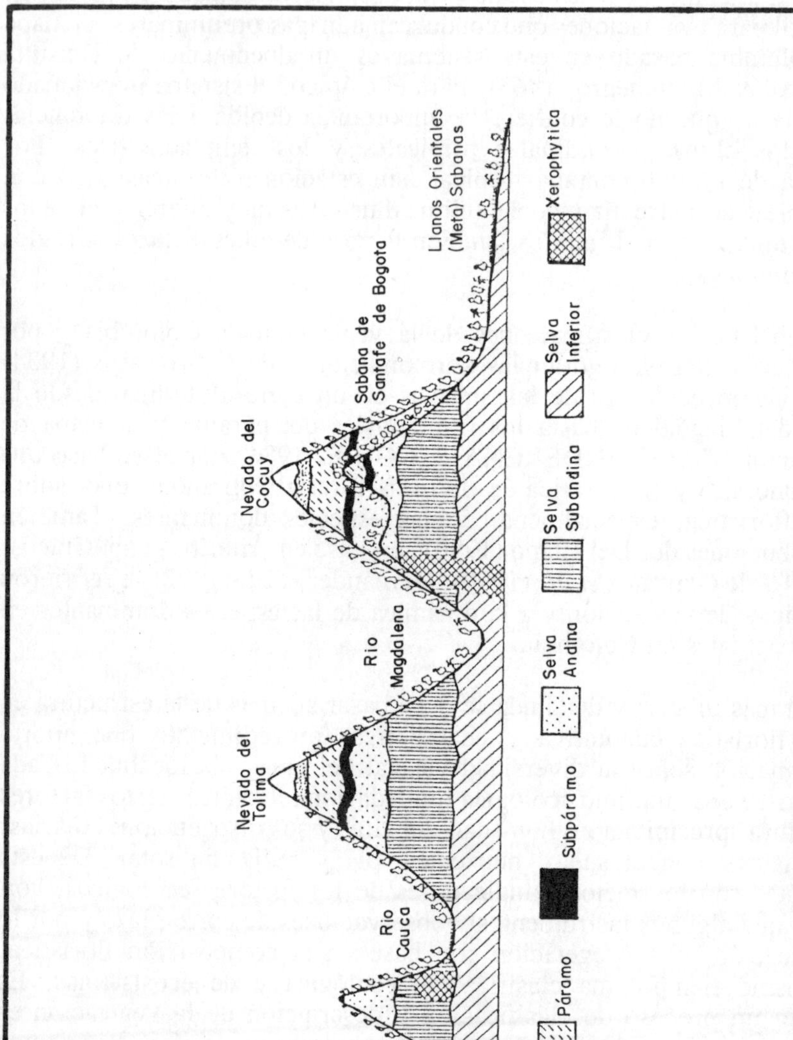

Figura 2. Esquema simplificado de las formaciones vegetales según pisos altitudinales en una sección transversal desde la Costa del Pacífico hasta los llanos de Arauca y del Meta (segun Cuatrecasas, 1958).

los naturalistas de la época - sobre los patrones amplios de distribución de la vida vegetal según altitud y latitud (Vila, 1960).

Las observaciones de Caldas (**en**: Díaz-P., 1991) sobre la distribución de los cultivos de las plantas útiles, complementadas con las de otras especies dominantes en la vegetación montañosa del Sur de Colombia, prologaron la vasta obra de Humboldt sobre la geografía de las plantas. Para autores como Vila (1960) del encuentro de estos dos sabios surgió la semilla que originaría la Geobotánica. Humboldt había escrito : " no hay vegetal del cual no podamos indicar la roca que habita y la altura en toesas hasta la cual se eleva, a tal punto que la geografía de las plantas tendrá en nuestros manuscritos datos muy extensos". Caldas al prologar el ensayo de Humboldt en el Semanario de la Nueva Granada en 1803, escribía: "Nosotros además de las alturas, nos atrevemos a señalar la latitud hasta donde extienden su existencia las plantas. Establecemos principios y leyes sobre la geografía de la vegetación y creemos dar un paso a esta ciencia que por confesión de Humboldt, se halla todavía en la cuna".

Desde 1803, la influencia de los estudios para conocer la distribución de las plantas prácticamente marcó un camino en la investigación botánica de nuestro país. Las contribuciones que tocaban en parte la flora y la vegetación de Colombia desde esa época hasta la primera mitad de nuestro siglo estuvieron influidas por este enfoque. Entre las contribuciones de mayor relevancia, aparecen las de Vergara & Velasco (1892) con su Geografía de Colombia que contenía capítulos sobre las regiones naturales, la fauna y la flora. El autor planteó la división del territorio en dos unidades básicas: Tropicales y de Montaña; su esquema de división altitudinal sigue siendo bastante preciso aún en los finales de este siglo. Uno puede asumir que una interpretación general de algunas de sus descripciones conduce a la aceptación de una formulación de pisos climáticos en el sentido de Caldas y Humboldt y que las variaciones ecoclimáticas en algunos de ellos corresponden muy bien a lo que conocemos actualmente como series ecológicas, por ejemplo la húmeda, que en la "tierra caliente" de Vergara & Velasco (1892), incluía a los manglares, las costas húmedas y bajas, a los chaparrales de los valles y llanuras secas, a los bosques de las vegas de los ríos y a las selvas del Caquetá, del Orinoco y del Meta.

Una de las virtudes de la propuesta reside en la observación atenta de las similitudes de la flora y de la vegetación según pisos climático-altitudinales y patrones corológicos. La inclusión de una "tierra templada de transición" entre 1800 y 2400 m denota un excelente nivel de análisis y de conocimiento, puesto que hoy en día sabemos que esta zona es de enorme importancia como una franja de ecotonía que divide la media montaña de la alta. Indudablemente su esquema de división del territorio de Colombia en pisos climáticos sentó bases muy firmes, al fundamentarla con elementos apropiados: altitud, clima, flora y tipos de vegetación (Figura 1).

Cortés (1903) en su flora de Colombia, en la parte relativa a la geografía botánica propuso la división del país en trece (13) regiones naturales que comprendian desde la región de la Guajira y los Montes de Oca hasta la región de las islas del Pacífico, incluyendo las regiones de los Llanos Orientales, de Antioquia y de la Cordillera

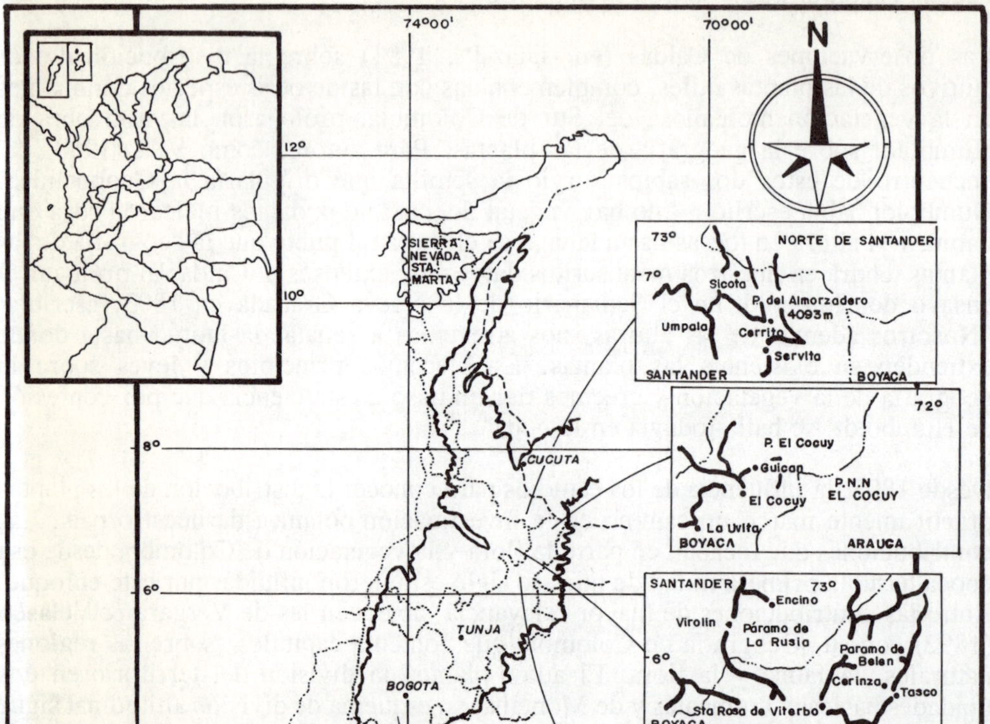

Figura 3. Cordillera Oriental de Colombia y localidades de interés fitogeográfico

Central, del Chocó y del río Atrato. Hacía mención igualmente a las inmensas selvas del Amazonas, del Orinoco, del Catatumbo y a los bosques del Magdalena, del Cauca, del Atrato y a las llanuras arenosas de la Guajira. Hablaba delescalonamiento vegetal en los Andes de acuerdo con las variaciones topográficas y climáticas. Sus observaciones sobre la distribución altitudinal de numerosos grupos vegetales, demostraban su inclinación por la fitogeografía descriptiva.

Chapman (1917) produjo una clasificación de las regiones naturales de Colombia con base en los tipos de vegetación. De acuerdo con su fisionomía reconoció dos grandes unidades:

Areas boscosas y áreas sin bosque; dentro de las primeras consideró los bosques de la zona tropical en donde ubicó las extensas áreas de bosque húmedo y tupido de la región amazónica, de la costa del pacífico, el bajo Cauca-Magdalena, la hoya de Maracaibo y los bosques de la Sierra Nevada de Santa Marta. En la otra división, la de las áreas tropicales sin bosque, incluyó a las zonas semiáridas, a los valles cubiertos de matorrales y a los Llanos. Reconoció igualmente como una categoría especial a los bosques de montaña. La formulación de Chapman (1917) tiene además la propiedad de estar acompañada de las caracterizaciones faunísticas.

Hettner (reimpresión, 1966) en sus viajes por Colombia realizó observaciones de corte geográfico-climáticas que complementó con menciones a diferentes tipos de vegetación entre las cuales figuraban: el bosque adaptado a la sequía, el rastrojo con manchas de bosque, la selva de la Cordillera, los bosques de Mimosaceas y la vegetación de las llanuras bajas en el piso basal de las Cordilleras.

En el presente siglo, fueron igualmente importantes el trabajo de Enrique Pérez Arbeláez (reimpresión, 1986) para el estudio y el conocimiento de la flora de Colombia, así como la fundación del Departamento de Botánica de la Universidad Nacional en 1936, que luego, bajo la dirección académica y científica de otro destacado Botánico con inclinaciones por la vegetación y la geobotánica, Armado Dugand G., se llamaría Instituto de Ciencias Naturales, del cual hacía parte el Herbario Nacional Colombiano.

En los comienzos y en la fase intermedia del desarrollo de los estudios sobre la vegetación, a la par de las labores de corte fitogeográfico, figuran contribuciones fundamentalmente taxonómicas pero con características florísticas o fitogeográficas como las de Cuatrecasas (1934), Schultes (1945) o de síntesis del conocimiento como los de Murillo (1951) y Patiño (1975, 1985) que ayudaron a crear las bases del conocimiento que permitieran un estudio y ordenación de la vegetación de Colombia, en donde la florística jugara un papel decisivo. Reseñas apropiadas al respecto se encuentran en Díaz-P. (1991) y en Pinto (1993).

La distribución geográfica de las especies tiene alta pertinencia en el estudio de la vegetación; para mencionar un caso extremo, por ejemplo, la sabana, el bosque tropical pluvial y el bosque de montaña de Africa no tienen ninguna especie en común con los de Suramérica. Aún dentro de Colombia hay diferencias florísticas

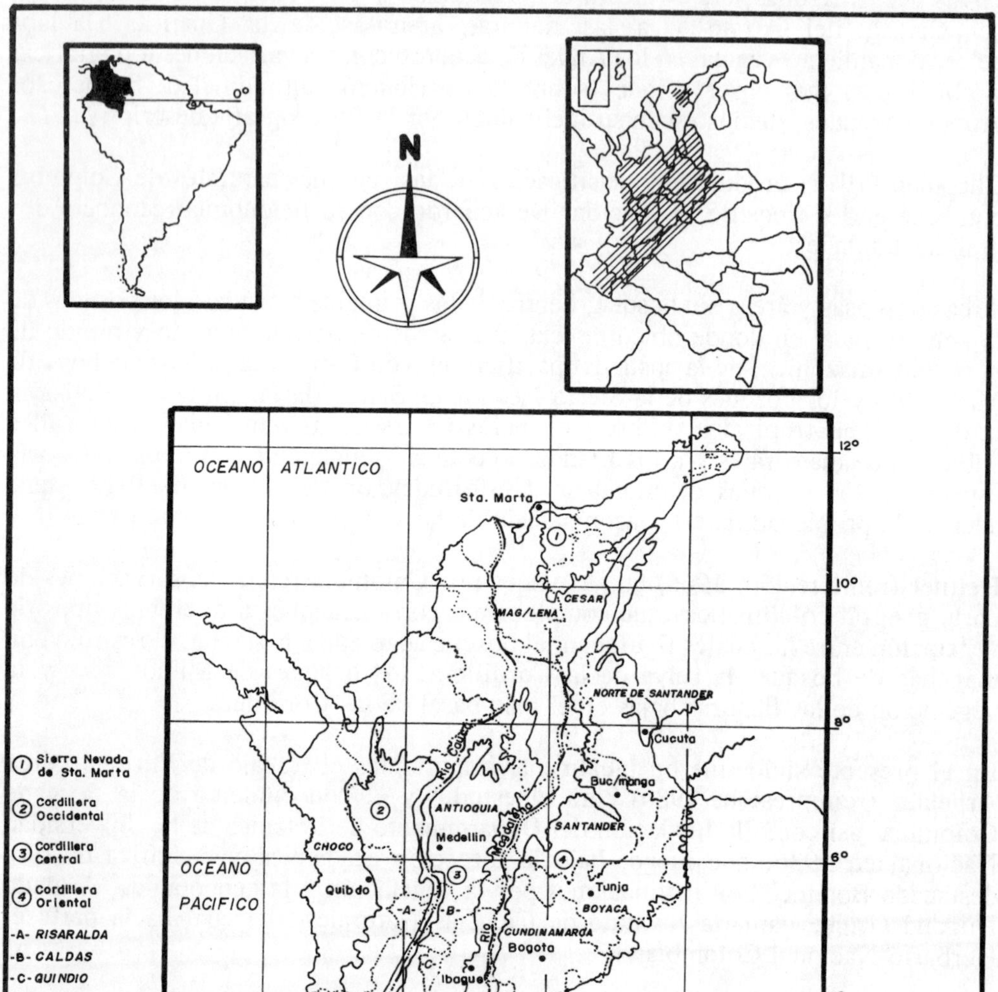

Figura 4. Región Andina colombiana

considerables entre la selva tropical Amazónica y la del Chocó, o entre los bosques de montaña de las tres Cordilleras. Se trata entonces de áreas o zonas en donde la evolución y la especiación se desarrollaron por cierto tiempo según aislamientos, creando así lo que se llama endemismo.

En el mismo sentido, los páramos de Colombia, aunque comparten bastante su composición florística, contienen en parte especies endémicas y aunque algunas comunidades o asociaciones de vegetación pueden ser florísticamente distintas, son lo suficientemente parecidas para formar en su conjunto unidades fitosociológicas de jerarquía más alta, como son las alianzas, los ordenes o las clases.

ESTUDIOS FORMALES DE LA VEGETACION DE COLOMBIA

Estudiar la vegetación diferenciando comunidades o asociaciones (fitosociología, sinsistemática), es también diferenciar ecosistemas ya que las especies vegetales constituyen buenos indicadores ecológicos (sinecología). No obstante, para entender aunque sea de manera parcial el funcionamiento de estos sistemas, es necesario conocer por lo menos el clima correspondiente, el suelo y su fauna lo cual significa realizar observaciones y colecciones que se pueden hacer en cada sitio de levantamiento de vegetación. Una vez reconocidas las asociaciones y alianzas de vegetación y así respectivamente los ecosistemas, se pueden seleccionar los sitios más adecuados para adelantar estudios mas profundos de los ecosistemas y sus funcionamiento (fauna, ciclos de nutrientes y del agua).

La teoría, metodología y práctica del estudio de la vegetación fue desarrollada principalmente en la primera mitad de este siglo. En Europa se impulsaron varias metodologías para hacer levantamientos completos que incluían datos sobre estructura, cobertura, sociabilidad y formas de vida para la diferenciación de comunidades. Para la escuela Escandinava (Du Rietz, 1821) la dominancia era considerada un factor importante. En la escuela Zurich-Montpelier (Braun-Blanquet, 1951, 1979) eran muy importantes las "especies características (aquellas que están limitadas a una o dos asociaciones). El procedimiento y sistema de la escuela ha sido aplicada con éxito en muchas partes del mundo tanto en las zonas templadas y frías como también en el trópico seco, húmedo y frío.

Para reconocer asociaciones y unidades mayores, se elaboran tablas fitosociológicas, que no son más que una matriz en la cual en el eje vertical se ordenan las especies y en el eje horizontal los levantamientos. Para cada especie en cada levantamiento se indica la cobertura. Mediante el ordenamiento de las columnas de levantamientos, así como de las especies, se pueden juntar y definir grupos caracterizados por determinadas especies. Estos procedimientos pueden realizarse manualmente por acomodaciones sucesivas de los levantamientos con el uso de herramientas estadísticas como Twinspan (Hill, 1979).

La descripción de cada asociación se basa en los datos de varios levantamientos, mientras la descripción de una alianza se basa en varias asociaciones que poseen ciertas especies típicas en común. Lo más importante de esta metodología consiste

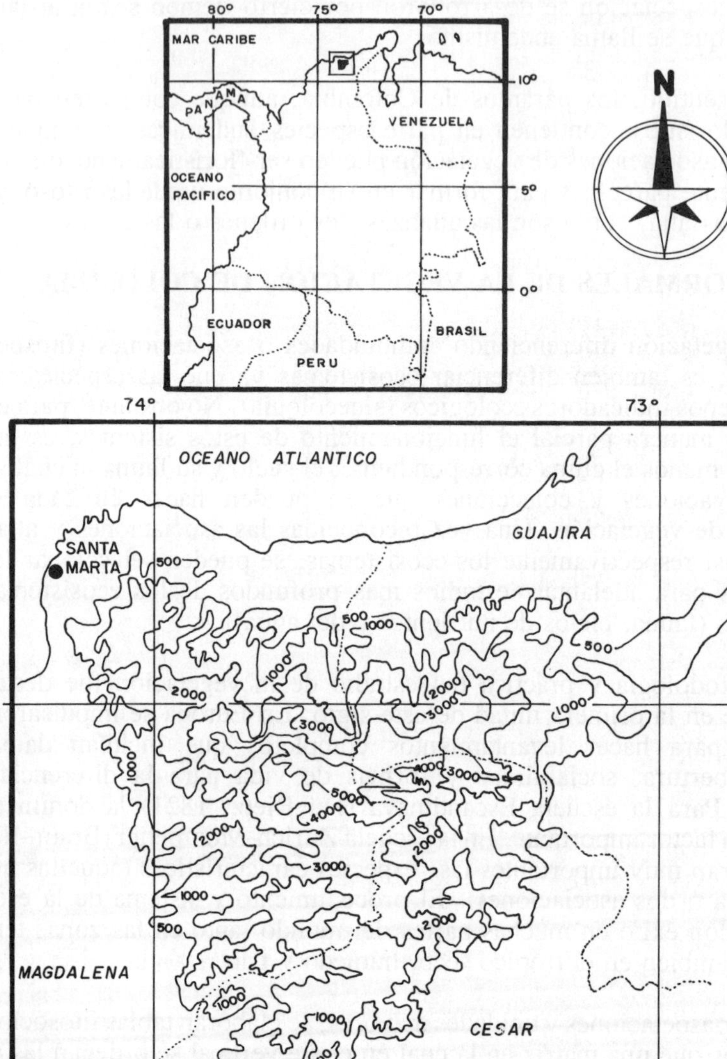

Figura 5 . Parque Nacional Natural Sierra Nevada de Santa Marta

en que las asociaciones oficialmente descritas por un autor se encuentran referenciadas con un levantamiento tipo, preferiblemente seleccionado con la ayuda de una tabla fitosociológica, de la misma manera que un ejemplar botánico constituye el tipo de una especie de planta.
En la actualidad este sistema, con ciertas variaciones, es aplicado en todo el mundo y existe un código de nomenclatura fitosociológica (Barkman *et al.*, 1976).

EL COMIENZO

El estudio de la vegetación con base en levantamientos completos se inicia con el trabajo pionero de José Cuatrecasas (1934) "Observaciones Geobotánicas en Colombia", que siguió los criterios de la escuela de Huguet del Villar. Para cada "asociación" existe un levantamiento bastante completo con numerosos datos biológicos. Por primera vez, propuso nombres como Weinmannietum tomentosae, Weinmannietum tolimensis, Quercetum tolimensis, Clethraetum, Hesperomeletum ferrugineae, Vaccinietum floribundi, Espeletietum hartwegianae, al lado de WEINMANNION, CLETHRION y VACCINION.

Del páramo describió varios tipos de frailejonal: Espeletietum hartwegianae-Calamagrostiosum, Hypericetosum y Sphagnosum (Cordillera Central) y Espeletietum argenteae -Calamagrostiosum (Cordillera Oriental).

Posteriormente, Cuatrecasas (1958) propuso las siguientes formaciones vegetales en su clásico trabajo, Aspectos de la vegetación natural de Colombia:

1. La selva neotropical
   A. La selva neotropical inferior
   B. La selva subandina (o bosque subandino)
   C. La selva andina (o bosque andino)
2. Formaciones de páramo
   A. El subpáramo
   B. El páramo propiamente dicho
   C. El superpáramo
3. La sabana
   La sabana casmófita
4. Formaciones xerófitas o subxerófitas
5. Los manglares
6. Formaciones de playas y márgenes
7. Los prados
8. Formaciones acuáticas

Es un esquema práctico y muy útil que se fundamenta en las formaciones, el nivel jerárquico mas alto en la vegetación. De cada formación, Cuatrecasas (1958) presentó inventarios de uno o varios sitios del país con listas de especies. Obviamente como se observa en el esquema, aparece como pionero en la descripción de los tipos de vegetación en cada región natural de Colombia (Figura 2).

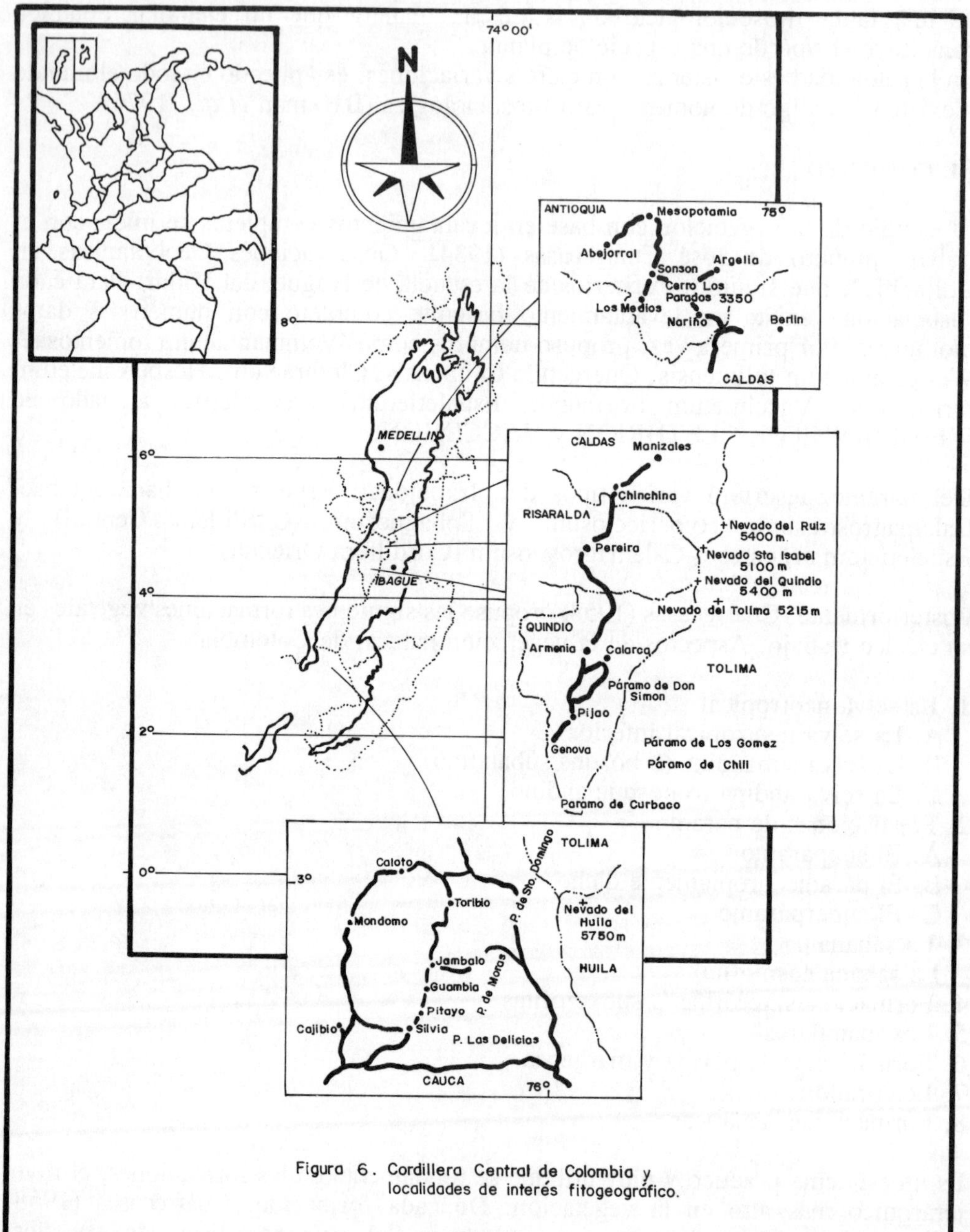

Figura 6. Cordillera Central de Colombia y localidades de interés fitogeográfico.

En 1951 se empezaron los estudios sobre la historia de la vegetación y la paleoecología de la Sabana de Bogotá y de las montañas de la Cordillera Oriental (Figura 3). Van der Hammen & González, (1960, 1963) publicaron contribuciones sobre la historia del clima y de la vegetación de la Sabana de Bogotá en la cual, además se incluyeron listas de especies de inventarios de la vegetación actual y se describieron en sentido amplio varios tipos de vegetación/asociaciones de plantas (con base en listas de especies y datos de dominancia de Roberto Jaramillo, Jorge Hernández y Thomas van der Hammen) como la asociación Ilieto Valleetum Eugenietoso, bosque de la parte plana de la Sabana de Bogotá con *Ilex kunthiana* (Palo blanco) *Vallea stipularis* (Raque) y *Eugenia foliosa* (Arrayán) como especies dominantes; el Alnetum jorullensis (*Alnus acuminata*) o bosque de alisos de la planicie inundable de los ríos, un Quercetum (bosque de *Quercus humboldtii*, robles de Boyacá), un Polylepietum (bosque de *Polylepis quadrijuga* "Palo colorado"), Escallonietum (bosque de *Escallonia myrtilloides*, "Tibar" y un Acaenetum (prado con *Acaena*). Así mismo, se retomaron sintaxa de Cuatrecasas (1934) como Weinmannietum tomentosae, Vaccinion floribundi y el Espeletietum.

En esa época se hicieron también algunos inventarios en los Llanos Orientales (morichal, alto llano, sabana inundable, bosque de galería, vegetación acuática), en la Sierra Nevada del Cocuy y en la Sierra Nevada de Santa Marta, datos útiles para la interpretación de la historia de la vegetación pero no suficientemente completos para servir de base a la descripción formal de las comunidades. En los años 60, se realizaron una serie de estudios sobre la vegetación seca y de los enclaves xerofíticos de Colombia con caracterización de las comunidades según las especies dominantes (Saravia, Hernández & Jaramillo, 1965). El grupo de trabajo liderado por Carlos Saravia y Jorge Hernández-C., trabajó sobre un bosque de robles (Lozano & Torres, 1965) y sobre la vegetación de las partes encharcados de Suba (Forero, 1965). En 1966 apareció el libro Die Wälder Sudamerikas de Hueck & Seibert (1972) y posteriormente se conoció la versión castellana (Hueck, 1978). La aproximación de Hueck buscó establecer las áreas de distribución geográfica de grandes tipos de vegetación. Para Colombia las formaciones principales que mencionó fueron: la Hilea próxima a los Andes, el bosque pluvial verdadero, el bosque pluvial de pantano, la región de los bosques alisios colombo-venezolanos, el bosque de matorrales espinosos, el bosque de matorral de cactos, y el bosque de los valles secos del interior andino.

En 1967, como parte de una investigación sobre la historia del Cuaternario, se realizó un estudio sobre los tipos de bosques de la Cordillera Oriental (Figura 3), a lo largo de varios transectos Este-Oeste, desde el piedemonte Llanero, cruzando Cundinamarca y Boyacá, hasta el Valle del Magdalena (Roberto Jaramillo, María Teresa Murillo y Thomas van der Hammen). Se realizaron unos 180 levantamientos, con datos florísticos cualitativos y cuantitativos. Este material permitió la diferenciación de varios tipos y subtipos de bosques de Weinmannia: de *Weinmannia pinnata*, Weinmannietun rollottii, Weinmannietum fagaroides y el bosque enano de *Ageratina tinifolia*. También han sido mencionados los bosques de *Saurauia-Quercus humboldtii*, de *Xylosma-Duranta-Vallea*, los matorrales espinosos con especies de *Opuntia* y *Dodonea viscosa* y los rosetales con *Plantago sericea*-

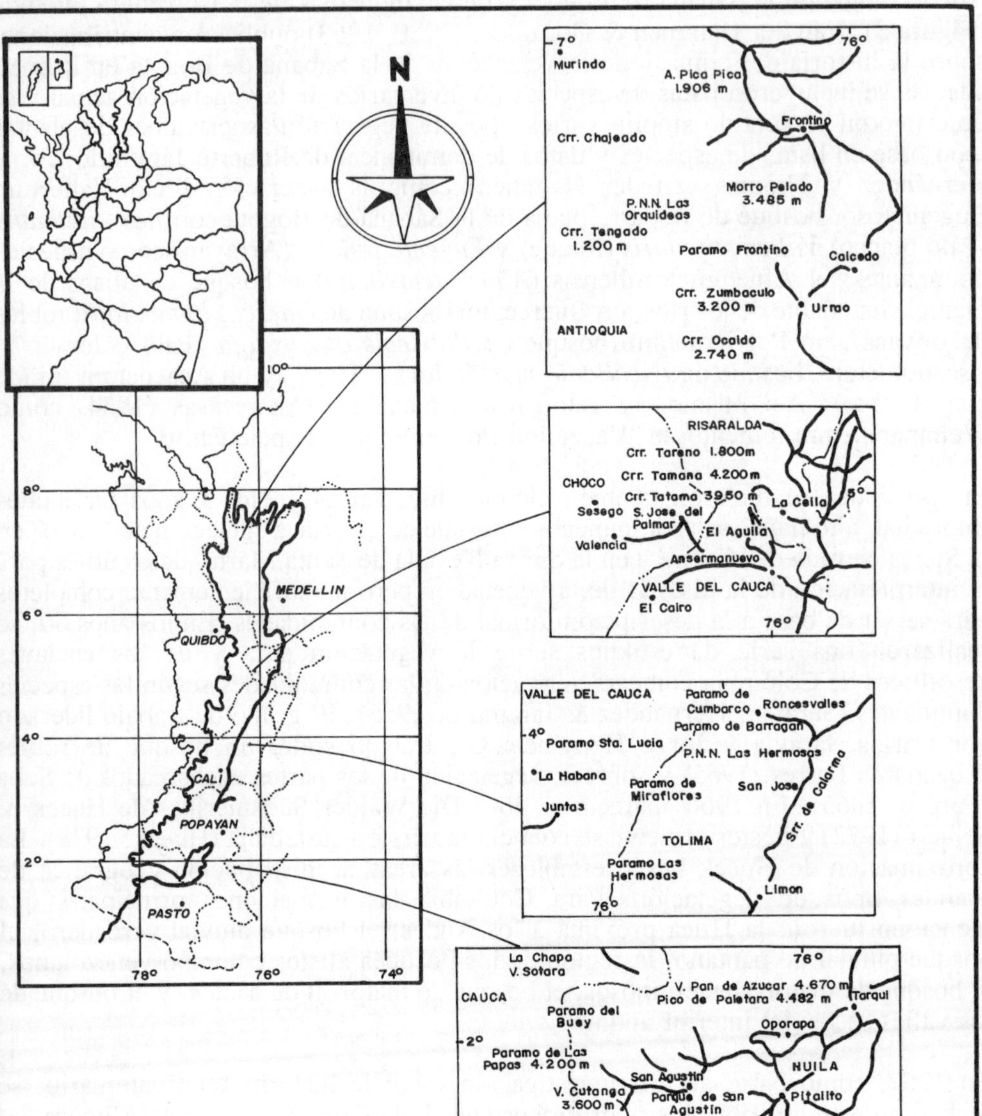

Figura 7. Cordillera Occidental de Colombia y localidades de interés fitogeográfico.

Dodonea viscosa y especies de *Puya,* el bosque de *Alnus jorullensis* (actualmente *Alnus acuminata*), el bosque de *Oreopanax-Cordia lanata* y el de *Polylepis quadrijuga* (Grabandt 1980; Van der Hammen *et al.*, 1981 y Cleef & Hooghiemstra 1984).

LA VEGETACIÓN DEL GRADIENTE MONTAÑOSO DE COLOMBIA Y EL COMIENZO DE LA FITOSOCIOLOGÍA TRADICIONAL. (Figura 4)

La alta montaña de Colombia y el páramo, como paisajes extraordinariamente bellos, siempre han llamado la atención de viajeros e investigadores. Cuatrecasas (1934) hizo las primeras descripciones detalladas de frailejonales, mientras que Guhl (1982) realizó importantes contribuciones geográficas. Lozano y Schnetter (1976), publicaron un estudio detallado de las comunidades vegetales del páramo de Cruz Verde en donde diferenciaron con base en las especies dominantes varias "comunidades" entre frailejonales, pajonales y matorrales enanos, especialmente los dominados por *Arcythophyllum nitidum*.

El estudio formal de la vegetación del páramo según la escuela Zurich-Montpellier fue planeado al mismo tiempo que el estudio de los bosques de 1967, con el fin de completar la visión general de los tipos de vegetación de la Cordillera Oriental. Dichas investigaciones fueron iniciadas por Antoine M. Cleef, en 1971; después de varias publicaciones menores, se editó buena parte de su trabajo en 1981, en donde se describieron formalmente cerca de 100 sintaxa nuevos a nivel de asociaciones, alianzas, ordenes y clases, según las reglas del código internacional de nomenclatura fitosociológica. Por la misma época y siguiendo la misma escuela Sigmatista, Aguirre & Rangel (1976) estudiaron la vegetación acuática y continental del Lago de Tota y su cuenca; el esquema sintaxonómico fue publicado mas tarde (Rangel & Aguirre, 1983 y 1986).

Cleef propuso también una subdivisión detallada de las zonas del páramo y la diferenciación entre páramos con pajonales, con chuscales o con una combinación de los dos y su relación con la precipitación y con la humedad ambiental. Una de las contribuciones más importantes de su trabajo, fue la diferenciación entre la vegetación de las turberas dominadas por *Distichia muscoides*, *Plantago rigida* y por especies de *Sphagnum*, con distribución altitudinal bien definida. El siguiente es un ejemplo de la nomenclatura sintaxonómica en la vegetación de turberas con plantas en almohadillas (Cleef, 1981):

Clase:	WERNERIETEA
Orden:	Oriotrophio-Wernerietalia
Alianza:	WERNERION-PYGMAEAE
Asociaciones:	Carici peucophilae-Wernerietum crassae
	Oritrophio-limnophilae-Wernerietum pigmeae
Alianza:	GENTIANO-ORITROPHION
Asociaciones:	Floscaldasio-Distichietum muscoides
	Hyperico lancioides-Plantaginetum rigidae
	Oritrophio-peruvianae-Oreoboletum obtusanguli

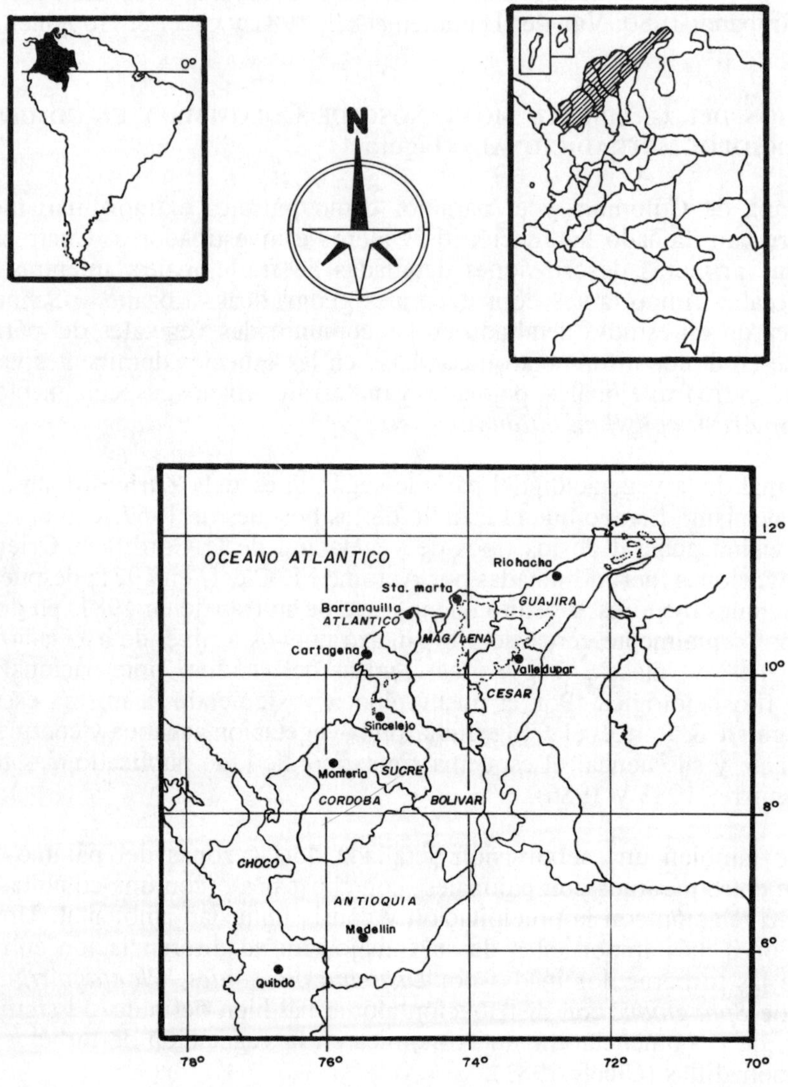

Figura 8. Región Costa Caribe colombiana

La extensión de los estudios

ECOANDES

En 1977, comenzó el proyecto Ecoandes; la experiencia ganada con los estudios de la dinámica de la vegetación y del clima y los de la geogénesis de suelos, habían llevado a la convicción de que era necesario hacer un estudio interdisciplinario e integrado del medio natural. Esto conduciría a la diferenciación y conocimiento de los ecosistemas, su distribución espacial, su dinámica e historia y daría indicaciones sobre su funcionamiento. Los conocimientos a generar se consideraban necesarios para desarrollar políticas de conservación y de desarrollo sostenible y para un mejor conocimiento y entendimiento de la biodiversidad. Para hacer el trabajo de campo con la mayor efectividad se decidió trabajar a lo largo del principal gradiente ambiental, el de altitud-temperatura.

En 1977 se realizó este primer estudio en las selvas y en el páramo del flanco Norte de la Sierra Nevada de Santa Marta (Figura 5), según la metodología antes mencionada, adaptándola a las posibilidades reales del trabajo de campo. Se realizaron estudios de flora y vegetación (incluyendo estudios de musgos, hepáticas y líquenes) suelo, clima, fauna de suelos, moluscos, arqueología, geología e historia de clima y vegetación, entre 0 (500) y 4200 (4500) m de altitud. El estudio de la vegetación y la descripción de asociaciones y alianzas (Cleef & Rangel, 1984; Cleef *et al.*, 1984) se realizó con base en los principios de la escuela Zurich-Montpellier y según las reglas del código de la nomenclatura fitosociologica (Barkman *et al.*, 1976). La comparación e integración de los datos permitió diferenciar los ecosistemas y entender ciertos aspectos de su funcionamiento. Se demostró que existía una alta concordancia entre la extensión vertical de las franjas de vegetación y las características de los suelos y del clima. Estas unidades podrían ser la base y dar nombre a los ecosistemas, especialmente al nivel de las alianzas: ZIGIO-WEINMANNION, GUSTAVIO-TOVOMITION, MYRCIANTHO-WEINMANNION, HYPERICO-CALAMAGROSTION y LUZULO-CALAMAGROSTION. Los resultados se publicaron en 1984 (Estudios de ecosistemas tropoandinos, vol. 2; Van der Hammen & Ruiz, 1984).

Se continuó el programa con el convenio interinstitucional para adelantar labores similares en las tres Cordilleras en el cual se comprometieron el Instituto Geográfico Agustín Codazzi, el Instituto de Ciencias Naturales (Universidad Nacional) y la Universidad de Amsterdam. Se comenzó en 1980, con la Cordillera Central -Transecto Parque Los Nevados- (Figura 6). Los resultados de estos estudios son muy extensos; en 1983 se publicaron los resultados iniciales en Van der Hammen, Pérez-P, & Pinto-E., eds., (1983); la segunda parte en 1989 (vol. 3, Van der Hammen, Díaz-P. & Alvarez, eds. y en 1995 la tercera parte (vol. 4; Van der Hammen y Dos Santos, eds.). El volumen 5 contendrá la descripción formal de los tipos de vegetación (Rangel, Cleef y Salamanca, en prensa; Cleef, Rangel y Salamanca, en prensa; Salamanca, Cleef y Rangel, en prensa) y la descripción de los ecosistemas correspondientes (Van der Hammen, en prensa). En 1981 se realizaron los trabajos de campo en la Cordillera Oriental (transecto Sumapaz), y en 1983 en la Cordillera Occidental (Transecto Tatamá, véase Figura 7). Los tratamientos respectivos sobre la vegetación están en preparación (volúmenes 6 y 7).

LA UNIVERSIDAD COLOMBIANA

En 1978, se inició en el Departamento de Biología y en el Instituto de Ciencias Naturales de la Universidad Nacional de Colombia, el programa sobre la caracterización de la vegetación y de la fauna de varias zonas de páramo de Colombia bajo la dirección del Prof. Dr. Helmut Sturm (Universidad de Hildesheim -Alemania-). Se realizaron inventarios y caracterizaciones de la vegetación de varios páramos de la Cordillera Central, Oriental y del costado Sur de la Sierra Nevada de Santa Marta. Los resultados publicados en el libro Ecología de los Paramos Andinos (Sturm & Rangel, 1985) daban forma al viejo anhelo de fortalecer la línea de estudios sobre la vegetación de Colombia.

De este esfuerzo, vienen las contribuciones de Vargas & Zuluaga (1981) sobre la vegetación de Monserrate y de Franco (1982) y Franco *et al.*, (1986) sobre la vegetación del páramo de Chingaza. Posteriormente aparecieron las contribuciones de Rangel & Franco (1985), Duque (1987) y Duque & Rangel (1989) sobre la vegetación paramuna del Parque Nacional Natural Puracé, de Sánchez (1988) y Sánchez & Rangel (1990) sobre la vegetación de los pantanos paramunos alrededor de Bogotá en donde se propusieron adiciones al esquema sintaxonómico de la vegetación azonal de los páramos de la Cordillera Oriental (Cleef, 1981). En el medio cordillerano, figuran también contribuciones regionales de importancia desarrolladas por investigadores de las Universidades de Antioquía (Uribe *et al.*, 1988 y Javeriana (Vargas & Rivera, 1991) y de Nariño.

La metodología desarrollada en el programa Ecoandes fue la base para la publicación por la Unión Internacional de Ciencias Biológicas (IUBS) y Unesco-MAB de un "manual de métodos para estudios de transectos en montañas (Van der Hammen *et al.*, 1989). Este procedimiento fue aplicado para caracterizar la vegetación regional en proyectos como el contexto medioambiental de las ocupaciones prehispánicas en el trayecto Valle del Magdalena-volcán del Puracé (Herrera *et al.*, eds., 1989), la Vegetación y Biota del Parque Regional Natural Ucumarí (Rangel, ed., 1994), del Cañon del Quindío y de la Serranía del Perijá y la diversidad vegetal en las vertientes Amazónica y Pacífica en el Sur de Colombia (Franco *et al.*, 1996), programas de corte multidisciplinario con la participación de profesionales del Instituto de Ciencias Naturales de la Universidad Nacional y de otras entidades gubernamentales.

Con base en los resultados de la primera fase de Ecoandes: reconocimiento de los ecosistemas y elección de los sitios más representativos, se comenzaron estudios en el marco de una segunda fase (Ecoandes II), en algunos de los cuales la vegetación es un factor importante, ya sea terrestre (Bekker & Cleef, 1985; Salamanca, 1991; Salamanca *et al.*, 1992) o comunidades de epífitas en bosques subandinos y andinos como las contribuciones de Van Reenen (1982, y en

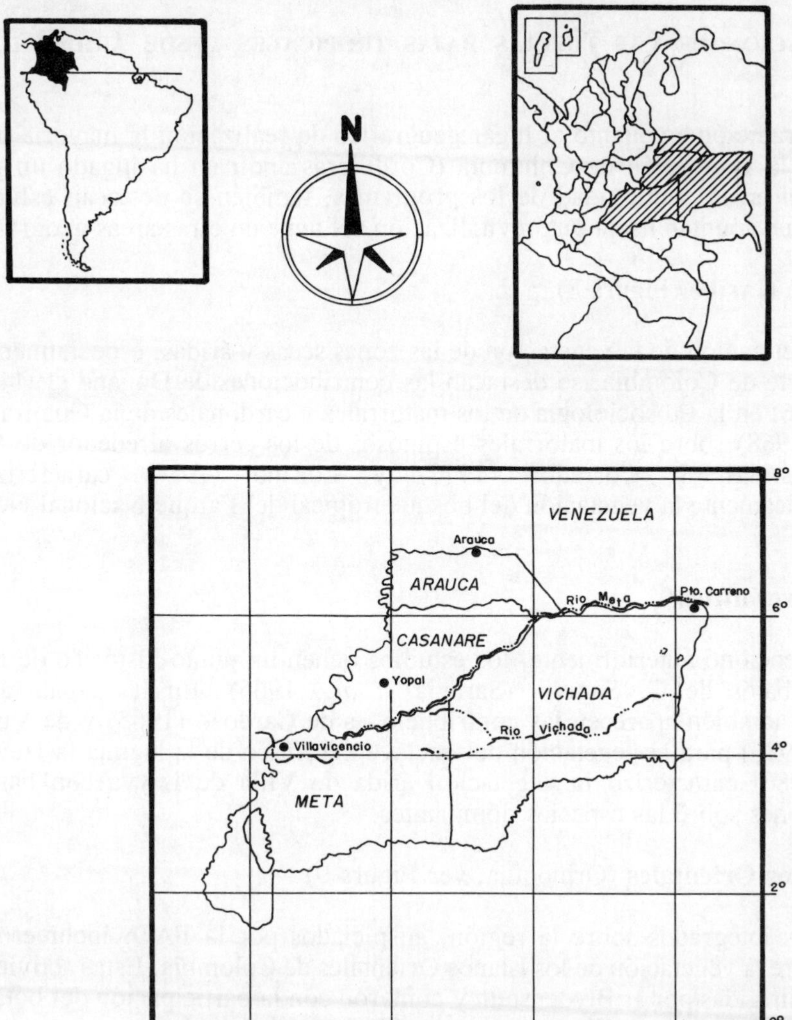

Figura 9. Región de la Orinoquia Colombiana

preparación), Castillo & Reyes (1991), Wolf (1993) y Den Hollander & Swaan (1993).

LA VEGETACIÓN DE LAS TIERRAS BAJAS TROPICALES DESDE ÁRIDAS HASTA PLUVIALES.

Aunque la tradición en cuanto al lugar geográfico de realización la mayoría de los estudios de la vegetación de Colombia (Cordilleras andinas) ha jugado un papel trascendental en la continuidad de los programas, también se destacan esfuerzos regionales que apuntan hacia una revitalización del tema en otras áreas geográficas.

- La Región Caribe (Figura 8)

En la caracterización de la vegetación de las zonas secas y áridas, especialmente de la costa Norte de Colombia, se destacan las contribuciones de Dugand (1944), de Rieger (1976) en la fitosociología de los matorrales y cardonales de la Guajira y de Schnetter (1968) sobre los matorrales espinosos de los cerros alrededor de Santa Marta. Bastidas & Corredor (1977) y Lozano (1984) caracterizaron fitosociológicamente la vegetación del bosque tropical del Parque Nacional Natural Tayrona.

- Enclaves xerofíticos

Como se mencionó anteriormente, los estudios tienen un punto histórico de inicio con los trabajos de C. Saravia (Saravia *et al.*, 1965). En las zonas áridas interandinas también aparecen las contribuciones de Cardozo (1965) y de Vink & Wyninga (1986) para la vegetación del enclave xerofítico de la laguna la Herrera. Molano (1986) caracterizó la vegetación árida de Villa de Leyva con base en aproximaciones sobre las especies dominantes.

- Los LLanos Orientales (Orinoquia, ver Figura 9)

Los estudios integrados sobre la región, auspiciados por la FAO, incluyeron un capítulo sobre la vegetación de los Llanos Orientales de Colombia. Estas actividades estuvieron dirigidas por J. Blydenstein y contaron con la participación del botánico Colombiano Jaime Rivera. El espectro geográfico que abarcó el trabajo fue extenso, las listas de especies son bastante detalladas y sigue teniendo vigencia e importancia como estudio básico de la vegetación de las sabanas y bosques de galería de la extensa región Orinocense de Colombia. La división de la vegetación o paisajes de la sabana comprendió a las sabanas con restos de bosque, las inundables, las húmedas y las secas. Para la zona también se caracterizaron algunos tipos de vegetación por Carvajal *et al.* (1979, en Proradam).

En estudios puntuales, aparecen las contribuciones de Vincelli (1988) y de Barbosa (1992) sobre la vegetación del Parque Nacional Natural Tuparro (Figura 10), de Castillo & Forero (1991) sobre la vegetación acuática y las contribuciones de los investigadores del CIAT sobre la sabana de Carimagua (Torrijos, 1996).

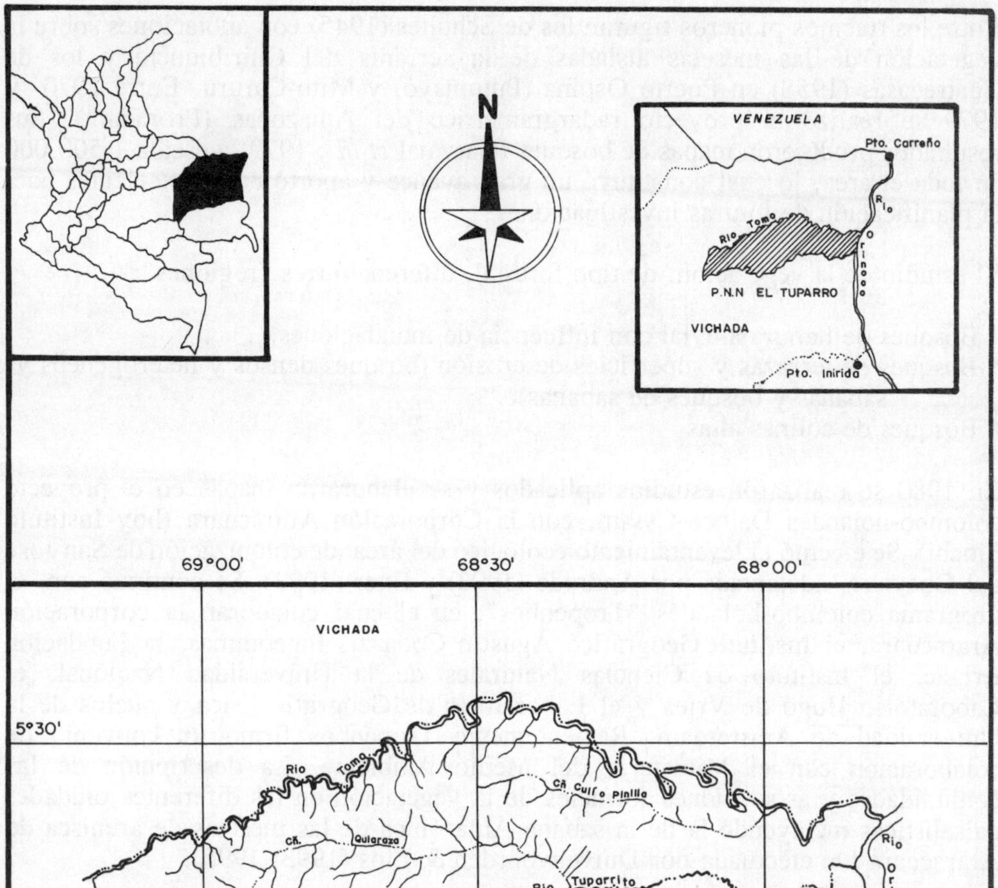

Figura 10. Parque Nacional Natural El Tuparro

- La región Amazónica (Figura 11)

Entre los trabajos pioneros figuran los de Schultes (1945) con anotaciones sobre la vegetación de las mesetas aisladas de la serranía del Chiribiquete y los de Cuatrecasas (1958) en Puerto Ospina (Putumayo) y Mitu-Caruru. Entre 1970 y 1979 se realizó el proyecto radargramétrico del Amazonas (Proradam). Sus resultados produjeron mapas de bosques (Carvajal *et al.*, 1979) a escala 1:500.000 de toda el área, lo cual constituyó un gran avance y aportó bases excelentes para la planificación de futuras investigaciones.

El estudio de la vegetación, de tipo forestal, diferenció tres "regiones":

* Bosques de llanura aluvial con influencia de inundaciones.
* Bosques de terrazas y superficies de erosión (bosques densos y heterogéneos y sabanas y bosques de sabanas).
* Bosques de colinas altas.

En 1980 se realizaron estudios aplicados y se elaboraron mapas en el proyecto colombo-holandés Dainco-Caṣam, con la Corporación Araracuara (hoy Instituto Sinchi). Se efectuó el levantamiento ecológico del área de colonización de San José del Guaviare, adelantada por Andrade (1992) y Etter (1992). Se continuó con el programa colombo-holandés "Tropenbos", en el cual colaboran la corporación Araracuara, el Instituto Geográfico Agustín Codazzi, Ingeominas, la Fundación Erigae, el Instituto de Ciencias Naturales de la Universidad Nacional, el Laboratorio Hugo de Vries y el Laboratorio de Geografía física y suelos de la Universidad de Amsterdam. Recientemente Tropenbos firmo un convenio de colaboración con el Ministerio del Medio Ambiente. La descripción de las comunidades y asociaciones formales de la vegetación en las diferentes unidades paisajísticas incluyendo la de la sabana Amazónica de las mesetas de arenisca de Araracuara fue efectuada por Duivenvoorden & Lips (1993; 1995).

Un estudio amplio y detallado de la vegetación inundable, con base en levantamientos completos y con la descripción formal de las asociaciones, alianzas, ordenes y clases fue realizado por Urrego (1994). Así, dentro de la clase OCOTEO NEBLINAE-MAURITIETEA FLEXUOSAE (cananguchales y otros tipos de vegetación relacionada) diferenció el orden OXANDRO POLYANTHAE-VIROLETALIA SURINAMENSIS, la alianza OLYRO LONGIFOLIAE-POUTERION GUIANENSIS, con las asociaciones Ilico laureolae-Mauritietum flexuosae y Chamaedorea pinnatifrontis-Clathrotropetum macrocarpae. Los resultados demuestran claramente que las metodologías utilizadas son perfectamente aplicables a la vegetación de la Amazonia, no obstante su gran diversidad.
Entre 1990 y 1993 se realizó mediante convenio interinstitucional (INDERENA, ICI Instituto de Cooperación Iberoamericana de España y el Instituto de Ciencias Naturales de la Universidad Nacional de Colombia) la exploración a la serranía del Chiribiquete (Figura 12). Los resultados se plasmaron en la elaboración de un catálogo florístico y en la caracterización de la vegetación según aspectos de la arquitectura y de la composición florística. Resultados preliminares se han

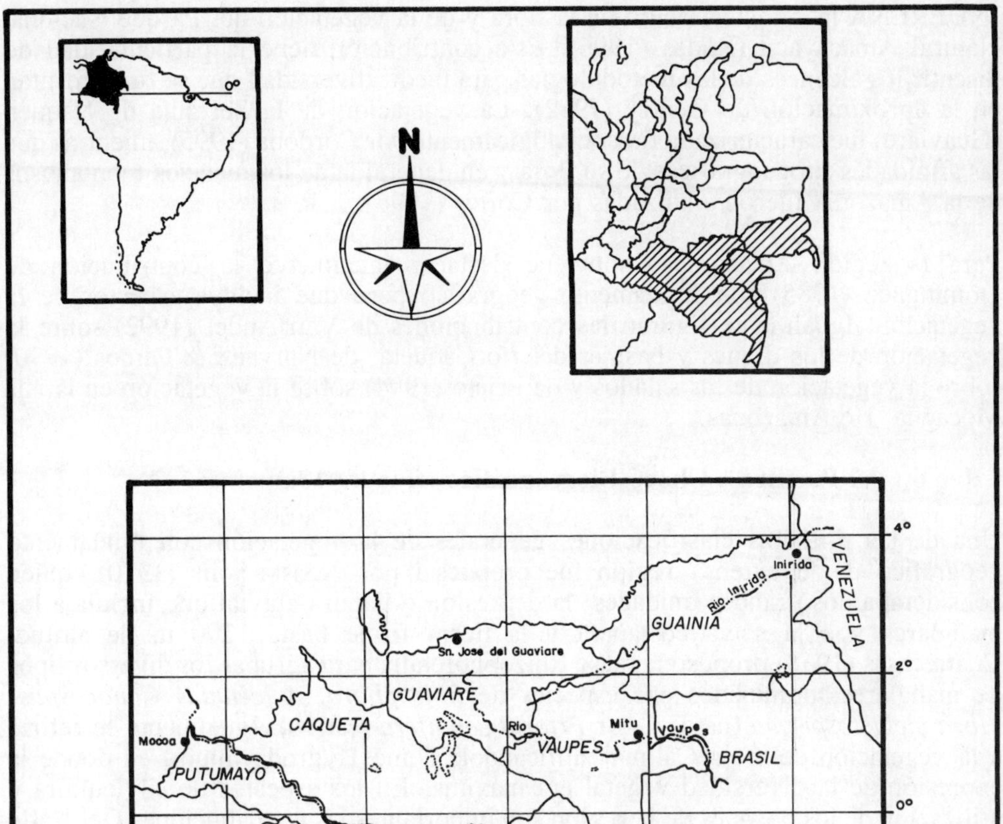

Figura 11. Región Amazonica colombiana

presentado en Estrada & Fuertes (1993) y en Rangel *et al.*, (1995). Para la época igualmente se inició en colaboración con el Jardín Botánico de Missouri y del INDERENA la caracterización de la flora y de la vegetación del Parque Nacional Natural Amacayacu (Rudas, 1996). Esta contribución tiene la particularidad de discutir los alcances de las metodologías para medir diversidad que se fundamentan en la aproximación de Gentry (1982). La vegetación de la Serranía de Naquén (Guaviare) fue caracterizada fitosociológicamente por Córdoba (1995), mientras que las afinidades fitogeográficas de su flora y en general la de los macizos montañosos de la Amazonia fueron analizadas por Cortés (1996).

Para la región Amazónica, conviene destacar igualmente la contribución de Domínguez (1985) con fundamento geográfico pero que incluye aspectos de la vegetación. Igualmente figuran las contribuciones de Van Andel (1992) sobre la vegetación de los diques y basines del río Caquetá, de Narvaez & Olmos (1990) sobre la vegetación de los salados y de Prieto (1994) sobre la vegetación en la isla Mocagua, río Amazonas.

- Región del Pacífico - Chocó Biogeográfico- (Figura 13a)

Una de las primeras clasificaciones generales de la vegetación con fundamento geográfico de la extensa región fue propuesta por Acosta-Solís (1970), quien consideraba dos grandes unidades: la depresión o llanura aluvial que incluía a los manglares y a la selva costanera y la tierra firme hasta 1200 m de altitud. Cuatrecasas (1958) propuso la clase Rhizophoretalia para agrupar los diversos tipos de manglares, dominados por especies de *Rhizophora*, *Avicennia*, *Conocarpus*, *Mora megistosperma* (nato) y por *Prioria copaifera* (cativo). Igualmente se refirió a la vegetación del bajo Calima calificándola como Hygrodrymium, en donde la expresión de la diversidad vegetal era máxima. En los aspectos de silvicultura y utilización de los bosques de la región son importantes las contribuciones Del Valle (1989, 1993).

Para está región, ocupan un lugar de reconocida importancia las contribuciones de Gentry (1982, 1986, 1995) que permitieron conocer datos muy precisos sobre la diversidad y la riqueza de la flora. Aunque su enfoque no se dirigió a la caracterización de la vegetación, de sus tablas de riqueza de especies se pueden deducir las especies dominantes que sirven para tipificar unidades de vegetación en otras aproximaciones. Con el mismo criterio metodológico han aparecido contribuciones como la de Cediel & Pardo (1994) y están en curso las de Galeano y colaboradores y las de Bernal (com. personal).

El trabajo que mejor documenta la vegetación de la parte Norte del Chocó, es el de Zuluaga (1987) sobre la vegetación del Parque Nacional Natural Los Katíos en el cual se caracterizaron diversos tipos de fitocenosis desde las acuáticas con *Eichornia crassipes* y *Pistia stratiotes* y los palmares de zonas inundables con *Raphia taedigera* hasta las continentales de las mesetas aisladas con *Cavanillesia platanifolia*. Figuran también los trabajos de Barbosa (1986) y Rangel (1990) sobre la caracterización florística, arquitectural y textural de la vegetación de la isla

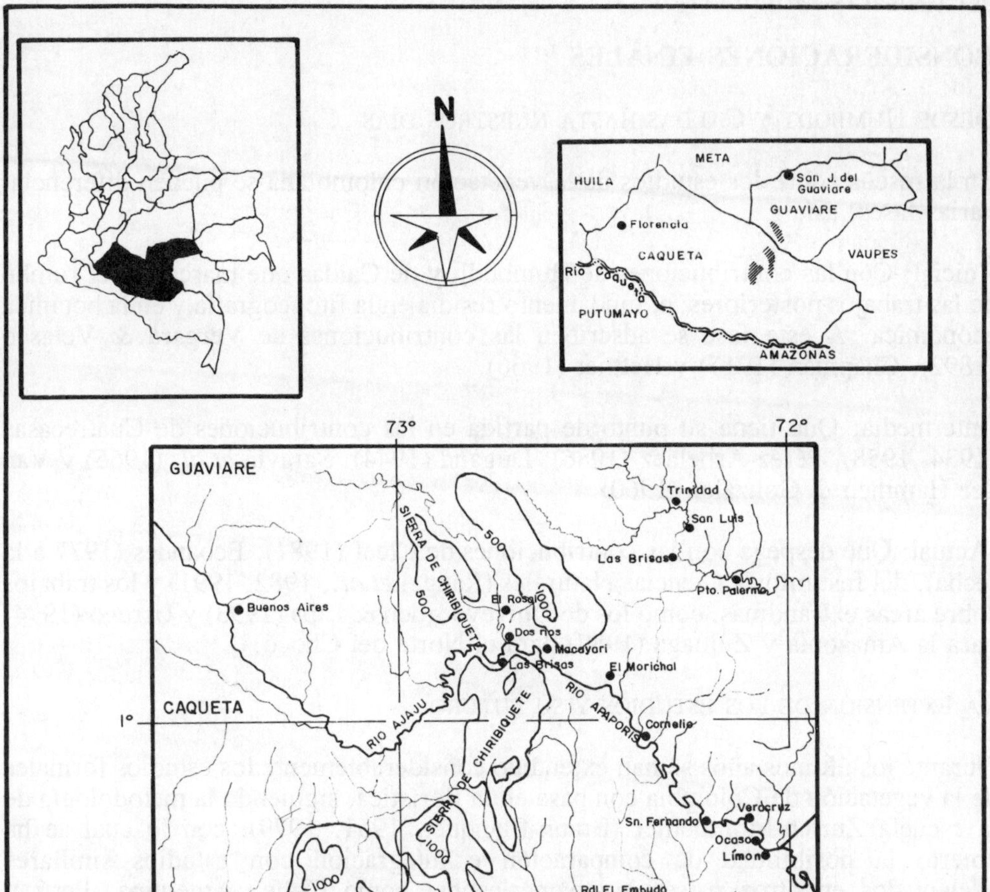

Figura 12. Parque Nacional Natural Chiribiquete

772/95

Gorgona. Una sinopsis de los tipos de vegetación de la región Pacífica fue realizada por Rangel & Lowy (1993).

CONSIDERACIONES FINALES

DESDE HUMBODT Y CALDAS HASTA NUESTROS DIAS

En la reseña sobre los estudios de la vegetación colombiana se pueden diferenciar varias fases, así:

-Inicial: Con las contribuciones de Humbodlt y de Caldas que marcarían el rumbo de las trabajos posteriores; el fundamento residía en la fitogeografía y en la botánica económica. A esta fase se adscriben las contribuciones de Vergara & Velasco (1892), Chapman (1917) y Hettner (1966).

-Intermedia: Que tiene su punto de partida en las contribuciones de Cuatrecasas (1934, 1958), Pérez-Arbeláez (1986), Dugand (1944), Saravia *et al.* (1965) y Van der Hammen & González (1960).

-Actual: Que despega con las contribuciones de Cleef (1981), Ecoandes (1977 a la fecha), del Instituto de Ciencias Naturales (Rangel *et al.*, 1982, 1991) y los trabajos sobre áreas extrandinas, como los de Duivevoorden & Lips (1993) y Urrego (1994) para la Amazonia y Zuluaga (1987) para el Norte del Chocó.

LA EXTENSIÓN DE LOS ESTUDIOS Y SU FUTURO

Durante los últimos años se han extendido considerablemente los estudios formales de la vegetación de Colombia con base en la florística, siguiendo la metodología de la escuela Zurich-Montpellier (Braun-Blanquet, 1951, 1979), con lo cual se ha abierto la posibilidad de comparación e integración con estudios similares adelantados en otros países latinoamericanos, como Chile, Argentina, Perú y Surinam. Igualmente se ha empezado a utilizar esta metodología para estudiar los procesos de sucesión vegetal en áreas sometidas a perturbaciones de origen antrópico (Toro & Saldarriaga, 1990; Bello & Katibb, 1994; Vidal & Rangel, 1987 y Torrijos, 1996). Todos estos estudios han aumentado considerablemente nuestros conocimientos sobre las comunidades y asociaciones de plantas. No obstante, dada la gran diversidad de la vegetación de Colombia, queda mucho por hacer antes de poder llegar a tener un inventario mas o menos completo. Pero ya se ha realizado bastante trabajo y según el inventario realizado recientemente por Rangel (1995) y Rangel y colaboradores (1996) hay aproximadamente 1010 registros de comunidades o tipos de vegetación de las cuales la mayoría hacen referencia a unidades de vegetación formalmente descritas por diversos autores, desde Cuatrecasas (1934) hasta la fecha.

VEGETACIÓN, ECOSISTEMAS, DINÁMICA Y BIODIVERSIDAD

Se ha mencionado que la vegetación es la columna fundamental y la responsable por la producción primaria en los ecosistemas terrestres. A los ecosistemas naturales

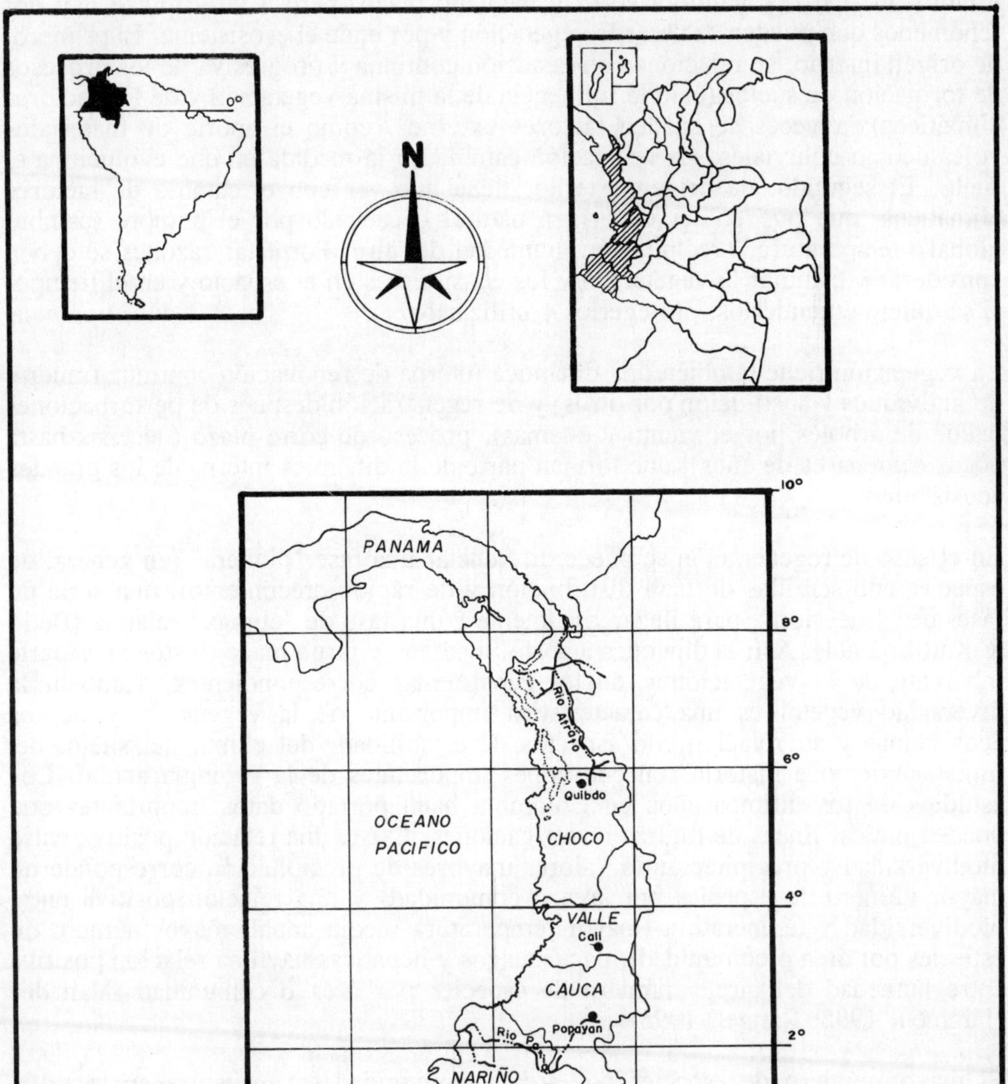

Figura 13a. Región Costa Pacifica colombiana

zonales con los tipos de vegetación correspondientes, se les considera de notoria estabilidad. Esto es válido a corto y mediano plazo, pero a largo plazo hay dos fenómenos que pueden cambiar la vegetación y por ende el ecosistema. El primero, de origen interno, se relaciona con la acción continua y progresiva de los procesos de formación de suelos (bajo la influencia de la misma vegetación y de los factores climáticos); a veces se añaden factores externos, como el aporte de materiales volcánicos o coluviales. La vegetación cambia en la medida en que evoluciona el suelo. El segundo, de origen externo, tiene que ver con el cambio de factores climáticos, que pueden ser de origen natural o causado por el hombre (cambio global): temperatura, precipitación, humedad del aire. Por estas razones se deben considerar y estudiar la vegetación y los ecosistemas en el espacio y en el tiempo, si se quiere entenderlos, protegerlos y utilizarlos.

La vegetación tiene también una dinámica interna de renovación continua (muerte de individuos y sustitución por otros) y de regeneración después de perturbaciones (caída de árboles por el viento y quemas), proceso de corto plazo (decenas hasta pocos centenares de años), que forman parte de la dinámica interna de los grandes ecosistemas.

En el caso de regeneración se puede diferenciar una fase "pionera" (en general de especies con semillas de fácil distribución y de rápido crecimiento), una serie de fases de "sucesión", para llegar finalmente a una fase de "climax" relativa (Bello & Kattib, 1994). Así, la dinámica a corto, mediano y largo plazo (historia) es parte inherente de la vegetación y de los ecosistemas correspondientes. También la diversidad vegetal es una característica importante de la vegetación y de los ecosistemas y su relación con aspectos de estabilidad, del clima, del suelo, del funcionamiento e historia son cuestiones importantes de la ecología actual. Los estudios de los últimos años en Colombia han aportado datos importantes que pueden indicar líneas de futuras investigaciones. Existe una relación positiva entre biodiversidad y precipitación (a valores mayores de precipitación corresponde un mayor número de especies por área o comunidad) y una relación positiva entre biodiversidad y temperatura (mayor temperatura media anual, mayor número de especies por área o comunidad); para musgos y hepáticas hay una relación positiva entre humedad del aire y número de especies por área o comunidad (Van der Hammen, 1995; Rangel, 1995).

El mayor número de especies por área y comunidad se encuentra en la selva húmeda tropical, con cifras mayores de 300 especies por 0.1 ha en la vegetación zonal y alrededor de 150 en vegetación azonal. Esta enorme riqueza específica parece ser -como ya se menciono anteriormente- parcialmente heredada de épocas terciarias, cuando la diversidad de especies pudo haber sido mayor; el impacto de los climas más fríos y secos de épocas glaciales parece haber llevado a cierta extinción de especies, aunque la presencia de refugios glaciales de bosque o barreras ecológicas igualmente pudieron conducir a especiación en aislamiento y originar endemismos (Van der Hammen & Absy, 1994).

En las asociaciones de bosque seco tropical, el número de especies por 500 m^2 puede estar en el orden de 50, se incrementa hasta 100 en los bosques subandinos

Superficie del País		**114'170.200 ha**
Superficie con Vegetación	Diferentes tipos de Bosques	**54'000.000 ha**
	Vegetación graminoide	**21'000.000 ha**
Areas protegidas (P.N.N., Reservas forestales, etc.)		**9'000.000* ha**
Total reforestación para uso directo (actual)		**44.010 ha**
Total reforestación protectora (actual)		**30.000 ha**

AREA DEFORESTADA Y TRANSFORMADA EN COLOMBIA

Antes de 1940: 10'000.000 de has
1940 a 1990 : 30'000.000 de has (PAF, 1991)

40'000.000 de has

CAUSAS	Colonización 21 frentes	Espontánea Dirigida Orientada	75%
	Consumo	Combustible	13%
		Industria forestal	12%

* Información no cruzada

Figura 13b. El recurso vegetal (área, estado actual y amenazas). Fuente: O. Rangel, 1996, Adaptado de IGAC, INDERENA, CONIF, 1984 y PAF, 1991 y andinos y desciende a los valores alrededor de 60-70 cerca al límite altitudinal del bosque (Rangel, 1991; Van der Hammen, en prensa).

Así, cada vez es mas convincente el hecho de que si se quiere entender, proteger, conservar o utilizar el medio natural, la vegetación y los ecosistemas y su biodiversidad, hay que estudiar todos estos aspectos y sus interrelaciones a través de estudios multi e interdisciplinarios.

CONSERVACIÓN: URGENCIA Y EMERGENCIA

En la actualidad se habla de la mega-diversidad biótica de Colombia, tanto de la vegetación, de los ecosistemas como de las especies de plantas y de animales, a tal punto que se ha convertido en un tema de importancia a nivel político, ya que se ve en ella una gran posibilidad de riqueza económica para el futuro inmediato. Si bien puede pensarse como una posibilidad real, es igualmente cierto, que el avance cada vez mas acelerado de la destrucción del medio natural esta colocando en serio peligro esta mega-biodiversidad. La mayor parte de la zona montañosa de la cordillera se encuentra hoy desforestada y muchas especies deben haberse perdido ya para siempre; los páramos son progresivamente alterados por la subida del límite de cultivos y por las quemas frecuentes; las selvas de la Amazonía y del Chocó, portadoras de una inmensa biodiversidad, están desapareciendo cada día con mayor rápidez. Las estimaciones mas recientes (Rangel, 1996) sobre el estado actual en cuanto a superficie de cubrimiento y a las amenazas y causas de transformación del recurso vegetal, se aproximan a 40'000.000 de hectáreas deforestadas y transformadas en este siglo, especialmente en los últimos 50 años (Figura 13 b). Si se desea proteger la biodiversidad, es necesario proteger la vegetación, se debe detener de alguna manera la colonización y adaptar la legislación relacionada con las zonas de reserva forestal y la titulación de baldíos. Se requiere la ejecución de un plan nacional amplio de conservación y reconstrucción de lo que todavía existe. Es tan urgente comenzarlo, que en la Estrategia Nacional de Biodiversidad, este se propuso como plan de emergencia, antes de pensar en cualquier otra acción o estudio, porque de lo contrario dentro de pocos decenios habrá escasa vegetación y la biodiversidad se habrá reducido demasiado para aprovecharla.

AGRADECIMIENTOS

A Jaime Uribe, Edgar Linares y a Silvio Zuluaga por la lectura y observaciones al manuscrito inicial.

LITERATURA CITADA

ACOSTA-S., M. 1970. La selva del noroccidente Ecuatoriano. *Revista Acad. Colomb. Ci. Exact.* **13** (52): 499-534. Bogotá.

AGUIRRE-C., J. & J.O. RANGEL-CH. 1976. Contribución al estudio ecológico y fitosociológico de las comunidades acuáticas macroscópicas y continentales del Lago de Tota y alrededores. Trabajo de grado. Departamento de Biología, Universidad Nacional de Colombia (manuscrito). Bogotá.

ANDRADE, G. 1992. Contribución de la deforestación de la Amazonia Colombiana al cambio climático. **En:** G. Andrade, A. Hurtado & R. Torres (eds). Amazonia Colombiana diversidad y conflicto: 68-91. Colciencias, Conia y Cega.

BARBOSA, C. 1986. Contribución al conocimiento de la flora y vegetación del Parque Nacional Natural Isla Gorgona y Gorgonilla. *Perez Arbelaezia.* **1**(3): 311-335.

BARKMAN, J.J., J. MORAVEC & S. RAUSCHERT. 1976. Code of Phytosociological Nomenclature. *Vegetatio* **32**(3): 131-185. The Hague.

BASTIDAS, N. & H. CORREDOR. 1977. Contribución al estudio fitosociológico del Parque Nacional Natural Tayrona. Tesis de grado. Departamento de Biología, Universidad Nacional de Colombia (manuscrito). Bogotá.

BEKKER, R.P. & A.M. CLEEF. 1985. La vegetación del páramo de Laguna Verde (Municipio de Tausa, Cundinamarca). *Análisis Geográficos* 14: 193 pp., 1 plancha. IGAC, Bogotá.

BELLO, A. & L. KATTIB. 1994. Aspectos ecológicos en la sucesión secundaria de la vegetación subandina (2010-2510 m.) en localidades del Municipio de Santa Rosa de Cabal, Risaralda -Colombia-. Trabajo de grado. Departamento de Biología, Universidad Nacional de Colombia (manuscrito). Bogotá

BRAUN-BLANQUET, J. 1951. Pflanzensoziologie: 631 pp. Wien.

BRAUN-BLANQUET, J. 1979. Fitosociología. Bases para el estudio de las comunidades vegetales. Ediciones H. Blume. 820 pp. Madrid.

CARDOZO, H. 1965. Estudio fitoecológico de la región semiárida de La Herrera (Cundinamarca). Trabajo de grado. Departamento de Biología, Universidad Nacional de Colombia (manuscrito). Bogotá.

CARVAJAL-L., F.J., F.N. POSADA, L.C. MOLINA, A. DELGADO, L.E. ACERO, O. ARAUJO & F. RODRÍGUEZ-M. 1979. Bosques. **En**: La Amazonia Colombiana y sus recursos. Proyecto Radargramétrico del Amazonas (PRORADAM). Ediciones del Instituto Geográfico Agustín Codazzi (IGAC): 225-311. Bogotá.

CASTILLO, A. & F.A. FORERO. 1991. Estudio ecológico comparativo de los macrófitos acuáticos en dos sistemas lagunares del Municipio de Puerto López (Meta). Trabajo de grado. Departamento de Biología, Universidad Nacional de Colombia (manuscrito). Bogotá.

CASTILLO, J.E. & O. REYES. 1991. Contribución al estudio de la brioflora epifílica de las zonas de vida tropical y subandina en un gradiente altitudinal (entre 550 y 1650 m) en el macizo de Tatamá. Cordillera Occidental colombiana. Trabajo de grado. Departamento de Biología, Universidad Nacional de Colombia (manuscrito). Bogotá.

CEDIEL, J.C. & M.E. PARDO. 1995. Composición y diversidad florística de los bosques del Cabo Corrientes, Costa Pacífica del Chocó. Trabajo de grado. Departamento de Biología, Universidad Nacional de Colombia (manuscrito). Bogotá.

CLEEF, A.M. 1981. The vegetation of the paramos of the Colombian Cordillera Oriental. Dissertaciones Botanicae 61: 321 pp. J. Cramer, Vaduz. También publicado en: *El Cuaternario de Colombia* **9.** (T. Van der Hammen, ed.) Amsterdam.

__________ **& H. HOOGHIEMSTRA. 1984.** Present vegetation of the area of the high plain of Bogotá. **En**: H. Hooghiemstra: Vegetational and climatic history of the high plain of Bogotá. Dissertationes Botanicae 79: 42-65. J. Cramer, Berlín. También publicado en: *El Cuaternario de Colombia* **10**. (T. Van der Hammen, ed.) Amsterdam.

__________ **& J.O. RANGEL-CH. 1984.** La vegetación del páramo del Noroeste de la Sierra Nevada de Santa Marta. **En:** T. Van der Hammen, A.Pérez-P. & Pinto-E. (eds). La Sierra Nevada de Santa Marta (Colombia) Transecto Buritaca - La Cumbre. *Estudios de Ecosistemas Tropandinos* **2**: 203-266. J. Cramer, Berlín-Stuttgart.

__________**, J.O. RANGEL-CH., T. VAN DER HAMMEN & R. JARAMILLO-M. 1984.** La vegetación de las selvas del Transecto Buritaca, Sierra Nevada de Santa Marta. **En:** T. Van der Hammen & P. Ruiz-C. (eds). La Sierra Nevada de Santa Marta, Transecto Buritaca-La Cumbre. *Estudios de Ecosistemas Tropandinos* **2**: 267-406. J. Cramer, Berlín-Stuttgart.

__________**, J.O. RANGEL-CH. & S. SALAMANCA.** (en prensa). The andean forests of the Parque los Nevados transect. **En**: T. Van der Hammen & A. Dos Santos (eds). *Estudios de Ecosistemas Tropandinos* **5**. J. Cramer, Berlín-Stuttgart.

CÓRDOBA, M.P. 1995. Caracterización florística-estructural y biotipológica de la vegetación en dos tipos de bosque en la parte central de la Serranía de Naquen (Departamento del Güainia). Trabajo de grado. Departamento de Biología, Pontificia Universidad Javeriana (manuscrito). Bogotá.

CORTÉS-B., R. 1996. Estudio florístico y análisis panbiogeográfico de la Sierra de Chiribiquete. Trabajo de Magister en Sistemática. Instituto de Ciencias Naturales, Universidad Nacional de Colombia (manuscrito). Bogotá.

CORTÉS, S. 1903. Flora de Colombia. Segunda edición, 311 p. Librería el Revistero, Bogotá.

CUATRECASAS, J. 1934. Observaciones geobotánicas en Colombia. *Trab. Museo Nacional Ciencias Naturales, Serie Bot.* **27**: 144 pp. Madrid.

____________. **1958.** Aspectos de la vegetación natural de Colombia. *Revista Acad. Colomb. Ci. Exact.* **10** (40): 221-268. Bogotá.

CHAPMAN, T. M. 1917. Distribution of Bird Life in Colombia. *Bull. Amer. Mus. Nat. Hist.* Vol. XXXVI.

DEL LLANO, M. 1990. Los Páramos de los Andes. Editorial Montoya y Naranjo Ltda. 314 pp. Bogotá.

DEL VALLE, J.I. 1989. Pasado, presente y perspectivas del manejo de los bosques de Guandal del litoral Pacífico Colombiano. *Revista Fac. Agronomía*, Universidad Nacional de Medellín. **42**(1): 3-24.

__________. **1993.** Silvicultura y uso sostenido de los bosques. Referencia especial a los Guandales, Nariño. **En**: P. Leyva (ed.) Colombia Pacífico, Tomo II: 692-713. Fondo FEN Colombia.

DEN HOLLANDER, D.C. & H. M. SWAAN. 1992. Zonation in epyphitic vegetations of two sub andean oak forests in Colombia. Internal Report. Hugo de Vries-Laboratorium, University of Amsterdam.

DÍAZ-P., S. 1991. La Botánica en Colombia, hechos notables en su desarrollo. Acad. Colomb. Ci. Exact. Colección Enrique Pérez Arbeláez. No 6. Bogotá.

DOMÍNGUEZ, C. 1985. *Amazonia colombiana*. Visión general. Banco Popular. 274 pp. Bogotá.

DUGAND, A. 1944. Nuevos conceptos biotipológicos y ecológicos en la Hydrophytia y breve sinopsis de la flora Podostemonácea de Colombia. *Revista Acad. Colomb. Ci. Exact.* **6**(21): 28-31. Bogotá.

_________. **1970.** Observaciones Botánicas y Geobotánicas en la Costa Colombiana del Caribe. *Revista Acad. Colomb. Ci. Exact.* **13**(52): 415-466. Bogotá.

DUIVENVOORDEN, J. & J.M. LIPS. 1993. Ecología del paisaje del medio Caquetá. Memoria explicativa y mapas. **En**: T. Van der Hammen & J. Saldarriaga (eds). Estudios en la Amazonia Colombiana **IIIA** & **B**. 301 pp. y 11 mapas. Tropenbos-Colombia, Bogotá.

__________________. **1995.** A land ecological study of soils, vegetation, and plant diversity in Colombian Amazonia. Tropenbos Series 12:438 pp. The Tropenbos Foundation, Wageningen.

DUQUE-N., A. 1987. Comunidades vegetales en la zona paramuna del Parque Nacional Natural Puracé (Colombia). Trabajo de grado. Departamento de Biología, Universidad del Valle (manuscrito). Cali.

__________ **& J.O. RANGEL-CH. 1989.** Análisis fitosociológico de la vegetación paramuna del Parque Natural del Puracé. **En:** L.F. Herrera, R. Drennan y C. Uribe (eds). Cacicazgos prehispánicos del Valle de la Plata, Tomo 1. El contexto medioambiental de la ocupación humana. *University of Pittsburg*, *Memoirs in Latin-American-Archaeology* **2**:70-95.

DU RIETZ, G.E. 1821. Zur methodologischen Grundlage der modernen Pflanzensoziologie. Akadem. Abh. Upsala.

ESPINAL, L.S. & E. MONTENEGRO. 1963. Formaciones vegetales de Colombia. Memoria explicativa sobre el mapa ecológico: 221 pp. IGAC, Bogotá.

ESTRADA, J. & J. FUERTES. 1993. Estudios en la Guayana Colombiana IV. Notas sobre la vegetación y la flora de la Sierra de Chiribiquete. *Revista Acad. Colomb. Ci. Exact.* **18** (71): 483-497. Bogotá.

ETTER, A. 1992. Caracterización ecológica y de la intervención humana en la Amazonia colombiana. **En:** G. Andrade, A. Hurtado & R. Torres (eds). Amazonia Colombiana diversidad y conflicto: 68-91. Colciencias, Conia y Cega.

FORERO-G., E. 1965. Estudio fitosociológico de un bosque subclimácico en el antiplano de Bogotá. Trabajo de grado. Departamento de Biología, Universidad Nacional de Colombia (manuscrito). Bogotá.

FRANCO-R., P. 1982. Estudios fitoecológicos en el Parque Nacional Natural Chingaza. Trabajo de grado. Departamento de Biología, Universidad Nacional de Colombia (manuscrito). Bogotá.

__________**, J.O. RANGEL-CH. & G. LOZANO-C. 1986.** Estudios ecológicos en la Cordillera Oriental II. Las comunidades vegetales de los alrededores de la laguna de Chingaza. *Caldasia* **15** (71-75): 219-248.

GENTRY, A. 1982. Patterns of neotropical plant species diversity. *Evol. Biol.* **15**: 1-84.

_________**. 1986.** Sumario de patrones fitogeográficos neotropicales y sus implicaciones para el desarrollo de la Amazonia. *Revista Acad. Colomb. Ci. Exact.* **16**(61): 101-116. Bogotá.

________. **1995.** Patterns of diversity and floristic composition in montane forest. **In:** S. Churchill, H. Balslev, E. Forero & J. Luteyn (eds). Biodiversity and conservation of Neotropical Montane Forests: 103-126. The New York Botanical Garden, New York.

GONZÁLEZ, E., G. GUILLOT, N. MIRANDA & D. POMBO. 1990. (eds). Perfil Ambiental de Colombia. Impresiones Escala: 349 pp. Bogotá.

GRABANDT, R.A.J. 1980. Pollen rain in relation to arboreal vegetation in the Colombian Cordillera Oriental. *Review Palaeobotany and Palynology* 29: 65-147.

GUHL, E. 1982. Los Páramos circundantes de Bogotá. Jardin Botánico José Celestino Mutis: 127 pp. Bogotá.

HERNÁNDEZ-C., J. & H. SÁNCHEZ. 1992. Biomas Terrestres de Colombia. **En:** G. Halffter (Compilador). La Diversidad biológica de Iberoamérica. *Acta zoológica mexicana*. Vol. Especial: 153-173. CYTED-D. México.

HETTNER, A. 1966. (Primera versión castellana de Ernesto Guhl). La Cordillera de Bogotá. Resultados de viajes y estudios con mapas y perfiles. Ediciones Banco de la República: 352 pp. Bogotá.

HERRERA, L.F., R. DRENNAN & C. URIBE. 1989. (eds). Cacicazgos prehispánicos del Valle de la Plata, Tomo 1. El contexto medio ambiental de la ocupación humana. *University of Pittsburg, Memoirs in Latin- American-Archaeology* **2**: 95-118.

HILL, M.O. 1979. Twinspan - A Fortran program for arranging multivariate data in an ordered two-way table by classification of the individuals and attributes. Cornell University, Ithaca, New York.

HOLDRIDGE, L.R. 1967. Life zone ecology. Trop. Sci. Center San José: 206 pp. Costa Rica.

HUECK, K. 1978. Los bosques de Sudamérica: ecología, composición e importancia económica. Sociedad de Cooperación Técnica Ltda (GTZ): 476 pp. Alemania.

________ **& P. SEIBERT. 1981.** Vegetationskarte von Südamerika. Mapa de la vegetación de América del Sur. Vegetations monographien der einzelne Groszäume IIa. Gustav Fischer, Stuttgart.

IGAC, INDERENA & CONIF. 1984. Bosques de Colombia (Memoria Explicativa): 201 pp. y planchas. Bogotá.

LOZANO-C., G. 1984. Comunidades vegetales del flanco Norte del Cerro "El Cielo", y la flora vascular del Parque Nacional Natural Tayrona (Magdalena,

Colombia). **En**: T. Van der Hammen & P. Ruíz-C. (eds). *Estudios de Ecosistemas Tropandinos* **2**:407-422. J. Cramer, Berlín-Stuttgart.

__________ **& J.H. Torres. 1965.** Estudios fitosociológicos de un bosque de robles (*Quercus humboldtii* H. & B.) de la Merced (Cundinamarca). Tesis de grado, Instituto de Ciencias Naturales. Universidad Nacional de Colombia (manuscrito). Bogotá.

__________ **& R. Schnetter. 1976.** Estudios ecológicos en el páramo de Cruz Verde, Colombia II. Las comunidades vegetales. *Caldasia* **2**(54): 53-68. Bogotá.

Luteyn, J.L., A.M. Cleef & J.O. Rangel-Ch. 1992. Plant diversity in Paramo: Towards a checklist of Paramo Plants and a generic flora. **In:** H. Balslev & J. L. Luteyn (eds). Paramo an Andean ecosystem under human influence. Academic Press: 71-88. Boston, New York, London, Tokio, Toronto.

Molano-B., J. 1986. Villa de Leyva. Ensayo de interpretación social de una catastrofe ecológica: 279 pp. Fondo FEN. Bogotá.

Murillo, L.M. 1951. Colombia un archipielago biológico. *Revista Acad. Colomb. Ci. Exact.* **7**: 168-220.

Narváez-R., L.H. & J.R. Olmos-S. 1990. Caracterización fitoedafológica de algunos salados en el Parque Nacional Natural Amacayacu, Amazonas, Colombia. Trabajo de grado. Departamento de Biología, Universidad Nacional de Colombia (manuscrito). Bogotá.

Páramo, G.E. 1990. Ecología y Corología de la Vegetación Colombiana (Anotaciones preliminares). *Colombia Geográfica* **16**(1): 25-50. IGAC. Bogotá.

Patiño, V.M. 1975. Historia de la vegetación natural y de sus componentes en la America equinoccial. Imprenta departamental del Valle del Cauca: 431 pp. Cali.

__________**. 1985.** Historia de la botánica y de las ciencias afines en Colombia. Academia de Historia: 250 pp. Bogotá.

Pérez-A., E. 1986. (Reimpresion). Vegetación desde el aire. *Perez-Arbelaezia* **1**(2): 113-124. Bogotá.

Pinto-E., P. 1993. Vegetación y Flora de Colombia. Fundación segunda expedición botánica. Fondo nacional universitario: 72 pp. Bogotá.

Prieto-C., A. 1994. Análisis estructural y florístico de la vegetación de la isla Mocagua, río Amazonas (Amazonia Colombiana). Trabajo de grado. Departamento de Biología, Universidad Nacional de Colombia (manuscrito). Bogotá.

Rangel-Ch., J.O. 1990. Tipos de vegetación. **En:** J. Aguirre-C. & J.O. Rangel-Ch. (eds). Biota y ecosistemas de Gorgona: 107-126. Fondo FEN Colombia, Bogotá.

________________. **1991.** Vegetación y ambiente en tres gradientes montañosos de Colombia. Tesis de doctor: 349 pp. Universidad de Amsterdam, Amsterdam. Holanda.

________________. **1994.** La vegetación del Parque Regional Natural Ucumarí. **En:** J.O. Rangel-Ch. (ed.). Ucumarí: Un caso típico de la diversidad biótica andina: 59-84. Publicaciones de la CARDER. Pereira.

________________. **1995.** La diversidad florística en el espacio andino de Colombia. **In**: S. Churchill, H. Balslev, E. Forero & J. Luteyn (eds). Biodiversity and conservation of Neotropical Montane Forests: 187-205. The New York Botanical Garden, New York.

________________. **1995.** (ed.). Colombia Diversidad Biótica I: 442. Instituto de Ciencias Naturales. Universidad Nacional de Colombia. Bogotá.

________________, **A.M. Cleef., T. van der Hammen & R. Jaramillo-M. 1982.** Tipos de vegetación en el transecto Buritica La Cumbre Sierra Nevada de Santa Marta (entre 0 y 4100 m). *Colombia Geográfica* **10** (1): 1-18. IGAC. Bogotá.

________________ **& J. Aguirre-C. 1983.** Comunidades acuáticas altoandinas I. Vegetación sumergida y de ribera en el Lago de Tota, Boyacá, Colombia. *Caldasia* **13** (65): 719-742.

________________ **& P. Franco-R. 1985.** Observaciones fitoecológicas en varias regiones de vida de la Cordillera Central de Colombia. *Caldasia* **14** (67): 211-249.

________________ **& J. Aguirre-C. 1986.** Estudios ecológicos en la Cordillera Oriental Colombiana III. Vegetación de la Cuenca del Lago de Tota (Boyacá). *Caldasia* **15** (71-75): 263-312.

________________ **& P. Lowy-C. 1993.** Tipos de vegetación y rasgos fitogeográficos **En:** P. Leyva (ed.). Colombia Pacífico: 182-198. Fondo FEN - Colombia - Bogotá.

________________, **M. Aguilar-P., H. Sánchez-C., P. Lowy-C., A. Garzón-C & L. Sánchez-A. 1995.** Región de la Amazonia. **En**: J.O. Rangel-Ch. (ed.). Colombia Diversidad Biótica I: 83-103. Instituto de Ciencias Naturales. Universidad Nacional de Colombia. Bogotá

________________, **P. Lowy-C., M. Aguilar-P. & A. Garzón-C.** (en prensa). Tipos de vegetación en Colombia. **En:** J.O Rangel Ch., P. Lowy-C. & M. Aguilar-

P. Colombia Diversidad Biotica II. Instituto de Ciencias Naturales. Universidad Nacional de Colombia. Bogotá.

____________, **A. M. Cleef & S. Salamanca. 1996.** (en prensa). The equatorial lowland an subandean forest of the Parque Los Nevados transect. **In:** T. van der Hammen y A. Dos Santos, (eds). *Estudios de Ecosistemas Tropandinos* **5.** J. Cramer, Berlín-Sttutgart.

Rieger, W. 1976. Vegetationskundliche Untersuchungen auf der Guajira Halbinsel (Nodost Kolumbien. Giess. Geogr. Schr. 40: 142 pp. Alemania.

Rudas-Ll., A. 1996. Análisis florístico de la vegetación del Parque Nacional Natural Amacayacu (Amazonas). Trabajo de Magister en Sistemática. Instituto de Ciencias Naturales, Universidad Nacional de Colombia (manuscrito). Bogotá.

Salamanca, S. 1991. The vegetation of the páramo and its dynamics in the volcanic massif Ruiz-Tolima (Cordillera Central Colombiana). Ph.D. Thesis: 122 pp. University of Amsterdam, Amsterdam. The Netherlands.

____________, **A.M. Cleef & J.O. Rangel-Ch. 1992.** La vegetación del páramo **En**: S. Salamanca: La vegetación del páramo y su dinámica en el Macizo volcánico Ruiz-Tolima (Cordillera Central colombiana). *Análisis geográficos* 21:38-63. IGAC. Bogotá.

____**.**(enprensa).ThePáramo vegetation of the Ruiz-Tolima massif. **In:** T. Van der Hammen & A. Dos-Santos (eds). *Estudios de Ecosistemas Tropandinos* **5**. J. Cramer, Berlín-Stuttgart.

Sánchez-M., L.R. 1988. Composición florística de las turberas de los páramos circundantes a Bogotá y su relación con algunos aspectos físico-químicos del sustrato. Trabajo de grado. Departamento de Biología, Universidad Nacional de Colombia (manuscrito). Bogotá

______________ **& J.O. Rangel-Ch. 1990.** Estudios ecológicos en la Cordillera Oriental de Colombia V. La Vegetación de los depósitos turbosos de los páramos de los alrededores de Bogotá. *Caldasia* **16** (77): 155-193.

Saravia, J., J. Hernández & R. Jaramillo. 1965. La vegetación de las zonas áridas y semiáridas de Colombia. Bol. Banco de la República. Bogotá.

Schnetter, R. 1968. Die vegetation des cerro San Fernando und des Cerro La Llorona im Trockengebied bei Santa Marta, Kolumbien. *Ber. Deutsch. Bot. Ges.* **81**: 284-302.

Schultes, R.E. 1945. Glimpses of the little known Apaporis River in Colombia. *Chronica Botanica* **9**: 123-127.

STURM, H. & J.O. RANGEL-CH. 1985. Ecología de los páramos andinos. Una visión preliminar integrada. *Biblioteca J. Jerónimo Triana*. No. 9: 292 pp. Instituto de Ciencias Naturales. Bogotá.

TORO-V., A.P. & J.G. SALDARRIAGA. 1990. Algunas características de la sucesión secundaria en campos de cultivo abandonados en Araracuara, Amazonas, Colombia. *Colombia Amazónica* **4**(2): 31-58. Bogotá.

TORRIJOS, P.O. 1996. La quema y la sucesión secundaria de la vegetación en sectores de la estación biológica Carimagua, Llanos Orientales. Trabajo de grado. Departamento de Biología, Universidad Nacional de Colombia (manuscrito). Bogotá.

URIBE, C.A., L.A. ESCOBAR & J. VALLEJO. 1988. Estudio fenológico de un bosque pluvial premontano en el municipio de Guatapé Antioquia, Colombia. Informe Final presentado al Fondo FEN: 61 pp. Bogotá.

URREGO, L.E. 1994. Los bosques inundables del medio Caquetá (Amazonia Colombiana). Tesis de doctor: 240 pp. Universidad de Amsterdam, Amsterdam. Holanda.

VAN DER HAMMEN, T. 1984. Ecosistemas zonales en el flanco Norte de la Sierra Nevada de Santa Marta (transecto Buritica-La Cumbre). **En:** T. van der Hammen & P. Ruiz (eds). La Sierra Nevada de Santa Marta (Colombia), Transecto Buritaca-La Cumbre. *Estudios de Ecosistemas Tropandinos* **2**: 589-602. J. Cramer, Berlín-Stuttgart.

__________________**. 1995.** Global change, biodiversity and conservation of neotropical montane forests. **In**: S. Churchill, H. Balslev, E. Forero & J. Luteyn (eds). Biodiversity and conservation of Neotropical Montane Forests: 603-607. The New York Botanical Garden. New York.

__________________. (en prensa). Ecosistemas zonales del Parque Nacional Natural Los Nevados - La Cordillera Central colombiana, transecto Parque Los Nevados (Cuarta parte y conclusiones). **En**: T. Van der Hammen & A. Dos Santos (eds). *Estudios de Ecosistemas Tropandinos* **5**. J. Cramer, Berlín-Stuttgart.

__________________ **& E. GONZÁLEZ. 1960.** Upper Pleistocene and Holocene climate and vegetation of the Sabana de Bogotá (Colombia, South América). *Leidse Geologische Mededelingen* **25**: 261-315.

__________________ **& E. GONZÁLEZ. 1963.** Historia de clima y vegetación del Pleistoceno Superior y del Holoceno de la Sabana de Bogotá. *Boletín Geológico* **XI** (1-3): 189-226. Bogotá.

__________________**, J. BARELDS, H. DE JONG & A.A. DE VEER. 1981.** Glacial Sequence and environmental history in the Sierra Nevada del Cocuy

(Colombia). *Palaeogeography, Palaeoclimatology, Palaeocology* **32**: 247-340. También publicado en: *El Cuaternario de Colombia* **9**. (T. van de Hammen, ed.) Amsterdam.

________________, **A. Pérez-P. & P. Pinto-E. 1983.** (eds). La Cordillera Central Colombiana transecto Parque Los Nevados. *Estudios de Ecosistemas Tropandinos* **1:** 345 pp. J. Cramer, Vaduz.

________________ **& P. Ruiz C. 1984.** (eds). La Sierra Nevada de Santa Marta (Colombia), Transecto Buritaca-La Cumbre. *Estudios de Ecosistemas Tropandinos* **2**: 603 pp. J. Cramer, Berlín-Stuttgart.

________________, **D. Mueller-Dombois & M.A. Little. 1989.** Manual of methods for mountain transect studies. IUBS-Unesco-MAB. 61. Paris.

________________, **S. Díaz P. & V. Alvarez. 1989.** (eds). La Cordillera Central colombiana, Transecto Parque los Nevados (segunda parte). *Estudios de Ecosistemas Tropandinos*, **3**: 600 pp. J. Cramer, Berlín-Stuttgart.

________________ **& M.L. Absy. 1994.** Amazonia during the Last Glacial. *Palaeogeography, Palaecoclimatology, Palaeoecology* 109:247-261.

Van Andel, T. 1992. Caracterización y clasificación de bosques inundables en una llanura aluvial en el medio Caquetá, Amazonas, Colombia. Internal report. Hugo de Vries-Laboratorium, University of Amsterdam. 18 pp, 1 mapa y dos anexos.

Van Reenen, G. B.A. 1982. Distribución y ecología de musgos y de hepáticas (datos iniciales). **En**: T. Van der Hammen, A. Pérez-P. & P. Pinto- E. (eds). La Cordillera Central colombiana. Transecto Parque Los Nevados: Introducción y datos iniciales. *Estudios de ecosistemas tropandinos*. **1**: 206-209 J. Cramer, Vaduz, Berlín.

Vargas, O. & S. Zuluaga. 1981. Contribución al estudio fitoecológico de la región de Monserrate. Trabajo de grado. Departamento de Biología. Universidad Nacional de Colombia (manuscrito). Bogotá.

_________ **& D. Rivera. 1991.** Comunidades vegetales del Parque Nacional Natural Chingaza: Sector I: Río La Playa-Río Guatiquía. Cuadernos divulgativos. Universidad Javeriana Facultad de Ciencias. 74 pp. Bogotá.

Vergara & Velasco, F.J. 1901 (1974). (Reimpresión) Nueva geográfia de Colombia. Imprenta de vapor de Zalamea Hermanos: 839 pp. Bogotá.

Vidal-L., M.L. & J.O. Rangel-Ch. 1987. Efecto del fuego sobre la temperatura del suelo y la vegetación de un pastizal de los Llanos Orientales (Meta-Colombia). *Perez-Arbelaezia* **1** (4-5): 55- 84. Bogotá.

VILA, P. 1960. Caldas y los origenes eurocriollos de la geobotánica. *Revista Acad. Colomb. Ci. Exact.* **11** (42): XVI-XXII. Bogotá.

VINCELLI, P. 1981. Estudio de la vegetación del territorio faunístico "El Tuparro". *Cespedesia* **10** (37-38): 7-54. Cali, Colombia.

VINK, R. & V. WIJNINGA. 1986. The vegetation of the semi-arid región of La Herrera (Cundinamarca, Colombia). Internal Report, Hugo de Vries Laboratorium, University of Amsterdam, Amsterdam. The Netherlands.

WOLF, J.H. 1993. Ecology of epiphytes and epiphyte communities in montane rain forest, Colombia. Ph.D. Thesis: 238 pp. University of Amsterdam, Amsterdam. The Netherlands.

ZULUAGA, S. 1987. Observaciones fitoecológicas en el Darién Colombiano. *Perez-Arbelaezia* **1** (4-5): 85-145. Bogotá.

METODOS DE ESTUDIO DE LA VEGETACION

J. Orlando Rangel-Ch. & Alejandro Velázquez

Resumen

El objetivo principal al estudiar la vegetación es definir patrones reales o comunidades vegetales. Con esta finalidad, los métodos a emplear se pueden dividir de manera general en clásicos y automatizados; en ambos se sigue un enfoque fisonómico o florístico. En los primeros se definen patrones con base en técnicas inductivas no refutables, mientras que en los automatizados además de definir los patrones con base en los mismos atributos, se incorporan medidas de afinidad (índices aritméticos o geométricos) que se denominan algoritmos. En la caracterización de la vegetación, igualmente son importantes los análisis sobre diversidad y riqueza y sobre la textura foliar. En esta contribución se explican los procedimientos anteriores y se adicionan recomendaciones sobre la mayoría de los aspectos involucrados en el proceso global, desde la selección del sitio a muestrear, la manera de estimar los parámetros ecológicos hasta sugerencias para el análisis de los datos.

Abstract

The main goal in vegetation studies seeks identifying actual patterns or plant communities. Study methods include two main trends: classic and computarized. Classic methods follow a physiognomic and floristic approach as the main attributes, defining patterns upon inductive-nonrefutable techniques. Computarized methods use the same attributes but include affinity measuremets (aritmetic and geometric indeces) named algorithms. In the vegetations studies, diversity and foliar texture analysis are also included. General guidelines and remarks about vegetation studies which include site selection in the field, estimations of ecological parameters and analytical methods are given.

INTRODUCCION

La vegetación puede considerarse como la representación integral de la interación entre los factores bióticos (intrínsecos y extrínsecos) y abióticos (suelo, agua y clima, entre otros). Por esto, su estudio ha sido abordado desde diversas perspectivas y técnicas que comprenden desde el nivel de organización más reducido hasta el más complejo (gen-cromosoma-individuo-población-especie-comunidad-cuenca-paisaje-bioma).

Una caracterización de la vegetación con base en las especies dominantes, se puede abordar según la fisionomía o la composición florística. En el primer caso, los esfuerzos se dirigen a diferenciar las especies que presentan los valores mayores en parámetros ecológicos (abundancia, densidad, presencia), mientras que en el segundo se trata de establecer conjuntos de especies que denotan maneras de asociarse en patrones o comunidades. Aunque las especies dominantes son de importancia capital, las especies subordinadas pero con valores altos de fidelidad juegan un papel importante en la definición de los conjuntos o comunidades.

Mientras que en una caracterización fisionómica, uno o dos levantamientos permiten obtener un resutado final satisfactorio, en la florística por el contrario se requieren varios levantamientos puesto que se necesita comparar las listas de sus especies para definir cuales son características de la unidad sintaxonómica en cuestión.

Adicionalmente a estos dos procedimientos, en la actualidad hay dos tendencias que cuentan para su aplicación con numerosos seguidores. El análisis de la diversidad y riqueza vegetal, en ciertos casos combinando aspectos de la estructura de la vegetación, que tiene en Gentry (1982) a su impulsor y el análisis de la textura foliar, que retoma los trabajos clásicos de Cuatrecasas (1934) sobre la biotipología y los caracteres simorfiales de la vegetación con énfasis en Colombia.

En esta contribución se tratará de explicar los alcances de cada uno de los procedimientos anteriores, haciendo énfasis en los parámetros que se toman en el campo. Al final se presenta un anexo con consejos prácticos para el estudio de la vegetación.

CARACTERIZACION SEGUN LA FISIONOMIA

Se fundamenta en el estudio de la estructura o arquitectura comunitaria, que está definida por el ordenamiento en sentido vertical y horizontal de sus componentes. En sentido horizontal, el atributo que mejor refleja el aspecto, es la estratificación mientras que en sentido horizontal, aparecen la densidad, el área basal y la cobertura. La estructura fue definida por Barkman (1979), como el patrón espacial de distribución de las plantas y la separó así, de los atributos de la textura foliar. La estructura está directamente implicada en el mantenimiento de una atmósfera mas o menos estable, ya que influye sobre la radiación incidente, sobre el flujo de la precipitación al interior de la comunidad y sobre la acción del viento. El arreglo de las plantas según estratos y sus valores de cobertura se relacionan con el metabolismo de la comunidad ya que controlan la cantidad de la radiación y la evapotranspiración en la fotosíntesis.

Los datos de campo que se utilizan para la caracterización son: densidad o número de individuos según la superficie de muestreo, altura, cobertura (%), CAP (cintura a la altura del pecho) ó DAP (diámetro a la altura del pecho). El análisis de la distribución en clases de las alturas, de los valores de DAP y de las coberturas, facilita la comprensión de la dinámica de la vegetación; se puede interpretar si los sitios muestreados estaban conservados o con cierto grado de alteración (véanse ejemplos ilustrativos en Rangel et al., 1990; Rangel & Garzón, 1994; Prieto et al., 1995 y en Rudas, 1996).

En la expresión de la dominancia, además de los parámetros mencionados se utilizan el Indice de Predominio Fisionómico (IPF, Rangel & Garzón, 1994) y el Indice de Valor de Importancia (IVI, Finol, 1976). De manera complementaria a estas cuantificaciones, se elaboran los diagramas estructurales y los perfiles de vegetación. Las recomendaciones para estimar altura, cobertura y DAP se consignan en la parte de consejos prácticos. Entre los parámetros adicionales figuran:

Area basal

El área basal es la superficie de una sección transversal del tallo o tronco del individuo a determinada altura del suelo; se expresa en cm o m² de material vegetal por unidad de superficie de terreno.

$$\text{Area basal} = \frac{\pi}{4} \times (\text{DAP})^2$$

En formaciones selváticas y boscosas en donde el dominio de los estratos arbóreos es manifiesto, sirve para calcular biomasa en pie, que es una medida indirecta de la productividad del sitio en términos de tiempo.

Indice de densidad

Número de individuos por área de muestreo x 10^{-3}; se utiliza con los datos de las especies arborescentes y permite comparar los resultados de inventarios que provienen de diferentes localidades.

Distribución según clases de los parámetros (Altura, Cobertura y D.A.P.)

Para cada levantamiento según los estratos, se procesa la información con base en el establecimiento de categorías de acuerdo con los valores máximos y mínimos de cada parámetro y con el número de individuos; los intervalos de clase o categorías, se establecen de la siguiente manera:

$$C = (X\text{max} - X\text{ min})/m$$
$$m = 1 + 3.3.\ (\log n)$$

donde: n: número total de individuos
m: número de intervalos
C: amplitud del intervalo
X: parámetro a analizar

A partir de estos datos se elaboran las tablas de distribución de frecuencias y las gráficas respectivas (véanse detalles y discusiones en Rangel & Garzón, 1994; Prieto, 1994; Bello y Kattib, 1995 y en Rudas, 1996).

Indice de Predominio Fisionómico (IPF)

Se calcula en cada levantamiento para los estratos arbóreo y de arbolitos. Permite diferenciar las especies dominantes según un índice que reune los valores de área basal, cobertura y densidad con la siguiente formulación:

IPF = Area basal relativa (%) + Cobertura relativa% + Densidad relativa%

Area basal relativa (%) = Area basal de la especie / Area basal total x 100

Cobertura relativa (%) = Cobertura de la especie (%) / Cobertura (%) total de las especies que conforman el estrato x 100

Densidad relativa (%) = Número de individuos de la especie / Número total de individuos x 100

Indice de Valor de Importancia (IVI)

Tradicionalmente se calcula para las especies arbóreas cuando se comparan levantamientos (500-1000 m^2) provenientes de localidades geográficas separadas. En este caso, la frecuencia relativa es una medida de la presencia, si las unidades de muestreo tienen el mismo tamaño y sus valores dan una idea de la homogeneidad florística del rodal que se estudia. También se utiliza para comparar submuestras provenientes de una superficie como una hectárea pertenecientes a una misma unidad paisajística. En los dos casos se estima siguiendo la propuesta de Finol (1976).

IVI= Densidad relativa (%) + Dominancia relativa (%) + Frecuencia relativa (%)

La densidad relativa y la dominancia relativa (área basal) se calculan como en el IPF.

Frecuencia relativa (%) = Número de veces o submuestras en que se repite una especie / Número total de submuestras x 100.

La sumatoria de los valores del Indice de Importancia (IVI) para todas las especies que se incluyen en un análisis tiene un valor máximo de 300 (Caín & De Oliveira-Castro, 1959).

Una variante a la formulación original fue presentada por Rangel & Garzón (1994) y por Bello & Katib (1995), al estudiar tanto la vegetación natural (no intervenida drásticamente) como la vegetación secundaria en áreas muy alteradas, en la

Cordillera Central entre 2200 y 2500 m; la frecuencia relativa "regional" de una especie se calculó como el promedio de los valores que presentó en cada comunidad florísticamente definida.

Diagramas estructurales

En los diagramas estructurales se representan los valores de cobertura (%) según los estratos (metros de altura). Sirven para dar una idea gráfica de la dominancia energética según disposición vertical. En este aparte figuran también los danserogramas o diagramas de formas de vida que ilustran la estructura de manera vertical en cada tipo de comunidad (Kent & Coker, 1992).

Los perfiles de vegetación

Son muy útiles para entender la estructura de la vegetación. Se trata de mostrar mediante un dibujo "real", los arreglos vertical y horizontal de una porción representativa de la vegetación. Se recomienda elegir una línea de corte o línea guía que vaya en sentido de la pendiente. Se seleccionan como puntos de referencia los árboles y arbustos que toquen o estén próximos a la línea, los cuales se van dibujando, incluyendo la altura, forma aproximada de copa y porte del tronco.

El borrador que se elabora en el sitio del levantamiento debe mejorarse al regreso al laboratorio, proceso que demanda varios pasos en los cuales es conveniente contar con la asistencia de un experto ilustrador. Como una medida complementaria se sugiere tomar el mayor número posible de fotos (diapositivas) tanto en el interior como en el exterior de cada comunidad. En las comunidades de pastizales, el proceso es simple, en el bosque o en la selva es un tanto más dispendioso. Es necesario llevar un registro pormenorizado del rollo, fecha y ubicación del levantamiento, número de la diapositiva, estrato sobre el cual se hizo la toma.

En la literatura sobre estudios de la vegetación de Colombia, son numerosos los ejemplos de estos perfiles, que han tenido en Antoine M. Cleef (Amsterdam) al pionero de los bocetos de campo y en Eugenia de Brieva (Colombia) a una de las más conocidas ilustradoras del arte final.

CARACTERIZACION FLORISTICA

PROCEDIMIENTOS NO AUTOMATIZADOS (CLÁSICOS)

Se trata de definir unidades de vegetación según las especies características exclusivas o diferenciales que son indicadoras de condiciones ecológicas. Las metodologías desde las tradicionales (varios arreglos manuales de las tablas de vegetación) hasta las elaboradas con análisis estadísticos, se fundamentan en los principios de similaridad entre pares de levantamientos.

Los datos de campo se pueden tomar en áreas bien delimitadas, o mediante transectos lineales (50 a 100 m) con mediciones a un metro a cada lado de esta línea hasta completar la superficie seleccionada.

La metodología más utilizada es la de Zurich-Montpellier (Braun-Blanquet, 1979) la cual fue adoptada por autores colombianos y holandeses para la ejecución del programa de investigación ECOANDES (Estudio de Ecosistemas Tropandinos). En razón a que los fundamentos del programa residían en la interdisciplinaridad, la caracterización de la vegetación tuvo que adecuarse a los objetivos de otros miembros del grupo, particularmente al de los palinólogos y paleoecólogos que fundamentan su trabajo de reconstrucción de la vegetación en fases de su historia natural, en la definición de asociaciones palinológicas y sus relaciones con las asociaciones o agrupaciones particulares que muestran las plantas en la actualidad. Ciertos índices muy útiles en la palinología y en la dispersión del polen como la relación entre la frecuencia polínica relativa (%) de un taxón en el sedimento versus la cobertura relativa (%) del mismo en la superficie del levantamiento, podían ser relacionados de manera más fácil si se tomaban los datos de manera tal que permitieran su comparación.

Se insistió en simplificar procedimientos de la metodología original (área mínima) y en prescindir del uso de las escalas con clases en los cálculos de cobertura y densidad, para evitar hasta donde fuera posible la subjetividad intrínseca del método original (véase la sección de consejos prácticos).

Area mínima: Es uno de los parámetros mas controvertidos del enfoque; se trata de establecer la relación entre el número de especies versus el área del inventario hasta obtener un punto de saturación, es decir que por más que aumente el área, el número de especies permanece estable. La superficie de inventarios así establecida, le permite al interesado tener la certeza de que está estudiando fragmentos de la comunidad que tienen una composición florística representativa de una asociación a definir. La formulación original de Braun-Blaquet (1979) es fácil de aplicar en ambientes con vegetación abierta como las zonas de alta montaña con los bosques altoandinos y en el páramo con la vegetación de pajonales, frailejonales y matorrales, en donde también el conocimiento taxonómico de la flora es satisfactorio. Igualmente es factible aplicarla en habitats con vegetación florísticamente pobre como en los cardonales de la "zona árida", los manglares de las zonas estuarinas o en comunidades muy homogéneas en la media montaña de Colombia como los robledales de *Quercus humboldtii*.

Sin embargo, en otros tipos de ambientes en donde además de la heterogeneidad de la vegetación y la variedad de microhabitats, el conocimiento a nivel taxonómico no es satisfactorio, resulta muy complicada su aplicación porque no hay seguridad de que se hayan incluido todas las especies. En estos casos, queda la posibilidad de fundamentar el cálculo, seleccionando una forma de crecimiento dominante en la comunidad como los árboles en un bosque o en una selva y basar las estimaciones sobre área mínima en el número de especies arbóreas, como lo hizo Vareschi (1980) para la vegetación de Rancho Grande (Venezuela). Si aún no hay conformidad con esta solución, entonces lo más apropiado es que se revisen de trabajos con corte metodológico afín y se decida sobre la superficie de muestreo.

En Colombia y con base en las contribuciones de Van der Hammen et al. (1960, en Grabandt, 1980), Cleef (1981), Lozano & Schnetter (1976), Aguirre & Rangel (1977), Rangel & Aguirre (1983) y Rangel (1991), se sugieren los siguientes superficies para los inventarios:

a. En la baja y media montaña de Colombia entre 2000 y 2200 m de altitud, 500 a 1000 m^2 de superficie.

b. En la alta montaña 2200 a 3000 m, 500 m^2. Entre 3000 y 3500 m, áreas de 150 a 250 m^2.

c. En el páramo desde 100 m^2 para los bosques de *Polylepis* hasta 16 m^2 en pajonales, pasando por áreas de 50 y 25 m^2 para matorrales y frailejonales.

En las formaciones selváticas y boscosas del Amazonas, del Chocó y en los bosques húmedos del Magdalena y de la Sierra Nevada de Santa Marta, se sugieren superficies de muestreos de 1000 m^2 --no obstante las contribuciones recientes de Cediel & Pardo (1995) para el Pacífico y de Rudas (1996) para la Amazonia-- que han puesto en evidencia la necesidad de seguir experimentando en lo relativo al área ideal de muestreo.

Una vez efectuados los levantamientos e identificado el material botánico, el proceso siguiente se relaciona con la elaboración de las tablas de composición florística, lo cual se puede realizar así:

a. Métodos cualitativos

Se colocan juntos los levantamientos de un tipo determinado de vegetación (por ejemplo, aquellos que se realizaron en una comunidad denominada matorral); se calcula el valor de presencia para cada especie (ni/N = Número de levantamientos en que se encontró a una especie determinada /Número total de levantamientos en ese tipo de vegetación). Puede calcularse en forma directa (%) o según las clases:

I (0-20%)
II (21-40%)
III (41-60%)
IV (61-80%)
V (81-100%)

Se ordenan luego las especies en orden decreciente de mayor a menor presencia; con esta tabla que se llamará "general" o no elaborada, se comienzan a detectar tendencias de agrupamientos. Para definir los grupos de levantamientos, se trabajará con las especies con presencia entre 70% y 20%, las especies con grado de presencia superior a 70% e inferior a 20% no se toman en cuenta, debido a que son constantes o esporádicas (raras) y obscurecen las relaciones de similaridad.

Por inspecciones detalladas se van marcando las especies que se presentan en varios levantamientos, las cuales luego se colocan juntas para obtener una tabla nueva, en donde se ordenarán según el grado de presencia o de frecuencia. Si es necesario un agrupamiento extra se procede y a continuación se adicionan las especies constantes y los grupos detectados. En todo caso se debe procurar que en la tabla final se reflejen los grupos diferenciados. Esta aproximación fue explicada en Mueller-Dombois & Ellemberg (1974) y se aplicó en Colombia entre otros por Cleef (1981), Vargas & Zuluaga (1981), Franco (1982) y Duque (1987).

b. Métodos cuantitativos

Se recurre al uso de paquetes que producen agrupamientos de los levantamientos con base en alguna medida de afinidad. Cuando no se decide por esta opción, pero si se desea utilizar una herramienta matemática, se aplica un índice de similaridad para agrupar los levantamientos. Se parte desde el punto en que se seleccionaron las especies con valores de presencia entre 20 y 70 % y se emplea un índice como el de Jaccard (en Duque, 1987) o Sörensen (en Vargas & Zuluaga, 1981; Bernal, 1985) que reúnen los levantamientos según una matriz de aglomeración por unión promedio. Posteriormente con base en sus resultados, se elabora el dendrograma de similaridad. Se siguen los mismos pasos que en el método tradicional para la elaboración de la tabla elaborada.

Indice de similaridad de Jaccard: $Isj = C/(A+B)-C \times 100$ (en Duque, 1987).

Indice de similaridad de Sörensen: $Iss = 2C/(A+B) \times 100$ (en Bernal, 1985).

A: Número de especies en el levantamiento A
B: Número de especies en el levantamiento B
C: Número de especies comunes en los dos levantamientos

Los dos permiten comparar pares de muestras del mismo tamaño; según Mueller-Dombois & Ellemberg (1974, en Bernal, 1985) el índice de Sörensen es matemáticamente más satisfactorio porque incluye un término de probabilidad estadística. En las dos formulaciones, el valor más alto que resulta de la comparación inicial entre los pares de muestras constituye una nueva entidad que se adiciona a las restantes. Las dos muestras que se unieron no se toman en cuenta y los nuevos valores de similaridad provienen del promedio de los valores individuales. El proceso se continúa hasta lograr la diferenciación de dos subconjuntos, seguidamente los valores encontrados se grafican para obtener los dendrogramas de afinidad.

Un ejemplo muy sencillo del proceso es el siguiente: Al comparar la similaridad según el índice de Sörensen entre cuatro levantamientos de vegetación subandina de Colombia se encontraron los valores que aparecen en la siguiente matriz.

Levantamientos	1	2	3	4
1	100			
2	50	100		
3	40	35	100	
4	20	15	25	100

El valor mayor (50%) lo muestran la intersección de 1 y 2. Esta será la próxima pareja y los cálculos para establecer la similaridad se efectúan así:

IS(s-j) de (1U2) versus 3= Is 1U3 + 2U3/2 = 40 + 35/2 = 38

Se continua el proceso hasta diferenciar dos subconjuntos y luego con los valores de cada paso se elabora el dendrograma.

Cuando se efectúan los dos procedimientos es muy frecuente que los datos del dendrograma sirvan para ordenar una vez más la posición de las especies en la tabla final.

Definición de unidades de vegetación.

El sistema jerárquico de la propuesta fitosociológica clásica (Braun-Blanquet, 1979) sirve como marco para la definición de las unidades. Se deben seguir las recomendaciones para su designación; una asociación debe posee especies características exclusivas dominantes o especies diferenciales, las cuales pueden tener valores sociológicos bajos, pero solamente se encuentran en un determinado tipo de vegetación.

Es deseable que en la caracterización y en la denominación final se tenga en cuenta el tipo fisionómico de la vegetación; si es un bosque definirlo con al menos una especie exclusiva o característica dominante del estrato arbóreo, si es un matorral alto con una del estrato arbustivo; en comunidades herbáceas y en prados la o las especie(s) dominante(s) deben aparecer como típicas de la unidad.

Después de obtener las agrupaciones de levantamientos, se pasa al punto de relacionar cada grupo florístico definido con base en las especies exclusivas o diferenciales y con las áreas de distribución para sustentar la validez de esta primera aproximación. Finalmemte con los datos de presencia o frecuencia transformados en escalas (I, II, III, IV, V) y los valores promedios de cobertura de las especies dominantes o diferenciales de cada comunidad, se confeccionan las tablas de fidelidad regional (Braun-Blanquet, 1979) que van a indicar el arreglo sintaxonómico final. Un ejemplo ilustrativo de esta acción se encuentra en Sánchez & Rangel (1990) en la tipificación de la vegetación de los pantanos de los páramos de los alrededores de Bogotá.

Si dos grupos presentan varias especies con buenos valores sociológicos (cobertura y densidad) es factible reunirlos en una unidad mayor: la alianza; cuando el área de trabajo es lo suficientemente grande dos o mas alianzas que comparten especies con valores sociológicos importantes constituyen un orden; dos o mas órdenes se pueden agrupar en la categoría mayor: la clase. Al igual que la jerarquía sistemática, en la sinsistemática en la medida en que se progresa en la pirámide, el número de especies comunes disminuye. Una vez concluido este proceso, se confecciona la tabla sintética en donde se incluyen otros datos como la altitud, el número de levantamientos, el número de especies, el valor del pH, la pendiente, la exposición y otros aspectos ecológicos y geográficos. En las tablas finales se adicionan los números de colección de los especímenes no determinados a nivel de especie. La sigla n.c., indica que no existe testimonio o especímen de herbario del taxón aludido. Las descripciones de los sintaxa deben seguir las recomendaciones del código de nomenclatura fitosociológica (Barkman et al., 1976).

PROCEDIMIENTOS AUTOMATIZADOS

Persiguen el mismo objetivo: definir patrones o comunidades reales con base en las especies o taxa simpátricos. Tienen la virtud de utilizar a técnicas estadísticas que permiten replicar y ponderar las (di)similitudes entre los patrones encontrados. Se les considera como análisis multivariados exploratorios porque no refutan o aceptan una hipótesis de manera formal (Figura 14a).

Existen dos enfoques principales: clasificación y ordenación.

La clasificación incorpora índices de similaridad tanto de datos binarios como de ordinales, ya sea arreglos jerárquicos o no jerárquicos, divisivos (utilizan índices de disimilitud) o aglomerativos (utilizan índices de similitud), monotéticos (agrupan a partir de un sólo atributo) o politéticos (a partir de varios atributos). Los agrupamientos pueden realizarse a partir de los levantamientos (agrupación tipo Q) o a partir de las especies o taxa (agrupación tipo R). En el sentido estadístico estricto, la clasificación persigue reducir los N levantamientos y las N especies a un cierto número N de grupos homogéneos. Los algoritmos más usados son el análisis discriminatorio, el de promedios recíprocos y el de correspondencia. El primero incorpora pruebas paramétricas (por ejemplo t de students) definiendo en primera instancia los levantamientos o los taxa que son más disímiles y probando su separación por medio de una prueba de t. Así, ubica los levantamientos o taxa a lo largo de un eje como puntos extremos y continúa la agrupación a lo largo del mismo eje pero con el resto de los levantamientos y taxa. Los algoritmos de promedios recíprocos y análisis de correspondencia pretenden el arreglo de los levantamientos y taxa a lo largo de ejes estocásticos; las agrupaciones se forman comparando los promedios extremos en cada eje. El eje que más separación presenta por sus promedios, se le considera el eje 1 y se le asigna un valor denominado "eigenvalue" que va de 0 a 1. Entre más cercano a 1 hay mayor certeza en la separación de los grupos. El proceso se repite hasta encontrar las agrupaciones que presentan menor heterogeneidad interna y mayor heterogenidad externa.

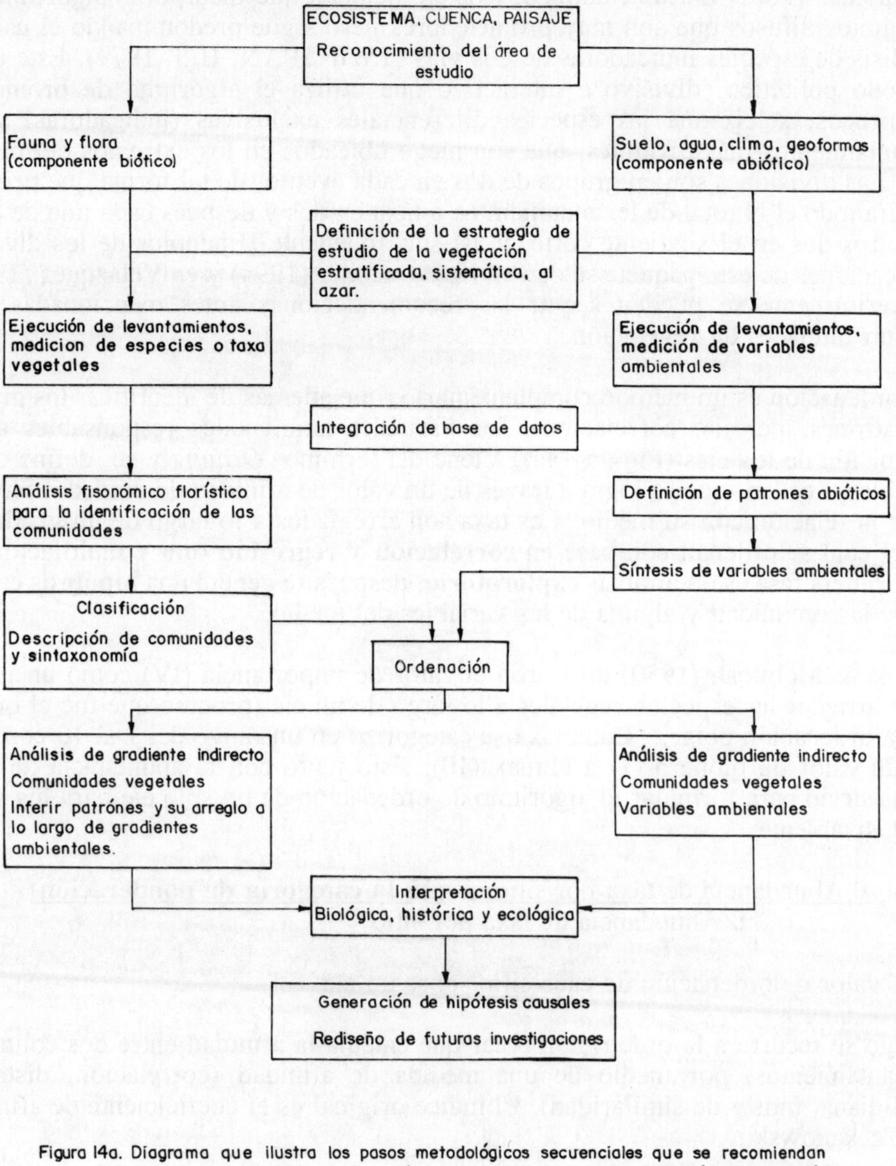

Figura 14a. Diagrama que ilustra los pasos metodológicos secuenciales que se recomiendan para el estudio de la vegetación. Los aspectos de paleovegetación e integración de los datos en sistemas de información geográfica son los aspectos complementarios a este esquema.

Estas técnicas multivariadas han sido automatizadas en varios paquetes; entre los más populares se encuentran: TABORD, FLEXCLUS y TWINSPAN (Ludwig y Reynolds, 1988). En la actualidad, existen métodos que incorporan algoritmos de conjuntos difusos que son muy prometedores pero sigue predominando el uso del análisis de especies indicadoras de dos vías (TWINSPAN, Hill, 1979). Este es un método politético, divisivo e interactivo que utiliza el algoritmo de promedios recíprocos; selecciona las especies diferenciales exclusivas (indicadoras) y los levantamientos más disímiles, que son luego ubicados en los extremos del primer eje. Las divisiones son en grupos de dos en cada evento, de tal forma que primero separa todo el N total de levantamiemtos o taxa en dos y después cada uno de éstos en otros dos en el siguiente corte, y así sucesivamente. Ejemplos de los diversas aplicaciones de este paquete se dan en Kent y Coker (1994) y en Velázquez (1993). Posteriormente se pueden seguir las recomendaciones antes mencionadas para definir unidades de vegetación.

La ordenación es un método complementario, que además de identificar los grupos o patrones, permite correlacionar las variables ambientales responsables de la definición de los ejes (Figura 14a). Viene del término *Ordung* y se define como establecer orden, que se logra a través de un valor de afinidad de unidades bióticas y de la relación con su medio. Los taxa son arreglados a lo largo de un **gradiente** en el cual se ordenan con base en **correlación y regresión** (uni y multifactorial). La primera fase es un **análisis exploratorio**, después se genera una **hipótesis causal** entre la comunidad y alguna de las variables del medio.

Curtis & McIntosh (1950) utilizaron el valor de importancia (IV) como un índice para arreglar las especies vegetales a lo largo de un eje (proceso que fué el origen de la ordenación polar). Cada taxa se categorizó en un rango del 1 al 10 con base en un valor de pionero (1) a climax (10). Esto junto con la abundancia de cada taxa, sirvió para formular el algoritmo de ordenación de un solo eje para los sitios exclusivamente.

$$Sj = \frac{\Sigma \text{ Abundancia de taxa por sitio } \textbf{(según la categoría de ponderación)}}{\Sigma \text{ Abundancia de taxa por sitio}}$$

Sj= valor de ordenación de cada sitio sobre un eje.

Luego se recurre a la ordenación polar que calcula la afinidad entre dos columnas (levantamientos) por medio de una medida de afinidad (correlación, distancia euclidiana, índice de similaridad). El índice original es el coeficiciente de afinidad de Czekanowski:

$$Sc = \frac{2\Sigma \text{ mínimo } (X1, Y1)}{\Sigma X1 + \Sigma Y1}$$

Donde: X1 y Y1 son los valores de los atributos de los taxa
Σ mínimo (X1, Y1) es la suma de los mínimos valores comunes a los dos sitios.

A continuación, se calcula una matriz de disimilitud y se seleccionan los sitios más disímiles, que se excluyen. El procedimiento se repite hasta localizar todos los sitios a lo largo del eje de ordenación. Se construye el segundo eje, eligiendo los sitios que esten más cerca del centroide del primer eje pero con mayor disimilitud y se repite la operación. Actualmente no se le recomienda por el artificio estadístico que implica mayores separaciones entre grupos por la selección de los sitios o taxa extremos.

Otro método de amplio uso, es el análisis de componentes principales, el cual se basa en la construcción de autovectores (eigenvectors) a través de una matriz de proyección de los valores de los sitios sobre ejes artificiales. La proyección se restringe a buscar la combinación que logre un valor y solo uno de un punto sobre el resto de los ejes y un valor de cero para los dos restantes. Se recomienda trabajar con tres ejes, pero se pueden incluir más. El algoritmo es geométrico (por ejemplo el Teorema de Pitágoras). El valor de los autovectores va de -1 a 1 (l) y se simbolizan con números romanos. Se recomienda: estandarizar los datos calcular la afinidad y los valores de autovectores y autovalores de sitios y taxa. El autovalor de cada autovector, se reduce al valor de éste último que explique la máxima variabilidad de los datos analizados.

Se recomienda para datos de distribución lineal o para estudios realizados en un gradiente muy reducido. El algoritmo de más amplio uso, es el análisis de correspondecia, en el cual se da una ponderación a los sitios con base en las especies y a las especies con base en los sitios (Ludwig & Reynolds, 1988).

$$Sj = \frac{\Sigma \text{ Abundancia de taxa por sitio } (\textbf{categoria de ponderación})}{\Sigma \text{ Abundancia de taxa por sitio}}$$

Sj = valor de ordenación de cada sitio sobre un eje.

La ponderación no es preconcebida, sino al azar dando valores entre 0 y 100 con base en un eje hipotético. El proceso se repite n veces hasta que se encuentra el eje de mayor autovalor. Es por esto, que se le llama algoritmo de "**promedios reciprocos**". Se puede calcular por medio de matrices de datos como se estiman los autovalores y entonces se denomina "**análisis de correspondencia**". Es el más ampliamente utilizado con todos los tipos de datos y con diversas posibilidades de aplicación.

Para detalles técnicos sobre el uso y paquetes sobre la clasificación y ordenación se recomienda leer a Hill (1979) y a Ludwig y Reynolds (1988).

ANALISIS DE LA DIVERSIDAD Y DE LA RIQUEZA

FUNDAMENTO

La riqueza se define como el número de taxa que tipifican a una localidad, región o parcela. Deben tenerse en cuenta dos situaciones: a. cuando está referida a una localidad, sitio o región geográfica claramente definida en su extensión o en su área o cuando se citan límites altitudinales precisos b. cuando se relaciona con las especies que se encuentran únicamente en los inventarios provenientes de una superficie delimitada (50, 100, 250, 500, 1000 o 10.000 metros cuadrados). Se puede utilizar el acercamiento seguido por otros especialistas y hablar de diversidad, cuando se incorpora algún valor de abundancia (densidad, frecuencia o cobertura) y se divide en ALFA (a) dirigida al área o sitio (heterogeneidad biológica de un sitio), diversidad BETA (b) que se relaciona con la comparación de dos localidades o sitios con base en su composición (heterogeneidad de hábitats) y GAMA (c) cuando se comparan las diversidades ALFA y BETA entre biomas. Los datos pueden provenir de parcelas bien delimitadas o de transectos. Los resultados de la propuesta de Gentry (1982) en esencia se refieren a la diversidad BETA. Para detalles sobre las diversas modalidades de los índices, véase a Magurran, 1988.

En el caso del transecto, en el sentido de su proponente (Gentry, 1988), se toman las medidas (Presencia, DAP) para los individuos con DAP > 2.5 cm, que en sentido estricto arraigan en el área delimitada por la línea. Por su sencillez, la metodología de Gentry, fue acogida rápidamente. En algunos casos se le ha extendido su radio de aplicación para incluir a todos o a casi todos los elementos que se encuentran en el transecto, inclusive elementos herbáceos que no cumplen con el valor diamétrico mínimo (Franco *et al.*, 1996). Si se relaciona con los enunciados teóricos de la fitosociología, la metodología de Gentry, hace referencia entonces a las simorfias, estratos o parte de la comunidad con cierto rango de dominancia. Aunque en ocasiones incluye elementos herbáceos (Cyclanthaceas, Araceas), la mayoría de estos ya sean terrestres, trepadores o epífitos con DAP < 2.5 cm no se contabilizan en la caracterización global. Los resultados son muy apropiados al momento de decidir sobre medidas de preservación y conservación, porque parten del fundamento básico que es caracterizar según las especies dominantes, que en un bosque o en una selva son los árboles, cuyo inventario en esta metodología permite un conocimiento detallado de la composición según la formación vegetal. Es indiscutible que la fundamentación teórica de Gentry (1988, 1995) fue acertada y al universalizarse su aplicación se han comprobado sus aciertos para conocer la diversidad y riqueza vegetal. En la metodología de ECOANDES, los detalles sobre la distribución de las especies y las aproximaciones sobre la diversidad de una comunidad vegetal, con base en una superficie de muestreo que funciona a manera de área mínima, producen estimativos concretos sobre la riqueza vegetal. Los valores así calculados pueden compararse con un márgen de seguridad mayor que en el caso de la metodología de transecto en donde se incluyen diversos habitats. Los cálculos de diversidad o riqueza específica (con los dos procedimientos) se fundamentan en relaciones simples según categorías taxonómicas, diversidad de familias según número de géneros o de especies y diversidad o riqueza de géneros. Igualmente se utiliza el concepto de centros de concentración de especies cuando se estudia una localidad geográfica amplia que incluye diversos habitats, por ejemplo la región de vida andina (2300-3500 m) en la Cordillera Oriental de Colombia.

Las interpretaciones de los datos, normalmente se expresan mediante histogramas o gráficas de barra que facilitan su comparación. Contribuciones como la de

Hammel (1990) y las de Rangel (1995) y Rangel (ed., 1995) sobre la diversidad florística de las regiones naturales de Colombia ilustran este proceder. En cada caso, los valores se presentan de manera absoluta y /o relativa.

INDICES DE DIVERSIDAD

Cuando se prefiere presentar o discutir los datos con base en el uso de índices se puede acudir al uso de formulaciones bastante familiares y de amplio uso en la Biología como:

Indice de diversidad de Shannon-Weaver (da preferencia a las especies dominantes) y el índice de diversidad de Simpson (da preferencia las especies comunes), como los más ampliamente difundidos (Ludwig & Reynolds, 1988) o uno de sus derivados como el empleado por Duivenvoorden & Lips (1993) para su tratamiento sobre la diversidad de la vegetación del medio Caquetá.

Indice de Shannon-Weaver $H' = \Sigma\ (pi\ lnpi)$

donde: $pi = ni / N$
ni / N es una relación de riqueza

Diversidad específica relativa (Rangel, 1991)= Número de especies x 10-3 / Superficie m^2.

En la formulación original, se expresó como densidad específica. Se aplica para el total de las especies en un levantamiento o para las especies por estrato o por categoría ya sea diamétrica o de área basal. Expresa una idea del carácter riqueza por metro cuadrado y permite comparar inventarios forestales de diferente tamaño. Se parte del supuesto de que se comparan "abstracciones" o unidades de vegetación con una área mínima que refleja una composición florística definida y con una corología particular. Es útil para discutir la variación específica por ejemplo en un gradiente altitudinal. Obviamente en estos casos no se aplica la relación de Arrhenius (en World Conservation Monitoring Centre, 1992) relativa al incremento en el número de especies en la medida en que aumenta el área de muestreo.

Indice de Valor de Importancia para Familias (Mori & Boom, 1987)

Es una mezcla de expresiones de la diversidad y parámetros fisionómicos; se le utiliza preferentemente en trabajos de corte florístico-taxonómico.

IVF=Densidad relativa (%) + Diversidad relativa (%) + Dominancia relativa (%).

Los cálculos de Densidad y Dominancia relativa (%) son los mismos que para el IPF o el IVI.

Diversidad relativa = Especies por familia / # total de especies x 100

El índice de valor de importancia para familias se calcula para la más importantes en cuanto a número de especies, teniendo en cuenta que posean individuos en los estratos altos con DAP mayor o igual a 10 cm.

CARACTERIZACION SEGUN LOS ASPECTOS DE LA TEXTURA FOLIAR-INDICES MORFOECOLOGICOS

Se dirige a estudiar los individuos en sus formas de crecimiento y en la tipología foliar (condiciones morfoecológicas de las hojas). Las características de la arquitectura (estratificación y espaciación) y de la textura (adaptivas) muestran cómo los vegetales se acomodan al medio particular influenciado permanentemente por el clima. La detallada observación y el posterior análisis de estos caracteres, proporciona una gran ayuda para la comprensión de las causas que han incidido en la distribución de los diferentes tipos de vegetación en una área determinada o en una región geográfica extensa. Aunque el microclima ejerce papel preponderante, no debe olvidarse que también las condiciones físico-químicas del sustrato, condicionan en gran manera la apariencia (fisionomía) de la planta.

Para esta parte del estudio, preferiblemente deben considerarse las especies censadas en los levantamientos respectivos. Se recomienda que las labores se efectúen de manera conjunta con las de la caracterización de la vegetación. Es apropiado distinguir las morfoespecies y diferenciar sus formas de crecimiento (árbol, arbolito, arbusto, hierba). Anotaciones sobre la localidad, altitud (m), temperatura, comunidad ó tipo de vegetación deben ser tomadas en cuenta para cada levantamiento.

En cada levantamiento se colectarán entre 6 y 30 hojas de cada una de las morfoespecies mejor representadas (según valores de densidad o de cobertura). A las hojas, se les registra su peso en fresco, luego se prensan y se preservan con alcohol. En el laboratorio se secan de manera individual a una temperatura de 80°C hasta obtener un peso constante. El procesamiento de la información se realiza según los siguientes aspectos:

CUANTITATIVOS

Tamaño o área foliar: De cada taxón se escogen hojas grandes, medianas y pequeñas para promediar la longitud y el ancho y con base en estos datos calcular el área promedio (dada en dm^2/cm^2) según la siguiente fórmula:

$$A = (2/3)\ l \times a$$

donde: l = longitud promedio de la hoja

a = ancho promedio de la hoja

Las mediciones se transforman a las escalas utilizadas para clasificar las hojas según su tamaño (Raunkiaer, 1916) con la modificación de Webb (1959). Comprende las siguientes categorías:

Leptófilas	área foliar menor de...		25 mm²	
Nanófilias	" "	entre	26	y 225 mm²
Micrófilias	" "	entre	226	y 2.025 mm²
Notofilas	" "	entre	2026	y 4500 mm²
Mesofilas	" "	entre	4501	y 18225 mm²
Macrofilas	" "	entre	18226	y 164025 mm²
Megafilas	área foliar mayor de...		164.025 mm²	

Consistencia foliar: Usando un calibrador o nonio se mide el grosor de varias hojas del especímen. Las magnitudes resultantes se pueden agrupan en categorías o clases, así (Tafur, 1989):

CATEGORIA	GROSOR DE LA LAMINA
A	0.005 - 0.15 mm
B	0.16 - 0.35 mm
C	0.36 - 0.45 mm
D	0.46 - 0.55 mm
E	0.56 - 0.65 mm
F	> 0.66 mm

CUALITATIVOS

Análisis que se efectúan directamente sobre el material vegetal (Lawrence, 1970; Tafur, 1989).

Consistencia foliar:
Coriáceas (C) duras, en seco se quiebran fácilmente; producen un ruido al partirlas.
Subcoriáceas (Sc) o cartáceas o de apariencia de cartulina. Carnosas, gruesas, no se quiebran fácilmente.
Membranosas (M), herbáceas, suaves, delicadas; en seco se notan casi traslúcidas.

Protección foliar:
Tomentosa (T): si presentan lanas, tomento, pelos agrupados, ya sea por la haz o por el envés.
Escabrosas (E): si son ásperas al tacto, como el papel de lija, en ocasiones la superficie es bastante accidentada.
Hirsutas (H): si presentan pelos aislados, largos, no continuos.
Glabra (G): sin protección.

Composición: Simples ó compuestas (paripinadas e imparipinadas).

Apice de la hoja: Agudo, obtuso, emarginado, cuspidado, acuminado, apiculado, crenado, ondeado y redondo.

Nerviación: Penninervia, paralela, reticulada, uninervia, palmada, curvinervia y sin nerviación aparente.

Margen: Entero, pinnatifido, aserrado, dentado, denticulado, crenado, lobado y ondeado.

Forma: Lanceolada, lorada, oblanceolada, ovada-lanceolada, oblonga, linear, ovalada, redonda, obovada, elíptica y ovada.

Base: Aguda, obtusa, acuminada, sentada, redonda y peltada.

Frecuentemente se requiere efectuar agrupamientos de estas características en categorías amplias, para poder detectar tendencias en la biotipología y póder relacionar el patrón morfológico con las variables ambientales.

Se elaboran tablas con la composición florística y con las características a nivel foliar, ojalá según los estratos.

INDICES MORFOECOLÓGICOS

Peso específico foliar: Una vez obtenida el área promedio, se calcula el peso específico de la hoja (SLW, dado en g/dm^2), que es el peso seco de la hoja por unidad de área y está dado por la fórmula:

SLW (g/dm) = Peso seco promedio por hoja/ área promedio (Veneklaas, 1985).

Suculencia: La suculencia o peso del agua se calcula por unidad de área (g/dm^2), así:

SUC = P. fresco - P. seco / área foliar

SUC = Peso del agua / unidad de área foliar

Esclerofilia: El porcentaje de esclerofilia se calcula con los dos parámetros anteriores y según la fórmula:

Esclerofilia = (SLW / SLW + SUC) x 100%

Para cada levantamiento se establecen las tendencias predominantes y finalmente se hace una descripción de la vegetación. Ejemplos detallados al respecto para Colombia se encuentran en Cuatrecasas (1934); Tafur, (1989) y Rangel (1991).

CONSEJOS PRACTICOS PARA EL ESTUDIO DE LA VEGETACION

Es indispensable familiarizarse con la flora, ya sea mediante colecciones previas, por revisión de la literatura general (trabajos de vegetación en áreas altitudinales similares) o mediante consulta en los herbarios. En el campo se requiere cierto grado de pericia en la toma de datos.

1. Elección del área de muestreo: De acuerdo con la fisionomía y con la homogeneidad comunitaria (repartición o acomodación de las plantas), se decide la parte de la misma a trabajar. Se debe buscar un sitio sin marcados rastros de intervención humana y/o natural. Acá conviene recordar los enunciados de Ashby (1948, en Braun Blanquet, 1979, pag, 23): "Cuando el ecólogo detiene su coche y decide que ha alcanzado un sitio apropiado para estudiar unos cuadrados en una comunidad, ya ha realizado el acto principal de clasificación y esto lo ha hecho subjetivamente. Todos los análisis cuantitativos posteriores, únicamente elaboran y posiblemente oscurecen, la decisión subjetiva original".

2. Delimitación del área: Se procede a marcar el levantamiento con cabuya. En formaciones selváticas o boscosas es apropiado efectuar "clareos o trochas muy tenues" en los bordes del cuadrado o rectángulo, por donde se transitará preferentemente. En lo posible dentro del cuadro a muestrear no se realizarán otras labores como elaborar el perfil de suelos, medidas de la actividad de la artropofauna, colocar trampas Barber, o redes para capturar aves. Estas labores es mejor desarrollarlas en las cercanías del cuadro o en los bordes.

En localidades en donde por diversos factores no sea factible seleccionar un área representativa de la formación vegetal, especialmente en las formaciones selváticas y boscosas de las regiones Amazónica y Pacífica, se efectuarán transectos lineales de 50 metros de largo por 2 de ancho en los cuales se censarán (según el objetivo del estudio) las formas de crecimiento con mediciones de altura y de circunferencia. En estos casos no se estimará cobertura (%), es decir la proyección de la copa sobre la superficie muestreada.

3. Inspección y colección botánica preliminar: Dos personas colectarán el material vegetal (fértil y estéril) del cuadro ya delimitado. Esta labor se adelantará con mucho cuidado para no dañar la vegetación baja. Este primer inventario debe servir para tipificar unidades taxonómicas, es decir entidades que se puedan reconocer en una próxima ocasión en que se les encuentre. Una labor que facilita la determinación del material estéril colectado en los cuadrados, es realizar colecciones en los bordes o en las cercanías del cuadro, en sitios abiertos (pobres en vegetación), en donde por lo regular se consiguen las muestras fértiles y de una manera fácil.

Si se desconocen el nombre botánico o el común de una entidad, se le da un apelativo que puede basarse en las características de la corteza (color, sabor, exudados, estriaciones) o de las hojas (forma, tamaño, protección). Si se logra la colaboración de un campesino de la región o de una persona familiarizada con la vegetación y con la flora local, la labor se facilitará bastante.

4. Del censo en el cuadro. Se alistan 4 ó 6 bolsas de plástico grandes y gruesas (80 x 40 cm) y 50-80 pequeñas (40 x 25 cm), marcadores indelebles, libreta de notas, formularios de levantamientos, lápices, papel milimetrado y papel blanco en cuadrículas pequeñas de 5 x 5 cm que funcionan como etiquetas. El grupo distribuye las tareas; una persona anota en el formulario o libreta, los datos que le dictan sus compañeros e igualmente lleva el control de la numeración de las

muestras. Como el trabajo se hace en grupo, se debe procurar dictar los datos en orden, primero la altura del individuo con su denominación taxonómica o apelativo de campo, luego la cintura o el diámetro a la altura del pecho y finalmente la cobertura en metros cuadrados de la proyección de la copa sobre el suelo o los valores según el método elegido. Una persona se encarga de colectar las muestras, otra persona las recibe, anota en la etiqueta el número de la colección y los caracteres de campo y las guarda primero en la bolsa pequeña y luego en la grande. Dos personas o tres cuentan los individuos, miden la altura y calculan la proyección de las copas de los elementos de los estratos altos e igualmente miden el DAP. Es conveniente diseñar un protocolo de campo para tomar siempre los mismos datos y dividir el área en varias cuadrículas.

A un subgupo, se le asigna el censo de las epífitas vasculares y no vasculares, para lo cual puede asumir su trabajo con base en la consideración de tres estratos: suelo, base de los troncos y parte media del tronco. Las estimaciones serán cualitativas, no se intentará calcular la cobertura, sino que se utilizará la escala relativa de abundancia (escaso, abundante, muy abundante). La información y las notas de campo se procesan de manera similar a la de las plantas superiores. Observaciones y recomendaciones sobre inventarios detallados de las epífitas y su sinecología se encuentran en Wolf (1993), Castillo *et al.* (1994) y en Linares (en prensa).

5. Cuidados con el material: Al llegar al campamento, se debe rápidamente iniciar la operación de describir y prensar los especímenes colectados. El material proveniente de sitios secos o cálidos, se marchita muy rápido, por lo tanto es apropiado colocarlo de inmediato en la prensa en el sitio mismo del inventario. El material de selvas y de bosques húmedos, resiste un poco más, pero de todas formas entre mayor sea el tiempo transcurrido entre la toma de las muestras y su colocación en la prensa, mayores son los riesgos de que se malogren.

Luego de ser numerado, descrito (hábito y características que se pierden al secar el material como color de las flores, olores y exudados) y prensado, el material (al menos 3 muestras de cada espécimen), se almacena en un sitio seguro y protegido del sol y de la lluvia y después de 24 horas se alcoholiza con alcohol etílico al 70%, para preservarlo del ataque de los hongos. Para esta operación se alistan bolsas de plástico gruesas en buen estado en las cuales se colocan los paquetes de plantas, cuyo grosor no debe exceder los 45 cm. Los paquetes se van empapando, se cierran sacándoles el aire y se sellan con cinta de enmascarar o se amarran con cabuya. En algunos casos, se utilizan otras bolsas de plástico para protección adicional; luego se colocan los paquetes en costales de fique o material resistentes para su traslado al sitio de procesamiento. Cada costal se marca con la fecha respectiva y el secado debe iniciarse con las muestras mas antiguas.

6. Cálculo de parámetros.

ALTURA

La altura de los individuos ya sea estimada con la ayuda de una vara graduada o medida con aparatos apropiados (clinómetros) es una medida útil para conocer la estratificación de la comunidad. Rangel & Lozano (1986) propusieron un arreglo para estudiar la distribución vertical de la vegetación del gradiente montañoso andino de Colombia que contempla los siguientes intervalos: Rasante (r): <0.3 m; herbáceo (h): 0.3-1.5 m; arbustivo (ar): 1.5-5 m; subarbóreo o de arbolitos (Ar): 5-12 m; arbóreo inferior (Ai):12-25 m y arbóreo superior (As) >25 m. Amaya (1991) propuso un nuevo estrato arbóreo para incluir los individuos con tallas superiores a los 35 m en la vegetación amazónica del Parque Nacional Natural Amacayacu.

Se recomienda que se estime la altura individuo por individuo y luego se decida el procedimiento de análisis de los datos (seguir una escala de estratificación o elaborar la distribución según clases).

DENSIDAD

Atiende a la abundancia y se efectuá por el conteo directo de árboles, arbolitos y en algunos casos arbustos y por el uso de escalas de estimación relativa (Braun-Blanquet, 1979) para hierbas y/o arbustos. En otros casos se puede elegir una superficie menor (la mitad o un cuarto del cuadro) trazar una línea y a un metro a cada lado contar las plántulas de los individuos del dosel y los elementos herbáceos; el número total de individuos en esta submuestra puede extrapolarse al área general del levantamiento.

COBERTURA

Se obtiene por el cálculo directo en metros cuadrados del área que proyecta sobre el suelo la copa de cada individuo de los estratos altos y por la estimación visual o uso de escalas relativas en los bajos. Al final se reúnen o suman las proyecciones de cada individuo para dar la proyección de especie y se hace la relación con respecto al área total muestreada. En este enfoque se considera que cada estrato puede alcanzar un valor máximo de cobertura de 100 %. La cobertura de una especie es la suma de las coberturas de sus individuos y la cobertura de un estrato, es la suma de las coberturas de las especies que allí se ubican. Para obtener los valores en % se sigue un procedimiento así:

De la especie *Quercus humboldtii* de un bosque subandino a 2100 m de altitud se encontraron 5 individuos que se ubicaron en el estrato arbóreo (alturas entre 20 y 24 m); los valores individuales de proyección de copa sobre el suelo fueron 20, 30, 30, 10 y 10 m², respectivamente.

El área del levantamiento era 500 m², entonces:

Si 500 m² ----------- 100%
100 m² ----------- X
X= 20 % de cobertura de Quercus humboldtii

Si adicionalmente en el estrato arbóreo se censaron a *Clusia multiflora* (2 individuos con cobertura de 10%) y a *Oreopanax floribundum* (4 individuos con cobertura de 15%) entonces la cobertura del estrato arbóreo será 20+10+15 = 45%

Procedimientos similares se realizan para los estratos subarbóreo y arbustivo. Estos valores son empleados luego para relacionarlos con los limites de los estratos (distribución vertical) y obtener los diagramas estructurales.

Una variación a este procedimiento fue la seguida por Prieto (1994); quien asumió una forma ovalada en las copas de árboles, arbolitos y arbustos y a partir de las estimaciones de longitud, tanto del eje mayor como del eje perpendicular a éste, consideró como la proyección de la copa al rombo interior definido por esos ejes.

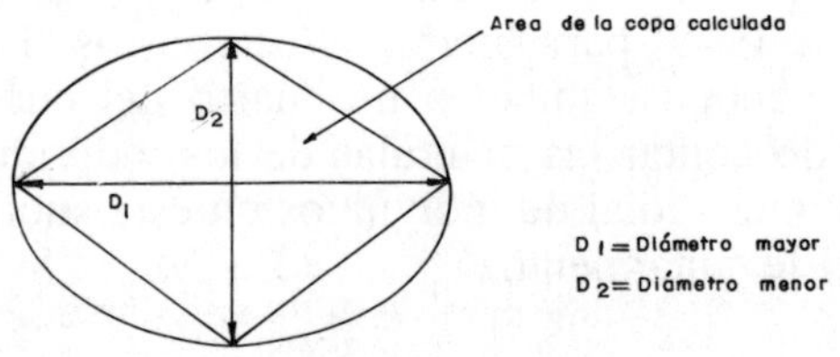

Figura 14b. Esquema para estimar la proyección de copa de un árbol. Tomado de Prieto, 1994

La cobertura de la copa se definió como el área del rombo inscrito:

$$C1 = 1/2\ [D2 \times 1/2\ D1] \times 2$$
$$1/2\ [D1 \times D2]$$

donde: C1 = Cobertura de copa de cada individuo en m².
D1 = Diámetro mayor
D2 = Diámetro menor

El resto del procedimiento para conocer la cobertura de una especie y de un estrato es el mismo mencionado anteriormente. En términos comparativos con la estimación directa, los valores que se obtienen con el área del rombo inscrito son menores.

Para los estratos bajos, especialmente el herbáceo, es conveniente trazar una línea y a un metro a cada lado contar las plántulas y los individuos herbáceos. Al final, se tendrá un total de individuos y un cubrimiento estimado en la superficie seleccionada. Posteriormente se requiere calcular un valor promedio para cada individuo para lo cual se asume que cada individuo tiene la misma cobertura. Un ejemplo ilustrativo sería el siguiente: De la especie *Pilea mutisiana* en un inventario de 100 metros cuadrados a 2400 m, se contabilizaron 50 individuos en el estrato herbáceo; el total de individuos de todas las especies del estrato fue 1000 y la cobertura estimada para el estrato fue de 60% o 60 metros cuadrados. El razonamiento será: Si 1000 individuos cubren una área de 60%, un (1) individuo cubrirá un área X= 60/1000= 0.06

Cobertura de *Pilea mutisiana* 50 x 0.06= 3 %. De esta forma se procede con las restantes especies, se calcula su valor de cobertura teniendo en cuenta el factor de corrección (= 0.06, en el ejemplo).

VOLUMEN DE COPA

Se calcula con base en la altura y en los dos diámetros estimados de la copa de cada árbol con la formula propuesta por Bongers & Popma (1988 en Duivenvoorden, 1993). Para su aplicación requiere de datos de calibración que se obtienen del análisis de inventarios de diversos tipos de vegetación en el área de trabajo.

$$\text{Volumen } (m^3) = 0.167 \times D1 \times D2 \times (H\text{-}H\ pr) \times p$$

donde: D1 y D2 = Diámetros de la copa
H = Altura total del árbol
H pr = Altura de la primera rama o bifurcación

CAP O DAP

Son medidas directamente relacionadas con el calculo de área basal; se utilizan igualmente para conocer los índices de valor de importancia y de predominio fisionómico. En los árboles la medición se hace a 1.3 m. Cuando no se tiene una cinta diamétrica, se toma la cintura a la altura del pecho (C.A.P) en centímetros y se transforma a diámetro a la altura del pecho por medio de la formula:

$$DAP = CAP / \pi$$

7. El censo detallado. Resulta útil que un grupo de participantes cense los estratos altos (arbóreo y arbolitos) y otro, los bajos (arbustivo, herbáceo). La división del trabajo depende del número de participantes y de la habilidad para diferenciar las entidades taxonómicas en el campo. Sea cual fuere la división que se haga, en cada caso, antes de salir al sitio del levantamiento los subgrupos deben ponerse de acuerdo, discutir su labor y anotar finalmente las observaciones de conjunto. Si no es posible arreglar y ordenar toda la información en el sitio mismo del muestreo, entonces al regreso del campamento se debe velar porque el grupo termine la labor, complete la información del formulario y guarde tanto los datos originales de campo como los formularios.

Como en cada censo se recoge la casi totalidad del material botánico, al regreso al sitio de oficina, este material servirá para la caracterización según textura foliar de cada tipo de vegetación.

8. Número de levantamientos. Si el objetivo es una caracterización fisionómica con base en las especies dominantes, uno o dos levantamientos son suficientes por unidad paisajística o por nivel altitudinal, si se trata de un gradiente topográfico. Si se plantea una caracterización florística, entonces entre mayor sea el número de levantamientos que se efectúen, la caracterización o tipificación será más precisa y contendrá mayor información. Se recomienda realizar los muestreos en varios sitios o localidades de una región y que dos levantamientos pertenecientes al mismo tipo fisionómico de vegetación no estén demasiados cerca uno del otro. Dos tipos de vegetación diferentes por ejemplo un pastizal y un bosque si pueden muestrearse en un mismo sitio. En vegetación selvática y boscosa se pueden utilizar fotografías aéreas para determinar el área de cubrimiento de la vegetación y decidir el número de levantamientos a efectuar.

En cada sitio, se efectuará una caracterización sobre las condiciones del suelo, presencia de rocas, troncos caídos, tono de los troncos, espesor de la capa de bríofitos-epífiticos, orientación del cuadro e inclinación. Si se poseen equipos como luximetro, se medirá la luz incidente en varios puntos del cuadro. Si es posible, se toman muestras de la capa superficial del suelo (0-25 cm) para análisis físico-químicos.

Trabajo de laboratorio

El material botánico se procesará y determinará en un herbario, en donde igualmente se deben depositar los testimonios. Para la determinación al nivel taxonómico óptimo (especies) se utiliza la bibliografía referente a floras y florulas regionales, se busca la asistencia de especialistas locales y se complementa mediante la comparación con material de referencia.

AGRADECIMIENTOS

A Thomas van der Hammen por la lectura y sugerencias al manuscrito original.

LITERATURA CITADA

AGUIRRE-C., J. & J.O. RANGEL-CH. 1976. Contribución al estudio ecológico y fitosociológico de las comunidades acuáticas macroscópicas y continentales del Lago de Tota. Trabajo de grado. Departamento de Biología, Universidad Nacional de Colombia (manuscrito). Bogotá.

AMAYA-M., M. 1991. Análisis palinológico de la flora del Parque Nacional Natural Amacayacu (Amazonas) visitada por colibries (Aves: *Trochilidae*). Trabajo de grado. Departamento de Biología, Universidad Nacional de Colombia (manuscrito). Bogotá.

Barkman, J.J. 1979. The investigation of vegetation texture and structure. **In**: M. J. Werger (ed.). The study of vegetation: 123-160. Junk. The Hague-Boston.

__________, **J. Moravec & S. Rauschert. 1976.** Code of Phytosociological Nomenclature. *Vegetatio* **32**(3): 131-185. The Hague.

Bernal, A. 1985. Estudio comparativo de la entomofauna del pajonal paramuno y del bosque altoandino de la región de Monserrate (Cund.). **En**: H. Sturm & J.O. Rangel-Ch. Ecología de los páramos andinos, una visión preliminar integrada. Biblioteca J.J. Triana. No 9: 225-262. Instituto de Ciencias Naturales-MHN. Bogotá.

Bongers, F. & J. Popma. 1988. Trees and gaps in a Mexican tropical rain forest. Ph.D. Thesis, University of Utrecht, Utrecht, The Netherlands.

Braun-Blanquet, J. 1979. Fitosociología: Bases para el estudio de las comunidades vegetales. Ed. Blume: 820 pp. Madrid.

Bello, A. & L. Kattib. 1995. Aspectos ecológicos en la sucesión secundaria de la vegetación subandina (2010-2510 m) en localidades del Municipio de Santa Rosa de Cabal, Risaralda -Colombia-. Trabajo de grado. Departamento de Biología, Universidad Nacional de Colombia (manuscrito). Bogotá.

Caín, S. & G.M. de Olivera-Castro. **1959**. Manual of vegetation Analysis. Harper & Brothers: 319 pp. New York.

Castillo, J.E., J.O. Rangel-Ch. & J. Aguirre-C. 1994. Brioflora epifílica del Parque Regional Natural Ucumarí. **En**: J.O. Rangel-Ch (ed.). Ucumarí: Un caso típico de la diversidad biótica andina: 85-108. Publicaciones de la CARDER. Pereira.

Cediel, J.C. & M. E. Pardo. 1995. Composición y diversidad florística de los bosques del Cabo Corrientes, Costa Pacífica del Chocó. Trabajo de grado. Departamento de Biología, Universidad Nacional de Colombia (manuscrito). Bogotá.

Cleef, A.M. 1981. The vegetation of the paramos of the Colombian Cordillera Oriental. Dissertationes Botanicae 61: 322 pp. J. Cramer, Vaduz, Berlín.

__________, **J.O. Rangel-Ch., T. van der Hammen & R. Jaramillo-M. 1984**. La vegetación de las selvas del transecto Buritaca-La Cumbre, Sierra Nevada de Santa Marta. **En:** T. Van der Hammen & P.Ruiz-C. (eds). La Sierra Nevada de

Santa Marta transecto Buritaca-La Cumbre. *Estudios de Ecosistemas Tropandinos* **2**: 267-406. J. Cramer, Berlín-Stuttgart.

Cuatrecasas, J. 1934. Observaciones geobotánicas en Colombia. *Trab. Mus. Nac. Cs. Nat.* Serie Botánica **27**: 1-144. Madrid.

Curtis, J. T. & R. P. McIntosh. 1950. The inter-relations of certain analytical and synthetic phytosociological characters. *Ecology* 31: 434-455.

Duivenvoorden, J. & J. Lips. 1993. Ecología del paisaje del medio Caquetá, Memoria explicativa de los mapas. **En:** J. G. Saldarriaga & T. Van der Hammen (eds). *Estudios en la Amazonia Colombiana*. Tropenbos-Colombia **III A**: 301 pp. y 11 mapas. Bogotá.

Duque-N., A. 1987. Comunidades vegetales en la zona paramuna del Parque Nacional Natural de Puracé (Colombia). Trabajo de grado, Universidad del Valle (manuscrito). Cali.

Finol, H. 1976. Estudio fitosociológico de las unidades 2 y 3 de la reserva forestal de Carapo, Estado de Barinas. *Acta Botánica Venezuelica* **10** (1-4): 15-103.

Franco-R., P. 1982. Estudios fitoecológicos en el Parque Nacional Natural Chingaza. Trabajo de grado. Departamento de Biología, Universidad Nacional de Colombia (manuscrito). Bogotá.

__________**, J. Betancur & J.L. Fernández-A. 1996.** Comparación de la diversidad florística en dos bosques subandinos del Sur de Colombia. *Caldasia* (en prensa).

Grabandt, R.A. J. 1980. Pollen rain in relation to arboreal vegetation in the Colombian Cordillera Oriental. *Rev. Palaeobot. Palynol.*, 29: 65-147. También publicado en: *El cuaternario de Colombia*, vol. **7** (T. van der Hammen, ed.). Amsterdam.

Gentry, A. 1982. Phytogeographic patterns in northwest south America and southern central America as evidence for a Choco refuge. **In**: G. Prance (ed.). Biological diversification in the tropics: 112-136. Columbia. Univ Press. New York.

_________**. 1988.** Patterns of plant community diversity on geographical and environmental gradients. *Ann. Missouri Bot. Gard.* **75**: 1-52.

_________**. 1995.** Patterns of diversity and floristic composition in neotropical montane forests. **In** : S. Churchill, H. Balslev, E. Forero & J. Luteyn (eds). Biodiversity and conservation of neotropical montane forests: 103-126. New York Botanical Garden. New York.

HAMMEL, B. 1990. The distribution of diversity among families, genera and habit types in the Selva flora. **In**: A. Gentry (ed.). Four neotropical rainforests: 75-84. Yale University Press.

HILL, M.O. 1979. Twinspan-A Fortran Program for arranging multivariate data in an ordered two-way table by classification of the individuals and attributes. Cornell University, Ithaca, New York.

KENT, M. & P. COKER. 1992. Vegetation description and analysis: a practical approach. Belhaven Press: 363 pp. London.

LAWRENCE, G.H. 1970. Taxonomy of vascular plants. The Macmillan Company, New York.

LOZANO-C., G. & R. SCHNETTER. 1976. Estudios ecológicos en el páramo de Cruz Verde, Colombia, II: Las Comunidades vegetales. *Caldasia* **11** (54): 54-68. Bogotá.

LUDWIG-A., J. & J.F. REYNOLDS. 1988. Statistical Ecology. A primer on methods and computing. A Wiley Interscience publication. John Wiley & Sons: 338 pp. United States of America.

MAGURRAN, A.E. 1988. Ecological diversity and its measurement. Croom Helm: 179 pp. London.

MORI, S. & B. BOOM. 1987. The Lecythidaceae of a lowland neotropical forest: La Fumeé Montain, French Guiana. *Mem. New York Bot, Garden* **44**: 9-29.

MUELLER-DOMBOIS, D. & H. ELLENBERG. 1974. Aims and Methods of vegetation ecology. J.Wiley & Sons: 547 pp. New York.

PRIETO-C., A. 1994. Análisis estructural y florístico de la vegetación de la isla Mocagua, río Amazonas (Amazonia Colombiana). Trabajo de grado. Departamento de Biología, Universidad Nacional de Colombia (manuscrito). Bogotá.

__________, J.O. RANGEL-CH., A. RUDAS-LL. & P. PALACIOS. 1995. Aspectos estructurales y tipos de vegetación de la Isla Mocagua, río Amazonas. *Caldasia* **18** (2): 181-197.

RANGEL-CH., J.O. 1991. Vegetación y ambiente en tres gradientes montañosos de Colombia. Tesis de Doctor: 349 pp. Universidad de Amsterdam. Amsterdam. Holanda.

__________. 1995. (ed.). Colombia Diversidad Biótica I:442 pp. Instituto de Ciencias Naturales -Universidad Nacional de Colombia. Bogotá.

_____________ & **J. Aguirre-C. 1983.** Comunidades acuáticas altoandinas I. Vegetación sumergida y de ribera en el Lago de Tota, Boyacá, Colombia. *Caldasia* **13** (65): 719-742.

_____________ & **G. Lozano-C. 1986**. Un perfil de vegetación entre La Plata (Huila) y el Volcán Puracé. *Caldasia* **14** (68-70):53-547.

_____________, **J. Aguirre-C. & R. Sánchez. 1990.** Aspectos estructurales, dinámicos y florísticos de la vegetación de Gorgona. **En:** J.Aguirre-C. & J.O. Rangel-Ch. (eds). Biota y Ecosistemas de Gorgona: 127-151. Fondo FEN Colombia, Bogotá.

_____________, **& A. Garzón-C. 1994.** Aspectos de la estructura, de la diversidad y de la dinámica de la vegetación del Parque Regional Natural Ucumarí. **En:** J.O. Rangel-Ch. (ed.). Ucumarí: Un caso típico de la diversidad biótica andina: 85-108. Publicaciones de la CARDER. Pereira.

Raunkiaer, C. 1916. Om Bladstorrelsens Anvedelse i den biologiske Planteografi. Botanisk Tidsskrift; 34 B, 5. H., Kobenhavn.

Rudas-Ll., A. 1996. Análisis florístico de la vegetación del Parque Nacional Natural Amacayacu (Amazonas). Trabajo de Magister en Sistemática. Instituto de Ciencias Naturales. Universidad Nacional de Colombia (manuscrito). Bogotá.

Sánchez-M., R. & J.O. Rangel-Ch. 1990. Estudios ecológicos en la Cordillera Oriental de Colombia V. La Vegetación de los depósitos turbosos de los páramos de los alrededores de Bogotá. *Caldasia* **16** (77): 155-193.

Tafur, T. 1989. Análisis florísticos, biotipológicos y estructurales de la vegetación en un gradiente altitudinal entre 550 y 4150 m, en el Macizo de Tatamá, Cordillera Occidental. Trabajo de grado. Departamento de Biología, Universidad Nacional de Colombia (manuscrito). Bogotá.

Vareschi, V. 1980. Vegetation oekologie der Tropen: 294 pp. Ulmer, Stuttgart.

Vargas, O. & S. Zuluaga. 1981. Contribución al estudio fitoecológico de la región de Monserrate. Trabajo de grado, Departamento de Biología, Universidad Nacional de Colombia (manuscrito). Bogotá.

Velázquez, A. 1993. Landscape ecology of Tláloc and Pelado Volcanoes, México. ITC Publication Number 16: 152 pp. The Netherlands.

Veneklaas, E. 1985. Morphological variation in leaves of three ecological different tree species from tropical rain forest. Internal communication, University of Utrecht, Utrecht, The Netherlands.

WEEB, L. J. 1959. A physiognomic classification of Australian rain forest. *J. Ecol.* 47: 551-570.

WOLF, J.H.D. 1993. Ecology of epiphytes and epiphyte communities in montane rain forests, Colombia. Ph.D. Thesis: 238 pp. University of Amsterdam, Amsterdam. The Netherlands.

WORLD CONSERVATION MONITORING CENTRE. 1992. Global biodiversity: status of the earth´s living resources: 40-43. Chapman & Hall, London.

TIPOS DE VEGETACION EN COLOMBIA

Una aproximación al conocimiento de la terminologia fitosociológica, fitoecológica y de uso común

J. Orlando Rangel-Ch., Petter D. Lowy-C., Mauricio Aguilar-P. & Aida Garzón-C.

Resumen

Se recopiló la información publicada sobre comunidades vegetales, tipos de vegetación, asociaciones y otras unidades sintaxonómicas (asociaciones, alianzas, ordenes, clases) según la escuela de Zurich-Montpellier. Se obtuvieron 1008 registros, que se agruparon -en sentido amplio- en términos fitosociológicos, fitoecológicos, fisionómicos y comunes. Para cada término, la información se organizó según campos que se definieron en una reunión de Botánicos Latinoamericanos en Caracas (Venezuela) en mayo de 1993. Se incluyeron datos sobre especies dominantes que definieran la comunidad, el área de distribución, algunos rasgos ecológicos y las especies asociadas. Esta aproximación inicial facilitará la elaboración de un trabajo mas extenso sobre la vegetación de Colombia.

Abstract

Literature about plant communities, vegetation types and other sintaxonomical units (associations, alliances, orders, clases) according to the Zurich-Montpellier approach, was reviewed. The 1008 terms found were ordered in fields defined in a botanical meeting celebrated in Caracas (Venezuela) in May 1993. Each entry includes dominant species, geographical distribution, ecological features and associated species. This study will be a basic tool towards a more comprehensive understanding of the vegetation types of Colombia.

PRESENTACION

La extensión territorial del país tanto continental como marina se localiza en la faja intertropical del mundo. El territorio continental (Figura 15), está enmarcado dentro de los 12°30'40'' de latitud Norte (punta Gallinas, Guajira) y los 4°13'30'' latitud Sur (confluencia de la Quebrada San Antonio con el río Amazonas) y entre 66°50'54'' longitud Oeste del meridiano de Greenwich, en el río Negro o Guainía (frente a la llamada Piedra del Cocuy o Cocui) y 79°01'23'' al Oeste de dicho meridiano, en punta Manglares (Departamento de Nariño). El elemento fundamental que configura el medio físico natural de Colombia, es la presencia de la cadena montañosa de los Andes, que alcanza en el país su grado de mayor complejidad estructural y le da un sistema orográfico complejo compuesto principalmente por tres Cordilleras. Cordillera Occidental: con elevaciones hasta 4200 m, se desprende de la Cordillera Central en el Suroeste del país, en el Nudo de los Pastos (Nariño);

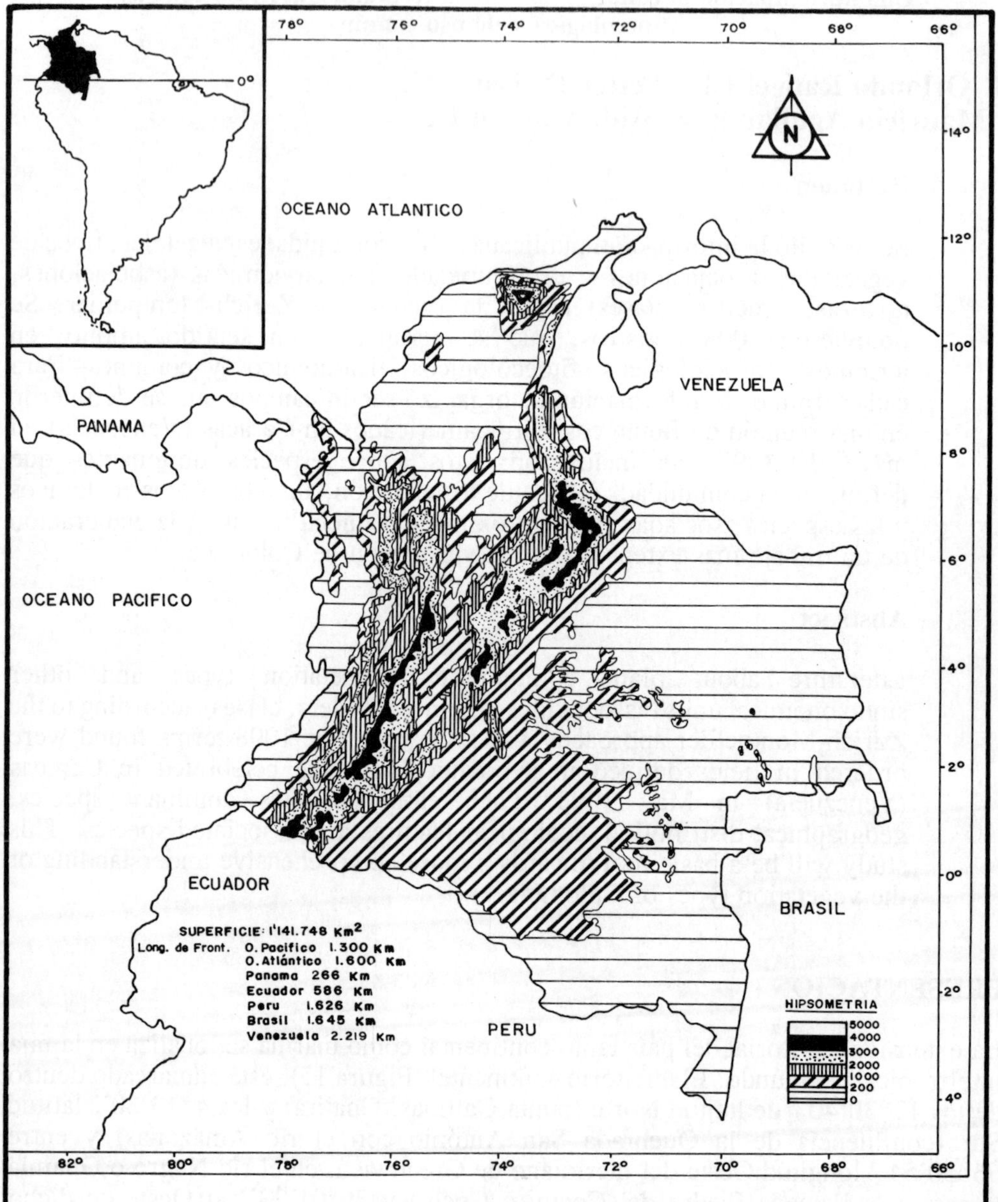

Figura 15. Localización geoastronómica de Colombia

en su extremo septentrional, se ramifica en las Serranías de Abibe, San Jerónimo y Ayapel.

Cordillera Central: es la de mayor elevación y se prolonga hacia el Sur en la Cordillera Oriental del Ecuador; su extremo Norte lo constituye la Serranía de San Lucas, al Sureste del departamento de Bolívar.

Cordillera Oriental: es la más ancha de las tres y comparativamente la más baja, con varias depresiones, la más pronunciada de todas es el paso de la Uribe; al Norte de esta depresión está el macizo del Sumapaz, en donde la Cordillera adquiere la mayor anchura. La Serranía del Perijá en la frontera con Venezuela, constituye el extremo Norte (Figura 16).

En Colombia existen 4 grandes vertientes hidrográficas: la del Amazonas y la del Orinoco que desembocan en el Atlántico, la del Caribe y la del Pacífico. A la vertiente del Pacífico, la de menor extensión, pertenecen entre otros los siguientes ríos: Mataje, Mira, Patía, Guasca, Sanquianga, Tapaje, Guapi, Anchicayá, Dagua, San Juan, Valle y Juradó. Entre los principales ríos de la vertiente Caribe, figuran Magdalena, Cauca, Atrato, Mulatos, San Juan, Córdoba, Sinú, Fundación, Aracataca, Sevilla, Córdoba, Manzanares, Guachaca, Don Diego, Palomino, Ranchería y Catatumbo.

A nivel mundial, Colombia es calificado como un país en donde la diversidad biológica en varios de sus niveles, número de plantas, de vertebrados, de comunidades vegetales y de ecosistemas, alcanza valores muy altos. Con una superficie de 1.141.748 Km^2, solamente están protegidos de la acción directa del hombre 86.888.9 Km^2, cifra que equivale al 7.6% del área total (Rangel *et al.*, 1995).

Las observaciones sobre la distribución de los tipos de vegetación, la composición florística y la abundancia-dominancia de los taxa y su asociación con las variaciones del medio externo se remontan en Colombia a las observaciones del siglo pasado efectuadas por Humboldt (1807, reimpresión 1985), Caldas (1816, reimpresión 1966), que fueron luego enriquecidas con las contribuciones clásicas de Cuatrecasas (1934, 1958) cuyas listas de especies y cuadros ecológicos constituyen en cierto modo la piedra angular de la fitosociología y la geobotánica en Colombia. Cronológicamente en esta fase, igualmente deben destacarse las contribuciones de Pérez-Arbeláez (reimpresión 1986), de Dugand (1970) de la FAO (1964) y Van der Hammen & González (1963). En los últimos 25 años, los esfuerzos de los pioneros en el estudio de la vegetación colombiana, se han visto recompensados al consolidarse la línea de investigación sobre la vegetación de Colombia y la publicación de numerosas contribuciones sobre el tema. Para la región Cordillerana o Andina, buena parte de esta producción se ha fundamentado en los resultados del programa Estudio de Ecosistemas Tropandinos (Ecoandes: Van der Hammen *et al.*, 1983; Cleef, 1981; Cleef & Rangel, 1984; Cleef *et al.*, 1984; Van der Hammen & Cleef, 1986;) y en los trabajos de los investigadores del Instituto de Ciencias Naturales de la Universidad Nacional de Colombia (Lozano & Schnetter, 1976;

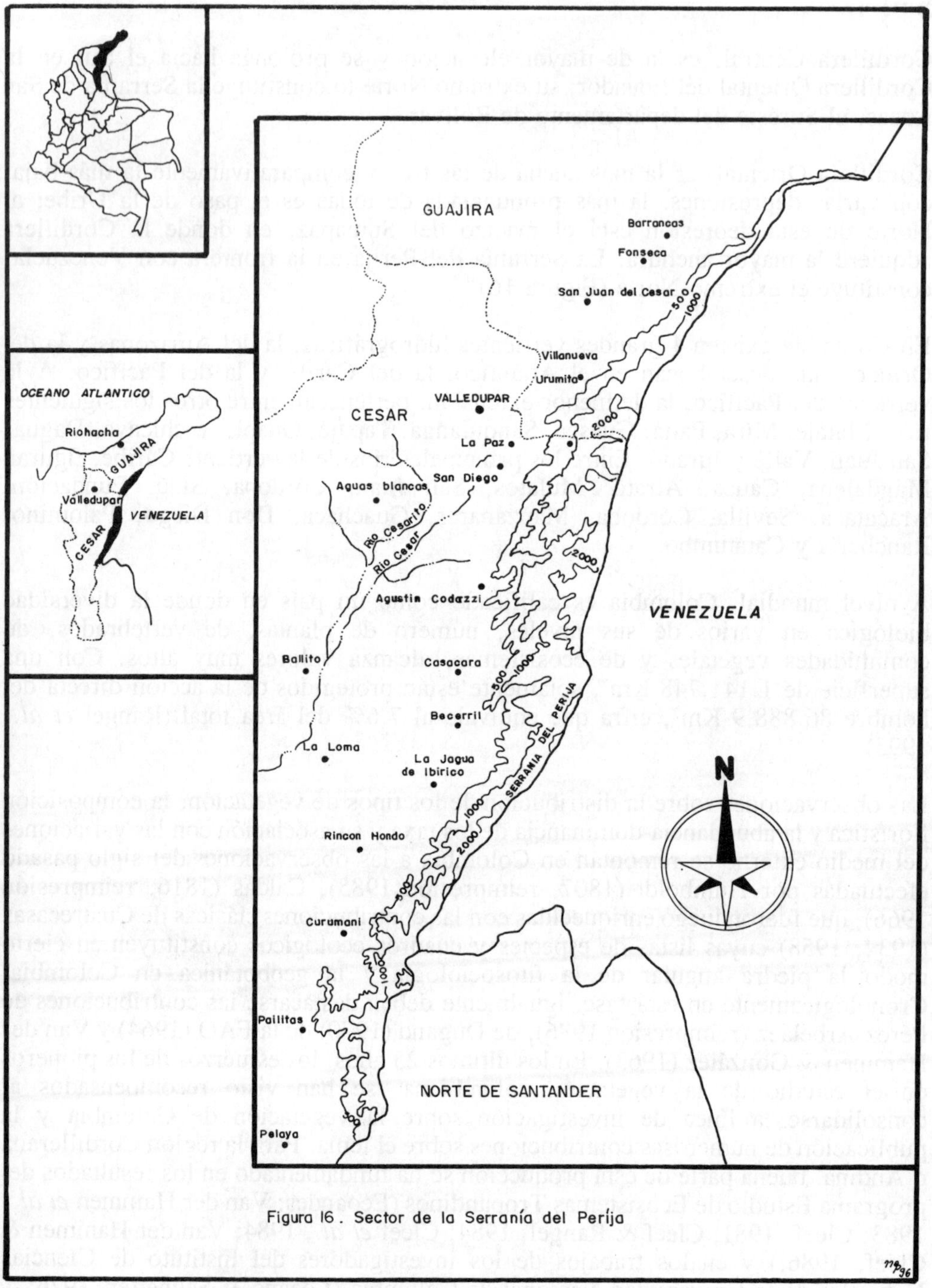

Figura 16. Sector de la Serranía del Perija

Franco, 1982; Rangel *et al.*, 1983; Rangel & Jaramillo, 1984; Lozano, 1984; 1985; Sturm & Rangel, 1985; Rangel & Franco, 1985; Duque & Rangel, 1989; Lozano & Rangel, 1989 y Rangel, 1991). Para la región Amazónica se cuentan entre otras con las contribuciones de Carvajal *et al.* (en PRORADAM, 1979); Duivenvoorden (1994) y Urrego (1995).

En la región del Pacífico, las clásicas caracterizaciones de Gentry (1982, 1986, 1993); Barbosa (1986); Zuluaga (1987) y Rangel & Lowy (1993).

En la región de la costa Atlántica aparecen los trabajos de Rieger (1976) y Bastidas & Corredor (1977).

METODOLOGIA

La compilación de la información se realizó con base en la consulta de contribuciones publicadas y no publicadas (cuya utilización fue permitida); arbitrariamente se pueden clasificar así:

1. Obras de carácter histórico, en ocasiones sin localidades precisas, sin citación de especies dominantes y con información muy fragmentaria sobre características bióticas del entorno, como:
   - Humboldt (1807, reimpresión 1985) y Hettner (1862, reimpresión 1966).

2. Obras de carácter geobotánico en general; las observaciones fitoecológicas son bastante precisas; queda para los próximos años la labor de reforzar las diagnosis y validar la nomenclatura de las unidades sintaxonómicas. Ilustran esta consideración:
   - Cuatrecasas (1934; 1958), Dugand (1970; 1973), Pérez Arbeláez (1986) y Van der Hammen & González (1963)

3. Contribuciones fundamentadas en los lineamientos de la fitosociología moderna:
   - Cleef (1981); Rangel (1991)

4. Contribuciones de carácter fitoecológico como las de:
   - Duivenvoorden (1994) y Zuluaga (1987)

5. Contribuciones acompañadas de mapas de referencia:
   - con mapas generales del territorio nacional:
   - IGAC (1984; 24 planchas)
   - con mapas regionales
   - Duivenvoorden (1993; 11 planchas)
   - PRORADAM (1979; 11 planchas)
   - Bekker & Cleef (1985; 1 plancha)
   - Salamanca (1991).

La información se presenta según la propuesta metodológica acordada con el grupo de trabajo de botánicos latinoamericanos, en la reunión de abril-mayo de 1993,

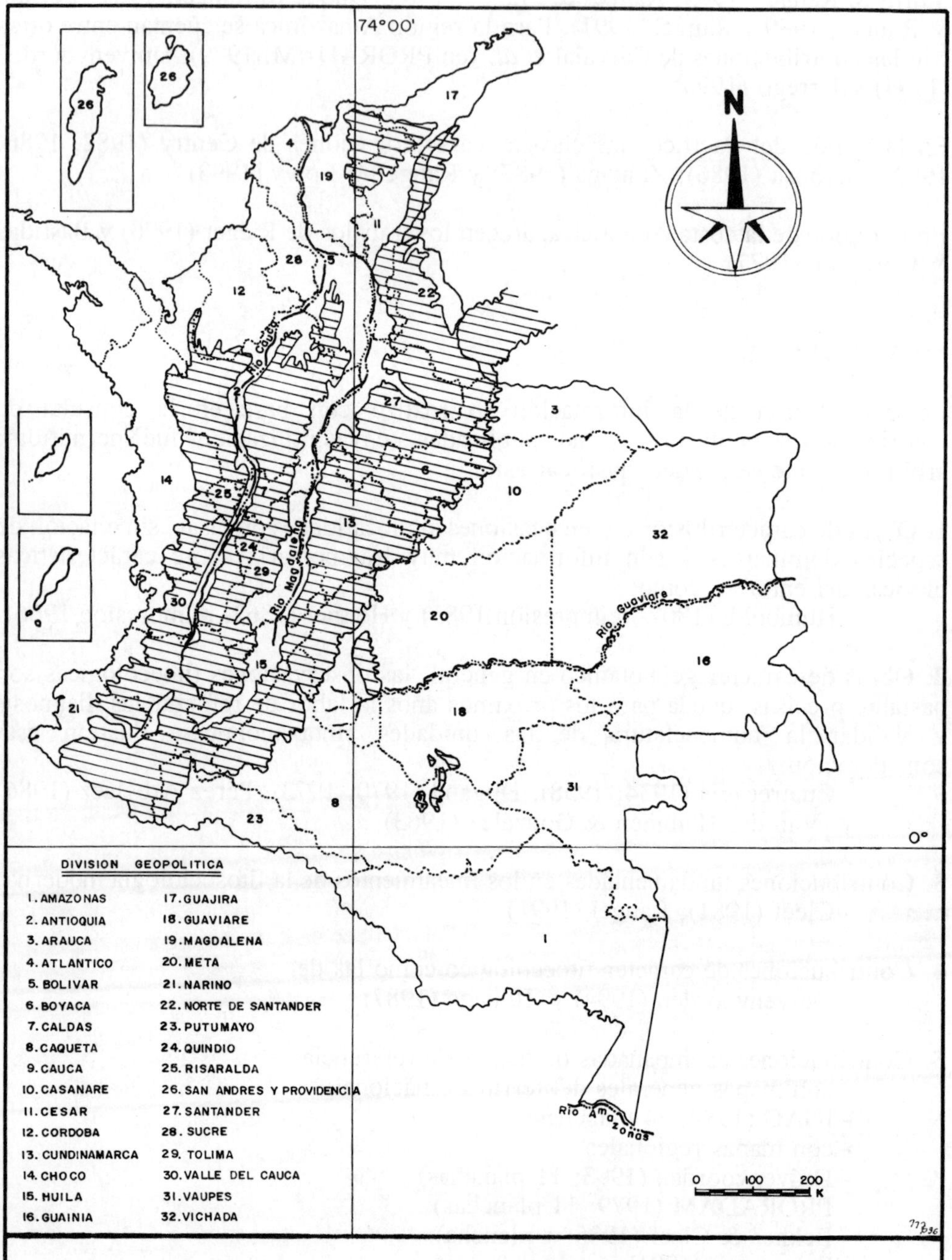

Figura 17. División político-administrativa de Colombia

celebrada en Caracas, Venezuela. Comprende los siguientes campos: Término, Fuente, Significad (significado), Alcance, Sinonimo1, Sinonimo2 y Observacio (observaciones).

Se adicionan mapas sobre la división político-administrativa de Colombia (Figura 17) y sobre áreas de interés fitogeográfico (Figuras 18 a la 21).

En ciertos casos se utilizaron los dos campos de sinónimos para registrar una denominación no válida y la fuente de la misma; en los eventos en que existía referencia en un mapa en este campo se hace la reseña de los símbolos que corresponden a la clasificación en la plancha original.

Entre las abreviaturas mas frecuentemente utilizadas figuran:

All. fit	= Alianza fitosociológica
Aprox.	= Aproximadamente
Ass. fit	= Asociación fitosociológica
Com.	= Comunidad vegetal
G.	= Golfo
has.	= Hectáreas
Loc. típica	= Localidad típica
Mcpio.	= Municipio
P.N.N.	= Parque Nacional Natural
Ps.	= Páramos
S.N.	= Sierra Nevada
Sn.	= Serranía
Sta.	= Santa
V. & Z.	= Vargas y Zuluaga
Var. fit	= Variante fitosociológica

Asociación fitosociológica (Ass. fit.): Cuando existe una descripción de la comunidad vegetal y se siguen las reglas normativas del código internacional de nomenclatura fitosociológica (Barkman *et al.*, 1976), por ejemplo:

Lysipomio-Diplostephietum revoluti (Ass. fit.). Sánchez & Rangel, 1990; Sturm & Rangel, 1985. (Figura 62)

DEFINICIÓN: Matorral de sitios pantanosos dominado por *Diplostephium revolutum*, arbusto típico con sus copas redondeadas.

ALCANCE GEOGRÁFICO: Cordillera Oriental, Cundinamarca: region del Sumapaz, Cruz Verde entre 3400-3500 m.

SINÓNIMOS: D. revoluti-S.tessellatae Lozano y Schneter, 1975.

OBSERVACIONES: Especies asociadas: *Puya santosii, Aragoa corrugatifolia, Hypericum lancioides, Pentacalia reissiana.*

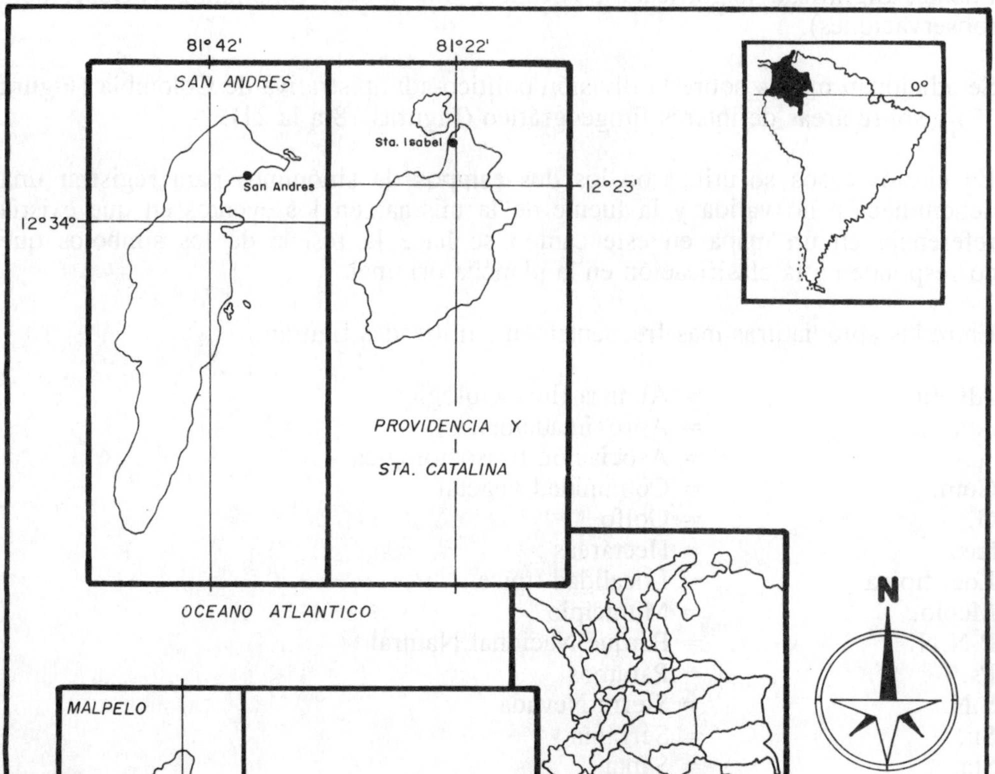

Figura 18. Región Insular colombiana (San Andres y Providencia e Isla Gorgona y Gorgonilla)

Asociación fitosociológica sensu lato (Ass. fit. s.l.): en algunos casos incluye denominaciones que los autores han denominado asociaciones y siguen algunos lineamientosfitosociológicos, pero no cumplen estrictamente con las reglas del código internacional de nomenclatura y en concepto de J. O. Rangel, en un futuro el nombre debe ser validado.

> ***Acacia tortuosa* (Ass. fit. s.l.)**. Rieger, 1976.
>
> DEFINICIÓN: Matorral alto, con dos estratos; en el arbustivo dominan, *Acacia tortuosa*, *Cordia curassavica*, *Libidibia cariaria* y en el herbáceo *Anthephora hermaphrodita* y *Eragrostis ciliaris*.
>
> ALCANCE GEOGRÁFICO: Guajira: Península de la Guajira, zonas áridas de la Costa Caribe.
>
> OBSERVACIONES: Especies dominantes y asociadas: *Acacia tortuosa*, *Libidibia cariaria*, *Anthephora hermaphrodita*, *Eragrostis ciliaris* y *Diodia rigida*.

Bajo este aparte también se incluyen las descripciones y nominaciones de Cuatrecasas (1934); no obstante que para esa época no se aplica el alcance del código internacional de nomenclatura fitosociológica (Barkman *et al.*, 1976), y que la mayoría de los nombres de los sintaxa propuestos por Cuatrecasas tienen un alcance válido, en la opinión de J.O. Rangel.

COMUNIDAD (COM.) cuando no se hace alusión a ningún arreglo parecido a las aproximaciones fitosociológicas o geobotánicas.

Obviamente en un futuro deberá presentarse una propuesta que trate de englobar todas estas contribuciones sobre la Vegetación de Colombia y que elabore un detallado arreglo sintaxonómico. En algunos casos se efectuaron referencias a nombres equivalentes o sinónimos empleados por un autor determinado, pero en la mayoría de las oportunidades se presenta la información "de manera estática" -sin entrar a resolver problemas complejos de sinonimia-, acción para la cual obviamente se requieren las comparaciones detalladas. Algunos términos se tomaron literalmente e incluyen descripciones muy particulares.

Para la verificación de la escritura de los nombres científicos de las plantas se utilizaron las siguientes obras: The Plant Book (Mabberley, 1987); Families and Genera of Spermatophytes Recognized by Research Service, United States Department of Agriculture (Gunn *et al.*, 1992); Catálogo de las Angiospermas y Gimnospermas del Perú (Brako & Zarucchi, 1993) y el Index Kewensis (versión en Compact Disk, Kew Gardens, 1993). En algunos casos hay nombres dudosos de los cuales no encontramos explicaciones sobre su validez o no. Así mismo la citación de obras muy antiguas se transcriben las determinaciones específicas, las cuales en la actualidad pueden corresponder a otras entidades. Los nombres que aparecen después del término en algunos casos no corresponden al o a los autores, sino a la referencia bibliográfica de donde se obtuvo el término.

En algunas obras la información geográfica se cita de manera muy general, en determinados casos se trató de detallar pero en otros no fue posible hacerlo, en estos últimos se escapa a nuestro alcance.

TERMINOS FITOSOCIOLOGICOS - FITOECOLOGICOS O VEGETACIONALES

1. *Acacia tortuosa* (Ass. fit. s.l.). Rieger, 1976.

DEFINICIÓN: Matorral alto, con dos estratos; en el arbustivo dominan, *Acacia tortuosa*, *Cordia curassavica*, *Libidibia cariaria* y en el herbáceo *Anthephora hermaphrodita* y *Eragrostis ciliaris*.

ALCANCE GEOGRÁFICO: Guajira: Península de la Guajira, zonas áridas de la Costa Caribe.

OBSERVACIONES: Especies dominantes y asociadas: *Acacia tortuosa*, *Libidibia cariaria*, *Anthephora hermaphrodita*, *Eragrostis ciliaris* y *Diodia rigida*.

2. *Acaena cylindristachya* e *Hypericum* cf. *lancioides* (Com.). Vargas & Rivera, 1991.

DEFINICIÓN: Rosetal-arbustal bajo, en el cual las formas de vida dominantes son las rosetas y los arbustos enanos.

ALCANCE GEOGRÁFICO: Cundinamarca: Parque Nacional Natural Chingaza: sector río la Playa, 3155 m.

OBSERVACIONES: Especies asociadas: *Luzula* sp., *Gentianella corymbosa, Halenia asclepiadea, Paspalum hirtum, Carex bonplandii, Agostis* sp., *Calamagrostis* sp., *Geranium sibbaldioides, Breutelia* cf. *allonii, Paepalanthus karstenii* y *Arcytophyllum muticum*.

3. Acaenetum (Ass. fit. s.l.). Van der Hammen & González, 1963.

DEFINICIÓN: Vegetación sobre suelo rocoso con poco humus, relacionada con el pastoreo del ganado y en zonas abandonadas después de los cultivos.

ALCANCE GEOGRÁFICO: Cordillera Oriental, Boyacá: Páramo de Guantiva, Sierra Neveda del Cocuy (4000 m); Magdalena Sierra Nevada de Santa Marta (4300 m) Cundinamarca: páramos alrededor de Bogotá.

SINÓNIMOS: Ver Cleef & Rangel, 1984

OBSERVACIONES: Especies dominantes asociadas: *Acaena cylindostrachya*, *A. elongata*, *Orthosanthus chimboracensis, Hypericum mexicanum*, especies de *Carex* y de *Lachemilla*.

4. Acaenetum cylindristachyae (Ass. fit.). Cleef & Rangel, 1984.

DEFINICIÓN: Comunidad tipo prado dominada por rosetas acaulescentes de Rosaceae, con elementos que alcanza hasta 15 cm de alto. Común en áreas degradadas.

ALCANCE GEOGRÁFICO: Cundinamarca: Guasca (3350 m), Magdalena: Sierra Nevada de Santa Marta, Boyacá: Páramo de Guantiva, Pisba (3450 m) y Sierra Nevada Cocuy (4000 m).

SINÓNIMOS: *Acaena cylindristachya* (Com.), Cleef, 1981

OBSERVACIONES: Especies asociadas: *Agrostis trichoides*, *Hypericum gleasonii, Polytrichum* cf. *juniperinum*, *Castilleja fissifolia*, *Hypochoeris sessiliflora*, *Carex* aff. *conferto-spicata*, *Lachemilla aphanoides* y *Agrostis tolucensis*.

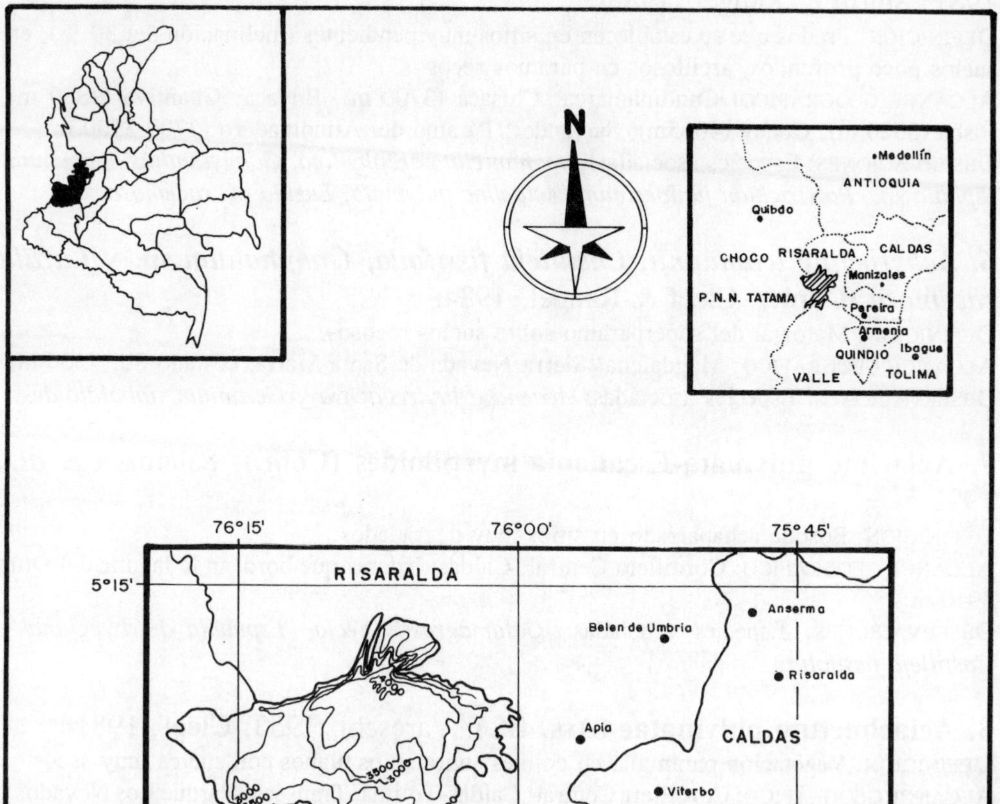

Figura 19. Parque Nacional Natural Tatamá

5. Acaeno cylindristachyae-Plantaginetum sericeae (Ass. fit.). Cleef, 1981; Sturm & Rangel, 1985.

DEFINICIÓN: Prados que se establecen en sitios muy pendientes (inclinación del 30 %), en suelos poco profundos, arcillosos en páramos secos.

ALCANCE GEOGRÁFICO: Cundinamarca: Chisacá (3700 m), Boyacá: Guantiva (3880 m), Pisba (3500 m), Cocuy (4065m); Santander: Páramo del Almorzadero (3700-3900 m);

OBSERVACIONES: Especies asociadas: *Stephaniella paraphyllina, Gongylanthus liebmannii, Siphula* sp., *Polytrichum juniperinum, Aciachne pulvinata, Luzula* cf. *racemosa*.

6. *Achyrocline lehmannii, Castilleja fissifolia, Gnaphalium* sp. y *Luzula racemosa* (Com.). Cleef & Rangel, 1984.

DEFINICIÓN: Matorral del superpáramo sobre suelos rocosos.

ALCANCE GEOGRÁFICO: Magdalena: Sierra Nevada de Santa Marta, costado Sur 4300 m.

OBSERVACIONES: Especies asociadas: *Acaena cylindristachya* y *Geranium sibbaldioides*.

7. Aciachne pulvinata-Escallonia myrtilloides (Com.). Salamaca *et al.*, 1991.

DEFINICIÓN: Bosque achaparrado en sitios muy degradados.

ALCANCE GEOGRÁFICO: Cordillera Central, Caldas: laderas que bordean la laguna del Otún 3910 m.

OBSERVACIONES: Especies asociadas: *Calamagrostis recta, Espeletia hartwegiana* y *Castilleja fissifolia*.

8. Aciachnetum pulvinatae (Ass. fit.). Vareschi, 1953; Cleef, 1981.

DEFINICIÓN: Vegetación paramuna en cojines sobre sitios planos con suelos muy secos.

ALCANCE GEOGRÁFICO: Cordillera Central, Caldas-Tolima: Transecto Parque Los Nevados., en varias localidades paramunas de Colombia y Venezuela.

OBSERVACIONES: Especies asociadas: *Lorenzochloa erectifolia, Acaulimalva purdiaei, Calandrinia acaulis, Agrostis breviculmis, Lachemilla pinnata, Acaena cylindristachya, Eryngium humile, Satureja nubigena* y *Oreomyrrhis andicola*.

9. *Ageratina (Eupatorium) rhomboidale, Miconia salicifolia, Hypericum laricifolium* y *Myrsine dependens* (Com.). Rangel & Sturm, 1995.

DEFINICIÓN: Matorrales que se establecen sobre suelo suelto en sitios rocosos.

ALCANCE GEOGRÁFICO: Boyacá: Páramo de Belén entre 3500 y 3700 m.

OBSERVACIONES: Especies acompañantes: *Pernettya prostrata, Blechnum loxense, Solanum bogotense* y *Gynoxys* sp.

10. *Ageratina (Eupatorium) tinifolia* y *Baccharis prunifolia* (Com.) Franco *et al.*, 1986.

DEFINICIÓN: Matorral con un estrato arbustivo con valor alto en diversidad florística.

ALCANCE GEOGRÁFICO: Páramos de la Cordillera Oriental; Cundinamarca: Páramo de Chingaza, a lo largo del Río Chuza (3.300 m).

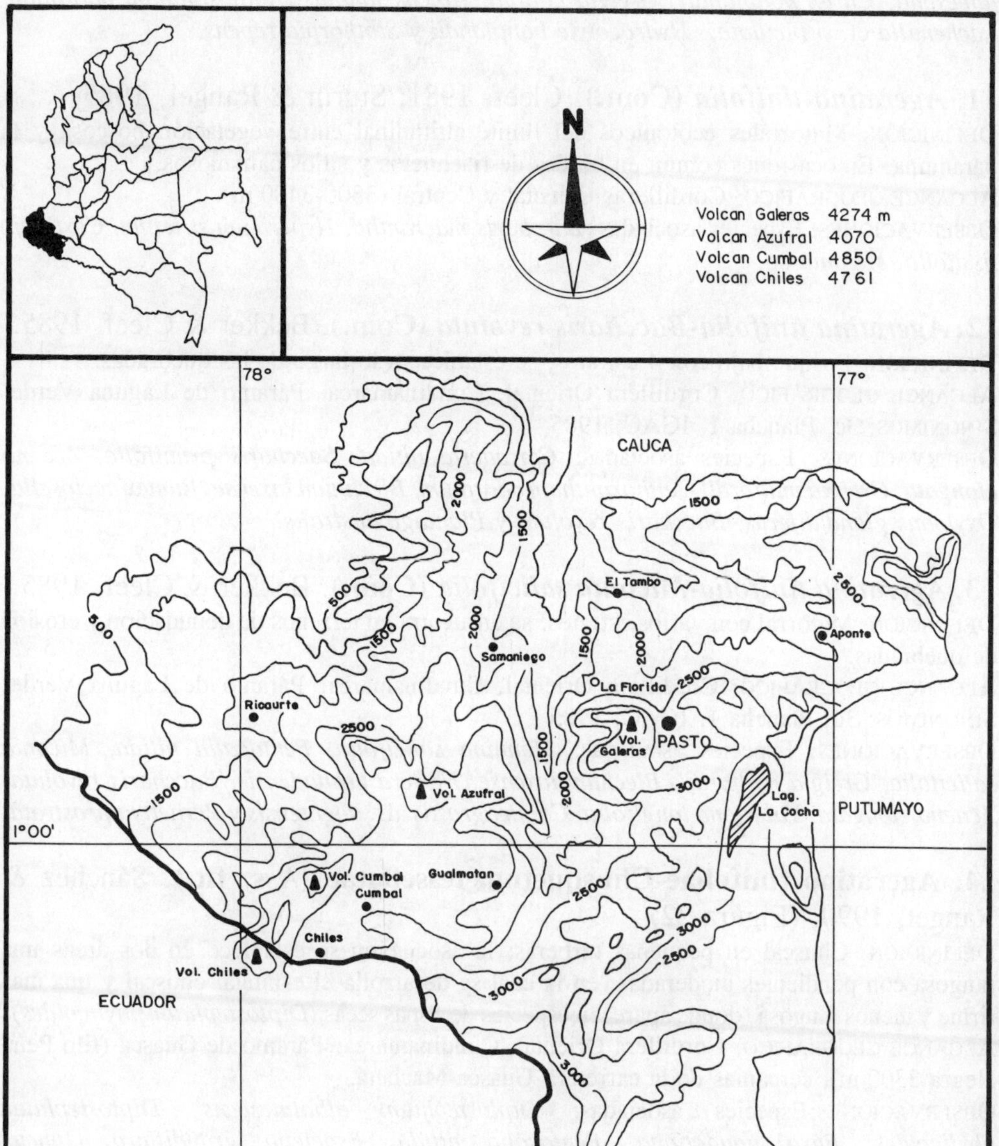

Figura 20a. Volcanes del Altiplano Nariñense

NB 96

OBSERVACIONES: Especies asociadas: *Pernettya prostrata, Escallonia myrtilloides, Carex jamesonii, Carex bonplandii, Greigia collina, Holcus lanatus, Anthoxanthum odoratum, Lachemilla* cf. *orbiculata, Hydrocotyle bonplandii* y *Sibthorpia repens.*

11. *Ageratina tinifolia* (Com.). Cleef, 1981; Sturm & Rangel, 1985.
DEFINICIÓN: Matorrales ecotónicos del límite altitudinal entre vegetación boscosa y la paramuna. En ocasiones común en bordes de riachuelos y sitios pantanosos.
ALCANCE GEOGRÁFICO: Cordilleras Oriental y Central (3300-3400 m).
OBSERVACIONES: Especies asociadas: *Baccharis macrantha, Hypericum strictum, Castilleja fissifolia, Miconia* sp.

12. *Ageratina tinifolia-Baccharis revoluta* (Com.). Bekker & Cleef, 1985.
DEFINICIÓN: Bosque bajo con 4 estratos, se establece a lo largo de las quebradas.
ALCANCE GEOGRÁFICO: Cordillera Oriental, Cundinamarca: Páramo de Laguna Verde.
SINÓNIMOS: 3c, Plancha 1. IGAC, 1985
OBSERVACIONES: Especies asociadas: *Cortaderia nitida, Baccharis prunifolia, Acaena elongata, Greigia mulfordii, Anthoxanthum odoratum, Blechnum loxense, Rumex acetosella, Oxylobus glanduliferus, Baccharis revoluta* y *Plantago australis.*

13. *Ageratina tinifolia-Miconia salicifolia* (Com.). Bekker & Cleef, 1985.
DEFINICIÓN: Matorral con varios estratos, se encuentra en terrenos de denudacion y erosion de quebradas.
ALCANCE GEOGRÁFICO: Cordillera Oriental, Cundinamarca: Páramo de Laguna Verde.
SINÓNIMOS: 3d, Plancha 1. IGAC, 1985
OBSERVACIONES: Especies asociadas: *Monnina salicifolia, Pentacalia nitida, Miconia salicifolia, Greigia mulfordii, Blechum loxense, Nertera granadensis, Baccharis revoluta, Acaena elongata, Valeriana longifolia, Calamagrostis* aff. *bogotensis* y *Pernettya prostrata.*

14. Ageratino tinifoliae-Chusquetum tessellatae (Ass. fit.). Sánchez & Rangel, 1990. (Figura 22)
DEFINICIÓN: Chuscal en pequeñas turberas; la asociación se establece en dos áreas una fangosa con pendientes moderadas, en la cual se desarrolla el esfangal chuscal y una mas firme y menos fangosa, donde aparecen especies de zonas secas (*Diplostephium phylicoides*).
ALCANCE GEOGRÁFICO: Cordillera Oriental, Cundinamarca: Páramo de Guasca (filo Peña Negra 3300 m); cercanias de la carretera Guasca-Machetá.
OBSERVACIONES: Especies asociadas: *Diplostephium albolutescens, Diplostephium phylicoides, Puya goudotiana, Pentacalia nitida, Espeletia grandiflora, Juncus echinocephalus, Agrostis fasciculata, Blechnum loxense, Eleocharis stenocarpa, Hydrocotyle* aff. *sphenoloba.*

15. Agrostietum foliatae (Ass. fit.). Cleef, 1981.
DEFINICIÓN: Pajonal que se desarrolla en topografías planas, cóncavas y ligeramente convexas en los arenales de superpáramo.
ALCANCE GEOGRÁFICO: Cordillera Central, Caldas-Tolima: Transecto Parque Los Nevados. (4150-4500 m).

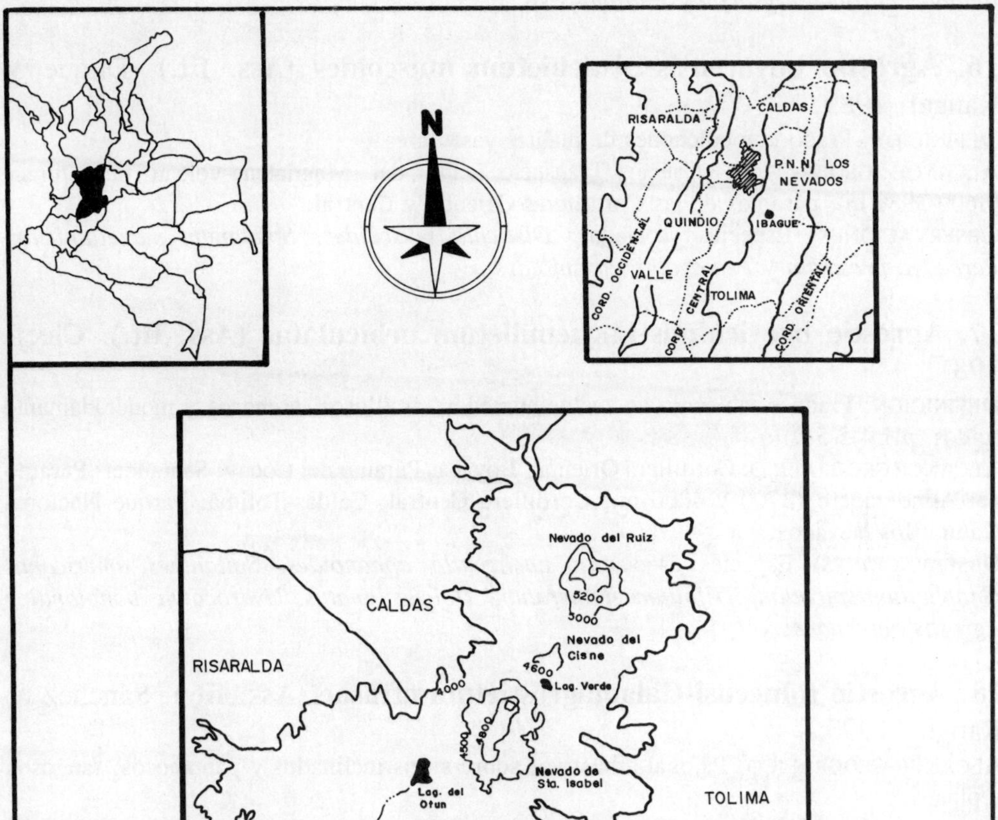

Figura 20b. Parque Nacional Natural Los Nevados

OBSERVACIONES: Especies asociadas: *Luzula racemosa, Lucilia pusilla, Calamagrostis ligulata, Ditrichum gracile* y *Philonotis* sp.

16. Agrostio boyacensis-Distichietum muscoides (Ass. fit.). Duque & Rangel, 1989.

DEFINICIÓN: Prado con colchones de plantas vasculares.

ALCANCE GEOGRÁFICO: Cauca: Transecto valle del Magdalena-volcán del Puracé (3600-3980 m); páramos de las Cordilleras Oriental y Central.

OBSERVACIONES: Especies asociadas: *Distichia muscoides, Sphagnum magellanicum, Pernettya prostrata* y *Pentacalia vaccinioides*.

17. Agrostio breviculmis-Lachemilletum orbiculatae (Ass. fit.). Cleef, 1981.

DEFINICIÓN: Prado establecido en suelos húmedos, arcillosos, arenosos y moderadamente ácidos (pH 4.5-5.0)

ALCANCE GEOGRÁFICO: Cordillera Oriental, Boyacá: Páramo del Cocuy; Santander: Páramo del Almorzadero (3700 y 4000 m), Cordillera Central, Caldas-Tolima: Parque Nacional Natural los Nevados.

OBSERVACIONES: Especies asociadas: *Lachemilla aphanoides, Spilanthes americana, Gnaphalium spicatum, Trifolium glomeratum, Holcus lanatus, Hydrocotyle bonplandi* y *Agrostis perennans*.

18. Agrostio tolucensi-Calamagrostietum effusae (Ass. fit.). Sánchez & Rangel, 1990.

ALCANCE GEOGRÁFICO: Pajonal-arbustivo, sobre sitios inclinados y pantanosos, fangosos y planos.

ALCANCE GEOGRÁFICO: Cordillera Oriental, Cundinamarca: Páramos de San Cayetano (Laguna Verde 3600 m); laguna Seca (3700 m).

OBSERVACIONES: Especies asociadas: *Aragoa abietina, Puya santosii, Espeletia chocontana, Carex pichinchensis, Sphagnum magellanicum, Campylopus pittieri, Pernettya prostrata, Arcytophyllum muticum* y *Geranium sibbaldioides*.

19. *Agrostis breviculmis-Acaulimalva purdiei* (Com.). Cleef, 1981.

DEFINICIÓN: Prado en la parte alta del superparamo, sobre suelos arenosos.

ALCANCE GEOGRÁFICO: Cordillera Oriental, Boyacá: Sierra Nevada del Cocuy (4250-4350 m.); Santander: Páramo del Almorzadero (4100-4300 m.).

OBSERVACIONES: Especies asociadas: *Oreomyrrhis andicola, Luzula* cf. *racemosa, Lachemilla pinnata* y *Aongstroemia julaceae*.

20. *Agrostis breviculmis-Lachemilla pinnata* (Com.). Cleef, 1981; Sturm & Rangel, 1985.

DEFINICIÓN: Prado sobre suelos húmedos, en barrancos muy pendientes sobre sustratos calcáreos, por encima de los 3800 m.

ALCANCE GEOGRÁFICO: Cordillera Oriental, Boyacá: Sierra Nevada del Cocuy (3890 m); Santander: Páramo del Almorzadero (4100 m),

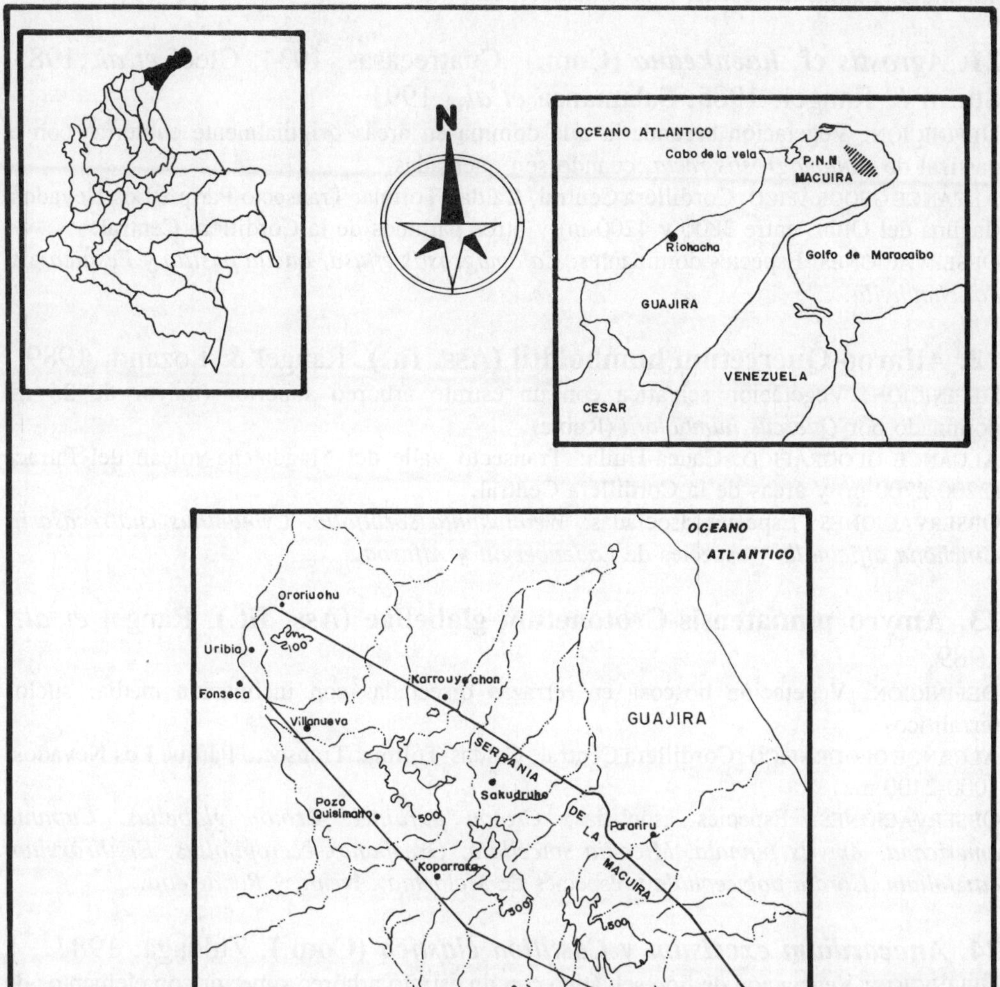

Figura 21. Parque Nacional Natural La Macuira

OBSERVACIONES: Especies asociadas: *Hypochoeris sessiliflora, Werneria pygmaea, Aciachne pulvinata, Rumex acetosella* y *Veronica serpyllifolia*.

21. *Agrostis* cf. *haenkeana* (Com.). Cuatrecasas, 1934; Cleef *et al.*,1983; Sturm & Rangel, 1985; Salamanca *et al.*, 1991

DEFINICIÓN: Vegetación secundaria que domina en áreas originalmente cubiertas con el pastizal de *Calamagrostis recta*, cuando son quemadas.

ALCANCE GEOGRÁFICO: Cordillera Central, Caldas-Tolima: Transecto Parque Los Nevados. (laguna del Otún, entre 3800 y 4200 m) y otros páramos de la Cordillera Central.

OBSERVACIONES: Especies dominantes: *Calamagrostis effusa, Lucila pusilla* y *Festuca* aff. *dolichophylla*.

22. Alfaroo-Quercetum humboldtii (Ass. fit.). Rangel & Lozano, 1989.

DEFINICIÓN: Vegetación selvática con un estrato arbóreo superior (mayor de 25 m) dominado por *Quercus humboldtii* (Roble).

ALCANCE GEOGRÁFICO: Cauca-Huila: Transecto valle del Magdalena-volcán del Puracé (2200-2700 m) y áreas de la Cordillera Central.

OBSERVACIONES: Especies asociadas: *Weinmannia sorbifolia, Cybianthus cuatrecasasii, Cinchona officinalis* y especies de *Ladenbergia* y *Alfaroa*.

23. Amyro pinnatensis-Crotonetum glabellae (Ass. fit.). Rangel *et al.*, 1989.

DEFINICIÓN: Vegetación boscosa en terrazas disectadas con inclinación media, suelos ferraliticos.

ALCANCE GEOGRÁFICO: Cordillera Central, Caldas-Tolima: Transecto Parque Los Nevados. 1000-2400 m.

OBSERVACIONES: Especies asociadas: *Croton purdiaei, Croton glabellus, Cupania americana, Amyris pinnata, Miconia spicellata, Oreopanax cecropifolius, Erythroxylum citrifolium, Cordia polycephala* y especies de *Melochia, Ayenia* y *Rondeletia*.

24. *Anacardium excelsum* y *Castilloa elastica* (Com.). Zuluaga, 1987.

DEFINICIÓN: Vegetación de tipo selvático con un estrato arbóreo superior con elementos de 40-45 m de altura que pertenecen a *Anacardium excelsum, Castilloa elastica, Brosimum utile*, y a *Protium veneralense*

ALCANCE GEOGRÁFICO: Chocó: Costa Pacífica, en áreas coluviales cercanas a la llanura aluvial del río Atrato (100-150 m).

OBSERVACIONES: Especies asociadas: *Batocarpus costaricensis, Pseudolmedia laevigata, Garcinia madruño, Psychotria psychotriaefolia, Swartzia arborescens* y *Protium veneralense*.

25. *Anacardium excelsum* y *Pseudolmedia laevigata* (Com.). Zuluaga, 1987.

DEFINICIÓN: Vegetación de tipo selvático muy parecida florísticamente a la comunidad de *Anacardium excelsum* y *Castilloa elastica*, pero con porte mas reducido.

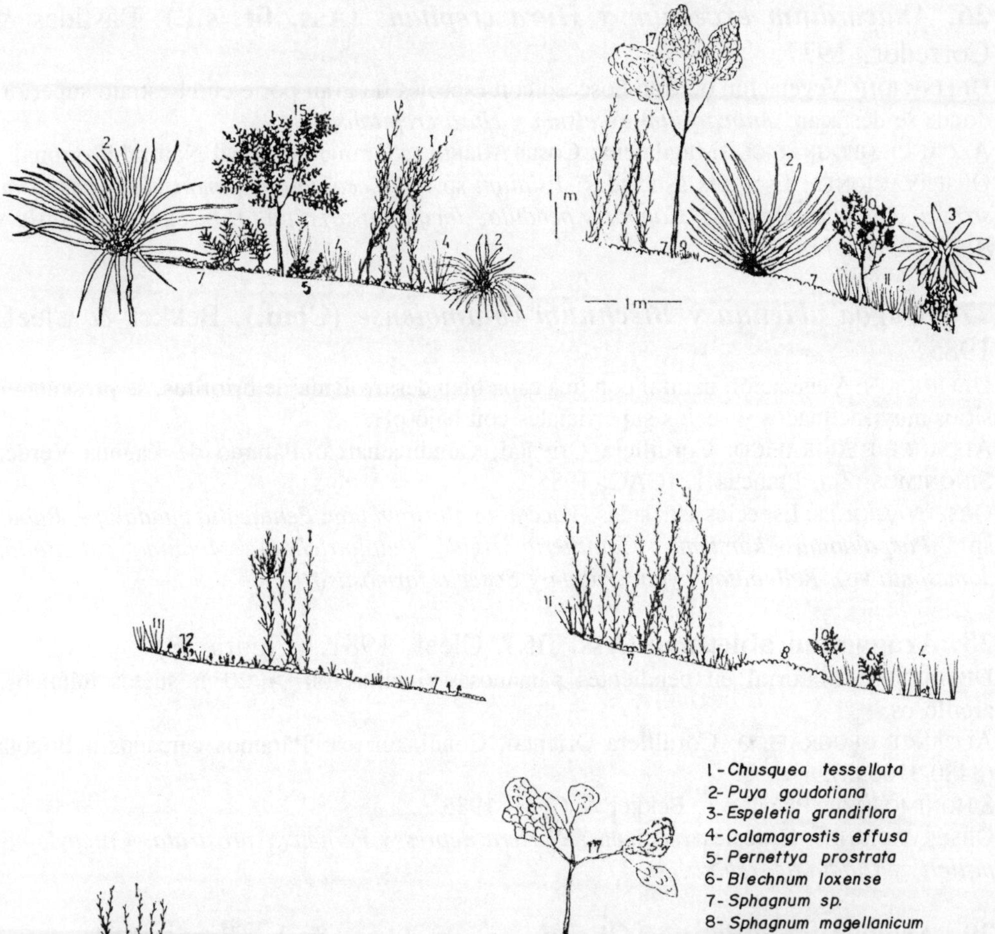

Figura 22. Asociación AGERATINO TINIFOLIAE-CHUSQUETUM TESSELLATAE, Cundinamarca: Páramo de Guasca, 3300 m. Tomado de Sánchez y Rangel, 1990.

ALCANCE GEOGRÁFICO: Chocó: Costa Pacífica, Urabá chocoano a 100 m.

OBSERVACIONES: Especies asociadas: *Oleiocarpon panamense, Brosimum guianense, Brosimum utile, Jessenia batua, Olmedia aspera* y *Protium veneralense*.

26. *Anacardium excelsum* y *Hura crepitans* (Ass. fit. s.l.). Bastidas & Corredor, 1977.

DEFINICIÓN: Vegetación de tipo boscoso con especies de gran porte en el estrato superior, donde se destacan: *Anacardium excelsum* y *Hura crepitans*.

ALCANCE GEOGRÁFICO: Magdalena: Costa Atlántica, Parque Nacional Natural Tayrona.

OBSERVACIONES: Especies asociadas: *Psidium* sp., *Pithecolobium saman, Toxicodendron striata, Poponax tortuosa, Capparis pendula, Jacquinia aristata, Hibiscus brasiliensis* y *Alternanthera brasiliana*.

27. *Aragoa abietina* y *Blechnum columbiense* (Com.). Bekker & Cleef, 1985.

DEFINICIÓN: Vegetación natural con una capa bien desarrollada de briofitos, se presenta en sitios muy inclinados y suelos superficiales con bajo pH.

ALCANCE GEOGRÁFICO: Cordillera Oriental, Cundinamarca: Páramo de Laguna Verde.

SINÓNIMOS: 3m, Plancha 1. IGAC, 1985

OBSERVACIONES: Especies asociadas: *Vaccinium floribundum, Pentacalia guadalupe, Rubus* sp., *Paepalanthus karstenii, Gaultheria rigida (haplotrichae), Monnina salicifolia, Jamesonia* sp., *Relbunium hypocarpium* y *Senecio formosus*.

28. Aragoetum abietinae (Ass. fit.). Cleef, 1981. (Figura 23)

DEFINICIÓN: Matorral en pendientes pantanosas (inclinación > 20°), suelos húmicos, arcillosos.

ALCANCE GEOGRÁFICO: Cordillera Oriental, Cundinamarca: Páramos cercanos a Bogotá (3480-3700 m).

SINÓNIMOS: 2n, Plancha 1. Bekker & Cleff, 1985

OBSERVACIONES: Especies asociadas: *Nertera depressa, Pernettya prostrata, Campylopus pittieri,* y *Cladia aggregata*.

29. Aragoetum abietinae-Chusquetosum (Ass. fit.). Cleef, 1981; enm. Rangel, 1994.

DEFINICIÓN: Matorral-Chuscal con un estrato arbóreo de 2 m; en laderas expuestas, muy inclinadas, o en sitios planos dentro del pajonal como parches marcados.

ALCANCE GEOGRÁFICO: Cordillera Oriental, Cundinamarca: Páramo de Palacio, Chuza y Cruz Verde, 3400-3600 m.

OBSERVACIONES: Especies características-dominantes: *Aragoa abietina, Chusquea tessellata, Blechnum loxense, Disterigma empetrifolium* y *Sphagnum sparsum*.

30. Aragoo abietinae-Puyetum santosii (Ass. fit.). Sánchez & Rangel, 1990. (Figura 24)

DEFINICIÓN: Matorral-rosetal, en turberas colmatadas.

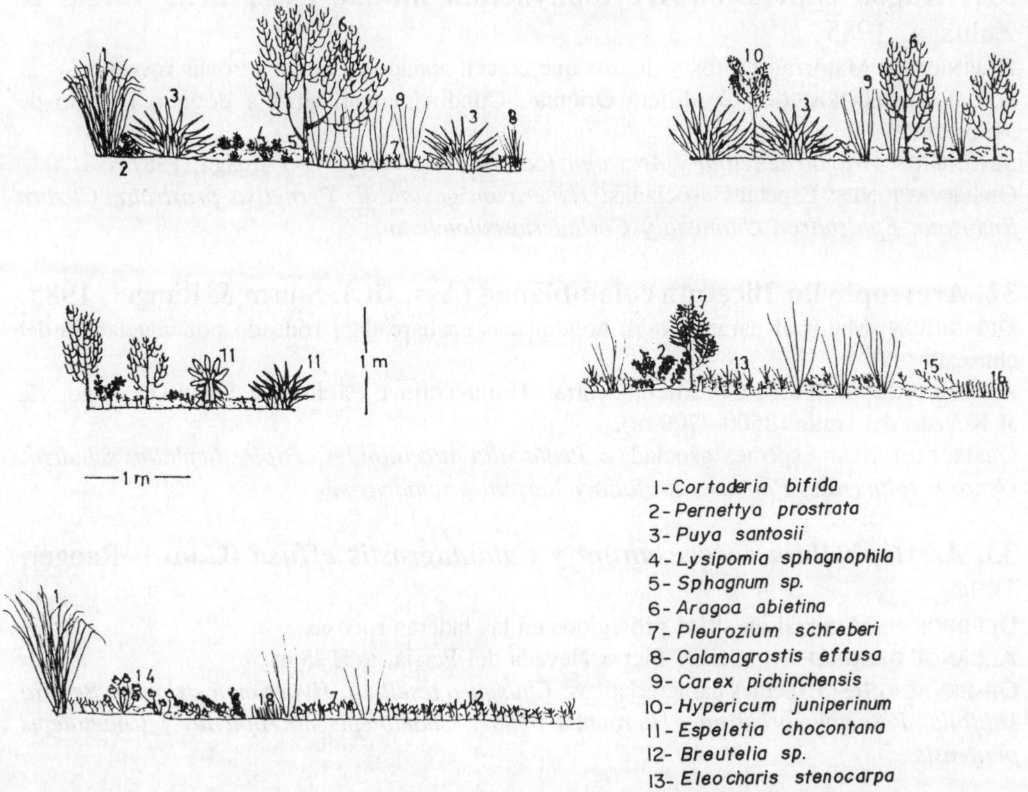

Figura 23. Asociación ARAGOO ABIETINAE-PUYETUM SANTOSII, Cundinamarca; Páramo de Cruz Verde, 3450 m. Tomado de Sánchez y Rangel, 1990.

ALCANCE GEOGRÁFICO: Cordillera Oriental, Cundinamarca: Páramo de Cruz Verde (3450 m), laguna El Verjón; páramo de San Cayetano (Laguna Verde 3600 m).
OBSERVACIONES: Especies asociadas: *Aragoa abietina, Carex pichinchensis, Calamagrostis effusa, Calamagrostis intermedia, Agrostis tolucensis, Puya santosii, Pentacalia reissiana, Sphagnum magellanicum, Pleurozium schreberi, Campylopus pittieri* y *Paepalanthus karstenii*.

31. **Aragoo cupressina-Arcytophylletum nitidae (Ass. fit.)**. Vargas & Zuluaga, 1985.

DEFINICIÓN: Matorrales altos y densos que crecen aislados y cerca a zonas rocosas.
ALCANCE GEOGRÁFICO: Cordillera Oriental, Cundinamarca: cerca a Bogotá, Páramo de Monserrate.
SINÓNIMOS: *Aragoa abietina* y *Arcytophyllum nitidum* Vargas & Zuluaga, 1987.
OBSERVACIONES: Especies asociadas: *Hypericum goyanesii, Pernettya prostrata, Clethra fimbriata, Epidendron chioneun* y *Cortaderia colombiana*.

32. **Arcytophyllo-Ilicetum colombianae (Ass. fit.)**. Sturm & Rangel, 1985.

DEFINICIÓN: Matorral paramuno en hondonadas encharcadas, rodeado por vegetación del chuscal.
ALCANCE GEOGRÁFICO: Cordillera Central: Huila-Tolima: Páramo de Santo Domingo, vía al Nevado del Huila (3500-3700 m).
OBSERVACIONES: Especies asociadas: *Pentacalia vaccinioides, Diplosthephium schultzii, Gynoxys tolimensis, Bomarea linifolia* y *Nertera granadensis*.

33. ***Arcytophyllum caracasanum* y *Calamagrostis effusa* (Com.)**. Rangel, 1994.

DEFINICIÓN: Matorral en sitios protegidos en las laderas rocosas.
ALCANCE GEOGRÁFICO: Cesar: Sierra Nevada del Perijá, a 3175 m.
OBSERVACIONES: Especies características: *Chusquea tesellata, Hypericum strictum, Befaria ledifolia, Pernettya prostrata, Hieracium avilae, Chaetolepis microphylla* y *Chaetolepis perijensis*.

34. ***Arcytophyllum nitidum* (Com.)**. Cleef, 1981. (Figura 25a)

DEFINICIÓN: Matorral en laderas escarpadas, sobre suelos arenosos, arcillosos.
ALCANCE GEOGRÁFICO: Cordillera Oriental, Boyacá: Páramo Cóncavo en la Sierra Nevada del Cocuy entre 3750 y 3900 m.
OBSERVACIONES: Especies asociadas: *Bryum* cf. *grandifolium, Lycopodium contiguum, Gaultheria rigida,* y *Achyrocline lehmannii*.

35. **Ardisio foetidae-Axinetum macrophyllae (Ass. fit.)**. Rangel, 1994.

DEFINICIÓN: Vegetación selvática con dos estratos arbóreos bien desarrollados.
ALCANCE GEOGRÁFICO: Cordillera Central, Risaralda: Parque Regional Natural Ucumarí, caserío del Bosque 2480 y 2600 m.

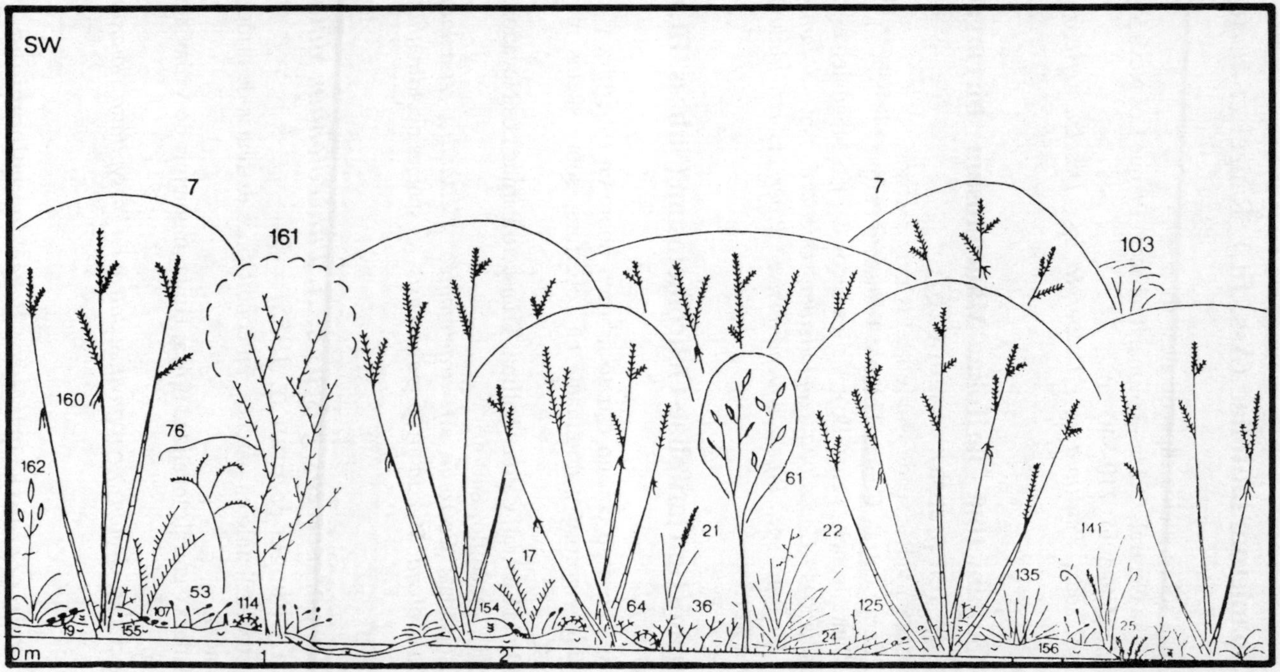

7 = *Aragoa abietina*
22 = *Calamagrostis cf. effusa*
76 = *Hypericum lindenii*
103 = *Monnina salicifolia*
135 = *Puya santosii*
141 = *Rhynchospora macrochaeta*
160 = *Usnea sp.*
161 = *Vaccinium floribundum*
162 = *Valeriana longifolia*

Figura 24. Asociación ARAGOETUM ABIETINAE, comunidad de *Aragoa abietina*, Cundinamarca; Páramo de Laguna Verde, 3600-3650 m. Tomado de Bekker y Cleef, 1985.

OBSERVACIONES: Especies asociadas: *Nectandra cuspidata, Aegiphila grandis, Ficus gigantosyce, Ocotea calophylla, Meliosma violaceae, Miconia theaezans, Solanun radiatum, Palicourea kanehirae, Oreopanax* cf. *floribundum, Chiococca alba* y *Peperomia acuminata*.

36. Ardisio foetidae-Cupanietum latifoliae (Ass. fit.). Rangel *et al.* (en prensa).

DEFINICIÓN: Vegetación boscosa sobre suelos superficiales, rocosos.

ALCANCE GEOGRÁFICO: Cordillera Central, Caldas-Tolima: Transecto Parque Los Nevados, vertiente Oriental (Santa Isabel, Venadillo, 710-840 m).

OBSERVACIONES: Especies asociadas: *Paullinia* sp., *Dalbergia* sp., *Dioclea sericea* y *Paullinia* aff. *densiflora*.

37. Ardisio foetidae-Cupanietum latifoliae-Maurietosum birringae (Subass. fit.). Rangel *et al.* (en prensa). (Figura 26)

DEFINICIÓN: Vegetación boscosa en valles secos, sobre suelos muy rocosos.

ALCANCE GEOGRÁFICO: Cordillera Central, Caldas-Tolima: Transecto Parque Los Nevados. (710 m.), vertiente Oriental (Santa Isabel, Venadillo); Valles secos del río Magdalena

OBSERVACIONES: Especies asociadas: *Coccoloba candolleana, Guettarda* sp., *Solanum argenteum, Posoqueria* sp., *Miconia* sp., *Piper tequendanense, Piper* cf. *reticulatum, Guazuma ulmifolia* y *Adenaria floribunda*.

38. Ardisio foetidae-Cupanietum latifoliae-Ochrometosum (Subass. fit.). Rangel *et al.* (en prensa).

DEFINICIÓN: Vegetación de tipo boscoso con un estrato arbóreo pobre en cobertura y en especies y uno subarbóreo muy vigoroso y dominante en cobertura, sobre suelos muy delgados con guijarros y rocas.

ALCANCE GEOGRÁFICO: Cordillera Central, Caldas-Tolima: Transecto Parque Los Nevados., vertiente Oriental (Santa Isabel, Venadillo, 840 m).

OBSERVACIONES: Especies asociadas: *Cecropia* aff. *arachnoidea, Nectandra reticulata, Pollalesta discolor, Coccoloba ovobata, Myrcia* aff. *popayanensis*, y especies de *Adianthum* y de *Rhynchospora*.

39. *Armatocereus* sp. (*Lemaireocereus griseus* s.l.), *Pithecolobium dulce* y *Randia aculeata* (Com.) Rangel & Franco, 1985.

DEFINICIÓN: Matorral espinoso distribuido en parches, en condiciones extremas de aridez; zonas áridas de la región tropical.

ALCANCE GEOGRÁFICO: Cordillera Central, localidad típica: Huila, municipio de Villavieja, desierto de La Tatacoa (300 m).

OBSERVACIONES: Especies asociadas: *Croton argyrophyllus, Jatropha gossypifolia, Solanum* sp. y *Evolvulus sericeus*.

40. *Armatocereus (Lemaireocereus) griseus, Pereskia colombiana* y *Mimosa leiocarpa* (Com.). Schnetter, 1968.

DEFINICIÓN: Cardonal con elementos leñosos de 5-6 m de altura y con cactáceas

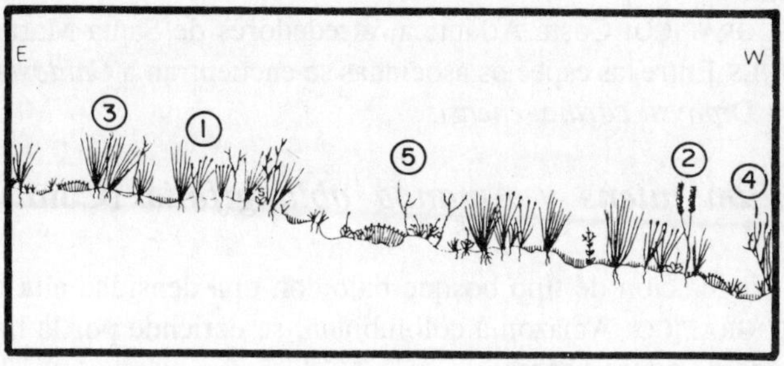

1-*Xyris acutifolia*
2-*Hypericum strictum*
3-*Calamagrostis effusa*
4-*Chusquea sp.*
5-*Arcytophyllum nitidum*

Figura 25a. Comunidad de *Arcytophyllum nitidum*, Cundinamarca; Páramo de Sumapaz, Laguna El Sorbedero, 3560 m. Tomado de Cleef, 1981.

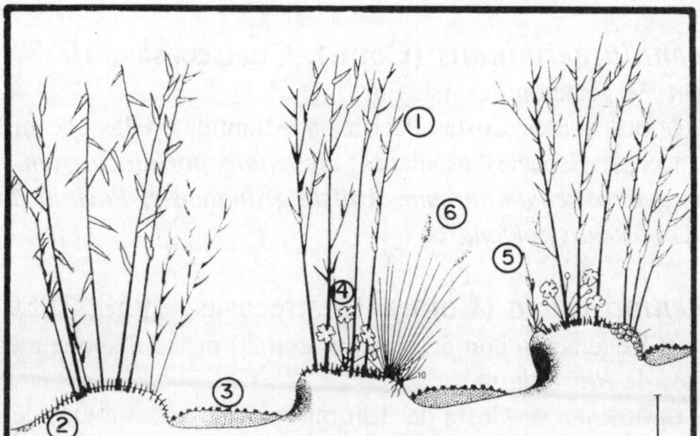

1-*Chusquea tessellata*
2-*Breutelia allionii*
3-*Sphagnum sancto-josephense*
4-*Geranium multiceps*
5-*Senecio sp.*
6-*Calamagrostis effusa*

Figura 25b. Comunidad de *Chusquea tessellata, Sphagnum y/o Breutelia*, Cundinamarca; Paramo de Palacio, 3530 m. Tomado de Cleef, 1981.

columnares de 8-9 m. La vegetación está esparcida, los estratos bajos son pobres florísticamente.

ALCANCE GEOGRÁFICO: Costa Atlántica, alrededores de Santa Marta.

OBSERVACIONES: Entre las especies asociadas se encuentran a *Cnidosculus tubulosus, Cordia subtruncata* y *Diphysa carthagenensis*.

41. ***Ascomium nitens*** **y** ***Amanoa oblongifolia*** **(Com.)**. Duivenvoorden, 1993.

DEFINICIÓN: Vegetación de tipo bosque bajo con una densidad alta de arbolitos.

ALCANCE GEOGRÁFICO: Amazonia colombiana, se extiende por la llanura inundable de los ríos amazónicos de aguas negras.

SINÓNIMOS: Bc, Plancha araracuara-mariñame. Duivenvoorden, 1993.

OBSERVACIONES: Especies asociadas: *Roupala obtusata, Albizia marginata* y *Cybianthus reticulatus*.

42. ***Astronium graveolens-Tabebuia billbergii*** **(Ass. fit. s.l.)**. Rieger, 1976.

DEFINICIÓN: Vegetación de tipo boscoso, con dos estratos superiores.

ALCANCE GEOGRÁFICO: Guajira: Península de la Guajira y zonas xerofíticas del Caribe colombiano.

OBSERVACIONES: Especies asociadas: *Opuntia wentiana, Melochia tomentosa, Libidibia cariaria, Ipomoea carnea, Trichilia trifolia, Pereskia guamacho, Capparis linearis, Ruprechtia ramiflora* y *Cordia dentata*.

43. ***Avicennia germinans*** **(Com.)**. Cuatrecasas, 1958.

DEFINICIÓN: Vegetación del manglar.

ALCANCE GEOGRÁFICO: Costas Pacífica y Atlántica e islas oceánicas.

OBSERVACIONES: Especies asociadas: *Sesuvium portulacastrum, Pelliceria rhizophorae, Hirtella* sp., *Acrostichum aureum, Ardisia granatensis, Pavinia rhizophorae, Cassipourea killipii* y *Conostegia polyandra*.

44. ***Avicennia nitida*** **(Com.)**. Cuatrecasas, 1958; 1989.

DEFINICIÓN: Vegetación con árboles de 15 a 20 m, se dispone a continuación del manglar con especies de *Rhizophora*.

ALCANCE GEOGRÁFICO: Costa del Litoral Pacífico y costa Occidental del Atlántico.

OBSERVACIONES: Especies asociadas: *Cassipourea killipii, Conostegia polyandra, Rustia occidentalis, Ardisia granatensis* (Pacífico) y *Pavonia rhizophorae* (Pacífico)

45. ***Avicennia nitida*** **y** ***Batis maritima*** **(Ass. fit. s.l.)**. Bastidas & Corredor, 1977.

DEFINICIÓN: Matorral alto con predominio de las formas arbustivas.

ALCANCE GEOGRÁFICO: Costa Atlántica colombiana, Parque Nacional Natural Tayrona.

OBSERVACIONES: Especies asociadas: *Cresentia cujete, Coccoloba uvifera, Coccoloba obtusifolia, Acantocereus griseus, Calotropis procera* y *Batis maritima*.

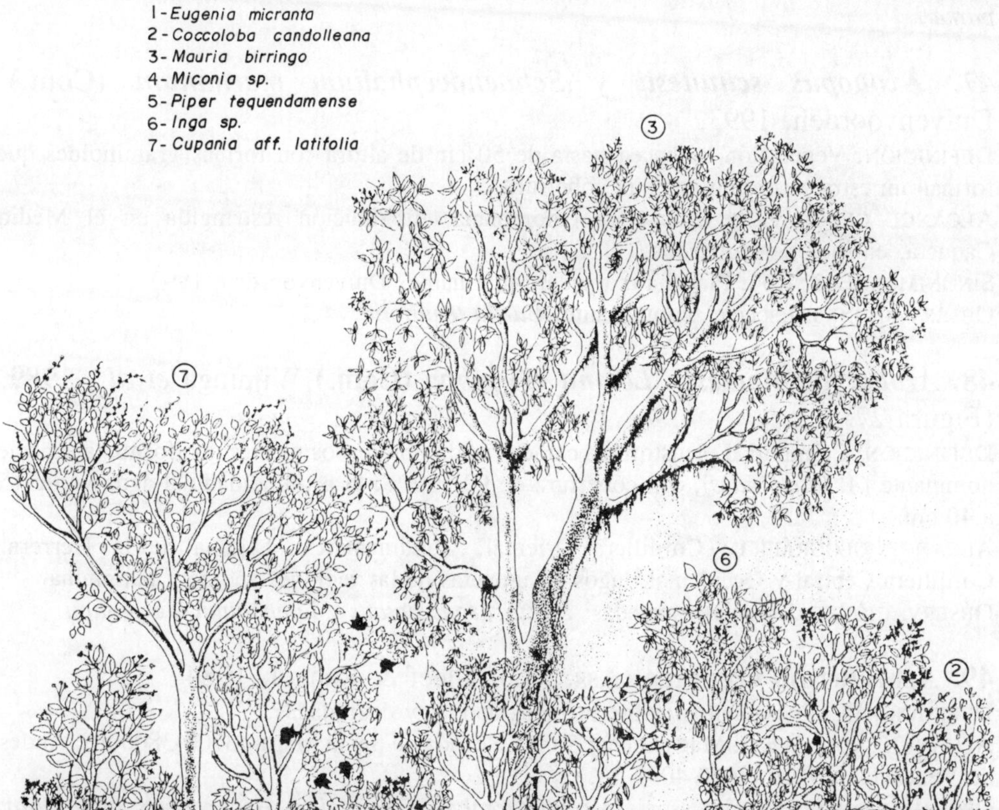

Figura 26. Asociación ARDISIO FOETIDAE-CUPANIETUM MAURIETOSUM BIRRINGAE, Tolima; Cordillera Central, Parque Nacional Natural Los Nevados, alrededores de Venadillo, 700 m. Tomado de Rangel et al. en prensa.

46. ***Axonopus pulcher, Trachypogon plumosus* y *Andropogon leuchostachyus* (Com.).** Sánchez *et al.*, 1993.

DEFINICIÓN: Pajonal abierto, con elementos hasta de 60 cm de alto.

ALCANCE GEOGRÁFICO: Orinoquia colombiana, sabanas de San Juan de Arama y regiones aledañas.

OBSERVACIONES:Especies asociadas: *Miconia rubiginosa, Miconia tomentosa* e *Hyptis* cf. *parkeri*.

47. ***Axonopus schultesii* y *Schoenocephalium martianum* (Com.).** Duivenvoorden, 1993.

DEFINICIÓN: Vegetación herbacea hasta de 50 cm de altura con formas graminoides que forman un estrato continuo de alta cobertura.

ALCANCE GEOGRÁFICO: Amazonia colombiana, distribución restringida en el Medio Caquetá, en suelos pdzolisados.

SINÓNIMOS: Ep3, Rp4, Plancha araracuara-mariñame. Duivenvoorden, 1993.

OBSERVACIONES: Especie acompañante: *Curtia tenuifolia*.

48. ***Azolla filiculoides* y *Lemna* cf. *gibba* (Com.)** Wijninga *et al.*, 1989. (Figura 27)

DEFINICIÓN: Comunidad pleustofítica caracterizada por densos tapetes que forma la especie dominante *(A. filiculoides)*, con cobertura de 90-100 %; la profundidad del agua va de 15 a 40 cm.

ALCANCE GEOGRÁFICO: Cordillera Oriental, Cundinamarca: Laguna de la Herrera; Cordillera Central y Occidental; lagos y lagunetas de las regiónes andina y paramuna.

OBSERVACIONES: Especies asociadas: *Ricciocarpus natans* y *Limnobium laevigatum*.

49. Azorelletum crenatae (Ass. fit.). Cleef & Rangel, 1984.

DEFINICIÓN: Cojines sueltos, sobre turberas activas y degradadas.

ALCANCE GEOGRÁFICO: Magadalena: Sierra Nevada de Santa Marta (3700-3800 m). Andes de Venezuela a Perú (3000-4000 m).

OBSERVACIONES: Especies asociadas: *Rhizocephalum candollei, Hypochoeris sessiliflora, Agrostis tolucensis, Ranunculus spaniophyllus, Lachemilla* cf. *moritziana* y *Acaena cylindristachya*.

50. Azorelletum multifidae (Ass. fit.). Cleef, 1981.

DEFINICIÓN: Cojines de vegetación establecidos en pequeños valles de zonas con alta concentracion de humedad.

ALCANCE GEOGRÁFICO: Cordillera Oriental, Cundinamarca: Sumapaz entre 4050 y 4200 m; Cordillera Central Tolima: Nevado Santa Isabel.

OBSERVACIONES: Especies asociadas: *Breutelia chrysea* y *Bryum ellipsifolium*.

51. Baccharido caespitosae-Agrostietum araucanae (Ass. fit.). Salamaca *et al.*, 1991.

DEFINICIÓN: Matorral ralo sobre depositos de arenas volcánicas.

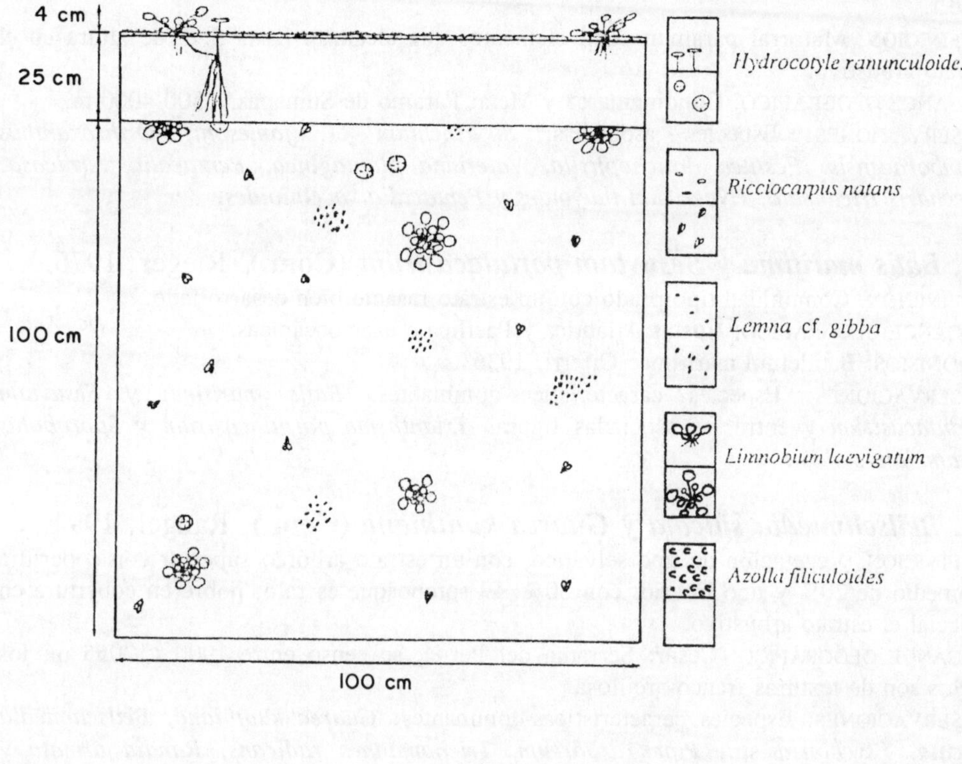

Figura 27. Comunidad de *Azolla filicoides* y *Lemna cf. gibba*. Cundinamarca; Laguna de la Herrera. 2550 m. Tomado de Wijninga, Rangel y Cleef, 1989.

ALCANCE GEOGRÁFICO: Cordillera Central, Caldas-Tolima: Nevado del Ruíz, volcanes de Santa Isabel y Santa Rosa 4200-4400 m.
OBSERVACIONES: Especies asociadas: *Pentacalia gelida, Lupinus humifusus, Geranium sibbaldioides, Hieracium avilae, Eryngium humile* y *Ranunculus praemorsus*.

52. *Baccharis revoluta* y *Cortaderia* cf. *nitida* (Com.). Sturm & Rangel, 1985.

DEFINICIÓN: Matorral paramuno con elementos que alcanzan hasta 3 m de altura en el estrato arbustivo.
ALCANCE GEOGRÁFICO: Cundinamarca y Meta: Páramo de Sumapaz, 3500-4000 m.
OBSERVACIONES: Especies asociadas: *Sisyrinchium* cf. *jamesoni, Orthroxanthus chimboracensis, Festuca dolichophylla, Valeriana plantaginea, Pentacalia vernicosa, Baccharis tricuneata, Hypericum thuyoides* y *Pentacalia vaccinioides*.

53. *Batis maritima* y *Sesuvium portulacastrum* (Com.). Rieger, 1976.

DEFINICIÓN: Comunidad tipo prado con un estrato rasante bien desarrollado.
ALCANCE GEOGRÁFICO: Costas Atlántica y Pacífica e islas oceánicas.
SINÓNIMOS: Batidetum maritimae Ciferri, 1936
OBSERVACIONES: Especies características-dominantes: *Batis maritima* y *Sesuvium portulacastrum* y entre las asociadas figuran *Trianthema portulacastrum* y *Sporobolus pyramidalis*.

54. *Beilschmiedia sulcata* y *Guarea kunthiana* (Com.). Rangel, 1994.

DEFINICIÓN: Vegetación de tipo selvático, con un estrato arbóreo superior con cobertura promedio de 20% y uno inferior con 30%. El sotobosque es ralo, pobre en cobertura en especial el estrato arbustivo.
ALCANCE GEOGRÁFICO: Cesar: Serranía del Perijá, se censó entre 1900 y 2055 m, los suelos son de texturas franco-arcillosa.
OBSERVACIONES: Espècies características-dominantes: *Guarea kunthiana, Beilschmiedia sulcata, Psychotria* sp., *Piper arboreum, Trichomannes radicans, Randia armata* y *Chamaedorea pinnatifrons*.

55. *Bidens laevis* (Com.). Wijninga *et al.*, 1989. (Figura 28)

DEFINICIÓN: Prado de crecimiento denso a lo largo de los cursos de los ríos, a manera de colchones flotantes.
ALCANCE GEOGRÁFICO: Cordillera Oriental, Cundinamarca: Laguna de la Herrera, Sabana de Bogotá; Boyacá: Lago de Tota.
SINÓNIMOS: Camalotal. Rangel & Aguirre 1983.
OBSERVACIONES: Especies asociadas: *Hydrocotyle ranunculoides, Ludwigia peploides, Rumex obtusifolius* y la especie pleustofítica *Limnobium laevigatum*.

56. *Billia columbiana, Brosimum utile* y *Carinaria piriformis* (Com.). Sánchez *et al.*, 1993.

DEFINICIÓN: Vegetación boscosa multiestratificada, con un dosel superior a 25 m; abundan

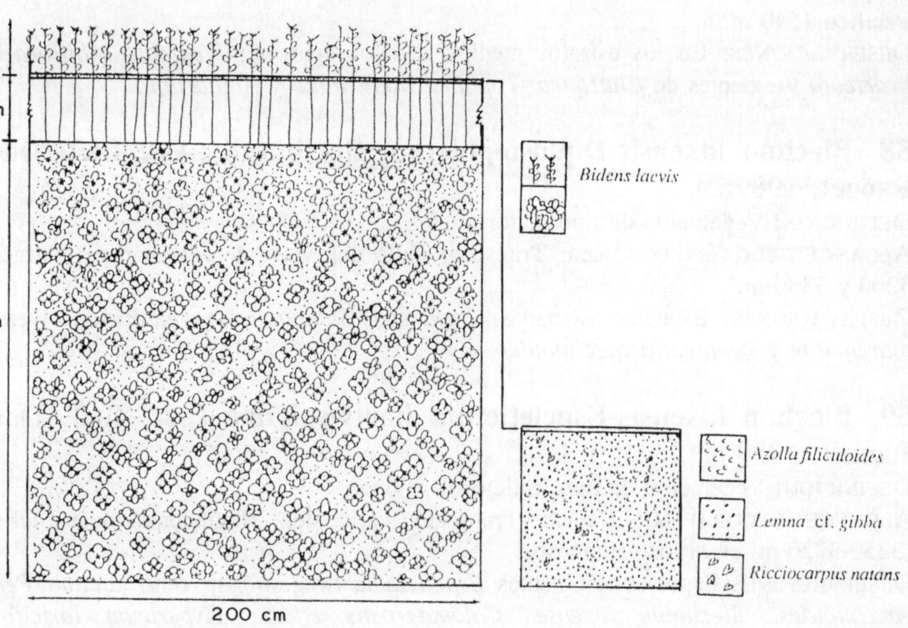

Figura 28. Comunidad de *Bidens laevis*, Cundinamarca; Laguna de la Herrera. 2550 m
Tomado de Wijninga, Rangel y Cleef, 1989.

las palmas, las epífitas, hemiepífitas y las lianas. Los árboles frecuentemente presentan raíces tabloides.

ALCANCE GEOGRÁFICO: Orinoquia colombiana: Serranía de la Macarena.

OBSERVACIONES: Especies asociadas *Eschweilera* sp., *Mabea* sp. y *Pteridium aquilinum*.

57. *Billia columbiana, Weinmannia* aff. *balbisiana* y *Brunellia* cf. *glabra*. Rangel & Cleef (en prensa). (Figura 29)

DEFINICIÓN: Vegetación selvática con un estrato arbóreo con cobertura de 55%, en donde también aparecen como dominantes *Inga edulis* y *Tovomita weddelliana*. Sitios planos con nieblas y neblinas constantes.

ALCANCE GEOGRÁFICO: Cordillera Occidental, Chocó: Vertiente Occidental que mira al Pacífico 1540 m.

OBSERVACIONES: En los estratos medios y bajos aparecen *Weigeltia albiflora, Ossaea bracteata* y especies de *Chusquea, Topobea, Renealmia* y *Anthurium*.

58. Blechno loxensis-Diplostephietum floribundi (Ass. fit.). Duque & Rangel, 1989.

DEFINICIÓN: Vegetación de tipo matorral.

ALCANCE GEOGRÁFICO: Cauca: Transecto valle del Magdalena-volcán del Puracé, entre 3200 y 3380 m.

OBSERVACIONES: Especies asociadas: *Puya* sp., *Sphagnum magellanicum, Weinmannia marequitae* y *Pentacalia vaccinioides*.

59. Blechno loxensis-Espeletietum hartwegianae (Ass. fit.). Duque & Rangel, 1989.

DEFINICIÓN: Vegetación de tipo frailejonal-pajonal.

ALCANCE GEOGRÁFICO: Cauca: Transecto valle del Magdalena-volcán del Puracé (3250-3720 m) en sitios pantanosos.

OBSERVACIONES: Especies dominantes: *Espeletia hartwegiana* ssp. *centroandina, Pentacalia vaccinioides, Blechnum loxense, Calamagrostis effusa, Hypericum laricifolium* y *Calamagrostis macrophylla*.

60. *Blechnum* sp., *Alloispermum pachensis, Cuphea racemosa, Polypogon elongatus* y *Pennisetum clandestinum* (Com.). Katib & Bello, 1995.

DEFINICIÓN: Pastizales con dos estratos dominantes en cobertura constituyen la primera etapa de sucesión vegetal sobre áreas anteriormente cubiertas con vegetación boscosa; se desarrolla en sitios inclinados.

ALCANCE GEOGRÁFICO: Risaralda, municipio de Santa Rosa de Cabal 2010-2510 m.

OBSERVACIONES: Especies asociadas: *Sporobolus indicus, Nertera granadensis, Nertera tetrasperma, Ranunculus flagelliformis* y *Rubus bogotensis*.

61. *Bonnetia colombiana* y *Ternstroemia* aff. *pungens* (Com.). Cordoba, 1995.

DEFINICIÓN: Vegetación de tipo selvático con un estrato superior donde los elementos

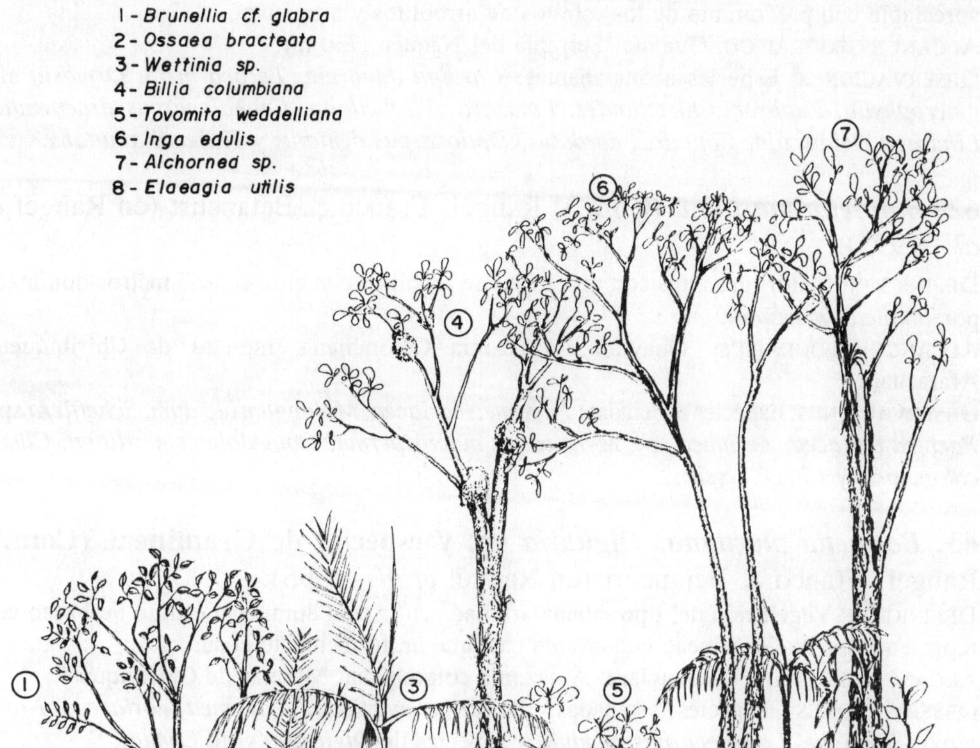

Figura 29. Comunidad con *Billia columbiana*, *Weinmannia aff. balbisiana*, *Brunellia cf. glabra*, Chocó; 1540 m. Tomado de Rangel et al. (en preparación Ecoandes Cor. Occidental).

pueden alcanzar 12 m de altura, un valor alto de cobertura y una densidad abórea apreciable con predominio de los estratos de arrbolitos y arbustivo.
ALCANCE GEOGRÁFICO: Guainía: Serranía del Naquén, 730 m.
OBSERVACIONES: Especies acompañantes: *Caraipa llanorum, Tococa hirta, Ormosia* aff. *macrophylla, Euphronia hirtelloides, Lindsaea* aff. *melfolia, Cephalocarpus dracaenula, Lindsaea rigidiscula, Connarus cordatus, Doliocarpus dentatus* y *Thibaudia nutans*.

62. *Bonnetia martiana* (Com.). Rangel, Franco & Betancurt (en Rangel *et al.*, 1995).

DEFINICIÓN: Matorrales altos con un estrato de arbolitos con alturas de 7 metros dominado por *Bonnetia martiana*.
ALCANCE GEOGRÁFICO: Guaviare: Amazonia Colombiana, mesetas de Chiribiquete. Araracuara.
OBSERVACIONES: Especies asociadas: *Pagamea coriacea, Molongum lucidum, Schefflera* sp., *Pachira coriacea, Aechmea* sp., *Myrmedone macrosperma, Gongylolepis martiana, Clusia columnaris* y *Clusia sessilis*.

63. *Bonnetia martiana, Digitaria* sp. y especies de Gramineae (Com.). Rangel, Franco & Betancurt (en Rangel *et al.*, 1995).

DEFINICIÓN: Vegetación del tipo sabana-arbolada en la cual domina el estrato herbáceo con representantes de Gramineae que cubren casi que uniformemente el sustrato.
ALCANCE GEOGRÁFICO: Guaviare: Amazonia colombiana, Mesetas de Chiribiquete.
OBSERVACIONES: Especies asociadas: *Bonnetia martiana, Pagamea coriacea, Navia garcia-barrigae, Lagenocarpus pendula* y especies de *Digittaria* y de *Clusia*.

64. *Bonnetia martiana, Tepuianthus savannensis* y *Euphronia hirtelloides* (Com.). Rangel, Franco & Betancurt (en Rangel *et al.*, 1995).

DEFINICIÓN: Bosques achaparrados con un estrato de arbolitos con elementos de 7-8 m de altura dominados por *Bonnetia martiana* y *Tepuianthes savannensis*.
ALCANCE GEOGRÁFICO: Guaviare: Amazonia colombiana, Mesetas de Chiribiquete.
OBSERVACIONES: Especies asociadas: *Pagamea coriacea, Gongylolepis martiana* y *Clusia elliptica*.

65. *Bowdichia virgilioides, Byrsonima crassifolia* y especies de *Clusia* (Com.). Sánchez *et al.*, 1993.

DEFINICIÓN: Bosques ralos con elementos de 8 a 12 m de altura, fustes delgados y folleje perenne y caedizo. Son frecuentes las palmas y las lianas y en ocasiones los pastos.
ALCANCE GEOGRÁFICO: Orinoquia colombiana, sabanas de San Juan de Arama y regiones aledañas.
OBSERVACIONES: Especies asociadas: *Clusia loranthacea, Clusia columnaris, Aristida* sp. y *Schizachyrium* cf. *brevifolium*.

66. Brachyoto-Calamagrostietum effusae (Ass. fit.). Rangel & Aguirre, 1986.

DEFINICIÓN: Matorral paramuno establecido en las partes mas altas, sobre laderas inclinadas, en sitios bien conservados.

ALCANCE GEOGRÁFICO: Cordillera Oriental, Boyacá: Páramo de la Sarna, (3080-3400 m).

OBSERVACIONES: Especies características: *Arcytophyllum nitidum, Pernettya prostrata, Vaccinium floribundum, Brachyotum strigosum, Castilleja fissifolia, Miconia elaeoides, Befaria resinosa, Calamagrostis effusa, Lobelia tenera* y *Rynchospora macrochaeta*.

67. *Breutelia lorentzii* (Com.). Cleef, 1981.

DEFINICIÓN: Prados sobre capas arcillosas y arenosas, en sitios muy húmedos.

ALCANCE GEOGRÁFICO: Cordillera Oriental, Cundinamarca: Páramo del Sumapaz.

OBSERVACIONES: Especies asociadas: *Ourisia muscosa* y *Brachiolejeunea securifolia*.

68. *Brocchinia hechtioides* y *Bonnetia martiana* (Com.). Duivenvoorden, 1993.

DEFINICIÓN: Vegetación de tipo xerófila arbustiva transicional a un bosque muy bajo dominada por *Bonnetia martiana*.

ALCANCE GEOGRÁFICO: Amazonia, distribución restringida en el Medio Caquetá, en suelos podsolizados en mesas de areniscas.

SINÓNIMOS: Ih,Rp3,Rp4, Plancha araracuara-mariñame. Duivenvoorden, 1993.

OBSERVACIONES: Especies acompañantes: *Monotrema aemulans* y especies de Rapateaceae, Xyridaceae, Poaceae y Cyperaceae.

69. Brosimion utilae (All. fit. s.l.). Zuluaga, 1987.

DEFINICIÓN: Sintaxón que reúne la vegetación de la depresión pacífica entre 100 y 250 m de altitud. Vegetación selvática y boscosa.

ALCANCE GEOGRÁFICO: Región Pacífica colombiana, probablemente Darien panameño y pacífico de Ecuador.

OBSERVACIONES: Especies características: *Brosimum utile, Castilloa elastica, Batocarpus costaricensis, Brosimum guianense* y *Psychotria psychotriaefolia*.

70. *Brosimum alicastrum, Eugenia oblongifolia* y *Randia aculeata* (Com.). Lozano, 1984.

DEFINICIÓN: Vegetación de tipo selva con un estrato superior con *Brosimum alicastrum, Eugenia oblongifolia, Leucaena tricodes* y *Randia aculeata*.

ALCANCE GEOGRÁFICO: Costa Atlántica, Magdalena: Parque Nacional Natural Tayrona.

OBSERVACIONES: Especies asociadas: *Clavija membranacea, Aphelandra pulcherrima, Anthurium trisectum, Cestrum* sp. y *Tillandsia usneoides*.

71. *Brownea grandiceps* e *Iriartea deltoidea* (Com.). Duivenvoorden, 1993.

DEFINICIÓN: Vegetación boscosa en sitios bien drenados de la llanura de inundación de los ríos.

ALCANCE GEOGRÁFICO: Amazonia colombiana, Caquetá.

SINÓNIMOS: Ce, Plancha araracuara-mariñame. Duivenvoorden, 1993.
OBSERVACIONES: Especies asociadas: *Guarea* sp., *Virola duckei* e *Inga thibaudiana*.

72. *Brunellia macrophylla* y *Clethra* aff. *revoluta* (Com.). Rangel *et al.*, 1995.

DEFINICIÓN: Vegetación de tipo boscoso con un estrato arbóreo, con elementos de 18 m de altura, muy epifitados en los troncos y en las copas. Se establece en sitios inclinados.
ALCANCE GEOGRÁFICO: Cordillera Central, Huila-Cauca: Transecto valle del Magdalena-volcán del Puracé (2900-3200 m).
OBSERVACIONES: Especies características-dominantes: *Brunellia macrophylla, Weinmannia pubescens, Clethra* aff. *revoluta, Ocotea calophylla, Hedyosmum* cf. *luteynii, Saurauia brachybotrys* y *Miconia stipularis*.

73. *Brunellia macrophylla, Weinmannia pubescens, Clethra* aff. *revoluta* y *Hedyosmum* cf. *bonplandianum* (Com.). Rangel & Franco, 1985.

DEFINICIÓN: Vegetación de tipo boscoso con un estrato superior con elementos que alcanzan 18 m.
ALCANCE GEOGRÁFICO: Cauca: Transecto valle del Magdalena-vólcan del Puracé 3100-3500. OBSERVACIONES: Especies asociadas: *Ocotea calophylla* y *Saurauia brachybotrys*.

74. Brunellio occidentalis-Moretum insigni-Geonometosum (Subass. fit.). Rangel *et al.*, 1989; en prensa.

DEFINICIÓN: Vegetación selvática que se establece en una zona de transición entre las regiones de vida andina y subandina.
ALCANCE GEOGRÁFICO: Cordillera Central, Caldas-Tolima: Transecto Parque Los Nevados., vertiente Occidental (Santa Rosa, Puerto Caldas) 2200-2400 m.
OBSERVACIONES: Especies asociadas: *Geonoma lindeniana, Clusia* sp., *Pilea goudotiana* y *Miconia* cf. *caudata*.

75. Brunellio occidentalis-Moretum isigni (Ass. fit.). Rangel *et al.*, 1989; en prensa.

DEFINICIÓN: Vegetación de tipo selvático establecida sobre sitios pendientes, en suelos andicos del tipo Hydric-Dystrandepts, Hydrandept.
ALCANCE GEOGRÁFICO: Cordillera Central, Caldas-Tolima: Transecto Parque Los Nevados. (1980-2500 m).
OBSERVACIONES: Especies asociadas: *Palicourea* aff. *guianensis, Blakea* aff. *pyxidanthus, Hedyosmum racemosum, Oreopanax* aff. *floribundum, Acnistus arborescens* y *Miconia* cf. *cordifolia*.

76. Brunellio occidentalis-Moretum isigni-Cassietosum (Subass. fit.). Rangel *et al.* (en prensa).

DEFINICIÓN: Vegetación de tipo boscoso en sitios con suelos del tipo ferrisoles ándicos humiferos.

ALCANCE GEOGRÁFICO: Cordillera Central, Caldas-Tolima: Transecto Parque Los Nevados. (2000-2100 m).
OBSERVACIONES: Especies asociadas: *Siparuna laurifolia, Xanthosoma jacquini, Pteris mucronata* y especies de *Blechnum* y de Cyatheaceae.

77. *Bryopteris filiciana* (Com.). Wolf, 1993.
DEFINICIÓN: Comunidad de criptogamas epifíticas que se desarrolla en la base de los árboles, ocasionalmente se desarrolla en ramas en la partes bajas del dosel.
ALCANCE GEOGRÁFICO: Cordillera Central, Risaralda: Pereira-Santa Rosa (1210-1980 m).
OBSERVACIONES: Especies exclusivas: *Bryopteris filicina, Cheilolejeunea rigidula* y *Lejeunea latevirens*.

78. *Bursera glabra* y *Castela erecta* (Ass. fit. s.l.). Rieger, 1976.
DEFINICIÓN: Bosque espinoso con un estrato arbóreo con elementos de 4 m de alto dominado por *Prosopis juliflora* y *Castela erecta*.
ALCANCE GEOGRÁFICO: Guajira: Península de la Guajira y región semidesértica del Caribe.
OBSERVACIONES: Especies asociadas: *Opuntia wentiana, Melochia tomentosa, Libidibia cariaria, Cercidium praecox, Melochia crenata, Cenchrus pilosus, Tribulus cistoides, Cercidium praecox, Acantocereus griseus, Capparis octandra, Cissus trifoliata* y *Bursera glabra*.

79. *Bursera tomentosa* y *Bursera graveolens* (Ass. fit. s.l.). Rieger, 1976.
DEFINICIÓN: Matorral alto con elementos hasta de 6 m de altura, donde se destacan *Pereskia guamacho* y *Libidibia cariaria*.
ALCANCE GEOGRÁFICO: Guajira: Península de la Guajira.
OBSERVACIONES: Especies dominantes: *Opuntia wentiana, Melochia tomentosa, Prosopis juliflora, Castela erecta, Libidibia cariaria, Cenchrus pilosus, Anthephora hermaphrodita, Bursera tomentosa, B. graveolens, B. glabra, Bourreira cumanensis* y *Haematoxylon brasiletto*.

80. *Bursera tomentosa* y *Guazuma ulmifolia* (Com.). Rangel & Franco, 1985.
DEFINICIÓN: Vegetación de tipo boscosa rala sobre sitios planos, rocosos en suelos muy secos.
ALCANCE GEOGRÁFICO: Huila-Cauca: Transecto valle del Magdalena-volcán del Puracé 800-1000 m.
OBSERVACIONES: Especies asociadas: *Toxicodendron striata, Guettarda eliadis, Euphorbia carecasana, Eugenia acapulcensis, Miconia* aff. *prasina, Xylosma velutinum* y *Eugenia* aff. *costaricensis*.

81. *Byrsonima japurensis* e *Inga punctata* (Com.). Duivenvoorden, 1993.
DEFINICIÓN: Vegetación de tipo bosque bajo con densidad alta de árboles y arbustos.
ALCANCE GEOGRÁFICO: Amazonia, representa la vegetación ribereña sucesional al borde de los ríos de aguas claras.

SINÓNIMOS: Cc,Ce, Plancha Araracuara-Mariñame. Duivenvoorden 1993.
OBSERVACIONES: Especies acompañantes: *Couepa* sp., y especies de gramineas.

82. Calamagrostietum effuso-rectae (Ass. fit.). Salamaca *et al.*, 1991. (Figura 30)

DEFINICIÓN: Pajonal dominado por las dos especies de *Calamagrostis*; en diferentes sitios de la zona paramuna.
ALCANCE GEOGRÁFICO: Cordillera Central, Caldas-Tolima: Transecto Parque Los Nevados, páramo del Puracé (3900-4200 m).
OBSERVACIONES: Especies asociadas: *Espeletia hartwegiana, Pernettya prostrata, Hypericum lancioides* y *Castilleja fissifolia*.

83. Calamagrostietum ligulatae (Ass. fit.). Cleef, 1981.

DEFINICIÓN: Vegetación de tipo pajonal bajo dominada por *Calamagrostis ligulata* y una especie de Bryaceae (musgo); se establece en sitios pantanosos y es muy común en las hidroseries de las lagunas del páramo.
ALCANCE GEOGRÁFICO: Cordillera Central, Caldas-Tolima: Transecto Parque Los Nevados; Cordillera Oriental, Cundinamarca: Páramo de Laguna Verde
SINÓNIMOS: 2r, Placha 1. IGAC, 1985
OBSERVACIONES: Especies acompañantes: *Alopecurus aequalis, Lilaeopsis schaffneriana, Carex* cf. *bonplandii* y *Callitriche* sp.

84. Calamagrostietum planifoli-effusae (Ass. fit.). Vargas & Zuluaga, 1985.

DEFINICIÓN: Pajonal asociado a etapas de sucesión secundaria.
ALCANCE GEOGRÁFICO: Cordillera Oriental, Cundinamarca: Páramo de Monserrate; zonas Páramos cercanos a Bogotá.
SINÓNIMOS: C. planifoliae-C. effusae Vargas & Zuluaga, 1981.
OBSERVACIONES: Especies asociadas: *Bucquetia glutinosa, Symplocos theiformis, Rhynchospora macrochaeta, Carex aff. peucophylla, Paepalanthus columbiensis, Arcytophyllum nitidum* y *Festuca dolichophylla*.

85. Calamagrostio bogotensii-Chusquetum tessellatae (Ass. fit.). Franco *et al.*, 1986.

DEFINICIÓN: Pajonal-Chuscal en sitios pantanosos o en páramos húmedos, en donde dominan las cañas del bambú.
ALCANCE GEOGRÁFICO: Cordillera Oriental, Cundinamarca: Páramo de Chingaza, desde la laguna del Medio (3500 m) hasta el Alto del Gorro (3800 m).
SINONIMO: Calamagrostio bogotensii-Swallenchloetum, Franco *et al.* 1986.
OBSERVACIONES: Especies asociadas: *Puya santosii, Bartsia santolinaefolia, Rhynchospora macrochaeta* y *Oritrophium peruvianum*.

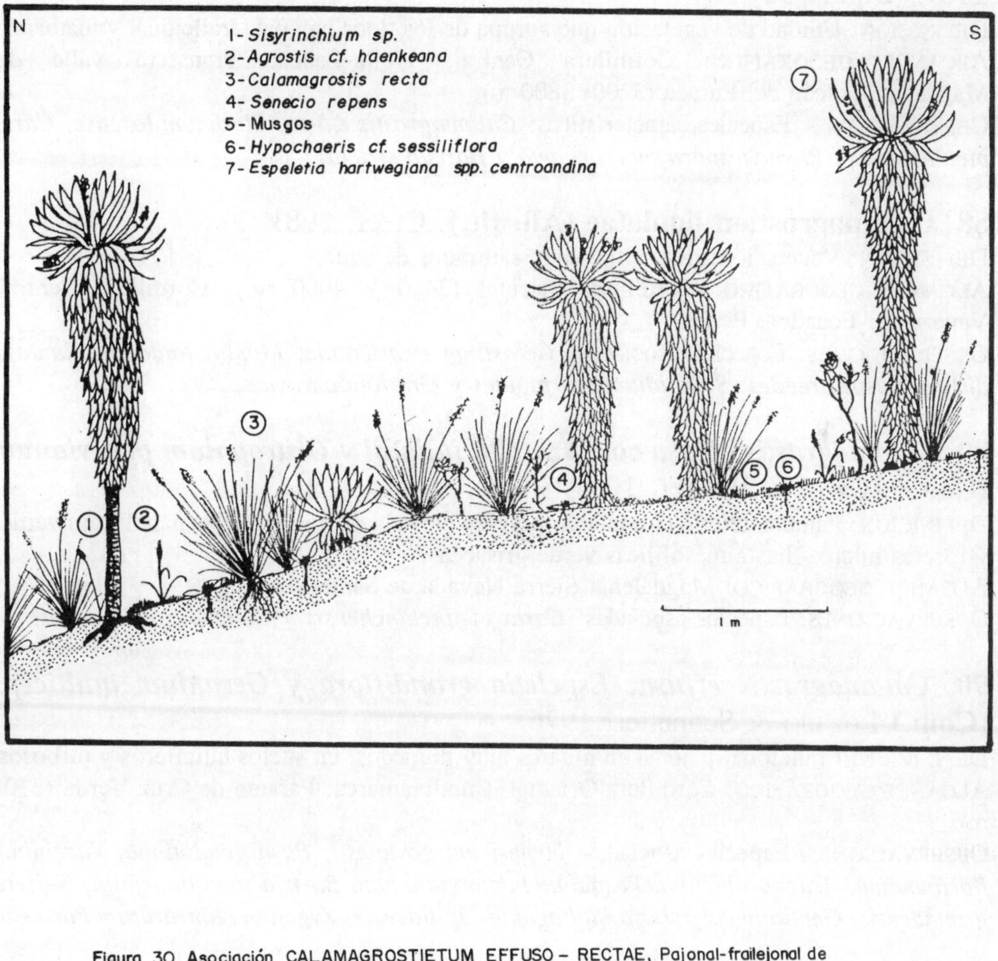

Figura 30. Asociación CALAMAGROSTIETUM EFFUSO – RECTAE, Pajonal-frailejonal de *Calamagrostis recta y Espeletia hartwegiana spp. centroandina*, Tolima; Nevado Santa Isabel, 4150 m. Tomado de Ecoandes Vol. I, 1983.

86. Calamagrostio effusae-Calamagrostietum macrophyllae (Ass. fit.). Duque & Rangel, 1989. (Figura 31)

DEFINICIÓN: Pajonal típico del páramo, sobre sitios planos secos.

ALCANCE GEOGRÁFICO: Cordillera Central, Cauca: Transecto valle del Magdalena-volcán del Puracé (entre 3600 y 3800 m).

OBSERVACIONES: Especies asociadas: *Baccharis padifolia, Gynoxys tolimensis* y *Pentacalia vaccinioides*.

87. Calamagrostio-Espeletion hartwegianae (All. fit.). Duque & Rangel, 1989. (Figura 32)

DEFINICIÓN: Unidad de vegetación que agrupa de los tipos pajonal, frailejonal y matorral.

ALCANCE GEOGRÁFICO: Cordillera Central, Huila-Cauca: Transecto valle del Magdalena-volcán del Puracé (3200- 3800 m).

OBSERVACIONES: Especies características: *Calamagrostis effusa, Blechnum loxense, Carex pichinchensis, Rhynchospora macrochaeta* y *Bartsia stricta*.

88. Calamagrostion ligulatae (All. fit.). Cleef, 1981.

DEFINICIÓN: Vegetación sobre sitios muy saturados de agua.

ALCANCE GEOGRÁFICO: Cordillera Oriental (3400 y 4000 m.); Cordillera Central; Venezuela, Ecuador, Perú.

OBSERVACIONES: Especies asociadas: *Cerastium imbricatum, Montia fontana, Plantago australis* ssp. *oreades, Scorpidium scorpioides* y *Gratiola peruviana*.

89. *Calamagrostis effusa* con *Azorella julianii* y *Oritrophium peruvianum* (Com.). Cleef & Rangel, 1984.

DEFINICIÓN: Pajonal abierto con una proporción elevada de hierbas bajas nanofílicas verdes y rosetas micro - hasta mesofílicas verde-grisáceas.

ALCANCE GEOGRÁFICO: Magdalena: Sierra Nevada de Santa Marta.

OBSERVACIONES: Especies asociadas: *Carex* cf. *pichinchensis* y *Calamagrostis effusa*.

90. *Calamagrostis effusa*, *Espeletia grandiflora* y *Geranium multiceps* (Com.) Lozano & Schnetter, 1976.

DEFINICIÓN: Frailejonal-pajonal en lugares muy húmedos, en suelos humíferos y turbosos.

ALCANCE GEOGRÁFICO: Cordillera Oriental, Cundinamarca: Páramo de Cruz Verde (3100 m).

OBSERVACIONES: Especies asociadas: *Hypericum goyanesii, Puya goudotiana, Vaccinium floribundum, Aragoa abietina, Paspalum bonplandianum, Bartsia santolinaefolia, Nertera granadensis, Gentiana corymbosa, Sphagnum capillaceum, Zygodon reimvardtii* y *Parmelia* sp.

91. *Calamagrostis effusa*, *Espeletia argentea* y *Espeletia barclayana* (Com.). Bekker & Cleef, 1985.

DEFINICIÓN: Vegetación de porte bajo hasta 45 çm, el estrato rasante esta bien desarrollado.

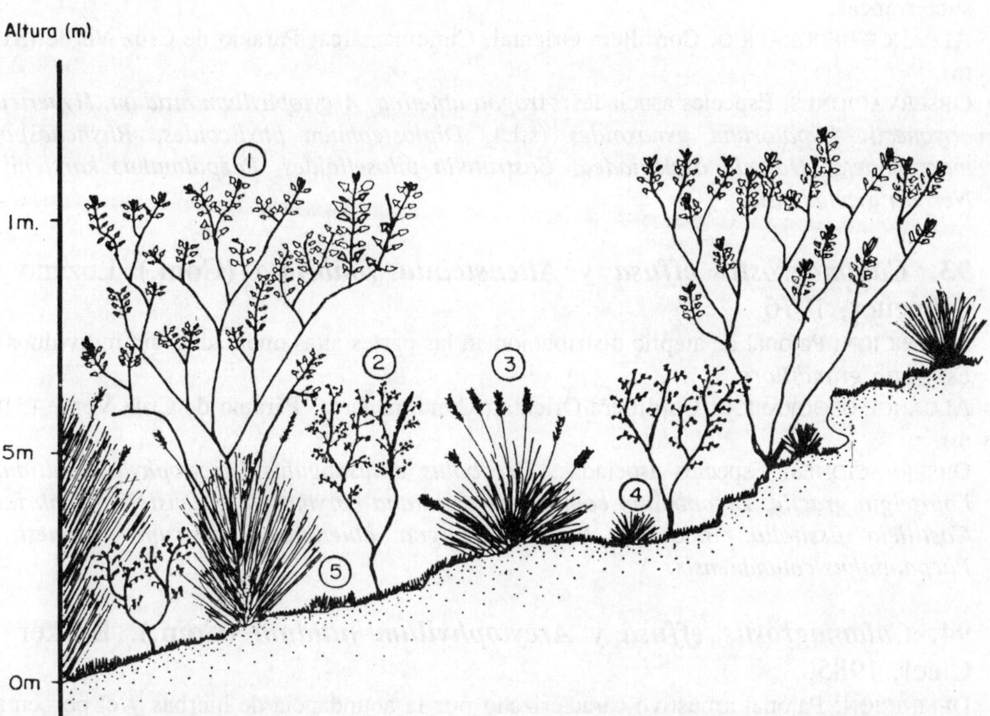

1- *Gynoxys lehmannii*
2- *Pentacalia vernicosa*
3- *Calamagrostis macrophylla*
4- *Agrostis araucana*
5- *Calamagrostis effusa*

Figura 31. Asociación CALAMAGROSTIO EFFUSAE-CALAMAGROSTIETUM MACROPHYLLAE
Pajonal arbustivo de *Calamagrostis effusa y Calamagrostis macrophylla*,
Huila; Parque Nacional Natural Puracé, 3800 m. Tomado de Espejo y Rangel, 1989.

ALCANCE GEOGRÁFICO: Cordillera Oriental, Cundinamarca: Páramo de Laguna Verde.

SINÓNIMOS: 1m, Plancha 1. IGAC, 1985.

OBSERVACIONES: Especies asociadas: *Oreobolus obtusangulus, Carex* sp., *Baccharis tricuneata, Diplostephium phylicoides, Hypochoeris sessiliflora, Calamagrostis bogotensis, Castilleja fissifolia* y *Oritrophium peruvianum.*

92. *Calamagrostis effusa, Espeletia grandiflora* y *Geranium santanderiense* (Com.) Lozano & Schnetter, 1976.

DEFINICIÓN: Frailejonal sobre suelos humíferos, con niveles profundos de las aguas subterráneas.

ALCANCE GEOGRÁFICO: Cordillera Oriental, Cundinamarca: Páramo de Cruz Verde (3100 m).

OBSERVACIONES: Especies asociadas: *Aragoa abietina, Arcytophyllum nitidum, Hypericum goyanesii, Eupatorium gynoxoides* (s.l.), *Diplostephium phylicoides, Rhynchospora macrochaeta, Halenia asclepiadea, Castratella piloselloides, Paepalanthus karstenii* y *Nertera granadensis.*

93. *Calamagrostis effusa* y *Altensteinia fimbriata* (Com.) Lozano & Schnetter, 1976.

DEFINICIÓN: Pajonal de amplia distribución en las partes altas onduladas, sin individuos de *Espeletia grandiflora.*

ALCANCE GEOGRÁFICO: Cordillera Oriental, Cundinamarca: Páramo de Cruz Verde (3100 m).

OBSERVACIONES: Especies asociadas: *Oreobolus obtusangulus, Arcytophyllum nitidum, Lourteigia gracile, Lycopodium contiguum, Gentiana corymbosa, Altensteinia fimbriata, Castilleja fissifolia, Blechnum loxense, Aragoa abietina, Hypericum goyanesii* y *Paepalanthus columbiensis.*

94. *Calamagrostis effusa* y *Arcytophyllum nitidum* (Com.). Bekker & Cleef, 1985.

DEFINICIÓN: Pajonal arbustivo caracterizado por la abundancia de hierbas y el porcentaje elevado de arbustillos; crece en pendientes.

ALCANCE GEOGRÁFICO: Cordillera Oriental, Cundinamarca: Páramo de Laguna Verde.

SINÓNIMOS: 1n, Plancha 1. IGAC, 1985

OBSERVACIONES: Especies asociadas: *Espeletiopsis corymbosa, Lycopodium complanatum, Puya* cf. *nitida, Lycopodium contiguum, Pernettya prostrata, Espeletia argentea, Jamesonia bogotensis, Acaena cylindristachya, Bucquetia glutinosa* y *Calamagrostis bogotensis.*

95. *Calamagrostis effusa* y *Arcytophyllum nitidum* (Com.). Vargas & Rivera, 1991.

DEFINICIÓN: Vegetación abierta de tipo pajonal-arbustal enano, en la cual los biotipos dominantes son las macollas y los arbustos enanos. Generalmente esta comunidad se presenta en sectores inclinados con buen drenaje y expuestos al viento.

ALCANCE GEOGRÁFICO: Cundinamarca: Parque Nacional Natural Chingaza: sector río la Playa, 3350 m.

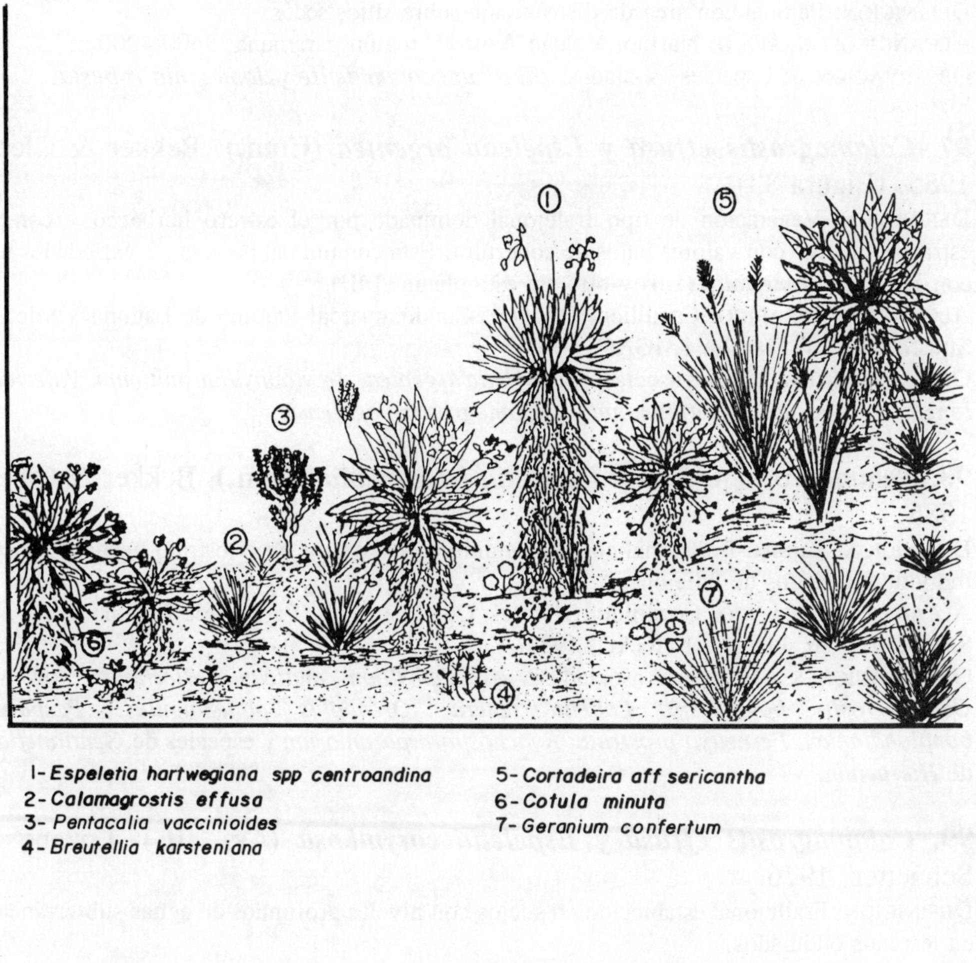

1- *Espeletia hartwegiana spp centroandina*
2- *Calamagrostis effusa*
3- *Pentacalia vaccinioides*
4- *Breutellia karsteniana*
5- *Cortadeira aff sericantha*
6- *Cotula minuta*
7- *Geranium confertum*

Figura 32. Alianza CALAMAGROSTIO – ESPELETION HARTWEGIANAE
Pajonal frailejonal de *Espeletia hartwegiana ssp centroandina y Calamagrostis effusa*, Huila; Parque Nacional Natural Puracé. 3700 m. Tomado de Espejo y Rangel, 1989.

OBSERVACIONES: Especies asociadas: *Espeletia argentea, Rynchospora macrochaeta, Gaultheria anastomosans, Pentacalia vaccionioides, Geranium santanderiense, Carex conferto-spicata, Pernettya prostrata, Mimulus* cf. *glabratus, Gentianella corymbosa* y *Carex tristicha*.

96. *Calamagrostis effusa* y *Cortaderia sericantha* (Com.) Rangel & Luteyn (en Rangel & Garzón, 1995).

DEFINICIÓN: Pajonal con área de distribución sobre sitios secos.

ALCANCE GEOGRÁFICO: Nariño: Volcán Azufral, región paramuna, 3600-4200 m.

OBSERVACIONES: Especies asociadas: *Blechnum columbiense* y *Jamesonia robusta*.

97. *Calamagrostis effusa* y *Espeletia argentea* (Com.). Bekker & Cleef, 1985. (Figura 33)

DEFINICIÓN: Vegetación de tipo fralejonal dominado por el estraro herbáceo y con un estrato arbustivo con valores bajos de cobertura. Esta comunidad presenta 2 variedades una con *Valeriana longifolia* (1dI) y otra sin esta planta (1dII).

ALCANCE GEOGRÁFICO: Cordillera Oriental, Cundinamarca: Páramo de Laguna Verde.

SINÓNIMOS: 1d, Plancha 1. IGAC, 1985

OBSERVACIONES: Especies asociadas: *Espeletia argentea, Arcytophyllum muticum, Valeriana longifolia, Vaccinium floribundum* y *Calamagrostis bogotensis*.

98. *Calamagrostis effusa* y *Espeletia barclayana* (Com.). Bekker & Cleef, 1985.

DEFINICIÓN: Pajonal-frailejonal con el dominio de los pastos en el estrato herbáceo y con individuos aislados de failejones.

ALCANCE GEOGRÁFICO: Cordillera Oriental, Cundinamarca: Páramo de Laguna Verde.

SINÓNIMOS: 1h, Plancha 1. IGAC, 1985

OBSERVACIONES: Especies asociadas: *Arcytophyllum muticum, Blechnum loxense, Calamagrostis bogotensis, Lobelia tenera, Oreobolus obtusangulus, Paspalum bonplandianum, Pernettya prostrata, Rynchospora paramorum* y especies de *Gentianella* y de *Hieracium*.

99. *Calamagrostis effusa* y *Espeletia corymbosa* (Ass. fit.). Lozano & Schnetter, 1976.

DEFINICIÓN: Frailejonal establecido en suelos con niveles profundos de aguas subterráneas, en terrenos ondulados.

ALCANCE GEOGRÁFICO: Cordillerra Oriental, Cundinamarca: Páramo de Cruz Verde (3100 m).

SINÓNIMOS: Espeletiopsietum corymbosae Lozano & Schnetter, 1976.

OBSERVACIONES: Especies asociadas: *Diplostephium phylicoides, Arcytophyllum nitidum, Aragoa abietina, Bucquetia glutinosa, Hypericum strictum, Castilleja fissifolia, Bartsia santolinaefolia, Sisyrinchium bogotense, Cladonia boliviana* y *Polytrichum juniperinum*.

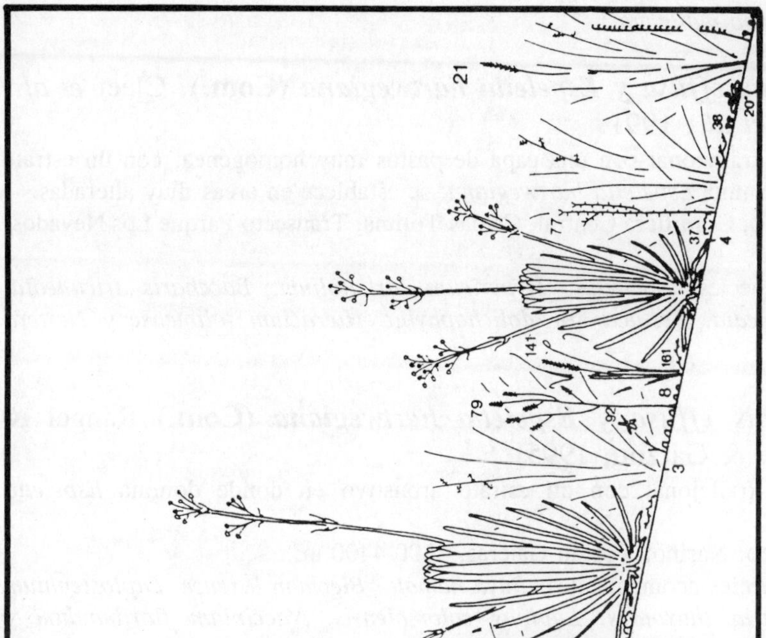

21 = *Calamagrostis bogotensis*
22 = *Calamagrostis effusa*
55 = *Espeletia argentea*
77 = *Hypericum mexicanum*
79 = *Hypericum strictum*
81 = *Hypochaeris sessiliflora*
85 = *Jamesonia bogotensis*
141 = *Rhynchospora macrochaeta*
161 = *Vaccinium floribundum*

Figura 33. Comunidad de *Calamagrostis effusa* y *Espeletia argentea*, Cundinamarca; Páramo de Laguna Verde, 3450-3750 m. Tomado de Bekker y Cleef, 1985.

100. *Calamagrostis effusa* y *Espeletia cf. pycnophylla* (Com.). Sturm & Rangel, 1985.

DEFINICIÓN: Pajonal-frailejonal bastante extendido en los páramos del altiplano nariñense

ALCANCE GEOGRÁFICO: Nariño: Volcán el Cumbal (3700-4100 m).

OBSERVACIONES: Especies asociadas: *Blechnum loxense, Pentacalia andicola, Baccharis genistelloides* y *Satureja nubigena*.

101. *Calamagrostis effusa* y *Espeletia hartwegiana* (Com.). Cleef *et al.*, 1983; Salamanca *et al.*, 1991.

DEFINICIÓN: Pajonal frailejonal con una capa de pastos muy homogénea, con un estrato arbustivo en donde domina *Espeletia hartwegiana*; se establece en áreas muy alteradas.

ALCANCE GEOGRÁFICO: Cordillera Central, Caldas-Tolima: Transecto Parque Los Nevados. (3920-4250 m).

OBSERVACIONES: Especies asociadas: *Hypericum laricifolium, Baccharis tricuneata, Calamagrostis intermedia, Festuca* aff. *dolichophylla, Hieracium tolimense* y *Nertera granadensis*.

102. *Calamagrostis effusa* y *Espeletia hartwegiana* (Com.) Rangel & Luteyn (en Rangel & Garzón, 1995).

DEFINICIÓN: Pajonal-frailejonal con un estrato arbustivo en donde domina *Espeletia hartwegiana*.

ALCANCE GEOGRÁFICO: Nariño: Volcán Galeras, 3600-4400 m.

OBSERVACIONES: Especies acompañantes: *Puya hamata, Blechum loxense, Diplostephium glandulosum, Loricaria thuyoides, Lupinus colombiensis, Vaccinium floribundum* y *Arcytophyllum muticum*.

103. *Calamagrostis effusa* y *Espeletia hartwegiana* spp. *centroandina* (Com.). Rangel & Franco, 1985.

DEFINICIÓN: Pajonal-frailejonal que se establece en sitios con buen contenido de agua en el suelo, en ocasiones se entremezclan algunos arbustos como *Castilleja fissifolia* y *Senecio vaccinioides*. Estructuralmente predominan las gramineas, en importancia le siguen el estrato de arbustillos rastreros con *Pernettya prostrata* e *Hypericum* aff. *strictum*.

ALCANCE GEOGRÁFICO: Cordillera Occidental, Cauca: región del Puracé, alrededores de la laguna San Rafael, 3420 m.

OBSERVACIONES: Especies acompañantes: *Halenia campanulata, Cerastium* cf. *subspicatum, Niphogeton dissecta, Geranium* sp., *Cotula minuta* y *Sphagnum sp*.

104. *Calamagrostis effusa* y *Espeletia pycnophylla* (Com.) Rangel & Luteyn (en Rangel & Garzón, 1995).

DEFINICIÓN: Pajonal-frailejonal con un estrato arbustivo en donde también se encuentran *Blechnum loxense, Pentacalia andicola* (Asteraceae) y *Castilleja fissifolia*.

ALCANCE GEOGRÁFICO: Nariño: Volcán Cumbal, 3600-4100 m.

OBSERVACIONES: Especies acompañantes: *Agrostis tolucensis, Baccharis genistelloides, Rhynchospora macrochaeta, Satureja nubigena, Geranium sibbaldioides* e *Hypochoeris sessiliflora*.

105. *Calamagrostis effusa* y *Espeletiopsis colombiana* (Com.). Sturm & Rangel, 1985. (Figura 34)

DEFINICIÓN: Pajonal-Frailejonal en el páramo, sobre suelos arenosos, arcillosos, se establece sobre sitios con bajo contenido de agua.

ALCANCE GEOGRÁFICO: Cordillera Oriental, Cundinamarca: Chisacá (3700 m) Boyacá: Sierra Nevada del Cocuy, 3500-3750 m, Páramos secos.

OBSERVACIONES: Especies asociadas: *Arcytophyllum nitidum, Brachyotum strigosum, Siphocampylus columnae, Bucquetia glutinosa, Gaultheria cordifolia, Galutheria hapalotricha, Gaultheria regia, Gaultheria rigida, Achyrocline lehmannii, Acaena cylindristachya* y *Geranium sibbaldioides*.

106. *Calamagrostis effusa* y *Espeletiopsis corymbosa* (Com.). Bekker & Cleef, 1985.

DEFINICIÓN: Frailejonal pajonal con un estrato superior de frailejones con alturas hasta de 1.70 m y uno inferior con pastos.

ALCANCE GEOGRÁFICO: Cordillera Oriental, Cundinamarca: Páramo de Laguna Verde.

SINÓNIMOS: 1f, Plancha 1. IGAC, 1985

OBSERVACIONES: Especies asociadas: *Calamagrostis bogotensis, Rhynchospora macrochaeta, Lourteigia gracile, Rhynchospora paramorum, Castratella plioselloides, Geranium multiceps, Hypericum strictum* y *Oritrophium peruvianum*.

107. *Calamagrostis effusa, Espeletiopsis corymbosa, Espeletia argentea* y *Espeletia barclayana* (Com.). Bekker & Cleef, 1985.

DEFINICIÓN: Frailejonal pajonal en zonas de transicion con rastros de intervención antrópica.

ALCANCE GEOGRÁFICO: Cordillera Oriental, Cundinamarca: Páramo de Laguna Verde.

SINÓNIMOS: 1g, Plancha 1. IGAC, 1985

OBSERVACIONES: Especies asociadas: *Rhynchospora paramorum, Jamesonia bogotensis, Arcytophyllum muticum, Calamagrostis bogotensis, Castratella piloselloides, Diplostephium phylicoides, Lourteigia gracile* y *Vaccinium floribundum*.

108. *Calamagrostis effusa* y *Festuca* aff. *dolichophylla* (Com.). Salamaca *et al.*, 1991.

DEFINICIÓN: Pajonal con un estrato herbáceo denso dominado por pastos.

ALCANCE GEOGRÁFICO: Cordillera Central, Caldas-Tolima; Cordillera Central, transecto Parque Los Nevados (3800-4250 m); y otros Páramos.

OBSERVACIONES: Especies asociadas: *Calamagrostis recta, Bromus lanatus, Gnaphalium antennarioides* y *Diplostephium eriophorum*.

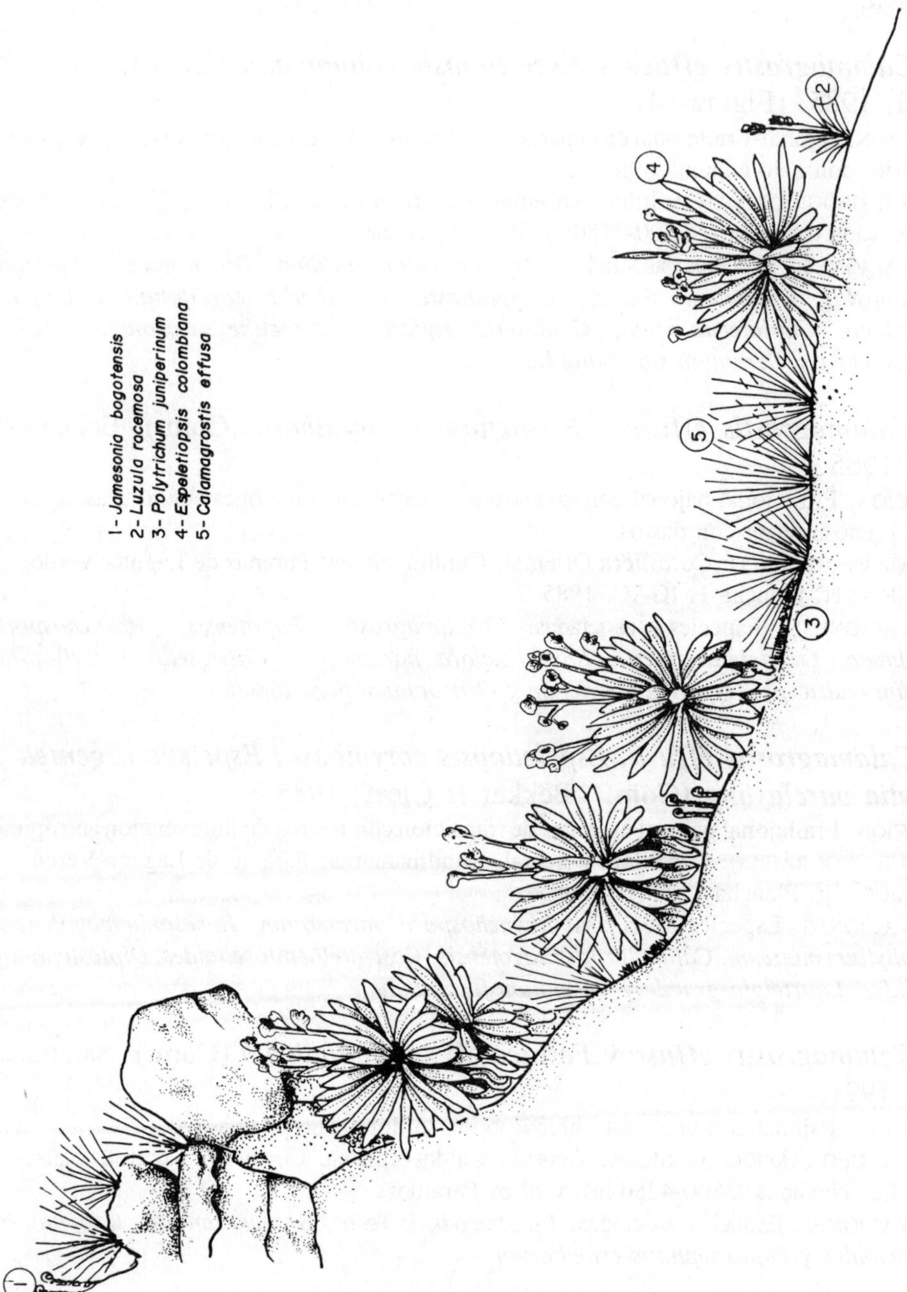

Figura 34. Comunidad de *Calamagrostis effusa* y *Espeletiopsis colombiana*, Boyacá; Sierra Nevada del Cocuy, 3900–4250 m. Tomado de Sturm y Rangel, 1985.

109. *Calamagrostis effusa* y *Loricaria* cf. *complanata* (Com.) Rangel & Luteyn (en Rangel & Garzón, 1995).

DEFINICIÓN: Pajonales-arbustivos, con un estrato alto en el cual además de *Loricaria* cf. *complanata*, son también elementos importantes *Pentacalia vaccinioides*, *Diplostephium* cf. *schultzei* (Asteraceae) e *Hypericum strictum* (Hypericaceae).

ALCANCE GEOGRÁFICO: Nariño, Volcán Azufral, región paramuna, 3600-4200 m.

OBSERVACIONES: Especies asociadas: *Pernettya prostrata* (Ericaceae), *Rhynchospora macrochaeta* (Cyperaceae), *Werneria humilis* (Asteraceae), *Nertera granadensis* (Rubiaceae) y *Oreobolus obtusangulus* (Cyperaceae).

110. *Calamagrostis effusa* y *Spiranthes vaginata* (Com.) Lozano & Schnetter, 1976.

DEFINICIÓN: Pajonales limitados a áreas muy pequeñas en las cimas y en los escarpes.

ALCANCE GEOGRÁFICO: Cordillera Oriental, Cundinamarca: Páramo de Cruz Verde (3100 m).

OBSERVACIONES: Especies asociadas: *Arcytophyllum nitidum, Castratella piloselloides, Hypochoeris sessiliflora, Oreobolus obtusangulus, Lourteigia humilis, Paepalanthus karstenii, Lobelia tenera, Lycopodium complanatum, Carex peucophila* y *Cladonia boliviana.*

111. *Calamagrostis ligulata* con *Drepanocladus aduncus* y *Calliergonella cuspidata* (Com.). Cleef, 1981.

DEFINICIÓN: Comunidad de pantano, se establece sobre sustratos calcareos.

ALCANCE GEOGRÁFICO: Cordillera Oriental, Cundinamarca: Páramo de Sumapaz (3480 m).

OBSERVACIONES: Especies asociadas: *Scorpidium scorpioides, Campylopus* sp., *Elatine* cf. *chilensis* y *Cardamine bonariensis.*

112. *Calamagrostis ligulata* y *Breutelia allionii* (Com.). Cleef, 1981.

DEFINICIÓN: Pajonal, en depresiones y sitios inclinados, en el superpáramo en áreas con suelos superficiales arcillosos.

ALCANCE GEOGRÁFICO: Cordillera Oriental, Cundinamarca: Páramo de Sumapaz 4100-4200 m.

OBSERVACIONES: Especies asociadas: *Poa* cf. *pauciflora, Draba sericea, Lachemilla tanacetifolia.*

113. *Calamagrostis ligulata* y *Montia fontana* (Com.). Cleef, 1981.

DEFINICIÓN: Comunidad de tipo prado que se establece en charcas y lagunetas.

ALCANCE GEOGRÁFICO: Cordillera Oriental, Boyacá: Valle de Lagunilla, Sierra Nevada del Cocuy; Cundinamarca: Laguna la Guitarra (3425 m), Páramo Sumapaz; .

OBSERVACIONES: Especies asociadas: *Epilobium meridense* y *Marchantia plicata.*

114. *Calamagrostis ligulata* y *Sphagnun sancto-josephense* (Com.). Cleef, 1981.

DEFINICIÓN: Pajonal en extensos tapetes sobre sustratos muy húmedos.

ALCANCE GEOGRÁFICO: Páramos de la Cordillera Oriental, 3550 m.
OBSERVACIONES: Especies asociadas: *Sphagnum magellanicum, Pleurozium schreberi* y *Lophozia* cf. *patagonica*.

115. *Calamagrostis recta, Festuca* aff. *sublimis* y *Diplostephium rupestre* (Com.). Cuatrecasas, 1934; Cleef *et al.*, 1983; Sturm & Rangel, 1985; Salamanca *et al.*, 1991.
DEFINICIÓN: Pajonal arbustivo dominado por respresentantes de Compositae; sobre laderas y en los alrededores de laguna terrizadas.
ALCANCE GEOGRÁFICO: Cordillera Central, Caldas-Tolima: Transecto Parque Los Nevados. (4150-4300 m).
OBSERVACIONES: Especies dominantes-asociadas: *Diplostephium schulzii, Pentacalia vernicosa, Festuca* aff. *sublimis, Lucilia pusilla* y *Gentianella dasyantha*.

116. Calamagrostio effusae-Espeletiopsietum corymbosae (Ass. fit.). Rangel & Sturm, 1994; Vargas & Zuluaga, 1985; Cleef, 1981.
DEFINICIÓN: Frailejonal en pendientes fuertes y con escaso contenido de agua en el suelo.
ALCANCE GEOGRÁFICO: Cordillera Oriental, Cundinamarca: Páramos de San Cayetano, Cruz Verde, Monserrate.
SINÓNIMOS: Espeletiopsietosum corymbosae Vargas y Zuluaga, 1981
OBSERVACIONES: Especies asociadas: *Gaultheria hapalotricha, Pentacalia ledifolia* y *Miconia parviflora*.

117. *Calandrinia acaulis, Draba pachytyrsa* y *Draba pennell-hazenii* (Com.). Cuatrecasas, 1934; Cleef *et al.*, 1983; Sturm & Rangel, 1985; Salamanca *et al.*, 1991.
DEFINICIÓN: Prados de vegetación rala en parches aislados con considerable suelo desnudo.
ALCANCE GEOGRÁFICO: Cordillera Central, Caldas-Tolima: Transecto Parque Los Nevados. (4200-4700 m).
OBSERVACIONES: Especies asociadas: *Cerastium floccosum, Pentacalia gelida* y *Calamagrostis recta*.

118. Calandrinio acaulis-Calamagrostietum rectae (Ass. fit.). Salamaca *et al.*, 1991.
DEFINICIÓN: Pajonal con un estrato herbáceo dominado por *Calamagrostis recta*.
ALCANCE GEOGRÁFICO: Cordillera Central, Caldas-Tolima: Transecto Parque Los Nevados. (4125-4350 m).
OBSERVACIONES: Especies asociadas: *Bromus lanatus, Espeletia hartwegiana, Diplosthephium schultzi, Pentacalia vernicosa, Agrostis breviculmis* y *Cerastium subspicatum*.

119. Calatolo costaricensis-Dictyocaryetum schultzii (Ass. fit.). Cleef *et al*., 1984. (Figura 35)

DEFINICIÓN: Selva dominada por palmas, en sitios con pendientes moderados, afloramientos rocosos y suelos arcillosos, húmedos y ácidos.

ALCANCE GEOGRÁFICO: Magdalena: Sierra Nevada Santa Marta, filo del río Buritica (1150-1600 m), zona de Ciudad Perdida.

OBSERVACIONES: Especies asociadas: *Hillia* sp., *Tibouchina* cf. *bipenicillata, Ficus trigona, Posoqueria* sp., *Piper* spp., *Stromanthe porteana, Scleria mitis, Elaphoglossum decoratum, Asplenium radicans, Sabicea colombiana* y *Octoblepharum erectifolium*.

120. *Callitriche* cf. *nubigena* y *Ranunculus limoselloides* (Com.). Cleef & Rangel, 1984.

DEFINICIÓN: Vegetación acuática en cubetas y pantanos, en sitios influenciados por el pisoteo del ganado.

ALCANCE GEOGRÁFICO: Magdalena: Sierra Nevada de Santa Marta, Transecto del Buritaca; páramos de la Cordillera Oriental.

OBSERVACIONES: Especies asociadas: Algas filamentosas (Clorophyta), *Eleocharis stenocarpa, Isoetes* sp.

121. *Calophyllum brasiliense* y *Protium* sp. (Com.). Rangel, Franco & Betancurt (en Rangel *et al*., 1995.)

DEFINICIÓN: Bosque bajo con un estrato de arbolitos con elementos de 10 m de altura.

ALCANCE GEOGRÁFICO: Guaviare: Amazonia colombiana, Mesetas de Chiribiquete.

OBSERVACIONES: Especies dominantes-asociadas: *Calophyllum brasiliense, Protium* sp., *Clusia columnaris, Schefflera* sp., *Licania sabanarum, Pagamea coriacea, Euceraea nitida* y *Myrcianthes* sp.

122. *Campylopus* aff. *incertus* (Com.). Cleef, 1981.

DEFINICIÓN: Tapetes de musgos en turberas, sobre suelos minerales en los valles del superpáramo.

ALCANCE GEOGRÁFICO: Cordillera Oriental, Boyacá: Sierra Nevada del Cocuy (4400-4425 m).

OBSERVACIONES: Especies asociadas: *Fossombronnia* sp., *Philonotis* sp., *Lachemilla mandoniana* y *Conostomun pentastichum*.

123. *Campylopus cavifolius* (Com.). Cleef, 1981.

DEFINICIÓN: Tapete de musgos en sitios pantanosos.

ALCANCE GEOGRÁFICO: Cordillera Oriental, Cundinamarca: Páramo el Palacio y Sumapaz; Cordillera Central Caldas-Tolima, Sureste del Nevado de Santa Isabel (3400-3650 m).

OBSERVACIONES: Especies asociadas: *Pernetyya prostrata* var. *purpurea, Riccardia* spp., *Anastrophyllum leucocephalum* y *Lepidozia macrocolea*.

124. *Campylopus pittieri* (Com.). Wolf, 1993.

DEFINICIÓN: Comunidad de criptogamas que se establece con preferencia en bosque enanos.

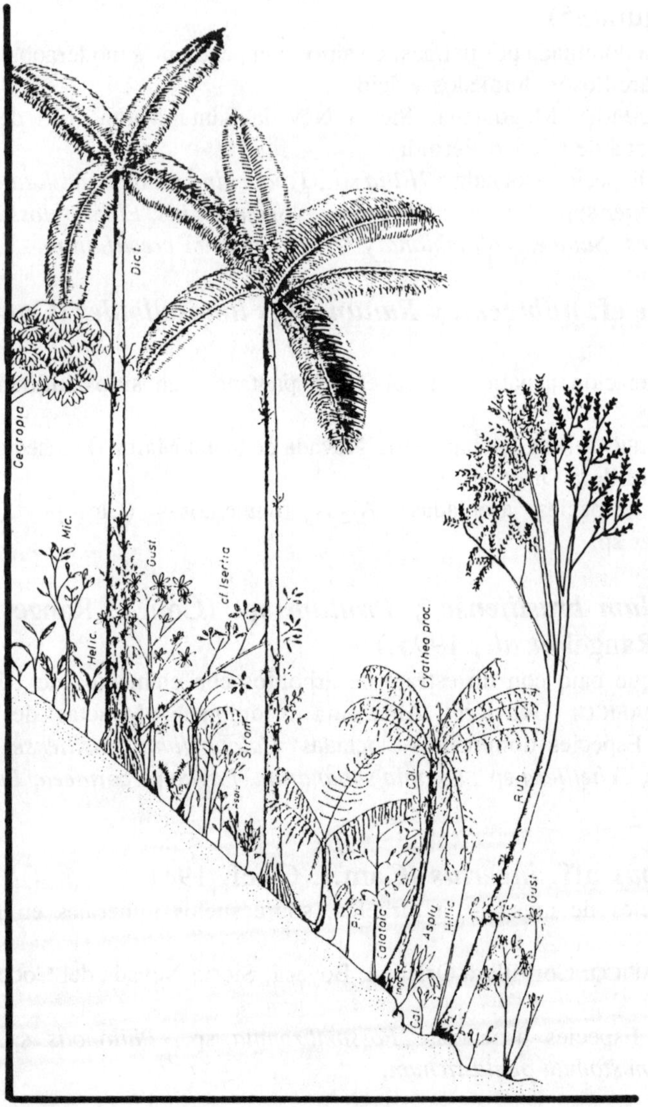

Cecropia	: *Cecropia sp.*	*Asplu.*	: *Asplundia sp.*
Dict.	: *Dictyocaryum schultzei*	*Rub.*	: Rubiaceae
Strom.	: *Stromanthe portearia*	*Hillia*	: *Hillia sp.*
Calatola	: *Calatola costaricensis*	*Inga*	: *Inga sp.*

Figura 35. Asociación CALATOLO COSTARICENSIS-DICTYOCARYETUM SCHULTZEI, Magdalena; Sierra Nevada de Santa Marta, Buritaca, 1500 m, Tomado de Cleef y Rangel, 1984.

ALCANCE GEOGRÁFICO: Cordillera Central, Risaralda: Páramo de Santa Rosa (4130 m).
OBSERVACIONES: Especies exclusivas: *Campylopus pittieri, Chorisodontium mittenii, Leptodontium wallisii, Porotrichodendron superbum* y *Peltigera pulverulenta*, acompañadas por *Blepharolejeunea securifolia, Frullania tetraptera, Zygodon fragilis* y *Parmelia* sp.

125. *Capparis odoratissima* y *Platymiscium polystachyum* (Ass. fit. s.l.). Bastidas & Corredor, 1977.

DEFINICIÓN: Vegetación de tipo boscoso con varios estratos, en el arbóreo dominan *Capparis odoratisima* y *Platymiscium polystachium.*
ALCANCE GEOGRÁFICO: Magdalena: Parque Nacional Natural Tayrona; región xerofítica de la Costa Atlántica de Colombia y Venezuela.
OBSERVACIONES: Especies asociadas: *Gyrocarpus americanus, Ceiba pentandra, Lecythis minor, Hura crepitans, Sida cordifolia, Capparis verrucosa* y *Libidibia cariaria.*

126. Cardonal de *Lemaireocereus griseus* (s.l.), *Pereskia colombiana* y *Mimosa leiocarpa*. Schnetter, 1968.

DEFINICIÓN: Vegetación de tipo boscosa con elementos leñosos de 5-6 m de altura y con cactaceas columnares de 8-9 m. La vegetación está esparcida, los estratos bajos son pobres florísticamente;
ALCANCE GEOGRÁFICO: Costa Atlántica colombiana.
OBSERVACIONES: Especies asociadas: *Cnidoscolus tubulosus, Cordia subtruncata* y *Diphysa carthaginensis.*

127. *Carex acutata* (Com.). Cleef, 1981.

DEFINICIÓN: Comunidad de tipo juncal, en las orillas de los riachuelos y lagunetas.
ALCANCE GEOGRÁFICO: Cordillera Oriental, Cundinamarca: Páramo de Sumapaz, laguna de la Primavera (3525 m), laguna de la Herrera.
OBSERVACIONES: Especies asociadas: *Symphyogyna sinuata* y *Juncus effusus.*

128. *Carex* aff. *pichinchensis* (Com.). Cleef *et al.*, 1983.

DEFINICIÓN: Vegetación de pantano y de tuberas, en donde constituye cinturones homogéneos.
ALCANCE GEOGRÁFICO: Cordillera Central, Caldas-Tolima: Transecto Parque Los Nevados.; Páramo de Chingaza y páramos de la Cordillera Oriental.
OBSERVACIONES: Especies asociadas: *Cotula minuta, Werneria pygmaea* y *Oritrophium peruvianum.*

129. *Carex bonplandii* y *Agrostis* sp. (Com.). Vargas & Rivera, 1991.

DEFINICIÓN: Vegetación abierta cuya fisionomía es de tipo herbáceo y en el cual las formas de vida dominantes son macollas. Se establece en relieve plano.
ALCANCE GEOGRÁFICO: Cordillera Oriental, Cundinamarca: Parque Nacional Natural Chingaza: río la Playa 3350 m.
OBSERVACIONES: Especies asociadas: *Paspalum hirtum, Poa* cf. *pauciflora, Senecio* sp., *Cyperus* sp., *Calamagrostis* sp., *Carex conferto-spicata, Carex pichinchensis, Agrostis breviculmis, Breutelia* sp., *Sphagnum* sp. y *Geranium sibbaldioides.*

130. *Carex bonplandii* y *Sphagnum* sp. (Com.). Cleef *et al.*, 1983.
DEFINICIÓN: Vegetación de pantano.
ALCANCE GEOGRÁFICO: Caldas-Tolima: Transecto Parque Los Nevados (sitios planos camino entre la hacienda La Sierra y El Jardín, Santa Rosa Cabal.
OBSERVACIONES: Especies asociadas: *Sphagnum magellanicum, Blechnum loxense, Myrteola numularia, Xyris* sp., *Juncus* cf. *ecuadorensis* y *Scirpus inundatus*.

131. *Carex* cf. *pygmaea* y *Agrostis breviculmis* (Com.). Bekker & Cleef, 1985.
DEFINICIÓN: Vegetación acuática típica de charquitos que se forma durante la época de lluvias.
ALCANCE GEOGRÁFICO: Cordillera Oriental, Cundinamarca: Páramo de Laguna Verde.
SINÓNIMOS: 4c, Plancha 1. IGAC, 1985
OBSERVACIONES: Especies asociadas: *Eleocharis stenocarpa* y *Polytrichum juniperinum*.

132. *Carex jamesoni* (Com.). Cleef, 1981.
DEFINICIÓN: Juncal en sitios pantanosos, en pequeños valles en el superpáramo.
ALCANCE GEOGRÁFICO: Cordillera Oriental, Cundinamarca: Páramo de Sumapaz (3560 m).
OBSERVACIONES: Especies asociadas: *Lachemilla mandoniana, Calamagrostis effusa, Symphyogyna* cf. *sinuata* y *Carex pichinchensis*.

133. *Carex jamesonii var. chordalis* (Com.) Franco *et al.*, 1986.
DEFINICIÓN: Comunidad establecida sobre suelos turbosos.
ALCANCE GEOGRÁFICO: Cordillera Oriental, Cundinamarca: Laguna de Chingaza.
OBSERVACIONES: Especie asociada: *Sphagnum magellanicum.*

134. *Carex pichinchensis* y *Carex bonplandii* (Com.). Vargas & Rivera, 1991.
DEFINICIÓN: Pastizal paramuno, en donde las formas de vida dominantes son macollas de Cyperaceas que forman un estrato herbáceo continuo.
ALCANCE GEOGRÁFICO: Cordillera Oriental, Cundinamarca: Parque Nacional Natural Chingaza, sector río la Playa, 3155 m.
OBSERVACIONES: Especies asociadas: *Halenia asclepiadea, Hypericum juniperinum, Calamagrostis effusa, Cerastium kuntii, Hypericum* sp., *Breutelia* sp., *Geranium sibbaldioides, Lachemilla* sp., *Stachys* cf. *elliptica* y *Lachemilla obiculata*.

135. *Carex pichinchensis* y *Polytrichum commune* (Com.). Cleef, 1981.
DEFINICIÓN: Juncal, que se establece a lo largo de las corrientes de agua y en las orillas de la lagunitas del páramo.
ALCANCE GEOGRÁFICO: Cordillera Oriental, Cundinamarca: Páramo de Chisacá (3600-3700 m); Páramo de Sumapaz (3520 m).
OBSERVACIONES: Especies asociadas: *Sphagnum magellanicum, Arcytophyllum muticum, Hypericum* sp. y *Paspalum bonplandianum*.

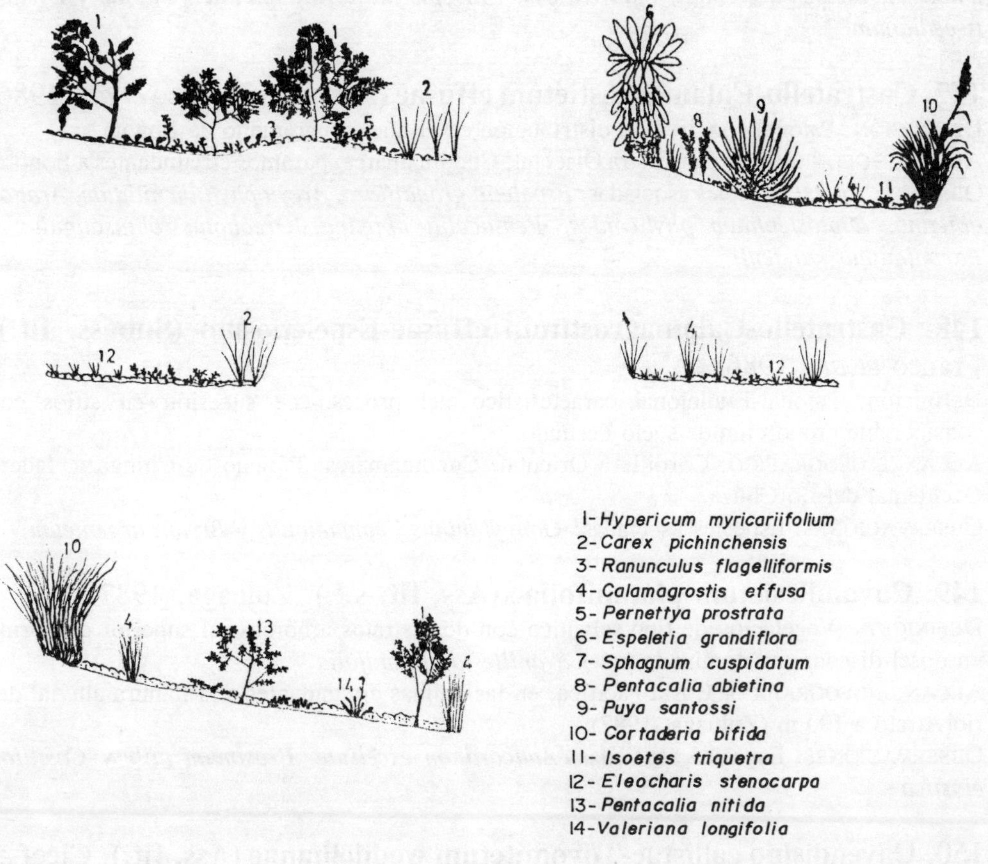

Figura 36. Asociación CARICI – SPHAGNETUM CUSPIDATII, Cundinamarca; Páramo de Guargua, 3480 m. Tomado de Sánchez y Rangel, 1990.

146. *Castela erecta* y *Cercidium praecox* (Ass. fit. s.l.). Rieger, 1976. (figs. 38 y 39)

DEFINICIÓN: Matorral espinoso, con un estrato arbustivo que se distribuye de manera espaciada, rala, dominado por *Castela erecta* y *Cercidium praecox*.

ALCANCE GEOGRÁFICO: Guajira: Península de la Guajira y región semidesértica del Caribe.

OBSERVACIONES: Especies asociadas: *Tribulus cistoides, Cenchrus pilosus, Melocactus amoenus, Melochia crenata, Sida ciliaris, Prosopis juliflora, Opuntia wentiana* y *Lycium tweedianum*.

147. Castratello-Calamagrostietum effusae (Ass. fit.). Franco *et al.*, 1986.

DEFINICIÓN: Pajonal con área de distribución en el núcleo paramuno de Bogotá.

ALCANCE GEOGRÁFICO: Cordillera Oriental, Cundinamarca: páramos circundantes a Bogotá.

OBSERVACIONES: Especies asociadas: *Espeletia grandiflora, Arcytophyllum nitidum, Aragoa abietina, Diplostephium phylicoides, Pentacalia abietina, Oreobolus obtusangulus* y *Paepalanthus karstenii*.

148. Castratello-Calamagrostitum effusae-Espeletiosum (Subass. fit.). Franco *et al.*, 1986.

Definición: Pajonal-Frailejonal característico del proceso de sucesión en sitios con considerable proporción de suelo desnudo.

ALCANCE GEOGRÁFICO: Cordillera Oriental, Cundinamarca: Páramo de Chingaza, ladera Occidental del río Chuza.

OBSERVACIONES: Especies asociadas: *Gongylanthus liebmanianus* y *Bryum argenteum*.

149. Cavanillesietum platanifoliae (Ass, fit. s.l.). Zuluaga, 1987.

DEFINICIÓN: Vegetación de tipo selvático con dos estratos arbóreos; el superior conforma un dosel discontinuo dominado por *Cavanillesia platanifolia*.

ALCANCE GEOGRÁFICO: Costa Pacífica, en las colinas circundantes a la llanura aluvial del río Atrato a 100 m (Zuluaga, 1987).

OBSERVACIONES: Especies asociadas: *Anacardium excelsum, Brosimum utile* y *Castilloa elastica*.

150. Cavendishio callistae-Tovomitetum weddellianae (Ass. fit.). Cleef *et al.*, 1984.

DEFINICIÓN: Selva nublada dominada por elementos arbóreos (25 m de altura) con raíces fúcreas de 3 m de altura.

ALCANCE GEOGRÁFICO: Magdalena: Sierra Nevada de Santa Marta (1150-2500 m).

OBSERVACIONES: Especies asociadas: *Tovomita weddelliana, Cavendishia callista, Psychotria (Cephaelis) axillaris, Hoffmannia standleyi, Meliosma* sp., *Miconia minutiflora, Hyeronima glabra* y *Alchornea triplinervia*.

3 - *Clusia pentarhyncha*
4 - *Eschweilera pittieri*
5 - *Dicranopygium trianae*
14 - *Triolena spicata*
15 - *Asplundia sp.*
17 - *Conostegia rufescens*
18 - *Ochroma pyramidale*
19 - *Piper sp.*
20 - *Pseudoimedia laevigata*
21 - *Gonzalagunia bracteosa*
22 - *Cyathea petiolata*
23 - *Virola lorotensis*
24 - *Danaea nodosa*

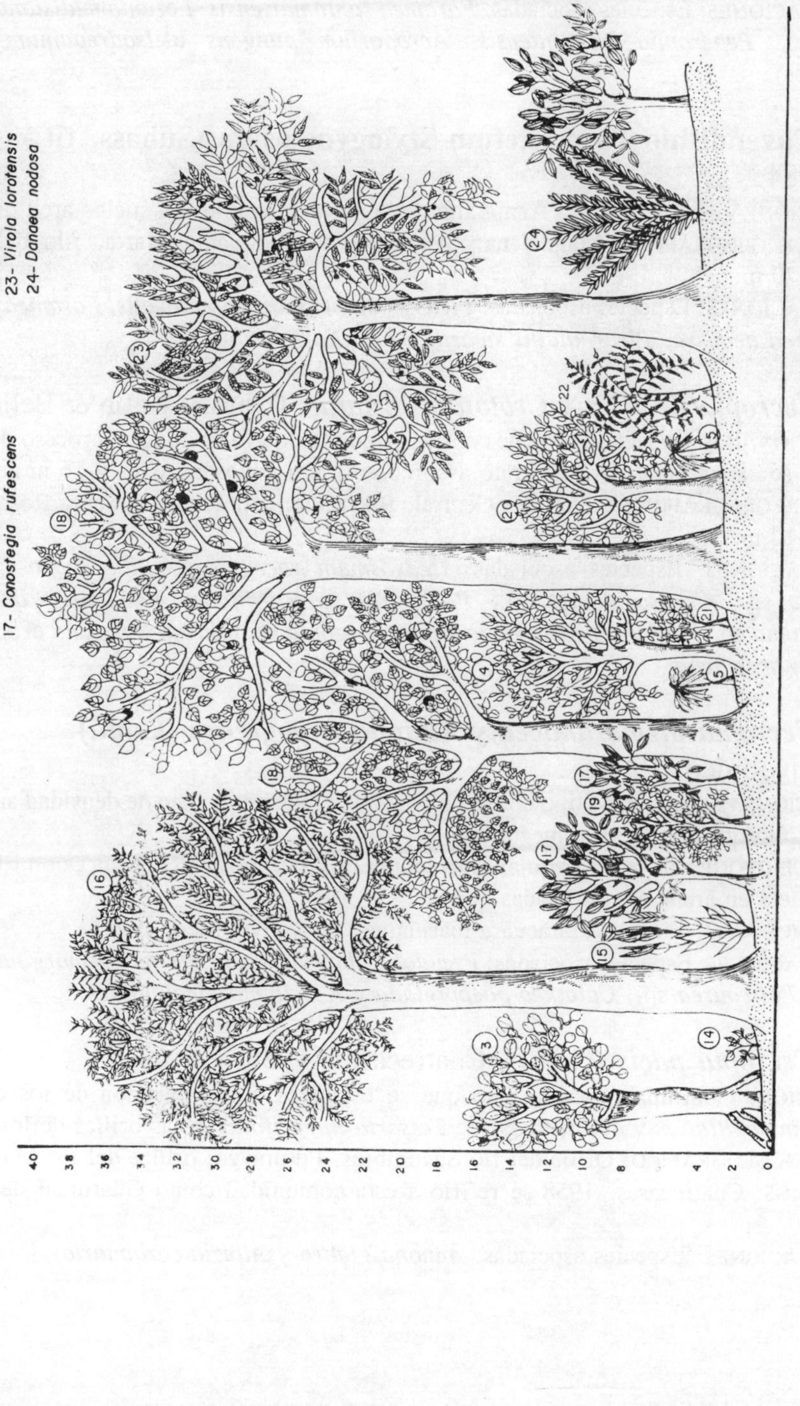

Figura 37. Asociación CASSIPOUREO ELLIPTICAE - RYANETUM SPECIOSAE, Isla Gorgona, 250 m. Tomado de Rangel, Aguirre y Sánchez, 1990.

151. Cavendishio - Tovomitetum - Graffenriedetosum santamartensis (Subass. fit.). Cleef *et al.*, 1984.

DEFINICIÓN: Selva con árboles hasta de 25 m de altura, con predominio de la hoja mesófila, los árboles en su mayoria con raices fúlcreas.

ALCANCE GEOGRÁFICO: Magdalena: Sierra Nevada de Santa Marta (1600-2200 m).

OBSERVACIONES: Especies asociadas: *Faramea santamartensis, Lozania mutisiana, Cyathea divergens, Peperomia choroniensis, Acroporium pungens* e *Isodrepanium lentulum* (Briófitos).

152. Cavendishio-Tovomitetum-Stylogynetosum (Subass. fit.). Cleef *et al.*, 1984.

DEFINICIÓN: Vegetación de la franja alta de la selva subandina en suelos arcillosos.

ALCANCE GEOGRÁFICO: Magdalena: Sierra Nevada de Santa Marta, filo del Buritaca 2050-2470 m.

OBSERVACIONES: Especies asociadas: *Ficus schippii, Palicourea ovalis, Faramea flavicans, Palicourea demissa, Pleurothallis sicaria* y *Maxillaria scabra.*

153. *Cecropia ficifolia* y *Croton mutisianus* (Com.). Katib & Bello, 1995.

DEFINICIÓN: Bosque secundario que constituye en estado avanzado en el proceso de sucesión vegetal; se caracteriza por un estrato arbóreo con individuos entre 12 y 16 m de altura.

ALCANCE GEOGRÁFICO: Cordillera Central, Risaralda: Municipio de Santa Rosa de Cabal 2010-2510 m.

OBSERVACIONES: Especies asociadas: *Hedyosmum racemosum, Piper novo-granatense, Saurauia* sp., *Chrysochlamys* sp., *Palicourea anacardifolia, Palicourea angustifolia, Xanthosoma* sp., *Anthurium lagegeniculatum, Begonia* cf. *foliosa, Siparuna* cf. *pennellii* y *Solanum argenteum.*

154. *Cecropia membranacea* y *Annona hypoglauca* (Com.). Duivenvoorden, 1993.

DEFINICIÓN: Vegetación de tipo bosque bajo a moderadamente bajo de densidad arbórea alta y un sotobosque con hierbas megafilas.

ALCANCE GEOGRÁFICO: Amazonia; representa el primer bosque en la sucesion ribereña del río Caquetá en áreas bien drenadas

SINÓNIMOS: As2, Plancha araracuara-mariñame. Duivenvoorden, 1993.

OBSERVACIONES: Especies asociadas: *Pseudobombax munguba, Heliconia marginata, Costus scaber, Palicourea* sp., *Calathea poeppigiana* y *Renelamia nicolaioides.*

155. *Cecropia pacis* (Com.). Cuatrecasas, 1958.

DEFINICIÓN: Guarumal, bosque bajo que se establece a continuación de los cañales de *Gynerium sagittatum* y del matorral de *Tessaria integrifolia* en las orillas de los ríos.

ALCANCE GEOGRÁFICO: Orilla del río Sucumbios, Putumayo; orillas del río Magdalena.

SINÓNIMOS: Cuatrecasas, 1958 se refirió a esta comunidad como Guarumal de *Cecropia pacis*

OBSERVACIONES: Especies asociadas: *Annona glabra* y *Albizia carbonaria.*

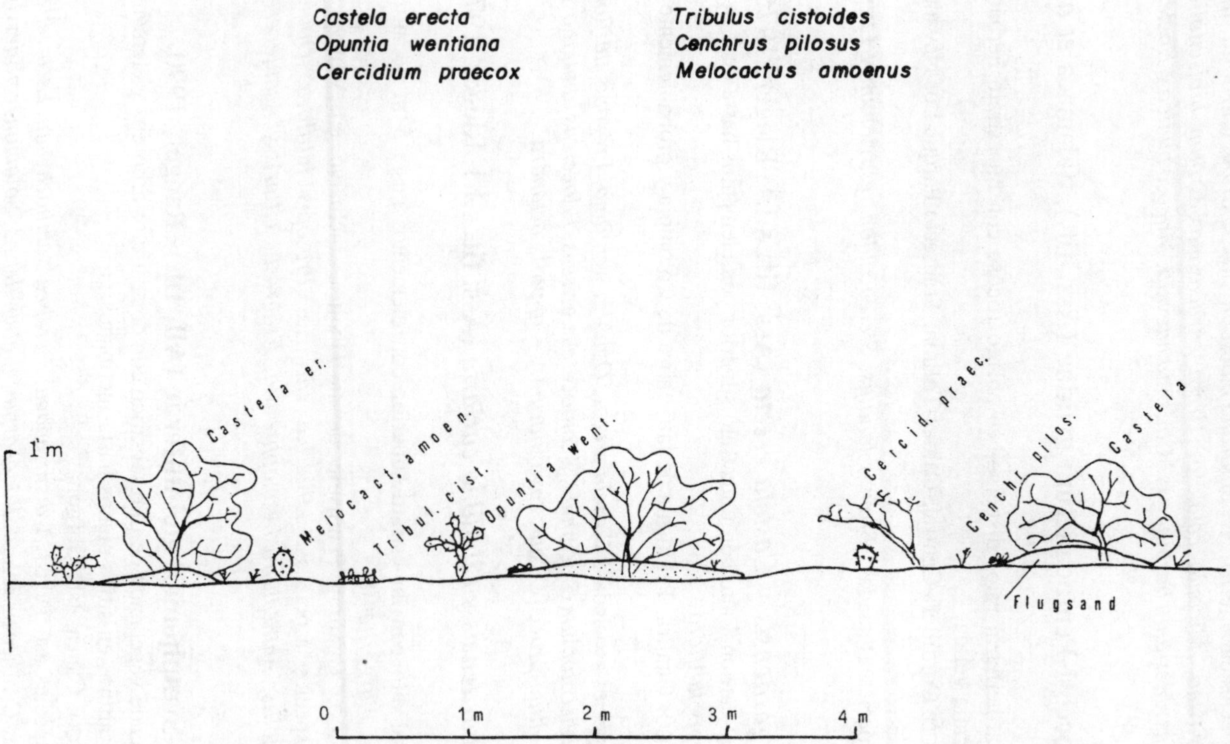

Figura 38. Asociación CASTELA ERECTA - CERCIDIUM PRAECOX, Guajira; Península de la Guajira. Tomado de Rieger, 1976.

156. Cecropion (All. fit. s.l.). Cuatrecasas, 1934.
DEFINICIÓN: Vegetación sobre suelos lateríticos, en vertientes muy inclinadas, con dominio de los estratos altos y tamaño de hojas micro-mesofilas.
ALCANCE GEOGRÁFICO: Cordillera Central, Tolima: Combeima, La Pola (1000-1300 m).
OBSERVACIONES: Especies características: *Siparuna macrophylla, Siparuna laurifolia, Inga vera, Cupania americana, Miconia caudata, Urera caracasana, Croton hibiscifolius, Cavendishia pubescens, Meriania barbinervis, Clidemia naevula, Mimosa pudica* y *Koeleria spicata*.

157. Cerastio floccosi-Pentacalietum gelidae (Ass. fit.). Salamaca *et al.*, 1991.
DEFINICIÓN: Matorral-herbazal ralo, disperso, en abrigo rocoso con un estrato herbáceo dominado por Pentacalia gelida,
ALCANCE GEOGRÁFICO: Cordillera Central, Caldas-Tolima: Transecto Parque Los Nevados. (4200-4700 m).
OBSERVACIONES: Especies asociadas: *Bromus lanatus, Stereocaulon vesuvianum* y *Luzula racemosa*.

158. *Cereus margaritensis* y *Castela erecta* (Ass. fit. s.l.). Rieger, 1976.
DEFINICIÓN: Matorral-cardonal alto con un estrato superior con elementos hasta de 7 m en donde domina *Prosopis juliflora*.
ALCANCE GEOGRÁFICO: Guajira: Península de la Guajira de Colombia y probablemente en Venezuela.
OBSERVACIONES: Especies asociadas: *Castela erecta, Opuntia wentiana, Prosopis juliflora, Croton ovalifolius, Pithecolobium concinnum, Acantocereus griseus, Pilocereus lanuginosus, Croton niveus, Cercidium praecox, Sida savannarum* y *Capparis octandra*.

159. *Cereus margaritensis* y *Libidibia cariaria* (Ass. fit. s.l.). Rieger, 1976. (Figura 40)
DEFINICIÓN: Matorral alto con un estrato superior con elementos hasta 5 m de altura, dominado por *Cereus margaritensis*.
ALCANCE GEOGRÁFICO: Guajira: Península de la Guajira, inclusive en Venezuela.
OBSERVACIONES: Especies asociadas: *Libidibia cariaria, Prosopis juliflora, Opuntia wentiana, Chloris mollis, Anthephora hermaphrodita, Eragrostis ciliaris* y *Acantocereus griseus*.

160. Cespedesio-Symphonion globuliferae (All. fit.). Rangel, 1990.
DEFINICIÓN: Comprende vegetación de tipo selvático con dos estratos arbóreos y elementos con mas de 35 m de altura, en sitios planos hasta inclinados.
ALCANCE GEOGRÁFICO: Cauca: Isla Gorgona.
OBSERVACIONES: Especies asociadas: *Ardisia opaca, Perebea xanthochyma, Eschweilera pittieri, Myrcia fallax, Cyathea petiolata, Podocarpus guatemalensis, Solanum triplinervium* y *Piper confertinodum*.

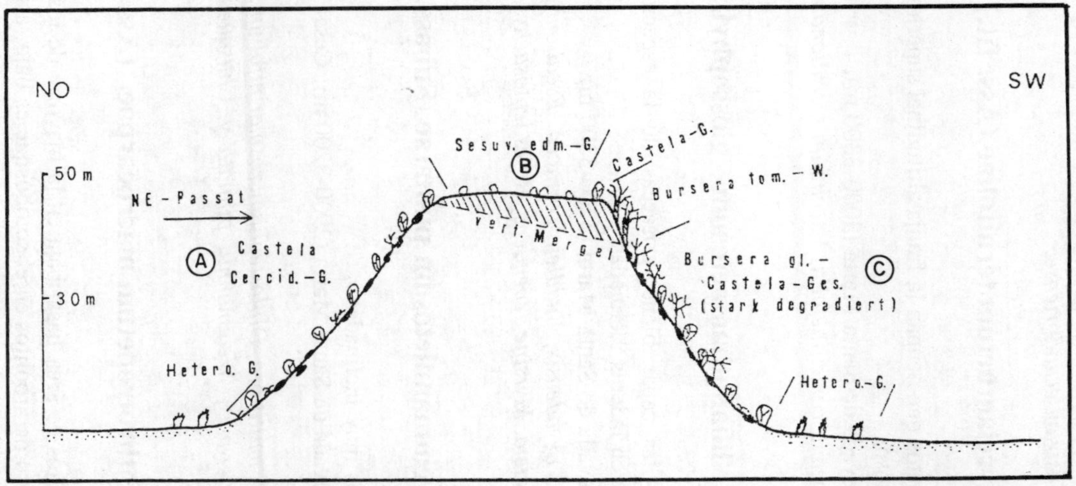

Figura 39. Distribución de la vegetación según la topografía en el Cerro To'oshio, Guajira; (A) Asociación CASTELA ERECTA-CERCIDIUM PRAECOX, (B) Asociación SESUVIUM EDMONTSTONEI, (C) Bosque de *Bursera tomentosa* y BURSERA GLABRA-CASTELA ERECTA. Tomado de Rieger, 1976.

161. ***Cetrariastrum dubitans*** **y** ***Cetrariastrum ecuadoriense*** **(Com.)**. Wolf, 1993.

DEFINICIÓN: Comunidad de criptogamas epifíticas restringidas a las ramas de *Polylepis sericea* y de *Diplostephium violaceum*.

ALCANCE GEOGRÁFICO: Cordillera Central, Risaralda: Páramo de Santa Rosa (4130 m).

OBSERVACIONES: Especies exclusivas y endémicas *Cetrariastrum dubitans* y *Cetrariastrum ecuadoriense*; especies domiantes *Oropogon bicolor, Oropogon loxensis, Parmelia* sp., *Usnea* spp., *Cetrariastrum dubitans* y *Cetrariastrum ecuadoriense*.

162. Chaetolepido santamartensis-Myrcianthetum ternifoliae (Ass. fit.). Cleef *et al.*, 1984.

DEFINICIÓN: Bosque achaparrado con tres estratos que ocupan la franja altitudinal superior de la región andina, en sitios con suelos arcillosos.

ALCANCE GEOGRÁFICO: Magdalena: Sierra Nevada de Santa Marta (3000-3300 m).

OBSERVACIONES: Especies asociadas: *Ternstroemia camelliaefolia, Vaccinium meridionale* y *Hesperomeles lanuginosa*.

163. Chaetolepido-Myrcianthetum libanothamnetosum glossophylli (Subass. fit.). Cleef *et al.*, 1984.

DEFINICIÓN: Bosque bajo caracterizado por las capas blanco-grisáceas de la especie dominante; se establece en valles protegidos y en laderas inclinadas.

ALCANCE GEOGRÁFICO: Magdalena: Sierra Nevada de Santa Marta (3200-3300 m).

OBSERVACIONES: *Especies asociadas: Berberis nevadensis, Buddleia coriacea, Escallonia myrtilloides, Lachemilla polylepis, Miconia insueta, Myrsine dependens, Ribes leptosachys, Holodiscus argenteus* y *Vallea stipularis*.

164. Chaetolepido-Myrcianthetum weinmannietosum pinnatae (Subass. fit.). Cleef *et al.*, 1984.

DEFINICIÓN: Bosque achaparrado sobre laderas muy inclinadas.

ALCANCE GEOGRÁFICO: Magdalena: Sierra Nevada de Santa Marta (2900-3200 m); Cesar: Serranía del Perijá.

OBSERVACIONES: Especies asociadas: *Clusia* cf. *multiflora, Diplostephium rosmarinifolium, Hesperomeles lanuginosa, Oreopanax fontqueranus, Weinmannia pinnata* y *Chusquea tuberculosa*.

165. Chamaedoreo pinnatifrontis-Clathrotropetum macrocarpae (Ass. fit.). Urrego, 1994.

DEFINICIÓN: Bosques altos a medianamente altos de área basal baja en la mayoria de los casos, la cobertura de copas es alta y el número de arbolitos en el sotobosque es bajo, asi como la de palmas en el dosel superior.

OBSERVACIONES: Amazonas, río Caquetá, sobre las terrazas bien drenadas o en diques del plano de inundación.

SINÓNIMOS: F1,F2,C2. Plancha 1, Urrego, 1994.

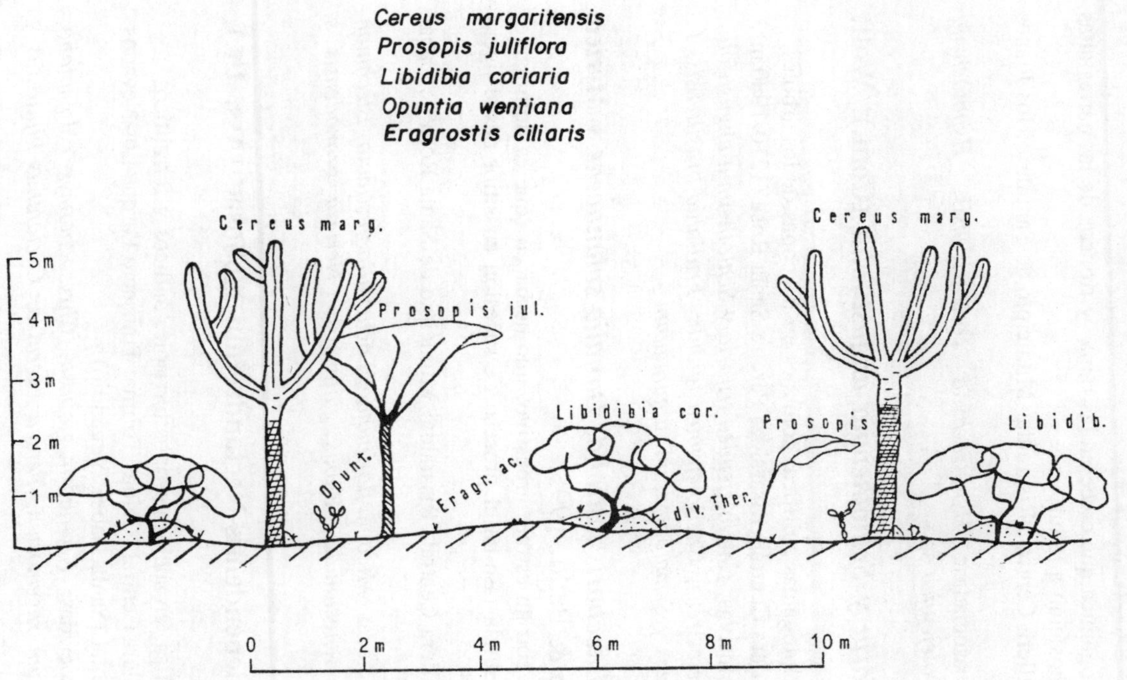

Figura 40. Asociación CEREUS MARGARITENSIS - LIBIDIBIA CARIARIA, Guajira; Península de la Guajira. Tomado de Rieger, 1976.

OBSERVACIONES: Especies diagnósticas: *Renealmia krukovii, Dacryodes chimantensis, Eschweilera bracteosa, Neoalchornea japurensis, Cecropia ficifolia, Pentagonia spathycalyx, Eschweilera chartaceifolia* y *Clarisia racemosa*.

166. *Cheilolejeunea trifaria* e *Hypotrachyna bogotensis* (Com.) Hollander & Swaan, 1992.

DEFINICIÓN: Comunidad criptogámica que crece en las ramas y troncos de las partes altas del dosel que tienen buena exposición a la luz.

ALCANCE GEOGRÁFICO: Cordillera Central, Risaralda: Municipio de Santuario: los Planes 1670 m; Valle del Cauca.

OBSERVACIONES: Especies asociadas: *Hypotrachyna costraricensis, Hypotachyna endochlora, Usnea* sp. y *Microlejeunea* sp.

167. *Cheilolejeunea trifaria* y *Schlotheimia angustifolia* (Com.). Wolf, 1993.

DEFINICIÓN: Comunidad de criptogamas epifíticas comunes en las copas de los árboles.

ALCANCE GEOGRÁFICO: Cordillera Central, Risaralda: Pereira-Santa Rosa (1210-1980 m).

OBSERVACIONES: Especies exclusivas: *Cheilolejeunea trifaria* y *Schlotheimia angustifolia,* acompañadas por *Lejeunea laetevirens, Cheilolejeunea igidula, Frullania brasiliensis, F. caulisega, Frullania riojaneirens* y *Sematophyllum subpinnatum*

168. *Chromolaena* sp., *Baccharis latifolia, Dunalia solanaceae* y *Myrica pubescens* (Com.). Katib & Bello, 1995.

DEFINICIÓN: Matorrales bajos con un estrato arbustivo, uno herbáceo (que es dominante) y el rasante. Constituye la segunda fase en el proceso de sucesión en sitios desde ligera hasta fuertemente inclinados.

ALCANCE GEOGRÁFICO: Cordillera Central, Risaralda: Municipio de Santa Rosa de Cabal 2010-2510 m.

OBSERVACIONES: Especies asociadas: *Miconia floribunda, Lachemilla pectinata, Blechnum* sp., *Clitoria* sp., *Munnozia senecionidis, Rubus guianensis, Nertera granadensis* y *Pennisetum clandestinum.*

169. Chrysochlamydo dependentis-Nectandretum globosae (Ass. fit.). Rangel *et al.* (en prensa).

DEFINICIÓN: Vegetación selvática, en suelos de tipos ferrisoles ándicos y ferralíticos.

ALCANCE GEOGRÁFICO: Cordillera Central, Caldas-Tolima: Transecto Parque Los Nevados. (1800-1500 m), vertiente Oriental (Santa Isabel, Venadillo).

OBSERVACIONES: Especies asociadas: *Nectandra globosa, Chrysochlamys colombiana, Hampea albipetala, Hedyosmum racemosum, Persea caerulea, Cyclanthus bipartitus* y *Heliconia acuminata.*

170. *Chrysophyllum* sp., y *Brosimum guianense* (Com.). Zuluaga, 1987.

DEFINICIÓN: Comunidad de tipo boscoso dominanda por Brosimum guianense y Castilloa elastica, con un estrato arbóreo cuyos elementos alcanzan una altura promedio de 25 m.

ALCANCE GEOGRÁFICO: Costa Pacífica, en las colinas cercanas a 300 m de altitud.
OBSERVACIONES: *Especies asociadas: Browneopsis excelsa, Brownea ariza, Coccoloba* sp., *Eugenia* sp., y *Psychotria psychotriaefolia.*

171. *Chusquea tessellata* (Com.). Duque & Rangel, 1989.

DEFINICIÓN: Chuscal con la dominancia de Chusquea tessellata en el estrato herbáceo.
ALCANCE GEOGRÁFICO: Cordillera Occidental, Cauca: Transecto valle del Magdalena-volcán del Puracé (entre 3100 y 3300 m).
OBSERVACIONES: Especies asociadas: *Blechnum loxense, Calamagrostis effusa, Niphogeton ternata, Scirpus inundatus, Sphagnum magellanicum* y *Geranium sibbaldioides.*

172. *Chusquea tessellata* (Com.). Bekker & Cleef, 1985.

DEFINICIÓN: Chuscal dominado por el bambú paramuno con cañas de 1.20 m y un tapete muscinal con especies de *Sphagnum.*
ALCANCE GEOGRÁFICO: Cordillera Oriental, Cundinamarca: Páramo de Laguna Verde.
SINÓNIMOS: 1a, Plancha 1. IGAC, 1985
OBSERVACIONES: Especies asociadas: *Arcytophyllum muticum, Calamagrostis effusa, Espeletia barclayana, Lycopodium contiguum, Puya* cf. *nitida, Arcytophyllum nitidum, Paepalanthus karstenii* y *Pentacalia nitida.*

173. *Chusquea tessellata* (Com.). Vargas & Rivera, 1991.

DEFINICIÓN: Chuscal enano en el cual la forma de vida dominante es el bambú *Chusquea tessellata*, que en algunos sectores del parque puede alcanzar 4 m de altura. Es la comunidad dominante en el parque.
ALCANCE GEOGRÁFICO: Cordillera Oriental, Cundinamarca: Parque Nacional Natural Chingaza, sector río la Playa, 3350 m.
OBSERVACIONES: Especies asociadas: *Hypericum* cf. *laricifolium, Carex* cf. *pichinchensis, Blechnum loxense, Rhynchospora macrochaeta, Cerastium kunthii, Valeriana* cf. *hirta, Breutelia* sp., *Galium* cf. *trianae, Pernettya prostata, Lachemilla* sp. y *Gentiana sedifolia.*

174. *Chusquea tesellata, Espeletia grandiflora* y *Calamagrostis effusa* (Com.). Sturm & Rangel, 1985.

DEFINICIÓN: Frailejonal-chuscal, sobre terrenos planos encharcados.
ALCANCE GEOGRÁFICO: Cordillera Oriental, Cundinamarca: Páramos de Sumapaz (3700-4025 m) y Chingaza (3800 m).
OBSERVACIONES: Especies asociadas: *Festuca dolichophylla, Jamesonia glutinosa, Hypericum brathys* y *Arcytophyllum muticum.*

175. *Chusquea tessellata* y *Calamagrostis effusa* (Com.). Rangel, 1994.

DEFINICIÓN: Chuscal casi que homogéneo, con un estrato arbustivo en algunos levantamientos con *Holodiscus argenteus, Baccharis macrantha* y *Pentacalia* aff. *polymerus*, aunque las coberturas son bajas.
ALCANCE GEOGRÁFICO: Cesar: Serranía del Perijá, entre 3175 y 3350 m.

OBSERVACIONES: Especies asociadas: *Vaccinium floribundum, Pernettya prostrata, Castilleja fissifolia, Hieracium* cf. *avilae, Lucilia pusilla, Chaptalia anisobasis, Hypochoeris sessiliflora* y *Bidens triplinervia*.

176. *Chusquea tessellata* y especies de *Sphagnum* y de *Breutelia* (Com.). Cleef, 1981; Sturm & Rangel, 1985. (Figura 25b)

DEFINICIÓN: Chuscal paramuno que crece en los alrededores de lagunas, lagunetas y charcas; con dominio de *Chusquea tesellata* (bambú).

ALCANCE GEOGRÁFICO: Cordillera Oriental, Cundinamarca: Páramos de Chisacá y Chingaza (3600-3900 m).

OBSERVACIONES: Especies asociadas: *Sphagnum magellanicum, Sphagnum sancto-josephense* y *Breutelia karsteniana*.

177. *Chusquea tessellata, Eryngium humile* y *Jessenia erythropus* (Com.). Cleef, 1981.

DEFINICIÓN: Chuscal en sitios húmedos, sustratos turbosos.

ALCANCE GEOGRÁFICO: Cordillera Oriental, Cundinamarca: (Sumapaz 3450-3800 m).

OBSERVACIONES: Especies asociadas: *Espeletia grandiflora, Rhynchospora ruiziana, Gentiana sedifolia* y *Arcytophyllum muticum*.

178. *Chusquea tessellata, Espeletia hartwegiana* ssp. *centroandina* con *Hypericum laricifolium* (Com.). Rangel & Franco, 1985.

DEFINICIÓN: Típico pajonal paramuno aunque en ocasiones se entremezclan algunos arbustos de *Castilleja fissifolia* y de *Pentacalia vaccinioides*. En cobertura predominan las gramineas.

ALCANCE GEOGRÁFICO: Cordillera Central, Cauca: Municipio de Belalcázar, vereda Irlanda, 3800 m.

OBSERVACIONES: Especies acompañantes: *Pentacalia vernicosa, Hypericum ruscoides* y *Monnina revoluta*, ocasionalmente aparecen *Pentacalia arbutifolium, Diplostephium revolutum, Desfotainea spinosa, Oreobolus obtusangulus* y *Arcytophyllum muticum*.

179. *Chusquea tessellata* y *Oreobolus obtusangulus* ssp. *rubrovaginatus* (Com.). Cleef, 1981.

DEFINICIÓN: Chuscal sobre sitios pantanosos, turbosos con capa negra de 30 cm. de espesor.

ALCANCE GEOGRÁFICO: Cordillera Oriental, Cundinamarca: Páramos de Palacio y Sumapaz (3300-4150 m).

OBSERVACIONES: Especies asociadas: *Xyris acutifolia, Eryngium humile* y *Oritrophium peruvianum*.

180. *Chusquea tessellata, Rhacocarpus purpurascens-Oritrophium peruvianum* y *Paepalanthus* sp. (Com.). Cleef, 1981.

DEFINICIÓN: Chuscal sobre suelos pantanosos.

ALCANCE GEOGRÁFICO: Sur de la Cordillera Oriental, Cundinamarca: Páramo de Sumapaz (3500 y 4150 m).

OBSERVACIONES: Especies asociadas: *Paepalanthus karstenii, Eriocaulon microcephalum, Rhynchospora paramorum* y *Gentiana sedifolia*.

181. Chusqueo scandentis-Brunellietum goudoti (Ass. fit.). Cleef *et al.* (en prensa). (Figura 41)

DEFINICIÓN: Bosques altos y achaparrados en el límite de la distribución de la vegetación arbórea sobre sitios inclinados, en andosoles.

ALCANCE GEOGRÁFICO: Cordillera Central, Caldas-Tolima: Transecto Parque Los Nevados., vertiente Occidental (volcán de Santa Isabel-Venadillo).

OBSERVACIONES: Especies asociadas: *Hesperomeles lanuginosa, Myrsine dependens, Myrrhidendron glaucescens* y *Arenaria soratensis*.

182. Chusqueo scandentis-Hedyosmetum bonplandiani (Ass. fit.). Cleef *et al.* (en prensa).

DEFINICIÓN: Bosque bajo sobre derrubios en vertientes muy empinadas.

ALCANCE GEOGRÁFICO: Cordillera Central, Caldas-Tolima: Transecto Parque Los Nevados, vertiente Oriental, volcán de Santa Isabel-Venadillo.

OBSERVACIONES: Especies asociadas: *Aegiphila bogotensis, Oreopanax tolimanus, Oreopanax nitidus, Siparuna buddleiaefolia* y *Pteris muricata*.

183. Chusqueo scandentis-Weinmannion rollottii (All. fit.). Cleef *et al.* (en prensa).

DEFINICIÓN: Unidad de vegetación boscosa sobre suelos que sufrieron efectos de las lenguas glaciares y en otros casos suelos de origen piroclástico; los suelos son espesos, muy evolucionados y con buena cantidad de materia orgánica.

ALCANCE GEOGRÁFICO: Cordillera Central, Caldas-Tolima: Transecto Parque Los Nevados. (2900-3100 m); volcán Santa Isabel-Venadillo

OBSERVACIONES: Incluye las las asociaciones **Chusqueo scandentis-Brunellietum goudoti; Tovomito guianense-Clusietum multiflorae**.

184. Chusquetum tessellatae (Ass. fit.). Franco *et al.*, 1986. (Figura 42, 43).

DEFINICIÓN: Chuscal de amplia distribución en las orillas de lagunas y lagunetas del páramo colombiano; en sitios planos. También en páramos superhúmedos como vegetación zonal.

ALCANCE GEOGRÁFICO: Cordillera Oriental, Cundinamarca: Páramos de Chingaza y Chisacá; Cordilleras Central y Occidental (Tatamá 3400-3900 m).

SINONIMO: Swallenochloetum weberbauerii, Sánchez, 1991.

OBSERVACIONES: Especies asociadas: *Sphagnum magellanicum, Hydrocotyle bonplandii, Cerastium arvense, Blechnum loxense,* y *Nertera granadensis*.

185. Chusquion tessellatae (All. fit.). Rangel & Cleef, 1994-1995. (Figura 44b)

DEFINICIÓN: Chuscales y vegetación de pantano en sitios con buen contenido de agua en el suelo.

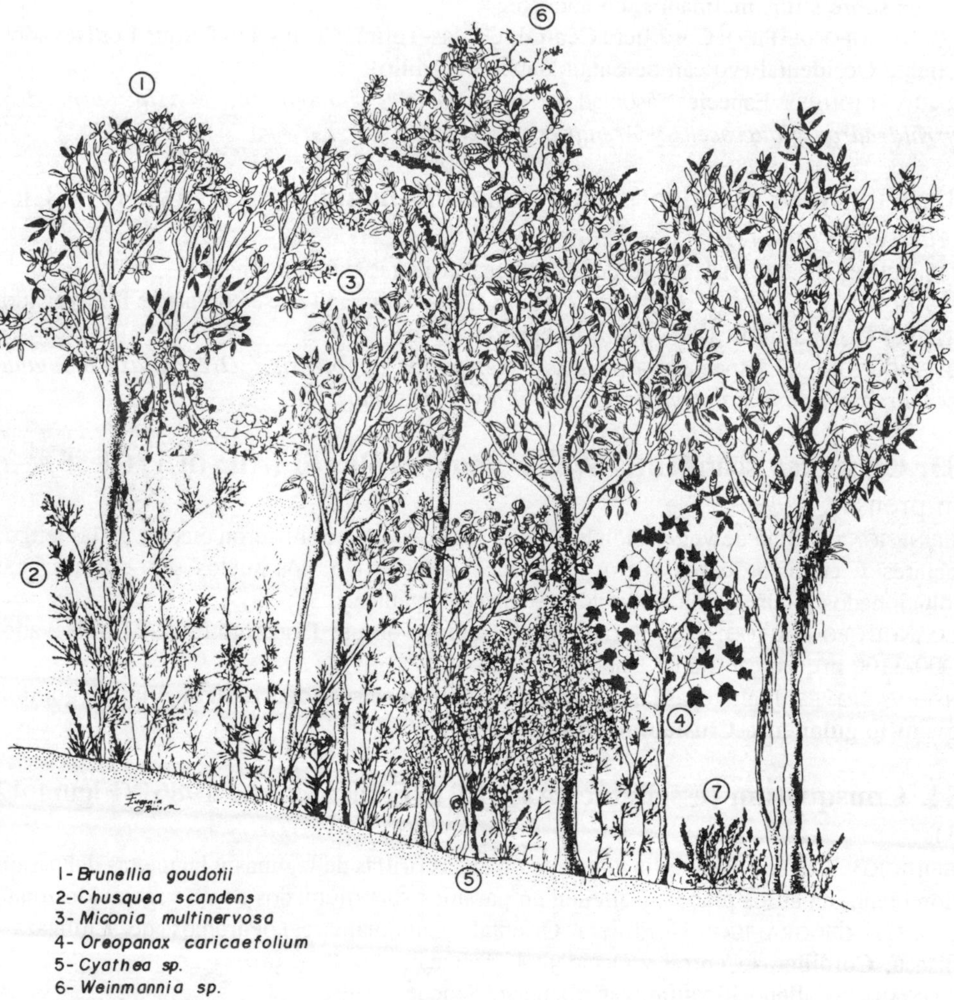

Figura 41. Asociación CHUSQUEO SCANDENTIS-BRUNELLIETUM GOUDOTII, Tolima; Cordillera Central, Parque Nacional Natural Los Nevados, 3185 m, Tomado de Rangel et al. en prensa.

ALCANCE GEOGRÁFICO: Páramos húmedos de las Cordilleras Oriental, Central y Occidental.
SINÓNIMOS: Swallenochlion tessellatae Rangel & Cleef, 1985.
OBSERVACIONES: Especies asociadas: *Oritrophium peruvianum, Arcytophyllum muticum, Oreobolus obtusangulus, Geranium sibbaldioides, Puya santosii* y *Bartsia santolinaefolia*.

186. **Cladino rangiferinae-Befarietum resinosae (Ass. fit.)**. Vargas & Zuluaga, 1985.

DEFINICIÓN: Matorral cerrado con predominio de formas leptofilas y nanófilas (cordón de ericaceas) en abrigos rocosos que les protegen del clima.
ALCANCE GEOGRÁFICO: Cordillera Oriental, Cundinamarca: Páramo de Monserrate (3100-3200 m).
OBSERVACIONES: Especies asociadas: *Bucquetia glutinosa, Gaiadendron punctatum, Pernettya prostrata* y *Brachyotum strigosum*.

187. ***Clathrotropis macrocarpa* y especies de *Lecythis* y de *Pouteria* sp. (Com.)**. Carvajal *et al.* (1979, en PRORADAM).

DEFINICIÓN: Vegetación de tierra firme de tipo selvático, con un estrato arbóreo superior con individuos que pueden alcanzar 35 m de altura.
ALCANCE GEOGRÁFICO: Amazonia colombiana, inventarios representativos se encuentran a lo largo del río Apaporis.
OBSERVACIONES: Especies dominantes: *Adenanthera suaveolens, Clathrotropis macrocarpa, Dipteryx alata, Cariniana decandra, Inga thibaudiana, Dialium guianense,* especies de *Nectandra*, de *Licania*, de *Brosimum* y de *Pouroma*.

188. ***Clethra* cf. *fagifolia* y *Clusia minor* (Com.)** Rangel & Lowy, 1995.

DEFINICIÓN: Bosque con un estrato arbóreo con cobertura de 75 %; Se establece en sitios inclinados los troncos son torcidos y estan cargados de briófitos epifíticos.
ALCANCE GEOGRÁFICO: Cordillera Oriental, Cundinamarca-Meta: Macizo Sumapaz, dirección Cuchilla la Rabona-Puli, 3100-3300 m.
OBSERVACIONES: Entre las especies acompañantes aparecen *Ocotea callophylla, Weinmannia balbisiana, Ternstroemia camelliaefolia, Brunellia comocladifolia*. Entre los arbolitos se destaca *Drimys granatensis*; en los estratos bajos dominan *Neurolepis aperta* y especies de *Cybianthus* y de *Miconia*.

189. **Clethrion (All. fit. s.l.)**. Cuatrecasas, 1934.

DEFINICIÓN: Vegetación climácica en sitios conservados, con dosel alto y espeso; en suelos turbosos y húmedos.
ALCANCE GEOGRÁFICO: Cordillera Central, Tolima-Caldas; Valles de La China y de La Selva (2800-3300 m).
SINÓNIMOS: Clethraetum. Cuatrecasas, 1934.
OBSERVACIONES: Especies asociadas: *Tournefortia fuliginosa, Saurauia tomentosa, Palicourea macrocarpa, Hesperomeles lanuginosa, Weinmannia hirtela, Drimys granatensis* y *Ribes tolimense*.

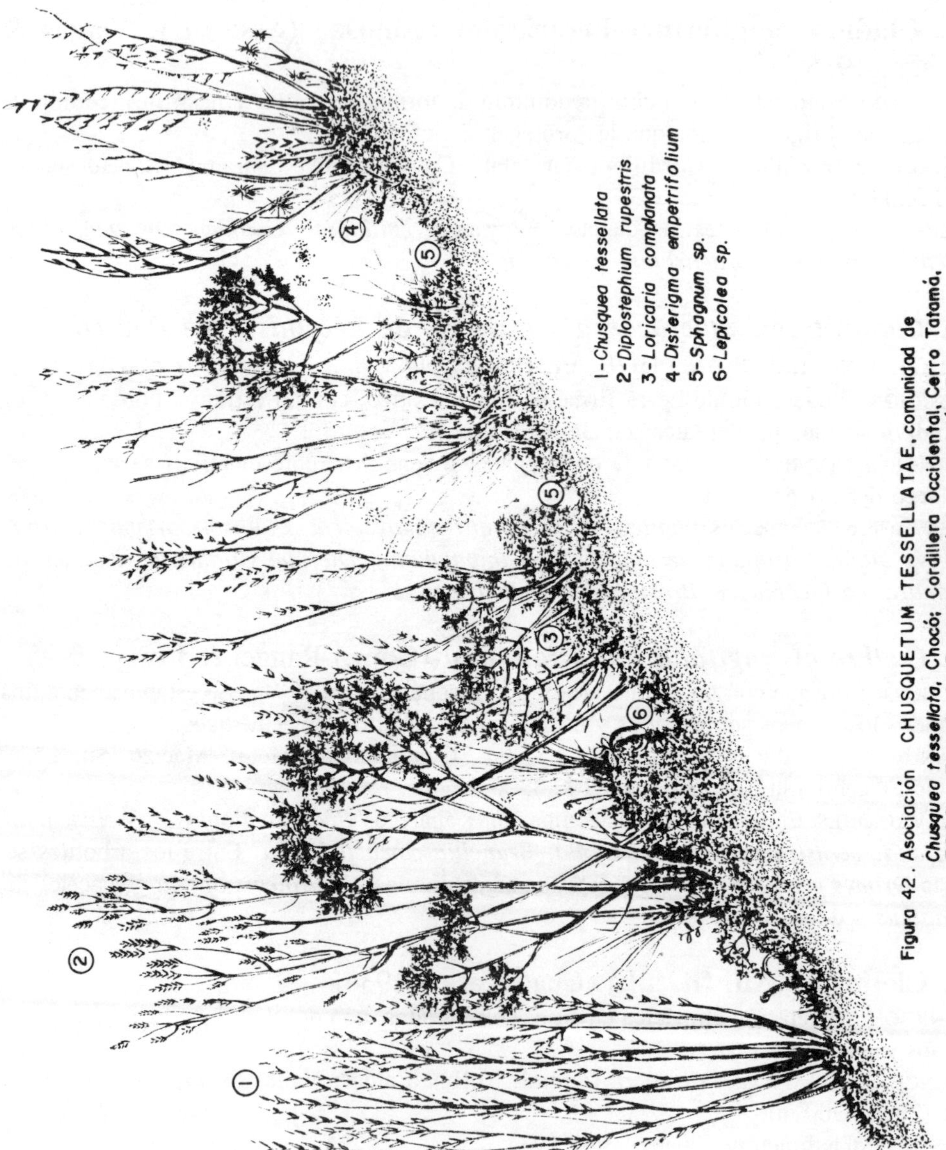

Figura 42. Asociación CHUSQUETUM TESSELLATAE, comunidad de *Chusquea tessellata*, Chocó; Cordillera Occidental, Cerro Tatamá, 3860 m. Tomado de Rangel et al (en preparación Ecoandes Cor. Occidental).

190. *Clusia* aff. *clusioides, Axinaea* sp., *Viburnun pichinchensis* y *Escallonia myrtilloides* (Com.) Rangel, 1993.

DEFINICIÓN: Vegetación del bosque altoandino con un estrato subarbóreo con elementos de 15-20 m de altura y cobertura del 75%; sotobosque pobre quizas por la caida de los árboles grandes debidos a los movimientos y deslizamientos del terreno.

ALCANCE GEOGRÁFICO: Cordillera Occidental, Chocó: vertiente Occidental que mira al Pacífico 3300 m.

OBSERVACIONES: En los estratos medios y bajos aparecen *Orepanax* aff. *ellsworthii, Weinmannia sylvatica, Viburnum pichinchensis, Miconia latifolia, Culcita connifolia, Schefflera bejucosa* y *Miconia cordifolia*.

191. *Clusia clusioides, Clusia multiflora* y *Myrsine jelkii* (Com.). Cleef *et al*. (en prensa).

DEFINICIÓN: Vegetación selvática que se establece en los filos de las laderas; los árboles cargados de briofitos crecen bastante separados, algunos individuos alcanzan 30 m de altura. El estrato arbóreo tiene un cubrimiento del 50% de la superficie, el estrato subarbóreo cubre 35% y los estratos bajos son pobres en diversidad florística y en cobertura.

ALCANCE GEOGRÁFICO: Chocó, Cordillera Occidental, vertiente occidental, que mira al Pacífico 2920 m.

OBSERVACIONES: En el estrato arbóreo también se censaron a *Prunus integrifolia, Weinmannia magnifolia* y *Meriania* sp. En los estratos medio y bajo son importantes *Drimys granatensis, Miconia floribunda, Hedyosmum bonplandianum, Miconia stipularis, Peperomia acuminata, Columnea dimidiata, Thibaudia floribunda* y *Chusquea lehmannii*.

192. *Clusia multiflora, Ternstroemia* cf. *camelliaefolia* y *Schefflera* sp. (Com.) Rangel & Lowy, 1995.

DEFINICIÓN: Vegetación de tipo boscoso con elementos de 20 m de altura; en el estrato arbóreo también es importante *Clusia* aff. *minor*. Los sitios con esta vegetación entre 2900-3100 m son casi planos; el suelo no es muy profundo.

ALCANCE GEOGRÁFICO: Cordillera Oriental, Cundinamarca-Meta: 2900-3100 m, macizo Sumapaz, dirección Cuchilla la Rabona-Puli.

OBSERVACIONES: Entre las especies dominantes-asociadas figuran *Ilex* sp., *Hedyosmum bonplandianum, Miconia* sp. y *Ardisia* cf. *foetida*. En los estratos bajos son muy frecuentes los individuos de *Neurolepis aperta, Macleania rupestris* y especies de *Pilea* y *Elaphoglosum*.

193. Clusio multiflorae-Weinmannietum pinnatae (Ass. fit.). Cleef *et al*., 1984; Rangel, 1994. (Figura 45)

DEFINICIÓN: Selva con dosel continuo, árboles con alturas mayores a 20 m, sobre laderas inclinadas y abruptas.

ALCANCE GEOGRÁFICO: Magdalena: Sierra Nevada de Santa Marta, filo de Buritica 2475-3000 m, Serranía del Perijá (2800-2900 m).

OBSERVACIONES: Especies asociadas: *Hedyosmum* cf. *glabratum, Podocarpus oleifolius, Daphnopsis crispotomentosa, Turpinia heterophylla, Freziera nervosa, Monochaetum*

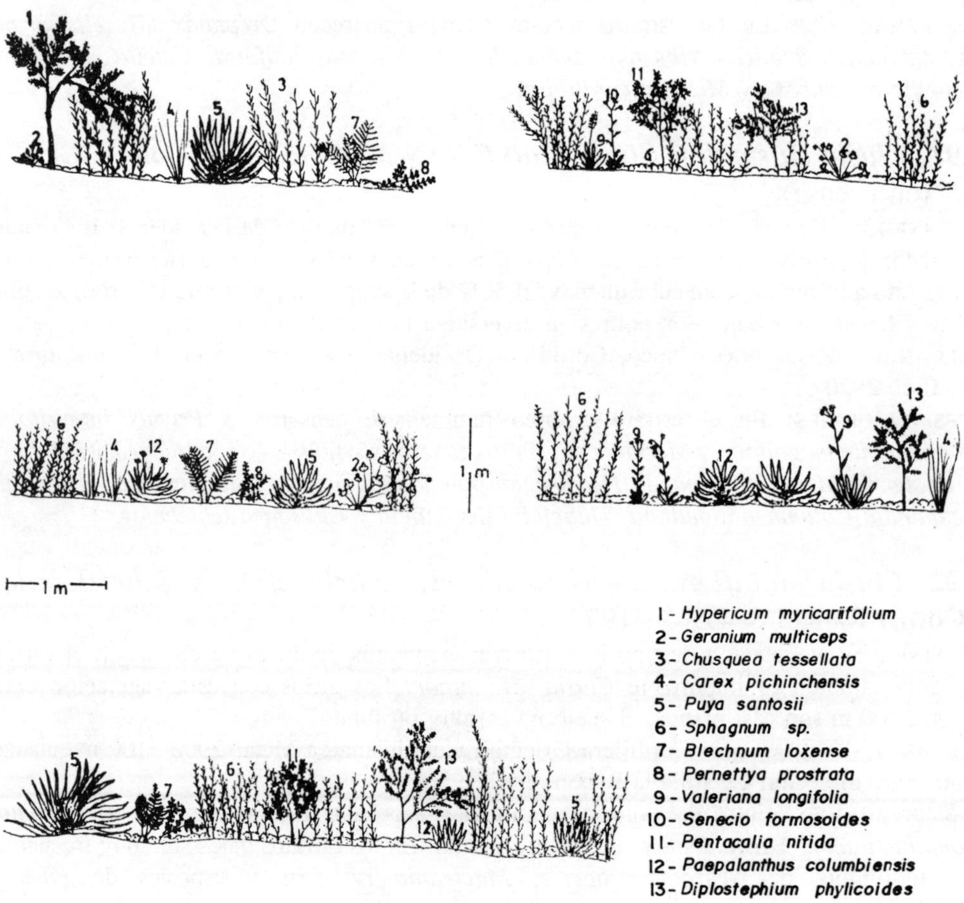

Figura 43. Asociación CHUSQUETUM TESSELLATAE (WEBERBAUERI), Cundinamarca; Páramo de Monserrate, 3100 m. Tomado de Sánchez y Rangel, 1990.

uberrimum, Escallonia floribunda, Myrica pubescens, Hesperomeles lanuginosa y *Weinmannia rollotii*.

194. Clusio spathulaefoliae-Rhodognaphalopsietalia brevipes (Ord. fit.). Urrego, 1994.

DEFINICIÓN: Unidad superior de vegetación que incluye bosques altos y bajos establecidos en terrazas bajas mal drenadas y sujetas a la influencia de inundaciones.

ALCANCE GEOGRÁFICO: Amazonia colombiana; parte media del río Caquetá.

OBSERVACIONES: Se agrupa la vegetación de la alianza **Mauritiello aculeatae - Euterpion catingae**; entre las especies características figuran *Rhodognaphalopsis brevipes, Clusia spathulaefolia, Micrandra siphonioides, Tabebuia ochracea* y *Ferdinandusa hirsuta*.

195. *Coccoloba candolleana* y *Mauria birringo* (Com.) Rangel *et al.*, 1989.

DEFINICIÓN: Vegetación de tipo boscoso con un estrato arbóreo que alcanza 65% de cobertura y uno subarbóreo con 60%. El estrato arbustivo está bien desarrollado y alcanza 32% de cobertura, mientras el herbáceo es muy pobre (6%).

ALCANCE GEOGRÁFICO: Cordillera Central, Caldas-Tolima: Transecto Parque Los Nevados, vertiente de Santa Isabel, 710 m.

OBSERVACIONES: Especies características: *Ardisia* aff. *foetida, Solanum argenteum, Posoqueria* sp., *Miconia* sp., *Piper tequendamense*, *Piper* cf. *reticulatum, Guazuma ulmifolia, Adenaria floribunda, Randia aculeata, Anthuium nymphaefolium* y *Eugenia* sp.

196. Comunidad con especies de *Inga, Cecropia* y con *Quercus humboldtii*. Kuhry, 1988.

DEFINICIÓN: Vegetación boscosa con individuos entre 25 y 30 m de altura. Definición basada en los levantamientos de Van der Hammen, Jaramillo & Murillo.

ALCANCE GEOGRÁFICO: Vertiente este del valle del Magdalena entre 1000 y 2300 m.

OBSERVACIONES: Especies características: *Billia columbiana, Hedyosmum racemosum* y *Quercus humboldtii*.

197. Comunidad con especies de *Inga*, de *Cecropia*, de *Vismia* y de *Hyeronima*. Kuhry, 1988.

DEFINICIÓN: Vegetación boscosa rica en especies, los individuos alcanzan entre 20 y 30 m de altura. Descripción basada en los levantamientos de Van der Hammen & Jaramillo (1960) y Cuatrecasas (1934).

ALCANCE GEOGRÁFICO: Vertiente este del valle del Magdalena entre 1000 y 2300 m.

OBSERVACIONES: Las especies asociadas pertenecen a los géneros *Acalypha, Alchornea, Hyeronima, Trema* y *Vismia*.

198. Comunidad con especies de *Oreopanax* y *Cordia*. Kuhry, 1988.

DEFINICIÓN: Vegetación boscosa con individuos con alturas mayores a 15 m. La cobertura del estrato arbóreo es 80%, se desarrollan en laderas interiores bajas de la Sabana de Bogotá. Basada en levantamientos de Van der Hammen, Jaramillo & Murillo y de Cuatrecasas (1934).

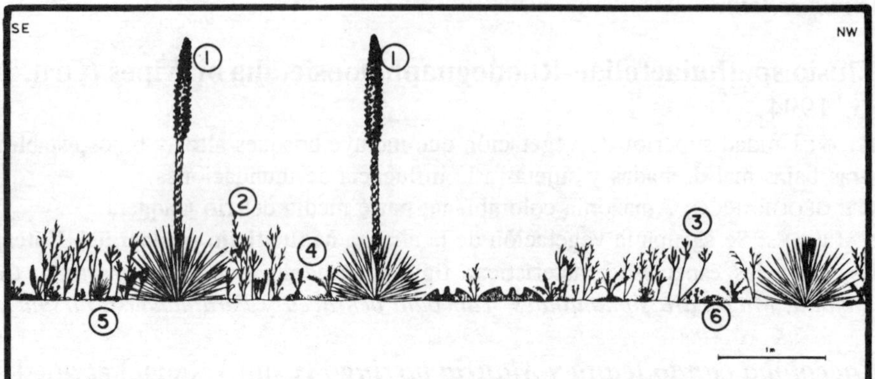

1- *Puya goudotiana*
2- *Chusquea sp.*
3- *Aragoa abietina*
4- *Blechnum loxense*
5- *Calamagrostis effusa*
6- *Sphagnum magellanicum*

Figura 44a. Comunidad de *Sphagnum sp, Chusquea sp y Puya goudotiana*, Cundinamarca; Páramo de Cruz Verde, 3335 m. Tomado de Cleef, 1981.

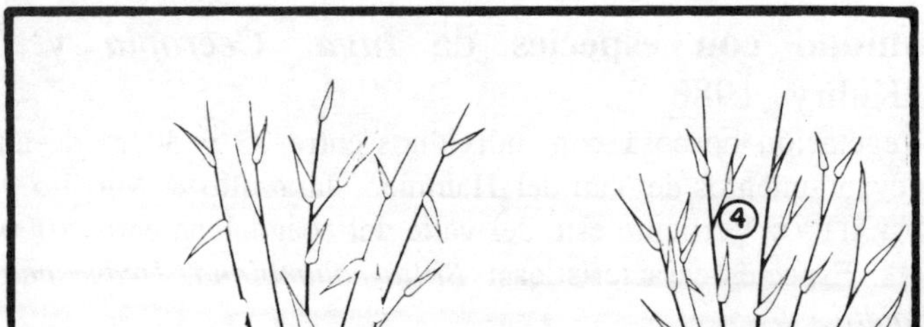

1- *Lepidozia sp.*
2- *Sphagnum magellanicum*
3- *Sphagnum sancto-josephense*
4- *Chusquea sp.*
5- *Leptodontium wallisii*, *Sphaerophorus melanocarpus*

Figura 44b. Alianza CHUSQUION TESSELLATAE, comunidad de *Chusquea - Sphagnum* Boyacá; Sierra Nevada del Cocuy, Q. Los Osos, 3500 m. Tomado de Cleef, 1981.

ALCANCE GEOGRÁFICO: En la vertiente Oriental del valle del Magdalena y en el área de Chiquinquira 2550-2750 m.

OBSERVACIONES: Géneros característicos: *Ilex, Lippia, Vallea, Eugenia* y *Duranta*

199. Comunidad con especies de Sapotaceae y de *Casearia* (Flacourtiaceae). Rangel, 1994.

DEFINICIÓN: Vegetación de tipo selvático, con los estratos altos pobres en cobertura y los estratos bajos muy vigorosos.

ALCANCE GEOGRÁFICO: Cesar: Serranía del Perijá, región del Campo Marte, entre 1760 y 1820 m.

OBSERVACIONES: Especies características-dominantes: *Casearia* sp., *Pseudolomedia rigida, Mauria biringo,* especies de *Cedrela, Hyppotis, Nectandra*, Sapotaceae y Leguminosae.

200. Comunidad con especies de *Vallea, Ilex* y *Eugenia*. Kuhry, 1988.

DEFINICIÓN: Bosques secos de baja altura (8-15 m) aparentemente cubrieron las partes secas del altiplano de Bogotá, ahora se desarrollan en las zonas bajas del altiplano. Definición basada en los levantamientos de Van der Hammen, Jaramillo & Murillo.

ALCANCE GEOGRÁFICO: En la vertiente Este del valle del Magdalena y en el área de Chiquinquira 2650-2800 m.

OBSERVACIONES: Las especies dominantes pertenecen a los géneros *Duranta, Lippia* y *Xylosma.*

201. Comunidad con *Opuntia* sp. y *Dodonea viscosa*. Kuhry, 1988.

DEFINICIÓN: Vegetación xerofítica que forma matorrales con individuos de 2-4 m de altura. Definición basada en los levantamientos de Van der Hammen, Jaramillo & Murillo.

ALCANCE GEOGRÁFICO: Sureste y este de altiplano de Bogotá (2560 m).

OBSERVACIONES: Especies dominantes: *Ageratina leyvense, Dodonea viscosa* y especies de *Opuntia, Salvia, Lantana, Solanum, Stevia* y de la familia Agavaceae.

202. Comunidad de *Weinmannia microphylla, Weinmannia rollotii* y *Neurolepis aperta*. Rangel & Lowy, 1995.

DEFINICIÓN: Vegetación boscosa, que sustituye en el gradiente altitudinal a la selvas de *Weinmannia microphylla*. La característica mas singular es la abundancia-dominancia de *Weinmannia rollotii*.

ALCANCE GEOGRÁFICO: Corrdillera Oriental, Cundinamarca-Meta: en la vertiente Este del macizo del Sumapaz entre 3100 m (3150 m)-3300 m, En sitios inclinados

OBSERVACIONES: Entre las especies asociadas figuran *Geonoma werberbauerii, Clusia multiflora* y *Diplostephium tenuifolium.*

203. Consocietas de Bambusa (Ass. fit. s.l.) Cuatrecasas, 1934.

DEFINICIÓN: Son formaciones postclimácicas de guadua, constituidas por diversas especies de *Bambusa guadua*. Se presenta en grex, generalmente grandes, de 50 a 500 m² o mas, a lo largo de ríos y prados contiguos a los mismos.

ALCANCE GEOGRÁFICO: Cordillera Oriental, Cundinamarca: La Esperanza (1500 m); Cordillera Occidental: Valle del Cauca, entre Armenia y Cali (1000 m).

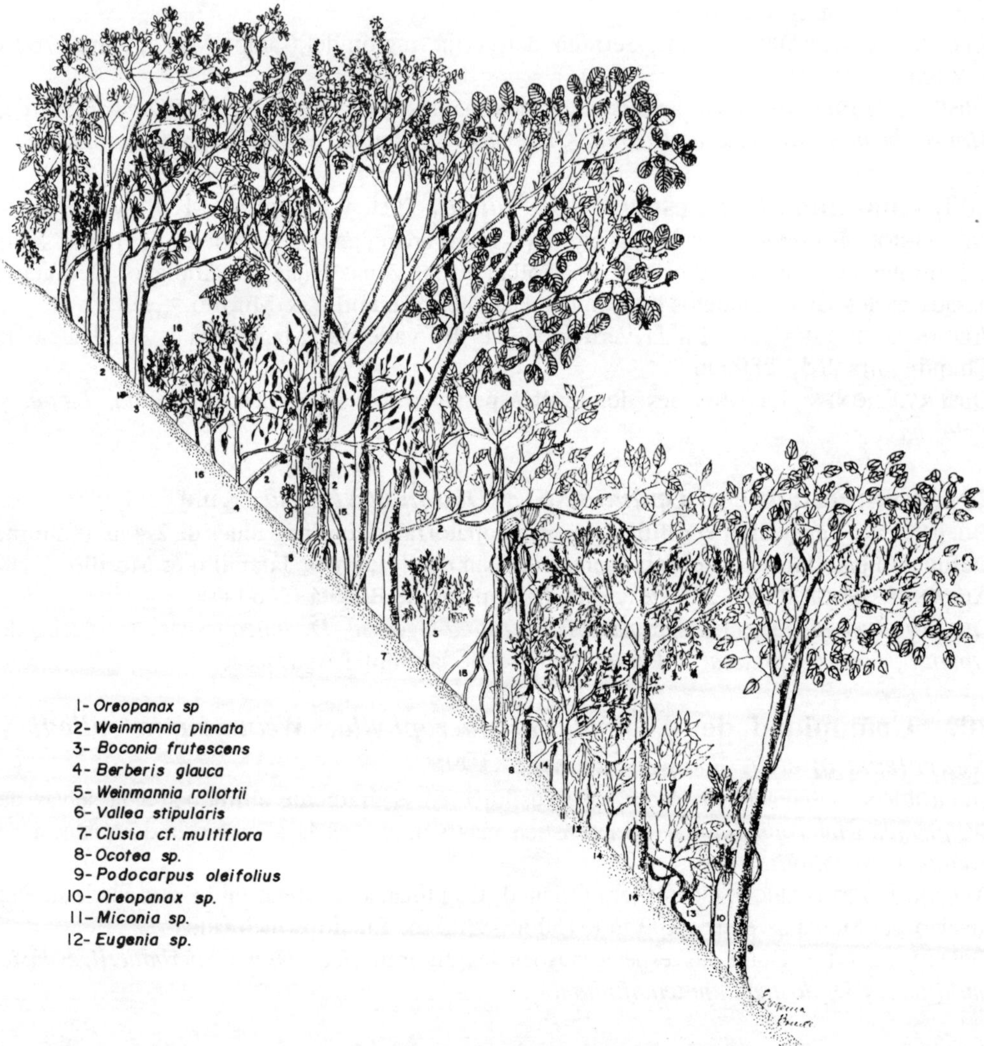

Figura 45 . Asociación CLUSIO MULTIFLORAE-WEINMANNIETUM PINNATAE, Comunidad de *Clusia multiflora y Weinmannia pinnata*, Cesar, Serranía del Perijá. 2800 m. Tomado de Rangel, 1994

204. Consocietas de *Cordia lanata* (Ass. fit. s.l.). Cuatrecasas, 1934.

DEFINICIÓN: Bosque bastante cerrado con un estrato arbóreo heterogéneo, un sotobosque vigoroso y abundantes lianas; en barrancos y laderas, sobre suelos turbosos.

ALCANCE GEOGRÁFICO: Cordillera Oriental, Cundinamarca: Monserrate (2650-2750 m), cercanias a Bogotá, quebrada la Vieja (2750 m).

OBSERVACIONES: Especies asociadas: *Alnus acuminata, Vallea stipularis, Baccharis floribunda, Prunus capuli, Palicourea angustifolia, Croton bogotanus, Phenax hirtus, Cavendishia cordifolia, Palicourea costata, Abatia parviflora* y *Mutisia clematis.*

205. Consocietas de *Culcitium (Senecio) canescens* (Ass. fit. s.l.) Cuatrecasas, 1934.

DEFINICIÓN: Vegetación abierta y pobre; se establece cuando las especies de Espeletia desaparecen bruscamente; las especies de *Calamagrostis* se retiran quedando únicamente *Calamagrostis ligulata* y *Tafalla (Loricaria) colombiana.*

ALCANCE GEOGRÁFICO: Cordillera Central, Tolima: Nevado del Tolima, 4320 m.

206. *Cortaderia bifida* (Com.). Rangel & Aguirre, 1986.

DEFINICIÓN: Manchas de vegetación graminoide (pajonales) sobre suelos turbosos, no completamente compactados.

ALCANCE GEOGRÁFICO: Cordillera Oriental, Boyacá: Lago de Tota, península de Suse-Daito, 3000 m.

OBSERVACIONES: Especies asociadas: *Hypericum laricifolium* y *Lachemilla aphanoïdes.*

207. *Cortaderia nitida* (Com.). Bekker & Cleef, 1985.

DEFINICIÓN: Pajonal alto que crece vigorosamente e impide por completo el desarrollo de otras especies; domina en sitios cerca a los nacimientos de quebradas.

ALCANCE GEOGRÁFICO: Cordillera Oriental, Cundinamarca: Páramo de Laguna Verde.

SINÓNIMOS: 1b, Plancha 1. IGAC, 1985 Cortaderal.

OBSERVACIONES: Especies asociadas: *Calamagrostis effusa, Arcytophyllum nitidum, Vaccinium floribundum, Valeriana longifolia, Pernettya prostrata, Lachemilla mandoniana, Pernettya hirta* y *Pentacalia nitida.*

208. *Cortaderia sericantha* (Com.) Bekker & Cleef, 1985.

DEFINICIÓN: Pajonal cortaderal en pequeñas islas, rodeadas por agua, estas islas son de materia orgánica sobre ellas se desarrolla la vegetación actual. Crece en lugares muy húmedos.

ALCANCE GEOGRÁFICO: Cordillera Oriental, Cundinamarca: Páramo de Laguna Verde.

SINÓNIMOS: 2a, Plancha 1. IGAC, 1985

OBSERVACIONES: Especies asociadas: *Puya santosii, Aragoa abietina, Vaccinium floribundum, Arcytophyllum muticum, Calamagrostis effusa, Pernettya prostrata, Diplostephium phylicoides, Calamagrostis bogotensis, Ctenopteris moniliforme* y *Miconia chionophila.*

209. Cortaderio sericanthae-Arcytophylletum caracasani (Ass. fit.). Cleef, 1981. (Figura 46b)

DEFINICIÓN: Pajonal arbustivo, sobre grietas en las rocas del páramo.

ALCANCE GEOGRÁFICO: Cordillera Oriental, Boyacá: páramos de Guantiva, y Rusia, lago de Tota (3600-3959 m); Cundinamarca> Sumapaz (3400-3650 m).

OBSERVACIONES: Especies asociadas: *Oreobolus obtusangulus* ssp. *rubrovaginatus, Carex* aff. *conferto-spicata, Gentianella corymbosa, Bartsia orthocarpiflora, Calamagrostis effusa, Rhacocarpus purpurascens, Campylopus richardii* y *Jamesoniella rubricaulis*.

210. *Cotula mexicana* (Com.). Sturm & Rangel, 1985.

DEFINICIÓN: Comunidad de tipo prado, sobre lagunetas terrizadas.

ALCANCE GEOGRÁFICO: Cordillera Oriental, Boyacá: Páramo de Belen (3500 m); Cocuy (3800 m). OBSERVACIONES: Especies asociadas: *Werneria humilis, Ranunculus praemorsus, Lachemilla orbiculata, Laestadia muscicola* y *Breutellia karsteniana*.

211. *Cotula mexicana, Werneria humilis* y *Ranunculus praemorsus* (Com.). Rangel & Sturm, 1995.

DEFINICIÓN: Prado que se establece sobre sitios terrizados con buen contenido de agua en ocasiones en los lechos de la quebraditas.

ALCANCE GEOGRÁFICO: Cordillera Oriental, Boyacá: El Cocuy, 4000 m.

OBSERVACIONES: Especies acompañantes: *Lachemilla orbiculata, Laestadia muscicola* y *Breutelia karsteniana*.

212. *Cotula minuta* (Com.). Cleef, 1981; Sturm & Rangel, 1985.

DEFINICIÓN: Prado dominado por rosetas rastreras y por Cyperaceas que alcanzan 15 cm de altura, sobre pisos de los valles glaciares con corrientes eutroficadas o sobre turba arcillosa.

ALCANCE GEOGRÁFICO: Cordillera Oriental, páramos de la zona Norte (Cocuy y Pisba) 3500-3925 m.

OBSERVACIONES: Especies dominantes-asociadas: *Carex* cf. *grandiflora, Scirpus inundatus, Eleocharis stenocarpa* y *Ranunculus nubigenus*.

213. *Coussapoa contorta, Weinmannia balbisiana* y especies de Lauraceae y Myristicaceae (Com.). Rangel, 1993.

DEFINICIÓN: Vegetación selvática con un estrato arbóreo en donde dominan las especies de Myristicaceae (cf. *Virola*) con una cobertura de 60% y un sotobosque con palmas; el dosel no es homogéneo.

ALCANCE GEOGRÁFICO: Cordillera Occidental, Chocó: Vertiente Oriental que mira al río Cauca, 1650 m.

OBSERVACIONES: En los estratos medio y bajos aparecen *Euterpe* cf. *purpurea, Ocotea amplissima, Weinmannia balbisiana Wettinia* sp., *Pilea fasciata, Anthurium brownii* y *Cremospermum jucundum*.

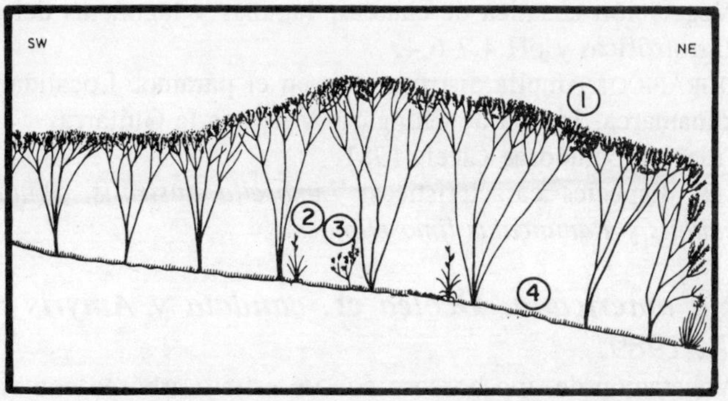

1-*Hypericum laricifolium spp. laricoides*
2-*Orthrosanthus chimboracensis*
3-*Acaena elongata*
4-*Sibthorpia repens, Azorella multifida y Thuidium peruvianum*

Figura 46a. Asociación HYPERICETUM LARICIFOLII, Boyacá; Páramo de Guantiva, Alto de las Cruces, 3765 m. Tomado de Cleef, 1981.

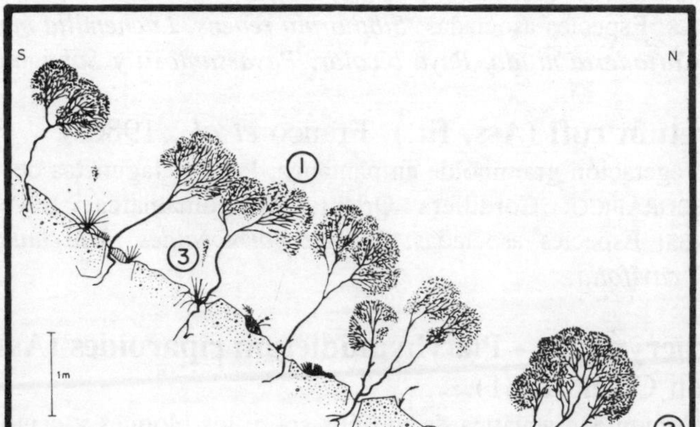

1-*Arcytophyllum caracasanum*
2-*Cortaderia sericantha*
3-*Calamagrostis effusa*

Figura 46b. Asociación CORTADERIO SERICANTHAE-ARCYTOPHYLLETUM CARACASANI, Boyacá; Q. Minas, Páramo de Guantiva, 3980 m. Tomado de Cleef, 1981.

214. Crassulion paludosae (All. fit.). Cleef, 1981; enm. Rangel, 1995.

DEFINICIÓN: Vegetación acuática de charcas, lagunas y lagunetas del páramo andino, en condiciones oligrotróficas y pH 4.7-6.4.

ALCANCE GEOGRÁFICO: Amplia distrbibución en el páramo. Localidad típica: Cordillera Oriental, Cundinamarca, laguna de Chingaza, y laguna la Guitarra.

SINÓNIMOS: Tillaeion paludosae Cleef, 1981.

OBSERVACIONES: Especies características: *Limosella australis, Pilularia* cf. *mandoni, Alopecurus aequalis* y *Ranunculus limoselloides.*

215. *Cupania americana, Ocotea* cf. *caudata* y *Amyris pinnata* (Com.) Rangel *et al.*, 1989.

DEFINICIÓN: Vegetación de tipo boscoso con un estrato arbóreo con valores de cobertura de 80% y uno subarbóreo o de arbolitos con 40% y el arbustivo con 25% de cobertua, mientras que el herbáceo cubre el 20%.

ALCANCE GEOGRÁFICO: Cordillera Occidental, Risaralda: Puerto Caldas, 1000 m.

OBSERVACIONES: Especies características: *Croton glabellus, Sorocea sprucei, Croton purdiei, Oreopanax cecropifolium, Miconia spicellata, Cordia polycephala, Tectaria incisa, Cissampelos tropaeoifolia, Paullinia globosa* y especies de *Olyra, Palicourea* y *Spiranthes.*

216. Cyperetum rivularis (Ass. fit.). Cleef, 1981.

DEFINICIÓN: Vegetación de charcas y lagunas en valles glaciares.

ALCANCE GEOGRÁFICO: Cordillera Oriental, Boyacá: Páramos entre 3380-3500 m.

OBSERVACIONES: Especies asociadas: *Sibthorpia repens, Lachemilla mandoniana, Nertera granadensis, Cortaderia nitida, Puya bicolor, Puya santosii* y *Sphagnum recurvum.*

217. Cyperetum rufi (Ass. fit.). Franco *et al.*, 1986.

DEFINICIÓN: Vegetación graminoide en pantanos, lagos y lagunetas del páramo.

ALCANCE GEOGRÁFICO: Cordillera Oriental, Cundinamarca: Laguna de Chingaza.

OBSERVACIONES: Especies asociadas: *Senecio formosoides, Marchantia polymorpha,* y *Selaginella* cf. *cavifolia.*

218. Dendrocryphaeo - Platyhypnidietum riparoides (Ass. fit.). Cleef & Gradstein (en Cleef, 1981).

DEFINICIÓN: Comunidad acuática de musgos sobre los bloques y cantos de las quebradas en la zona inferior del páramo y en las selvas andinas.

ALCANCE GEOGRÁFICO: Cordillera Central, Caldas-Tolima: Transecto Parque Los Nevados; laguna del Silencio, al Oriente de la laguna del Otún.

OBSERVACIONES: Especies asociadas: *Cryptochila grandiflora* y *Cratoneuron filicinum.*

219. Dendropanaco palustris - Rhodognaphalopsietum brevipedis (Ass. fit.) Urrego, 1994.

DEFINICIÓN: Unidad de vegetación que icluye bosques desde bajos hasta medianos, con área basal baja, densidad alta de arbolitos en el sotobosque y un alto porcentaje de presencia de palmas.

ALCANCE GEOGRÁFICO: Amazonía colombiana, parte media del río Caquetá.

OBSERVACIONES: Especies características: *Dendropanax palustris, Rhodognaphalosis brevipes, Clusia spathulaefolia, Micrandra siphonioides, Euterpe catinga* y *Tabebuia ochracea*.

220. *Depranocladus revolvens* (Com.). Cleef, 1981; Sturm & Rangel, 1985.

DEFINICIÓN: Vegetación acuática que se dispone a manera de tapetes en lagunetas y zonas pantanosas o en turberas sepultadas.
ALCANCE GEOGRÁFICO: Cordillera Oriental, región de Andabobos, Sumapaz 3725 m.
SINÓNIMOS: Variante de *Depranocladus revolvens*, Cleef, 1981
OBSERVACIONES: Especies dominantes-asociadas: *Werneria pygmaea* y *Oritrophium limnophilum* ssp. *mutisianum*.

221. *Dialium guianense, Phenakospermum guianense* y *Leopoldinia* sp. (Com.). Carvajal *et al.* (1979, en PRORADAM).

DEFINICIÓN: Vegetación de tierra firme de tipo selvático con un estrato arbóreo superior pobre en cobertura y elementos que alcanzan 28 m de altura en donde dominan *Parkia oppositifolia* y *Dialium guianensis*.
ALCANCE GEOGRÁFICO: Amazonia colombiana.
OBSERVACIONES: Especies asociadas: *Socratea exorrhiza* y especies de *Cupania* y de *Apeiba*.

222. Dictyocaryo schultzei-Zygietum longifoliae (Ass. fit.). Cleef *et al.*, 1984. (Figura 47)

DEFINICIÓN: Selva ecuatorial, con elementos de mas de 30 m de altura, en el sotobosque abundan las palmas y los helechos arborescentes.
ALCANCE GEOGRÁFICO: Magdalena: Sierra Nevada de Santa Marta, Transecto del Buritaca, 800-1150 m.
OBSERVACIONES: Especies asociadas: *Palicourea crocea, Saurauia yasicae, Coussapoa* sp., *Weinmannia pinnata* y *Brunellia integrifolia*.

223. *Didymocistus chrysadenius* y *Euterpe precatoria* (Com.). Duivenvoorden, 1993.

DEFINICIÓN: Bosques altos de biomasa densa hasta intermedia.
ALCANCE GEOGRÁFICO: Amazonia, en partes bien drenadas de la llanura de inundación frecuente por el río Caquetá.
SINÓNIMOS: Cc, Plancha araracuara-mariñame. Duivenvoorden, 1993.
OBSERVACIONES: Especie asociada: *Licania longistyla*.

224. *Dimorphandra cuprea* e *Ilex divaricata* (Com.). Duivenvoorden, 1993.

DEFINICIÓN: Matorral alto transicional al bosque muy bajo de densidad alta de arbolitos.
ALCANCE GEOGRÁFICO: Amazonia, distribución restringida en el Medio Caquetá, en formaciones de roca dura.
SINÓNIMOS: Ih,Rp2,Rp3, Plancha araracuara-mariñame. Duivenvoorden, 1993.
OBSERVACIONES: Especies asociadas: *Ocotea esmeraldana* y *Perama dichotoma*.

225. ***Diplasiolejeunea pauckertii* y *Brachiolejeunea laxifolia* (Com.).** Wolf, 1993.

DEFINICIÓN: Comunidad de criptogamas epifíticas que se desarrolla sobre la parte externa del dosel.

ALCANCE GEOGRÁFICO: Cordillera Central, Risaralda: Termales de Santa Rosa-hacienda Berlín (2460-2550 m).

OBSERVACIONES: Especies asociadas: *Colura tenuicornis, Diplasiolejeunea pauckertii, Lejeunea* sp., *Heterodermia comosa, Heterodermia vulgaris* y *Ramalina cochlearis*.

226. ***Diplasiolejeunea pauckertii* y *Usnea* sp. (Com.).** Wolf, 1993.

DEFINICIÓN: Comunidad de criptogamas epifíticas que se desarrolla en las ramas externas de las copas de los árboles.

ALCANCE GEOGRÁFICO: Cordillera Central, Risaralda: Hacienda Berlín y alrededores-páramo de Santa Rosa (2740-3670 m).

OBSERVACIONES: Especies exclusivas: *Frullania* cf. *paradoxa, Ramalina* sp, acompañadas por *Anoplolejeunea paramicola,* especies de *Drepalejeunea, Frullania peruviana* y *Leptoscyphus cuneifolius*.

227. ***Diplostephietum revoluti* (Ass. fit.).** Cleef, 1981.

DEFINICIÓN: Matorral en pantanos, en valles y depresiones humedas y en la orilla de lagunas y lagunetas.

ALCANCE GEOGRÁFICO: Páramos de la Cordillera Oriental entre 3300-4000 m.

OBSERVACIONES: Especies asociadas: *Chusquea tessellata, Blechnum loxense, Carex pichinchensis, Relbunium hypocarpium, Ophioglossum crotalophoroides, Pernettya prostrata, Geranium sibbaldioides, Arcytophyllum muticum, Adelanthus lindenbergianus* y *Leptosyphus cleefii*.

228. Diplosthephio-Buddleietum incanae (Ass. fit.). Rangel & Aguirre, 1986, enm. Rangel, 1995.

DEFINICIÓN: Bosques bajos en la franja altoandina de la Cordillera Oriental, con elementos arborescentes, sobre suelos de textura franca.

ALCANCE GEOGRÁFICO: Cordillera Oriental, Boyacá; Sogamoso, veredas El Crucero y El Cajón; parte alta del Lago de Tota (3100-3300 m).

SINÓNIMOS: D-B. lindenii, Rangel & Aguirre, 1986.

OBSERVACIONES: Especies características: *Buddleja incana, Diplostephium tenuifolium, Verbesina crassiramea, Clethra fimbriata, Holodiscus argenteus, Ilex kunthiana, Hesperomeles goudotiana* y *Vallea stipularis*. Especies acompañantes: *Laplacea* aff. *pubescens* y *Myrsine dependens*.

229. Diplostephio eriophori-Loricarietum colombianae (Ass. fit.). Salamaca *et al.*, 1991.

DEFINICIÓN: Matorral bajo con elementos leñosos de 1 m de altura.

ALCANCE GEOGRÁFICO: Cordillera Central, Caldas-Tolima: Transecto Parque Los Nevados. (4200-4700 m).

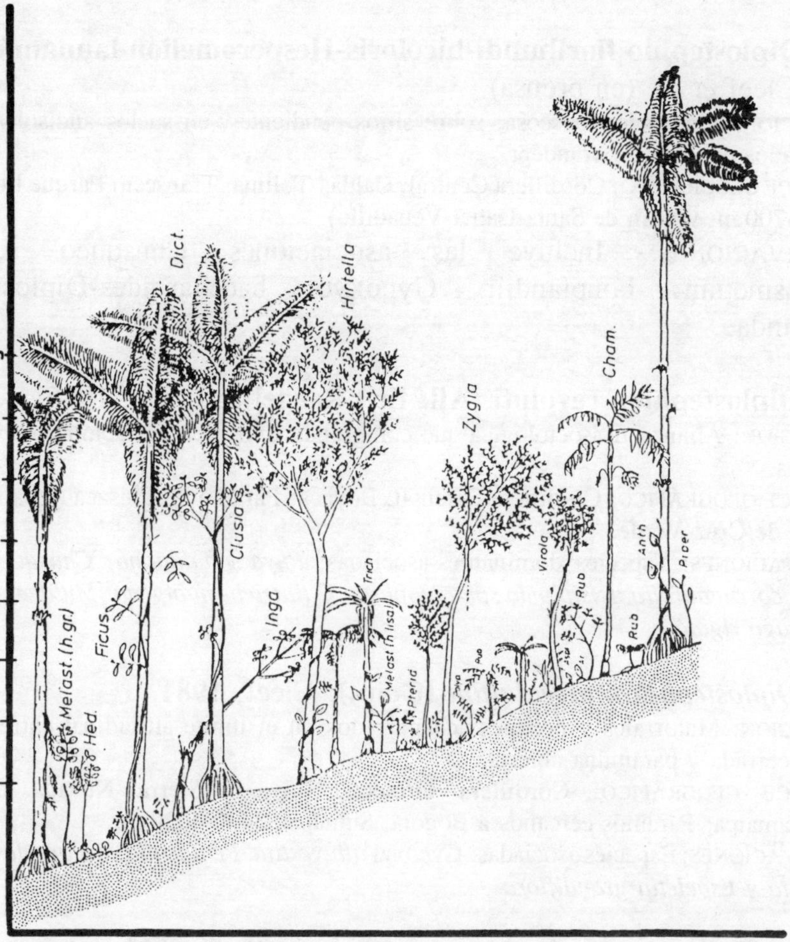

Dict.	: *Dictyocaryum schultzei*	*Zygia*	: *Zygia aff. longifolia*
Hed.	: *Hedyosmum cf. brasiliense*	*Polyp.*	: *Polypodium sp.*
Ficus	: *Ficus macrosyce*	*Virola*	: *Virola sebifera*
Melast (h. gr.)	: *Conostegia icosandra*	*Cham.*	: *Chamaedorea sp.*

Figura 47. Asociación DICTYOCARYO SCHULTZEI - ZYGIETUM LONGIFOLIAE, Magdalena: Sierra Nevada de Santa Marta, Buritaca, 1100 m. Tomado de Cleef y Rangel, 1984.

OBSERVACIONES: Especies asociadas: *Lachemilla nivalis, Valeriana plantaginea, Pernettya prostrata, Diplostephium schultzii, Polystichum polyphyllum* y *Bromus lanatus*.

230. Diplostephio floribundi-bicoloris-Hesperomelion lanugunosae (All. fit.). Cleef *et al.* (en prensa).

DEFINICIÓN: Vegetación boscosa, sobre sitios pendientes, en suelos andisoles, húmicos, desaturados del tipo Dystrandept.

ALCANCE GEOGRÁFICO: Cordillera Central, Caldas-Tolima: Transecto Parque Los Nevados. (4200-4700 m, volcán de Santa Isabel-Venadillo).

OBSERVACIONES: Incluye las asociaciones Chusqueo scandentis-Hedyosmetum bonplandii; Gynoxyo baccharoides-Diplostephietum floribundae.

231. Diplostephion revoluti (All. fit.) Rangel & Lowy, 1995.

DEFINICIÓN: Alianza fitosociológica que comprende tipos de vegetación como matorrales y prados.

ALCANCE GEOGRÁFICO: Cordillera Oriental, Boyacá: Páramo de Chisacá (localidad típica); páramo de Cruz Verde.

OBSERVACIONES: Especies dominantes-asociadas: *Puya goudotiana, Chusquea tesellata, Aragoa corrugatifolia, Lysipomia sphagnophila, Callitriche nubigena, Muhlenbergia cleefii* y *Plantago rigida*.

232. *Diplostephium alveolatum* (Com.). Cleef, 1981.

DEFINICIÓN: Matorrales y bosques achaparrados en el límite altitudinal entre vegetación andina cerrada y paramuna abierta.

ALCANCE GEOGRÁFICO: Cordillera Oriental, Boyacá: Sierra Nevada del Cocuy; Cundinamarca: Páramos cercanos a Bogotá, Sumapaz 3400-4020 m.

OBSERVACIONES: Especies asociadas: *Gynoxys albivestita, Pentacalia vaccinoides, Chusquea tessellata* y *Espeletia grandiflora*.

233. *Diplostephium columbianum* (Com.). Cleef, 1981.

DEFINICIÓN: Matorral en la zona de transición entre el pajonal del páramo y el superparamo (4000-4500 m).

ALCANCE GEOGRÁFICO: Cordillera Oriental, Boyacá: Sierra Nevada del Cocuy, Páramo de la Rusia (3750-3950 m), Santander: Páramo el Almorzadero (3850 m.).

OBSERVACIONES: Especies asociadas: *Cortaderia sericantha* y *Arcytophyllum caracasanum*.

234. *Diplostephium floribundum, Miconia salicifolia, Pentacalia* sp., y *Solanum bogotense* (Com.) Rangel & Luteyn (en Rangel & Garzón, 1995).

DEFINICIÓN: Matorrales que se establecen en el límite entre la vegetación andina y paramuna. Estan muy disminuidas por la utilización excesiva para leña.

ALCANCE GEOGRÁFICO: Nariño: Volcán Galeras, 3100-3500 m.

OBSERVACIONES: Especies acompañantes: *Coriaria thymifolia* (Coriariaceae), *Vaccinium* sp. (Ericaceae) y *Siphocampylus giganteus*.

235. *Diplostephium glutinosum* (Com.). Cleef, 1981.

DEFINICIÓN: Matorral sobre suelos rocosos.

ALCANCE GEOGRÁFICO: Cordillera Oriental, Boyacá: Páramo de Pisba, Sierra Nevada del Cocuy (3600-4000 m.), Santander: Páramos el Almorzadero, Santurbán y Tamá, entre 3950 y 4150 m.

OBSERVACIONES: Especies asociadas: *Castilleja fissifolia, Bartsia orthocarpiflora* y *Calamagrostis effusa*.

236. *Diplostephium juajibioyi* (Com.). Cleef, 1981.

DEFINICIÓN: Matorral bajo en donde además de *Diplostephium juajibioyi*, también son dominantes *Gynoxys pendula, Acnistus quitoensis* y *Miconia salicifolia*.

ALCANCE GEOGRÁFICO: Cordillera Oriental, Boyacá: Sierra Nevada del Cocuy, Páramo de Pisba; Santander: Páramo el Almorzadero.

OBSERVACIONES: Especies asociadas: *Solanum bogotensis, Disterigma empetrifolium, Rhacocarpus purpurascens, Centropogon ferrugineus, Miconia andina, Miconia mesmeana* var. *jabonensis* y *Ribes andicola*.

237. *Diplostephium revolutum* (Ass. fit). Lozano & Schnetter, 1976.

DEFINICIÓN: Matorral establecido en suelos turbosos y continuamente saturados de agua.

ALCANCE GEOGRÁFICO: Cordillera Oriental, Cundinamarca: Páramo de Cruz Verde (3100 m).

SINÓNIMOS: *Diplostephium revoluti* Cleef, 1981.

OBSERVACIONES: Especies asociadas: *Chusquea tessellata, Arundinaria* aff. *trianae, Carex jamesoni, Escallonia myrtilloides, Calamagrostis effusa, Paepalanthus columbiensis, Lycopodium cruentum, Niphogeton lingula, Lachemilla nivalis* y *Gentiana corymbosa*.

238. *Diplostephium rhomboidale* (Com.). Cleef, 1981.

DEFINICIÓN: Matorral en zonas secas del Páramo alto.

ALCANCE GEOGRÁFICO: Cordillera Oriental, Boyacá: Sierra Nevada del Cocuy 4100-4400 m; El Cóncavo- Valle Bocatoma (4350 m).

OBSERVACIONES: Especies asociadas: *Poa* cf. *pauciflora* y *Distichia muscoides*.

239. *Diplostephium schultzei* y *Diplostephium floribundum* (Com.) Rangel & Luteyn (en Rangel & Garzón, 1995).

DEFINICIÓN: Matorral con típicas copas aparazoladas de color verde grisáceo.

ALCANCE GEOGRÁFICO: Nariño: Volcán Cumbal, 3450-3600 m.

OBSERVACIONES: Especies asociadas: *Hypericum laricifolium* (Hypericaceae), *Blechnum loxense* (Polypodiaceae) y *Miconia salicifolia* (Melastomataceae).

240. *Distichia muscoides, Cortaderia sericantha* y *Campylopus fulvus* (Com.). Cleef, 1981.

DEFINICIÓN: Colchones de plantas vasculares sobre lagunetas de origen glaciar.

ALCANCE GEOGRÁFICO: Cordillera Oriental, Boyacá: Valle de Bocatoma (4100 m) en la Sierra Nevada del Cocuy.

OBSERVACIONES: Especies asociadas: *Calamagrostis effusa, Oritrophium limnophilum* e *Isotachis serrulata*.

241. Distichlietum spicatae. Dugand, 1970.

DEFINICIÓN: Vegetación de tipo prado en las dunas bajas, en sitios sujetos a la acción del viento. Localmente los parches de vegetación están totalmente cubiertos por la especie dominante.

ALCANCE GEOGRÁFICO: Costa Atlántica colombiana.

OBSERVACIONES: Especies asociadas: *Tribulus cistoides* y *Mollugo verticillata*.

242. *Draba sericea* (Com.). Cleef, 1981, Sturm & Rangel, 1985, Rangel & Santana, 1991.

DEFINICIÓN: Prado sobre sitios húmedos en el páramo y en cercanias a los picos mas altos del Nevado de Sumapaz.

ALCANCE GEOGRÁFICO: Cordillera Oriental, Cundinamarca: Nevado de Sumapaz (3700 a 4200 m).

OBSERVACIONES: Especies asociadas: *Mimulus glabratus, Niphogeton ternata* y *Lachemilla nivalis*.

243. Drabo cheiranthoides-Calamagrostietum effusae (Ass. fit.). Cleef & Rangel, 1984.

DEFINICIÓN: Pajonal zonal abierto del páramo alto sobre suelos desde arcillosos hasta arenosos, bien drenados.

ALCANCE GEOGRÁFICO: Magdalena: Sierra Nevada de Santa Marta, alto la Cumbre y la Cuchilla La Cimarrona (3700-4100 m).

OBSERVACIONES: Especies asociadas: *Jamesonia cuatrecasasii, Carex sanctae-martae, Ruizanthus venezuelanus, Diplostephium anactinotum* y *Oligandra chrysocoma*.

244. Drabo-Calamagrostietum-Erigeronetosum raphaelis (Subass. fit.). Cleef & Rangel, 1984.

DEFINICIÓN: Pajonal zonal abierto en sitios con influencia de quemas y ganaderia.

ALCANCE GEOGRÁFICO: Magdalena: Sierra Nevada de Santa Marta, costado Norte (3750-3800 m).

OBSERVACIONES: Especies asociadas: *Agrostis* cf. *haenkeana, Ruizanthus venezuelanus, Diplostehium anactinotum* y *Diplostephium rangelii*.

245. Drabo-Calamagrostietum-Oligandretosum chrysocomae (Subass. fit.). Cleef & Rangel, 1984.

DEFINICIÓN: Pajonal zonal en sitios planos e inclinados.

ALCANCE GEOGRÁFICO: Magdalena: Sierra Nevada de Santa Marta, costado Norte (3750-4100 m).

OBSERVACIONES: Especies asociadas: *Lachemilla polylepsis, Chionolaena columbiana* y *Halenia elata*.

246. Drimo granatensis-Weinmannietum fagaroidis (Ass. fit.) Franco *et al.*, 1986.

DEFINICIÓN: Vegetación boscosa presente en terrenos escarpados con pendientes fuertes; la distribución no es uniforme sino a manera de parches.

ALCANCE GEOGRÁFICO: Cordillera Oriental, Cundinamarca: Páramos de Chingaza, Monserrate y Guasca.

OBSERVACIONES: Especies asociadas: *Persea ferruginea, Myrsine dependens, Escallonia myrtilloides, Ilex kunthiana, Vallea stipularis, Macleania rupestris, Thibaudia grantii, Chusquea spencei, Greigia collina, Lophosoria quadripinnata, Pilea smithii,* y *Oxalis spiralis*.

247. *Drimys granatensis* y *Clusia* sp. (Com.). Rangel, 1994.

DEFINICIÓN: Bosques que se establecen en los picos de las laderas que bordean el Parque Nacional Natural Ucumarí, en sitios con condiciones optimas de conservación.

ALCANCE GEOGRÁFICO: Cordillera Central, Risaralda: Región subandina en el Parque Nacional Natural Ucumarí, 2800 m.

OBSERVACIONES: Especies asociadas: *Myrica parvifolia, Weinmannia pubescens* y *Clusia multiflora*.

248. *Eichhornia crassipes* (Com.). Cuatrecasas, 1958. (Figura 48)

DEFINICIÓN: Vegetación acuática de tierra caliente, cubre la superficie de ciénagas y cuerpos de aguas lentas.

ALCANCE GEOGRÁFICO: Ciénagas y lagunas del Valle del Caucá, entre 100 y 1000 m; el bajo Magdalena e igualmente en lagunas andinas (La Herrera en Cundinamarca).

OBSERVACIONES: Especies acompañantes: *Pistia stratiotes, Salvinia natans* y *Marsilia* sp.

249. *Eichhornia crassipes* y *Pistia stratioites* (Com.). Zuluaga, 1987.

DEFINICIÓN: Vegetación de pantano en densos tapetes, dominados por *Eichhornia crassipes* y *Pistia stratiotes*.

ALCANCE GEOGRÁFICO: Chocó: A lo largo de las riberas del río Atrato. Amplia distribución en Colombia (Zuluaga, 1987).

OBSERVACIONES: Especies asociadas: *Polygonum acuminatum, Hydrocotyle* cf. *umbellata, Paspalum repens, Hymenachne amplexicaulis, Jusiaea natans, Neptunia prostata* y *Utricularia foliosa*.

250. *Elaegia utilis, Brunellia* sp., *Pourouma* cf. *aspera* y especies de *Inga* (Com.). Rangel, 1993.

DEFINICIÓN: Vegetación de tipo selvático con un estrato arbóreo superior con valores bajos de cobertura (6%) en el cual predomina los individuos de *Pouroma* cf. *aspera* y *Ocotea* aff. *skutchii*.

ALCANCE GEOGRÁFICO: Cordillera Occidental, vertiente Occidental, Chocó: 1000-2400 m.

OBSERVACIONES: Especies asociadas: *Catoblastus radiatus, Tovomita* aff. *weddeliana, Miconia semijuga, Tetrorchidium gorgonae* y *Trichipteris procera*.

251. Elaphoglosso mathewsii-Muehlenbeckietum vulcanicae (Ass. fit.). Salamaca *et al.*, 1991.
DEFINICIÓN: Vegetación de tipo prado en sitios rocosos, suelos desnudos.
ALCANCE GEOGRÁFICO: Cordillera Central, Caldas-Tolima: Transecto Parque Los Nevados. (4200-4700 m).
OBSERVACIONES: Especies asociadas: *Pernettya prostrata* var. *prostrata, Calamagrostis recta,* y *Poa* sp.

252. Elatino chilensis-Juncetum ecuadoriensis (Ass. fit.) Cleef, 1981.
DEFINICIÓN: Vegetación acuática que se distingue fácilmente por sus parches con macollas de color verde-cafe-rojizo.
ALCANCE GEOGRÁFICO: Cordillerra Oriental, páramos entre 3450 y 3900 m.
OBSERVACIONES: Figuran como especies acompañantes *Ranunculus limoselloides, Sphagnum cuspidatum, Isoëtes palmeri* y *Drepanocladus exannulatus*.

253. *Eleocharis stenocarpa* (Com.). Bekker & Cleef, 1985.
DEFINICIÓN: Vegetación acuática rastrera que habita en las cabeceras de las pequeñas quebradas.
ALCANCE GEOGRÁFICO: Cordillera Oriental, Cundinamarca: Páramo de Laguna Verde.
SINÓNIMOS: 2f, Plancha 1. IGAC, 1985
OBSERVACIONES: Especies asociadas: *Hypericum lindenii, Hypericum laricifolium, Galium cuatrecasasii, Ranunculus nubigenus, Nertera granadensis, Valeriana longifolia, Geranium sibbaldioides, Calamagrostis bogotensis* y *Niphogeton glaucescens*.

254. Eleocharitetum macrostachyae (Ass. fit.) Cleef, 1981.
DEFINICIÓN: Vegetación acuática hasta pantanosa, de tipo graminoide; se dominada por *Eleocharis macrostachya*, se establece en las orillas de lagunetas y charcas de la Cordillera Oriental.
ALCANCE GEOGRÁFICO: Cordillera Oriental, Boyacá: Páramo de la Sierra Nevada del Cocuy entre 3300 y 3900 m.
OBSERVACIONES: Especies acompañantes: *Calliergonella cuspidata* y *Myriophyllum quitensis*

255. Epilobio denticulatae-Typhetum latifoliae (Ass. fit.) Rangel & Aguirre, 1983.
DEFINICIÓN: Vegetación de ribera en lagos y lagunetas que se desarrolla y domina cuado el sustrato se hace cenagoso; no penetra considerablemente en los espejos de agua.
ALCANCE GEOGRÁFICO: Cordillera Oriental, Boyacá: Lago de Tota (3100 m); Cundinamarca: Laguna de Fúquene.
OBSERVACIONES: Especies características: *Elatine chilensis, Epilobium denticulatum, Rumex obtusifolius, Azolla filiculoides, Eleocharis palustris, Gratiola peruviana* y *Oenothera multicaulis*.

256. *Equisetum bogotense* (Com.) Rangel & Lowy, 1995.
DEFINICIÓN: Vegetación herbácea en áreas muy húmedas hasta pantanosas. En ocasiones la especie dominante forma tapetes densos.

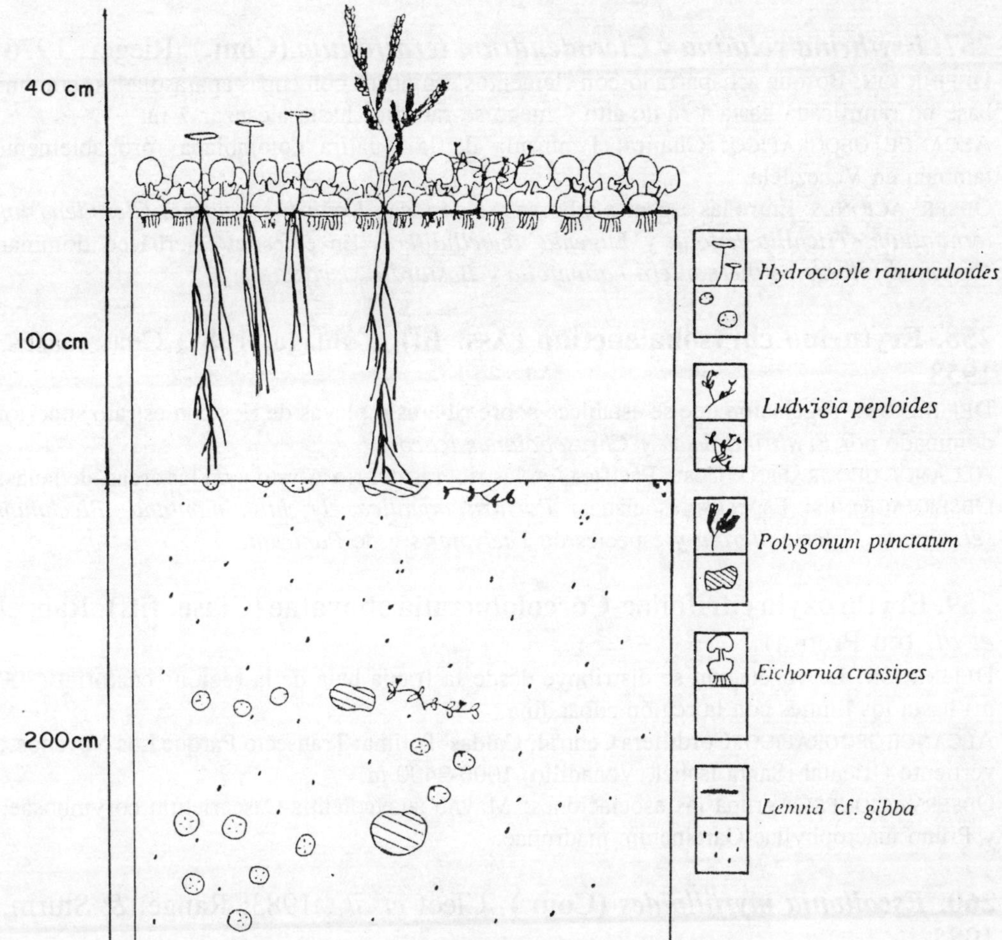

Figura 48. Comunidad de *Eichhornia crassipes*, Cundinamarca; Laguna de la Herrera. 2550 m. Tomado de Wijninga, Rangel y Cleef, 1989.

ALCANCE GEOGRÁFICO: Amplia distribución en las tres Cordilleras, muy frecuente en la Cordillera Oriental, Boyacá: Sierra Nevada del Cocuy; Cundinamarca: Nevado de Sumapaz 3450 m.

OBSERVACIONES: Especies asociadas: *Eleocharis acicularis* y *Rhynchospora* sp.

257. *Erythrina velutina* y *Clerodendrum ternifolium* (Com.). Rieger, 1976.

DEFINICIÓN: Bosque achaparrado con elementos espinosos con copas aparasoladas, con una base no ramificada hasta 1 m de alto y luego se ramifica hasta alcanzar 7 m.

ALCANCE GEOGRÁFICO: Guajira: Península de la Guajira colombiana, probablemente también en Venezuela.

OBSERVACIONES: Entre las especies arbóreas se destacan *Erythrina vetulina, Clerodendrum ternifolium, Trichilia trifolia* y *Eugenia umbellulifera*. En el estrato herbáceo dominan *Cenchrus pilosus, Althernantera halimifolia* y *Bastardia viscosa*.

258. Erythrino chrysobalanetum (Ass. fit). Zuluaga, 1987; Cuatrecasas, 1958.

DEFINICIÓN: Vegetación que se establece sobre riberas o playas de ríos con estrato superior dominado por *Erythrina fusca* y *Chrysobalanus icaco*.

ALCANCE GEOGRÁFICO: Costa Pacífica, en las riberas del río Atrato y en las áreas aledañas.

OBSERVACIONES: Especies asociadas: *Pachira aquatica, Trichilia montana, Blechnum serrulatum, Scleria pterota* y especies de *Thelypteris* y de *Panicum*.

259. Erythroxylo citrifoliae-Coccolobietalia obovatae (Clase. fit.). Rangel *et al*. (en Prensa).

DEFINICIÓN: La vegetación se distribuye desde la franja baja de la región ecuatorial (300 m) hasta los limites con la región subandina.

ALCANCE GEOGRÁFICO: Cordillera Central, Caldas-Tolima: Transecto Parque Los Nevados., vertiente Oriental (Santa Isabel, Venadillo) 1000-2400 m.

OBSERVACIONES: Agrupa las asociaciones: Mayno suaveolentis-Casearietum corymbosae; y Pruno macrophyllae-Garcinetum madruñae.

260. *Escallonia myrtilloides* (Com.). Cleef *et al.*, 1983; Rangel & Sturm, 1985.

DEFINICIÓN: Bosque altoandino, que alcanza su óptimo desarrollo cerca a las morrenas, en sitios pantanosos o secos.

ALCANCE GEOGRÁFICO: Cordillera Central, Caldas-Tolima: Transecto Parque Los Nevados. (3800-4100 m); Cordillera Oriental, Cundinamarca: Páramo Chisacá (3700 m).

OBSERVACIONES: Especies asociadas: *Espeletia hartwegiana* ssp. *centro-andina, Hypericum laricifolium, Diplostephium schultzei, Valeriana longifolia* y *Gynoxys pendula* (en chisacá).

261. *Escallonia myrtilloides* (Com.). Vargas & Rivera, 1991.

DEFINICIÓN: Tipo de vegetación que varía entre arbustal enano (producto de quemas e hidromorfia) y un bosque enano. Las quemas en algunas localidades han acabado muchos de estos bosques y los que logran regenerarse dan un tipo de vegetación arbustiva.

ALCANCE GEOGRÁFICO: Amplia distribución en las tres cordilleras, frecuente en Cundinamarca: Parque Nacional Natural Chingaza, sector río la Playa 3150 m.
OBSERVACIONES: Especies asociadas: *Pentacalia* sp., *Ribes andicola, Valeriana* cf. *hirta, Pernettya prostrata, Cyperus rufus, Hypericum goyanesii, Blechnum loxense, Greigia* cf. *mulfordii, Hypnum amabile, Sphagnum* sp. y *Breutelia* sp.

262. *Escallonia myrtilloides* y *Weinmannia microphylla* (Com.) Rangel & Luteyn (en Rangel & Garzón, 1995).
DEFINICIÓN: Bosques achaparrados caracterizados por la dominancia en los estratos altos.
ALCANCE GEOGRÁFICO: Nariño: Volcán Azufral, en las laderas a 3540 m; su área de distribución es reducida.
OBSERVACIONES: Especies acompañantes: *Lachemilla orbiculata, Pleurozium schreberii* y especies de *Diplostephium* y de *Gynoxys*.

263. Escallonietum (Ass. fit. s.l.). Van der Hammen & González, 1963.
DEFINICIÓN: Bosque enano sobre suelos turbosos, en sitios encharcados y secos, en laderas protegidas del viento. Arbolitos con copa aparasolada.
ALCANCE GEOGRÁFICO: Cordillera Oriental, Boyacá: Páramo Guantiva (3300 m); también en las otras cordilleras entre 3500-3800 m.
OBSERVACIONES: Especies dominantes-asociadas: *Escallonia myrtilloides, Vicia andicola, Niphogeton ternata, Halenia asclepiadea* y especies de *Cortaderia, Cerastium, Festuca* y *Lycopodium*.

264. *Eschweilera verruculosa* (Com.) Zuluaga, 1987.
DEFINICIÓN: Vegetación de tipo boscoso, con un dosel de 15-20 m de altura, que se establece en las serranías; se caracteriza por el vigor de las especies dominantes y la riqueza específica de los estratos superiores.
ALCANCE GEOGRÁFICO: Región del Pacífico Colombiano; colinas, serranías adyacentes a las depresión Pacífica entre 550-650m
OBSERVACIONES: Especies dominantes: *Alchornea polyandra, Pentaclethra macroloba, Brosimum utile, Protium veneralense, Cinchona pubescens, Jessenia bataua, Brosimum alicastrum, Faramea occidentalis, Bonafousia chocoensis, Socratea elegans, Miconia nervosa* y *Rinorea passoura*.

265. *Espeletia* aff. *conglomerata* y *Calamagrostis effusa* (Com.). Rangel, 1994. (Figura 49)
DEFINICIÓN: Frailejonal-pastizal con un estrato herbáceo con cobertura promedio de 60% y uno rasante con 15%.
ALCANCE GEOGRÁFICO: Cesar: Serranía del Perijá, entre 3100 y 3435 m.
OBSERVACIONES: Especies asociadas: *Chusquea tessellata, Pernettya prostrata, Gaylusaccia buxifolia, Castilleja fissifolia, Carex* cf. *tristicha, Holodiscus argenteus* y *Arcytophyllum caracasanum*.

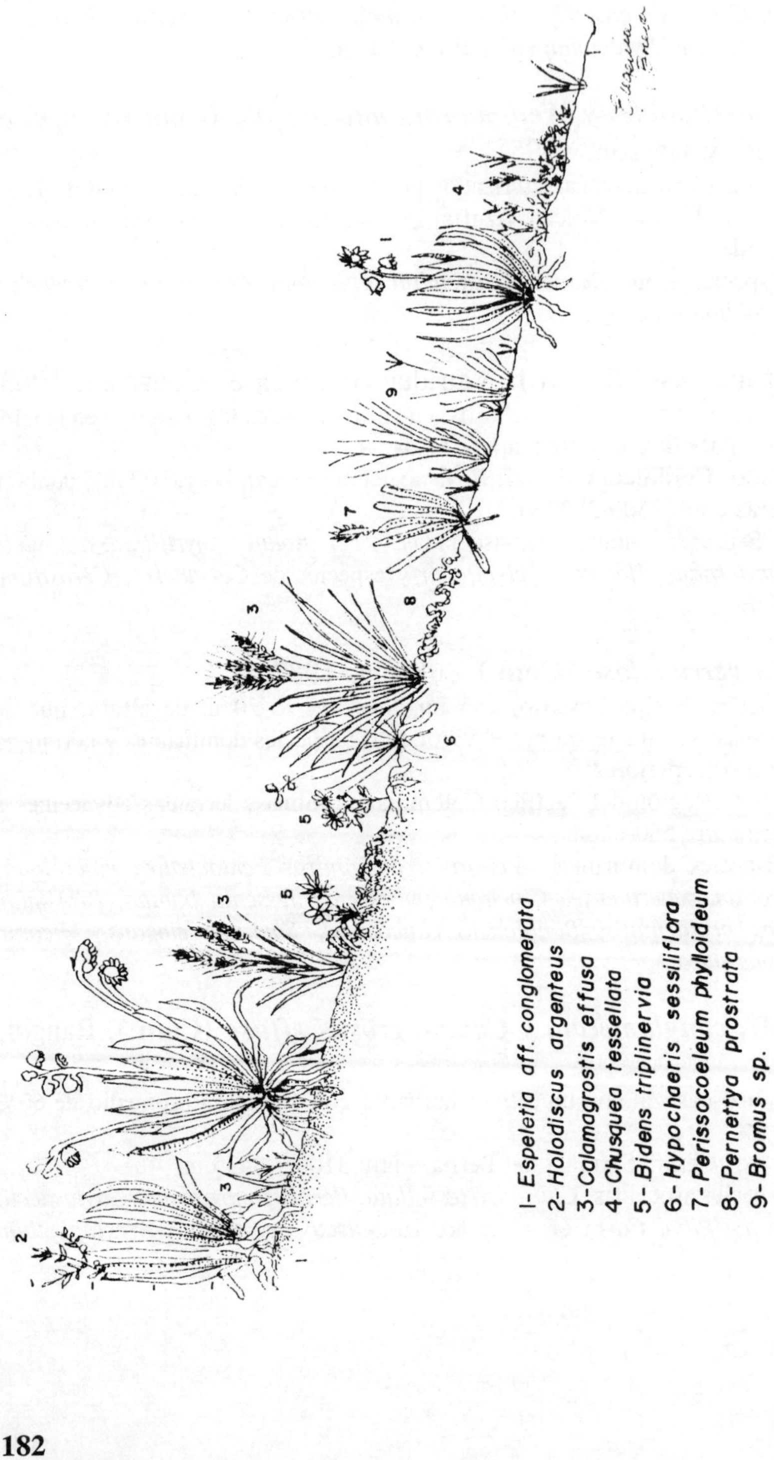

Figura 49. Comunidad de *Espeletia conglomerata* y *Calamagrostis effusa*, Cesar: Serranía del Perijá. 3100-3435 m. Tomado de Rangel, 1994

266. *Espeletia arbelaezii* (Com.). Rangel & Sturm, 1995.

DEFINICIÓN: Frailejonal que se establece en sitios planos, encharcados, rodeado por vegetación arbustiva. En los alrededores del frailejonal, en sitios inclinados se encuentra el matorral de *Pentacalia nitidens* y *Ageratina theaefolia*.

ALCANCE GEOGRÁFICO: Cordillera Oriental, Boyacá: Guina, 3500-3700 m.

OBSERVACIONES: Especies dominantes-asociadas: *Pentacalia vaccinioides, Orthrosanthus chimboracensis, Carex bonplandii, Paepalanthus* aff. *columbiense* y especies de *Halenia*, de *Blechnum*, de *Geranium*, de *Monnina* y de *Eupatorium*.

267. *Espeletia argentea* (Com.) Lozano & Schnetter, 1976.

DEFINICIÓN: Frailejonal, comunidad pionera que aparece y desaparece durante la sucesión por destrucción de la capa vegetal sobre vertientes escarpadas en suelos muy húmedos.

ALCANCE GEOGRÁFICO: Cordillera Oriental, Cundinamarca: Páramo de Cruz Verde (3100 m).

OBSERVACIONES: Especies asociadas: *Aragoa abietina, Calamagrostis effusa, Halenia asclepiadea, Valeriana longifolia, Pernettya prostrata, Lycopodium contiguum, Gentiana corymbosa, Carex bonplandii, Agrostis humboldtiana, Rumex acetosella* y *Pleurozium schreberi*.

268. *Espeletia argentea* e *Hypericum* sp. (Com.). Vargas & Rivera, 1991.

DEFINICIÓN: Vegetación abierta cuya fisionomía es un rosetal-arbustal que alcanza hasta 50 cm de altura, las rosetas y los arbustos enanos son las formas de crecimiento dominantes.

ALCANCE GEOGRÁFICO: Amplia distribución en la Cordillera Oriental, especialmente en Cundinamarca: Parque Nacional Natural Chingaza, sector río la Playa, 3150 m.

OBSERVACIONES: Especies asociadas: *Luzula* sp., *Halenia* cf. *asclepiadea, Rumex acetosella, Carex pichinchensis, Gentiana* sp., *Acaena cylindrystachia, Hydrocotyle* sp., *Geranium sibbaldioides, Paspalum hirtum, Bidens triplinervia* y *Paepalanthus karstenii*.

269. *Espeletia argentea* y *Pernettya prostrata* (Com.). Vargas & Rivera, 1991.

DEFINICIÓN: Vegetación abierta cuya fisionomía corresponde a un frailejonal-arbustal bajo. Las formas de crecimiento dominantes son rosetas policárpicas y los arbustos enanos. Se desarrolla en laderas bajas con pendientes de 15°.

ALCANCE GEOGRÁFICO: Cordillera Oriental, Cundinamarca: Parque Nacional Natural Chingaza, sector río la Playa 3170 m.

OBSERVACIONES: Especies asociadas: *Agrostis breviculmis, Hypericum strictum, Hypericum goyanesii, Diplostephium* sp., *Arcytophyllum nitidum, Calamagrostis* cf. *planifolia* y *Bidens* sp.

270. *Espeletia boyacensis* y *Calamagrostis effusa* (Com.). Rangel & Sturm, 1995.

DEFINICIÓN: Frailejonal con área de distribución amplia en el páramo de Belén.

ALCANCE GEOGRÁFICO: Cordillera Oriental, Boyacá: Páramo de Belén, 3500-3700 m.

OBSERVACIONES: Especies acompañantes: *Arcytophyllum nitidum, Geranium* sp., *Bartsia* sp., *Orthrosanthus chimboracensis* y *Bidens triplinervia*.

271. *Espeletia brachyaxiantha* ssp. *pescana* (Com.). Rangel & Sturm, 1995.

DEFINICIÓN: Frailejonal que se establece en las partes altas, entre las rocas y en sitios ligeramente inclinados; cuando disminuye la inclinación -en partes frecuentemente golpeadas por el viento- arraigan comunidades con elementos de porte muy disminuido.

ALCANCE GEOGRÁFICO: Cordillera Oriental, Boyacá: Páramos de Belén y de la Cortadera, municipio de Pesca, 3500-3700 m.

OBSERVACIONES: Especies acompañantes: *Pentacalia vaccinioides, Disterigma empetrifolium, Calamagrostis* cf. *bogotense, Hypericum laricifolium* y *Arcytophyllum muticum.*

272. *Espeletia brachyaxiantha, Festuca* cf. *dolichophylla* y *Calamagrostis effusa* (Com.). Rangel & Sturm, 1995.

DEFINICIÓN: Frailejonal que se establece en sitios planos e inclinados. Se distingue un estrato arbustivo con *Espeletia brachyaxiantha* y *Pentacalia vaccinioides*. En el estrato herbáceo dominan las gramíneas.

ALCANCE GEOGRÁFICO: Cordillera Oriental, Boyacá: Páramo de Berlín y regiones aledañas entre 3500 y 3700 m.

OBSERVACIONES: Especies acompañantes: *Hypericum* cf. *strictum, Pernettya prostrata, Niphogeton glaucescens* y *Blechnum* aff. *loxense*. En el estrato rasante arraigan *Arcytophyllum muticum, Breutelia* sp., *Lachemilla hispidula* y *Azorella cuatrecasasii*.

273. *Espeletia chocontana* (Com.). Bekker & Cleef, 1985.

DEFINICIÓN: Frailejonal puro con un estrato rasante se establece en turberas extensas y en los alrededores de pequeñas quebradas.

ALCANCE GEOGRÁFICO: Cordillera Oriental, Cundinamarca: Páramo de Laguna Verde.

SINÓNIMOS: 2k, Plancha 1. IGAC, 1985.

OBSERVACIONES: Especies asociadas: *Puya santosii, Arcytophyllum muticum, Pernettya prostrata, Blechnum loxense, Calamagrostis bogotensis, Hypericum lindenii, Aragoa abietina, Carex pichinchensis, Pentacalia nitida* y *Nertera granadensis*.

274. *Espeletia chocontona* y *Aragoa abietina* (Com.). Bekker & Cleef, 1985.

DEFINICIÓN: Frailejonal arbustivo sobre lugares húmedos.

ALCANCE GEOGRÁFICO: Cordillera Oriental, Cundinamarca: Páramo de Laguna Verde.

SINÓNIMOS: 2m, Plancha 1. IGAC, 1985.

OBSERVACIONES: Especies asociadas: *Arcytophyllum muticum, Calamagrostis effusa, Pernettya prostrata, Puya santosii, Vaccinium floribundum, Geranium sibbaldioides, Carex pichinchensis, Hypericum lancioides, Blechnum loxense* y *Calamagrostis bogotensis*.

275. *Espeletia congestiflora* y *Calamagrostis effusa* (Com.). Rangel & Sturm, 1995.

DEFINICIÓN: Pajonal- Frailejonal que se establece en sitios ligeramente inclinados.

ALCANCE GEOGRÁFICO: Cordillera Oriental, Boyacá: Páramo de la Rusia, municipio de Duitama, vereda el Carmen, 3500-3600 m.
OBSERVACIONES: Especies asociadas: *Pentacalia vaccinioides, Hypericum mexicanum, Arcytophyllum nitidum, Aragoa cleefii, Valeriana (Phyllactis) rigida, Castratella piloselloides, Oreobolus venezuelensis* y *Paepalanthus* aff. *columbiensis*.

276. *Espeletia grandiflora* y *Calamagrostis effusa* (Com.). Vargas & Rivera, 1991.

DEFINICIÓN: Vegetación abierta, del típico frailejonal-pajonal, las formas de vida predominante son rosetas policárpicas monocaules (caulirrósulas) y las macolllas de gramíneas. Se establece en sitios con relieve de pendientes moderadas.
ALCANCE GEOGRÁFICO: Amplia distribución en los páramos de la Cordillera Oriental; Cundinamarca: Parque Nacional Natural Chingaza, del río la Playa 3200 m al alto Golillas 3500 m.
OBSERVACIONES: Especies asociadas: *Rhynchospora macrochaeta, Cora pavonia, Peltigera polydactila* y especies de *Calamagrostis, Campylopus, Polytrichum, Sphagnum, Teleranea, Cladonia* y *Stereocaulon*.

277. *Espeletia hartwegiana* ssp. *centroandina* y *Calamagrostis recta* (Com.). Cleef *et al.*, 1983; Sturm & Rangel, 1985; Salamanca *et al.*, 1991.

DEFINICIÓN: Comunidad mixta pajonal-frailejonal, pero al entremezclarse algunos arbustos especialmente en sitios abrigados se parece a un frailejonal-matorral.
ALCANCE GEOGRÁFICO: Cordillera Central, Caldas-Tolima: Transecto Parque Los Nevados. (3800-4300 m).
OBSERVACIONES: Especies asociadas: *Diplostephium schultzii, Pentacalia vernicosa, Baccharis tricuneata* y *Festuca dolichophylla*.

278. *Espeletia incana, Chusquea tessellata* y *Calamagrostis effusa* (Com.). Rangel & Sturm, 1995.

DEFINICIÓN: Frailejonal-chuscal que se establece en partes altas, en sitios bastante húmedos desde planos hasta ligeramente inclinados, en vallecitos de quebradas. Los indivíduos de *Espeletia incana* alcanzan hasta 1.5 m de altura.
ALCANCE GEOGRÁFICO: Cordillera Oriental, Boyacá: Páramo de la Rusia, municipio de Duitama, vereda el Carmen, 3500-3600 m.
OBSERVACIONES: Especies asociadas: *Rhynchospora macrochaeta, Blechnum* sp., *Cortaderia* aff. *sericantha, Hypericum* cf. *strictum, Sphagnum* sp., *Myrteola nummularia, Disterigma empetrifolium* y *Oreobolus venezuelensis*.

279. *Espeletia lopezii* y *Calamagrostis effusa*. (Com.) Rangel & Aguirre, 1986.

DEFINICIÓN: Pajonal-frailejonal, en la franja paramuna, sobre sitios planos con buen contenido de agua.
ALCANCE GEOGRÁFICO: Cordillera Oriental, Boyacá: Páramo de la Sarna (3200-3400 m).
OBSERVACIONES: Especies asociadas: *Halenia asclepiadea, Hypericum brathys* (s.l.),

Pentacalia ledifolia, Hypochoeris sessiliflora, Arcytophyllum muticum, Nertera granadensis, Geranium sibbaldioides, Relbunium ciliatum y *Vicia andicola.*

280. *Espeletia lopezii* y *Geranium sibbaldioides* (Com.). Cleef, 1981; Sturm & Rangel, 1985.

DEFINICIÓN: Frailejonal en áreas planas, en ocasiones encharcadas.

ALCANCE GEOGRÁFICO: Cordillera Oriental, Boyacá: Sierra Nevada del Cocuy, cerca a Patio Bolos entre 4250 y 4300 m.

OBSERVACIONES: Especies asociadas: *Aphanactis ligulata, Erigeron ecuadoriensis, Cerastium subspicatum* y *Agrostis breviculmis.*

281. *Espeletia lopezii* y *Laestadia muscicola* (Com.). Rangel & Sturm, 1995.

DEFINICIÓN: Típico frailejonal con tres estratos, pero pueden mezclarse arbustillos y dar la apariencia de frailejonales arbustivos o también gramineas y semejar frailejonal-pajonal, condiciones que dependen del contenido de agua en el suelo. Se establece en sitios planos.

ALCANCE GEOGRÁFICO: Cordillera Oriental, Boyacá: Municipio de Guican, Sierra Nevada del Cocuy entre 4000 y 4200 m.

OBSERVACIONES: Especies acompañantes: *Pentacalia andicola, Pentacalia vaccionioides, Hypericum lanciodes, Rhynchospora macrochaeta, Laestadia muscicola, Paepalanthus karstenii, Orithrophium peruvianum, Lachemilla mandoniana* y *Carex peucophilla.*

282. *Espeletia murilloi* y *Chusquea tessellata* (Com.). Rangel & Sturm, 1995.

DEFINICIÓN: Frailejonal que se establece en sitios pantanosos, en antiguas cubetas terrizadas con un nivel freático a 50 cm de la superficie.

ALCANCE GEOGRÁFICO: Cordillera Oriental, Boyacá: Páramo de la Rusia, municipio de Duitama, vereda el Carmen, 3500-3600 m.

OBSERVACIONES: Especies asociadas: *Hypericum laricifolium, Chusquea tessellata, Rhynchospora macrochaeta, Vaccinium floribundum, Eryngium humboldtii, Calamagrostis effusa*, tapetes de *Sphagnum* sp., acompañados de *Myrteola nummularia* y *Disterigma empetrifolium.*

283. *Espeletia pycnophylla* y *Arcytophyllum capitatum* (Com.). Sturm & Rangel, 1985; Rangel & Luteyn (en Rangel & Garzón, 1995).

DEFINICIÓN: Frailejonal arbustivo que se establece sobre sitios muy húmedos.

ALCANCE GEOGRÁFICO: Nariño: Volcán de Chiles, páramos del Sur; Ecuador (3970-4200 m).

OBSERVACIONES: Especies asociadas: *Ourisia chamaedrifolia, Disterigma empetrifolium, Azorella aretioides, Plantago rigida, Festuca* cf. *sublimis* y *Pernettya prostrata.*

284. Espeletietum argenteae-Calamagrostiosum effusum (Subass. fit. s.l.). Cuatrecasas, 1934.

DEFINICIÓN: Vegetación de tipo frailejonal-pajonal bajo sobre áreas encharcadas, suelos turbosos.

ALCANCE GEOGRÁFICO: Cordillera Oriental, Cundinamarca: Páramo de Guasca (3300-3460 m), cerro el Santuario.

OBSERVACIONES: Especies asociadas: *Gaultheria anastomosans, Diplostephium phylicoides, Hypericum laricifolium, Niphogeton glauscescens, Lobelia tenera, Halenia asclepiadea, Jamesonia glutinosa, Lupinus paniculatus, Geranium multiceps* y *Acaena cylindristachya*.

285. Espeletietum hartwegianae-Calamagrostiosum effusum (Subass. fit. s.l.). Cuatrecasas, 1934.

DEFINICIÓN: Frailejonal-pajonal de amplia distribución paramuna en sitios planos o inclinados; sobre diversos ambientes.

ALCANCE GEOGRÁFICO: Cordillera Central, Tolima: Nevado del Tolima (3800-4320 m).

OBSERVACIONES: Especies asociadas: *Vaccinium floribundum, Diplostephium rupestre, Diplostephium eriophorum, Baccharis tolimensis, Loricaria colombiana, Pernettya prostrata, Disterigma empetrifolium, Epilobium meridense, Lycopodium saururus,* y *Geranium sodiroanum*.

286. Espeletietum hartwegianae-Hypericeti laricifoliosum (Subass. fit. s.l.). Cuatrecasas, 1934.

DEFINICIÓN: Frailejonal-matorral establecido en mesetas azotadas por el viento y en áreas degradadas.

ALCANCE GEOGRÁFICO: Cordillera Central, Tolima: Las Mesetas (3540-3600 m).

OBSERVACIONES: Especies asociadas: *Myrsine ciliata, Brachyotum strigosum, Miconia ligustrina, Pernettya prostrata, Berberis quinduensis, Lachemilla aphanoides, Taraxacum officinale, Valeriana longifolia, Hieracium tolimense* y *Rumex acetosella*.

287. Espeletio argentae-Calamagrostietum effusae (Ass. fit.). Franco *et al.*, 1986.

DEFINICIÓN: Frailejonal-pajonal presente en áreas intervenidas, en donde hubo cultivos de papa y haba.

ALCANCE GEOGRÁFICO: Cordillera Oriental, Cundinamarca: Laguna de Chingaza, 3500 m.

OBSERVACIONES: Especies características-dominantes: *Arcytophyllum nitidum, Festuca dolychophylla* y *Espeletia argentea*.

288. Espeletio chocontanae-Caricetum pichinchensis (Ass. fit.). Sánchez & Rangel, 1990. (Figura 50)

DEFINICIÓN: Frailejonal arbustivo sobre lechos lacustres terrizados, en sitios planos y ligeramente inclinados.

ALCANCE GEOGRÁFICO: Cordillera Oriental, Cundinamarca: Municipio Carmen de Carupa, páramo de Guargua, (Pantano Largo 3600 m).

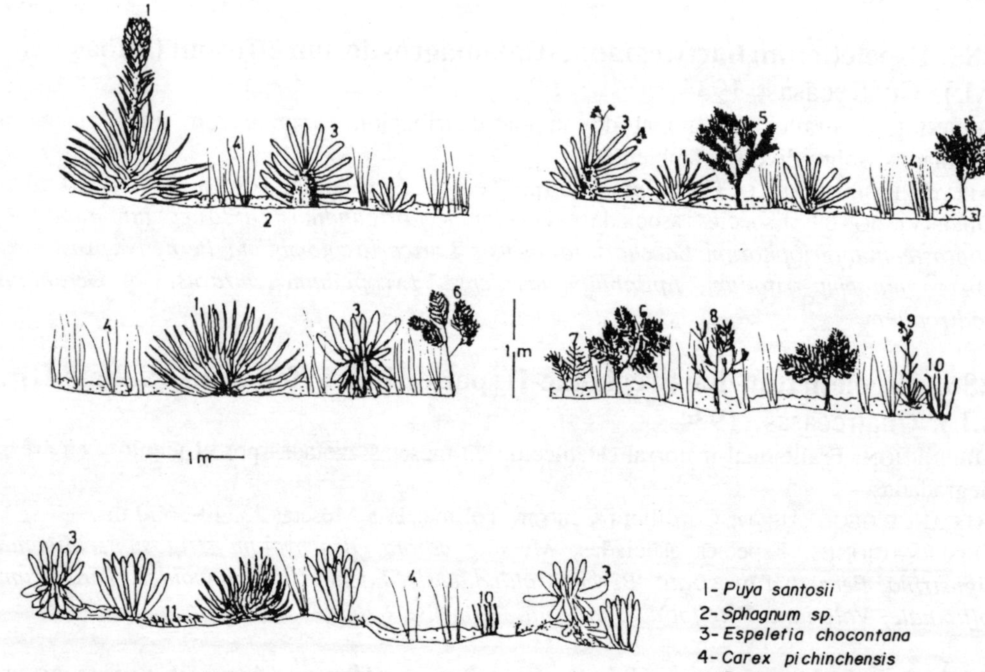

Figura 50. Asociación ESPELETIO CHOCONTANAE - CARICETUM PICHINCHENSIS, Cundinamarca; Páramo de Guargua, 3600 m. Tomado de Sánchez y Rangel, 1990.

OBSERVACIONES: Especies asociadas: *Aragoa abietina, Puya santosii, Hypericum myricariifolium, Carex pichinchensis, Pleurozium schreberi, Campylopus pitierii, Campylopus cuculatifolius, Campylopus tunariensis, Pernettya prostrata, Geranium sibbaldioides, Nertera granadensis* y *Halenia adpressa.*

289. Espeletio hartwegianae-Calamagrostietum effusae (Ass. fit.). Salamaca *et al.*, 1991.

DEFINICIÓN: Frailejonal-pajonal de composición florística pobre, se desarrolla en sitios planos con suelos húmicos.

ALCANCE GEOGRÁFICO: Cordillera Central, Cauca-Caldas: Volcán Puracé (3300-3400 m.); Nariño: Volcanes Cumbal y Chiles.

OBSERVACIONES: *Especies asociadas: Castilleja fissifolia, Bacharis rupicola, Niphogeton dissecta* y *Lysiponia muscoides.*

290. Espeletion (All. fit. s.l.). Cuatrecasas, 1934.

DEFINICIÓN: Vegetación de los valles altoandinos por encima de 3500 m, caracterizada por un tipo biológico bien definido Caulirrosuletum; ocupa extensas áreas y son dominantes las especies del género *Espeletia.*

ALCANCE GEOGRÁFICO: Cordilleras colombianas (3500-4600 m).

OBSERVACIONES: Incluye las siguientes sinecias: **E. hartwegianae-Calamagrostiosum (caulirrosuletum-fascigraminetosum); E. hartwegianae-Hypericetosum (Caulirrosuletum-Fruticetosum); Espeletietum argentae-Calamagrostiosum** y **Senecionetum rufescentis-Agrostiosum.**

291. Espeletion hartwegianae (All. fit. s.l.). Cuatrecasas, 1934.

DEFINICIÓN: Incluye vegetación leñosa, frailejonales y pajonales, en donde las especies dominantes son de tipo esclerófilo lepto o nanofílicas.

ALCANCE GEOGRÁFICO: Cordillera Central, Tolima: Alto del Condór (3500 m), Valle de Ambalema.

OBSERVACIONES: Especies dominantes: *Hypericum laricifolium, Diplostephium rosmarinifolium, Disterigma acuminatum, Miconia salicifolia, Vaccinium floribundum, Geranium cucullatum, Carex pinetorum, Hydrocotyle bonplandi, Veronica serpyllifolia* y *Lycopodium clavatum.*

292. *Espeletiopsis colombiana* y *Calamagrotis effusa* (Com.). Rangel & Sturm, 1995.

DEFINICIÓN: Pajonal-frailejonal con dos estratos definidos; el herbáceo y el rasante. Se establece entre el páramo medio y en la zona limitrofe con el superpáramo, en sitios secos con pendientes desde moderadas hasta fuertes.

ALCANCE GEOGRÁFICO: Cordillera Oriental, Boyacá: Sierra Nevada del Cocuy, Páramo Cóncavo, 3900-4250 m.

OBSERVACIONES: Especies acompañantes: *Hypericum selaginoides, Acaena cylindristachya, Jamesonia bogotensis, Castilleja fissifolia* y *Barstia santolinaefolia*; en el estrato rasante aparecen *Diploschistes* sp., *Polytrichum juniperinum* y *Geranium subnudicaule.*

293. ***Espeletiopsis glandulosa* y *Calamagrostis effusa* (Com.)**. Rangel & Sturm, 1995.

DEFINICIÓN: Frailejonal que se establece en áreas alteradas, anteriormente con cultivos de papa.

ALCANCE GEOGRÁFICO: Cordillera Oriental, Boyacá: Páramo de la Rusia, municipio de Duitama, vereda el Carmen, 3300-3400 m.

OBSERVACIONES: Especies asociadas: *Arcytophyllum nitidum, Rhynchospora macrochaeta, Paspalum bonplandianum, Ageratina theaefolia, Acaena cylindristachya, Arcytophyllum muticum* y especies de líquenes.

294. ***Espeletiopsis guacharaca* con *Arcytophyllum nitidum* y *Befaria resinosa* (Com.)**. Rangel & Sturm, 1995.

DEFINICIÓN: Frailejonal arbustivo que se establece en laderas inclinadas. La vegetación cubre el 80-85% de la superficie.

ALCANCE GEOGRÁFICO: Cordillera Oriental, Boyacá: Páramo de la Rusia y sectores aledaños, 3300 y 3500 m.

OBSERVACIONES: Especies asociadas: *Ageratina* sp., *Hypericum laricifolium, Aragoa cleefii, Hypericum strictum, Vaccinium floribundum, Pentacalia* sp., y *Pernettya prostrata.*

295. ***Eugenia procera, Daphnopsis caribaea* y *Casearia corymbosa* (Com.)**. Lozano, 1984.

DEFINICIÓN: Vegetación con dos estratos superiores, se desarrolla en sitios inclinados, húmedos.

ALCANCE GEOGRÁFICO: Magdalena: Costa Atlántica, Parque Nacional Natural Tayrona.

OBSERVACIONES: Especies asociadas: *Coccoloba padiformis, Chiococca alba, Randia aculeata, Astronium graveolens, Enterolobium cyclocarpum, Eugenia procera* y *Pisonia pacurero*.

296. ***Euphorbia latazi* y *Miconia spicellata* (Com.)**. Rangel & Lozano, 1986.

DEFINICIÓN: Vegetación de tipo selvático de caracter ecológico secundario, con dos estratos arbóreos.

ALCANCE GEOGRÁFICO: Cordillerra Central, Cauca-Huila: Transecto valle del Magdalena-volcán del Puracé (2200-2700 m).

OBSERVACIONES: Especies dominantes: *Euphorbia latazi, Miconia spicellata, Hedyosmum racemosum,* especies de *Cordia, Ocotea, Cyathea* y de *Cecropia*.

297. ***Euterpe catinga* y *Rapanea elongata* (Com.)**. Rangel, Franco & Betancurt (en Rangel *et al.*, 1995).

DEFINICIÓN: Vegetación de pantano, con un estrato de arbolitos dominados por representantes de *Euterpe catinga*.

ALCANCE GEOGRÁFICO: Guaviare: Amazonia colombiana, mesetas de Chiribiquete.

OBSERVACIONES: Especies asociadas: *Hevea nitida* var. *toxicodendron, Nectandra* sp., *Clusia columnaris* y especies de *Ilex* de *Eugenia* y de *Schefflera*.

298. ***Festuca dolichophylla*** **y** ***Paspalum bonplandianum*** **(Com.)**. Rangel & Sturm, 1995.

DEFINICIÓN: Pajonal que se establece en las partes altas sometidas a la acción directa del viento, que en ocasiones es muy fuerte.

ALCANCE GEOGRÁFICO: Cordillera Oriental, Boyacá: Páramo de Belén, 3500 y 3700 m.

OBSERVACIONES: Especies asociadas: *Bartsia santolinaefolia, Acaena cylindristachya, Gentianella corymbosa* y *Luzula racemosa*.

299. ***Festuca dolichophylla, Senecio latiflorus*** **y** ***Pentacalia vernicosa*** **(Com.)**. Sturm & Rangel, 1985.

DEFINICIÓN: Pajonal arbustivo con distribución restringida a las laderas contiguas a lagunas y cubetas terrizadas.

ALCANCE GEOGRÁFICO: Cordillera Central, Caldas-Tolima: Transecto Parque Los Nevados. (4400 m).

OBSERVACIONES: Especies asociadas: *Senecio canescens, Poa* cf. *pauciflora, Niphogeton lingula* y *Aphanactis* cf. *piloselloides*

300. Festuco dolichophyllae-Calamagrostietum effusae (Ass. fit.). Salamaca *et al.*, 1991.

DEFINICIÓN: Pajonal en valles glaciales, en morrenas o en sitios ocasionalmente encharcados.

ALCANCE GEOGRÁFICO: Cordillera Central, Caldas: Nevado del Ruiz entre 3800 y 4250 m y otros páramos.

OBSERVACIONES: Especies asociadas: *Luzula racemosa, Valeriana plantaginea, Senecio formosus, Aphanactis jamesoniana, Colobanthus quitensis, Calamagrostis recta, Bromus lanatus, Oreomyrrhis andicola, Lucilia kunthiana* y *Cotula mexicana*.

301. ***Ficus insipida, Trophis racemosa*** **y** ***Piper amalogo*** **(Com.)**. Lozano, 1984.

DEFINICIÓN: Vegetación boscosa con un estrato arbóreo dominante, con elementos que alcanzan 25 m de altura.

ALCANCE GEOGRÁFICO: Magdalena: Costa Atlántica, Parque Nacional Natural Tayrona.

OBSERVACIONES: Especies asociadas: *Trichilia havannensis, Zanthoxlylum* sp., *Andira inermis, Hamelia patens, Phryganocydia uliginosa, Trema micantha, Adianthum lucidum, Pteris palita, Ctenitis ampla* y *Hura crepitans*.

302. Floscaldasio-Distichietum muscoides (Ass. fit.). Cleef, 1981.

DEFINICIÓN: Vegetación de cubetas y lagunetas, característica del páramo alto; se presenta en las depresiones de los valles con aguas estancadas y en la orilla de pequeñas lagunas en el páramo propiamente dicho alto y en el superpáramo.

ALCANCE GEOGRÁFICO: Cordillera Oriental, Boyacá: Sierra Nevada del Cocuy; Cundinamarca: Páramo de Sumapaz, (3800-4300 m); Santander: Páramo del Almorzadero.

OBSERVACIONES: Especies asociadas: *Oritrophium limnophilum* ssp. *mutisianum, Campylopus subjugorum, Campylopus aerodictyon, Campylopus heterostachyus, Lachemilla mandoniana, L. nivalis, Pentacalia flosfragrans* var. *frigidophilus, Philonotis* sp. y *Oritrophium limnophilum.*

303. *Frullania arecae, Frullanoides densifolia* y *Squamidium nigricans* (Com.). Wolf, 1993.

DEFINICIÓN: Comunidad de criptogamas epifíticas que se desarrolla en la parte interna de la copa de los árboles.

ALCANCE GEOGRÁFICO: Cordillera Central, Risaralda: Hacienda Berlín y alrededores (>2550 m).

OBSERVACIONES: Especies exclusivas: *Cheilolejeunea choachina, Frullania arecae, Frullanoides densifolia, Mittenothamnium reptans, Radula voluta, Squamidium nigricans* y *Steptogon calymperes.*

304. *Furcraea* cf. *humboldtii* y *Peperomia galloides* (Com.). Vink & Wijninga, 1986.

DEFINICIÓN: Vegetación tipo rosetal muy denso.

ALCANCE GEOGRÁFICO: Cordillera Oriental, Cundinamarca: Municipio de Mosquera sobre laderas pedregosas, secas, laguna de la Herrera, 2500 m.

OBSERVACIONES: Especies asociadas: *Furcraea* cf. *humboldtii, Pellea sagittata, Epidendrum ibaguense, Eupatorium* (s.l.) *stoechadifolium, Alternanthera elongata, Cestrum densiflorum* y *Borreria anthospermoides.*

305. Galio (trianae) cuatrecasasii y Gratiolion peruvianae (All. fit.). Cleef, 1981.

DEFINICIÓN: Vegetación frecuente en páramos húmedos, en valles glaciares en depresiones fangosas y en lagunetas, dominadas por Cyperáceas.

ALCANCE GEOGRÁFICO: Cordillera Oriental, Cundinamarca (3300-3800 m); páramos del Norte de Boyacá (3300-3500 m).

OBSERVACIONES: Incluye los sintaxa de la subalianza Caricenion pichinchensis, especies características *Carex pichinchensis, Carex acutata, Carex jamesoni, Cyperus rivularis* ssp. *lagunetto* y *Pentacalia reissiana.*

306. *Garcinia (Rheedia) madruño, Desmoncus* sp. y *Chrysophyllum argenteum* (Com.). Van Andel, 1992.

DEFINICIÓN: Vegetación de la llanura aluvial que presenta un estrato arbóreo con elementos que sobrepasan los 25 m de altura.

ALCANCE GEOGRÁFICO: Amazonia colombiana y zonas similares de la región amazónica.

OBSERVACIONES: Especies asociadas: *Eschweilera coriacea, Virola duckei, Micropholis* sp., *Qualea pulcherrima, Pachira* sp., *Iryanthera juruensis* y *Chrysophyllum argenteum.*

307. *Garcinia (Rheedia) madruño* y *Palicourea crocea* (Com.). Prieto *et al.*, 1995.

DEFINICIÓN: Bosque con dos estratos arbóreos, el inferior de mayor cubrimiento; en áreas sujetas a las innundaciones periódicas.

ALCANCE GEOGRÁFICO: Amazonas: río Amazonas, Isla Mocagua, y zonas aledañas.
OBSERVACIONES: Especies asociadas: *Garcinia (Rheedia) madruno, Palicourea crocea, Inga acrocephala, Luehea cymulosa, Pseudobombax munguba, Endlicheria krukovii, Pouteria caimito* y *Trichilia micranta.*

308. *Garcinietum (Rheedietum) madruñae* (Ass. fit.) Rangel *et al.*, 1989.

DEFINICIÓN: Vegetación de tipo selvático con un estrato arbóreo de cobertura de 57%, con elementos hasta 35 m de altura. De los estratos bajos el arbustivo es el mas vigoroso.
ALCANCE GEOGRÁFICO: Cordillera Central, Caldas-Tolima: Transecto Parque Los Nevados, vertiente de Santa Isabel, 1000-1300 m.
OBSERVACIONES: Especies características: *Garcinia (Rheedia) madruño, Licania* sp., *Vismia baccifera, Protium macrophyllum, Ocotea discolor, Miconia caudata, Olmedia aspera, Eugenia micrantha, Carludovica palmata, Piper tequendamense, Acalypha villosa* y *Myrcia macrantha.*

309. *Gaultheria hapalotrichia* e *Hypericum* cf. *juniperinum* (Com.). Vargas & Rivera, 1991.

DEFINICIÓN: Arbustal-pastizal bajo, producto del desarrollo de especies pioneras en el proceso de sucesión secundaria en el páramo.
ALCANCE GEOGRÁFICO: Corrdillera Orieental, Cundinamarca: Parque Nacional Natural Chingaza, sector la Playa-río Guataquia 3150 m.
OBSERVACIONES: Entre las especies asociadas aparecen: *Luzula racemosa, Calamagrostis effusa, Gnaphalium antennarioides, Hypericum strictum* y *Agrostis* sp. En el estrato rasante aparecen *Hypochoeris sessiliflora, Breutelia* cf. *allionii, Acaena cylindrostachya, Sticta* sp. y *Cerastium kunthii.*

310. *Gaultheria ramosissima* y *Aragoa perez-arbelaeziana* (Com.). Cleef, 1981.

DEFINICIÓN: Matorral sobre suelos rocosos en la vertiente húmeda del Sumapaz.
ALCANCE GEOGRÁFICO: Cordillera Oriental, Cundinamarca: Alto de Chorreras en el páramo de Sumapaz (3780 m).
OBSERVACIONES: Especies asociadas: *Berberis goudotii, Sphanum magellanicum, Jamesoniella rubricaulis* y *Gaultheria ramosissima.*

311. *Gaultheria ramosissima, Disterigma empetrifolium* y *Arcytophyllum caracasasum* (Com.). Cleef, 1981.

DEFINICIÓN: Matorral que se desarrrolla sobre morrenas, en pendientes escarpadas, en suelos húmicos y poco profundos.
ALCANCE GEOGRÁFICO: Cordillera Oriental, Casanare: Cabecera del río Casanare, en el valle de San Luis 3500 m.
OBSERVACIONES: Especies asociadas: *Aragoa lycopodioides, Myrsine dependens* e *Hypericum lycopodioides*

312. *Gentiana sedifolia, Gentianella* sp. y *Draba* cf. *cheiranthoides* (Com.). Cleef & Rangel, 1984.

DEFINICIÓN: Comunidad establecidas en bateas de fondo rocoso que luego se colmatan; en el límite con las nieves.

ALCANCE GEOGRÁFICO: Magdalena: Sierra Nevada de Santa Marta, costado Sur.

OBSERVACIONES: Especies asociadas: *Montia meridensis, Hinterhubera nevadensis* y *Pentacalia subarachnoidea.*

313. Gentianello dasyanthae-Plantaginetum rigidae (Ass. fit.). Salamaca *et al.*, 1991.

DEFINICIÓN: Vegetación en cojines; se establece en depresiones y cubetas excavadas por los glaciares.

ALCANCE GEOGRÁFICO: Cordillera Central, Caldas: Nevado del Ruiz entre 3800 y 4250 m.

OBSERVACIONES: Especies asociadas: *Bromus lanatus, Valeriana plantaginea, Oreomyrrhis andicola, Pentacalia vernicosa, Pentacalia vaccinioides, Diplostephium eriophorum, Hypericum laricifolium, Baccharis caespitosa* y *Lachemilla galioides.*

314. Gentiano-Oritrophion (All. fit.). Cleef, 1981.

DEFINICIÓN: Vegetación en cojines en el cinturon paramuno en suelos fangosos y flotando sobre lagunetas glaciares.

ALCANCE GEOGRÁFICO: Cordillera Oriental, Cundinamarca, Boyacá y Cordillera Central, en el subpáramo a 3150 m y en el superpáramo a 4350.

OBSERVACIONES: Especies asociadas: *Castilleja fissifolia* ssp. *pygmaea, Gentiana sedifolia, Altensteinia paludosa* y *Calliergonella sarmentosum.*

315. Geranio confertae-Calamagrostietum ligulatae (Ass. fit.). Cleef, 1981.

DEFINICIÓN: Pajonal ralo, que se desarrolla en cubetas y pantanos de la zona baja del Páramo.

ALCANCE GEOGRÁFICO: Cordillera Oriental, Cundinamarca: Páramo de Sumapaz (4120 m).

OBSERVACIONES: Especies asociadas: *Montia meridensis, Draba sericea, Hypericum lancioides, Breutelia allionii* y *Breutelia chrysea.*

316. Gordonio speciosae-Weinmannietum pubescentis (Ass. fit.). Cleef *et al.* (en prensa).

DEFINICIÓN: Bosques con elementos que alcanzan 25 m de altura en suelos andosolicos, saturados, organo-humíferos e hidromórficos.

ALCANCE GEOGRÁFICO: Cordillera Central, Caldas-Tolima: Transecto Parque Los Nevados. vertiente Occidental (volcán de Santa Isabel-Venadillo).

OBSERVACIONES: Especies asociadas: *Palicourea albiflora, Gaultheria strigosa, Psychotria gallerana* y *Monnina salicifolia.*

317. *Goupia glabra* y *Clathrotropis macrocarpa* (Com.). Duivenvoorden, 1993.

DEFINICIÓN: Bosque alto con biomasa alta; se desarrolla en sitios bien drenados.

ALCANCE GEOGRÁFICO: Amazonia, bosque de amplia representacion en la cuenca del medio Caquetá.

SINÓNIMOS: Hd,Hp1,Sm, Plancha araracuara-mariñame. Duivenvoorden, 1993.

OBSERVACIONES: Especies asociadas: *Dacryodes* cf. *roraimensis, Sloanea* aff. *macroana, Nealchornea yapurensis, Pouteria* sp., *Scleronema micranthum, Heterostemon conrrugatos* y *Virola calophylloidea.*

318. *Greigia mulfordii* (Com.). Bekker & Cleef, 1985.

DEFINICIÓN: Rosetal con individuos de *Greigia mulfordii*, hasta 75 cm de altura acompañados por arbustos enanos en las orillas de las lagunas.

ALCANCE GEOGRÁFICO: Cordillera Oriental, Cundinamarca: Páramo de Laguna Verde.

SINÓNIMOS: 2b, Plancha 1. IGAC, 1985.

OBSERVACIONES: Especies asociadas: *Pentacalia nitida, Nertera granadensis, Hypericum* cf. *laricifolium, Geranium sibbaldioides, Pernettya prostrata, Senecio formosus, Sphagnum oxyphyllum, Pleurozium schreberi* y especies de *Campylopus* y de *Breutelia.*

319. *Guarea guidonia* y *Perebea* sp. (Com.). Rangel & Lozano, 1986; 1989.

DEFINICIÓN: Vegetación de tipo selvático, con un estrato arbóreo superior con alturas de 25-30 m.

ALCANCE GEOGRÁFICO: Cordillera Central, Huila: Transecto valle del Magdalena-volcán del Puracé 1000-2400 m.

OBSERVACIONES: Especies asociadas: *Phoebe cinnamomifolia, Myrcia* aff. *paivae, Randia aculeata, Lacistema aggregatum, Psychotria nervosa, Ardisia guyanensis, Guarea guidonia, Perebea* sp., *Myriocarpa stipitata, Randia spinosa* y *Trichilia martiana.*

320. *Guarea guidonia, Maytenus* aff. *longipes* y *Thelypteris vivipara* (Com.). Lozano, 1984.

DEFINICIÓN: Vegetación de tipo boscoso con varios estratos dominantes.

ALCANCE GEOGRÁFICO: Costa Atlántica, Magdalena: Parque Nacional Natural Tayrona.

OBSERVACIONES: Especies frecuentes: *Hybathus prunifolius, Capparis* cf. *baducca, Erythrina costaricensis, Eugenia procera, Thelypteris vivipara (muy abundante), Carludovica palmata, Heliconia hirsuta, Guarea guidonia, Nectandra cocinna, Maytenus longipes* y *Ardisia guianensis*.

321. *Guatteria ferruginea* y especies de *Cecropia* y de *Inga* (Com.). Rangel *et al.*, 1994.

DEFINICIÓN: Vegetación de tipo selvático con un estrato arbóreo superior pobre en cobertura.

ALCANCE GEOGRÁFICO: Cordillera Occidental, Risaralda: Vertiente Occidental a 920 m en la vía Curundo y San Jose del Palmar.
OBSERVACIONES: Especie asociada: *Alchornea* cf. *polyantha* y *Miconia* sp.

322. *Guazuma ulmifolia*, *Bursera tomentosa* y *Eugenia acapulcensis* (Com.) Rangel & Franco, 1985.
DEFINICIÓN: Bosque seco sobe áreas ceercanas a los caños; los parches actuales constituyen los restos del bosque seco tropical.
ALCANCE GEOGRÁFICO: Cordillera Central, Huila: Municipio Paicol-Tesalia.
OBSERVACIONES: Especies asociadas: *Toxicodendron striata, Guettarda eliadis, Xylosma* aff. *velutinum, Banara arguta, Erythroxylum* sp. y *Anthurium* aff. *nymphaefolium.*

323. Gustavio speciosae-Tovomition weddellienae (All. fit.). Cleef *et al.*, 1984.
DEFINICIÓN: Vegetación selvática en laderas abruptas y muy pendientes, sobre suelos arcillosos.
ALCANCE GEOGRÁFICO: Magdalena: Sierra Nevada de Santa Marta, filo y cuenca del río Buritica 1150-2500 m.
OBSERVACIONES: Especies asociadas: *Geonoma* sp., *Chamaedorea* sp., *Dictyocaryum schultzei, Nephrolepis cordifolia, Asplundia* sp., *Arachniopsis coactilis, Dumortiera hirsuta, Symphogyna brogniartii, Hookeriopsis falcata, H. undata* y *Adelothecium bogotensis.*

324. *Gynerium sagittatum* (Com.). Cuatrecasas, 1958; 1989.
DEFINICIÓN: Vegetación de playas y aluviones, importante en la fijación de los terrenos primarios a continuación del pajonal con especies de *Hymenachne* y de *Panicum.*
ALCANCE GEOGRÁFICO: Aluviones recientes de los ríos andinos, de los Llanos Orientales, y de la región amazónica.
SINÓNIMOS: Elatigraminetum Cuatrecasas, 1934.
OBSERVACIONES: Especies asociadas: a orillas del río Magdalena, *Fimbristylis diphylla, Paspalum conjugatum* y especies de Cyperaceae.

325. Gynoxyo baccharoidis-Diplostephietum floribundae (Ass. fit.). Cleef *et al.* (en prensa).
DEFINICIÓN: Bosque achaparrado sobre material granodiorítrico, desarrollado a partir de cenizas volcánicas.
ALCANCE GEOGRÁFICO: Cordillera Central, Caldas-Tolima: Transecto Parque Los Nevados. (3600-3700 m), vertiente Oriental volcán de Santa Isabel-Venadillo.
OBSERVACIONES: Especies asociadas: *Miconia salicifolia, Hesperomeles pernettyoides, Hypericum laricifolium, Monnina revoluta, Acaena elongata, Polystichum* cf.*platyphyllum* y *Satureja nubigena.*

326. Gynoxyo baccharoidis-Hesperomeletum lanuginosae (Ass. fit.). Cleef *et al.* (en prensa).

DEFINICIÓN: Bosques achaparrados, en suelos con capacidad catiónica de cambio alta, humus de tipo moder.

ALCANCE GEOGRÁFICO: Cordillera Central, Caldas-Tolima: Transecto Parque Los Nevados. (3500-3700 m), vertiente Occidental volcán de Santa Isabel-Venadillo.

OBSERVACIONES: Especies asociadas: *Miconia alborosea, Weinmannia mariquitae, Oreopanax nitidus, Miconia latifolia, Miconia cuneifolia, Ribes leptostachyum, Myrrhidendron galucescens* y *Greigia exserta.*

327. Gynoxyo-Polylepidetum sericae (Ass. fit.). Salamaca *et al.*, 1991.

DEFINICIÓN: Matorral que crece entre cantos rodados en las laderas, en sitios húmedos.

ALCANCE GEOGRÁFICO: Cordillera Central, Caldas: Páramo del Ruiz 4000 y 4200 m.

OBSERVACIONES: Especies asociadas: *Pentacalia vernicosa, Festuca sublimis, Calamagrostis recta, Campylopus* sp. y *Pleurozium schreberi.*

328. *Gynoxys* cf. *hirsuta* (Com.). Bekker & Cleef, 1985.

DEFINICIÓN: Bosque bajo en lugares de pendientes fuertes, suelos poco profundos y al lado de quebradas incipientes.

ALCANCE GEOGRÁFICO: Cordillera Oriental, Cundinamarca: Páramo de Laguna Verde.

SINÓNIMOS: 3g, Plancha 1. IGAC, 1985

OBSERVACIONES: Especies asociadas: *Myrsine dependens, Calamagrostis effusa, Pentacalia nitida, Espeletia argentea, Monnina salicifolia, Relbunium hypocarpium, Pernettya hirta, Pentacalia guadalupe, Acaena elongata* y *Rhynchospora macrochaeta.*

329. *Gyrocarpus americanus, Benthamantha caribeae* y *Pereskia colombiana* (Com.). Rieger, 1976.

DEFINICIÓN: Bosque espinoso con elementos leñosos pero con dominancia en los estratos medios de cactáceas.

ALCANCE GEOGRÁFICO: Costa Atlántica colombiana.

OBSERVACIONES: Especies asociadas: *Croton niveus, Manihot cathaginensis, Platymiscium pinnatum, Cassia sophera, Ayenia magna* y *Capparis linearis.*

330. *Gyrocarpus americanus, Bursera graveolens* y *Pseudobombax septenatum* (Com.). Schnetter, 1968.

DEFINICIÓN: Bosque seco tropical dominado por elementos leñosos y con poca influencia de las cactáceas columnares.

ALCANCE GEOGRÁFICO: Costa Atlántica colombiana.

OBSERVACIONES: Especies asociadas: *Ibatia albiflora* y *Benthamantha caribeae.*

331. *Haematoxylon brasiletto* y especies de *Melochia* y de *Lippia* (Ass. fit s.l.). Rieger, 1976.

DEFINICIÓN: Bosque bajo en el cual dominan elementos leñosos y cactáceas columnares.

ALCANCE GEOGRÁFICO: Guajira: serranía de la Macuira y Carpinteros; Meta: Puerto Lopez y Magdalena: alrededores de Santa Marta.

SINÓNIMOS: Matorral de *Haematoxylon brasiletto*, Schneter,1988

OBSERVACIONES: Especies asociadas: *Haematoxylon brasiletto, Melochia tomentosa, Diphysa carthagenensis, Pereskia guamacho, Cercidium praecox, Opuntia wentiana, Cissus trifoliata.*

332. *Haematoxylon brasiletto* y *Melochia tomentosa* (Ass. fit. s.l.). Rieger, 1976.

DEFINICIÓN: Bosque achaparrado con un estrato arbustivo hasta de 3 m de alto, de copas aparasoladas, en el cual se destacan como especies dominates *Haematoxylon brasiletto, Prosopis juliflora* y *Melochia tomentosa*.

ALCANCE GEOGRÁFICO: Guajira: Península de la Guajira, región semiárida de la Costa Atlántica.

OBSERVACIONES: Especies asociadas: *Opuntia wentiana, Cercidium praecox, Anthephora hermaphrodita, Sida ciliaris, Cenchrus pilosus, Turnera ulmifolia, Boerhavia diffusa, Chamaecrista serpens, Diodia rigida.*

333. *Halenia* cf. *inaequalis* y *Ranunculus spaniophyllus* (Com.). Cleef & Rangel, 1984.

DEFINICIÓN: Manchas de vegetación pratense abierta en el superpáramo.

ALCANCE GEOGRÁFICO: Magdalena: Sierra Nevada de Santa Marta, costado Sur.

OBSERVACIONES: Especies asociadas: *Agrostis breviculmis, Achyrocline lehmannii, Hypochoeris sessiliflora.*

334. Hedyosmo racemosi-Nectandrion caucanae (All. fit.). Rangel *et al.*, 1989.

DEFINICIÓN: Vegetación tipo selvático con elementos que alcanzan 40 m de altura.

ALCANCE GEOGRÁFICO: Cordillera Central, Caldas-Tolima: Transecto Parque Los Nevados., vertiente Oriental, 1500-2400 m, Santa Isabel-Venadillo.

OBSERVACIONES: Especies asociadas: *Ardisia* aff. *sapida, Psychotria macrophylla, Heliconia marginata, Denstaedtia arborescens* y especies de *Guarea,* de *Geonoma* y de *Alchornea.*

335. Hedyosmo-Quercetum humboldtii (Ass. fit.). Rangel & Lozano, 1989.

DEFINICIÓN: Vegetación selvática y boscosa con uno o dos estratos arbóreos. El dosel es homogéneo y se caracteriza por la dominancia de *Quercus humboldtii* (roble).

ALCANCE GEOGRÁFICO: Cordillerra Central, Cauca-Huila: Transecto valle del Magdalena -volcán del Puracé (2200-2700 m).

OBSERVACIONES: Especies características dominantes: *Quercus humboldtii, Billia columbiana, Myrsine ferruginea, Myrsine guineensis, Clethra fagifolia, Clusia multiflora* e *Inga codonantha.*

336. ***Hedyosmum huilense, Persea*** **sp.,** ***Clethra fagifolia*** **y** ***Billia columbiana*** **(Com.).** Rangel & Franco, 1985.

DEFINICIÓN: Vegetación de tipo selvático con elementos que alcanzan 30 m de altura y conforman un dosel continuo.

ALCANCE GEOGRÁFICO: Cauca: Transecto valle del Magdalena-volcán del Puracé 3100-3500.

OBSERVACIONES: Especies asociadas: *Weinmannia glabra.*

337. Heliconietum bihai (Ass. fit. s.l). Cuatrecasas, 1934.

Faja extensa de vegetación (Gigantiherbetum) a lo largo de la desembocadura de ríos como el Carare (Magdalena medio).

ALCANCE GEOGRÁFICO: Magdalena medio de Colombia.

OBSERVACIONES: Especies dominantes-asociadas: *Heliconia bihai, Heliconia episcopalis, Calathea altissima* y *Carica papaya.*

338. Heliconion (All. s.l.). Cuatrecasas, 1934.

DEFINICIÓN: Vegetación que se desarrolla a la sombra del bosque húmedo tropical, que le ofrece ambiente de humedad, vegetación muy sensible a la intervención humana del bosque pristino.

ALCANCE GEOGRÁFICO: Orillas del río Magdalena, especialmente en su parte media.

OBSERVACIONES: Unidad sintaxómonica que incluye las asociaciones dominadas por especies de *Heliconia, Calathea* y otras Escitamineas.

339. ***Hesperomeles lanuginosa*** **y** ***Miconia limitaris*** **(Com.).** Rangel, 1994. (Figura 51)

DEFINICIÓN: Vegetación boscosa con un estrato arbóreo inferior (12-25 m) muy vigoroso.

ALCANCE GEOGRÁFICO: Cesar: Serranía del Perijá, se presenta entre 2.950 y 31000 m.

OBSERVACIONES: Especies dominantes: *Hesperomeles lanuginosa, Miconia limitaris, Symplocos rigidissima, Ilex kunthiana, Escallonia myrtilloides, Peperomia trinervula, Viola arguta, Pilea smithii* y *Nertera granadensis.*

340. Hesperomelion (All. fit. s.l.). Cuatrecasas, 1934.

DEFINICIÓN: Vegetación que cubre las regiones mas altas en la Cordillera Central; estratos arbóreos bien desarrollados con predominio de hoja esclerofila, tomentosa y de color rojizo por el envés.

ALCANCE GEOGRÁFICO: Cordillera Central, localidad representiva, Tolima: Volcán del Tolima, valle del Salto, Las Mesetas.

SINÓNIMOS: Hesperomeletum ferruginae Cuatrecasas, 1934.

OBSERVACIONES: Especies dominantes: *Gynoxys pendula, Gynoxys verrucosa, Pentacalia vaccinioides, Miconia ligustrina, Brachyotum strigosum, Oreopanax tolimanus, Diplostephium revolutum.*

341. ***Heterodermia albicans*** **y** ***Trypethelium eluteriae*** **(Com.).** Wolf, 1993.

DEFINICIÓN: Comunidad de criptogamas epifíticas que se desarrolla sobre ramas de árboles en vegetación con dosel cerrado.

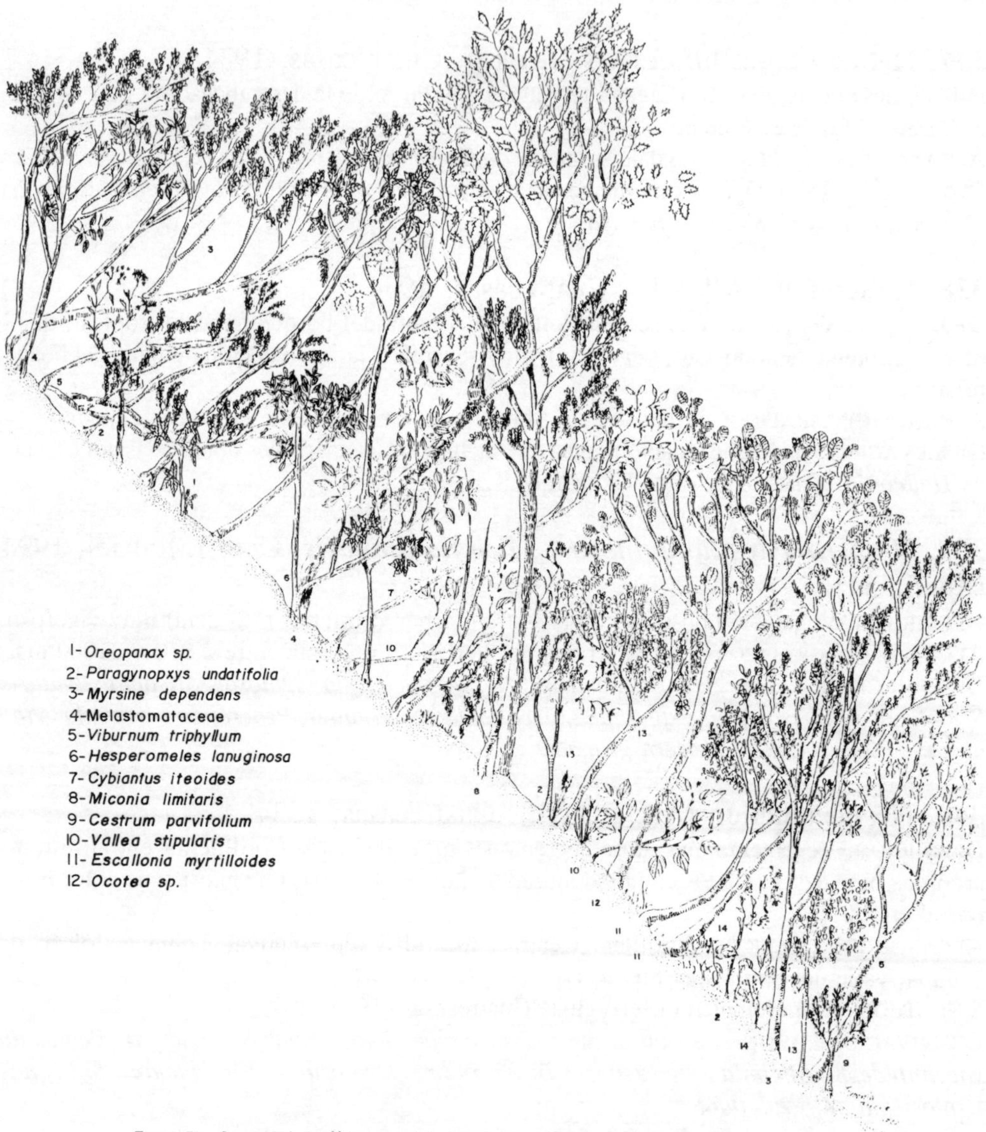

Figura 51 . Comunidad de *Hesperomeles lanuginosa y Miconia limitaris*, Cesar; Serranía del Perijá. 2950-3100 m. Tomado de Rangel, 1995.

ALCANCE GEOGRÁFICO: Cordillera Central, Risaralda: Pereira y alrededores (1000 m).
OBSERVACIONES: Son especies exclusivas los liquenes *Heterodermia albicans, Heterodermia obscurata, Melanotheca* sp., *Physcia soediosa* y *Trypethelium leluteriae*.

342. *Hormidium mucosum* y *Nostoc commune* (Com.). Vink & Wijninga, 1986.

DEFINICIÓN: Vegetación colonizadora muy seca y abierta, generalmente consiste de una sola capa de vegetación rasante.
ALCANCE GEOGRÁFICO: Cordillera Oriental, Cundinamarca: Municipio de Mosquera, laguna de la Herrera, 2500 m.
OBSERVACIONES: Especies asociadas: *Parmotrema* sp., *Pseudoparmelia* sp. y *Selaginella selowii*. Es comun econtrar reliquias de vegetaciones anteriores como los matorrales de *Chromolaena leivensis*.

343. *Hydrocotyle ranunculoides* (Com.) Wijninga *et al.*, 1989. (Figura 52)

DEFINICIÓN: Comunidad acuática y de pantano, en las orillas de riachuelos, lagos y lagunetas de la franja alta de la región andina colombiana.
ALCANCE GEOGRÁFICO: Cordillera Oriental, Cundinamarca: Laguna de La Herrera, Sabana de Bogotá; Boyacá: Lago de Tota (2300-3100 m).
OBSERVACIONES: Especies asociadas: *Pennisetum clandestinum, Ludwigia peploides* y especies pleustofíticas como *Azorella filiculoides, Lemna minuscula* y *Ricciocarpus natans*.

344. Hydrocotylo ranunculoides-Myriophylletum quitensis (Ass. fit.) Cleef, 1981.

DEFINICIÓN: Vegetación anfibia, aunque preferentemente arraiga en lagunas, puede resistir en ambientes pantanosos. Las dos especies dominantes forman una capa espesa.
ALCANCE GEOGRÁFICO: Cordillera Oriental, Cundinamarca: Laguna La Primavera 3550 m, Nevado Sumapaz, laguna Seca 3650 m, valle del río Chuza al E de Bogotá.
OBSERVACIONES: En la superficie aparecen como especies flotantes *Azolla filiculoides* y *Wolffia* sp.

345. *Hygrophila guianensis* y *Eleocharis elegans* (Com.) Schmidt-Mumm, 1988.

DEFINICIÓN: Vegetación acuática, enraizada, en charcas y cubetas con agua permanente o en áreas pantanosas.
ALCANCE GEOGRÁFICO: Cordillera Oriental, Cundinamarca: Albán, hoya del río Namayen.
OBSERVACIONES: Especies dominantes-asociadas: *Hygrophila guianensis, Eleocharis elegans, Eleocharis mutata, Commelina diffusa* y *Heteranthera reniformis*.

346. *Hymenachne amplexicaulis* (Com.). Cuatrecasas, 1958; 1989.

DEFINICIÓN: Pajonal que constituye la primera etapa en el proceso de sucesión sobre aluviones con suelos arenosos, no consolidados.
ALCANCE GEOGRÁFICO: Orillas de los ríos andinos, de los ríos de los Llanos Orientales y algunos amazónicos.

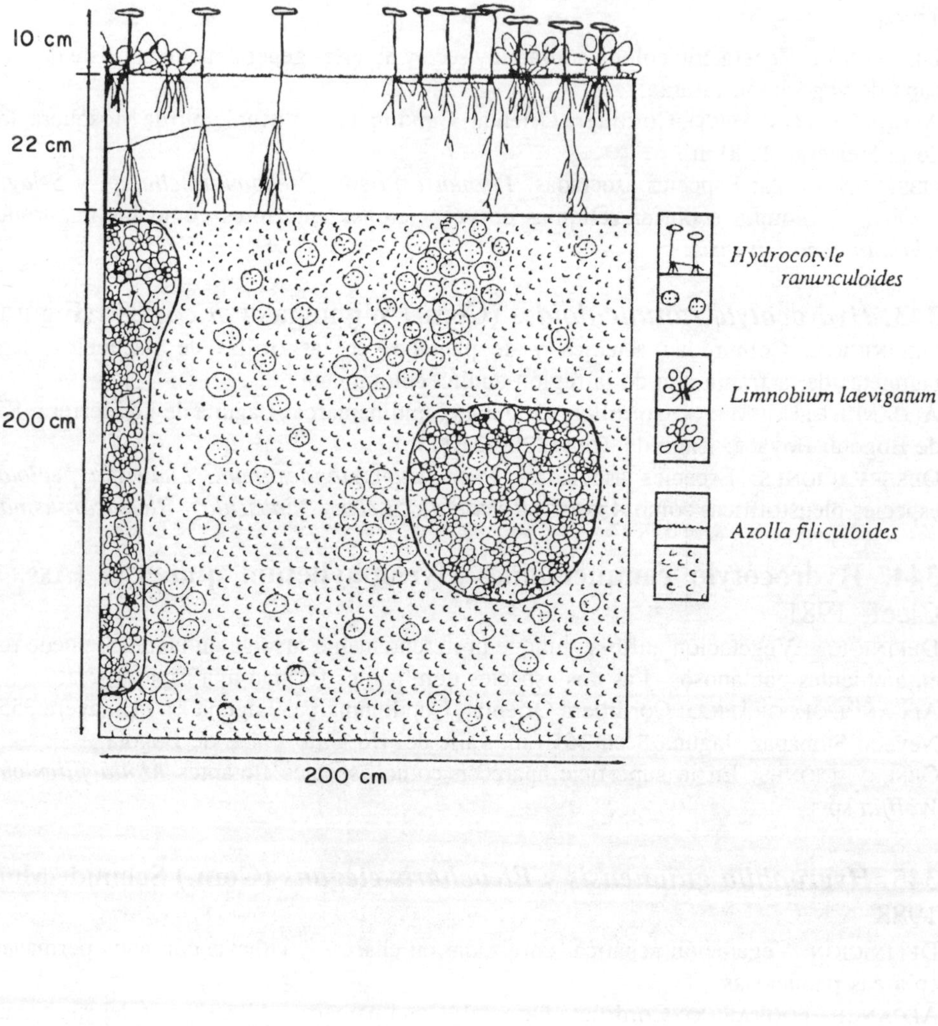

Figura 52. Comunidad de ***Hydrocotyle ranunculoides***, Cundinamarca; Laguna de la Herrera. 2550 m. Tomado de Wijninga, Rangel y Cleef, 1989.

OBSERVACIONES: Especies dominantes-asociadas: *Hymenachne amplexicaulis, Paspalum millegranum, Eriochloa punctata, Eragrostis acutiflora, Leptochloa virgata, Echinochloa crus-pavonis, Cyperus ligularis* e *Imperata contracta.*

347. *Hymenophyllum lindenii* y *Bazzania breuteliana* (Com.). Wolf, 1993.

DEFINICIÓN: Comunidad epifítica, que se desarrollan en la base de los árboles.

ALCANCE GEOGRÁFICO: Cordillera Central, Risaralda: Hacienda Berlín y alrededores-páramo de Santa Rosa (2740-3510 m).

SINÓNIMOS: Especies acompañantes: *Adelanthus pittieri*, especies de *Lepidozia* y *Porotrichum*.

348. *Hyparrhenion bracteatae* (All. fit. s.l.). Cuatrecasas, 1934.

DEFINICIÓN: Prados peremnes en la parte alta del Cerro La Pola.

ALCANCE GEOGRÁFICO: Cordillera Central, Tolima: Ibague, cerro de La Pola (1300-1400 m).

OBSERVACIONES: Especies asociadas: *Sida rhombifolia, Melochia hirsuta, Desmodium barbatum, Crotalaria pterocaula, Axonopus* sp.

349. Hypericetum laricifolii (Ass. fit.). Cleef, 1981. (Figura 46a)

DEFINICIÓN: Matorral restringido a pequeños valles húmedos y depresiones, por encima de la linea del bosque (3800 m), en suelos húmicos, arenosos a arcillosos y pobremente drenados.

ALCANCE GEOGRÁFICO: Cordillera Oriental, Cundinamarca: Páramos de Palacio y Sumapaz (3700 m); Boyacá: Páramo de la Rusia.

OBSERVACIONES: Especies asociadas: *Niphogeton dissectus, Oxylobus glanduliferus, Leptodontium luteum, Orthosanthus chimboracensis, Geranium sibbaldioides, Pernettya prostrata, Thuidium peruvianum* e *Hypnum amabile.*

350. Hyperico lancioides-Plantaginetum rigidae (Ass. fit.). Cleef, 1981.

DEFINICIÓN: Vegetación de turbera en pequeños valles glaciares, en suelos pantanosos. Se distribuye en los páramos colombianos entre 3400-4280 m;

ALCANCE GEOGRÁFICO: Cordilleras Oriental, Central y Occidental: (Cerro Tatamá, 3400-3700 m).

OBSERVACIONES: Especies asociadas: *Gentianella nevadensis, Lysipomia sphagnophila, Isoetes andina, Geranium confertum, Hypochoeris sessiliflora, Carex tristicha, Juncus cyperoides, Eryngium humile, Chorisodontium speciosum, Chorisodontium wallisii* y *Bidens triplenervia.*

351. Hyperico ruscoidis-Chusquetum tessellatae (Ass. fit.). Sturm & Rangel, 1985; enm. Rangel, Lowy & Cleef, 1995. (Figura 53)

DEFINICIÓN: Chuscal-frailejonal sobre sitios planos húmedos y encharcados.

ALCANCE GEOGRÁFICO: Cordillera Central, Cauca-Huila: Páramo de Santo Domingo, región del Nevado del Huila (3500-3800 m).

SINÓNIMOS: Comunidad de *Hypericum ruscoides* y *Chusquea tessellata* Sturm & Rangel, 1985.

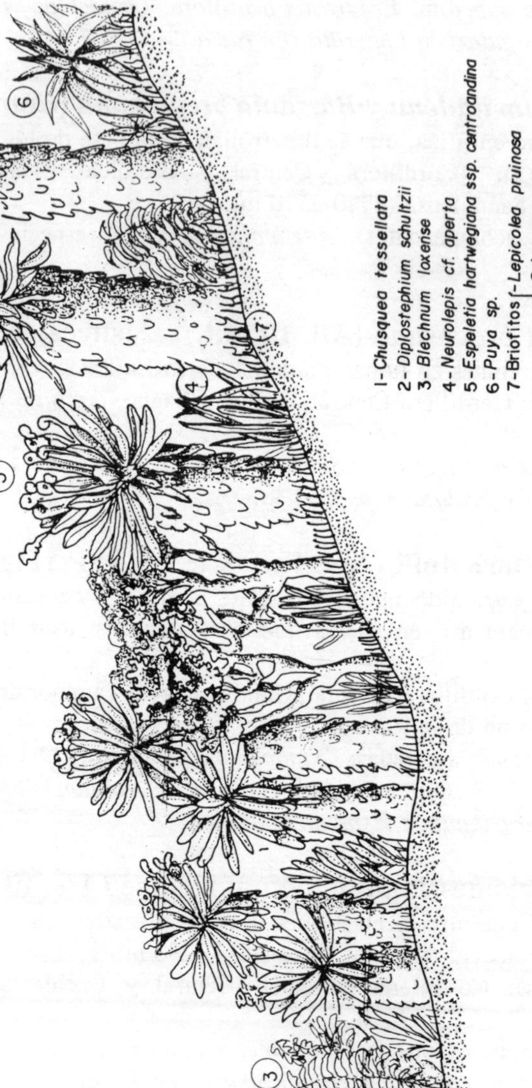

Figura 53. Asociación HYPERICO RUSCOIDES-CHUSQUETUM TESSELLATAE Cauca-Huila: Páramo de Santo Domingo, 3500-3800 m. Tomado de Sturm y Rangel, 1985.

OBSERVACIONES: Especies asociadas: *Pentacalia vernicosa, Monnina revoluta, Desfontainea spinosa, Jamesonia* sp., *Oreobolus obtusangulus, Arcythophylum muticum* y *Lepicolea pruinosa*.

352. Hyperico-Calamagrostion effusae (All. fit.). Cleef & Rangel, 1984.

DEFINICIÓN: Pajonal zonal semi-abierto o cerrado del páramo, sobre laderas pendientes secas con suelos negros poco profundos.

ALCANCE GEOGRÁFICO: Magdalena: Sierra Nevada de Santa Marta, costado Norte (31100 y 3500 m).

OBSERVACIONES: Especies asociadas: *Hypericum stenopetalum, Sisyrinchium pusillum, Acaena cylindristachya, Spiranthes vaginata, Pterychis* cf. *galeata, Altensteinia* sp., *Bulbostylis tropicalis, Lachemilla* cf. *purdie, L. santamartae* y *Paepalanthus karstenii*.

353. Hyperico-Diplosthephietum revoluti (Ass. fit.) Sánchez & Rangel, 1990.

DEFINICIÓN: Matorral en turberas sobre mesetas con pendientes entre 0° y 2° y en valles.

ALCANCE GEOGRÁFICO: Cordillera Oriental, Cundinamarca: Páramo de Cruz Verde (vía Bogotá-Choachí), laguna El Verjón (3350 m).

OBSERVACIONES: Especies asociadas: *Hierochloe redolens, Hypericum goyanesii, Carex luridiformis, Puya goudotiana, Lachemilla fulvescens, Lachemilla pectinata, Paspalum bonplandianum, Plantago australis, Hydrocotyle bonplandi, Sisyrinchium jamesoni* y *Gnaphalium antennarioides*.

354. *Hypericum* cf. *pimeloides, Castilleja* sp., *Baccharis caespitosa* y *Pernettya prostrata* (Com.). Rangel & Sturm, 1995.

DEFINICIÓN: Matorral bajo con un estrato arbustivo con cobertura mayor del 70%. Esta vegetación de tipo secundario se establece sobre suelos degradados quizás utilizados para cultivos y ganadería.

ALCANCE GEOGRÁFICO: Cordillera Oriental, Boyacá: Páramo de Belén entre 3500 y 3700 m.

OBSERVACIONES: Especies dominantes-asociadas: *Hypericum pimeloides* y *Baccharis caespitosa*. En el estrato herbáceo aparecen *Geranium subnudicaule, Lycopodium* sp. e *Hypochoeris sessiliflora*.

355. *Hypericum goyanesii* (Com.). Cleef, 1981.

DEFINICIÓN: Matorral del subpáramo en áreas húmedas y pantanosas.

ALCANCE GEOGRÁFICO: Cordillera Oriental, Cundinamarca: Páramos cercanos a Bogotá, Cruz Verde, Guasca, Guerrero (3100-3500 m).

OBSERVACIONES: Especies asociadas: *Chusquea tessellata, Pernettya prostrata*.

356. *Hypericum humboldtianum* (Com.). Cleef, 1981.

DEFINICIÓN: Matorral del subpáramo.

ALCANCE GEOGRÁFICO: Cordillera Oriental, Cundinamarca: Páramos cercanos a Bogotá, entre 2500-3200 m. .

OBSERVACIONES: Especies asociadas: *Hypericum jussiaei*.

357. *Hypericum juniperinum* (Com.). Cleef, 1981.

DEFINICIÓN: Matorral en áreas secundarias sobre suelos húmicos y arcillosos.

ALCANCE GEOGRÁFICO: Cordillera Oriental, Cundinamarca: Páramo de Chisacá (3600 m) y Páramo de Sumapaz.

SINÓNIMOS: Comunidad de *Hypericum brathys*.

OBSERVACIONES: Especies asociadas: *Calamagrostis effusa, Espeletia grandiflora, Arcythophyllum muticum* y *Breutellia* sp.

358. *Hypericum juniperinum* (Com.). Vargas & Rivera, 1991.

DEFINICIÓN: Vegetación abierta cuya fisionomía es de tipo herbáceo, sin embargo puede se considerada como un arbustal enano con macollas. Esta comunidad permenece encharcada la mayor parte del año. Se presenta en terrazas bajas mal drenadas del río.

ALCANCE GEOGRÁFICO: Cundinamarca: Parque Nacional Natural Chingaza, sector río la Playa 3150 m.

OBSERVACIONES: Especies asociadas: *Carex bonplandii, Galium* sp., *Cyperus* cf. *rufus, Cerastium kunthii, Gnaphalium* sp., *Halenia asclepiadea, Hydrocotyle hederacea, Lilaeopsis* cf. *schaffneriana* y *Ranunculus* sp.

359. *Hypericum laricifolium* (Com.). Rangel, 1994.

DEFINICIÓN: Matorral paramuno con un estrato herbáceo muy vigoroso y uno rasante pobre.

ALCANCE GEOGRÁFICO: Cesar: Serranía del Perijá, se establece a 3310 m cerca del Cerro del Avión.

OBSERVACIONES: Especies características-dominantes: *Calamagrostis effusa, Chusquea tessellata, Pernettya prostrata, Gaylusaccia buxifolia, Castilleja fissifolia, Espeletia* aff. *conglomerata, Carex* cf. *tristicha* y *Paepalanthus* sp.

360. *Hypericum laricifolium* ssp. *laricifolium* (Com.). Cleef, 1981.

DEFINICIÓN: Matorral comunmente establecido en sitios cuya vegetación original ha sido talada.

ALCANCE GEOGRÁFICO: Cordillera Central, Caldas-Tolima: Transecto Parque Los Nevados. (3700-4200 m).

OBSERVACIONES: Especies asociadas: *Escallonia myrtilloides, Satureja nubigena, Senecio* cf. *formosus, Lachemilla hispidula, Pernettya prostrata, Relbunium hypocarpium, Leptodontium* cf. *luteum* y *Baccharis tricuneata*.

361. *Hypericum lindenii (laricifolium)* y *Carex* spp. (Com.). Bekker & Cleef, 1985.

DEFINICIÓN: Matorral caracterizado por monticulos que forman las especies de *Sphagnum*; se ubica a lo largo de las quebradas.

ALCANCE GEOGRÁFICO: Cordillera Oriental, Cundinamarca: Páramo de Laguna Verde.

SINÓNIMOS: 2g, Plancha 1. IGAC, 1985

OBSERVACIONES: Especies asociadas: *Rhynchospora macrochaeta, Puya santosii, Calamagrostis bogotensis, Valeriana longifolia, Calamagrostis effusa, Blechnum loxense, Arcytophyllum muticum, Pernettya prostrata, Niphogeton glaucescens* y *Pentacalia nitida*.

362. *Hypericum lindenii (laricifolium)* y *Espeletia argentea* (Com.). Bekker & Cleef, 1985.

DEFINICIÓN: Matorral frailejonal secundario que se establece en sitios donde existieron cultivos de papa.

ALCANCE GEOGRÁFICO: Cordillera Oriental, Cundinamarca: Páramo de Laguna Verde.

SINÓNIMOS: 3b, Plancha 1. IGAC, 1985

OBSERVACIONES: Especies asociadas: *Calamagrostis effusa, Pentacalia nitida, Lorenzochloa erectifolia, Espeletia argentea, Geranium sibbaldioides, Acaena cylindristachya, Orthrosanthus chimborascensis, Rumex acetosella, Hypericum juniperinum* y *Monnina salicifolia.*

363. *Hypericum lindenii (laricifolium)* y *Espeletia chocontana* (Com.). Bekker & Cleef, 1985.

DEFINICIÓN: Vegetación conformada por 3 estratos, rasante, herbáceo, y un arbustivo en lugares húmedos cerca de las corrientes.

ALCANCE GEOGRÁFICO: Cordillera Oriental, Cundinamarca: Páramo de Laguna Verde.

SINÓNIMOS: 2h, Plancha 1. IGAC, 1985

OBSERVACIONES: Especies asociadas: *Calamagrostis effusa, Arcytophyllum muticum, Valeriana longifolia, Blechnum loxense, Calamagrostis bogotensis, Aragoa abietina, Cerastium subspicatum, Pernettya prostrata, Vaccinium floribundum* y *Geranium sibbaldioides.*

364. *Hypericum lycopodioides* (Com.). Cleef, 1981.

DEFINICIÓN: Matorral del subpáramo y del páramo sobre rocas desnudas, común en las zonas húmedas de la Cordillera Oriental.

ALCANCE GEOGRÁFICO: Cordillera Oriental, Boyacá, Casanare: Sierra Nevada del Cocuy 3250 y 3700 m. Cabecera del río Casanare.

OBSERVACIONES: Especies asociadas: *Hypericum laricifolium, Calamagrostis effusa.*

365. *Hypericum magniflorum* (Com.). Cleef, 1981.

DEFINICIÓN: Matorral sobre suelos pantanosos en la franja de los chuscales.

ALCANCE GEOGRÁFICO: Restrigida a la Cordillera Oriental, Casanare: Cabecera del río Casanare 3000-3500 m.

OBSERVACIONES: Especies asociadas: *Espeletia lopezii, Senecio cobanensis, Chusquea tessellata.*

366. *Hypericum strictum* (Com.). Vargas & Rivera, 1991.

DEFINICIÓN: Vegetación abierta típica de sucesiones de páramo en donde los elementos pioneros están representados por especies del género *Hypericum*. La fisionomía es un arbustal bajo.

ALCANCE GEOGRÁFICO: Cundinamarca: Parque Nacional Natural Chingaza: sector la Playa-río Guataquia 3150 m.

OBSERVACIONES: Especies asociadas: *Hypericum goyanesii, Hypericum juniperinum, Hypericum lancioides, Carex pichinchensis, Halenia asclepiadea, Pentacalia andicola, Valeriana* cf. *hirta, Rhynchospora macrochaeta, Breutelia* sp. y *Danthonia* cf. *secundiflora.*

367. ***Hypericum strictum*** **y** ***Espeletia argentea*** **(Com.)**. Vargas & Rivera, 1991.

DEFINICIÓN: Arbustal-rosetal en donde las formas de crecimiento dominantes son arbustos bajos del género *Hypericum* y rosetas de *Espeletia argentea*. Presente en terrazas con pendientes entre 5 y 10°.

ALCANCE GEOGRÁFICO: Amplia distribución en páramos de la Cordillera Oriental, localidad típica: Cundinamarca: Parque Nacional Natural Chingaza: sector río la Playa 3150 m.

OBSERVACIONES: Especies asociadas: *Hypericum goyanesii, Calamagrostis effusa, Pernettya prostrata, Hypericum juniperinum, Halenia asclepiadea, Breutelia* sp., *Geranium sibbaldioides, Agrostis trichodes, Lachemilla aphanoides, Acaena cylindristachya* y *Paepalanthus karstenii*.

368. ***Hypericum struthiolaefolium, Hypericum laricoides*** **e** ***Hypericum brathys*** **(Com.)**. Rangel & Aguirre, 1986.

DEFINICIÓN: Vegetación de matoral secundario que obra a manera de capa protectora del suelo después del cultivo de papa; su permanencia (rotación de cultivos) está sujeta a la situación económica del campesino.

ALCANCE GEOGRÁFICO: Cordillera Oriental, Boyacá: Península de Suse-Daitó, lago de Tota, 3100 m.

369. ***Hypericum thuyoides*** **(Com.)**. Cleef, 1981.

DEFINICIÓN: Matorral del subpáramo y del Páramo hasta (3000-3600 m). En sitios turbosos y húmedos.

ALCANCE GEOGRÁFICO: Cordillera Oriental, Boyacá: Cabecera del río Guandoque.

OBSERVACIONES: Especies asociadas: *Vaccinium floribundum, Bucquetia glutinosa.*

370. ***Hypericum trianae*** **y** ***Pentacalia vacciniodes*** **(Com.)**. Cleef, 1981.

DEFINICIÓN: Matorral de zonas húmedas sobre suelos arcillosos y fuertemente ácidos.

ALCANCE GEOGRÁFICO: Cordillera Oriental, Boyacá: Vertiente Oeste del páramo de Guantiva, a 3870 m en el valle de la quebrada Minas.

OBSERVACIONES: Especies asociadas: *Leptodonthium pungens, Pentacalia nitida.*

371. ***Hypopterygium tamariscinum*** **(Com.)**. Wolf, 1993.

DEFINICIÓN: Comunidad de criptogamas epifíticas que se desarrolla en la base de los árboles.

ALCANCE GEOGRÁFICO: Cordillera Central, Risaralda: Santa Rosa (1725 y 1980 m).

OBSERVACIONES: *Hypopterygium tamariscinum* es la unica especie presente en esta comunidad.

372. ***Hypotrachyna imbricatula*** **y** ***Rimelia reticulata*** **(Com.)**. Wolf, 1993.

DEFINICIÓN: Comunidad de criptogamas epifíticas que se desarrolla sobre las ramas externas de los árboles del dosel.

ALCANCE GEOGRÁFICO: Cordillera Central, Risaralda: Santa Rosa (1500-1980 m.).

OBSERVACIONES: Las especies asociadas pertenecen a los géneros: *Bulbothrix, Canoparmelia, Hypotrachyna, Pamotrema, Rimelia, Lecanora, Pertusaria* y *Phyllospora*.

373. *Ilex colombiana, Gynoxys tolimensis* y *Diplostephium tenuifolium* (Com.). Rangel & Franco, 1985.

DEFINICIÓN: Matorral con elementos de 4 m de altura, con un follaje denso y copas redondeadas; hay un tapete de briófitos que junto con *Nertera granadensis* cubren el 60-70% del area muestreada.

ALCANCE GEOGRÁFICO: Cauca: Municipio de Belalcázar, región del páramo de Santo Domingo, alto el Mojarro, 3600 m.

OBSERVACIONES: Especies acompañantes: *Pentacalia andicola, Miconia salicifolia, Ungi myricoides, Arcytophyllum capitatum, Desfontainea spinosa, Pernettya prostrata, Sphagnum* sp., *Lepicolea* cf. *pruinosa* y especies de Dicranaceae.

374. Ilico laureolae-Mauritietum flexuosae (Ass. fit.). Urrego, 1994.

DEFINICIÓN: Bosques altos con densidad, area basal y cobertura de copas relativamente altas, el número de arbolitos en el sotobosque es bajo, el porcentaje de palmas en el dosel superior es alto.

ALCANCE GEOGRÁFICO: Amazonas, río Caquetá, sobre las terrazas baja mal drenadas.

SINÓNIMOS: C1,C2. Plancha 1, Urrego, 1994.

OBSERVACIONES: Especies características: *Goupia glabra, Theobroma obovatum, Sapium aereum, Coccoloba densifrons, Douroia hirsuta, Theobroma subincanum, Annona dolichophylla, Inga stipulacea, Olyra longifolia, Pouteria guianensis* y *Protium rebustum*.

375. *Inga acrocephala.* y *Cecropia* sp., Rangel, 1993.

DESCRIPCIÓN: Comunidad selvática con un estrato arbóreo con elementos de mas de 25 m de altura y una cobertura de 70%. El sotobosque es muy denso; la mayoría de los elementos arborescentes tienen raíces fúlcreas.

ALCANCE GEOGRÁFICO: Chocó: San José del Palmar a 550 m de altitud y quizas toda la región chocoana a la misma altitud

OBSERVACIONES: Especies asociadas: *Jacarada hesperia, Billia columbiana, Saurauia brachybotris, Clidemia dentata* y *Saccoloma inaequale*.

376. *Inga nobilis* y *Aniba megaphylla* (Com.). Urrego, 1990; Van Andel, 1992.

DEFINICIÓN: Vegetación boscosa de la llanura aluvial que presenta un estrato arbóreo discontinuo y elementos con alturas de 15 m.

ALCANCE GEOGRÁFICO: Amazonia colombiana, río Caquetá.

OBSERVACIONES: Especies asociadas: *Inga nobilis, Licania* sp., *Aniba megaphylla, Brosimum utile, Theobroma subincanum, Brownea grandiceps* y *Trymatococcus amazonicus*.

377. *Inga* sp., *Billia columbiana* y *Brosimum* sp. (Com.). Rangel, 1993.

DEFINICIÓN: Vegetación de tipo boscoso con un estrato arbóreo con dosel homogeneo y con elementos que alcanzan 22 m de altura.

ALCANCE GEOGRÁFICO: Cordillera Occidental, vertiente Occidental, 550 m.

OBSERVACIONES: Especies asociadas: *Bellucia axinanthera, Elaegia utilis, Clidemia dentata, Miriocarpa estipitata, Cespedesia spatulatha, Billia columbiana, Tovomitopsis glauca, Rhamnus granulosa y especies de Inga.*

378. *Inga* sp. y *Couratari* cf. *stellata* (Com.). Carvajal *et al*. (1979, en PRORADAM).

DEFINICIÓN: Vegetación boscosa con un estrato arbóreo que forma un dosel discontinuo, los sitios sobre los cuales se establece tienen suelos arcillosos o franco-arcillosos.

ALCANCE GEOGRÁFICO: Amazonia colombiana.

OBSERVACIONES: Especies dominantes: en los estratos altos *Courati* cf. *tesellata, Inga* sp., *Euterpe precatoria, Henriquezia verticillata* y *Bunchenovia capitata*; en los estratos bajos figuran especies de *Monotagma*, de *Selaginella* y de Gramineae.

379. *Inga, Vismia* y *Croton* (Com.). Cleef & Hooghiemstra, 1984.

DEFINICIÓN: Bosque con individuos entre 15 y 25 m de altura, generalmente de tipo mesófilos.

ALCANCE GEOGRÁFICO: Cordillera Oriental, Cundinamarca: Sasaima entre 1500 y 1800 m.

OBSERVACIONES: Especiesde los géneros *Acalypha, Alchornea, Coussapoa, Croton, Cupania, Elaeagia, Erythrina, Geonoma, Inga, Neea,* junto con *Sickingia cordifolia, Trema micrantha* y *Syzygium jambos*.

380. Ingion (All. fit..s.l.). Cuatrecasas, 1934.

DEFINICIÓN: Bosque alto, distribuido por las márgenes de los cafetales y los caminos, aunque de tipo secundario es muy rico en especies.

ALCANCE GEOGRÁFICO: Cordillera Central, Cundinamarca: La Esperanza, vertiente del río Apulo.

OBSERVACIONES: Especies asociadas: *Inga marginata, Inga vera, Cassia bacillaris, Jacaranda brasiliana, Cecropia mutisiana, Psidium guianense, Erythrina* aff. *micropteryx, Gliricidia sepium, Zinnia elegans, Mimosa pudica, Piper dilatatum, Vitis caribea, Clitoria ternatea* y *Canna glauca.*

381. *Isoetes palmeri* (Com.). Bekker & Cleef, 1985. (Figura 54a)

DEFINICIÓN: Vegetación acuatica superficial.

ALCANCE GEOGRÁFICO: Cordillera Oriental, Cundinamarca: Páramo de Laguna Verde.

SINÓNIMOS: 4a, Plancha 1. IGAC 1985 34 aa, Cleef, 1981

OBSERVACIONES: Especies asociadas: *Drepanocladus exannulatus, Clasmatocolea vermicularis, Elatine fassettiana* y *Crassula paludosa.*

382. Isoetetum karstenii (Ass. fit.). Cleef, 1981.

DEFINICIÓN: Comunidad acuática en lagunetas de la zona media del páramo.

ALCANCE GEOGRÁFICO: Cundinamarca, Boyacá, Tolima: Cordillera Oriental, Páramo Sumapaz, Sierra Nevada Cocuy; Cordillera Central, Volcán de Santa Isabel.

OBSERVACIONES: Especies asociadas: *Ditrichum submersum, Isotachis serrulata* y *Blindia magellanica.*

1-*Isoetes palmeri*
2-*Callitriche sp.*
3-*Batrachospermum sp.*
4-*Myriophyllum elatinoides*
5-*Eleocharis acicularis*
7-*Puya santosii*

Figura 54a. Asociación ISOETETUM PALMERI, Cundinamarca; Páramo de Laguna Verde, 3700 m. Tomado de Cleef, 1981.

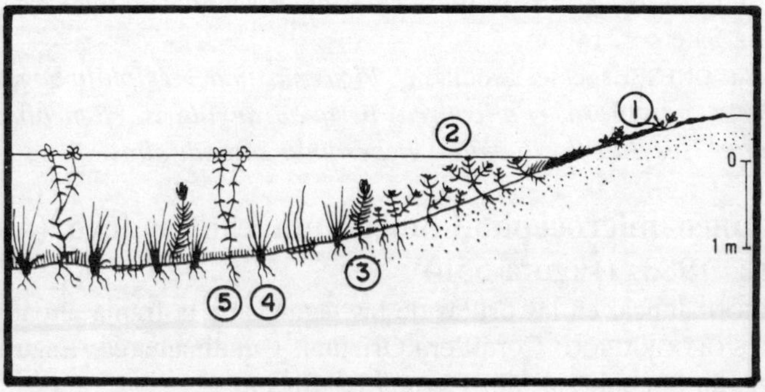

1-*Sphagnum sp.* y *Elatine chilensis*
2-*Tillaea paludosa*
3-*Myriophyllum elatinoides*
4-*Isoetes palmeri*
5-*Drepanocladus exannulatus*

Figura 54b. Asociación TILLAEETUM PALUDOSAE, Cundinamarca; Páramo de Laguna Verde, 3700 m. Tomado de Cleef, 1981.

383. Jamesonio bogotensi-Calamagrostietum effusae (Ass. fit.). Vargas & Zuluaga, 1985.

DEFINICIÓN: Pajonal en áreas paramunas cercanas a Bogotá.

ALCANCE GEOGRÁFICO: Cordillera Oriental, Cundinamarca: Amplia distribución en los Páramos de los alrededores de Bogotá.

OBSERVACIONES: Especies asociadas: *Hypericum goyanesii, Gentianella corymbosa, Diplostephium phylicoides.*

384. Jessenia-Welfietum (Ass. fit. s.l.) Zuluaga, 1987.

DEFINICIÓN: Típico palmar, con un dosel superior de 20-25 m, muy disperso y sin dominancia especifíca, se establece en colinas de relieve ondulado a muy pendiente, sobre suelos Typic-Dystropets, con condiciones bajas de fertilidad y niveles altos de aluminio.

ALCANCE GEOGRÁFICO: Región del Pacífico colombiano; colinas y serranías entre 100-300 m.

OBSERVACIONES: Especies dominantes: *Pentaclethra macroloba, Alchornea polyantha, Eschweilera verruculosa, Pseudolmedia laevigata,Jessenia bataua, Welfia georgii* y *Oenocarpus* sp.

385. *Juglans neotropica* y *Chamaedorea poeppigiana* (Com.). Rangel, 1994.

DEFINICIÓN: Comunidad boscosa, con un estrato arbóreo discontinuo y los estratos bajos muy desarrollados, en suelos ligeramente inclinados; se han entresacado las especies mas vigorosas y maderables.

ALCANCE GEOGRÁFICO: Cordillera Central, Risaralda: Parque Nacional Natural Ucumarí, Camino a Salento 2140 m.

OBSERVACIONES: Especies asociadas: *Ficus maxima, Aegiphila bogotensis, Saurauia ursina, Barnadesia parviflora, Palicourea perquadrangularis, Renealmia ligulata, Asplundia antioquiae, Haseltia floribunda* y *Peperomia rotundifolia.*

386. Junco microcephali-Scirpetum californicae (Ass. fit.). Rangel & Aguirre, 1983. (Figura 55b)

DEFINICIÓN: Juncal en las orillas de las lagunas de la franja altoandina.

ALCANCE GEOGRÁFICO: Cordillera Oriental, Cundinamarca: Laguna del Muña y caños en la Sabana de Bogotá; Nariño: Laguna La Cocha.

OBSERVACIONES: Especies asociadas: *Callitriche nubigena, Juncus microcephalus, Myriophyllum brasiliense, Ranunculus nubigenus, Ludwigia inclinata, Cortaderia bifida, Ludwigia repens* y *Gratiola peruviana.*

387. Junco-Chusquetum tessellatae (Ass. fit.). Sánchez & Rangel, 1990. (Figura 56)

DEFINICIÓN: Chuscal en turberas, en pantanos muy húmedos no compactos, hasta pantanos más terrizados con menor humedad.

ALCANCE GEOGRÁFICO: Cordillera Oriental, Cundinamarca: Páramo de Guasca 3300 m; Sureste del filo Peña Negra (entre Guasca y Gachalá).

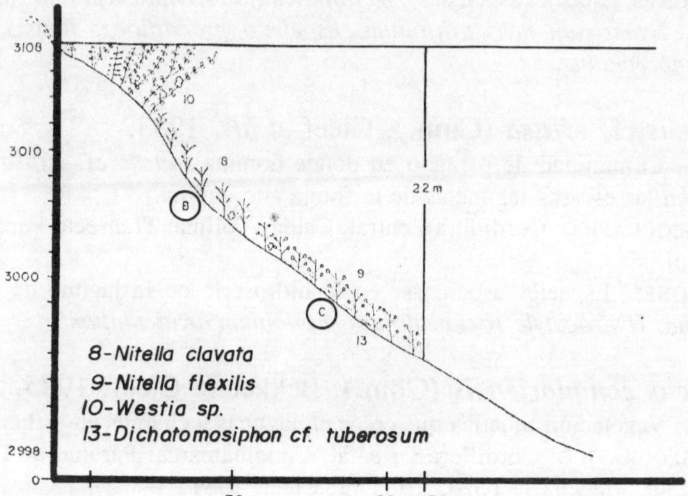

Figura 55a. Perfil de asociación NITELLETUM CLAVATAE (B), asociación NITELLETUM FLEXILIS (C), Boyacá; Laguna de Tota, 3020 m, extremo cerro El Organo, Tomado de Rangel y Aguirre, 1983.

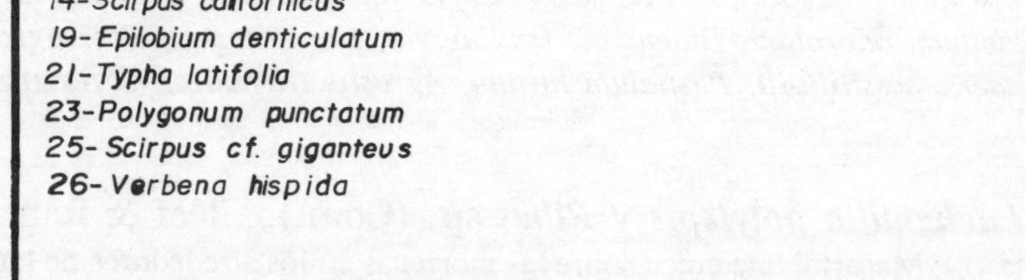

Figura 55b. Asociación JUNCO MICROCEPHALI - SCIRPETUM CALIFORNICAE (E), asociación EPILOBIO DENTICULATAE - TYPHETUM LATIFOLIAE (F) y asociación VERBENO HISPIDAE - SCIRPETUM GIGANTEI (G), Boyacá; Laguna de Tota, 3020 m, Tomado de Rangel y Aguirre, 1983.

OBSERVACIONES: Especies asociadas: *Ageratina tinifolia, Diplostephium albolutescens, Puya goudotiana, Hypericum myricariifolium, Espeletia grandiflora, Juncus ecuadoriensis* y *Juncus echinocephalus*.

388. *Juncus* cf. *effusa* (Com.). Cleef *et al.*, 1983.

DEFINICIÓN: Comunidad de pantano en donde domina *Juncus* cf. *effusa*, de distribución restringida en las escasas lagunetas de la franja alto andina.

ALCANCE GEOGRÁFICO: Cordillera Central, Caldas-Tolima: Transecto Parque Los Nevados, 3400-4100 m.

OBSERVACIONES: Especies asociadas: en la hidroserie de la laguna de Otún: *Lilaeopsis schaffneriana, Hydrocotyle ranunculoides, Epilobium denticulatum*

389. *Juncus ecuadoriensis* (Com.). Bekker & Cleef, 1985.

DEFINICIÓN: Vegetación acuática que crece en lagunas y charcos en turberas no terrizadas.

ALCANCE GEOGRÁFICO: Cordillera Oriental, Cundinamarca: Páramo de Laguna Verde.

SINÓNIMOS: 4b, Plancha 1. IGAC 1985 42, Cleef, 1981

OBSERVACIONES: Especies asociadas: *Drepanocladus exannulatus, Sphagnum cuspidatum* y *Ranunculus limoselloides*.

390. *Lachemilla orbiculata* y *Breutelia* cf. *allonii* (Com.). Vargas & Rivera, 1991.

DEFINICIÓN: Prado con predominio del estrato rasante debido al constante pastoreo.

ALCANCE GEOGRÁFICO: Cundinamarca: Parque Nacional Natural Chingaza: sector la Playa-río Guataquia 3150 m.

OBSERVACIONES: Especies asociadas: *Carex bonplandii, Gnaphalium* cf. *spicatum, Anthoxanthum odoratum, Bidens* cf. *triplinervia, Cerastium kunthii, Agrostis* cf. *foliata, Hypochoeris sessiliflora, Paspalum hirtum, Agrostis trichodes, Carex tristicha* y *Juncus bruncus*.

391. *Lachemilla polylepis* y *Ribes* sp. (Com.). Cleef & Rangel, 1984.

DEFINICIÓN: Matorral que crece sobre las morrenas en los alrededores de lagunas, en suelos superficiales.

ALCANCE GEOGRÁFICO: Magdalena: Sierra Nevada de Santa Marta, laguna la Perdida costado Sur (4070 m).

OBSERVACIONES: Especies asociadas: *Castilleja fisifolia, Vaccinium floribundum* y *Geranium sibbaldioides*.

392. Lachemilletum orbiculatae (Ass. fit. s.l.). Cuatrecasas, 1934; 1989.

DEFINICIÓN: Prado que adquiere gran expansión sobre las vertientes desnudas en suelos turbosos, áreas influenciadas por la actividad humana.

ALCANCE GEOGRÁFICO: Cundinamarca-Tolima: Localidad típica La Sandalia, 3300 m. también en páramos de las cordilleras Oriental y Occidental.

OBSERVACIONES: Especies asociadas: *Ranunculus peruvianus, Cerastium* sp., *Paspalum bonplandianum, Spilanthes americana* y *Trifolium amabile*.

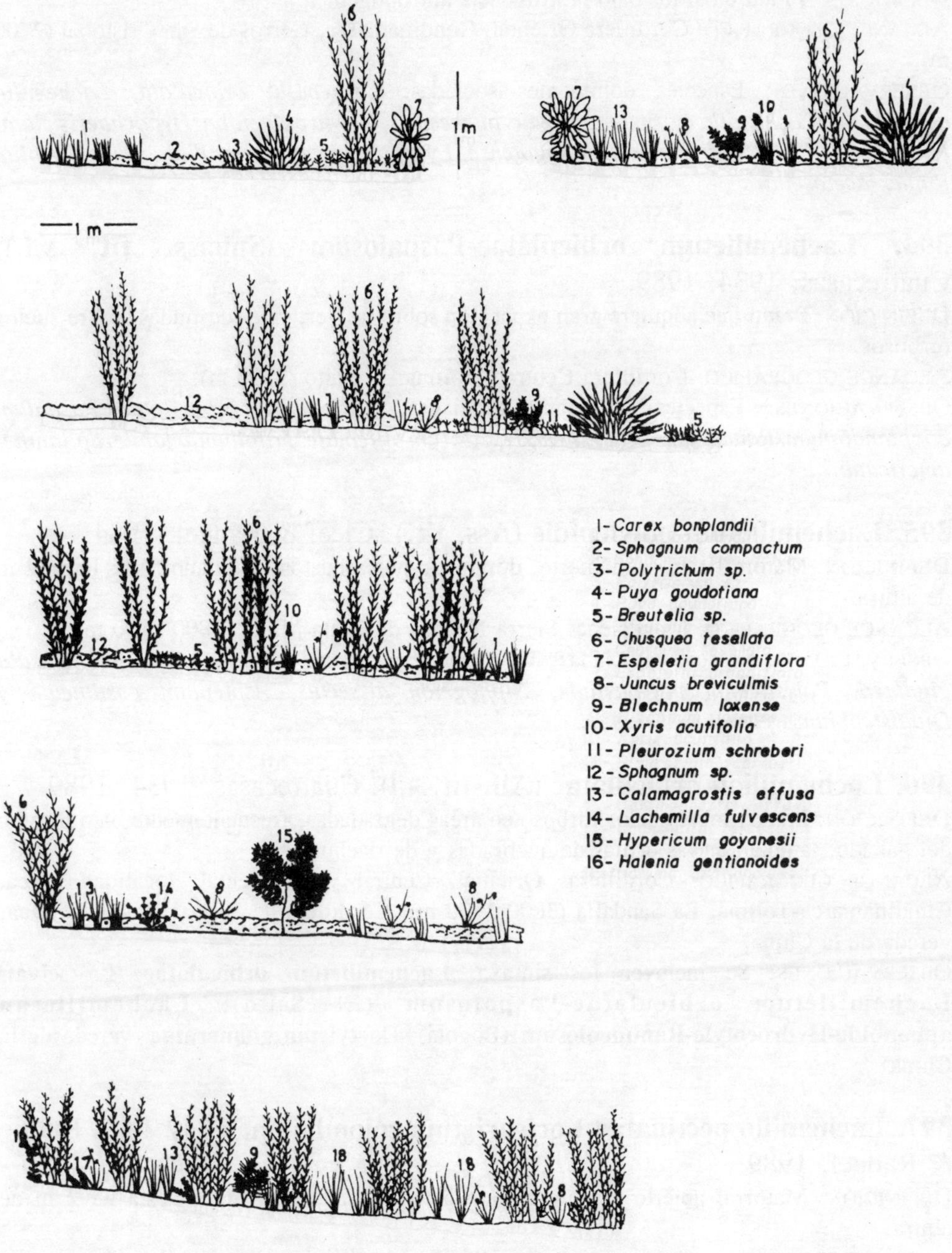

Figura 56. Asociación JUNCO-CHUSQUETUM TESELLATAE, Cundinamarca; Páramo de Guasca, 3300 m. Tomado de Sánchez y Rangel, 1990.

393. Lachemilletum orbiculatae-Hydrocotylosum. Cuatrecasas, 1934.
DEFINICIÓN: Prado en sitios bajo la influencia antropogénica.
ALCANCE GEOGRÁFICO: Cordillera Oriental, Cundinamarca, Cerros de San Cristobal (2700 m).
OBSERVACIONES: Especies dominantes-asociadas: *Lachemilla orbiculata, Lachemilla aphanoides, Lachemilla moritziana, Oxalis puracensis, Salvia palaefolia, Hypochaeris elata, Hydrocotyle bonplandii, Equisetum bogotense, Lycopodium clavatum, Viola prunellaefolia, Rumex acetosella.*

394. Lachemilletum orbiculatae-Paspalosum (Subass. fit. s.l.). Cuatrecasas, 1934; 1989.
DEFINICIÓN: Prado que adquiere gran expansión sobre las vertientes desnudas, sobre suelos turbosos.
ALCANCE GEOGRÁFICO: Cordillera Central, Tolima: El Salto (3300 m).
OBSERVACIONES: Especies dominantes-asociadas: *Lachemilla orbiculata, Paspalum bonplandianum, Ranunculus peruvianus, Taraxacum officinale, Trifolium amabile, Spilanthes americana.*

395. Lachemilletum polylepidis (Ass. fit.). Cleef & Rangel, 1984.
DEFINICIÓN: Matorral ralo semiabierto, dominado por arbustos leptonanofílicos hasta 2 m de altura.
ALCANCE GEOGRÁFICO: Magdalena: Sierra Nevada de Santa Marta (3800-4100 m).
OBSERVACIONES: Especies asociadas: *Valeriana engleriana, Miconia* cf. *andina, Luzula gigantea, Polystichum polyphyllum, Niphogeton dissectus, Asplenium castaneum* y *Diplostephium weddellii.*

396. Lachemillion orbiculatae (All. fit..s.l). Cuatrecasas, 1934; 1989.
DEFINICIÓN: Prados sobre suelos turboso en áreas degradadas, frecuentemente bajo pisoteo del ganado, también en las orillas de quebradas y de riachuelos.
ALCANCE GEOGRÁFICO: Cordilleras Oriental, Central y Occidental; localidad típica: Cundinamarca-Tolima: La Sandalia (3000-3100 m), Cordillera de San Cristobal, Guasca, vereda de la China.
OBSERVACIONES: Se incluyen los sintaxa: **Lachemilletum orbiculatae** (La selva); **Lachemilletum orbiculatae-Paspalosum** (El Salto); **Lachemilletum aphanoide-Hydrocotyle-Ranunculosum** (Bogotá); **Dactyleum glomeratae** (vereda de la China).

397. Lachemillo pectinatae-Loricarietum colombianae (Ass. fit.). Duque & Rangel, 1989.
DEFINICIÓN: Matorral abierto con un estrato arbustivo con individuos hasta de 2 m de altura.
ALCANCE GEOGRÁFICO: Cauca: Transecto valle del Magdalena-volcán del Puracé; páramos de las Cordilleras Central y Occidental.

OBSERVACIONES: Especies dominantes: *Loricaria colombiana, Pernettya prostrata y como acompañantes, Valeriana microphylla, Lasiocephalus otophorus, Lachemilla pectinata* y *Distichia muscoides.*

398. Ladenbergio macrophyllae-Huerteetum glandulosae (Ass. fit.) Rangel *et al.*, 1989.

DEFINICIÓN: Vegetación de tipo selvática con un estráto arbóreo con valores de cobertura entre 60-85% y un estrato subarbóreo con cobertua del orden de 52%. El estrato arbustivo aalcanza 35% de cobertura.

ALCANCE GEOGRÁFICO: Cordillera Central, Caldas-Tolima: Transecto Parque Los Nevados, vertiente Occidental (Santa Rosa, Puerto Caldas) 1100-1800 m.

OBSERVACIONES: Especies características: *Huertea glandulosa, Casearia coymbosa, Ladenbergia macrrophylla, Alchonea polyantha, Clarisia biflora, Protium* cf. *macrophyllum, Ocotea discolor, Cinchona pubesces, Mollinedia campanulacea* y *Picramnia corallodendrum.*

399. *Laguncularia racemosa* (Com.). Cuatrecasas, 1958; 1989.

DEFINICIÓN: Vegetación de tipo bosque bajo o matorral; se dispone en terrenos consolidados cerca a la zona arenosa de la playa.

ALCANCE GEOGRÁFICO: Costa del Litoral Pacífico y Atlántica.

OBSERVACIONES: Especies dominates: *Laguncularia racemosa (comedero), Rustia occidentalis y en ocasiones Sessuvium portulacastrum.*

400. *Lecanora bogotana* y *Lecanora myriocarpoides* (Com.) Hollander & Swaan, 1992.

DEFINICIÓN: Comunidad criptogámica que crece en las ramas y troncos en las partes bajas del dosel.

ALCANCE GEOGRÁFICO: Cordillera Occidental, Risaralda: Santuario: los Planes 1670 m.; Valle del Cauca.

OBSERVACIONES: Especies asociadas: *Phoeographina* sp., *Parmotrema subsumptum* y *Canoparmelia texana.*

401. *Lecythis* sp. y *Micrandra spruceana* (Com.). Carvajal *et al.* (1979, en PRORADAM).

DEFINICIÓN: Vegetación de tierra firme de tipo selvático, con un estrato arbóreo superior en donde los individuos más altos alcanzan 30-35 m.

ALCANCE GEOGRÁFICO: Amazonia colombiana, inventarios representativos se encuentran a lo largo del río Apaporis.

OBSERVACIONES: Especies dominantes: *Lecythis* sp., *Micrandra spruceana y como asociadas especies de Pouteria, Ocotea* y *Clathrotropis.*

402. *Leersia hexandra* (Com.) Schmidt-Mumm, 1988.

DEFINICIÓN: Comunidad de pantanos y de charcas, desde la zona baja tropical, incluyendo los Llanos Orientales hasta la región subandina; también en espejos de agua, dominan las especies de la clase Helophyta, y las de las clases Hygrophytae aumentan su importancia ecológica

ALCANCE GEOGRÁFICO: Amplia distribución en Colombia (0-2700 m); localidad típica: Cordillera Oriental, Cundinamarca: Albán, hoya del río Namayen; Antioquia, Córdoba, Tolima y Chocó.

OBSERVACIONES: Especies dominantes-asociadas: *Leersia hexandra, Axonopus compressus, Pennisetum clandestinum, Ranunculus flagelliformis, Juncus densiflorus, Hydrocotyle bonplandii* y *Ludwigia palustris*.

403. *Lejeunea laetevirens* y *Lejeunea* sp. (Com.) Hollander & Swaan, 1992.

DEFINICIÓN: Comunidad criptogámica que crece en las ramas y troncos de las partes bajas del bosque, en zonas obscuras, húmedas, tibias en las noches y frias en el día.

ALCANCE GEOGRÁFICO: Risaralda: Santuario, los Planes 1670 m; Valle del Cauca.

OBSERVACIONES: Incluye loss tipos *Plagiochila fragilis - Phyllospora corallina* y *Plagiochila bursata - Plagiochila bidens*.

404. *Lejeunea* sp. y *Cyrtolejeunea holostipa* (Com.) Hollander & Swaan, 1992.

DEFINICIÓN: Comunidad criptogámica que crece en las ramas debajo de las coronas de los árboles.

ALCANCE GEOGRÁFICO: Risaralda: Santuario, los Planes 1670 m; Valle del Cauca.

OBSERVACIONES: Especie asociada: *Frullania brasiliensis*.

405. Lemmo-Azolletum filiculoides (Ass. fit.). Segal, 1965.

DEFINICIÓN: Vegetación flotante en lagos, lagunas y lagunetas de la region Andina y paramuna; se asocia con procesos de eutroficación.

ALCANCE GEOGRÁFICO: Amplia distribución, Caldas-Tolima: Transecto Parque Los Nevados (3900 m); Cundinamarca: Laguna de La Herrera.

OBSERVACIONES: Especies dominantes: *Azolla filiculoides* y *Lemna minor*.

406. *Leopoldinia piassaba, Lecythis* sp., y *Jessenia (Oenocarpus) polycarpa* (Com.). Carvajal *et al*. (1979, en PRORADAM).

DEFINICIÓN: Comunidad presente en la llanura aluvial con un estrato arbóreo superior con elementos de más de 20 m de altura que conforman un dosel abierto.

ALCANCE GEOGRÁFICO: Amazonia colombiana.

OBSERVACIONES: Especies dominantes-asociadas: *Leopoldinia piassaba, Virola theidora, Qualea retusa, Xylopia* sp., *Poraqueiba sericea, Couratari stellata, Hevea guianensis* y especies de *Lecythis, Couratari,* y de *Micropholis*.

407. *Leptochloa scabra* y *Torulinium macrocephalum* (Com.). Prieto *et al*., 1995.

DEFINICIÓN: Etapa de vegetación de playa con un estrato rasante de cobertura baja (6%).

ALCANCE GEOGRÁFICO: Amazonas: río Amazonas, Isla Mocagua, lagos internos, sobre playas cóncavas.

OBSERVACIONES: Especies características-dominantes: *Leptochloa scabra, Torulinium macrocephalum, Tessaria integrifolia, Sphenoclea zeylanica* y *Echinochloa crus-pavonis.*

408. ***Leucobryum polakowskyi*** **y** ***Syrrrhopodon gaudichandii*** **(Com.)**. Wolf, 1993.

DEFINICIÓN: Comunidad de criptogamas epifíticas con amplio rango de distribución.
ALCANCE GEOGRÁFICO: Cordillera Central, Risaralda: Santa Rosa (1980 m).
OBSERVACIONES: Especies asociadas: *Leptoscyphus porphyrius, Lejeunea flava* y *Campylopus* sp.

409. ***Libanothamnus glossophyllus*** **y** ***Satureja caerulescens*** **(Com.)**. Cleef & Rangel, 1984; Sturm y Rangel, 1985.

DEFINICIÓN: Frailejonal (matorral alto), que crece en parches sobre suelos pedregosos, secos.
ALCANCE GEOGRÁFICO: Magdalena: Sierra Nevada de Santa Marta, costados Sur y Norte.
OBSERVACIONES: Especies asociadas: *Stevia lucida, Castilleja fissifolia, Holodiscus argenteus.*

410. ***Libidibia cariaria*** **y** ***Cordia curassavica*** **(Com.)**. Rieger, 1976.

DEFINICIÓN: Vegetación boscosa con un estrato superior con elementos de 6 m de altura en donde dominan *Libidibia cariaria* y *Prosopis juliflora.*
ALCANCE GEOGRÁFICO: Guajira: Península de la Guajira colombiana, probablemente también en Venezuela.
OBSERVACIONES: Especies asociadas: *Opuntia wentiana, Castela erecta, Acanthocereus* sp., *Anthephora hermaphrodita, Eragrostis ciliaris, Chamaecrista serpens* y *Envolvulus sericeus.*

411. ***Limnobium laevigatum*** **(Com.)** Wijninga *et al.*, 1989. (Figura 57)

DEFINICIÓN: Comunidades pleustofíticas en lagunetas colmatadas; en sitios eutroficados donde las especies dominantes forman densos tapetes flotantes. La profundidad del agua varia entre 2 y 250 cm.
ALCANCE GEOGRÁFICO: Cordillera Oriental, Cundinamarca: Laguna de La Herrera, Sabana de Bogotá; laguna de Ubaque; laguna de Fúquene.
OBSERVACIONES: Especies asociadas: *Azorella filiculoides, Lemna* cf. *minuscula* y *Ricciocarpus natans.*

412. ***Limosella australis*** **(Com.)**. Cleef *et al.*, 1983.

DEFINICIÓN: Vegetación acuática de distribución muy restringida, en lagunitas y cubetas sobre sustrato mineral, entre 3800 y 4250 m.
ALCANCE GEOGRÁFICO: Cordillera Central, Caldas-Tolima: Transecto Parque Los Nevados, laguna del Otún.
OBSERVACIONES: Especie dominante: *Limosella australis.*

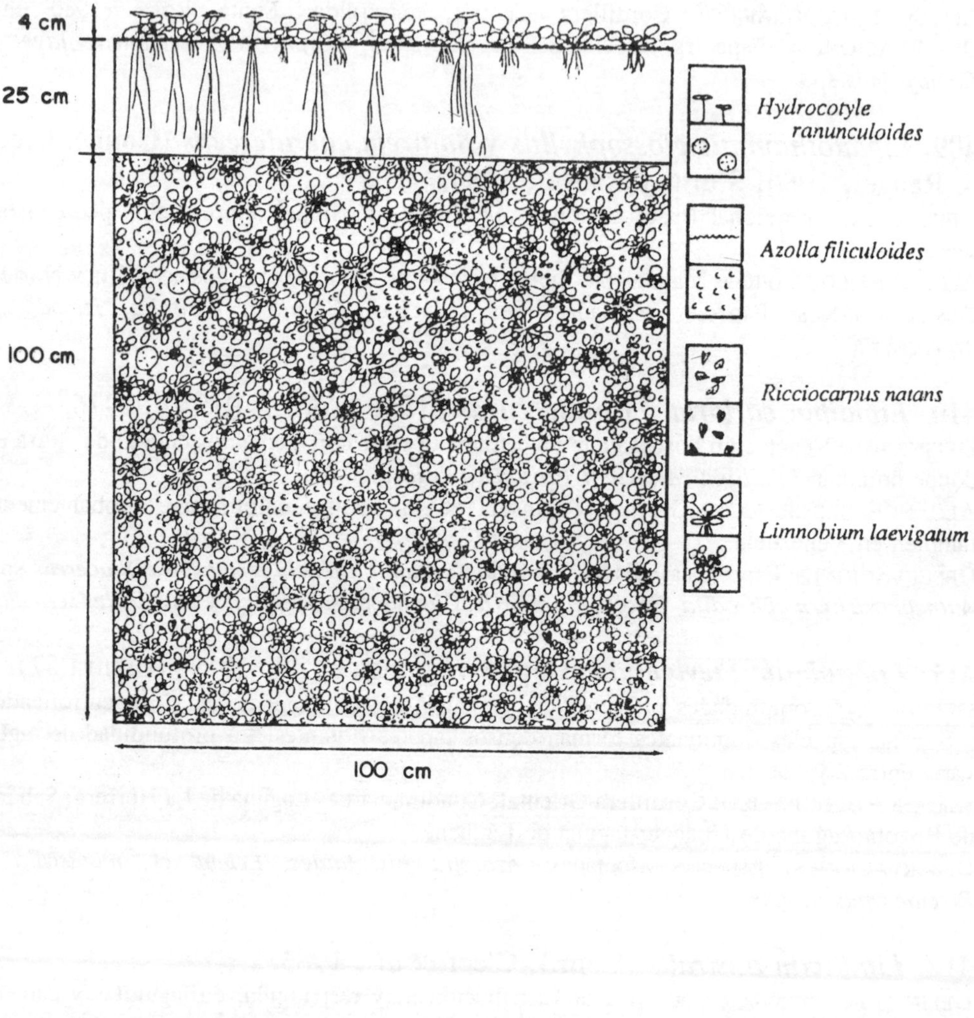

Figura 57. Comunidad de *Limnobium laevigatum*, Cundinamarca; Laguna de la Herrera. 2550 m. Tomado de Wijninga, Rangel y Cleef, 1989.

413. *Lonchocarpus punctatus* (Com.). Rieger, 1976. (Figura 58)

DEFINICIÓN: Vegetación boscosa con un estrato arbóreo, con individuos de *Lonchocarpus punctatus* hasta de 12 m de altura.

ALCANCE GEOGRÁFICO: Guajira: Península de la Guajira.

OBSERVACIONES: Especies asociadas: *Bunchosia odorata, Ayenia magna, Panicum trichoides, Dicliptera assurgens, Synedrella nodiflora* y *Elytraria imbrincata.*

414. *Lonchocarpus sanctae-martae* y *Bulnesia arborea* (Ass. fit.). Rieger, 1976.

DEFINICIÓN: Vegetación boscosa baja, con tres estatos bien delimitados; en el arbóreo aparecen elementos hasta de 6 m de altura.

ALCANCE GEOGRÁFICO: Guajira: Península de la Guajira y región semidesértica del Caribe.

OBSERVACIONES: Especies dominantes: *Malpighia punicifolia, Pithecolobium dulce, Randia gaumeri, Coccoloba obtusifolia, Rupechtia ramiflora, Cardiospermum halicacabum, Croton fragilis, Prosopis juliflora, Pereskia guamacho, Capparis flexuosa* y *Libidibia cariaria.*

415. Lorenzochloetum erectifoliae (Ass. fit.). Cleef, 1981; Bekker & Cleef, 1985.

DEFINICIÓN: Pajonal alto que se establece en concavidades en zonas húmedas y pantanosas; suelos arenosos, arcillosos, moderadamente ácidos.

ALCANCE GEOGRÁFICO: Cordillera Oriental, Cundinamarca: Páramos entre Neusa y San Cayetano (3550-3650 m).

SINÓNIMOS: 1c, Plancha, 1. IGAC, 1985

OBSERVACIONES: Especies asociadas: *Pentacalia nitida, Arcytophyllum muticum, Espeletia argentea, Acaena cylindristachya, Polytrichum juniperinum, Campylopus argyrocaulon, Claddia aggregata* y *Cladonia isabellina.*

416. *Loricaria* cf. *colombiana* y *Agrostis foliata* (Com.). Sturm y Rangel, 1985.

DEFINICIÓN: Matorral ralo en sitios encharcados, es la vegetación leñosa que alcanza mayor elevación en la zona.

ALCANCE GEOGRÁFICO: Nariño: Volcán Chiles (Ecuador); Páramo del Angel 3970-4200 m.

OBSERVACIONES: Especies asociadas: *Pentacalia vacciniodes, Castilleja fissifolia, Gentiana sedifolia* y *Pernettya prostrata.*

417. *Loricaria thuyoides* y *Arcytophyllum capitatum* (Com.). Rangel & Luteyn (en Rangel & Garzón, 1995).

DEFINICIÓN: Matorrales dominantes en la franja alta del páramo, después de 3800 m.

ALCANCE GEOGRÁFICO: Nariño: Volcán Galeras, 3600-4400 m.

OBSERVACIONES: Especies acompañantes: *Vaccinium floribundum, Hesperomeles heterophylla, Brachyotum strigossum, Gynoxys santi-antoni, Gunnera magellanica, Geranium sibbaldioides* y *Nertera granadensis.*

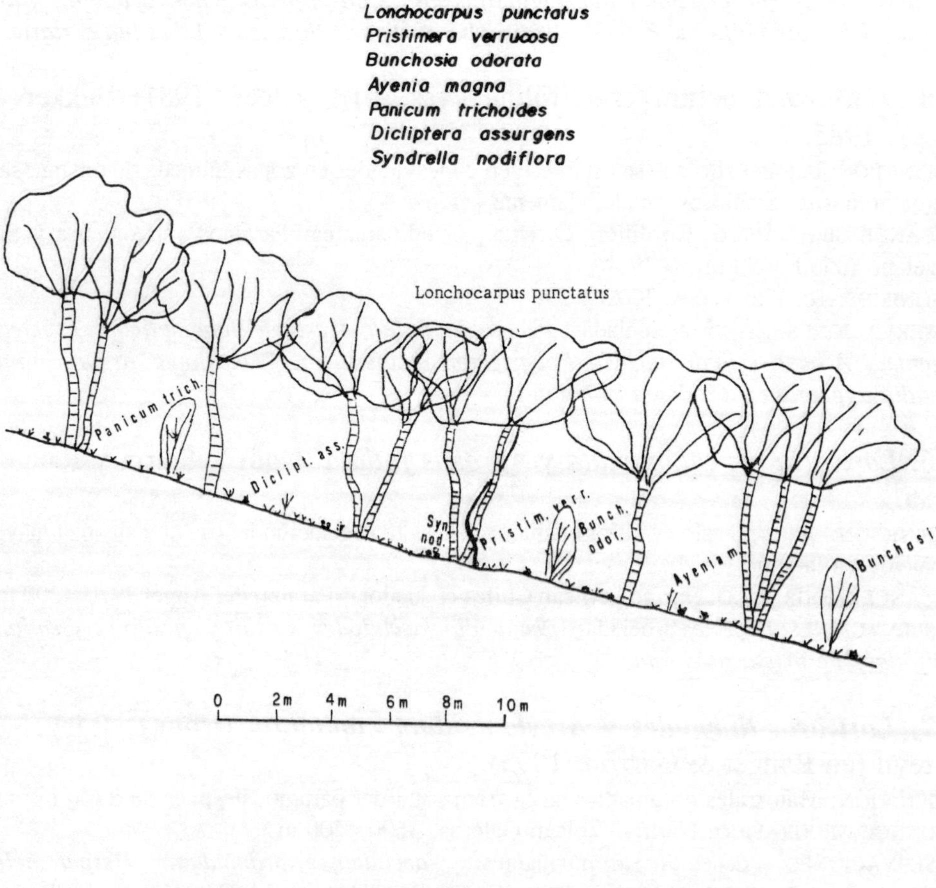

Figura 58. Comunidad de *Lonchocarpus punctatus*, Guajira; en cercanías de la Serranía de la Macuira, 250 m. Tomado de Rieger, 1976.

418. *Loricaria thuyoides* y *Pentacalia vernicosa* (Com.). Rangel & Luteyn (en Rangel & Garzón, 1995).

DEFINICIÓN: Matorral denso en sitios muy húmedos y planos.
ALCANCE GEOGRÁFICO: Nariño: Volcán Chiles, 3800-4200 m.
OBSERVACIONES: Especies asociadas: *Calamagrostis* cf. *bogotensis, Lupinus* sp. y *Diplostephium eriophorum*.

419. Loricarietum complanatae (Ass. fit.). Cleef, 1981; Cleef *et al.*, 1983.

DEFINICIÓN: Matorral del superpáramo; sobre suelos pedregosos, delgados, arenosos, arcillosos y moderamente ácidos.
ALCANCE GEOGRÁFICO: Páramos de la Cordillera Oriental, Boyacá: Sierra Nevada del Cocuy (4000-4400 m); Cordillera Occidental, Caldas: Transecto Parque Los Nevados.
OBSERVACIONES: Especies asociadas: *Jamesonia goudotii, Lachemilla nivalis, Hypochoeris sessiliflora, Bartsia santolinaefolia, Oritrophium peruvianum, Cladia aggregata* y *Campylopus pittieri*.

420. *Lorostemon bombaciflorus* y *Oxandra polyantha* (Com.). Duivenvoorden, 1993.

DEFINICIÓN: Vegetación de tipo bosque pantanoso con densidad media de palmas.
ALCANCE GEOGRÁFICO: Amazonia, distribución restringida a llanuras inundables por los ríos de la cuenca del Medio Caquetá.
SINÓNIMOS: Ac, Ec, Plancha araracuara-mariñame. Duivenvoorden, 1993.
OBSERVACIONES: Especies asociadas: *Vatairea guianensis, Mauritia flexuosa* y *Euterpe precatoria*.

421. *Ludwigia decurrens* y *Fimbristylis littoralis* (Com.). Duivenvoorden, 1993.

DEFINICIÓN: Vegetación de tipo herbáceo hasta de 1 m de altura, de pocas especies y con una cobertura baja. En ocasiones se encuentran arbustos y arbustillos.
ALCANCE GEOGRÁFICO: Amazonia, en las playas y barras fluviales del río Caquetá.
As1, Plancha araracuara-mariñame. Duivenvoorden, 1993.
OBSERVACIONES: Especies acompañantes: *Annona hypoglauca* y *Pseudobombax munguba*.

422. Lupino alopecuroidis-Agrostietum araucanae (Ass. fit.). Salamanca *et al.*, 1991.

DEFINICIÓN: Pastizal-herbazal en sitios abrigados.
ALCANCE GEOGRÁFICO: Cordillera Central, Caldas-Tolima: Transecto Parque Los Nevados (4350-4500 m).
OBSERVACIONES: Especies asociadas: *Festuca breviaristata, Lycopodium crassum, Senecio canescens, Lucilia kunthiana* y *Gentiana sedifolia*.

423. Lupino alopecuroidis-Mimuletum glabratae (Ass. fit.). Cleef, 1981.

DEFINICIÓN: Prado sobre sitios húmedos y pantanosos.

ALCANCE GEOGRÁFICO: Cordillera Oriental, Boyacá: Sierra Nevada del Cocuy (4000 m), páramos de Pisba (3480 m); Cundinamarca: Palacio (3600 m) y Sumapaz (3800 m).
OBSERVACIONES: Especies asociadas: *Calceolaria mexicana, Ranunculus flagelliformis, Sisyrinchium tinctorium* y *Bartsia orthocarpiflora.*

424. Lupino alopecuroidis-Valerianetum microphyllae (Ass. fit.). Duque & Rangel, 1989. (Figura 59)
DEFINICIÓN: Vegetación de tipo prado con un estrato herbáceo ralo y uno rasante dominante en cobertura.
ALCANCE GEOGRÁFICO: Cauca: Transecto valle del Magdalena-volcán del Puracé (3950-4380 m).
OBSERVACIONES: Especies características-dominantes: *Valeriana microphylla, Lupinus alopecuroides, Cerastium danguyi, Racomitrium crispipilum, Oreomyrrhis andicola, Oritrophium peruvianum, Lupinus expetendus* y *Geranium confertum.*

425. *Lupinus alopecuroides* y *Gynoxys* sp. (Com.). Bekker & Cleef, 1985.
DEFINICIÓN: Matorral rosetal con una capa de hierbas que crece vigorosamente, el estrato rasante ocupa poco espacio; la comunidad crece en sitios semihúmedos de poca inclinacion resguardados del frío.
ALCANCE GEOGRÁFICO: Cordillera Oriental, Cundinamarca: Páramo de Laguna Verde.
SINÓNIMOS: 2p, Plancha 1. IGAC, 1985.
OBSERVACIONES: Especies asociadas: *Carex bonplandii, Galium cuatrecasasii, Nertera granadensis, Ribes* sp., *Moritzia lindenii, Hypericum lindenii, Pentacalia nitida, Hypericum lancioides, Valeriana longifolia, Cerastium subspicatum* y *Pernettya prostrata*

426. Luzulo racemosae-Calamagrostion effusae (All. fit.). Cleef & Rangel, 1984.
DEFINICIÓN: Pajonal zonal del páramo propiamente dicho, en suelos pedregosos y poco profundos.
ALCANCE GEOGRÁFICO: Magdalena: Sierra Nevada de Santa Marta, costado Norte.
OBSERVACIONES: Especies asociadas: *Draba cheiranthoides, Carex sanctae-martae, Draba cryophila, Pernettya prostrata* var. *prostrata, Luzula racemosa, Marsupella trolli, Campylopus chrismarii, Gongylanthus liebmannianus, Stephaniella* sp. y *Jamesonia cuatrecasasii.*

427. *Lysipomia sphagnophilla* ssp. *minor* (Com.) Cleef, 1981.
DEFINICIÓN: Vegetación que se presenta en forma de parches en la parte baja del páramo.
ALCANCE GEOGRÁFICO: Cordillera Oriental, Cundinamarca: Páramo de la Sarna (vía al Llano) al Norte a 3600 m; Santander: Páramo el Almorzadero a 3900 m.
OBSERVACIONES: Especies acompañantes: *Sphagnum cyclophyllum, Drepanocladus revolvens, Calliergon stramineum, Hypochoeris sessiflora, Plantago rigida, Breutelia allioni, Hypericum lancioides, Festuca* cf. *dolichophylla* y *Xyris acutifolia.*

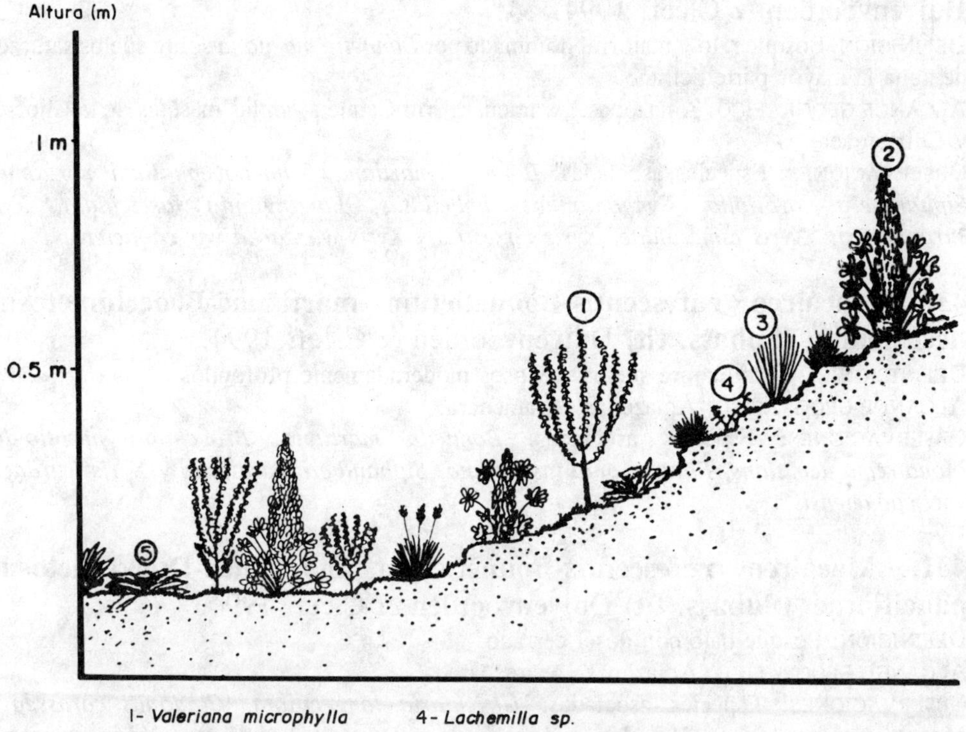

Figura 59. Asociación LUPINO ALOPECUROIDIS-VALERIANETUM MICROPHYLLAE, Huila; Parque Nacional Natural Purace, 4000 m. Tomado de Espejo y Rangel, 1989.

428. Lysipomio-Diplostephietum revoluti (Ass. fit.). Sánchez & Rangel, 1990; Sturm y Rangel, 1985. (Figura 60)

DEFINICIÓN: Matorral de sitios pantanosos dominado por *Diplostephium revolutum*, arbusto típico con sus copas redondeadas.

ALCANCE GEOGRÁFICO: Cordillera Oriental, Cundinamarca: Región del Sumapaz, Cruz Verde entre 3400-3500 m.

SINÓNIMOS: D. revoluti-S.tessellatae Lozano y Schnneter, 1975.

OBSERVACIONES: Especies asociadas: *Puya santosii, Aragoa corrugatifolia, Hypericum lancioides, Pentacalia reissiana.*

429. Macaireo rufescentis-Bonnetietum martianae (Ass. fit.) Duivenvoorden & Cleef, 1994.

DEFINICIÓN: Bosque ralo y matorral dominado por *Bonnetia martiana* sobre suelos saturados de agua la mayor parte del año.

ALCANCE GEOGRÁFICO: Amazonas, Araracuara, río Caquetá; en las mesetas de la Chorrera y Chiribiquete.

OBSERVACIONES: Especies asociadas: *Bonnetia martiana, Schoenocephalium martianum, Siphanthera cordifolia, Syngonanthus umbellatus, Farringtonia fasciculata, Xyris surinamensis, Xyris esmeraldae, Xyris terrestris* y *Xyris wurdackii var caquetensis.*

430. Macaireo rufescentis-Bonnetietum martianae-Brocchinietosum hechtioides (Subass. fit) Duivenvoorden & Cleef, 1994.

DEFINICIÓN: Matorral sobre suelos arenosos moderadamente profundos.

ALCANCE GEOGRÁFICO: Amazonas, Araracuara.

OBSERVACIONES: Especies asociadas: *Bonnetia martiana, Brocchinia hechtioides, Monotrema aemulans, Farringtonia fasciculata, Siphanthera cordifolia* y *Xyris wurdackii* var. *caquetensis.*

431. Macaireo rufescentis-Bonnetietum martianae-Duckeelletosum pauciflorae (Subass. fit) Duivenvoorden & Cleef, 1994.

DEFINICIÓN: Bosque bajo con dosel cerrado.

ALCANCE GEOGRÁFICO: Amazonas, Araracuara.

OBSERVACIONES: Especies asociadas: *Utricularia longeciliata, Cladonia carassensis, Monotrema aemulans, Brocchinia hechtioides, Drosera capillaris, Xyris terrestris, Farringtonia fasciculata* y *Bombax coriaceum*

432. *Macleania rupestris, Miconia elaeoides, Hesperomeles pernettyoides* y *Geranium* sp. (Com.). Bekker & Cleef, 1985.

DEFINICIÓN: Vegetación natural que crece sobre los afloramientos rocosos y vertientes de inclinación ligera.

ALCANCE GEOGRÁFICO: Cordillera Oriental, Cundinamarca: Páramo de Laguna Verde.

SINÓNIMOS: 3h, Plancha 1. IGAC, 1985

OBSERVACIONES: Especies asociadas: *Myrsine dependens, Maclaeania rupestris, Blechnum*

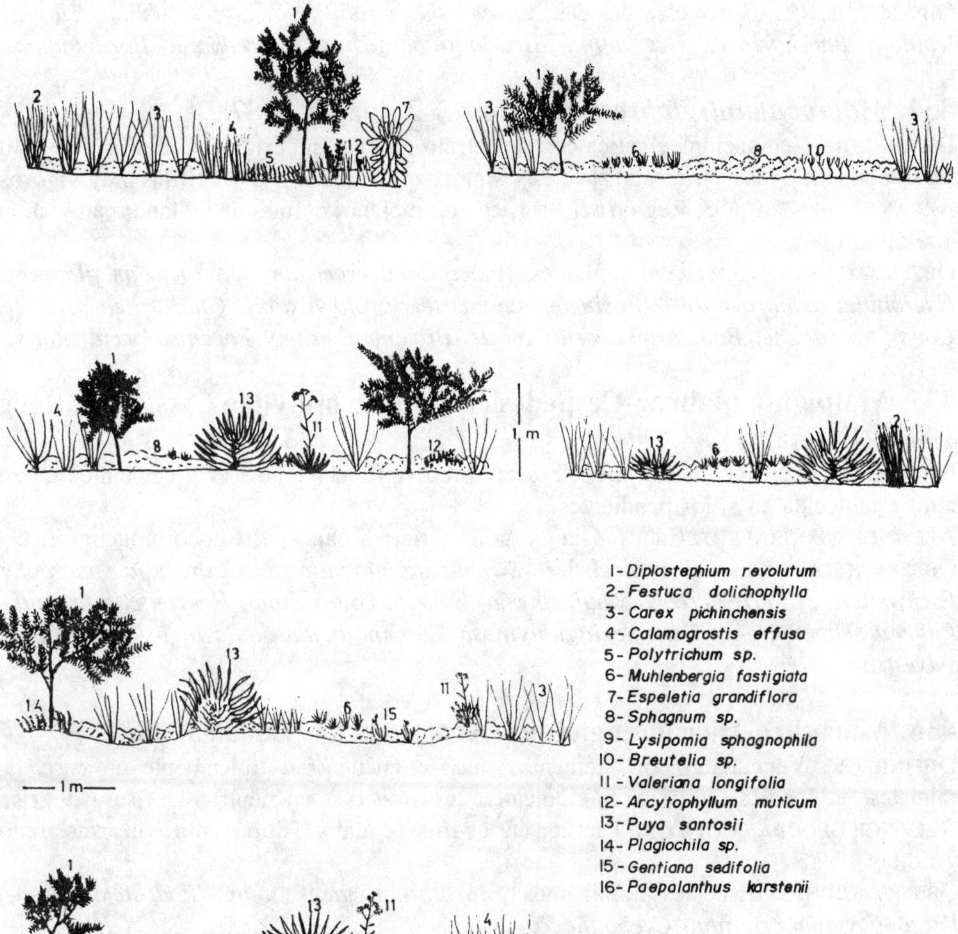

Figura 60. Asociación LYSIPOMIO - DIPLOSTEPHIETUM REVOLUTII, Cundinamarca: Páramo de Cruz Verde, 3400 - 3500 m. Tomado de Sánchez y Rangel, 1990.

columbiense, Hesperomeles pernettyoides, Miconia elaeoides, Weinmannia microphylla, Berberis cf. *goudotii, Nertera granadensis, Bucquetia glutinosa* y *Oreopanax* cf. *mutisianum.*

433. *Macleania rupestris* y *Cordia cylindristachya* (Com.). Rangel, 1994.
DEFINICIÓN: Matorral secundario en áreas degradadas.
ALCANCE GEOGRÁFICO: Cordillera Central, Risaralda: Parque Nacional Natural Ucumarí, región subandina 2200 m.
OBSERVACIONES: Especies asociadas: *Cavendishia strobilifera, Lippia schlimi, Tibouchina lepidota, Baccharis* aff. *macrantha, Escallonia paniculata* y *Oreopanax floribundum.*

434. *Macrocneum glabrescens* (Com.) Zuluaga, 1987.
DEFINICIÓN: Vegetación selvática con un estrato arbóreo superior con alturas de 35-40 m, un sotobosque denso y rico en especies y simorfias de trepadoras y epifítas muy vigorosas.
ALCANCE GEOGRÁFICO: Región del Pacífico colombiano; colinas de la llanura aluvial, entre 400-500 m.
OBSERVACIONES: Especies dominantes: *Anacardium excelsum, Macrocneum glabrescens, Hyeronima alchorneoides, Brosimum guianense, Virola dixonii, Quararibea asterolepis, Copaifera canime, Batocarpus costaricensis, Brosimum utile* y *Faramea occidentalis.*

435. Malpighio glabrae-Cespedesietum macrophyllae (Ass. fit.). Rangel, 1990. (Figura 61)
DEFINICIÓN: Vegetación con un estrato arbóreo superior, vigoroso y elementos de zonas altas establecida en sitios pendientes.
ALCANCE GEOGRÁFICO: Cauca: Isla Gorgona y tierras bajas del Chocó biogeográfico.
OBSERVACIONES: Especies asociadas: *Symphonia globulifera, Cespedesia macrophylla, Eschweilera pittieri, Perebea xanthochyma, Xylopia columbiana, Henriettella fissanthera, Eugenia schomburgkii, Conostegia rubiginosa, Terminalia amazonia, Inga edulis* y *Casearia sylvestris.*

436. Marathro-Dicranopigietum (Ass. fit. s.l.). Zuluaga, 1987.
DEFINICIÓN: Vegetación con elementos que se encuentran típicamente en cascadas y raudales, en donde se adhieren fuertemente a las rocas o se encuentran en fisuras y grietas.
ALCANCE GEOGRÁFICO: Costa Pacífica en los ríos Tendal y Tilupó, sobre pizarras arenosas y liditas.
OBSERVACIONES: Especies dominantes: *Marathrum haenkeanum (Podostemonaceae)* y *Dicranopygium crinitum (Cyclanthaceae).*

437. Marchantio-Epilobietalia (Ord. fit.). Cleef, 1981.
DEFINICIÓN: Vegetación de charcas y pantanos, en la parte alta del páramo hasta los límites con el superpáramo, desde matorrales hasta pajonales dominados por especies de cyperáceas.
ALCANCE GEOGRÁFICO: Cordillera Oriental, Boyacá y Cundinamarca.

Figura 61. Asociación MALPHIGIO GLABRAE-CESPEDESIETUM MACROPHYLAE, Isla Gorgona, 110 m, Tomado de Rangel, Aguirre y Sánchez, 1990.

OBSERVACIONES: Incluye la asociaciones Pentacalietum reissioni; Caricetum pichinchensis, Cyperetum rivularis y entre las especies asociadas a *Lachemilla fulvescens, Eleocharis stenocarpa, Valeriana plantaginea* y *Gratiola peruviana*.

438. Marliereo umbraticolae-Mauritietum flexuosae (Ass. fit.). Urrego, 1994.

DEFINICIÓN: Bosques altos con alta densidad de árboles, alta área basal, alta cobertura de copas y bajo número de arbolitos en el sotobosque. El porcentaje de palmas en el dosel superior es bajo.

ALCANCE GEOGRÁFICO: Amazonas, río Caquetá, en partes concavas del complejo de barras y los basines de inundación.

SINÓNIMOS: C1,C2,C3,C4. Plancha 1, Urrego, 1994.

OBSERVACIONES: Especies características: *Marlierea umbraticola, Eugenia florida, Miconia caracassana, Couratari oligantha, Lindsaea stricta, Ficus yoponensis, Laetia suaveolens, Macrosamanea spruceana, Sloanea guianensis* y *Urospatha sagittifolia*.

439. *Mauritia carana* y *Rhodognaphalopsis brevipes* (Com.). Duivenvoorden, 1993.

DEFINICIÓN: Bosques con densidad arbórea alta.

ALCANCE GEOGRÁFICO: Amazonia, distribución restringida en el Medio Caquetá, en suelos podsolizados de las terrazas altas.

SINÓNIMOS: Ih, Rp1, Rp2, Plancha araracuara-mariñame. Duivenvoorden, 1993.

OBSERVACIONES: Especies acompañantes: *Couma catingae* y *Clusia spathulaefolia*.

440. *Mauritia flexuosa* (Com.). Urrego, 1990; Narvaez & Olmos, 1990; Van Andel, 1992.

DEFINICIÓN: Vegetación de la llanura aluvial donde domina ampliamente *Mauritia flexuosa* (cananguche), que le confiere un aspecto fisionómico particular a la fitocenosis.

ALCANCE GEOGRÁFICO: Amazonia colombiana.

SINÓNIMOS: Morichal. Paramo, 1990

OBERVACIONES: Las especies dominantes son: *Mauritia flexuosa, Qualea pulcherrima, Micrandra siphonioides, Xylopia ligustrifolia* y especies de Anacardiaceae.

441. Mauritiello aculeatae - Euterpion catingae (All. fit). Urrego, 1994.

DEFINICIÓN: Unidad superior de vegetación que comprende vegetación boscosa con elementos hasta de 26 m de altura en el estrato arbóreo y un sotobosque muy vigoroso.

ALCANCE GEOGRÁFICO: Amazonia colombiana, parte media del río Caquetá.

OBSERVACIONES: En la alianza se agrupa la vegetación de las asociaciones **Trichomano cellulosi - Mauritielletum aculeatae, Dendropanaco palustris - Rhodognaphalopsietum brevipes** y **Tabebuio insignis - Mauritietum flexuosae**.

442. Mayno suaveolentis-Casearietum corymbosae (Ass. fit.). Rangel *et al.*, 1993.

DEFINICIÓN: Vegetación de tipo selvático, con elementos de 35-40 m de altura.

ALCANCE GEOGRÁFICO: Cordillera Central, Caldas-Tolima: Transecto Parque Los Nevados, vertiente Oriental (Santa Isabel, Venadillo) 1000-2400.
OBSERVACIONES: Especies asociadas: *Trichilia acuminata, Randia aculeata* y especies de *Passiflora*.

443. Memoro bracteatae-Miconietum punctatae (Ass. fit.). Urrego, 1994.

DEFINICIÓN: Bosques medianos con un área basal alta, la cobertura de copas es baja y la densidad de arbolitos en el sotobosque es alta. El porcentaje de palmas en el dosel superior es bajo.
ALCANCE GEOGRÁFICO: Amazonas, río Caquetá, en partes convexas del complejo de barras de cauce del plano de inundación.
SINÓNIMOS: F2,C1. Plancha 1, Urrego, 1994.
OBSERVACIONES: Especies diagnósticas: *Memora bracteosa, Pouteria torta, Miconia punctata, Mouriri guianensis, Apidosperma desmanthum, Heisteria ovata, Eschweilera andina, Guarea macrophylla, Clavija weberbaueri* y *Geonoma aurandinacea*.

444. *Meriania grandidens* y *Styloceras laurifolium* (Com.). Rangel, 1994.

DEFINICIÓN: Vegetación que reune dos tipos estructurales, la boscosa y la selvática, esta última con un estrato superior con elementos de 25-30 m de altura y valores medios de cobertura. En suelos de textura franco-arenosos.
ALCANCE GEOGRÁFICO: Cesar: serranía. del Perijá, entre 2200 y 2640 m.
OBSERVACIONES: Especies dominantes: *Styloceras laurifolium, Cybianthus iteoides, Meriania grandidens, Miconia alternans, Ardisia* cf. *foetida, Ruagea glabra, Solanum lasiophyllum, Faramea killipii, Uncinia hamata*.

445. *Miconia* cf. *salicifolia, Oreopanax* sp. y *Diplosthephium tenuifolium* (Com.) Rangel & Lowy, 1995.

DEFINICIÓN: Bosque que bordea el límite altitudinal superior en la distribución de la vegetación arborescente de la vertiente húmeda del Sumapaz.
ALCANCE GEOGRÁFICO: Cordillera Occidental, Cundinamarca-Meta: 3400-3600 (3550 m), macizo Sumapaz.
OBSERVACIONES: Además de las especies dominantes, son de importancia *Gaultheria floribunda*, e *Ilex* cf. *kunthiana*.

446. *Miconia cleefii* y *Baccharis macrantha* (Com.) Rangel & Lowy, 1995.

DEFINICIÓN: Matorral alto con aspecto fisionómico singular por el colorido de los tallos y de las flores de *Miconia cleefii*. El matorral es el último tipo de vegetación con dominancia de formas leñosas en el gradiente altitudinal, luego sigue el pajonal de páramo.
ALCANCE GEOGRÁFICO: Cordillera Oriental Cundinamarca-Meta: Macizo Sumapaz, 3500 m.
OBSERVACIONES: Entre las especies asociadas figuran *Castilleja fissifolia, Gaultheria floribunda* y *Baccharis tricuneata*.

447. ***Miconia salicifolia*** **(Com.).** Bekker & Cleef, 1985.

DEFINICIÓN: Matorral con varios estratos, el mayor con elementos de 3 m de altura; se dispone en afloramientos rocosos.

ALCANCE GEOGRÁFICO: Cordillera Oriental, Cundinamarca: Páramo de Laguna Verde.

SINÓNIMOS: 3n, Plancha 1. IGAC, 1985

OBSERVACIONES: Especies asociadas: *Blechnum columbiense, Blechnum loxense, Myrsine dependens, Greigia mulfordii, Monnina salicifolia, Rubus* sp., *Pentacalia guadalupe, Solanum bogotense, Rhynchospora macrochaeta, Arcytophyllum muticum, Pentacalia nitida* y *Luzula gigantea.*

448. ***Miconia salicifolia*** **y** ***Aragoa abietina*** **(Com.).** Bekker & Cleef, 1985.

DEFINICIÓN: Matorral que crece cerca a las orillas de lagunas, en sitios rocosos, protegidos.

ALCANCE GEOGRÁFICO: Cordillera Oriental, Cundinamarca: Páramo de Laguna Verde.

SINÓNIMOS: 3p, Plancha 1. IGAC, 1985

OBSERVACIONES: Especies asociadas: *Vaccinium floribundum, Arcytophyllum muticum, Hypericum lindenii (laricifolium), Monnina salicifolia, Rhynchospora macrochaeta, Pernettya hirta, Pentacalia nitida, Greigia mulfordii, Blechnum loxense, Ribes* sp. *y Luzula gigantea.*

449. Miconietalia (Clase. fit. s.l.). Cuatrecasas, 1934.

DEFINICIÓN: Formaciones boscosas, ralas y matorrales subclimácicas en donde abundan las especies de *Miconia*, en suelos lateríticos, pedregosos y rojizos, con un perfil superficial negro poco desarrollado.

ALCANCE GEOGRÁFICO: Valle: Cali, Cerro Las Cruces (1000-1200 m).

OBSERVACIONES: Especies características: *Befaria glauca, Malpighia glabra, Solanum amictum, Pithecolobium dulce, Miconia stenostachya, M.rufescens, Clidemia hirta, Waltheria americana, Desmodium ascendens, Zornia diphylla, Euphorbia lasiocarpa, Plantago major.*

450. ***Micrandra sprucei - Eperua leucantha*** **(Com.).** Córdoba, 1995.

DEFINICIÓN: Vegetación de tipo selvático con dos estratos superiores, uno superior o arbóreo con elementos que alcanzan 25 m de altura y el inferior denominado subarbóreo o de arbolitos con elementos de 12 m y una densidad arbórea media.

ALCANCE GEOGRÁFICO: Guainía: Serranía del Naquén, 320 m.

OBSERVACIONES: Especies acompañantes: *Caraipa llanorum, Hevea rigidifolia, Protium* aff. *plagiocarpium, Euterpe catinga, Protium* aff. *tranconchina, Mabea speciosa, Calyptranthes* sp., *Psychotria deflexa, Brosimum utile, Lindsaea* aff. *divaricata* y *Selaginella* sp.

451. ***Microchloa kunthii*** **y** ***Aster squamatus*** **(Com.).** Vink & Wijninga, 1986.

DEFINICIÓN: Pastizal bajo y seco, con 30 cm de altura y cubertura de 95%.

ALCANCE GEOGRÁFICO: Cordillera Oriental, Cundinamarca: Municipio de Mosquera, laguna de la Herrera, 2500 m.

OBSERVACIONES: Especies asociadas: *Eragrostis patula, Euphorbia orbiculata, Cladia aggregata, Cardionema multicaule, Aristida laxa, Piptochaetium panicoides, Ipomoea minuta, Conyza confusa, Spergularia rubra, Mecardonia procumbens* y *Bouteloua simplex*.

452. *Mimosa cabrera* y *Cordia curassavica* (Ass. fit. s.l.). Rieger, 1976.

DEFINICIÓN: Matorral alto con tres estratos bien diferenciados; en el superior con elementos de 5 m de altura.

ALCANCE GEOGRÁFICO: Guajira: Península de la Guajira y región semidesértica del Caribe.

OBSERVACIONES: Especies dominantes: *Mimosa cabrera, Pereskia guamacho, Libidibia cariaria, Marsdenia* cf. *altissima, Cordia curassavica, Mimosa cabrera, Sida savannarum, Opuntia wentiana, Prosopis juliflora* y *Cardiospermum halicacabum*.

453. Mimosion asperatae (All. fit. s.l.). Cuatrecasas, 1934.

DEFINICIÓN: Unidad de vegetación que engloba las fases de sucesión, sobre aluviones dejados recientemente por los ríos. Orillas del ríos

ALCANCE GEOGRÁFICO: Magdalena y ríos andinos; de los Llanos Orientales; localidad típica Antioquia municipio de Remedios, caños del Regla.

OBSERVACIONES: Incluye los bosques de *Salix humboldtiana*, matorrales de *Tessaria integrifolia*, Cañar de *Gynerium sagitatum* y los pajonales de *Hymenachne amplexicaulis*.

454. *Mittenothamnium reptans* (Com.). Wolf, 1993.

DEFINICIÓN: Comunidad de criptogamas epifíticas, que crecen en la base de los arboles.

ALCANCE GEOGRÁFICO: Cordillera Central, Risaralda: Termales de Santa Rosa-hacienda Berlín (2460-2970 m).

OBSERVACIONES: Especies exclusivas en los bosques de alta montaña: *Lophocolea muricata, Mittenothamnium reptans, Plagiochila macrifolia* y *Taxilejeunea lancifolia*.

455. Monochaeto lindeniani-Weinmannietum mariquitae (Ass. fit.). Cleef *et al.*, (en prensa).

DEFINICIÓN: Vegetación boscosa en suelos andosólicos de tipo Hydrandept.

ALCANCE GEOGRÁFICO: Cordillera Central, Caldas-Tolima: Transecto Parque Los Nevados (3500 m), vertiente occidental (volcán de Santa Isabel-Venadillo).

OBSERVACIONES: Especies asociadas: *Myrsine guianensis, Saurauia brachybotrys, Monochaetum lindenianum, Siphocampylus giganteus, Bomarea purpurea, Tillandsia complanata* y *Pachyphyllum muscoides*.

456. Monotropo-Quercion humboldtii (Al. fit.). Rangel *et al.*, 1995.

DEFINICIÓN: La vegetación de la alianza reúne fitocenosis de tipo selvático y boscoso con uno o dos estratos arbóreos. El dosel es homogéneo y se caracteriza por la dominancia de *Quercus humboldtii* (roble). Vegetación típica de laderas bien drenadas.

ALCANCE GEOGRÁFICO: Regiones subandina y andina de Colombia entre 1800 y 2600.

OBSERVACIONES: Especies características: *Quercus humboldtii, Billia columbiana, Myrsine ferruginea, Myrsine guianensis, Clethra fagifolia, Clusia multiflora* e *Inga codonantha*.

457. ***Montia meridendis, Hinterhubera nevadensis*** **y** ***Pentacalia subarachnoidea*** **(Com.)**. Cleef & Rangel, 1984.

DEFINICIÓN: Matorral en sitios muy húmedos, turbosos en el superpáramo.

ALCANCE GEOGRÁFICO: Magdalena: Sierra Nevada de Santa Marta, costado Sur, 4750 m.

OBSERVACIONES: Especies asociadas: *Gentiana sedifolia, Gentianella* sp., *Draba cryophila, Draba cheiranthoides.*

458. ***Montrichardia arborescens*** **y** ***Cecropia latiloba*** **(Com.)**. Prieto *et al.*, 1995.

DEFINICIÓN: Fase de vegetación con elementos menores a 12 m de altura y estrato rasante bajo en cobertura; *Montrichardia arborescens* alcanza porte arborescente $\pm$ 12 m de altura.

ALCANCE GEOGRÁFICO: Amazonas: Río Amazonas, isla Mocagua. Se establece en zonas próximas a los lagos internos.

OBSERVACIONES: Especies asociadas: *Pseudobombax mugumba, Coccoloba densifrons* y *Calopogonyum muconoides*

459. ***Montrichardia arborescens*** **y** ***Elaeoluma glabrescens*** **(Com.)**. Duivenvoorden, 1993.

DEFINICIÓN: Vegetación de tipo boscosa que se desarrolla en canales abandonados.

ALCANCE GEOGRÁFICO: Amazonia, bosque de distribución restringida en la cuenca del medio Caquetá.

SINÓNIMOS: Am, Plancha araracuara-mariñame. Duivenvoorden, 1993.

OBSERVACIONES: Especies asociadas: *Mauritia flexuosa; Qualea ingens, Zygia* aff. *pilosula, Campnosperma gummifera*

460. Montrichardietum arborescentis (Ass. fit. s.l.). Zuluaga, 1987; Cuatrecasas, 1958.

DEFINICIÓN: Vegetación que se establece en riberas y playas de ríos, de tipo matorral-herbazal, con un estrato superior con elementos hasta de 3 m de altura.

ALCANCE GEOGRÁFICO: Costa Pacífica, en las áreas de la llanura aluvial inundable del río Atrato.

OBSERVACIONES: Especies características-dominantes: *Montrichardiaarborescens, Blechnum serrulatum, Acrostichum aureum, Scleria secans, Scleria pterota* y especies de *Thelypteris* y de *Panicum.*

461. ***Mora megistosperma*** **(Com.)**. Rangel & Lowy, 1993.

DEFINICIÓN: Vegetación de tipo boscoso con un estrato superior dominado por Mora megistosperma, con elementos que alcanzan en promedio 10 m de altura.

ALCANCE GEOGRÁFICO: Costas Pacífica y Atlántica e islas oceánicas

OBSERVACIONES: Especies asociadas: *Prioria copaifera, Astrocaryum standleyanum, Pterocarpus officinalis, Carapa guianensis* y *Pachira aquatica.*

462. Moretum insignis (Ass. fit.) Rangel *et al.*, 1989.

DEFINICIÓN: Vegetación de tipo selvático con un estráto arbóreo dominante de 73% de cobertura; el estrato arbustivo es muy homogéneo (27% de cobertura). Las trepadoeas muestran un desarrollo vigoroso.

ALCANCE GEOGRÁFICO: Cordillera Central, Caldas-Tolima: Transecto Parque los Nevados, vertiente Occidental (Santa Rosa, Puerto Caldas) 1900-2500 m.

OBSERVACIONES: Especies características: *Morus insignis, Cassia* sp., *Palicourea* aff. *guianensis, Blakea* aff. *pyxidanthus, Palicourea angustifolia, Brunellia occidentalis, Piper adumcum, Miconia* cf. *cordifolia* y especies de *Besleria, Renealmia, Siphocampylus* y *Laciasis*.

463. *Muhlenbergia* sp. (Com.). Cuatrecasas, 1934; Cleef *et al.*, 1983; Sturm & Rangel, 1985; Salamanca *et al.*, 1991

DEFINICIÓN: Pastizal con gramíneas de porte bajo que forma cojines; se desarrolla en la transición del páramo seco al húmedo.

ALCANCE GEOGRÁFICO: Cordillera Central, Caldas-Tolima: Transecto Parque Los Nevados (3800-4000 m).

OBSERVACIONES: Especies asociadas: *Agrostis* sp., *Cerastium floccosum* y *Pentacalia gelida*.

464. Muhlenbergietum fastigiatae (Ass. fit.). Cleef, 1981.

DEFINICIÓN: Pastizal en sitios húmedos; entre el páramo propiamente dicho y el superpáramo.

ALCANCE GEOGRÁFICO: Cordillera Oriental, Boyacá: Páramos de Pisba y Rusia, Sierra Nevada del Cocuy: Valle Lagunillas; Santander: Páramo el Almorzadero.

OBSERVACIONES: Especies asociadas: *Muhlenbergia ligularis, M. linearis, Breutelia chrysea, B. allionii, Sphagnum* cf. *cuspidatum* y *Carex pichinchensis*.

465. Muhlenbergio-Plantaginetum rigidae (Ass. fit.). Sánchez & Rangel, 1990. (Figura 62)

DEFINICIÓN: Vegetación tipo prado en valles lacustres-glaciares, en pantanos con diferentes grados de terrización y en charcos.

ALCANCE GEOGRÁFICO: Cordillera Oriental, Cundinamarca: Páramo de Chisacá, lagunas de Las Garzas y La Redonda.

OBSERVACIONES: Especies asociadas: *Juncus ecuadoriensis, Ranunculus limoselloides, Plantago rigida, Oreobolus venezuelensis, Werneria humilis, Muhlenbergia fastigiata, Callitriche nubigena, Eleocharis stenocarpa, Pleurozium schreberi* y *Sphagnum magellanicum*.

466. Myrciantho ternifoliae-Weinmannion pinnatae (All. fit.). Cleef *et al.*, 1984.

DEFINICIÓN: Formaciones selváticas en laderas abruptas muy inclinadas, con elementos arbóreos-arborescentes hasta de 8 m en los bosques de la franja alta y 15-20 m en las selvas de la franja baja.

ALCANCE GEOGRÁFICO: Magdalena: Sierra Nevada de Santa Marta (2700-2900 m).

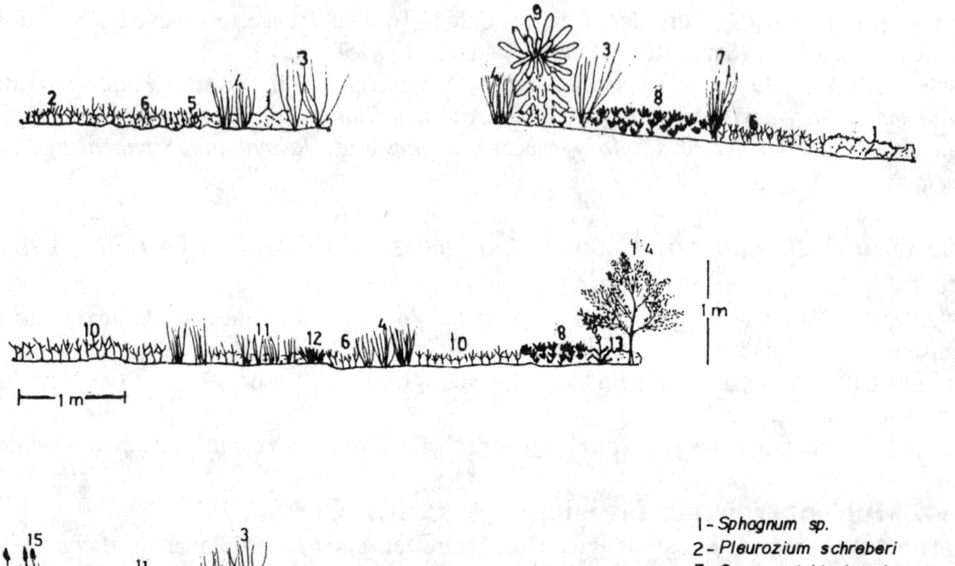

Figura 62. Asociación MUHLENBERGIO-PLANTAGINETUM RIGIDAE, Cundinamarca: Páramo de Chisaca. 3400-3470 m. Tomado de Sanchez y Rangel, 1990.

OBSERVACIONES: Especies asociadas: *Clusia multiflora, Cybianthus iteoides, Macleania rupestris, Oreopanax fontqueranus, Paragynoxys undatifolia, Persea mutisii, Podocarpus montana* y *Myrsine ferruginea.*

467. *Myrica pubescens* y *Weinmannia subvelutina* (Com.). Rangel & Franco, 1985; Rangel & Lozano, 1989. (Figura 63)

DEFINICIÓN: Vegetación de tipo boscoso con un estrato de arbolitos en el cual los individuos alcanzan una altura máxima de 12 m.

ALCANCE GEOGRÁFICO: Cauca-Huila: Transecto valle del Magdalena-volcán del Puracé (2200-2700 m).

OBSERVACIONES: Especies dominantes: *Myrica pubescens, Weinmannia subvelutina* y *Drimys granatensis*; como especies asociadas figuran *Weinmannia vegasana, Clusia multiflora, Miconia latifolia* y *Themistoclesia dependens.*

468. Myricetum parvifoliae (Ass. fit.). Van der Hammen & Cleef (en Cleef, 1981).

DEFINICIÓN: Bosque achaparrado en el límite superior de la distribución arbórea.

ALCANCE GEOGRÁFICO: Cordillera Oriental, Boyacá: Sierra Nevada del Cocuy (3680-3750 m); Lago de Tota (3300 m).

OBSERVACIONES: Especies asociadas: *Myrsine dependens, Pentacalia andicola, Holodiscus argenteus* y *Miconia salicifolia.*

469. Myriophyllo quitensis-Potametum illinoiensis (Ass. fit.) Rangel & Aguirre, 1983; cor. Rangel, 1995. (Figura 64b)

DEFINICIÓN: Vegetación sumergida que se establece en lugares con oleaje desde moderado hasta fuerte, a una máxima profundidad de 12 m.

ALCANCE GEOGRÁFICO: Amplia distribución en lagos y lagunetas de la Cordillera Oriental, como en Boyacá: lago de Tota (3100 m); Cundinamarca: Laguna de Fúquene.

OBSERVACIONES: Especies características: *Potamogeton illinoiensis, Myriophyllum quitensis, Isoetes boyacensis* y *Cylindrocapsa* sp. Como especies acompañantes se encontraron a *Lilaeopsis schaffneriana* y *Drepanocladus exannulatus.*

470. *Myrsine dependens, Buddleia lindenii* y *Miconia* sp. (hoja ferruginea) (Com.) Rangel & Lowy, 1995.

DEFINICIÓN: Bosque ralo con elementos de 8-10 m de altura. Además del dominio de Myrsine dependens, la vegetación se caracteriza por la diversidad florística en los estratos bajos.

ALCANCE GEOGRÁFICO: Cordillera Oriental, Cundinamarca-Meta: Macizo Sumapaz 3300-3400 m.

471. *Myrsine ferruginea, Trichipteris procera* y *Polybotria osmundacea* (Com.). Lozano, 1984.

DEFINICIÓN: Vegetación de tipo boscoso con un estrato arborescente de porte bajo en áreas con neblinas frecuentes, suelos ácidos y numerosas especies de helechos.

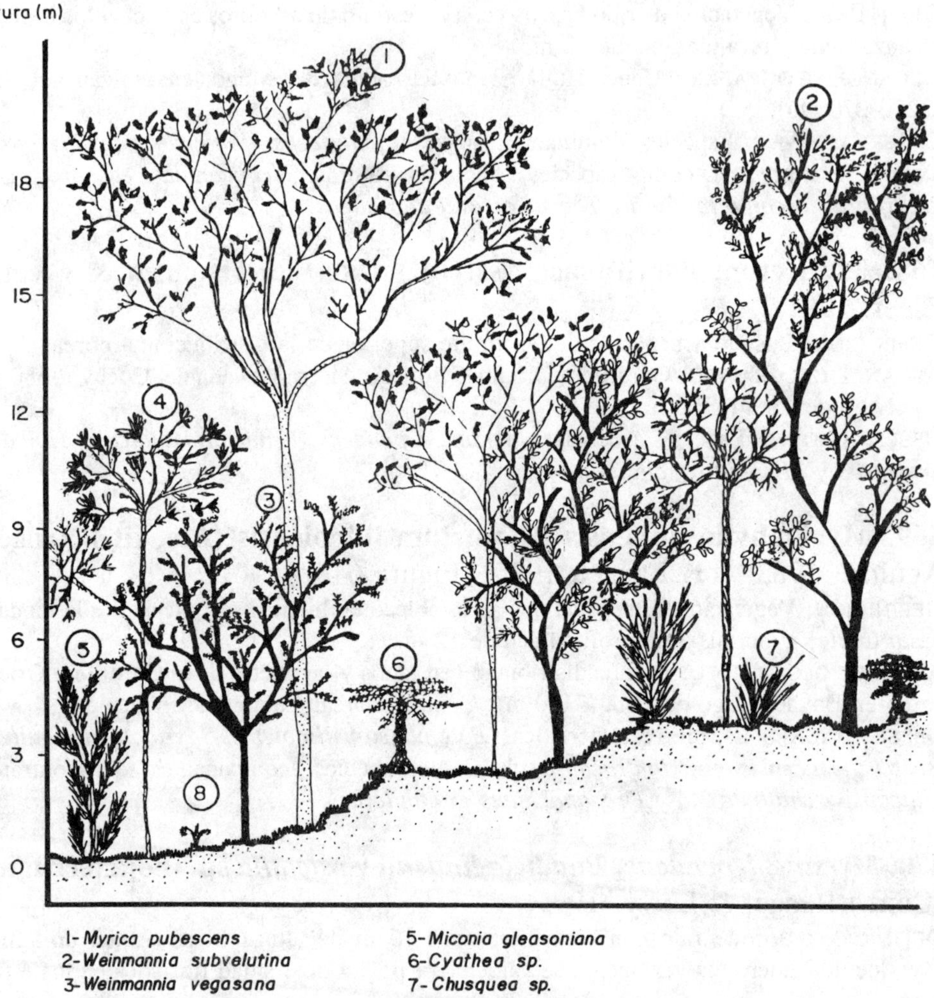

Figura 63. Bosque de *Myrica pubescens y Weinmannia subvelutina*, Huila; Parque Nacional Natural Puracé, 3050 m. Tomado de Espejo y Rangel, 1989.

ALCANCE GEOGRÁFICO: Costa Atlántica, Magdalena: Parque Nacional Natural Tayrona.
OBSERVACIONES: Especies asociadas: *Danaea elliptica, Polybotria osmundacea, Sphyrospermum buxifolium, Clusia triflora, Conostegia icosandra, Weinmannia pinnata, Alchornea glandulosa* y especies de *Philodendron,* de *Mikania,* y de *Cavendishia.*

472. *Najo guadaloupensis-Egerietum canadensis* (Ass. fit.) Rangel & Aguirre, 1983; cor. Rangel, 1995. (Figura 64a)

DEFINICIÓN: Vegetación que se establece en bahías con oleaje suave en profundidades desde 0 hasta 8 m.
ALCANCE GEOGRÁFICO: Cordillera Oriental, Boyacá: Lago de Tota (3100 m), Sierra Nevada del Cocuy 3850-4350 m; Santander: Páramo el Almorzadero.
Entre las especies acompañantes figuran: *Crassula paludosa, Callitriche* cf. *nubigena* y *Myriophyllum brasiliense.*

473. *Navia garcia-barrigae* y *Lagenocarpus* aff. *pendulus* (Com.). Duivenvoorden, 1993.

DEFINICIÓN: Vegetación xeromórfica de hierbas y arbustos enanos con cobertura baja.
ALCANCE GEOGRÁFICO: Amazonia, distribución restringida en el Medio Caquetá, en las rocas de las mesetas de Chiribiquete
SINÓNIMOS: Rp3,Rp4, Plancha araracuara-mariñame. Duivenvoorden, 1993.
OBSERVACIONES: Especie acompañante: *Xyris savanensis*

474. Navio garcia-barrigae - Lagenocarpetum (Ass. fit). Duivenvoorden & Cleef, 1994.

DEFINICIÓN: Rosetal-pastizal graminoideo sobre suelos muy delgados, en algunos casos sobre roca desnuda; el aspecto es escleromórfico.
ALCANCE GEOGRÁFICO: Amazonas, Araracuara, río Caquetá; probablemente en las Mesetas de La Chorera, Chriribiquete.
OBSERVACIONES: Especies asociadas: *Cladonia vareschii, Siphula decumbens, Lagenocarpus* aff. *pendulus, Acanthella sprucei, Cladonia signata, Cladonia aspinea, Cladonia secundana, Clusia chiribiquetensis, Bonnetia martiana, Xyris wurdackii var. caquetensis* y *Syngonanthus biformis.*

475. *Nectandra* cf. *reticulata, Gustavia* cf. *speciosa* y *Trichiptera procera* (Com.). Lozano, 1984.

DEFINICIÓN: Vegetación boscosa que se caracteriza por un arbolado entre 10-12 m.
ALCANCE GEOGRÁFICO: Costa Atlántica, Magdalena: Parque Nacional Natural Tayrona.
OBSERVACIONES: Especies asociadas: *Eugenia splendens, Geonoma interrupta, Piper augustum* y *Besleria solanoides*

476. Nectandretum acutifolio-caucanae (Ass. fit.). Rangel *et al.*, 1989; (en prensa). (Figura 65)

DEFINICIÓN: Vegetación selvática, en suelos ándicos, con capas densas de hojarasca.

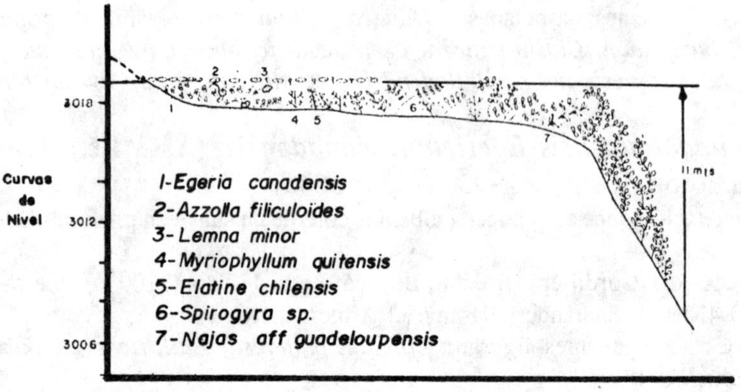

Figura 64a. Perfil de la asociación NAJO GUADALUPENSIS - ELODETUM CANADENSIS, Boyacá; Laguna de Tota, 3020 m, Llanos de Alarcón, Tomado de Rangel y Aguirre, 1983.

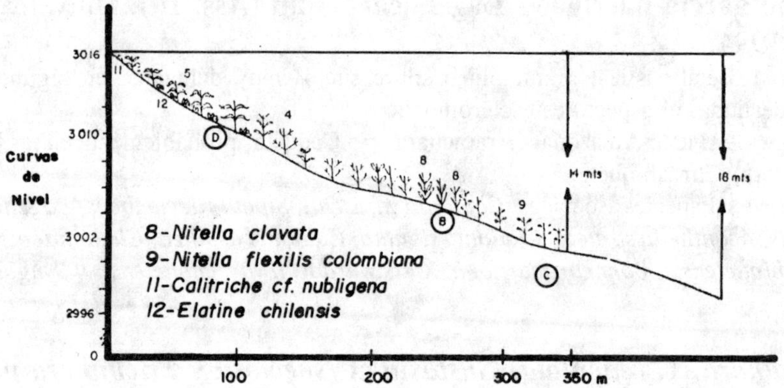

Figura 64b. Perfil de la asociación MYRIOPHYLLO QUITENSIS - POTAMETUM ILLINOIENSIS (D), asociacion NITELLETUM CLAVATAE (B), asociación NITELLETUM FLEXILIS (C), Boyacá; Laguna de Tota, 3020 m, Los Arcos, Tomado de Rangel y Aguirre, 1983.

ALCANCE GEOGRÁFICO: Cordillera Central, Caldas-Tolima: Transecto Parque Los Nevados, vertiente Oriental (Santa Isabel, Venadillo) 1500-2400 m y otras áreas de los Andes.
OBSERVACIONES: Especies asociadas: *Tovomitopsis nicaraguensis, Chrysochlamys dependens, Nectandra* cf. *berchemiaefolia, Ficus radula, Palicourea angustifolia, Psychotria macrophylla* y *Oreopanax* aff. *floribundum.*

477. Neetosum divariticae (Subass. fit.). Urrego, 1994.

DEFINICIÓN: Bosques medianos con un área basal alta, alta densidad de arbolitos en el sotobosque y bajo porcentaje de palmas en el dosel superior.
ALCANCE GEOGRÁFICO: Amazonas, río Caquetá, en partes convexas bien drenadas del complejo de barras.
SINÓNIMOS: F2. Plancha 1, Urrego, 1994.
OBSERVACIONES: Especies características: *Neea divaricata, Couepia guianensis, Desmoncus polyacanthos* y *Endlicheria verticillata*.

478. Neurolepido aristatae-Oreopanacion nitidi (All. fit.). Cleef *et al*. (en prensa).

DEFINICIÓN: Bosques achaparrados y altos en el límite superior de la vegetación arbórea.
ALCANCE GEOGRÁFICO: Cordillera Central, Caldas-Tolima: Transecto Parque Los Nevados, vertiente Occidental (volcán de Santa Isabel-Venadillo).
OBSERVACIONES: Especies asociadas: *Miconia jahnii, Weinmannia mariquitae, Oreopanax nitidus, Monnina involuta, Neurolepis aristata, Rubus compactus.*

479. Nitellion clavatae-flexilis (All. fit.). Rangel & Aguirre, 1983. (Figura 55a)

DEFINICIÓN: Vegetación acuática en lagunas y lagos altoandinos y paramunos, sobre sustrato franco-limoso.
ALCANCE GEOGRÁFICO: Cordillera Oriental, Boyacá: Lago de Tota (3100 m), Laguna La Primavera.
OBSERVACIONES: Especies asociadas: *Ditrichum submersum, Egeria canadensis, Potamogeton illinoensis, Myriophyllum elatinoides, Dichotomosiphon* cf. *tuberosum* y *Calothrix* sp.

480. Noticastro-Eryngietum humboldti (Ass. fit.). Rangel & Aguirre, 1986.

DEFINICIÓN: Vegetación de sitios planos e inclinados.
ALCANCE GEOGRÁFICO: Cordillera Oriental, Boyacá: Aquitania, cerro El Organo, alrededores del Lago de Tota (3050-3100 m).
OBSERVACIONES: Especies asociadas: *Stevia lucida, Setaria geniculata, Agrostis tolucensis, Lourteigia stoechadifolia, Noticastrum marginatum, Euphorbia orbiculata* y *Fimbristylis tropicalis*.

Figura 65. Asociación NECTANDRETUM ACUTIFOLIO-CAUCANAE, Tolima; Cordillera Central, Parque Nacional Natural Los Nevados, Vereda Purima, hda. El Prado, Santa Isabel, 2340 m, Tomado de Rangel et al. (1996).

481. ***Nymphaea goudotiana, Trapa natans*** **y** ***Cabomba aquatica*** **(Com.)**. Cuatrecasas, 1958.

DEFINICIÓN: Vegetación acuática de tierra caliente.

ALCANCE GEOGRÁFICO: Valles y lagunas del Valle del Caucá; del Magdalena medio hasta 1000 m.

482. ***Ochroma lagopus*** **y** ***Cecropia peltata*** **(Com.)** Rangel *et al.*, 1989.

DEFINICIÓN: Vegetación de tipo boscoso con un estrato arbóreo pobre en cobertura (40%) y en especies; uno subarbóreo muy vigoroso y dominante en cobertura (85%), el arbustivo está bien representado 21% de cobertura y el herbáceo es muy pobre 2% de cobertura.

ALCANCE GEOGRÁFICO: Cordillera Central, Caldas-Tolima: Transecto Parque los Nevados, vertiente de Santa Isabel, 840 m.

OBSERVACIONES: Especies características: *Garcinia (Rheedia) madruño, Licania* sp., *Vismia baccifera, Protium macrophyllum, Ocotea discolor, Miconia caudata, Olmedia aspera, Eugenia micrantha, Carludovica palmata, Piper tequendamense, Acalypha villosa* y *Myrcia macrantha*.

483. Ocoteo discoloris - Huertetum glandulosae - Ladenbergetiosum (Subass. fit.). Rangel *et al.*, (en prensa).

DEFINICIÓN: Vegetación selvática, se distribuye de manera preferencial entre 1300-1500 m.

ALCANCE GEOGRÁFICO: Cordillera Central, Caldas-Tolima: transecto Parque Los Nevados.

OBSERVACIONES: Especies asociadas: *Casearia corymbosa, Alchornea polyantha, Protium* cf. *macrophyllum, Erythroxylum citrifolium* y *Piper lenticellosum*.

484. Ocoteo neblinae - Mauritietea flexuosae (Cl. fit.). Urrego, 1994.

DEFINICIÓN: Unidad superior que incluye diversos tipos de bosque en paisajes fisiográficos que van desde los planos de inundación, diques, barras, hasta las terrazas bien y mal drenadas.

ALCANCE GEOGRÁFICO: Parte media del Caquetá y probablemente toda la región de la Amazonia colombiana.

OBSERVACIONES: Incluye todos los tipos de vegetación consideradas en los ordenes **Oxandro polyanthae-Viroletalia surinamensis** y **Clusio spathulaefolia-Rhodognaphalopsietalia brevipedis**. Especies diagnósticas: *Ocotea neblina, Mauritia flexuosa* y *Henriettea stellaris*.

485. ***Oenocarpus bataua*** **y** ***Mauritia flexuosa*** **(Com.)**. Duivenvoorden, 1993.

DEFINICIÓN: Bosque pantanoso de palmas de densidad relativamenta alta. Se desarrolla en áreas con suelos ácidos permanentemente saturados por agua y con pequeños cambios en el nivel del agua.

ALCANCE GEOGRÁFICO: Amazonia, distribución restringida en el Medio Caquetá, en terrazas bajas del río Caquetá.

SINÓNIMOS: Tb1,Tc, Plancha araracuara-mariñame. Duivenvoorden, 1993.

OBSERVACIONES: Especies asociadas: *Licania triandra, Oxandra polyantha* y *Sloanea* cf. *laxiflora*.

486. Olyro langifoliae - Pouterion guianensis (All. fit.). Urrego, 1994.
DEFINICIÓN: Unidad de vegetación que engloba bosques altos con un dosel relativamente cerrado y con representación significativa de palmas en los estratos altos.
ALCANCE GEOGRÁFICO: Amazonia, parte media del río Caquetá; quebradón del Qumale.
OBSERVACIONES: Incluye las asociaciones **Ilico laurreolae-Mauritietum flexuosae** y **Chamaedoreo pinnatifrontis - Clathropetum macrocarpae.** Entre las especies características figuran *Theobroma obovatum, Coccoloba densifrons, Annona dolichophylla* y *Protium robustum.*

487. *Omphalanthus filiformis* (Com.). Wolf, 1993.
DEFINICIÓN: Comunidad de criptogamas epifíticas. Las especies que la componen se conocen como invasoras de nuevos habitats creados por el hombre como las orillas de carreteras.
ALCANCE GEOGRÁFICO: Cordillera Central, Risaralda: Termales de Santa Rosa-hacienda Berlín y alrededores (2460-3190 m).
OBSERVACIONES: Especies asociadas: *Frullania brasiliensis* y *Taxilejeunea pterigonia.*

488. *Opuntia* aff. *schumanni* y *Lantana* sp. (Com.). Rangel, 1994.
DEFINICIÓN: Cardonal con un estrato arbustivo con cobertura promedio de 60%, un estrato herbáceo discontinuo que cubre el 25% de la superficie y uno rasante con gramíneas y briófitos que se dispone a manera de parches con cobertura de 15%.
ALCANCE GEOGRÁFICO: Cesar: Serranía del Perijá, sector las Playas, 1760 m; valles secos de Sierra Nevada Santa Marta.
OBSERVACIONES: Especies características-asociadas: *Malvaviscus* aff. *concinnus, Pylocereus lanuginosus, Psidium guajava* y *Setaria geniculata.*

489. Oritrophio limnophili-Wernerietum pygmaeae (Ass. fit.). Cleef, 1981.
DEFINICIÓN: Prado-turbera de sitios encharcados.
ALCANCE GEOGRÁFICO: Cordillera Central, Caldas-Tolima: Transecto Parque Los Nevados, Nevado de Santa Isabel (3900-4200 m) y áreas de las Cordilleras Central y Occidental.
OBSERVACIONES: Especies asociadas: *Gentianella sedifolia, Castilleja integrifolia* y *Xyris subulata.*

490. Oritrophio-Distichion muscoidis (All. fit.). Duque & Rangel, 1989.
DEFINICIÓN: Vegetación de tipo prado y en ocasiones matorral ralo o abierto.
ALCANCE GEOGRÁFICO: Huila: Transecto valle del Magdalena-volcán del Puracé (1500-2400 m); Páramos Central y Occidental.
OBSERVACIONES: Especies dominantes: *Distichia muscoides, Valeriana microphylla, Oreomyrrhis andicola* y *Oritrophium peruvianum.*

491. *Oropogon bicolor* y *Oropogon loxensis* (Com.). Wolf, 1993.
DEFINICIÓN: Comunidad de criptogamas epifíticas común en las zonas de la alta montaña.
ALCANCE GEOGRÁFICO: Cordillera Central, Risaralda: hacienda Berlín y alrededores-páramo de Santa Rosa (3190-3670 m).

OBSERVACIONES: Especies exclusivas y asociadas: *Aureolejeunea paramicola, Frullania peruviana* y *Everniastrum catawbiense*.

492. Ossaeo sessilifoliae-Anaxagoretum phaeocarpae (Ass. fit.). Rangel, 1990. (Figura 66)

DEFINICIÓN: Vegetación con dos estratos arbóreos, en sitios inclinados, sobre suelos sueltos Inceptisoles, con influencia de sales marinas.

ALCANCE GEOGRÁFICO: Cauca: Isla Gorgona y regiones bajas de la costa Pacífica de Colombia y Ecuador.

OBSERVACIONES: Especies asociadas: *Xylopia columbiana, Eugenia coloradoensis, Qualea lineata, Inga punctata, Miconia apiculata, Geonoma cuneata, Strychnos tarapotensis, Pentagonia macrophylla, Dicranopygium trianae, Tococa acuminata* y *Anthurium nymphaefolium.*

493. Oxandro polyanthae - Viroletalia surinamensis (Ord. fit.). Urrego, 1994.

DEFINICIÓN: Unidad superior de vegetación que incluye varios tipos de bosque que se establecen en terrazas bajas y en el plano aluvial sóbre sitios mal drenados.

ALCANCE GEOGRÁFICO: Se encuentra sobre el plano de inundación del río Caquetá.

OBSERVACIONES: Agrupa vegetación de las asociaciones **Ilico laureolae-Mauritietum flexuosae; Chamaedoreo pinnatifrons- Miconietum punctatae** y **Marliereo umbraticolae -Mauritietum flexuosae**.

494. Oxhydro-Oxylophyta. Cuatrecasas, 1934.

DEFINICIÓN: Vegetación que se establece en regiones frías de las Cordilleras Oriental y Central, en suelos anegados y turbosos.

ALCANCE GEOGRÁFICO: Cordillera Oriental, Cundinamarca: Páramo de Guasca (3000-3300 m).

OBSERVACIONES: Especies características: *Sphagnum cuspidatum, Puya bonplandiana incluye los bosques de Alnus acuminata.*

495. *Oxycaryum cubense* y *Pontederia rotundifolia* (Com.). Prieto *et al.*, 1995. DEFINICIÓN: Vegetación acuática con plantas flotantes y enraizadas.

ALCANCE GEOGRÁFICO: Amazonas: río Amazonas, isla Mocagua y otras regiones de la Amazonia.

OBSERVACIONES: Especies asociadas: *Calopogonium mucunoides, Pistia striatiotes* y *Salvinia auriculata.*

496. *Paepalanthus columbiensis* y *Puya trianae* (Com.). Vargas & Rivera, 1991.

DEFINICIÓN: Rosetal bajo donde es notorio el impacto de la fauna silvestre, principalmente del curí (*Cavia porcellus*) y del conejo (*Sylvilagus basiliensis*).

ALCANCE GEOGRÁFICO: Cundinamarca: Parque Nacional Natural Chingaza: sector río la Playa, 3160 m.

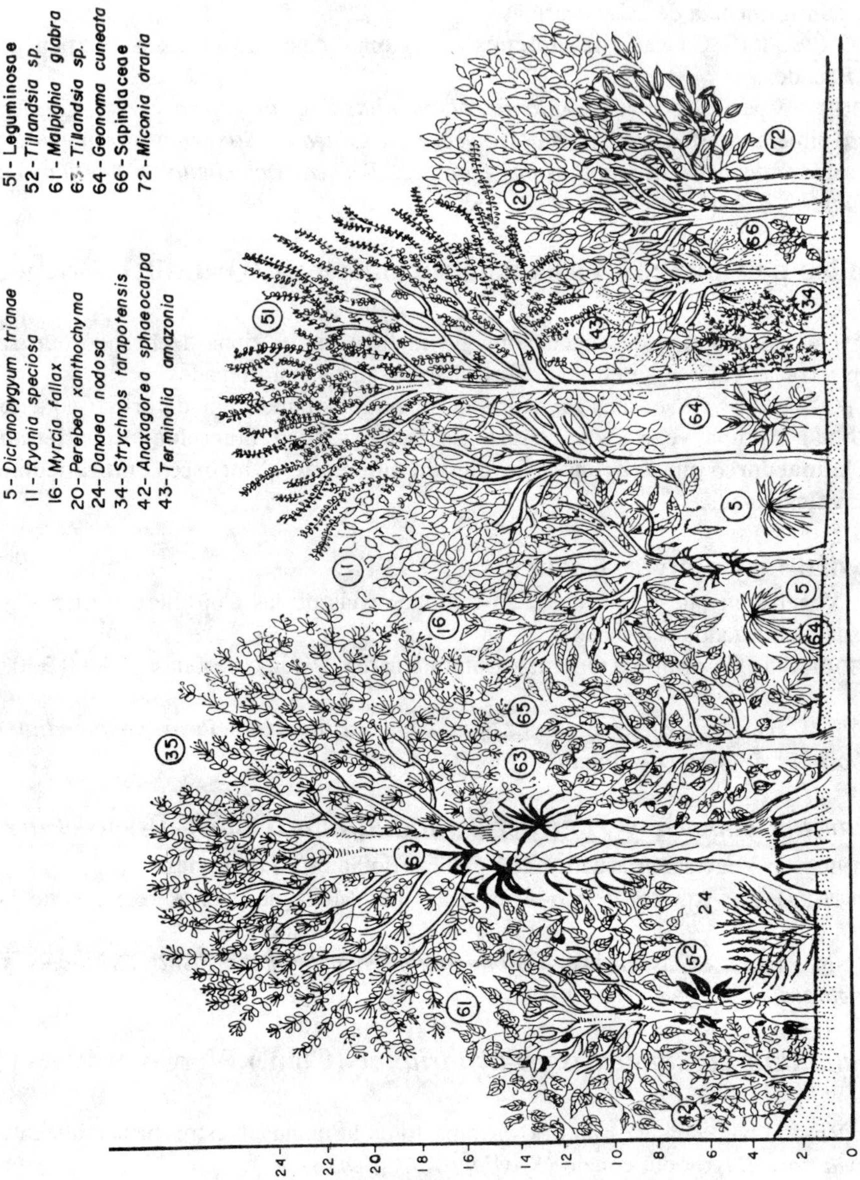

Figura 66. Asociación OSSAEO SESSILIFOLIAE-ANAXAGORETUM PHAEROCARPAE, Isla Gorgona, 150 m. Tomado de Rangel, Aguirre y Sánchez, 1990.

OBSERVACIONES: Especies asociadas: *Hypericum* sp., *Halenia asclepiadea, Pentacalia andicola, Niphogeton* cf. *glaucescens, Calamagostis effusa, Sphagnum* spp., *Arcytophyllum muticum, Geranium* sp., *Paepalanthus karstenii, Hypericum goyanesii, Carex tristicha* y *Blechnum loxense.*

497. Palicoureo angustifoliae-Hedyosmion racemosi (All. fit.). Rangel *et al.*, 1989.

DEFINICIÓN: Vegetación selvática, sobre pendientes y escarpes de coladas que limitan con quebradas rocosas profundas.

ALCANCE GEOGRÁFICO: Cordillera Central, Caldas-Tolima: Transecto Parque Los Nevados, vertiente Occidental (Santa Rosa, Puerto Caldas) 1200-2400 m.

OBSERVACIONES: Especies asociadas: *Emeorhiza umbellata, Prunus villegasiana, Cyathea* sp., *Palicourea angustifolia, Persea* sp., *Chamaedorea brevifrons, Miconia* cf. *caudata, Allophylus mollix* y *Piper calceolarium.*

498. Palmetum (Ass. fit. s.l.). Cuatrecasas, 1934.

DEFINICIÓN: Formación que agrupa varias asociaciones, dominadas por especies de palmas.

ALCANCE GEOGRÁFICO: Cuenca inferior del río Magdalena (500-1300 m), en el límite altitudinal inferior.

OBSERVACIONES: Incluye la consocie de *Cocos nucifera*; en límite superior a la comunidad de *Scheelea butyracea* y *Phytelephas* sp.

499. *Panicum polygonatum* (Com.). Schmidt Mumm, 1988.

DEFINICIÓN: Comunidad de pantano, muy rica en especies de la clase Helophyta pero con representación de las clases Hygrophyta e Hyphydata; en ocasiones se establece en cubetas temporalmente inundables.

ALCANCE GEOGRÁFICO: Cordillera Oriental, Cundinamarca: Albán, hoya del río Namay.

OBSERVACIONES: Especies dominantes-asociadas: *Panicum polygonatum, Polygonum punctatum, Heteranthera reniformis, Milleria quinqueflora, Impatiens balsamina, Cuphea racemosa, Pseudechinolaena polystachya, Axonopus compressus* e *Hydrocotyle bonplandii*.

500. *Papillaria nigrescens* y *Radula caldana* (Com.). Wolf, 1993.

DEFINICIÓN: Comunidad de criptogamas epifíticas que se puede desarrollar tanto en la base de los árboles como en las copas.

ALCANCE GEOGRÁFICO: Cordillera Central, Risaralda: Pereira y alrededores (1000 m).

OBSERVACIONES: Son especies exclusivas *Papillaria nigrescens, Radula caldana, Mastigolejeunea auriculata, Porella brasiliensis* y *Sematophyllum subpinnatum.*

501. *Parmotrema reticulatum* e *Hypotrachyna rockii* (Com.) Hollander & Swaan, 1992.

DEFINICIÓN: Comunidad criptogámica que crece en las ramas de las partes altas del dosel.

ALCANCE GEOGRÁFICO: Risaralda: Santuario, los Planes 1670 m; Valle del Cauca.

OBSERVACIONES: Incluye tres subtipos: *Pertusaria hypothmanolica-Omphalanthus filiformis, Lecanora bogotana-Lecanoa myriocarpoides* y *Cheilolejeunea trifaria-Hypotrachyna bogotensis*.

502. ***Paspalum repens*** **y** ***Cecropia latiloba*** **(Com.)**. Prieto *et al.*, 1995.
DEFINICIÓN: Fase de vegetación con un estrato rasante dominante en cobertura, comunmente denominado gramalotal; los estratos arbustivo y de arbolitos se encuentran representados pobremente.
ALCANCE GEOGRÁFICO: Amazonas: Río Amazonas, isla Mocagua, en playas cóncavas o canales abandonados del río.
OBSERVACIONES: Especies asociadas: *Pseudobombax munguba* y *Erythryna fusca.*

503. ***Pentacalia cacaosensis*** **(Com.)**. Cleef, 1981.
DEFINICIÓN: Matorral del subpáramo.
ALCANCE GEOGRÁFICO: Cordillera Oriental, Boyacá: cabecera del río Casanare y Páramo de Pisba entre 3080 y 3430 m.
OBSERVACIONES: Especies asociadas: *Espeletia lopezii* var. *major, Chusquea tessellata, Hypericum magniflorum, Diplostephium revolutum, Puya goudotiana.*

504. ***Pentacalia guantivanus*** **(Com.)**. Cleef, 1981.
DEFINICIÓN: Matorral del subpáramo y del cinturón andino, entre 2200 y 3500 m.
ALCANCE GEOGRÁFICO: Cordillera Oriental, Boyacá: Páramo de Guina cerca a Santa Rosa.
OBSERVACIONES: Especies asociadas: *Calamagrostis effusa, Castilleja fissifolia* y *Vaccinium floribundum.*

505. ***Pentacalia guicanensis*** **(Com.)**. Cleef, 1981.
DEFINICIÓN: Matorral del superpáramo, sobre morrenas a lo largo de las corrientes de agua.
ALCANCE GEOGRÁFICO: Cordillera Oriental, Boyacá: Sierra Nevada del Cocuy entre (4200-4500 m).
OBSERVACIONES: Especies asociadas: *Draba litamo, Draba arauquensis, Cerastium subspicatum* y *Gentianella* sp.

506. ***Pentacalia nitida*** **y** ***Carex bonplandii*** **(Com.)**. Bekker & Cleef, 1985.
DEFINICIÓN: Matorral con un estrato herbáceo en donde predominan los monticulos de briófitas; crece en sustrato rocoso de poca inclinacion y de bajo pH.
ALCANCE GEOGRÁFICO: Cordillera Oriental, Cundinamarca: Páramo de Laguna Verde.
SINÓNIMOS: 3f, Plancha 1. IGAC, 1985.
OBSERVACIONES: Especies asociadas: *Calamagrostis effusa, Arcytophyllum nitidum, Rhynchospora macrochaeta, Paspalum bonplandianum, Niphogeton glaucescens, Luzula gigantea, Calamagrostis* aff. *bogotensis, Hypericum prostratum, Cerastium subspicatum y especies de briofitos*

507. ***Pentacalia vaccinioides*** **(Com.)**. Cleef, 1981.
DEFINICIÓN: Matorral de sitios húmedos, suelos arcillosos, húmicos y fuertemente ácidos.
ALCANCE GEOGRÁFICO: Cordillera Oriental, Boyacá: Páramo de Guantiva entre 3800 y 3900 m y Sierra Nevada del Cocuy.
SINÓNIMOS: Comunidad de *Senecio vaccinioides.*
OBSERVACIONES: Especies asociadas: *Lachemilla orbiculata, Leptodontium wallisii, Hypericum trianae, Chusquea tessellata.*

508. Pentacalietum andicolae (Ass. fit.). Cleef, 1981.

DEFINICIÓN: Matorral paramuno en sitios protegidos y en la zona baja del páramo.

ALCANCE GEOGRÁFICO: Corrdillera Oriental, Boyacá: Páramos de la Rusia, de Pisba, y Sierra Nevada del Cocuy entre 3600 y 4000 m; Cundinamarca: Páramo de Cruz Verde.

SINÓNIMOS: Senecionetum andicolae

OBSERVACIONES: Especies asociadas: *Chusquea tesellata, Carex pichinchensis, Sphagnum sancto-josephense, Rhynchospora macrochaeta, Luzula gigantea* y *Pleurozium schreberi*.

509. Pentacalietum flos-fragrantis. (Ass. fit.). Cleef, 1981.

DEFINICIÓN: Matorral del superpáramo en suelos húmicos, pantanosos.

ALCANCE GEOGRÁFICO: Cordillera Oriental, Boyacá: Patio Bolos (4160 m), laguna la Plaza en la Sierra Nevada del Cocuy (4300 m).

SINÓNIMOS: Senecionetum flos-fragantis.

OBSERVACIONES: Especies asociadas: *Senecio formosus, Montia meridensis, Lachemilla tanacetifolia, Jamesonia goudotii, Lycopodium crassum.*

510. Pentacalietum nitidi (Ass. fit.). Cleef, 1981.

DEFINICIÓN: Matorral en los valles húmedos, un poco mas abajo del pajonal paramuno. Suelos húmicos, arcillosos, moderadamente ácidos.

ALCANCE GEOGRÁFICO: Cordillera Oriental, Cundinamarca: Páramos cercanos a Bogotá entre 3000 y 3700 m (Neusa, San Cayetano).

SINÓNIMOS: Senecionetum nitidi

OBSERVACIONES: Especies asociadas: *Calamagrostis effusa, Pleurozium schreberi, Carex* cf. *conferto-spicata, Lorenzochloa erectifolia, Poa* cf. *pauciflora, Paspalum bonplandianum, Niphogeton glaucescens, Carex bonplandii, Sphagnum compactum* y *Cladia aggregata.*

511. Pentacalietum reissiani (Ass. fit.). Cleef, 1981.

DEFINICIÓN: Matorral en los pantanos de los valles glaciales.

ALCANCE GEOGRÁFICO: Cordillera Oriental, Cundinamarca: Páramos de la Cordillera Oriental, Sumapaz (3400-3900 m); Laguna Verde cerca a Bogotá.

SINÓNIMOS: Senecionetum reissiani.

OBSERVACIONES: Especies asociadas: *Hypericum laricifolium* ssp. *laricoides, Rumex tolimensis, Carex pichinchensis, Valeriana plantaginea, Gratiola peruviana, Senecio canescens, Greigia* cf. *mulfordii.*

512. Pentacalietum vernicosi (Ass. fit.). Rangel *et al.*, 1995.

DEFINICIÓN: Es un matorral bajo con individuos de 1 a 2 m de altura que se encuentra en sitios protegidos cerca del límite superior del pajonal del páramo medio. Ocupa vallecitos angostos e inclinados.

ALCANCE GEOGRÁFICO: Región andina de Colombia.

OBSERVACIONES: Especies características: *Valeriana plantaginea* y las briófitas terrestres como *Campylopus* sp. y *Leptodontium wallisii*.

513. Pentacalio abietinae-Cortaderietum nitidae (Ass. fit). Sánchez & Rangel, 1990. (Figura 67)

DEFINICIÓN: Matorral en el límite entre la vegetación abierta-paramuna tipo frailejonal-pajonal y la vegetación de bosque alto andino; sobre turberas muy terrizadas con capas poco profundas de turba sobre lechos rocosos.

ALCANCE GEOGRÁFICO: Cordillera Oriental, Cundinamarca: Páramo de Monserrate a 3200 y 3250m.

OBSERVACIONES: Especies asociadas: *Gaiadendron punctatum, Bucquetia glutinosa, Pentacalia vaccinioides, Weinmannia fagaroides, Hesperomeles heterophylla, Cortaderia nitida, Rhynchospora macrochaeta, Puya goudotiana, Diplostephium phylicoides* y *Blechnum loxense*.

514. Pentacalio nitidae-Chusquetum tessellatae (Ass. fit). Sánchez & Rangel, 1990.

DEFINICIÓN: Matorral-chuscal sobre turberas terrizadas de poca extensión en la franja media de la región paramuna.

DEFINICIÓN: Cordillera Oriental, Cundinamarca: Páramo de Monserrate a 3300m.

OBSERVACIONES: Especies asociadas: *Aragoa cupressina, Eupatorium gynoxoides* (s.l.), *Puya santosii, Diplostephium phylicoides, Hypericum goyanesii, Valeriana longifolia, Senecio formosoides, Lycopodium* aff. *cruentum, Sphagnum magellanicum* y *Festuca sublimis*.

515. Pentacalio stuebeli-Chusquetum tessellatae (Ass. fit.). Sánchez & Rangel, 1990. (Figura 68)

DEFINICIÓN: Matorral ralo con un estrato arbustivo sobre sitios pantanosos.

ALCANCE GEOGRÁFICO: Cordillera Oriental, Cundinamarca: Páramo de Cruz Verde (laguna el Verjón 3450 m).

OBSERVACIONES: Especies asociadas: *Aragoa abietina, Puya santosii, Calamagrostis effusa, Calamagrostis intermedia, Carex pichinchensis, Blechnum loxense, Sphagnum magellanicum, Breutellia tomentosa, Geranium multiceps, Pernettya prostrata, Myrteola nummularia* y *Lysipomia sphagnophilla*.

516. *Perebea guianensis, Guettarda chiriquiense* y *Dictyocaryum* sp. (Com.). Rangel, 1993. (Figura 69)

DEFINICIÓN: Vegetación selvática muy intervenida; en el sotobosque predominan las palmas con raíces fúlcreas. La mayoría de las especies estan asociadas con hormigas; en los estratos bajos son muy llamativas las especies de Gesneriaceae. Las nieblas son muy frecuentes, los sitios son planos.

ALCANCE GEOGRÁFICO: Cordillera Occidental, Chocó: Vertiente Occidental, que mira al río Cauca 1350 m, alrededores de San José del Palmar.

OBSERVACIONES: En el estrato arbóreo también se presentan *Pourouma* cf. *aspera, Weinmannia putumayensis* y *Protium canalense*; en los estratos medios y bajos aparecen *Mauria* sp., *Gustavia* cf. *superba, Trichipteris* aff. *procera, Sphaeradenia cuatrecasana, Columnea consaguinea* y especies de *Calathea* y *Philodendron*.

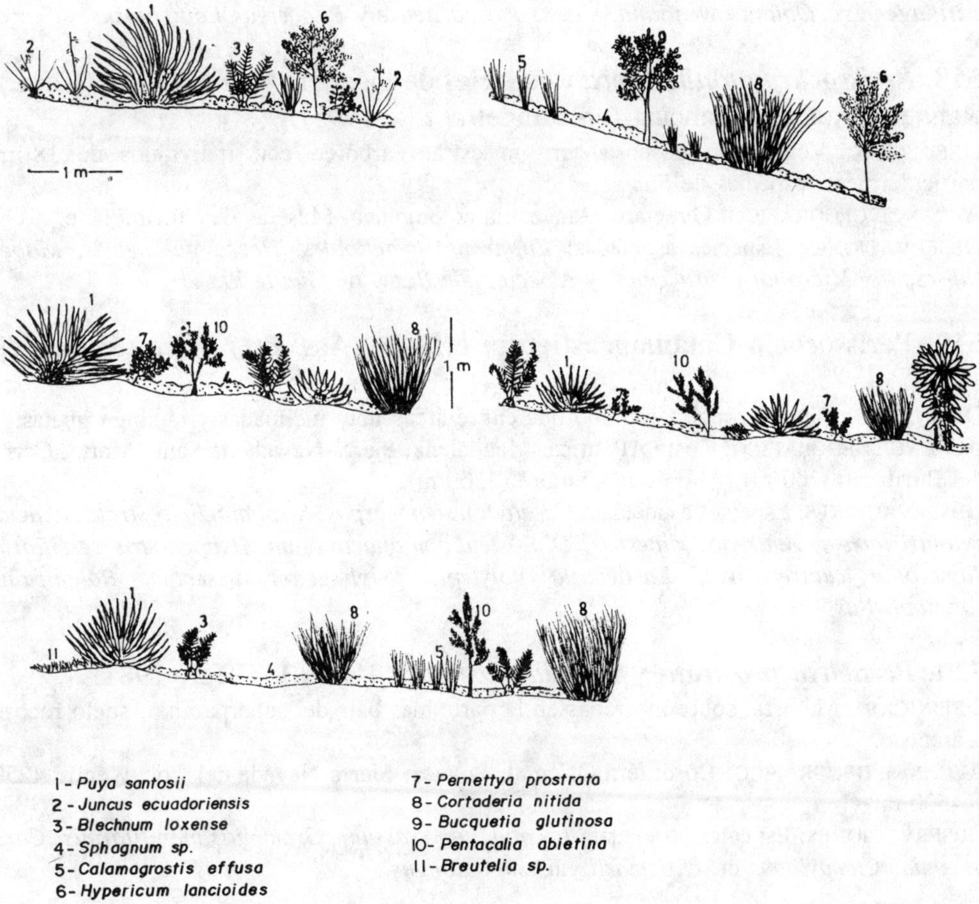

Figura 67. Asociación PENTACALIO ABIETINAE-CORTADERIETUM NITIDAE, Cundinamarca; Páramo de Monserrate, 3200-3300 m. Tomado de Sánchez y Rangel, 1990.

517. ***Pereskia colombiana*** **y** ***Lemaireocereus*** **(s.l.)** ***griseus*** **(Ass. fit s.l.).** Bastidas & Corredor, 1977.

DEFINICIÓN: Bosque ralo con cactáceas columnares; con un estrato superior con individuos hasta de 7 m de altura.

ALCANCE GEOGRÁFICO: Costa Atlántica, Magdalena: Parque Nacional Natural Tayrona y localidades secas del Caribe.

OBSERVACIONES: Especies asociadas: *Cratavea tapia, Croton punctatus, Manihot carthagenesis, Opuntia wentiana, Cissus margaritense* y *Pilocereus lanuginosus.*

518. ***Perissocarpa umbellifera*** **y especies de** ***Swartzia*** **y de** ***Protium*** **(Com.).** Rangel, Franco, Betancurt (en Rangel *et al.*, 1995).

DEFINICIÓN: Vegetación boscosa con un estrato arbóreo con individuos de 18 m, particularmente especies de *Ficus.*

ALCANCE GEOGRÁFICO: Guaviare: Amazonia colombiana, Mesetas de Chiribiquete.

OBSERVACIONES: Especies asociadas: *Euphronia hirtelloides, Hevea guianensis, Mabea subsessilis, Micrandra spruceana y especies de Ilex* y de *Guatteria.*

519. Perissocoelo-Calamagrostietum effusae (Ass. fit.). Cleef & Rangel, 1984.

DEFINICIÓN: Pajonal zonal páramuno que cubre áreas muy inclinadas y también planas.

ALCANCE GEOGRÁFICO: Costa Atlántica, Magdalena: Sierra Nevada de Santa Marta, Cerro del Buritaca (3200 m), Alto de la Cumbre (3500 m).

OBSERVACIONES: Especies asociadas: *Ceratodon stenocarpus, Stephaniella rostrata, Acaena cylindristachya, Andreaea rupestris, Diplostephium anactinotum, Hypochoeris sessiflora, Jamesonia cuatrecasasii, Lachemilla polylepis, Niphogeton dissectus, Ranunculus spaniophyllus*

520. ***Pernettya prostrata*** **y** ***Luzula racemosa*** **(Com.).** Cleef, 1981.

DEFINICIÓN: Matorral sobre morrenas en la parte mas baja del superparamo; suelo rocoso o arenoso.

ALCANCE GEOGRÁFICO: Cordillera Oriental, Boyacá: Sierra Nevada del Cocuy entre 4250 y 4500 m.

OBSERVACIONES: Especies asociadas: *Lycopodium crassum, Grammitis moniliformis, Cora pavonia, Campylopus* cf. *chrismarii* var. *suboblongus.*

521. Pernettyo-Hypericetum goyanesi (Ass. fit.). Franco *et al.*, 1986.

DEFINICIÓN: Matorral denso, en sitios inclinados en suelos pedregosos y secos, o en sitios con suelos encharcados.

ALCANCE GEOGRÁFICO: Cordillera Oriental, Cundinamarca páramos cercanos a Bogotá; Boyacá, Lago de Tota (3150-3300 m).

SINÓNIMOS: Comunidad de *Hypericum goyanesii* Vargas & Zuluaga, 1981.

OBSERVACIONES: Especies asociadas: *Baccharis prunifolia, Arcytophyllum muticum, Geranium sibbaldioides* y *Breutellia tomentosa.*

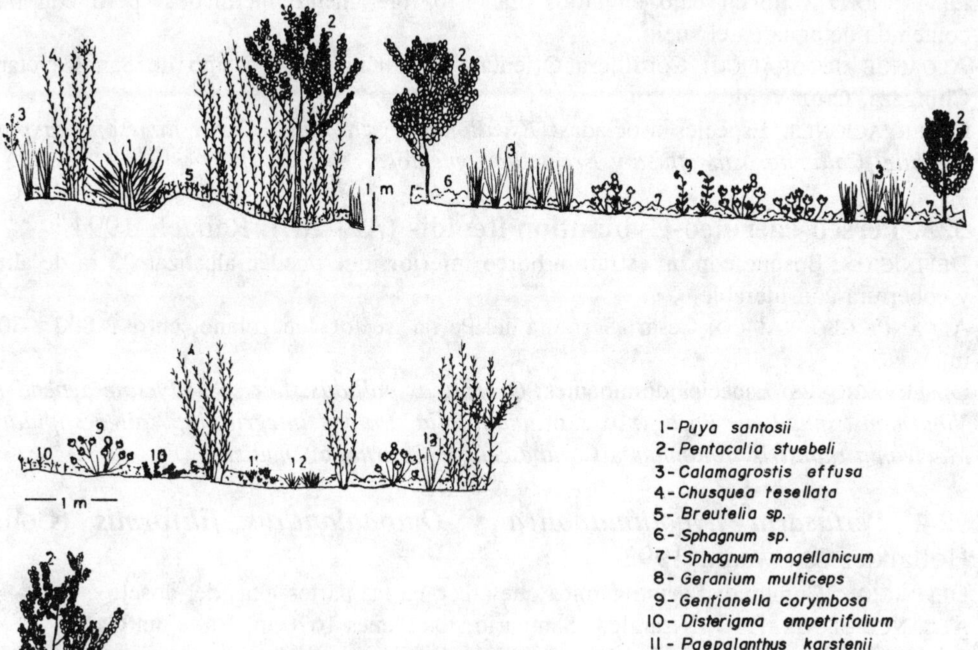

Figura 68. Asociación PENTACALIO STUEBELI-CHUSQUETUM TESELLATAE, Cundinamarca; Páramo de Cruz Verde, 3450 m. Tomado de Sánchez y Rangel, 1990.

522. Pernettyo-Hypericetum-Pentacalietosum nitidi (Subass.fit.). Franco *et al.*, 1986; Cleef, 1981.

DEFINICIÓN: Matorral bajo en sitios planos o ligeramente inclinados, pero con buen contenido de agua en el suelo.

ALCANCE GEOGRÁFICO: Cordillera Oriental, Cundinamarca: Páramo de San Cayetano, Chingaza, Cruz Verde.

OBSERVACIONES: Especies asociadas: *Escallonia myrtilloides, Carex jamesoni, Hypnum amabile, Calamagrostis effusa* y *Breutellia tomentosa.*

523. Perseo caeruleo-Cybiantion iteoidis (All. fit.). Rangel, 1994.

DEFINICIÓN: Bosque con un estrato arbóreo inferior, que pueden alcanzar 23 m de altura y cobertura considerable.

ALCANCE GEOGRÁFICO: Cesar: Serranía del Perijá, sector venezolano, entre 2.800 y 3000 m.

OBSERVACIONES: Especies dominantes: *Oreopanax pallidus, Ilex* sp., *Myrsine dependens, Viburnum triphyllum, Paragynoxys* cf.*undatifolia, Prunus integrifolia, Vallea stipularis, Macleania rupestris, Rhamnus* aff. *pubescens* y *Cestrum* cf. *mutisii.*

524. *Pertusaria hypothmanolica* y *Omphalanthus filiformis* (Com.) Hollander & Swaan, 1992.

DEFINICIÓN: Comunidad criptogámica que crece en las partes altas del dosel.

ALCANCE GEOGRÁFICO: Risaralda: Santuario, los Planes 1670 m; Valle del Cauca.

OBSERVACIONES: Especie asociada: *Frullania brasiliensis.*

525. Philonoto-Isotachidetum serrulatae (Ass. fit.) Cleef, 1981.

DEFINICIÓN: Vegetación sumergida en donde la especie dominante es *Isotachis serrulata* acompañada de *Philonotis andina,* también es posible encontrar a *Isotachis lacutris.*

ALCANCE GEOGRÁFICO: Cordillera Oriental, Boyacá: Sierra Nevada Cocuy, 3850-4350 m; Santander: Páramo el Almorzadero.

526. *Phytolacca bogotensis* (Com.). Wijninga *et al.*, 1989.

DEFINICIÓN: Vegetación ruderal de caminos, sitios clareados, en densas manchas, alrededor de los diques artificiales en las lagunas y lagunetas de la Sabana de Bogotá.

ALCANCE GEOGRÁFICO: Cordillera Oriental, Cundinamarca: Laguna de la Herrera; Sabana de Bogotá, páramo de Monserrate; Boyacá: Lago de Tota; Cordillera Central, transecto Parque los Nevados.

OBSERVACIONES: Especies asociadas: *Solanun nigrum* y *Ludwigia peruviana.*

527. *Pithecolobium dulce* y *Lemaireocereus (Armatocereus)* cf. *griseus* (Com.). Rangel & Franco, 1985.

DEFINICIÓN: Matorral espinoso con cactáceas columnares y arbustos ralos.

ALCANCE GEOGRÁFICO: Cauca-Huila: Transecto valle del Magdalena-volcán del Puracé (2200-2700 m).

Figura 69. Comunidad de *Perebea guianensis*, *Guettarda chiriquiense* y especies de Palmae, Chocó; San José del Palmar, 1350 m. Tomado de Rangel et al. (en preparación Ecoandes Cor. Occidental.

OBSERVACIONES: Especies dominantes: *Lemaireocereus (Armatocereus)* cf. *griseus, Pithecolobium dulce, Randia aculeata, Croton argyrophyllus, Jatropha gossypifolia* y *Solanum* sp.

528. *Plagiochila bursata* y *Plagiochila bidens* (Com.) Hollander & Swaan, 1992.

DEFINICIÓN: Comunidad criptogámica que crece en las partes bajas del bosque, en los troncos de los árboles por encima de 1.5 m de altura.

ALCANCE GEOGRÁFICO: Risaralda: Santuario, los Planes 1670 m; Valle del Cauca.

OBSERVACIONES: Especies asociadas: *Frullania caulisegua, Chiodecton rubricinctum, Lejeunea flava, Thuidium antillarum, Frullania brasiliensis* y *Usnea* spp.

529. *Plagiochila fragilis* (Com.). Wolf, 1993.

DEFINICIÓN: Comunidad de criptogamas epifíticas que se desarrolla en las zonas empinadas.

ALCANCE GEOGRÁFICO: Cordillera Central, Risaralda: Pereira-Santa Rosa (1210-1980 m).

OBSERVACIONES: Especie exclusiva *Plagiochila fragilis* acompañada de *Cheilolejeunea rigidula, Frullania brasiliensis, Frullania caulisequa, Lejeunea laetevirens* y especies de *Microlejeunea*.

530. *Plagiochila fragilis* y *Phyllospora corallina* (Com.) Hollander & Swaan, 1992.

DEFINICIÓN: Comunidad criptogámica que crece en los troncos de los árboles entre 1.5 y 5 m, pero ocasionalmente se puede presentar en la base de los troncos.

ALCANCE GEOGRÁFICO: Risaralda: Santuario, los Planes 1670 m; Valle del Cauca.

OBSERVACIONES: Especies asociadas: *Frullania caulisegua, Chiodecton rubricinctum, Lejeunea flava, Thuidium antillarum, Frullania brasiliensis* y *Usnea* spp.

531. *Plagiochila fuscolutea* (Com.). Wolf, 1993.

DEFINICIÓN: Comunidad de criptogamas epifíticas, que se desarrollan sobre los troncos de los árboles.

ALCANCE GEOGRÁFICO: Cordillera Central, Risaralda: hacienda Berlín y alrededores-páramo de Santa Rosa (2740-3670 m).

OBSERVACIONES: Especies acompañantes: *Adelanthus pittieri, Bazzania hookeri, Campylopus pittieri, Chorisodontium mittenii, Lepicolea pruinosa, Lepidozia* sp., *Porotrichodendron superbum* e *Hymenophyllum* sp.

532. Plantagini-Hypericetum ruscoidis (Ass. fit.). Rangel & Aguirre, 1986.

DEFINICIÓN: Matorral ralo sobre terrenos con pendientes pronunciadas, pedregosos y erosionados.

ALCANCE GEOGRÁFICO: Cordillera Oriental, Boyacá: Cerro Los Arcos, Cuítiva, cercanías del Túnel, lago de Tota (3050-3125 m).

OBSERVACIONES: Especies características: *Hypericum mexicanum, Agrostis fasciculata, Pentacalia guantivana, Plantago monticola, Paronychia bogotensis, Cardionema multicaule, Lachemilla aphanoides, Achyrocline lehmannii, Euphorbia repens* y *Polygala paniculata*.

533. Plantigini rigidae-Distichietea muscoidis (Clase. fit.). Rivas-M. & Tovar, 1982.

DEFINICIÓN: Vegetacion de las turberas duras andinas, yacentes o flotantes, dominadas por plantas vasculares que crecen en forma de cojines; arraigan en lagunas,lagos y ambientes encharcados.

ALCANCE GEOGRÁFICO: Páramo medio, superpáramo, en el Norte de los Andes. SINÓNIMOS: Wernerietea Cleef, 1981.

OBSERVACIONES: Especies características: *Castilleja fissifolia, Distichia muscoides, Gentiana sedifolia, Plantago rigida, Orithrophium limnophillum, Ourisia muscosa* y *Werneria pygmaea*.

534. *Plantago linearis* (Com.). Cuatrecasas, 1934; Cleef *et al.*, 1983; Sturm & Rangel, 1985; Salamanca *et al.*, 1991.

DEFINICIÓN: Comunidad ruderal de extensión limitada con gramíneas y hierbas que se desarrolla a lo largo de los caminos de herradura.

ALCANCE GEOGRÁFICO: Cordillera Central, Caldas-Tolima: Transecto Parque Los Nevados, en el páramo seco entre 3200-4000 m, amplia distribución en los páramos colombianos.

OBSERVACIONES: Especies asociadas: *Calamagrostis effusa* y *Nertera granadensis.*

535. *Plantago monticola* y *Calamagrostis effusa* (Com.). Rangel, 1994.

DEFINICIÓN: Típica comunidad pratense con un estrato herbáceo pobre en cobertura 25% y uno rasante dominante con 40%, donde son características las rosetas blancas de *Plantago monticola*.

ALCANCE GEOGRÁFICO: Cesar: Serranía del Perijá, a 3425-3435 m, en las partes planas de los filos del cerro el Avión.

OBSERVACIONES: Especies características-dominantes: *Pernettya prostrata, Calamagrostis effusa, Bartsia santolineafolia, Chusquea tessellata, Plantago monticola, Bidens triplinervia, Hypochoeris sessiliflora, Gnaphalium* sp. y *Geranium* cf. *sibbaldioides*.

536. *Plantago rigida* (Com.). Cleef *et al.*, 1983.

DEFINICIÓN: Tipo de vegetación de turbera más extendido desde el páramo hasta el superparamo, en turberas en desarrollo activo hasta turberas muy degradadas.

ALCANCE GEOGRÁFICO: Cordilleras Central Caldas-Tolima: Transecto Parque Los Nevados. (3500-4400 m); Cordillera Oriental, Cundinamarca y Antioquia.

OBSERVACIONES: Especies asociadas: *Niphogeton lingula, Lupinus microphyllus, Gentiana sedifolia, Hypericum lancioides* y especies de *Sphagnum* y de *Breutelia*.

537. *Plantago rigida* y *Sphagnum* cf. *magellanicum* (Com.) Rangel & Lowy, 1995.

DEFINICIÓN: Tapetes rígidos dominados por *Plantago rigida*. Se establecen en hodonadas y cubetas terrizadas, muy húmedas.

ALCANCE GEOGRÁFICO: Amplia distribución en páramos de la Cordillera Oriental; localidad típica: Cundinamarca-Meta: Región del Sumapaz; Boyacá: Páramos del Norte de Belén.

OBSERVACIONES: Especies asociadas: *Weneria humilis, Eryngium humile, Diplostephium revolutum, Carex pichinchensis* y *Colobanthus quitense*.

538. Polygonetum acuminati (Ass. fit. s.l.). Zuluaga, 1987.
DEFINICIÓN: Vegetación de pantano con elementos que penetran el sustrato, particularmente *Polygonum acuminatum*.
ALCANCE GEOGRÁFICO: Región Pacífica, es común en las orillas de los caños y ciénagas.
OBSERVACIONES: Especies asociadas: *Paspalum repens, Hymenache amplexicaulis, Jussiaea natans* y *Enhydra* cf. *fluctuans*.

539. Polygono punctatae-Scirpion californici (All. fit) Rangel & Aguirre, 1983.
DEFINICIÓN: Vegetación de ribera que constituye un cordón vegetal que circunda los lagos, lagunetas y vallados de la Cordillera Oriental.
ALCANCE GEOGRÁFICO: Cordillera Oriental, Boyacá: Lago de Tota (3100 m).
OBSERVACIONES: Especies características: *Scirpus californicus, Typha latifolia, Polygonum punctatum* y *Juncus effusus*

540. *Polygonum punctatum* (Com.). Wijninga *et al.*, 1989. (Figura 70)
DEFINICIÓN: Herbazal de 25-80 cm de altura, en sitios pantanosos.
ALCANCE GEOGRÁFICO: Cordillera Oriental, Cundinamarca: Laguna de la Herrera, Sabana de Bogotá; vallados y acequias de la Sabana de Bogotá.
OBSERVACIONES: Especies asociadas: *Hydrocotyle ranunculoides, Rumex obtusifolius, Ludwigia peploides, Pennisetum clandestinum*; también especies pleustofíticas como *Azorella filiculoides* y *Lemna minuscula*.

541. *Polylepis* cf. *incana* (Com.). Rangel & Luteyn (en Rangel & Garzón, 1995).
DEFINICIÓN: Bosques que crecen en sitios protegidos, entre las laderas rocosas.
ALCANCE GEOGRÁFICO: Nariño: Volcán Cumbal, 3450-3600 m.
OBSERVACIONES: Especies acompañantes: *Diplostephium floribundum, Macleania rupestris, Myrsine dependens, Miconia salicifolia, Rhynchospora aristata, Carex bonplandii* y especies de *Miconia*.

542. *Polylepis quadrijuga* (Com.). Bekker & Cleef, 1985.
DEFINICIÓN: Bosques relictuales en valles abrigados; los elementos mas altos alcanzan 6 m.
ALCANCE GEOGRÁFICO: Cordillera Oriental, Cundinamarca: Páramo de Laguna Verde cabecera del río Negro.
SINÓNIMOS: 3s, Plancha 1. IGAC, 1985
OBSERVACIONES: Especies asociadas: *Greigia mulfordii, Myrsine dependens, Rhynchospora macrochaeta, Miconia salicifolia, Oreopanax* cf. *mutisianum, Relbunium hypocarpium, Berberis* cf. *goudotii* y *Cestrum* sp.

543. *Polylepis quadrijuga* y *Baccharis* sp. (Com.). Rangel & Sturm, 1995.
DEFINICIÓN: Matorrales muy intervenidos, con un estrato alto con elementos de 8 m de altura. Se establece en sitios inclinados, pedregosos.

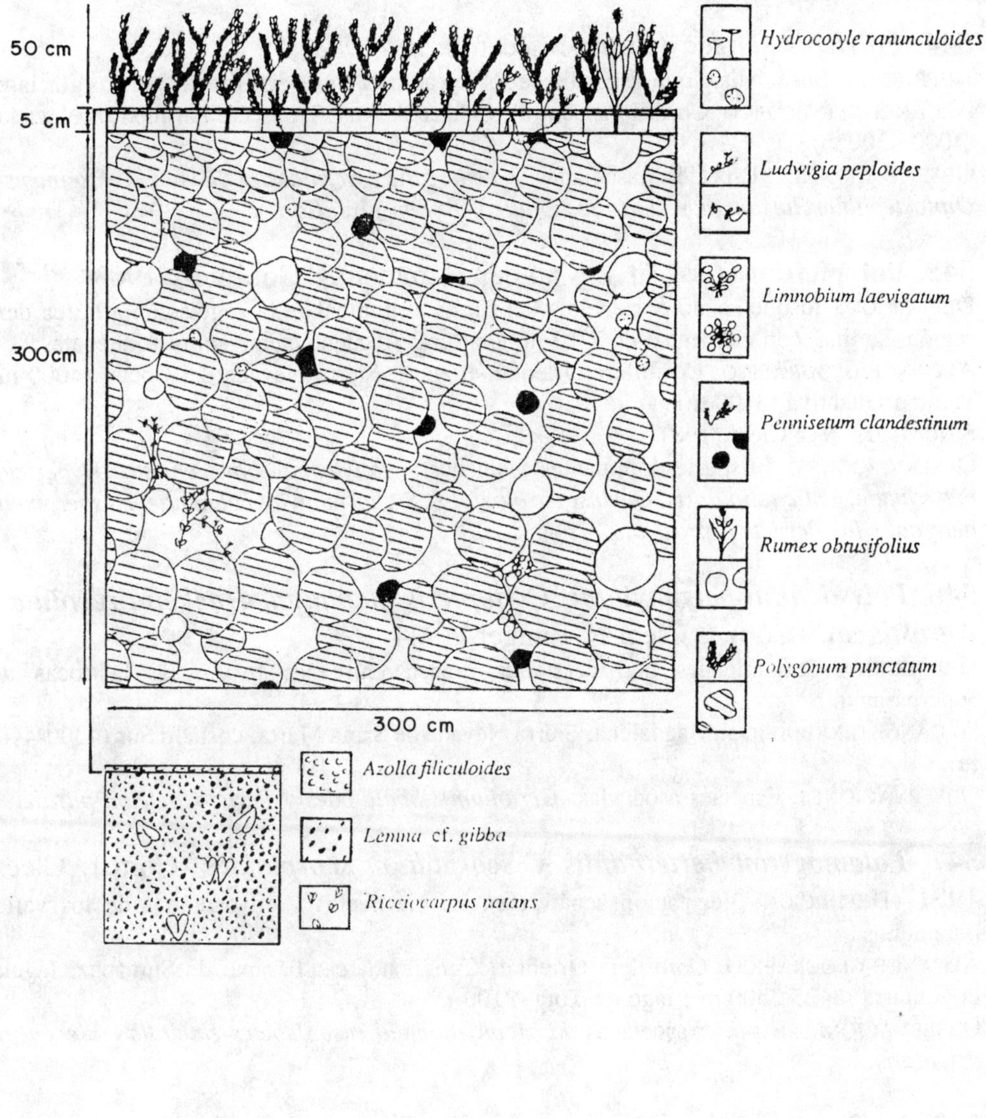

Figura 70. Comunidad de *Polygonum punctatum*, Cundinamarca; Laguna de la Herrera. 2550 m. Tomado de Wijninga, Rangel y Cleef, 1989.

ALCANCE GEOGRÁFICO: Cordillera Oriental, Boyacá: Páramo de Belén entre 3500 y 3700 m, en parches aislados.

OBSERVACIONES: Especies asociadas: en los estratos altos aparecen *Polylepis quadrijuga, Gynoxys tolimensis, Myrsine dependens* y *Clethra fimbriata* en los estratos bajos dominan *Baccharis* sp., *Acaena elongata, Solanum bogotense* y especies de *Salvia, Blechnum* y *Gynoxys*.

544. *Polylepis sericea* (Com.). Cleef *et al.*, 1983.

DEFINICIÓN: Bosque bajo que se establece sobre cantos y rocas arrastradas por los glaciares.

ALCANCE GEOGRÁFICO: Cordillera Central, Caldas-Tolima: Transecto Parque Los Nevados. (4000-4300 m).

OBSERVACIONES: Especies asociadas: *Pentacalia vernicosa, Gynoxys tolimensis, Diplostephium floribundum, Luzula gigantea, Bryum gradiflorum.*

545. Polypietum (Ass. fit.). Van der Hammen & González, 1963.

DEFINICIÓN: Bosque enano por encima del límite altitudinal de la vegetación arbórea de la región Andina, con elementos de 7-10 m de altura; frecuentemente sobre roquedales.

ALCANCE GEOGRÁFICO: Cordillera Oriental, Boyacá: Sierra Nevada del Cocuy (4000 m); Páramo Guantiva (3400 m).

SINÓNIMOS: Ver Cleef, 1981.

OBSERVACIONES: Especiesdominantes-asociadas: *Polylepis boyacensis, Hypericum mexicanum, Vallea stipularis, Gaylusacia buxifolia, Siphocampylus columnae, Hesperomeles heterophylla, Pernettya prostrata.*

546. *Polystichum polyphyllum, Cystopteris diaphana, Hackelia revoluta* y *Agrostis* sp. (Com.). Cleef & Rangel, 1984.

DEFINICIÓN: Comunidades herbáceas que crecen entre las fisuras de la rocas del superpáramo.

ALCANCE GEOGRÁFICO: Magdalena: Sierra Nevada de Santa Marta, costado Sur (4300-4400 m).

OBSERVACIONES: Especies asociadas: *Geranium sibbaldiodes* y *Perissocoeleum purdiei*.

547. *Potamogeton berteroanus* y *Scorpidium scorpioides* (Com.). Cleef, 1981. DEFINICIÓN: Vegetación acuática en los riachuelos y en pantanos de los valles paramunos.

ALCANCE GEOGRÁFICO: Cordillera Oriental, Cundinamarca: Páramo de Sumapaz, laguna la Guitarra (3425-3500 m), lago de Tota (3100 m).

OBSERVACIONES: Especies asociadas: *Myriophyllum quitense, Isoetes glacialis* y *Eleocharis acicularis*.

548. Poulsenio armatae-Perseetum americanae (Ass. fit.). Cleef *et al.*, 1984.

DEFINICIÓN: Vegetación selvática con árboles gigantescos en sitios inclinados con rastros de intervención antrópica, suelos arcillosos.

ALCANCE GEOGRÁFICO: Magdalena: Sierra Nevada de Santa Marta (500-800 m).

OBSERVACIONES: Especies asociadas: *Ossaea cucullata, Ossaea micrantha, Rhipsalis baccifera, Anthurium crassinervium, Miconia shattuckii* y *Psychotria limonensis.*

549. Pouterietosum tortae (Subass. fit.). Urrego, 1994.

DEFINICIÓN: Bosques medianos con un área basal alta, alta densidad de arbolitos en el sotobosque y bajo porcentaje de palmas en el dosel superior.
ALCANCE GEOGRÁFICO: Amazonas, río Caquetá, en partes convexas bien drenadas del complejo de barras.
SINÓNIMOS: F2. Plancha 1, Urrego, 1994.
OBSERVACIONES: Especies características: *Leonia glycycrapa, Virola mollissima, Bactris elegans, Ficus insipida, Garcinia macrophylla* y *Oxandra macrophylla.*

550. Prioretum copaiferae (Ass. fit. s.l.). Zuluaga, 1987.

DEFINICIÓN: Vegetación de tipo selvático con dos estratos arbóreos. En el superior los individuos llegan a 30 m de altura.
ALCANCE GEOGRÁFICO: Costas Pacífica y Atlántica e islas oceánicas.
OBSERVACIONES: Especies dominantes: *Prioria copaifera, Pterocarpus officinalis, Pentaclethra macroloba, Peltogyne* sp., *Rinorea passoura, Astronium graveolens, Mora oleifera, Astrocaryum standleyanum* y *Tabebuia rosea.*

551. *Prosopis juliflora* (Com.). Rieger, 1976.

DEFINICIÓN: Bosque con un estrato superior con elementos de 12 m de altura dominado por *Prosopis juliflora.*
ALCANCE GEOGRÁFICO: Guajira: Península de la Guajira colombiana y probablemente también en Venezuela.
OBSERVACIONES: Especies asociadas: *Alternanthera halimifolia, Anthephora hermaphrodita, Cenchrus pilosus, Opuntia wentiana, Amaranthus crassipes, Bastardia viscosa, Boerhavia erecta, Mollugo verticillata, Capparis octandra, Cissus sicyoides* y *Pereskia guamacho.*

552. *Prosopis juliflora* y *Adesmia verrucosa* (Ass. fit. s.l.). Bastidas & Corredor, 1977.

DEFINICIÓN: Vegetación de tipo boscoso con un estrato arbóreo con elementos hasta 7 m de altura.
ALCANCE GEOGRÁFICO: Costa Atlántica, Magdalena: Parque Nacional Natural Tayrona y región semidesértica del Caribe.
OBSERVACIONES: Especies dominantes: *Prosopis juliflora, Adesmia verrucosa, Cresentia cujete, Coccolova uvifera, Jacquinia aristata, Heliotropium curassavicum* y *Heliotropium indicum.*

553. *Prosopis juliflora* y *Adipera bicapsularis* (Ass. fit. s.l.). Bastidas & Corredor, 1977.

DEFINICIÓN: Vegetación de tipo boscoso con un estrato arbóreo con elementos hasta 7 m de altura.
ALCANCE GEOGRÁFICO: Costa Atlantica, Magdalena: Parque Nacional Natural Tayrona y región semidesértica del Caribe.

OBSERVACIONES: Especies dominantes-asociadas: *Prosopis juliflora, Adipera bicapsularis, Cresentia cujete, Coccolova uvifera, Jacquinia aristata, Adipera bicapsularis, Prosopis juliflora, Heliotropium curassavicum* y *Heliotropium indicum.*

554. Protio macrophyllae-Garcinietum madruñae (Ass. fit.). Rangel *et al.*, 1989; (en prensa). (Figura 71)

DEFINICIÓN: Vegetación tipo selva, con un estrato arbóreo con elementos de mas de 35 m de altura.

ALCANCE GEOGRÁFICO: Cordillera Central, Caldas-Tolima: Transecto Parque Los Nevados, vertiente Oriental (Santa Isabel, Venadillo, 1100-1300 m).

OBSERVACIONES: Especies asociadas: *Couepia* sp., *Vismia baccifera, Protium* sp., *Ocotea discolor, Miconia caudata, Olmedia aspera, Eugenia micrantha, Carludovica palmata* y *Piper tequendamense.*

555. *Protium* sp., *Iryanthera ulei* y Lauraceae spec. (Com.). Van Andel, 1992.

DEFINICIÓN: Vegetación de la llanura aluvial con desarrolllo vigoroso del estrato arbóreo con elementos de 20 m de altura y cobertura de 45%.

ALCANCE GEOGRÁFICO: Amazonia colombiana y regiones aledañas.

OBSERVACIONES: Especies dominantes: *Iryanthera ulei, Licania hypoleuca, Minquartia guianensis, Eschweilera coriacea, Euterpe precatoria, Astrocaryum aculeatum, Pachira aquatica, Oxandra euneura* y *Sloanea guianensis.*

556. Pruno integrifoliae-Axinion macrophyllae (All. fit.). Rangel, 1994.

DEFINICIÓN: Vegetación de tipo selvático, con dos estratos arbóreos; se establece en suelos de los tipos Hydric Dystrandept, Hydrandept y Huminotropet.

ALCANCE GEOGRÁFICO: Cordillera Central, Risaralda: Parque Regional Natural Ucumarí (2200 y 2600 m).

OBSERVACIONES: Especies dominantes: *Prunus integrifolia, Morus insignis, Axinaea macrophylla, Hieronyma huilensis, Billia columbiana, Casearia mariquitensis, Saurauia cuatrecasana, Turpinia heterophylla, Hoffmannia sprucei* y *Habracanthus sanguineus.*

557. *Pseudolmedia laevigata* y *Cosmibuena macrocarpa* (Com.). Rangel, 1990.

DEFINICIÓN: Vegetación con un estrato arbóreo inferior dominante en suelos de tipo Dystropet óxicos.

ALCANCE GEOGRÁFICO: Cauca: Isla Gorgona y regiones bajas de la costa Pacífica.

OBSERVACIONES: Especies asociadas: *Acalypha diversifolia, Inga punctata, Vismia baccifera, Dendropanax arboreum, Coccoloba acuminata, Henriettella fissanthera, Erythroxylum macrophyllum, Marila lactogena, Tetrorchidium gorgonae, Miconia lacera* y *Psychotria garciae.*

Figura 71. Asociación PROTIO MACROPHYLLAE-RHEEDIETUM (GARCINIETUM) MADRUÑAE, Tolima; Cordillera Central, m.pio Venadillo, v.da Planadas, vuelta el Papayo, 1150 m. Tomado de Rangel et al. en prensa.

558. ***Pseudolmedia rigida* y *Guatteria* aff. *columbiana* (Com.).** Rangel, 1994.

DEFINICIÓN: Vegetación de tipo selvático, con un estrato arbóreo superior con cobertura promedio de 27%, uno inferior con cobertura de 49 %. El estrato subarbóreo cubre el 33%; de los estratos bajos el arbustivo es el mas vigoroso 71 %.

ALCANCE GEOGRÁFICO: Cesar: Serranía del Perijá, entre 1760 y 1820 m, probablemente en el lado Venezolano de la serranía.

OBSERVACIONES: Especies características-dominantes: *Pseudolmedia rigida, Guatteria* aff. *columbiana, Beilschmiedia* aff. *pendula, Guatteria goudotiana, Toxicodendron* aff. *striata* y *Alchornea glandulosa.*

559. Psychotrio cuspidatae - Maquirion coriaceae (All. fit.). Urrego, 1994.

DEFINICIÓN: Unidad de vegetación que agrupa bosques que se establecen en los complejos de barras del cauce del plano aluvial del río Caquetá y en las terrazas bajas bien drenadas.

ALCANCE GEOGRÁFICO: Parte media del río Caquetá.

OBSERVACIONES: Incluye las asociaciones **Memoro bracteaetae-Miconietum punctatae** y **Marliero umbraticolae-Mauritietum flexuosae**. Entre las especies características figuran *Psychotria cuspidata, Maquira coriacea, Calathea micans, Buchenavia macrophylla* e *Hirtella guainiae.*

560. ***Pteridium aquilinum* (Com.).** Cleef *et al.*, 1984.

DEFINICIÓN: Helechal en sitios abandonados despúes de ser cultivado con papa.

ALCANCE GEOGRÁFICO: Cordillera Oriental: Varios páramos; Magdalena: Sierra Nevada de Santa Marta (2900 m).

OBSERVACIONES: Especies asociadas: *Pteridium caudatum, Bidens triplinervia, Lourteigia stoechadifolia, Ophioglossum crotalophoroides, Gaultheria* aff.*cordifolia* y *Castilleja arvensis.*

561. ***Puya nitida* y *Rhynchospora macrochaeta* (Com.).** Vargas & Zuluaga, 1985.

DEFINICIÓN: Rosetal-Pajonal de caracter secundario en sitios sometidos a quemas periódicas; se agrupa especialmente cerca a las rocas.

ALCANCE GEOGRÁFICO: Cordillera Oriental, Cundinamarca: Páramo de Monserrate (3.200 m), cerca a Bogotá,

OBSERVACIONES: Especies características: *Miconia ligustrina, Gaylusaccia buxifolia, Brachyotum strigosum* y *Pentacalia pulchella.*

562. Puyetum santosii (Ass. fit.). Rangel & Aguirre, 1986 enm. Rangel, 1995.

DEFINICIÓN: Vegetación establecida sobre sitios pedregosos e inclinados, suelos de testura franca-arcillosa.

ALCANCE GEOGRÁFICO: Cordillera Oriental, Boyacá: Aquitania, cerro el Organo, península de Susacá, Punta Larga, lago de Tota (3050-3100 m); zonas secas de Boyacá y Cundinamaca entre 2600 y 3100 m.

SINÓNIMOS: Puyetum bicolori, Rangel & Aguirre, 1986.

OBSERVACIONES: Especies asociadas: *Hesperomeles goudotiana, Miconia squamulosa, Stevia lucida, Hesperomeles heterophylla, Baccharis latifolia, Myrcianthes leucoxyla, Lourteigia stoechadifolia, Vaccinium floribundum* y *Agrostis tolucensis*.

563. **Quercetum (Ass. fit.)**. Van der Hammen & González, 1963.

DEFINICIÓN: Formación vegetal en vertientes húmedas y frecuentemente nubladas, dominadas por especies de *Quercus* (roble).

ALCANCE GEOGRÁFICO: Cordillera Oriental. Boyacá, Cundinamarca, Tolima, entre 2500-3600 m.

OBSERVACIONES: Especies asociadas: *Quercus lindenii, Q. humboldtii, Tibouchina lepidota, Bocconia frutescens, Weinmannia microphylla, Hedyosmum bonplandianum, Myrsine ferruginea* y *Clethra fagifolia* (ver Rangel, 1989).

564. **Quercetum humboldtii (Ass. fit. s.l.)** Rangel & Lozano ex Lozano & Torres, 1989.

DEFINICIÓN: Vegetación usualmente con dos estratos arbóreos dominados por *Quercus humboldtii*.

ALCANCE GEOGRÁFICO: Cordillera Oriental, Cundinamarca: Municipio de Bojacá, vereda San Antonio, 2500-2700 m.

OBSERVACIONES: Especies acompañantes: *Palicourea anacardifolia, Viburnum pichinchensis, Oeopanax floribundum, Maytenus laxiflorus* (especie exclusiva), *Miconia theaezans, Plaicourea crocea, Saurauia anolaimensis* y *Cytharexylon sulcatum*.

565. **Quercetum tolimense (Ass. fit. s.l.)**. Cuatrecasas, 1934.

DEFINICIÓN: Bosques con dosel superior a 40 m, sobre terrenos muy quebrados y pendientes pronunciadas, esclerofílo, profusión de epifítas y parásitas al igual que líquenes y musgos terrestres y epifíticos.

ALCANCE GEOGRÁFICO: Cordillera Central, Tolima: La Suiza (2500 m).

OBSERVACIONES: Especies asociadas: *Quercus tolimensis, Saurauia excelsa, Meriania tolimana, Tibouchina lepidota, Disterigma acuminatum, Fuchsia nigricans, Eupatorium (s.l.) guapulense, Dryopteris formosa, Jamesonia australis, Loasa dolichostemon* y *Jaegeria hirta*.

566. ***Quercus humboldtii* (Com.)**. Rangel *et al.* (en prensa). (Figura 72)

DEFINICIÓN: Vegetación boscosa dominada por el roble con individuos con cintura a la altura del pecho de 3 m y copas de 45 metros cuadarados que conforman un estrato arbóreo dominante (60-65% de cobertura); los sitios son ligeramente inclinados, la hojarasca sobre el suelo es muy abundante.

ALCANCE GEOGRÁFICO: Cordillera Occidental, Chocó: Vertiente Oriental que mira al río Cauca 2500 m.

OBSERVACIONES: En el estrato alto igualmente figuran *Podocarpus oleifolius, Dugandiodendron yarumalense* y *Weinmannia auriculifera*. En los estratos medios y bajos aparecen *Ladenbergia* sp., *Chrysochlamys dependens, Blakea* aff. *andreana, Myrsine ferruginea, Cavendishia* aff. *tubiflora, Disterigma alaternoides* y *Psammisia macrophylla*.

Figura 72. Aspecto de la estructura y de la composición florística de un robledal *(Quercus humboldtii)*, Tomado de Rangel et al. (en preparación Ecoandes Cor. Occidental).

567. *Quercus humboldtii*, especies de *Clusia* y *Weinmannia pinnata* (Com.). Kuhry, 1988.

DEFINICIÓN: Vegetación boscosa con individuos entre 25 y 35 m de altura, con una cobertura de las copas entre 70 y 90%. Definición basada en los levantamientos de Van der Hammen, Jaramillo & Murillo (1960).

ALCANCE GEOGRÁFICO: A lo largo de las vertientes del Magdalena; Cundinamarca: Oeste de Bogotá; Boyacá: Chiquinquirá entre 1000 y 2300 m.

OBSERVACIONES: Especies características: *Billia columbiana, Clethra fagifolia, Clusia multiflora* y *Brunellia* sp.

568. *Quercus humboldtii, Miconia pedicellata, Prunus myrtifolia* y *Psychotria* sp. (Com.). Rangel & Franco, 1985.

DEFINICIÓN: Vegetación con estructura de tipo bosque cerrado, con árboles hasta 35 m de altura. La dominancia absoluta de *Quercus humboldtii* en el estrato arbóreo tipifica esta comunidad.

ALCANCE GEOGRÁFICO: Huila: municipio de Santa Cecilia, reserva de Meremberg, 2360 m.

OBSERVACIONES: Especies acompañantes: *Brunellia littlei, Alchornea coelophylla, Hedyosmum huilense, Viburnum lasiophyllum, Ardisia* cf. *saponaria, Lophosoria* sp., *Parathesis candolleana, Psychotria aschersoniana, Peperomia saligna* y *Tillandsia biflora*.

569. *Quercus humboldtii* y *Weinmannia tomentosa* (Com.). Kuhry, 1988.

DEFINICIÓN: Vegetación boscosa con individuos entre 25 y 35 m de altura; en la cuales dominante *Quercus humboldtii*. Definición basada en los levantamientos de Van der Hammen, Jaramillo & Murillo (1960) y en Torres y Lozano (1985).

ALCANCE GEOGRÁFICO: En la vertiente Oriental del valle del Magdalena; Boyacá: Chiquinquira 2650-2800 m.

OBSERVACIONES: Especies asociadas: *Billia columbiana, Clethra fagifolia, Gaiadendron punctatum, Hesperomeles lanuginosa* y *Vallea stipularis*.

570. Racomitrium crispipilum (Var. fit.). Cleef & Rangel, 1984.

DEFINICIÓN: Pajonal abierto con cobertura elevada de briófitas higrófiticas en suelos pedregosos; en zonas nubladas.

ALCANCE GEOGRÁFICO: Magdalena: Sierra Nevada de Santa Marta, costado Norte (4000-4300 m).

OBSERVACIONES: Especies asociadas: *Herbertus acanthelius, Herbertus subdentatus, Pogonatum alpiniforme, Rhacocarpus purpurascens, Jamesoniella rubricaulis, Anastrophyllum nigrescens* y *Leptoscyphus porphyrius*

571. Racromitrio crispipili-Lachemilletum nivalis (Ass. fit.). Cleef *et al.*, 1983; Salamanca *et al.*, 1991.

DEFINICIÓN: Vegetación a manera de tapetes en el páramo alto.

ALCANCE GEOGRÁFICO: Cordillera Central, Caldas-Tolima: transecto Parque Los Nevados. (4200-4700 m).

OBSERVACIONES: Especies asociadas: *Oreoweisia bogotensis, Hieracium avilae, Ourisia chamaedrifolia, Polystichum polyphyllum, Pernettya prostrata* var. *prostrata* y *Valeriana plantaginea.*

572. *Ranunculus flagelliformis* (Com.). Franco *et al.*, 1986.

DEFINICIÓN: Vegetación acuática con hojas flotantes, en sitios encharcados y en cubetas.

ALCANCE GEOGRÁFICO: Cordillera Oriental, Cundinamarca: Laguna de Chingaza (amplia distribución en el páramo.)

OBSERVACIONES: Especies características: *Ranunculus flagelliformis* y *Eleocharis stenocarpa.*

573. Raphietum taedigerae (Ass. fit. s.l.). Zuluaga, 1987.

DEFINICIÓN: Vegetación que se establece sobre los arenales que deja el río, hay un estrato dominado por palmas hasta de 12 m de altura.

ALCANCE GEOGRÁFICO: Costa Pacífica, incluye las orillas y los diques del río Atrato también en colinas adyacentes.

OBSERVACIONES: Especies asociadas: *Prioria copaifera, Pachira aquatica, Heliconia emarginata, Palicourea stenoclada, Calathea lutea, Scleria pterota, Ficus dendrocida* y *Calophyllum* sp.

574. *Rhacocarpus purpuracens* y *Racomitrium crispipilum* (Com.). Cleef, 1981.

DEFINICIÓN: Comunidad establecida sobre superficies rocosas desprovistas de vegetación en el páramo medio y en el superpáramo.

ALCANCE GEOGRÁFICO: Cordillera Oriental, Cundinamarca: Sumapaz 4000 y 4100 m., Santander: Páramo el Almorzadero; páramos de la Cordillera Central, Caldas-Tolima: Transecto Parque Los Nevados.

OBSERVACIONES: Especies asociadas: *Lepidozia macrocolea, Campylopus richardii, Herbertus subdentatus, Jensenia florschutzii, Jamesoniella rubricaulis, Adelanthus lindenbergianus, Riccardia wallisii* y *Gymnomitrion atrofilum.*

575. *Rheedia* sp., *Desmoncus* sp., y *Chrysophyllum argenteum* (Com.). Van Andel, 1992.

DEFINICIÓN: Vegetación de la llanura aluvial con un estrato arbóreo con elementos que sobrepasan los 25 m de altura.

ALCANCE GEOGRÁFICO: Amazonia colombiana.

OBSERVACIONES: Especies dominantes-asociadas: *Rheedia* sp., *Pachira* sp., *Iryanthera juruensis, Chrysophyllum argenteum, Escweilera coriacea, Virola duckei, Micropholis* sp., ocasionalmente *Mauritia flexuosa* y *Qualea pulcherrima.*

576. *Rhizogonium lindigii* (Com.). Wolf, 1993.

DEFINICIÓN: Comunidad de criptogamas epifíticas, que crecen en lugares sobreados donde usualmente no estan expuetas a la precipitación directa como entre los huecos de las raíces o en la parte interna de árboles inclinados.

ALCANCE GEOGRÁFICO: Cordillera Central, Risaralda: Hacienda Berlín y alrededores (2740 m y 2970 m).

OBSERVACIONES: Especies exclusivas: *Cephalozia crassifolia, Calypogeia cyclostipa* y *Vittaria remota*; acompañadas por: *Adelathus pittieri, Bazzania breuteliana, Calypogeia peruviana* e *Hymenophyllum lindenii*.

577. ***Rhizophora brevistyla*** **(Com.)**. Cuatrecasas, 1958; 1989.

DEFINICIÓN: Vegetación de tipo selvático con elementos de 40 m de altura y 1 m de diametro, con raíces sostenedoras; es la que mas penetra en el frente marino.

ALCANCE GEOGRÁFICO: Costa del litoral Pacífico de Colombia y Ecuador.

OBSERVACIONES: Especies asociadas: *Acrostichum aureum, Tuberostylis rhizophorae* y *Tuberostylis axillaris*.

578. ***Rhizophora mangle*** **(Com.)**. Cuatrecasas, 1958.

DEFINICIÓN: Vegetación de manglar dominada por especies de Rhizophora, como *Rhizophora mangle* y *Rhizophora harrisonii*.

ALCANCE GEOGRÁFICO: Costas Pacífica y Atlántica e islas oceánicas.

OBSERVACIONES: Especies asociadas: *Rhizophora mangle, Rhizophora harrisonii*.

579. **Rhizophoretalia (Clase fit. s.l.)**. Cuatrecasas, 1958.

DEFINICIÓN: Complejo de vegetación que engloba comunidades dominadas por especies de *Rhizophora, Pelliceria, Avicennia, Laguncularia* y *Conocarpus*; forman una faja de considerable anchura, atravesada por canales.

ALCANCE GEOGRÁFICO: Costa del litoral Pacífico y la costa Atlántica.

OBSERVACIONES: Las especies dominantes aparecen en asociaciones exclusivas que se distribuyen de adentro hacia afuera según la solidez del terreno, la salinidad y la distancia que les separa del oceano.

580. ***Rhodognaphalopsis brevipes*** **y** ***Elaeoluma*** **sp. (Com.)**. Duivenvoorden, 1993.

DEFINICIÓN: Bosque moderadamente bajo con densidad comunitaria alta.

ALCANCE GEOGRÁFICO: Amazonia, distribución restringida en la cuenca del medio Caquetá, en meandros abandonados.

SINÓNIMOS: Cm2, Plancha araracuara-mariñame. Duivenvoorden, 1993.

OBSERVACIONES: Especies asociadas: *Couma catingae, Clusia spathulaefolia, Pagamea plicata, Mauritia carana, Peltogyne catingae, Dimorphandra pennigera* y *Xylopia spruceana*.

581. ***Riccardia aberrans*** **(Com.)**. Wolf, 1993.

DEFINICIÓN: Comunidad de criptogamas epifíticas, que crecen en la parte baja de los troncos de los árboles, a menudo es una extensión de la vegetación del piso del bosque.

ALCANCE GEOGRÁFICO: Cordillera Central, Risaralda: Termales de Santa Rosa-páramo de Santa Rosa (2460-3670 m).

OBSERVACIONES: Especies exclusivas *Riccardia aberrans* y *Pyrhobryum mnioides* acompañadas por *Thrichocolea tomentosa, Telaranea nematodes, Hypnella pilifera, Symphyogyna brongniartii, Metzgeria decipiens* y *Monoclea gottchei*.

582. *Rollinia* sp., *Eugenia procera* y *Tectaria incisa* (Com.). Lozano, 1984.

DEFINICIÓN: Bosque alto; en el estrato superior se destacan: *Rollinia* sp., *Inga* aff. *ingoides, Eugenia procera* y *Pithecolobium latifolium*.

ALCANCE GEOGRÁFICO: Costa Atlántica, Magdalena: Parque Nacional Natural Tayrona.

OBSERVACIONES: Especies asociadas: *Alchornea glandulosa, Psychotria* cf. *limonensis, Cestrum megalophyllum, Costus laevis, Miconia shattuckii, Dendropanax arboreum* (muy abundante), *Tectaria incisa, Asplenium cristatum, Chamaedorea* sp. y *Eugenia procera*.

583. Ruageo pubescentis-Lippietum schlimi (Ass. fit.). Rangel, 1994. (Figura 73)

DEFINICIÓN: Vegetación boscosa sobre sitios con suelos rocosos en terrenos planos e inundados.

ALCANCE GEOGRÁFICO: Cordillera Central, Risaralda: Parque Regional Natural Ucumarí, 2200 y 2480 m.

OBSERVACIONES: Especies asociadas: *Oreopanax parviflorus, Panopsis suaveolens, Cybianthus iteoides* ssp. *nevadensis, Cinchona pubescens, Uncinia pleurodon, Pleurothallis trianae* y *Polypodium laevigatum*.

584. *Rumex obtusifolius* y *Polygonum punctatum* (Com.). Wijninga *et al*., 1989. (Figura 74)

DEFINICIÓN: Herbazal de 25-65 cm. de altura, que crece en forma densa en sitios con buen contenido de agua en el sùelo. En ocasiones es la fase de mayor extensión sobre lagos.

ALCANCE GEOGRÁFICO: Cordillera Oriental, Cundinamarca: Laguna de la Herrera, Sabana de Bogotá.

OBSERVACIONES: Especies asociadas: *Epilobium denticulatum, Lilaeopsis* cf. *schaffneriana* y *Vazquezia* cf. *anemonifolia*.

585. Sabana de *Andropogon*. FAO, 1964.

DEFINICIÓN: Vegetación con un estrato herbáceo dominante en el cual las especies principales pertenecen al género *Andropogon*.

ALCANCE GEOGRÁFICO: En la región orinocense se encuentra en bajos ubicados al oeste de la llanura aluvial de desborde.

OBSERVACIONES: Especies dominantes: *Andropogon bicornis, Andropogon hypogynus, Andropogon virgatus, Sorghastrum parviflorum, Rhynchospora sp, Axonopus sp, Jussiaea lithospermifolia, Setaria geniculata, Cyperus haspan, Panicum laxum* y *Panicum parvifolium*.

586. Sabana de *Leptocoryphium lanatum*. FAO, 1964.

DEFINICIÓN: Pastizales de sabana húmeda, con inundaciones periódicas, en suelos pobremente drenados.

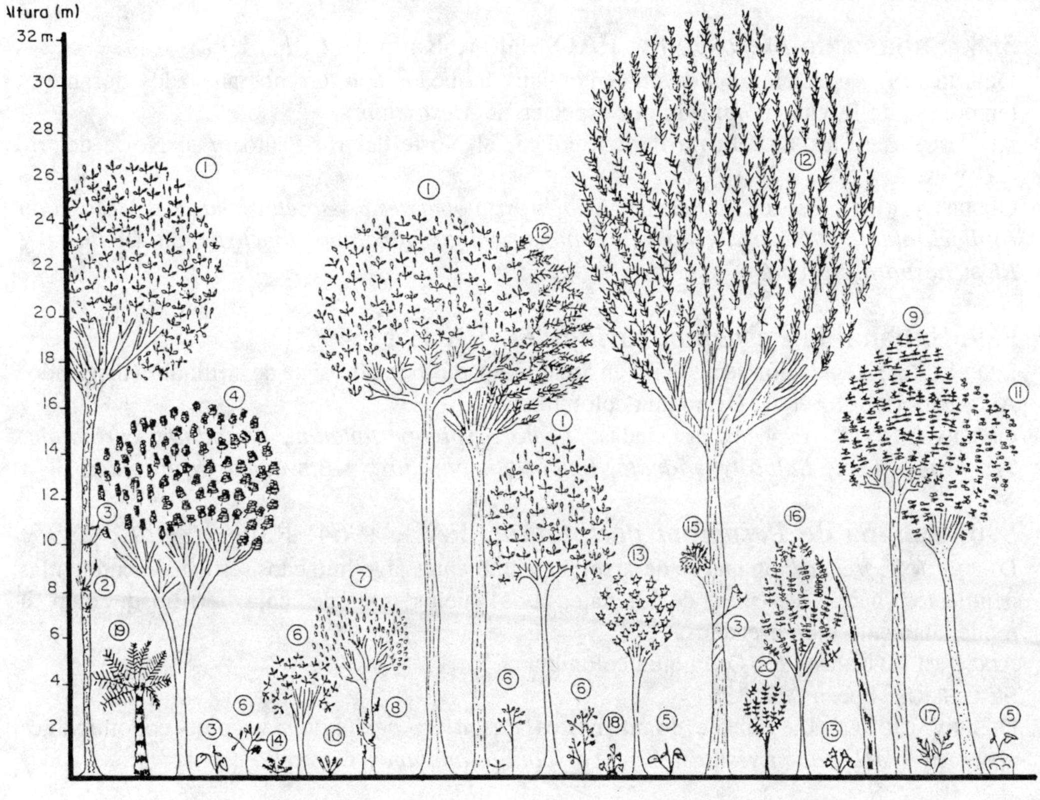

2-*Guzmania sp.*
4-*Panopsis suaveolens*
5-*Anthurium sp.*
6-*Palicourea sp.*
8-*Polypodium fraxinifolium*
11-*Weinmannia balbisiana.*
12-*Axinaea macrophylla*
13-*Oreopanax parvifolium*
16-*Ruagea pubescens*
19-*Catoblastus kalbreyeri*

Figura 73. Asociación RUAGEO PUBESCENTIS - LIPPIETUM SCHLIMI, Risaralda; Parque Regional Natural Ucumarí, 2300 m. Tomado de Rangel, 1994.

ALCANCE GEOGRÁFICO: Orinoquia colombiana.

OBSERVACIONES: Especies asociadas: *Andropogon selloanus, Axonopus purpusii, Eriochrysis holcoides, Sorghastrum parviflorum, Rhynchospora globosa, Andropogon hypogynus, Andropogon virgatus* y *Panicum rudgei*.

587. Sabana de *Melinis minutiflora*. FAO, 1964.

DEFINICIÓN: Vegetación secundaria derivada de la tala de los bosques originales de piedemonte que se desarrolla sobre suelos de texturas finas.

ALCANCE GEOGRÁFICO: Orinoquia colombiana.

OBSERVACIONES: Especies asociadas: *Homolepis aturensis (pasto blanco), Panicum versicolor, Panicum trichoides, Andropogon bicornis, Andropogon selloanus, Panicum pilosum, Scleria hirtella, Vismia baccifera* y *Miconia* sp.

588. Sabana de *Mesosetum*. FAO, 1964; Rangel *et al.*, 1995.

DEFINICIÓN: Vegetación sobre ambientes muy húmedos con terrenos anegados durante la temporada de lluvias; dominado por especies de *Mesosetum*.

ALCANCE GEOGRÁFICO: En la llanura eólica, al Norte del río Pauto, y al Norte del río Casanare.

OBSERVACIONES: Especies asociadas: *Eriochrysis holcoides, Mesosetum chaseae, Mesosetum rottboellioides, Panicum stenodes, Leptocoryphium lanatum, Trachypogon ligularis* y *Rhynchospora barbata*.

589. Sabana de *Paspalum carinatum*. FAO, 1964.

DEFINICIÓN: Vegetación secundaria en áreas ocupadas por el bosque de altillanura disectado.

ALCANCE GEOGRÁFICO: Orinoquia colombiana.

OBSERVACIONES: Especies asociadas: *Leptocoryphium lanatum, Paspalum carinatum, Trachypogon* sp., *Bulbostylis lanata, Bulbostylis paradoxa* y *Bowdichia virgilioides*.

590. Sabana de *Paspalum pectinatum*. FAO, 1964; Rangel *et al.*, 1995.

DEFINICIÓN: Vegetación que se desarrolla en ambientes algo húmedos, especialmente en las pendientes hacia las vías de drenaje. Los suelos son de baja fertilidad, bien a moderadamente bien drenados.

ALCANCE GEOGRÁFICO: Orinoquia colombiana.

SINÓNIMOS: Ppe. FAO, 1964.

OBSERVACIONES: La especie dominante es *Paspalum pectinatum* y como codominantes aparecen *Trachypogon vestitus, Leptocoryphium lanatum* y *Curatella americana*.

591. Sabana de *Stipa*. González *et al.*, 1990.

DEFINICIÓN: Sabana con alta frecuencia de matas de monte; esta dominada por especies de *Stipa* y de *Mesosetum*; se caracteriza por una cobertura vegetal baja y ausencia marcada de fanerófitas; se desarrolla en afloramientos de gravillas lateríticas.

ALCANCE GEOGRÁFICO: Se encuentra sobre paisajes bien disectados con poca variación topográfica y sobre suelos arenosos.

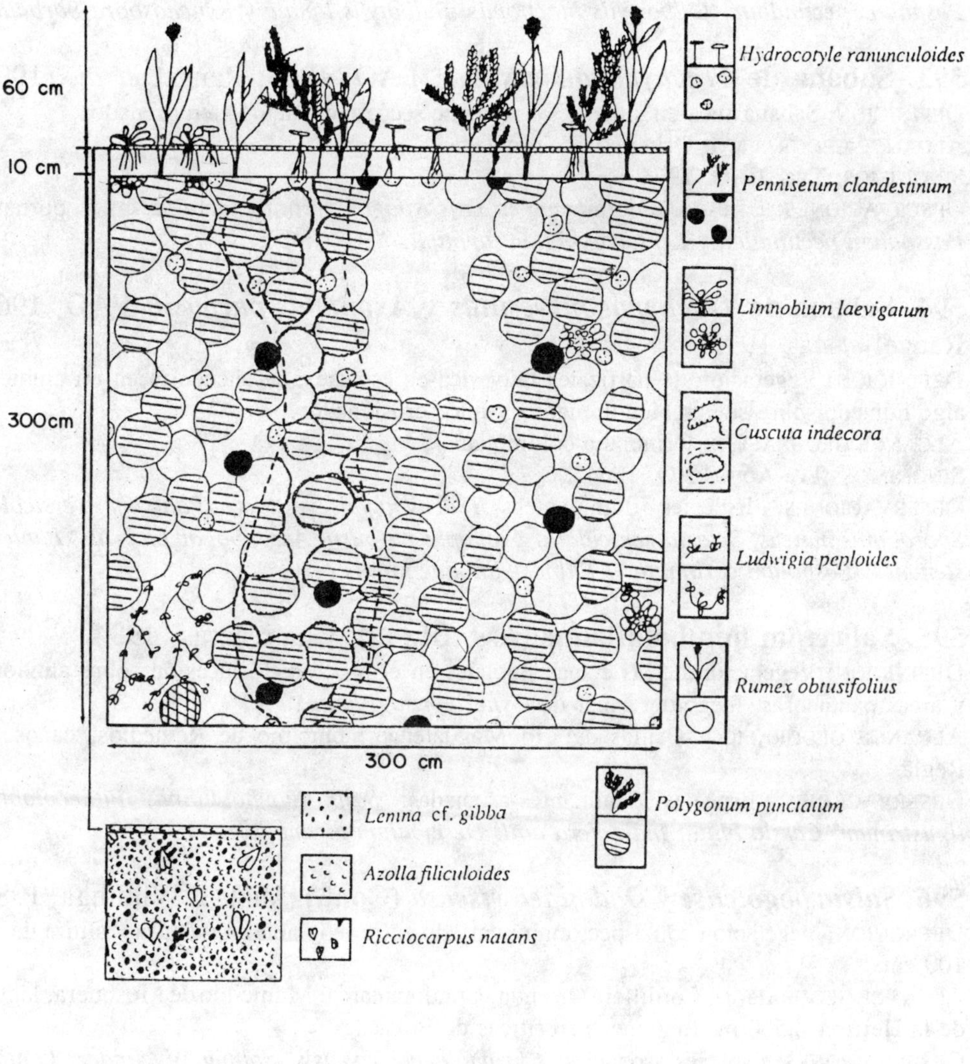

Figura 74. Comunidad de *Rumex obtusifolius y Polygonum punctatum*, Cundinamarca; Laguna de la Herrera. 2550 m. Tomado de Wijninga, Rangel y Cleef, 1989.

592. Sabana de *Trachypogon ligularis* y *Paspalum carinatum*. FAO, 1964.
DEFINICIÓN: Ocupa el habitat de los medanos de la llanura eólica, con suelos arenosos excesivamente drenados y no inundables.
ALCANCE GEOGRÁFICO: Orinoquia colombiana.
SINÓNIMOS: Tli-Pca. FAO, 1964.
OBSERVACIONES: Especies asociadas: *Axonopus purpusii, Leptocoryphium lanatum, Paspalum pectinatum, Bulbostylis juncifomis, Bulbotylis lanata* y *Rynchospora barbata.*

593. Sabana de *Trachypogon vestitus*. FAO, 1964; Rangel *et al.*, 1995.
DEFINICIÓN: Sabana seca en sitios relativamente secos con suelos bien drenados.
ALCANCE GEOGRÁFICO: Orinoquia colombiana.
SINÓNIMOS: Tve. FAO, 1964.
OBSERVACIONES: La especie dominante es *Trachypogon vestitus*, también son importantes *Passpalum pectinatum* y *Leptocoryphium lanatum.*

594. Sabana de *Trachypogon vestitus* y *Axonopus purpusii*. FAO, 1964; Rangel *et al.*, 1995.
DEFINICIÓN: Vegetación de pastizales muy rica en especies; se encuentra en un ambiente algo húmedo sobre suelos bien drenados y poco erosionados.
ALCANCE GEOGRÁFICO: Orinoquia colombiana.
SINÓNIMOS: Tve-Apu. FAO,.1964.
OBSERVACIONES: Especies dominantes: *Trachypogon vestitus, Panicum versicolor, Sporobolus indicus, Setaria geniculata, Axonopus purpusii, Andropogon bicornis, Panicum stenodes, Paspalum carinatum* y *Bulbostylis junciformis.*

595. Salicetum humboldtianae (Ass. fit. s.l). Cuatrecasas, 1934.
DEFINICIÓN: Vegetación de las etapas iniciales en el proceso de sucesión sobre aluviones y áreas pantanosas, luego del cañar de *Gynerium sagitatum.*
ALCANCE GEOGRÁFICO: Orillas del río Magdalena; municipio de Remedios, caños del Regla.
OBSERVACIONES: Especies dominantes-asociadas: *Salix humboldtiana, Pithecolobium ligustrinum, Cassia alata, Indigofera anil, Desmodium incanum.*

596. *Salvia bogotense* y *Dodonaea viscosa* (Com.). Vink & Wijninga, 1986.
DEFINICIÓN: Vegetación con aspecto muy variado entre muy abierta y densa y altura de 50-100 cm.
ALCANCE GEOGRÁFICO: Cordillera Oriental, Cundinamarca: Municipio de Mosquera, laguna de la Herrera, 2500 m. Regiones xerofíticas de Boyacá.
OBSERVACIONES: Especies asociadas: *Chromolaena leivensis, Solanum lycioides, Lantana boyacana, Physia allata, Tradescantia multiflora, Evolvulus bogotensis, Cladia aggregata, Selaginella selowii* y especies de *Barbula* y de *Parmoterma.*

597. *Scapania portoricensis* y *Plagiothecium novogranatense* (Com.). Wolf, 1993.
DEFINICIÓN: Comunidad de criptogamas epifíticas, que crecen en la base de los árboles.

ALCANCE GEOGRÁFICO: Cordillera Central, Risaralda: hacienda Berlín y alrededores (>2740 m).

OBSERVACIONES: Especies acompañantes: *Bazzania breuteliana, Bazzania hookeri, Calypogeia peruviana, Lepicolea pruinosa, Lepidozia* spp., *Metzgeria decipens, Porotrichodendron superbum, Riccardia aberrans, Trichocolea tomentosa* e *Hymenophyllum lindenii*.

598. *Schefflera bejucosa, Weinmannia engleriana, Ilex laureola* y *Diplostephium rosmarinifolium* (Com.). Cleef *et al*. (en prensa) (Figura 75)

DEFINICIÓN: Vegetación de bosque achaparrado con elementos que alcanzan 8-10 m de altura en laderas inclinadas; los troncos estan arqueados, los sitios son muy húmedos.

ALCANCE GEOGRÁFICO: Cordillera Occidental, Chocó: Vertiente Occidental que mira al Pacífico, 3520 m.

OBSERVACIONES: En los estratos bajos aparecen *Trichipteris frigida, Cavendishia bracteata, Desfontainea plowmannii, Geisanthus andinus, Weinmannia engleriana, Stellaria cuspidata* y especies de *Grammitis* y de *Elaphoglossum*.

599. *Scirpus californicus* y *Typha angustifolia* (Com.). Wijninga *et al*., 1989. (Figuras 76, 77)

DEFINICIÓN: Juncal, helofítico; en áreas cubiertas por espejos de agua y en zonas pantanosas; con un estrato arbustivo, uno de hierbas y una capa de especies flotantes.

ALCANCE GEOGRÁFICO: Cordillera Oriental, Cundinamarca: Laguna de la Herrera; vallados y lagunetas de la Sabana de Bogotá.

OBSERVACIONES: Especies asociadas: *Callitriche deflexa, Polygonum punctatum, Limnobium laevigatum* y especies pleustofiticas como *Azorella filiculoides* y *Ricciocarpus natans*.

600. Senecio canescentis-Cerastietum floccosi (Ass. fit.). Salamanca *et al*., 1991.

DEFINICIÓN: Prado sobre depositos de arenas volcánicas en sitios inclinados y en áreas planas.

ALCANCE GEOGRÁFICO: Cordillera Central, Caldas, Tolima: Nevado del Ruíz (4400 y 4550 m.).

OBSERVACIONES: Especies asociadas: *Senecio isabelis, Draba pachythyrsa* y *Lucilia pusilla*.

601. *Senecio canescens* y *Calamagrostis effusa* (Com.) Rangel & Lowy, 1995.

DEFINICIÓN: Vegetación de tipo prado con área de distribución restringida. Se desarrrolla en suelos bastante pedregosos, pobres en nutrientes. En ocasiones arraiga sobre sustratos recién abandonados por glaciares, es una comunidad típica de áreas en recuperación por acción glaciar reciente.

ALCANCE GEOGRÁFICO: Cordillera Oriental, Cundinamarca-Meta: Superpáramo entre 4000 y 4100 m.

OBSERVACIONES: Especies acompañantes: *Arcytophyllum muticum, Carex pichinchensis, Hypericum prostratum, Pleurozium schreberii* y *Breutelia* sp.

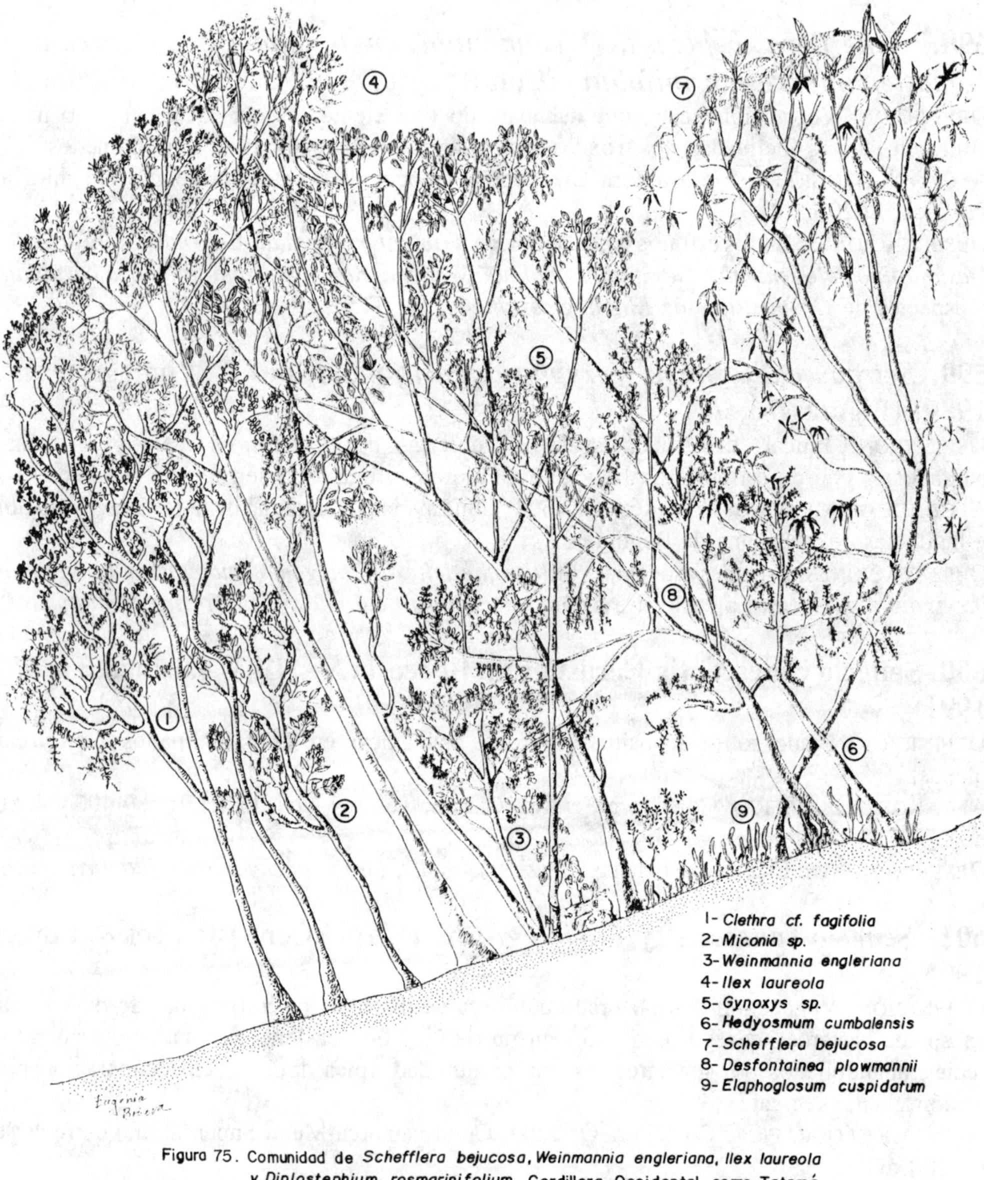

Figura 75. Comunidad de *Schefflera bejucosa*, *Weinmannia engleriana*, *Ilex laureola* y *Diplostephium rosmarinifolium*, Cordillera Occidental, cerro Tatamá, 3525 m. Tomado de Rangel et al. (en preparación Ecoandes Cor. Occidental).

602. ***Senecio isabelis* y *Senecio canescens* (Com.)**. Sturm & Rangel, 1985.
DEFINICIÓN: Comunidad de tipo prado, sobre áreas planas, húmedas en el límite entre el superpáramo y el páramo propiamente dicho.
ALCANCE GEOGRÁFICO: Cordillera Central, Caldas-Tolima: Transecto Parque Los Nevados. (4350-4475 m).
OBSERVACIONES: Especies asociadas: *Calamagrostis recta, Lupinus alopecuroides, Lycopodium crassum, Cerastium floccosum, Hypochoeris sessiliflora* y especies de *Bartramia* y de *Breutellia.*

603. Senecio latiflori-Calamagrostietum ligulatae (Ass. fit.). Salamanca *et al.*, 1991.
DEFINICIÓN: Vegetación de tipo prado con un estrato herbáceo dominado por plantas en rosetas.
ALCANCE GEOGRÁFICO: Cordillera Central, Caldas-Tolima: Transecto Parque Los Nevados. (4200-4700 m).
OBSERVACIONES: Especies asociadas: *Werneria humilis, Lucilia kunthiana, Lupinus alopecuroides* y *Agrostis haenkeana.*

604. ***Senecio niveo-aureus* (Com.)**. Cleef, 1981.
DEFINICIÓN: Vegetación baja (herbazal) en el superpáramo en zonas escarpadas, inestables muy inclinadas y en lechos rocosos.
ALCANCE GEOGRÁFICO: Cordillera Oriental, Boyacá: Sierra Nevada del Cocuy; Santander: Páramo el Almorzadero; Cundinamarca: Páramo de Sumapaz, entre 4100-4320 m.
OBSERVACIONES: Especies asociadas: *Hypochoeris sessiliflora, Luzula* cf. *racemosa, Lachemilla tanacetifolia, Aongstroemia julacea, Zygodon pichinchensis, Tortula andicola* y *Bryum argenteum.*

605. ***Senecio niveo-aureus* y *Erythrophyllopsis andina* (Com.)**. Cleef, 1981.
DEFINICIÓN: Prado en el cual además de las rosetas de la especie dominante, son importantes los musgos que se disponen en tapetes compactos.
ALCANCE GEOGRÁFICO: Cordillera Oriental, Cundinamarca: Páramo de Sumapaz, alto de Torquita (3950 m); Santander: Páramo Almorzadero (4300 m).
OBSERVACIONES: Especies asociadas: *Draba rositae, Niphogeton ternata* y especies de *Lucilia* y de *Cladonia.*

606. ***Senecio niveo-aureus* y *Luzula gigantea* (Com.)** Rangel & Lowy, 1995.
DEFINICIÓN: Vegetación de tipo prado que crece en el límite entre la franja alta del páramo y el superpáramo. Se establece en lugares protegidos, en ocasiones alrededor de rocas que le favoceren de los bruscos cambios diarios de temperatura.
ALCANCE GEOGRÁFICO: Cordillera Oriental, Cundinamarca-Meta: Sumapaz, es vegetación típica entre 4000 y 4100 m; Boyacá: El Cocuy.
OBSERVACIONES: Especies acompañantes: *Arcytophyllum muticum, Carex pichinchensis, Hypericum prostratum, Pleurozium schreberii* y *Breutelia* sp.

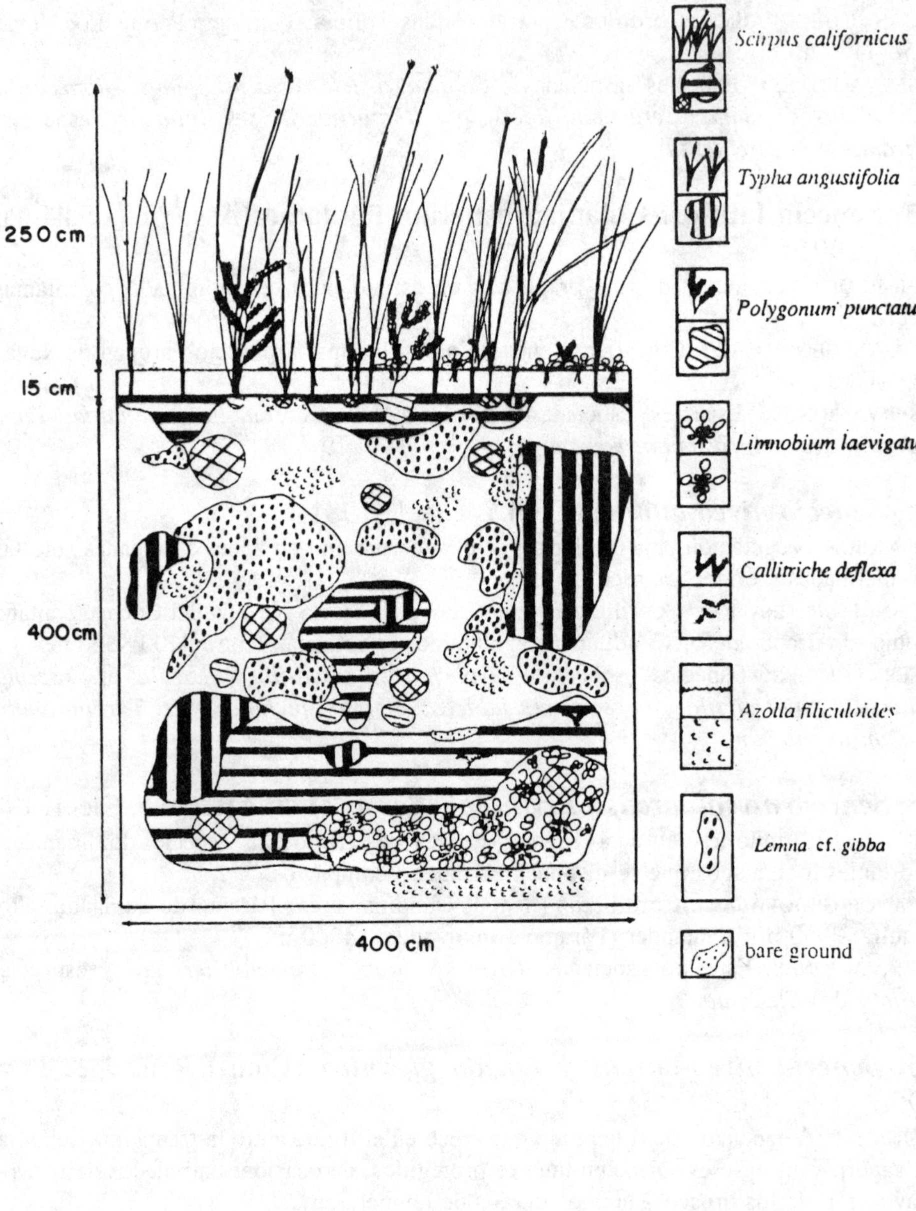

Figura 76. Comunidad de *Scirpus californicus* y *Typha angustifolia*, Cundinamarca; Laguna de la Herrera. 2550 m. Tomado de Wijninga, Rangel y Cleef, 1989.

607. *Senecio summus* (Com.). Cleef, 1981.

DEFINICIÓN: Prado que se dispone en grietas, en las rocas calcáreas.

ALCANCE GEOGRÁFICO: Cordillera Oriental, Cundinamarca: Páramo de Sumapaz (4000-4200 m).

OBSERVACIONES: Especies asociadas: *Metzgeria gigantea, Plagiochila dependula, Porotrichum* sp., *Amphidium cyathicarpum, Bartrammia angustifolia, Mohrinia ehrenbergiana, Herbertus subdentatus* y *Draba rositae* ssp. *minor*.

608. Senecionetum rufescentis-Agrostiosum (Ass. fit. s.l.). Cuatrecasas, 1934.

DEFINICIÓN: Vegetación abierta y pobre en composición florística, sobre suelo pedregoso de origen volcánico.

ALCANCE GEOGRÁFICO: Cordillera Central, Tolima: Nevado del Tolima (4320 m).

OBSERVACIONES: Especies asociadas: *Loricaria colombiana, Lupinus alopecuroides,Rumex tolimensis,Erigeron caldasii, Draba pachythyrsa, Festuca sublimis,Agrostis nigritella, Calamagrostis ligulata, Cladonia squamosa, Poa orthophylla, Bromus oliganthus.*

609. *Senegalia* sp. y *Pithecolobium dulce* (Com.). Rangel & Franco, 1985.

DEFINICIÓN: Bosque ralo en aluviones del río Magdalena; sitios planos con sotobosque muy pobre en especies y en cobertura.

ALCANCE GEOGRÁFICO: Huila: Transecto valle del Magdalena-volcán del Puracé 1000-2400 m.

OBSERVACIONES: Especies dominantes: *Senegalia* sp., *Pithecolobium dulce, Ochroma lagopus, Guazuma ulmifolia, Piper medium, Gynerium sagittatum, Croton argyrophyllus* y *Acalypha villosa.*

610. *Senegalia* sp., *Pithecolobium dulce* y *Piper medium* (Com.). Rangel & Franco, 1985.

DEFINICIÓN: Vegetación boscosa que se establece sobre aluviones, con suelos de textura gruesa; orillas de los ríos andinos de Colombia.

ALCANCE GEOGRÁFICO: Cordillera Central, localidad típica: Huila: municipio de Tesalia, Puerto Seco, márgen del río Magdalena.

OBSERVACIONES: Especies asociadas: *Ochroma lagopus, Gynerium sagitatum* y *Paullinia densiflora*.

611. *Sesuvium edmonstonei* (Ass. fit. s.l.). Rieger, 1976.

DEFINICIÓN: Prado con un estrato herbáceo con elementos hasta de 60 cm de altura.

ALCANCE GEOGRÁFICO: Costas Atlántica y Pacífica e islas cercanas.

OBSERVACIONES: Especies asociadas: *Sesuvium edmonstonei, Cenchrus pilosus, Aristida setifolia, Lycium tweedianum* y *Amaranthus crassipes.*

612. *Siphanthera hostmannii* y *Xyris paraensis* (Com.). Duivenvoorden, 1993.

DEFINICIÓN: Vegetación de tipo prado compuesta principalmente por hierbas muy bajas que crecen sobre un material organico coluvial por encima de la roca arenisca.

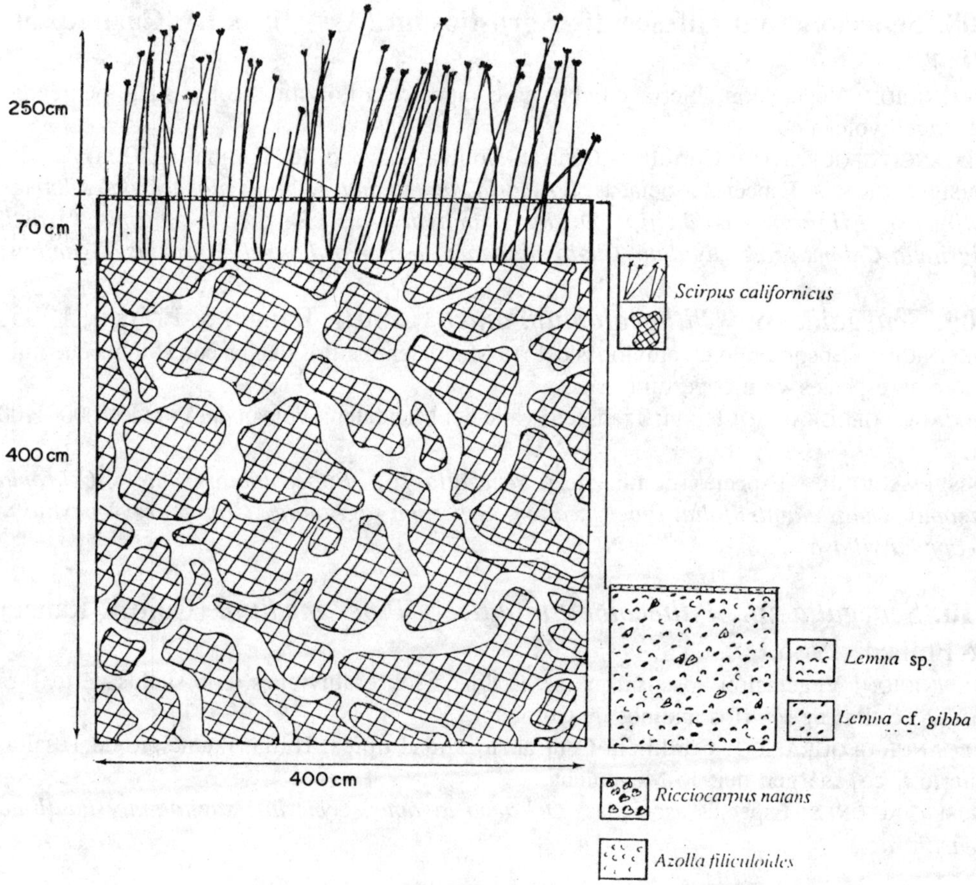

Figura 77. Comunidad de *Scirpus californicus*, Cundinamarca; Laguna de la Herrera. 2550 m. Tomado de Wijninga, Rangel y Cleef, 1989.

ALCANCE GEOGRÁFICO: Amazonia, restringida al Medio Caquetá, serranía de Chiribiquete donde afloran rocas en mesas de arenisca.
SINÓNIMOS: Rp3,Rp4, Plancha araracuara-mariñame. Duivenvoorden, 1993.
OBSERVACIONES: Especie acompañante: *Xyris savanesis*.

613. Siphanthero hostmannii-Xyridetum paraensis (Ass. fit). Duivenvoorden & Cleef, 1994.

DEFINICIÓN: Prado-rosetal bajo, en superficies ligeramente concavas cubiertas con material coluvial.
ALCANCE GEOGRÁFICO: Amazonas, Araracuara; probablemente en las mesetas de La Chorrera y Chiribiquete.
OBSERVACIONES: Especies asociadas: *Xyris savanensis, Lagenocarpus* aff. *pendulus, Acanthella sprucei, Sauvagesia fruticosa* y *Panicum micranthum*.

614. *Solanum inopinum, Brunellia goudotii, Hyeronima colombiana* y *Palicourea* sp. (Com.). Rangel & Franco, 1985.

DEFINICIÓN: Selva con árboles hasta de 30 m de altura y copas de 25-30 m²; el dosel es discontinuo con bastantes clareos que se manifiestan en un sotobosque vigoroso.
ALCANCE GEOGRÁFICO: Cauca: Municipio de Belalcázar, entre la vereda Irlanda y la cabaña del Inderena, 2200-2500 m.
OBSERVACIONES: Especies acompañantes: *Saurauia humboldtiana, Sapium cuatrecasasii, Meriania quintuplinervis, Uncinia hamata, Saurauia anolaimensis, Odontoglossum crispum, Peperomia swartziana, Jungia ferruginea, Anthurium* cf. *bogotensis* y *Bomarea tricophylla*.

615. *Sorocea affinis* y *Ocotea ira* (Com.). Rangel, 1993. (Figura 78)

DEFINICIÓN: Vegetación de tipo bosque con un estrato alto con cobertura entre 70 y 75%, los troncos estan cubiertos de liquenes; los estratos bajos son pobres en cobertura, los sitios son inclinados. En los alrededores hay potreros dedicados a la ganadería
ALCANCE GEOGRÁFICO: Cordillera Occidental Chocó: vertiente Oriental que mira al río Cauca, municipio de Argelia, finca la Miranda (1830 m).
OBSERVACIONES: En el estrato arbóreo también se presentan *Chrysochlamys dependens, Cinchona pubescens, Hasseltia floribunda* y *Otoba lehmannii*; en los estratos medio y bajo figuran *Psychotria macrophylla, Cyathea divergens, Orepanax parviflorum, Clidemia octona* y *Anthurium williamsii*.

616. *Sorocea* sp., *Jacaranda hesperia* y *Pourouma chocoana* (Com.). Rangel & Lowy, 1993.

DEFINICIÓN: Vegetación de tipo selvático con 2 estratos arbóreos; el superior con elementos de alturas mayor de 35 m, se dispone sobre sitios inclinados vegetación muy rica en especies.
ALCANCE GEOGRÁFICO: Cordillera Occidental, vertiente Occidental, 1000-2400 m.
OBSERVACIONES: Especies acompañantes: *Socratea exorhiza, Alchornea* sp., *Billia columbiana, Matisia assymmetrica, Elaegia utilis, Ficus macbridei* y *Ficus macrosyce*.

Figura 78. Comunidad de *Sorocea affinis y Ocotea ira*, Valle del Cauca; municipio de Argelia, vereda La Bella. 1830 m. Tomado de Rangel et al. (en preparacion Ecoandes Cor. Occidental).

617. ***Sorocea*** **sp.,** ***Pourouma chocoana, Ficus macrocyse*** **y** ***Billia columbiana*** **(Com.).** Rangel, 1993. (Figura 79)

DEFINICIÓN: Vegetación selvática con elementos que alcanzan 25 m de altura, en sitios ligeramente inclinados, con suelos sueltos. La vegetación esta muy alterada

ALCANCE GEOGRÁFICO: Cordillera Occidental, Chocó: Vertiente Occidental que mira al Pacífico, 730 m.

OBSERVACIONES: En los estratos medios y bajos aparecen *Ficus macbridei, Ocotea amplissima, Begonia cuatrecasana, Paradrymonia gigantea* y *Anthurium aureum.*

618. ***Sphagnum cyclophyllum*** **(Com.).** Cleef, 1981.

DEFINICIÓN: Vegetación pantanosa del páramo sobre sustratos arcillosos.

ALCANCE GEOGRÁFICO: Cordillera Oriental, Cundinamarca: Páramos de Guantiva y de Sumapaz (3800 y 3900 m).

OBSERVACIONES: Especies asociadas: *Isoetes novogranadensis, Oritrophium limnophilum,*

619. ***Sphagnum magellanicum*** **y** ***Chusquea tesellata*** **(Com.)** Cleef, 1981.

DEFINICIÓN: Chuscal con un tapete homogéneo de briófitos en donde dominan las especies de *Sphagnum*, particularmente *Sphagnum magellanicum.* En los sitios donde se encuentra esta vegetación el sustrato es ácido con pocos nutrientes.

ALCANCE GEOGRÁFICO: Cordillera Oriental, Boyacá: Sierra Nevada del Cocuy, 3600 m.

620. ***Sphagnum magellanicum*** **y** ***Werneria humilis*** **(Com.)** Sturm & Rangel, 1985.

DEFINICIÓN: Prado con plantas que crecen a manera de tapetes.

ALCANCE GEOGRÁFICO: Cordillera Oriental, Cundinamarca-Meta: Región del Sumapaz en los aldedores de la laguna de Chisacá.

OBSERVACIONES: Especies asociadas: *Gentiana sedifolia, Carex tristicha, Diplostephium revolutum, Breutelia karsteniana* y *Pernettya prostrata.*

621. ***Sphagnum sancto-josephense*** **y** ***Carex pichinchensis*** **(Com.).** Bekker & Cleef, 1985. (Figura 80)

DEFINICIÓN: Vegetación pantanosa que forma pequeños monticulos, en pequeños charcos.

ALCANCE GEOGRÁFICO: Cordillera Oriental, Cundinamarca: Páramo de Laguna Verde.

SINÓNIMOS: 2c, Plancha 1. IGAC, 1985

OBSERVACIONES: Especies dominantes: *Puya santosii, Vaccinium floribundum, Geranium sibbaldioides, Rhynchospora macrochaeta, Blechnum loxense, Calamagrostis bogotensis, Pernettya prostrata* y *Breutelia* sp.

622. ***Sphagnum*** **sp.,** ***Chusquea tessellata*** **y** ***Puya goudotiana*** (Com.) Cleef, 1981. (Figura 44a)

DEFINICIÓN: Chuscal con un tapete homogéneo de briófitos en donde dominan especies de *Sphagnum*, particularmente *Sphagnum magellanicum.* En los sitios con esta vegetación el sustrato es ácido con pocos nutrientes.

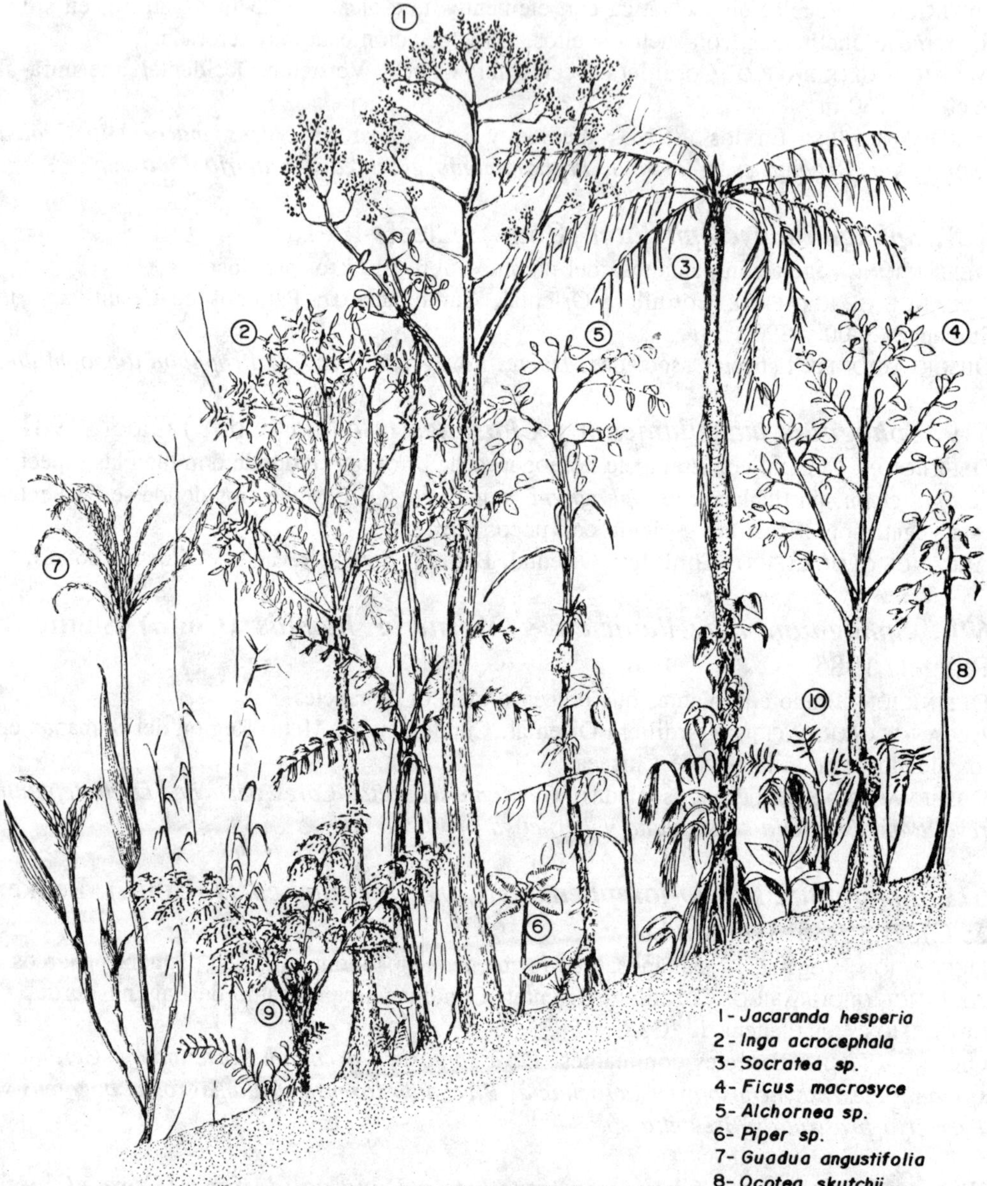

Figura 79. Comunidad de *Sorocea sp.*, *Ficus macrosyce*, *Jacaranda hesperia* e *Inga acrocephala*, Chocó; Curundó, San José del Palmar, 700 m. Tomado de Rangel et al. (en preparación Ecoandes Cor. Occidental).

ALCANCE GEOGRÁFICO: Cordillera Oriental, Cundinamarca-Meta: Páramos de Sumapaz y Cruz Verde; Boyacá: Orillas de lagunas y charcas de la Sierra Nevada Cocuy entre 3200 y 3600 m.

623. ***Sphagnum*** **sp. y** ***Puya aristiguietae*** **(Com.)** Cleef, 1981.

DEFINICIÓN: Turbera con rosetas altas de *Puya aristiguietae* que conforrman un estrato arbustivo. En el estrato rasante de cobertura mayor, aparecen *Xyris subulata, Geranium subnudicaule, Oritrophium peruvianum* y especies de *Sphagnum*.

ALCANCE GEOGRÁFICO: Cordillera Oriental, Boyacá: Páramo Cóncavo de la Sierra Nevada del Cocuy entre 3550 y 3770 m.

624. ***Sphagnum*** **spp., y** ***Espeletia barclayana*** **(Com.)**. Bekker & Cleef, 1985.

DEFINICIÓN: Vegetación de turbera caracterizada por la presencia de varias especies de *Sphagnum* acompañadas de *Espeletia barclayana*.

ALCANCE GEOGRÁFICO: Cordillera Oriental, Cundinamarca: Páramo de Laguna Verde.

SINÓNIMOS: 2d, Plancha 1. IGAC, 1985.

OBSERVACIONES: Especies asociadas: *Calamagrostis effusa, Hypericum* cf. *laricifolium, Puya santosii, Pernettya prostrata, Pentacalia nitida, Paepalanthus karstenii, Arcytophyllum muticum, Pernettya hirta* y *Blechnum loxense*.

625. Spirantho vaginatae-Pernettyetum prostratae (Ass. fit.). Cleef & Rangel, 1984.

DEFINICIÓN: Matorral ralo en áreas rocosas.

ALCANCE GEOGRÁFICO: Magdalena: Sierra Nevada Santa Marta, costado Norte (3150-3350 m).

SINÓNIMOS: *Calamagrostis effusa* y *Spiranthes vaginata* (Com.) Lozano & Schnetter, 1976.

OBSERVACIONES: Especies asociadas: *Bulbostylis tropicalis, Gaultheria buxifolia* y *Lachemilla purdiei*.

626. ***Spirodela intermedia*** **y** ***Utricularia gibba*** **(Com.)**. Schmidt-Mumm, 1988.

DEFINICIÓN: Vegetación acuática de la clase acropleustophita, es decir en la interfase aire-agua; caracterizada por el cubrimiento homogéneo de las especies dominantes.

ALCANCE GEOGRÁFICO: Cordillera Oriental, Cundinamarca: Albán, hoya del río Namay; lagunas y lagunetas de Cundinamarca y Boyacá.

OBSERVACIONES: Especies asociadas: *Lemna minuta, Hygrophila guianensis, Eleocharis elegans* y *Heteranthera reniformis*.

627. ***Spondias mombin, Hirtella americana*** **y** ***Mouriri myrtilloides*** **(Com.)**. Rangel & Franco, 1985.

DEFINICIÓN: Vegetación boscosa, en sitios planos o en ligeros declives, en zonas cálida-tropical de las tres cordilleras colombianas.

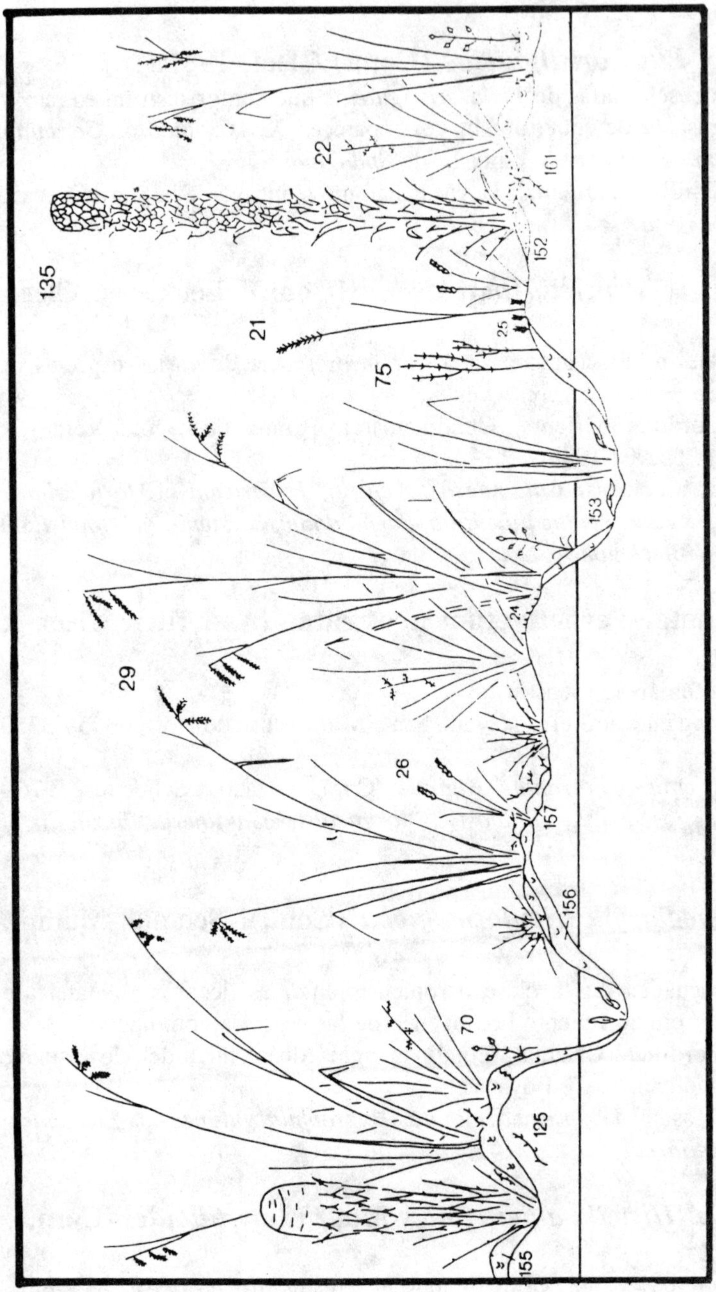

22 = *Calamagrostis effusa*
26 = *Carex bonplandii*
29 = *Carex pichinchensis*
75 = *Hypericum lancioides*
125 = *Pernettya prostrata*
135 = *Puya santosii*
153 = *Sphagnum cuspidatum*
156 = *Sphagnum sancto-josephense*
157 = *Sphagnum* sp.

Figura 80. Comunidad de *Sphagnum sancto-josephense* y *Carex pichinchensis*. Cundinamarca; Páramo de Laguna Verde, 3600-3650 m. Tomado de Bekker y Cleef, 1985.

ALCANCE GEOGRÁFICO: Cordilleras Oriental, Central y Occidental; localidad típica: Cordillera Central, Huila: Municipio de Tesalia, márgen derecha carretera Puerto Seco-Tesalia.
OBSERVACIONES: Especies asociadas: *Didymopanax morototoni, Miconia* aff. *prasina, Scleria bracteata* y *Anthurium* sp.

628. *Spondias mombin* e *Hirtella americana* (Com.). Rangel & Franco, 1985.

DEFINICIÓN: Vegetación de tipo boscoso en áreas planas, sobre suelos rocosos en las orillas de las quebradas.
ALCANCE GEOGRÁFICO: Cauca-Huila: transecto valle del Magdalena-volcán del Puracé (2200-2700 m).
OBSERVACIONES: Especies asociadas: *Mouriri myrtilloides, Didymopanax* aff. *morototoni, Eugenia costaricensis* y *Protium* sp.

629. Sporoboli-Odontoglossetum ixioidis (Ass. fit.). Rangel & Aguirre, 1986.

DEFINICIÓN: Vegetación de tipo prado en sitios escarpados, azotados por fuertes vientos.
ALCANCE GEOGRÁFICO: Cordillera Oriental, Boyacá: Aquitania, península de Susacá, alrededores del lago de Tota (3.100 m).
OBSERVACIONES: Especies asociadas: *Calamagrostis intermedia, Epidendrum chioneum, Rhynchospora marcochaeta, Gaylussacia buxifolia, Pernettya prostrata, Sporobolus pasiophyllus, Noticastrum marginatum, Fimbristylis tropicalis, Euphorbia repens* y *Polygala paniculata*.

630. Stevio lucidae-Calamagrostietum effusae (Ass. fit.). Sturm & Rangel, 1985.

DEFINICIÓN: Vegetación tipo pajonal con un estrato de arbustillos y uno herbáceo.
ALCANCE GEOGRÁFICO: Magdalena: Sierra Nevada de Santa Marta, costado Sur.
OBSERVACIONES: Especies asociadas: *Conyza prolialba, Acaena cylindristachya, Lourteigia gracile, Gnaphalium graveolens, Hypochoeris sessiliflora* y *Bidens triplinervia*.

631. *Swartzia schomburgkii* y *Clathrotopis macrocarpa* (Com.). Duivenvoorden, 1993.

DEFINICIÓN: Vegetación de tipo bosque alto de biomasa considerable.
ALCANCE GEOGRÁFICO: Amazonia, bosque de amplia representacion en la cuenca del medio Caquetá, en sitios bien drenados.
SINÓNIMOS: Hp1,Sv, Plancha araracuara-mariñame. Duivenvoorden, 1993.
OBSERVACIONES: Especies acompañantes: *Protium grandifolium, Mezilaurus itauba* y *Tachigali* aff. *paniculata*

632. *Swartzia* sp. y *Micrandra spruceana* (Com.). Rangel, Franco & Betancurt (en Rangel, 1995).
DEFINICIÓN: Vegetación boscosa con un estrato arbóreo con elementos que alcanzan 15 m de altura.
ALCANCE GEOGRÁFICO: Amazonia colombiana, Guaviare: Mesetas de Chiribiquete.
OBSERVACIONES: Dominan las especies de los géneros *Inga, Hymenea, Micrandra, Ocotea, Hyeronima, Clusia* y *Swartzia*.

633. *Symphonia globulifera, Hyeronima oblonga* y *Terminalia amazonia* (Com.). Rangel, 1990. (Figura 81)
DEFINICIÓN: Vegetación característica de terrenos planos e inclinados sujetos a inundaciones periódicas, las raíces sostenedoras son frecuentes.
ALCANCE GEOGRÁFICO: Cauca: Isla Gorgona, regiones del Pacífico, (40-300 m).
OBSERVACIONES: Especies asociadas: *Ryania speciosa, Dendropanax arboreum, Malpighia glabra, Bonafousia columbiensis, Mapania assimilis, Piper brachypodon, Psychotrya garciae, Eugenia coloradoensis, Erythroxylum panamense* y *Danaea nodosa*.

634. *Symplocos* aff. *theiformis, Gynoxys* cf. *fuliginosa* y *Acnistus quitoensis* (Com.). Rangel & Sturm, 1995.
DEFINICIÓN: Bosque alto-andino con elementos arborescentes que alcanzan hasta 10 m de altura, el dosel no está homogéneamente distribuido. Los sitios donde se establece son inclinados.
ALCANCE GEOGRÁFICO: Boyacá: Páramo de Belén y algunas regiones aledañás entre 3500 y 3700 m.
OBSERVACIONES: En los estratos altos aparecen también *Miconia theaezans* y *Vallea stipularis*; en los estratos bajos se destacan *Bucquetia glutinosa, Miconia salicifolia, Hesperomeles goudotiana* y en el rasante *Oxalis phaeotricha*; los briófitos son escasos.

635. *Tabebuia insignis* y *Mauritia flexuosa* (Com.). Duivenvoorden, 1993.
DEFINICIÓN: Vegetación que corresponde con los tipos del bosque muy bajo y el bosque pantanoso con palmas de bajo porte.
ALCANCE GEOGRÁFICO: Amazonia, distribución restringida en el Medio Caquetá, en los basines de la llanura de inundacion.
SINÓNIMOS: Tb2,Cb3,Eb2, Plancha Araracuara-Mariñame Duivenvoorden, 1993.
OBSERVACIONES: Especies acompañantes: *Mauritiella aculeata, Ocotea* aff. *neblinae* y *Rhodognaphalopsis* sp.

636. Tabebuio insignis - Mauritietum flexuosae (Ass. fit.). Urrego, 1994.
DEFINICIÓN: Unidad de vegetación que agrupa bosques desde bajos hasta medianos, con área basal baja, densidad alta de arbolitos en el sotobosque y un alto porcentaje de presencia de palmas.
ALCANCE GEOGRÁFICO: Parte media del río Caquetá; Amazonía colombiana.
OBSERVACIONES: Especies características: *Trichomanes arbuscula, Ilex divaricata, Schizaea pennula, Brassavola amazonica, Ilex guayusa* y *Protium subserratum*.

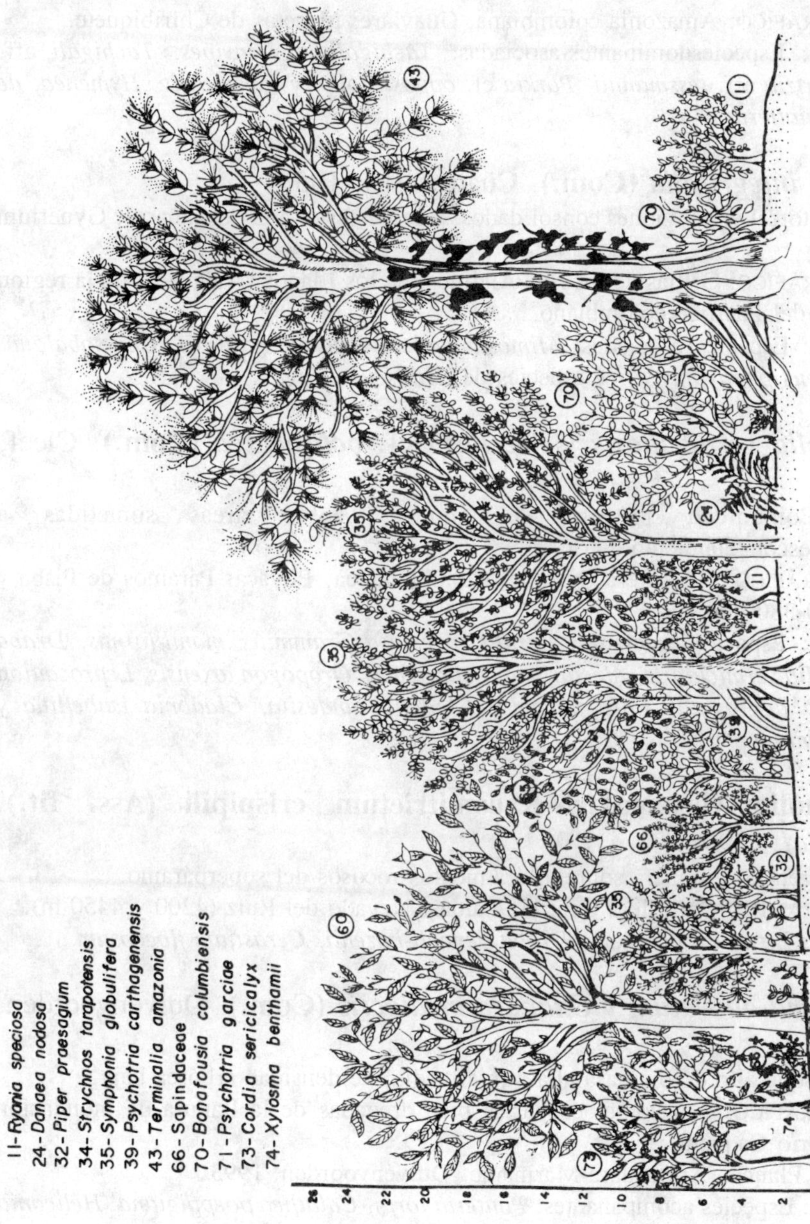

Figura 81. Comunidad de *Symphonia globulifera, Hyeronyma oblonga* y *Terminalia amazonia*, Isla Gorgona, 40 m. Tomado de Rangel, Aguirre y Sánchez, 1990.

637. ***Tachigali*** **aff.** ***cavipes*** **y** ***Guatteria*** **sp. (Com.)**. Rangel, Franco & Betancurt (en Rangel, 1995).

DEFINICIÓN: Vegetación boscosa con un estrato arbóreo con individuos que alcanzan 22 m de altura.

ALCANCE GEOGRÁFICO: Amazonia colombiana, Guaviare: Mesetas de Chiribiquete.

OBSERVACIONES: Especiesdominantes-asociadas: *Tachigali* aff. *cavipes, Tachigali* aff. *paniculata, Swartzia* aff. *tessmannii, Parkia* cf. *oppositifolia* y especies de *Hymenea, de Swartzia* y de *Guatteria.*

638. ***Tessaria integrifolia*** **(Com.)**. Cuatrecasas, 1958.

DEFINICIÓN: Matorral en aluviones consolidados, fase posterior a la del cañar de Gynerium sagittatum.

ALCANCE GEOGRÁFICO: Orillas de los ríos Andinos, de los Llanos Orientales, de la región del Amazonas y del Pacífico colombiano.

OBSERVACIONES: Especies asociadas: *Mimosa pudica, Psidium guajava, Chrysobalanus icaco, Heliocarpus popayanensis* y especies de *Hibiscus* e *Inga.*

639. ***Thamnolia vermicularis*** **y** ***Alectoria*** **cf.** ***ochroleuca*** **(Com.)**. Cleef, 1981.

DEFINICIÓN: Comunidad pionera de líquenes sobre áreas sometidas a congelamiento-descongelamiento diario.

ALCANCE GEOGRÁFICO: Cordillera Oriental, Cundinamarca, Boyacá: Páramos de Pisba y de Palacio (3700-3800 m).

OBSERVACIONES: Especies asociadas: *Luzula racemosa,Grammitis moniliformis, Draba rositae, Thamnolia vermicularis, Alectoria* cf. *ochroleuca, Oropogon loxensis, Leprocaulon albicans, Cladia aggregata, Cora pavonia, Cladonia andesita, Cladonia isabellina* y *Cladonia colombiana.*

640. Thamnolio vermicularis-Racomitrietum crispipili (Ass. fit.). Salamanca *et al.*, 1991.

DEFINICIÓN: Vegetación pionera sobre afloramientos rocosos del superpáramo.

ALCANCE GEOGRÁFICO: Cordillera Central, Caldas: Nevado del Ruíz (4200 y 4450 m).

OBSERVACIONES: Especies asociadas: *Draba pennell-hazenii, Cerastium floccosum.*

641. ***Theobroma obovatum*** **y** ***Oxandra mediocris*** **(Com.)**. Duivenvoorden, 1993.

DEFINICIÓN: Bosque alto de biomasa alta a intermedia, de densidad arbórea baja.

ALCANCE GEOGRÁFICO: Amazonia, en partes bien drenadas de la llanura de inundación frecuente por el río Caquetá.

SINÓNIMOS: Ac, Plancha Araracuara-Mariñame. Duivenvoorden, 1993.

OBSERVACIONES: Especies acompañantes: *Pouteria torta, Calathea poeppigiana, Heliconia marginata, Costus scarber, Echinodorus horizontalis* y *Psychotria* sp.

642. Tillaetum paludosae (Ass. fit.). Cleef, 1981; Rangel *et al.*, 1995. (Figura 54b)

DEFINICIÓN: Vegetación acuática en lagunas y lagunetas, que puede soportar descensos fuertes en el espejo de agua.

ALCANCE GEOGRÁFICO: Cordillera Central, Caldas-Tolima: Transecto Parque Los Nevados. (3900-4400 m); Páramos de la Cordillera Oriental.

SINÓNIMOS: Crassuletum paludosae. Cleef, 1981.

OBSERVACIONES: Especies asociadas: *Isoetes colombiana* y *Elatine chilensis*.

643. *Tillandsia incarnata* y *Echeveria bicolor* (Com.). Vink & Wijninga, 1986.

DEFINICIÓN: Vegetación herbácea de hoquedades, en zonas áridas de la sabana de Bogotá.

ALCANCE GEOGRÁFICO: Cordillera Oriental, Cundinamarca: Municipio de Mosquera, laguna de la Herrera, 2500 m.

OBSERVACIONES: Especies características: *Tillandsia incarnata, Echeveria bicolor, Opuntia* cf. *schumanni, Cuphea odonellii, Chrysithrix candelaria* y *Polypodium lanceolatum.*

644. Tovomito guianensis-Clusietum multiflorae (Ass. fit.). Cleef *et al.* (en prensa).

DEFINICIÓN: Vegetación selvática establecida sobre suelos del tipo ándico e hidromórfico.

ALCANCE GEOGRÁFICO: Cordillera Central, Caldas-Tolima: transecto Parque Los Nevados. (2990 m), vertiente Oriental (volcán de Santa Isabel-Venadillo-).

OBSERVACIONES: Especies asociadas: *Miconia cundinamarcensis, M. ligustrina, Oreopanax floribundum, Pilea fallax, Jungia* cf. *coarctata, Tillandsia complanata* y *Disterigma acuminatum.*

645. *Trachypogon ligularis, Trachypogon vetistus* y especies de *Bulbostylis* (Com.). Sánchez *et al.*, 1993.

DEFINICIÓN: Sabana con árboles pequeños y arbustos que crecen de manera dispersa.

ALCANCE GEOGRÁFICO: Orinoquia colombiana, sabanas de San Juan de Arama y regiones aledañas.

OBSERVACIONES: Especies asociadas: *Bowdichia virgilioides, Byrsonima crassifolia, Palicourea rigida, Caladium macrotitis, Eriope crassipes, Bulbostylus paradoxa* y *Diocorea atrescens.*

646. *Trichilia pallida* y *Sommera sabiceoides* (Com.). Prieto *et al.*, 1995.

DEFINICIÓN: Bosques densos, en algunos casos con un estrato arbóreo superior ralo y uno inferior de cobertura apreciable.

ALCANCE GEOGRÁFICO: Amazonas: río Amazonas, isla Mocagua, en zonas de terrazas bajas con hojarasca.

OBSERVACIONES: Especies características selectivas: *Sommera sabiceoides, Trichilia pallida, Ficus insipida, Costus scaber, Psychotria mapourioides, Brosimum lactescens, Eugenia malaccensis* e *Inga* sp.

647. Trichomano cellulosi - Mauritielletum aculeatae (Ass. fit.). Urrego, 1994.

DEFINICIÓN: Unidad superior de vegetación que comprende vegetación boscosa altos con densidad y área basal desde baja hasta relativamente alta y con densidad de arbolitos alta y alta densidad de palmas.

ALCANCE GEOGRÁFICO: Amazonía colombiana, parte media del río Caquetá.

OBSERVACIONES: Especies diagnósticas: *Dendropanax palustris, Rhodognaphalospsis brevipes, Clusia spathulaefolia, Micrandra siphonioides, Euterpe catinga* y *Tabebuia ochracea*.

648. *Usnea* spp. y *Frullania brasiliensis* (Com.) Hollander & Swaan, 1992.

DEFINICIÓN: Comunidad criptogámica que usualmente se arraiga sobre los troncos y ramas en las partes altas del dosel del bosque en zonas con alta exposición de luz.

ALCANCE GEOGRÁFICO: Risaralda: Santuario, los Planes 1670 m; Valle del Cauca.

OBSERVACIONES: Especies asociadas: *Hypotrachyna imbricatula, Parmotrema mellissii, Omphalanthus filiformis*. Agrupa dos tipos claramente distinguibles: 1. *Parmotrema reticulatum-Hypotrachyna rockii* (Com.) y 2. *Lejeunea* sp.-*Cyrtolejeunea holostipa* (Com.).

649. *Utricularia longecalcarata* y *Bonnetia martiana* (Com.). Duivenvoorden, 1993.

DEFINICIÓN: Bosque bajo con densidad alta de arbolitos.

ALCANCE GEOGRÁFICO: Amazonia, distribución restringida en el Medio Caquetá, en formaciones de roca dura.

SINÓNIMOS: Ih,Rp3,Rp4, Plancha araracuara-mariñame. Duivenvoorden, 1993.

OBSERVACIONES: Especie acompañante: *Duckeella pauciflora*.

650. Utricularietum neottioidis (Ass. fit). Duivenvoorden & Cleef, 1994.

DEFINICIÓN: Vegetación en las orillas de corrientes de agua o en sitios con drenaje superficial.

ALCANCE GEOGRÁFICO: Amazonas, Araracuara, río Caquetá, a lo largo de la carretera hacia la Chorera, cerca a Chiribiquete.

OBSERVACIONES: Especies dominantes: *Utriculatia neottioides* y especies de algas.

651. Vaccinio-Arcytophylletum nitidi (Ass. fit.). Franco *et al.*, 1986.

DEFINICIÓN: Matorral a manera de franja en el límite superior del bosque, en la cima de las morrenas, en suelos sueltos y desnudos.

ALCANCE GEOGRÁFICO: Cordillera Oriental, Cundinamarca: Páramo de Chingaza.

OBSERVACIONES: Especies asociadas: *Arcytophyllum nitidum, Vaccinium floribundum, Gaylussacia buxifolia, Hypericum strictum, Lycopodium contiguum, Jamesonia imbricata* y *Cladonia confusa*.

652. Vaccinion floribundi (All. s.l.). Cuatrecasas, 1934; Cleef, 1981.

DEFINICIÓN: Asociaciones leñosas del límite altitudinal superior en la distribución de la vegetación arborescente en un gradiente montañoso.

ALCANCE GEOGRÁFICO: Cordillera Oriental, Cundinamarca: Páramos de Guasca (3200-3400 m); Cordillera Central, Nevado del Tolima (3500-3800 m).
OBSERVACIONES: Especies asociadas: *Miconia ligustrina, M. salicifolia, Tibouchina grossa, Weinmannia tomentosa, Symplocos theiformis* y *Brachyotum strigosum.*

653. *Valeriana arborea* y *Gynoxys hirsutissima* (Com.). Rangel & Sturm, 1995.

DEFINICIÓN: Matorrales altos que crecen en sitios rocosos, abrigados en donde el ecoclima es más favorable.
ALCANCE GEOGRÁFICO: Cordillera Oriental, Cundinamarca-Meta: Páramo de Sumapaz entre los 3400 y 3900 m.
OBSERVACIONES: Especies asociadas: *Hypericum laricifolium, Diplostephium alveolatum, Miconia salicifolia, Hesperomeles heterophylla* y *Myrrhidendron glauscescens.*

654. *Valeriana hirta* y *Puya trianae* (Com.). Vargas & Rivera, 1991.

DEFINICIÓN: Vegetación abierta de tipo herbáceo que se puede denominar como rosetal bajo. Se encuentra en cubetas de socavamiento glaciar donde se presenta una vegetación de turberas en diferentes etapas sucesionales.
ALCANCE GEOGRÁFICO: Cordillera Orriental, Cundinamarca: Parque Nacional Natural Chingaza, sector río la Playa, 3150 m.
OBSERVACIONES: Especies asociadas: *Niphogeton* cf. *glaucescens, Rhynchospora macrochaeta, Cyperus rufus, Halenia asclepiadea, Carex pichinchensis, Hypericum juniperinum, Breutelia* sp., *Pleurozium schrebei, Sphagnum oxyphyllum, Geranium sibbaldioides* e *Hypericum goyanesi.*

655. *Valeriana plantaginea* y *Racomitrium crispipilum* (Com.). Cleef, 1983.

DEFINICIÓN: Rosetal sobre sitios pendientes, rocosos con capa continua de musgos.
ALCANCE GEOGRÁFICO: Cordillera Oriental, Cundinamarca: Páramo de Sumapaz (400-4100 m.); Páramos de la Cordillera Central.
OBSERVACIONES: Especies asociadas: *Erigeron chionophilus, Polytrichum* sp., *Altensteinia margaritana, Montia meridensis* y *Pernettya prostrata.*

656. *Valeriana stenophylla* (Com.). Bekker & Cleef, 1985.

DEFINICIÓN: Prados que se establecen generalmente en sitios con sustratos turbosos no inundados, rodeados por vegetación pantanosa y la del pajonal.
ALCANCE GEOGRÁFICO: Cordillera Oriental, Cundinamarca: Páramo de Laguna Verde.
SINÓNIMOS: 2u, Plancha 1. IGAC, 1985.
OBSERVACIONES: Especies asociadas: *Puya santosii, Calamagrostis effusa, Carex* sp., *Oreobolus obtusangulus, Halenia* sp., *Paepalanthus karstenii, Arcytophyllum muticum, Aragoa abietina, Calamagrostis bogotensis* y *Pernettya prostrata.*

657. Valeriano karstenii-Libanothamnetum glossophyllus (Ass. fit.). Sturm & Rangel, 1985, Cleef *et al.*, 1984. (Figura 82)

DEFINICIÓN: Frailejonal hasta matorral alto sobre laderas muy pendientes, la vegetación crece de manera dispersa.

ALCANCE GEOGRÁFICO: Magdalena: Sierra Nevada de Santa Marta, costado Sur.

OBSERVACIONES: Especies asociadas: *Lachemilla polylepis, Hypericum stenopetalum, Satureja caerulesens* y *Acaena cylindristachya.*

658. *Verbena hispida - Eupatorium fastigiatum* (Com.). Rangel & Aguirre, 1986.

DEFINICIÓN: Vegetación de matorral que constituye una etapa en el proceso de sucesión vegetal sobre sitios anteriormente cultivados con cebolla y papa.

ALCANCE GEOGRÁFICO: Cordillera Orriental, Boyacá: Riberas del lago de Tota, 3000 m.

OBSERVACIONES: Especies asociadas: *Solanum nigrum, Phytolacca bogotensis, Cestrum melanochloranthum, Rumex acetosella, Tagetes zipaquirensis* y *Trifolium repens.*

659. Verbeno hispidae-Scirpetum gigantei (Ass. fit) Rangel & Aguirre, 1983.

DEFINICIÓN: Juncal que se establece en las orillas de lagos, lagunetas de en sustratos arenosos.

ALCANCE GEOGRÁFICO: Cordillera Oriental, Boyacá: Lago de Tota y laguna de Fuquene.

OBSERVACIONES: Especies características: *Verbena hispidula, Lachemilla aphanoides* y *Holcus lanatus.* Especies asociadas: *Juncus capillaceus, Juncus bufonius* y *Mimulus glabratus.*

660. *Verbesina* sp. y *Palicourea* sp. (Com.). Katib & Bello, 1995.

DEFINICIÓN: Bosques bajos con un estrato de arbolitos con valores altos en cobertura y en densidad; constituyen una fase muy adelantada en el proceso de sucesión vegetal; se desarrolla en sitios con pendientes suaves y fuertes.

ALCANCE GEOGRÁFICO: Risaralda: Municipio de Santa Rosa de Cabal 2010-2510 m.

OBSERVACIONES: Especies asociadas: *Cestrum racemosum, Miconia floribunda, Tibouchina lepidota, Weinmannia auriculifera, Begonia urticae, Ardisia acutissima, Palicourea percuadrangularis* y *Rubus guianensis.*

661. Viburno cornifoliae-Alnetum acuminatae (Ass. fit.). Rangel & Aguirre, 1986.

DEFINICIÓN: Vegetación boscosa alrededor de zonas lagunares.

ALCANCE GEOGRÁFICO: Cordillera Oriental, Boyacá: Aquitania, lago de Tota (3025 m).

OBSERVACIONES: Especies asociadas: *Oreopanax floribundum, Solanum obtusifolium, Weinmannia microphylla, Hesperomeles heterophylla, Clusia multiflora, Vallea stipularis, Weinmannia fagaroides* y *Rubus megalococeus.*

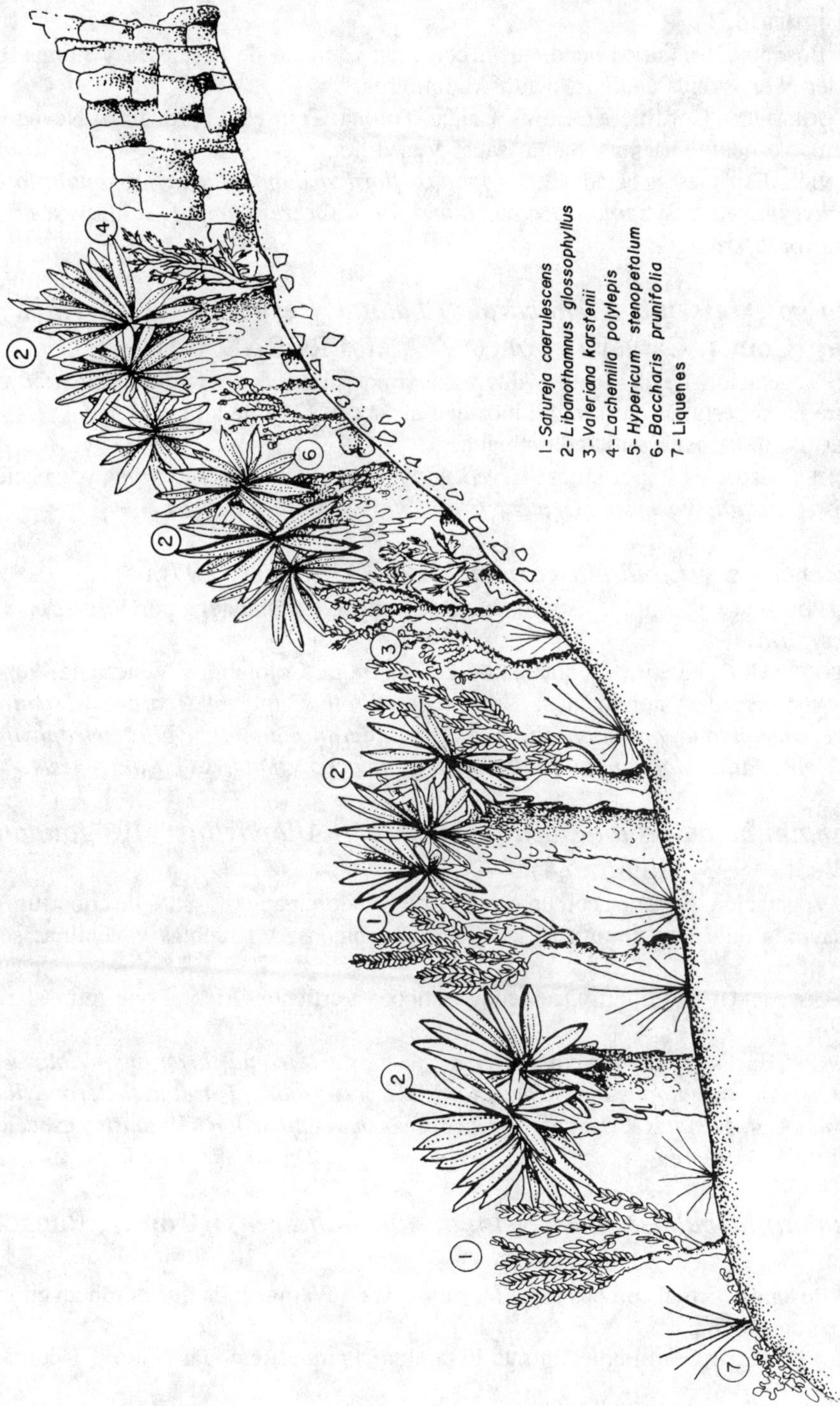

Figura 82. Asociación VALERIANO KARSTENII - LIBANOTHAMNETUM GLOSSOPHYLLUS Comunidad de *Libanothamnus glossophyllus* - *Valeriana karstenii* y *Satureja caerulescens*, Magdalena; Sierra Nevada de Santa Marta, alrededor del filo de Bella Vista, 3700-3900 m. Tomado de Sturm y Rangel, 1985

662. Viburno jamesoni-Quercetum humboldti (Ass. fit.). Cleef *et al*. (en prensa). (Figura 83)

DEFINICIÓN: Bosque sobre sitios pendientes, con gran cantidad de hojarasca y humus de caracter Moder-Mor, suelos ándicos, ácidos, humíferos.

ALCANCE GEOGRÁFICO: Cordillera Central, Caldas-Tolima: Transecto Parque Los Nevados. (2500-3100 m), vertiente Oriental, Santa Isabel-Venadillo.

OBSERVACIONES: Especies asociadas: *Oreopanax floribumdum, Clusia* aff. *multiflora, Miconia brachygyna, Ardisia sapida, Prunus integrifolia, Cithrexylum* aff. *subflavescens* y *Cavendishia strobilifera.*

663. *Virola* sp., *Jessenia (Oenocarpus) bataua* y especies de *Lecythis*, y de *Pouteria* (Com.). Carvajal *et al*. (1979; en PRORADAM).

DEFINICIÓN: Vegetación de la llanura aluvial de tipo selvático con un estrato arbóreo superior pobre en cobertura y con individuos que alcanzan 30 m de altura.

ALCANCE GEOGRÁFICO: Amazonia colombiana.

OBSERVACIONES: Especies importantes: *Hevea guianenesis, Tachigalia cavipes* y especies de *los géneros Couepia, Vochysia, Ocotea, Caryocar, Ormosia* y *Achras.*

664. *Vitex cymosa* y *Libidibia cariaria* (Com.). Rieger, 1976.

DEFINICIÓN: Bosque seco con dos estratos bien delimitados, dominados por *Vitex cymosa* y *Libidibia cariaria.*

ALCANCE GEOGRÁFICO: Guajira: Península de la Guajira de Colombia y Venezuela.

OBSERVACIONES: Especies dominantes: *Croton populifolius, Ipomoea carnea, Trichilia triflora, Tabernaemontana amygdalifolia, Cestrum alternifolium, Rauvolfia tetraphylla, Prosopis juliflora, Pithecolobium dulce, Pereskia guamacho* y *Diphysa carthagenesis.*

665. *Weinmannia balbisiana, Eugenia* sp., y *Allophyllus* aff. *goudotii* (Com.). Cleef, 1993. (Figura 84)

DEFINICIÓN: Vegetación selvática con un estrato arbóreo dominante(80-85% de cobertura)y elementos mayores de 25 m de altura; los sitios son planos, las nieblas y neblinas son frecuentes.

ALCANCE GEOGRÁFICO: Cordillera Occidental, Chocó: Vertiente Oriental que mira al río Cauca 2285 m.

OBSERVACIONES: En los estratos medios y bajos aparecen *Miconia theaezans, Viburnum triphyllum, Cestrum megalophyllum, Nectandra* aff. *acutifolia, Turpinia heterophylla, Talauma hernandezii, Lasiacis divaricata* y trepadoras como *Anthurium williamsii* y especies de *Tillandsia* y de *Dioscorea.*

666. *Weinmannia balbisana* y *Weinmannia pubescens* (Com.). Rangel, 1994.

DEFINICIÓN: Bosque relictual con dos especies pioneras de Weinmannia que dominan en los procesos de colonización.

ALCANCE GEOGRÁFICO: Cordillera Central, Risaralda: Parque Regional Natural Ucumarí 2100 m.

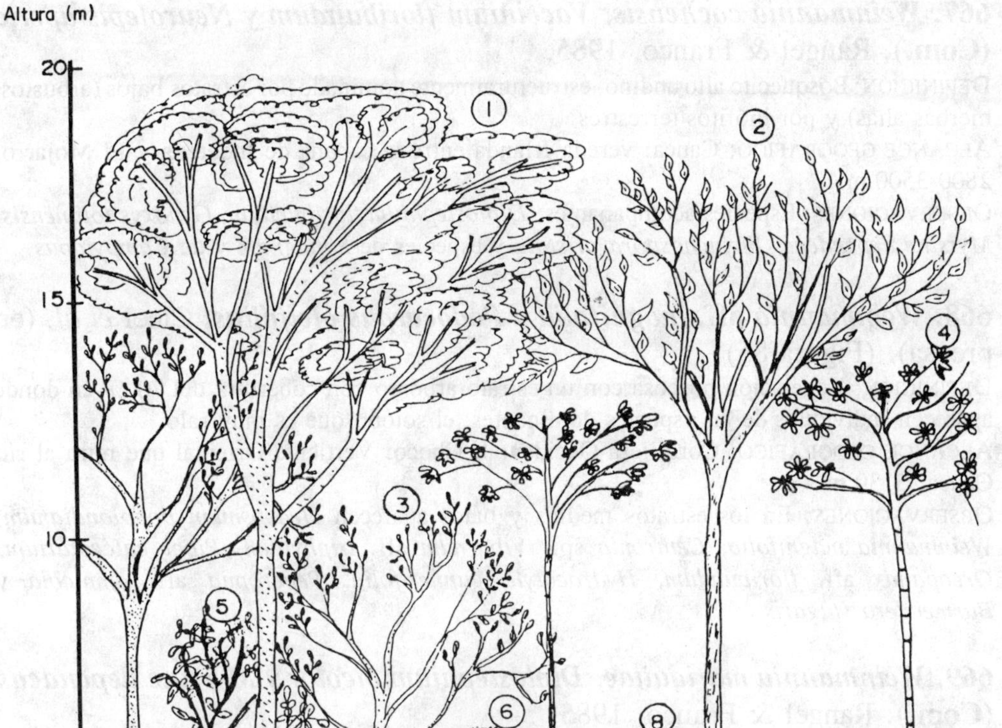

1-*Quercus humboldtii*
2-*Nectandra sp.*
3-*Miconia brachygyna*
4-*Cecropia sp.*
5-*Inga sp.*
6-*Aiphanes conccina*
7-*Cyathea sp.*
8-*Hedyosmum bonplandianun*
9-*Elaphoglossum sp.*

Figura 83. Asociación VIBURNO JAMESONI – QUERCETUM HUMBOLDTII, Huila; Reserva de Merenberg, Parque Nacional Natural Puracé, 2400 m. Tomado de Espejo y Rangel, 1989.

OBSERVACIONES: Especies asociadas: *Clusia* cf. *multiflora, Roupala obovata, Siparuna* aff. *gesnerioides* y *Saurauia cuatrecasana*.

667. *Weinmannia cochensis, Vaccinium floribundum* **y** ***Neurolepis aperta*** **(Com.)**. Rangel & Franco, 1985.

DEFINICIÓN: Bosquecito alto andino, estructuralmente dominado por estratos bajos (arbustos, hierbas altas) y por biófitos terrestres.

ALCANCE GEOGRÁFICO: Cauca: vereda Irlanda entre la cabaña de Inderena y El Mojarro, 2800-3500 m.

OBSERVACIONES: Especies acompañantes: *Diplostephium floribundum, Gynoxys tolimensis, Myrsine dependens, Rhynchospora aristata* y especies de *Sphagnum* y de *Campylopus*.

668. *Weinmannia* **aff.** ***magnifolia*** **y** ***Podocarpus oleifolius***. Cleef *et al*. (en prensa). (Figura 85)

DEFINICIÓN: Vegetación boscosa con un estrato arbóreo con cobertura del 70 % en donde aparecen individuos de las especies dominantes; el sotobosque es muy ralo.

ALCANCE GEOGRÁFICO: Cordillera Occidental, Chocó: Vertiente Oriental que mira al río Cauca, 3130 m.

OBSERVACIONES: En los estratos medios y bajos aparecen *Hedyosmum bonplandianum, Weinmannia magnifolia, Centronia* sp., *Viburnum* aff. *triphyllum, Piper calceolarium, Oreopanax* aff. *floribundum, Hydrocotyle gunnerifolia, Peperomia* aff. *omnicola* y *Burmeistera vulgaris*.

669. *Weinmannia mariquitae, Diplostephium bicolor* **y** ***Myrsine dependens*** **(Com.)**. Rangel & Franco, 1985.

DEFINICIÓN: Bosque achaparrado con elementos de troncos gruesos y copas redondeadas; el estrato superior es dominante en cobertura (90%).

ALCANCE GEOGRÁFICO: Cauca: vereda Irlanda entre la cabaña de Inderena y El Mojarro, 2800-3500 m.

OBSERVACIONES: Especies dominantes y acompañantes: *Weinmannia mariquitae, Myrsine dependes, Geissanthus andinus, Miconia puracens, Miconia* cf. *ferruginea, Neurolepis aperta, Rhynchospora caucana, Pentacalia* aff. *pulchellus* y *Adiantum nitidum*.

670. *Weinmannia mariquitae* **y** ***Miconia cuneifolia*** **(Com.)**. Rangel & Lozano, 1986; Duque & Rangel, 1989. (Figura 86)

DEFINICIÓN: Bosque alto andino con dos estratos arborescentes, uno superior con escasa cobertura y el inferior o de arbolitos muy vigorosos; en el límite altitudinal de distribución de la vegetación leñosa.

ALCANCE GEOGRÁFICO: Cauca: transecto valle del Magdalena-volcán del Puracé 3100-3500.

OBSERVACIONES: Especies asociadas: *Miconia* aff. *puracensis, Macleania rupestris* y *Polypodium monosorum*.

1-*Ficus sp.*
2-*Cyathea sp.*
3-*Turpinia aff. heterophylla*
4-*Allophylus aff. goudotii*
5-*Eugenia sp.*
6-*Piper archeri*
7-*Palicourea ovalis*
8-*Weinmannia balbisiana*
9-*Oreopanax albanense*

Figura 84. Comunidad de *Weinmannia balbisiana, Eugenia sp. y Allophylus aff. goudotii,* Risaralda; Municipio de Apia, La Cumbre, 2285 m. Tomado de Rangel et al. (en preparacion Ecoandes Cor. Occidental).

671. *Weinmannia microphyla* (Com.). Bekker & Cleef, 1985.

DEFINICIÓN: Bosques relictuales en la franja alto andina, se desarrolla en cercanias de los afloramientos rocosos.

ALCANCE GEOGRÁFICO: Cordillera Oriental, Cundinamarca: Páramo de Laguna Verde.

SINÓNIMOS: 3r, Plancha 1. IGAC, 1985.

OBSERVACIONES: Especies asociadas: *Bucquetia glutinosa, Blechnum columbiense, Puya nitida, Pentacalia guadalupe, Pernettya hirta, Pernettya prostrata, Nertera granadensis, Ageratina theaefolia, Vaccinium floribundum, Arcytophyllum nitidum, Luzula gigantea* y *Greigia mulfordii.*

672. *Weinmannia microphylla, Clusia* cf. *multiflora* y *Neurolepis aperta* (Com.). Rangel, 1995.

DEFINICIÓN: Vegetación de tipo selvático, con un estrato arbóreo con elementos hasta de 25 m de altura y cobertura del 90%. En los estratos bajos abundan rosetas de *Neurolepis aperta.*

ALCANCE GEOGRÁFICO: Cordillera Oriental, Cundinamarca-Meta: Vertiente húmeda del Macizo del Sumapaz (2900-3100 m).

SINÓNIMOS: A2, Plancha 1. PRORADAM, 1979.

OBSERVACIONES: Especies dominantes-asociadas: *Weinmannia microphylla, Clusia multiflora, Freziera* cf. *nervosa* y *Symplocos* sp. En los estratos bajos especies de *Vaccinium* y de *Gaultheria.*

673. *Weinmannia* cf. *microphylla* (Com.). Rangel & Luteyn (en Rangel & Garzón, 1995).

DEFINICIÓN: Bosques donde las especies de *Weinmannia* cf. *mycrophylla* crecen entre roquedales con los troncos arqueados y las copas cargadas en exceso por densos bolsones de briófitos epifíticos.

ALCANCE GEOGRÁFICO: Nariño: Volcán Galeras, 3100-3500 m.

OBSERVACIONES:: En el sotobosque abundan *Greigia* aff. *exserta* (Bromeliaceae) junto con *Rhynchospora aristata* y *Diplostephium glandulosum.*

674. *Weinmannia pubescens* y *Saurauia scabra* (Com.). Katib & Bello, 1995.

DEFINICIÓN: Bosques ralos con individuos aislados de porte arborescente; los estratos arbustivo, herbáceo y rasante estan bien definidos. Se desarrolla en sitios bastante inclinados.

ALCANCE GEOGRÁFICO: Risaralda: Municipio de Santa Rosa de Cabal 2110-2500 m.

OBSERVACIONES: Especies asociadas: *Saurauia* cf. *ursina, Cordia cylindristachya, Schefflera decagyna, Dunalia solanaceae, Erato vulcanica, Miconia affinis, Pilea imparifolia* y *Peperomia swartiana.*

675. *Weinmannia tomentosa* (Com.). Kuhry, 1988.

DEFINICIÓN: Vegetación boscosa con individuos con alturas entre 10 y 20 m. Los estratos altos cubren de 70-90%. Definición basada en los levantamientos de Van der Hammen, Jaramillo & Murillo (1960), Cuatrecasas (1934) y Vargas & Zuluaga (1980).

Figura 85. Bosque de *Weinmannia magnifolia* y *Podocarpus oleifolius*, Chocó; Cordillera Occidental, Cerro Tatamá. 3100 m. Tomado de Rangel et al. (en preparación Ecoandes Cor. Occidental).

ALCANCE GEOGRÁFICO: En la vertiente alta del altiplano de Bogotá y en los valles de Ubaté y Chiquinquirá (2800-3250 m).

OBSERVACIONES: Especies asociadas: *Brunellia comocladifolia, Clusia multiflora, Drimys granadensis, Valea stipularis* y especies de *Myrcianthes* y de *Orepanax.*

676. Weinmannietum tolimensis (Ass. fit. s.l.). Cuatrecasas, 1934.

DEFINICIÓN: Bosques con dominio del estrato arbóreo, sotobosque pobre y estrato herbáceo muy vigoroso.

ALCANCE GEOGRÁFICO: Cordillera Central, Tolima: Entre El Salto y La Selva (3000-3400 m).

OBSERVACIONES: Especies asociadas: *Weinmannia hirtella, Mikania mutisiana, Gynoxys tolimensis, Drimys granatensis, Berberis quinduensis, Miconia ligustrina, Escallonia corymbosa, Siphocampylus tolimanus, Disterigma acuminatum, Cavendishia tolimensis* y *Passiflora mixta.*

677. Weinmannietum tomentosae (Ass. fit. s.l.). Cuatrecasas, 1934.

DEFINICIÓN: Bosques sobre sitios inclinados, nublados, en ocasiones sobre suelos turbosos, predominan las categorias foliares micrófila y nanófila.

ALCANCE GEOGRÁFICO: Cordilleras colombianas, localidad típica: Cordillera Oriental, Cundinamarca, Guasca (2750-2900 m); Monserrate, franja entre 2750-3100 m.

OBSERVACIONES: Especies asociadas: *Alnus acuminata, Vallea stipularis, Stevia lucida, Hesperomeles pernettyoides, Rubus floribundus, Castilleja fissifolia, Cuphea serpyllifolia, Solanum bogotense, Espeletia grandiflora, Lycopodium complanatum* y *Tagetes zypaquirensis.*

678. Weinmannio brachystachyae-Miconietum cuneifoliae (Ass. fit.). Duque & Rangel, 1989.

DEFINICIÓN: Bosque bajo con un estrato de arbolitos con alturas máximas de 6 m. En sitios con buen contenido de agua en el suelo; en ocasiones con sotobosque muy clareado.

ALCANCE GEOGRÁFICO: Páramos Cordillera Central y Occidental, Parque Nacional Natural del Puracé, valle del Paletará.

OBSERVACIONES: Especies asociadas: *Polypodium monosorum, Ribes leptostachyum, Weinmannia mariquitae* y *Macleania rupestris.*

679. Weinmannion (All. fit. l.). Cuatrecasas, 1934.

DEFINICIÓN: Agrupa la vegetación que ocupa grandes extensiones en las montañas que forman las Cordilleras que rodean Guasca, la sabana de Bogotá.

ALCANCE GEOGRÁFICO: Cordilleras Oriental, localidad típica, Cundinamarca: Guasca (2700 m), Cordillera Central: Entre el Cerro del Santuario y peña Cuadrada.

OBSERVACIONES: El sintaxon incluye las asociaciones: *Weinmannietum tomentosae* y *Weinmannietun tolimensis.* Especies características: *Weinmannia tomentosa, Weinmannia tolimensis, Hesperomeles lanuginosa, Drimys granatensis, Tibouchina grossa, Miconia ligustrina, Miconia summa* y *Cavendishia cordifolia.*

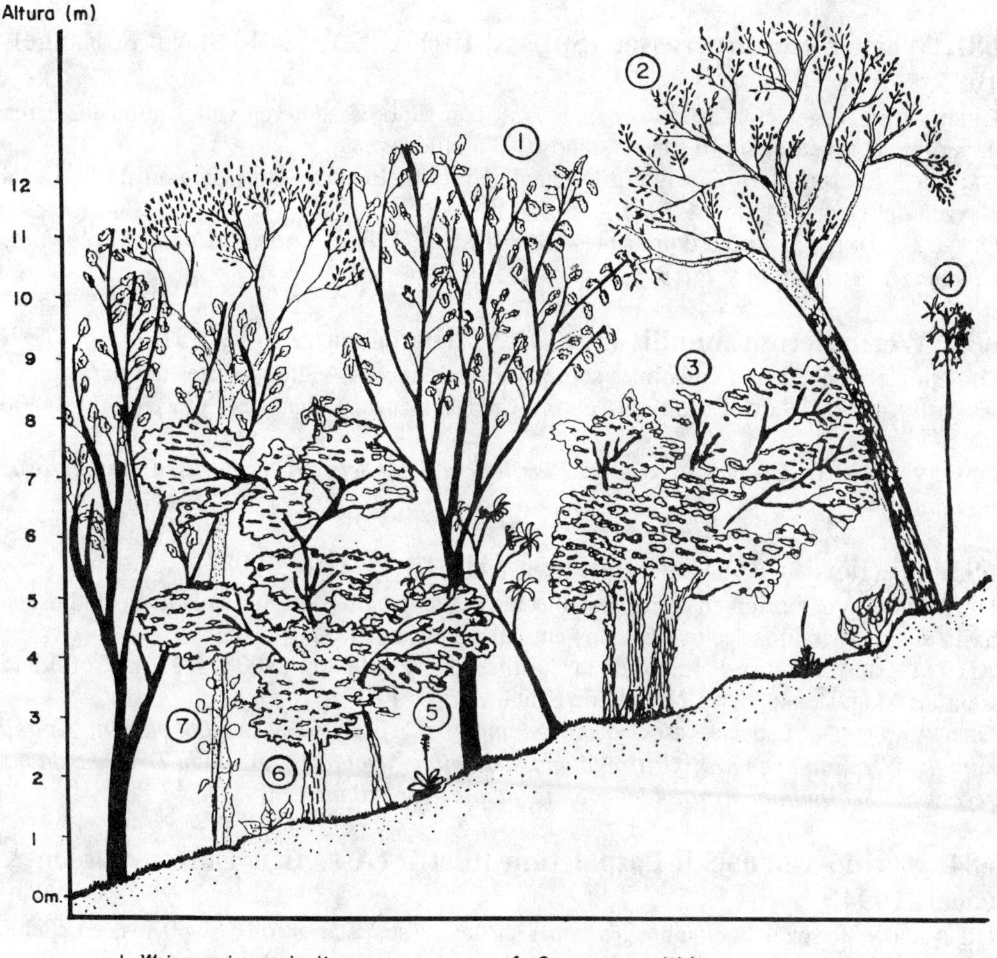

1- *Weinmannia mariquitae*
2- *Miconia cuneifolia*
3- *Gynoxys tolimensis*
4- *Oreopanax nitidun*
5- *Peperomia saligna*
6- *Anthuriun bogotense*

Figura 86. Asociacion WEINMANNIO MARIQUITAE - MICONIETUM CUNEIFOLIAE Bosque achaparrado de *Weinmannia mariquitae y Miconia cuneifolia*, Huila; Parque Nacional Natural Puracé, 2400 m. Tomado de Espejo y Rangel, 1989.

680. *Werneria crassa* ssp. *crassa* e *Hypericum lancioides* (Com.). Cleef *et al.*, 1983.

DEFINICIÓN: Cojines de plantas vasculares con briófitos establecidos en cubetas poco profundas a continuación de las turberas con *Plantago rígida*.

ALCANCE GEOGRÁFICO: Cordillera Central, Caldas-Tolima: Transecto Parque Los Nevados, Páramo de la Cordillera Occidental.

OBSERVACIONES: Especies asociadas: *Carex* cf. *peucophila* y *Breutelia* sp.

681. Wernerietosum crassae (Subass. fit.). Cleef, 1981; Sturm & Rangel, 1985.

DEFINICIÓN: Vegetación de sitios pantanosos, con flujo de agua; en valles húmedos cerca de morrenas jóvenes, sobre suelos arenosos o arcillosos.

ALCANCE GEOGRÁFICO: Cordillera Oriental, Noreste; Boyacá: Superpáramo de la Sierra Nevada del Cocuy (4100-4415 m).

OBSERVACIONES: Especiesdominantes-asociadas: *Werneria crassa, Carex peucophila, Calamagrostis ligulata* y *Pilopogon* sp.

682. Wernerietum humilis (Ass. fit.). Salamanca *et al.*, 1991.

DEFINICIÓN: Vegetación en cojines sobre sitios pantanosos, valle glaciales del páramo.

ALCANCE GEOGRÁFICO: Cordillera Central, Caldas, Cauca: Volcán del Puracé (4000 y 4400 m).

OBSERVACIONES: Especies asociadas: *Plantago rigida, Senecio latiflorus, Calamagrostis ligulata.*

683. Wernerion crassae-pygmaeae (All. fit.). Cleef, 1981.

DEFINICIÓN: Vegetación en cojines establecida desde la parte superior de la linea del bosque hasta el superpáramo, suelos húmedos en valles glaciares.

ALCANCE GEOGRÁFICO: Páramos de la Cordillera Oriental entre 3400 y 4425 m; Cordillera Central; Magdalena: Sierra Nevada de Santa Marta.

OBSERVACIONES: Especies asociadas: *Calamagrostis planifolia, Lucilia pusilla, Cotula minuta, Werneria pygmaea, Oritrophium limnophilum, Isotachis serrulata, Drepanocladus revolvens, Scorpidium scorpioides* y *Sphagnum cyclophyllum.*

684. Xyrido wurdackii-Paspaletum tillettii (Ass. fit). Duivenvoorden & Cleef, 1994.

DEFINICIÓN: Pastizal bajo sobre las cimas de las mesetas en sitios casi planos, en suelos arenosos.

ALCANCE GEOGRÁFICO: Amazonas, Araracuara; probablemente se extiende hasta las mesetas de la Chorera y de Chiribiquete.

OBSERVACIONES: Especies asociadas: *Syngonanthus vaupesanus, Genlisea filiformis, Xyris araracuarae, Cladonia peltastica, Abolboda acicularis* var. *granularis, Xyris savanensis, Lagenocarpus* aff. *pendulus* y *Acanthella sprucei*.

685. *Xyris subulata* (Com.). Bekker & Cleef, 1985.

DEFINICIÓN: Vegetación conformada por montículos de *Sphagnum*, cubiertos de *Xyris subulata* y otras hierbas; se encuentra en las partes turbosas.

ALCANCE GEOGRÁFICO: Cordillera Oriental, Cundinamarca: Páramo de laguna Verde.

SINÓNIMOS: 2e, Plancha 1. IGAC, 1985 70 aa Cleef, 1981.

OBSERVACIONES: Especies asociadas: *Puya santosii, Calamagrostis effusa, Espeletia chocontana, Aragoa abietina, Vaccinium floribundum, Pernettya prostrata, Carex pichinchensis, Blechum loxense, Calamagrostis bogotensis, Diplostephium phylicoides* y *Halenia asclepiadea*.

686. Zigio longifoliae-Virolion sebiferae (All. fit.). Cleef *et al.*, 1984.

DEFINICIÓN: Vegetación selvática de las regiones de vida ecuatorial y subandina con árboles de mas 25 m de altura, palmas y helechos arborescentes cuya abundancia indica valores altos de humedad, se establece sobre laderas pendientes, en suelos arcillosos.

ALCANCE GEOGRÁFICO: Magdalena: Sierra Nevada de Santa Marta, parte baja del transecto Buritica 400-1150 m.

OBSERVACIONES: Incluye las asociaciones **Dyctiocaryo schultzei-Zygietum longifoliae y Poulsemia armata-Perseetum americanae**. Especies asociadas: *Cedrela* cf. *mexicana, Ossaea quinquenervia, Piper grande, Mikania leiostachya* y *Ossaea micrantha*.

TERMINOS FISIONOMICOS, FITOGRAFICOS, FISIOGRAFICOS Y GEOGRAFICOS

687. Agrupaciones de Palmas y otras especies arbóreas. Hettner, 1966.

DEFINICIÓN: Pequeños bosques cerca a las vegas de los ríos, en valles estrechos o en vegas amplias con palmas dispersas y una capa de gramíneas sobre el suelo.

ALCANCE GEOGRÁFICO: Cordillera Oriental, Santander: Alrededores de Bucaramanga, cerca a Girón; Cundinamarca: Entre Melgar y Fusagasugá.

688. Aluviones recientes. FAO, 1964.

DEFINICIÓN: Tipo de bosque de galeria distinto al bosque de galeria de los caños de la altillanura.

ALCANCE GEOGRÁFICO: Estan distribuídos en toda la región de la Orinoquia, a lo largo de caños y ríos.

689. Ambientes lenticos con macrofitas acuaticas. FAO, 1964.

DEFINICIÓN: Tipo de vegetación dominado por especies de macrófitas acuáticas.

ALCANCE GEOGRÁFICO: Se establecen en variedad de habitats tales como caños, esteros, lagunas y planos de inudación.

OBSERVACIONES: Especies dominantes: *Leersia hexandra, Hymenachne amplexicaulis, Ludwigia inclinata, Cabomba piauhiensis, Eichhornia diversifolia, Echinodorus tenellus, Eleocharis minima* y especies de *Mayaca*.

690. Areas con influencia antrópica. Salamanca, 1984.

DEFINICIÓN: Se presentan donde se ha talado la mayor parte del bosque, principalmente en el piedemonte.

ALCANCE GEOGRÁFICO: Llanos Orientales.

OBSERVACIONES: Entre las especies típicas aparecen *Trachypogon vestitus, Hyparrenia rufa, Panicum maximum, Axonopus scoparius* y *Bracchiaria* sp.

691. Asociaciones boscosas en áreas con suelos normalmente no saturados con agua. Lozano & Schenetter, 1976.

DEFINICIÓN:Restos de bosques originales, se establecen alrededor de grandes rocas en zonas abrigadas; la composición florística es muy heterogénea.

ALCANCE GEOGRÁFICO: Cordillera Oriental, Cundinamarca: Páramo de Cruz Verde (3100 m).

OBSERVACIONES: Especies dominantes: *Gaultheria sclerophylla, Baccharis prunifolia, Ugni myricoides, Berberis rigidifolia, Pernettya prostrata, Hesperomeles heterophylla, Orthrosanthus chimboracensis, Hypericum struthiolaefolium, Befaria resinosa* y *Senecio garcia-barrigae.*

692. Biogenophytia. Del Llano, 1990.

DEFINICIÓN: Vegetación que vive en medios estacionales creados por seres vivos exceptuando al hombre, como son los terrenos y parches formados por la acumulación de materiales de deyección de mamíferos.

ALCANCE GEOGRÁFICO: Cordillera Oriental, Boyacá: Páramos del Almorzadero y el Cocuy.

OBSERVACIONES: Ejemplos: *comunidad de Agrostis breviculmis y Lachemilla pinnata* Cleef, 1981 (4100 y 3890 m.) con especies asociadas como *Rumex acetosella* y *Veronica serpyllifolia.*

693. Biomas azonales de tierras bajas. Pedobiomas. Hernández & Sánchez, 1992.

DEFINICIÓN: Vegetación sobre las rocas, en suelos de poca profundidad en donde arraigan comunidades vegetales quersófitas, se encuentra parajes rocosos con toda una degradación desde la vegetación litofítica hasta la quersofítica.

ALCANCE GEOGRÁFICO: En Colombia en el escudo guayanés, río Orinoco, Sierra Macarena; cuencas ríos Guaviare, Inírida y Negro.

OBSERVACIONES: Géneros importantes: *Navia* (Bromeliaceae), *Bulbostylis* (Cyperaceae), *Melocactus* (Cactaceae). Alto grado de endemismo

694. Biomas zonales de tierras bajas. Zonobioma húmedo ecuatorial. Hernández & Sánchez, 1992.

DEFINICIÓN: Selvas del piso isomegatérmico húmedo, donde no hay déficit de agua para las plantas a lo largo del año.

ALCANCE GEOGRÁFICO: Colombia.

SINÓNIMOS: Higrofitia, Subhigrofitia

695. Biophytia. Del Llano, 1990.
DEFINICIÓN: Organismos diminutos que habitan en un medio vivo, vegetación microscópica. Hongos de color crema *Clitocybe espelatiae* que reside en troncos de *Espeletia*; de color canela *Hypholoma polylepiditis* en los troncos de *Polylepis* y *Lepiota pseudoignicolor* (amarillo) sobre troncos de *Espeletia*.
ALCANCE GEOGRÁFICO: Entre 3400 m y 3500 m.

696. Bosque abierto de Mimosaceas. Hettner, 1966.
DEFINICIÓN: Vegetación rala, caducifolia con un sotobosque muy pobre, en áreas con escasas lluvias.
ALCANCE GEOGRÁFICO: Cordillera Central, Tolima: Cerca de Honda; Cordillera Oriental Cundinamarca: Tocaima; Santander: Girón.

697. Bosque alto de la vega del río Arauca. FAO, 1964.
DEFINICIÓN: Vegetación boscosa con 3 o 4 estratos, el mayor con individuos hasta de 28 m de altura; contiene pocas palmas y no hay guadua; en el sotobosque se desarrolla vegetación herbácea característica de terrenos húmedos mas no pantanosos.
ALCANCE GEOGRÁFICO: Orinoquia colombiana, a lo largo del río Arauca.
OBSERVACIONES: Especies dominantes: *Manilkara bidentata, Pseudolmedia laevigata, Socratea durissima, Symplocos amplifolia, Cecropia peltata* y *Heliconia bihai*.

698. Bosque alto de la vega del río Guaviare. FAO, 1964.
DEFINICIÓN: Vegetación arbórea con elementos con diámetros mayores 25 cm.
ALCANCE GEOGRÁFICO: Orinoquia colombiana; probablemente en llanos venezolanos.
SINÓNIMOS: Va. FAO, 1964.
OBSERVACIONES: Especies dominantes: *Pouteria* sp. (caimito), *Luehea seemannii* (guásimo), *Spondias mombin* (hobo), *Calycophyllum spruceanum* (guayabete), *Geonoma* sp. (palmiche), *Hemicrepidospermum rhoifolium* (palo blanco) y *Calophyllum basiliensis* (cachicamo).

699. Bosque alto de sabana sobre superficies disectadas. PRORADAM, 1979.
DEFINICIÓN: Vegetación con especies arbóreas con diámetros superiores a 70 cm y altura de 35 m. Se presenta en suelos de sabana.
ALCANCE GEOGRÁFICO: Amazonia colombiana.
SINÓNIMOS: S5, Plancha 4. PRORADAM, 1979.
OBSERVACIONES: Especies dominantes: *Taralea oppositifolia, Virola theidora, Buchenavia capitata*

700. Bosque alto desarrollado en superficie de erosión disectado. PRORADAM, 1979.
DEFINICIÓN: Vegetación que se desarrolla en áreas disectadas con abundancia de caños afluentes secundarios, con árboles de diámetros superiores a 1 metro y alturas hasta 40 metros; fustes rectos y cilindricos.
ALCANCE GEOGRÁFICO: Amazonia colombiana.

SINÓNIMOS: B2, Plancha 2. PRORADAM, 1979.
OBSERVACIONES: Géneros dominantes: *Couratari, Pouteria* y *Nectandra.*

701. Bosque alto desarrollado en superficie de erosión profundamente disectado. PRORADAM, 1979.

DEFINICIÓN: Vegetación compuesta por especies arbóreas con diámetro superior a 1 m, y altura hasta de 40 m; se desarrolla sobre superficies muy disectadas.
ALCANCE GEOGRÁFICO: Amazonia colombiana.
SINÓNIMOS: B3, Plancha 4. PRORADAM, 1979.
OBSERVACIONES: Especies dominantes: *Clathrotopis macrocarpa, Hevea guianensis, Dripteryx alata* y especies de *Sanwithiodoxa, Vochysia*, y de *Nectandra.*

702. Bosque alto y bien desarrollado. IGAC, 1984.

DEFINICIÓN: Vegetación con un dosel superior cerrado con árboles de fustes rectos y bien conformados; abundancia de lianas bejuco y epífitas. Se desarrolla sobre superficies de erosión disectadas.
ALCANCE GEOGRÁFICO: Amazonia colombiana, cubre una superficie de aprox. 11.000.000 hectáreas.
SINÓNIMOS: IP1B2, Plancha 5-13. IGAC, 1984.
OBSERVACIONES: Especies dominantes-asociadas: *Virola flexuosa, Hevea guianensis, Lecyhtis* sp. y *Caryocar glabrum.*

703. Bosque bajo de la vega del río Arauca. FAO, 1964.

DEFINICIÓN: Esta conformado por una mezcla de árboles grandes en los sitios altos mejor drenados y una vegetación pantanosa en los sitios mas bajos.
ALCANCE GEOGRÁFICO: Orinoquia colombiana, a lo largo del río Arauca, aprox. 7000 has.; probablemente en Venezuela
SINÓNIMOS: Vb. FAO, 1964.
OBSERVACIONES: Especies dominantes: *Symplocos amplifolia* (cuero de sapo), *Manilkarra bidentata* (balata), *Spondias mombin* (hobo), *Banara guianensis* (huesito), *Protium* sp. (guacharaco), *Cecropia peltata* (guarumo), *Socratea durissima* (araco) y *Jessenia polycarpa.*

704. Bosque bajo de la vega del río Guaviare. FAO, 1964.

DEFINICIÓN: Vegetación arbórea compuesta por árboles grandes en los sitios mejor drenados y vegetación pantanosa en los antiguos lechos de los caños y partes bajas que permanencen con agua durante todo el año.
ALCANCE GEOGRÁFICO: Orinoquia colombiana.
SINÓNIMOS: Vb. FAO, 1964.
OBSERVACIONES: Especies dominantes: *Pouteria* sp. (caimito), *Luehea seemannii* (guásimo), *Spondias mombin* (hobo), *Calycophyllum spruceanum* (guayabete), *Geonoma* sp. (palmiche), *Hemicepidospermum rhoifolium* (palo blanco) y *Calophyllum basiliense* (cachicamo).

705. **Bosque bajo de sabana con vegetación arbustiva**. PRORADAM, 1979.

DEFINICIÓN: Vegetación dominada por árboles con fustes delgados con diámetros que varian entre 10 y 15 cm y alturas hasta 15 m. Se localiza sobre terrenos planos.

ALCANCE GEOGRÁFICO: Amazonia y Orinoquia colombiana, ocupa una superficie de 2.025.500 has.

SINÓNIMOS: S4, Plancha 5. PRORADAM, 1979.

OBSERVACIONES: Especies dominantes: *Henriquezia* sp. (cartera vieja), *Jessenia bataua,* y especies de las familias Melastomataceae, Moraceae, Clusiaceae y Palmae.

706. **Bosque bajo de superficie de erosión**. PRORADAM, 1979.

DEFINICIÓN: Vegetación con elementos árboreos que alcanzan diámetros de 40 cm y alturas entre 25-30 m, fustes bien desarrollados; abundan los bejucos, lianas y epífitas; algunos arboles presentan aletones o bambas con alturas de 3 m.

ALCANCE GEOGRÁFICO: Amazonia colombiana.

SINÓNIMOS: B12, Plancha 7. PRORADAM, 1979.

OBSERVACIONES: Especies dominantes: *Hevea nitida, Parkia oppositifolia, Dialium guianense* y especies de *Cupania, Hyeronima* y de *Inga.*

707. **Bosque bajo poco desarrollado**. IGAC, 1984.

DEFINICIÓN: Bosque comercial denso y heterogeneo en especies, sin intervención, presenta un sotobosque vigoroso con abundacia de palmas en sitios mal drenados. Los árboles presentan generalmente raíces en zancos.

ALCANCE GEOGRÁFICO: En superficies de erosión desde planas hasta ligeramente disectadas y terrazas en la Amazonia.

SINÓNIMOS: IP1B1 plancha 5-23. IGAC, 1984

OBSERVACIONES: Especies dominantes: *Aspidosperma* sp. *Eschweilera juruensis, Inga* sp., *Pouteria* sp., *Parkia oppositifolia, Dialium guianense, Hevea guianensis, Nectandra* sp., y *Protium polybotryum.*

708. **Bosque bajo y alto de la sabana arbórea**. IGAC, 1984.

DEFINICIÓN: Vegetación caracterizada por presentar un estrato superior con elementos de gran tamaño y un sotobosque ralo; sobre superficies planas ligeramente onduladas.

ALCANCE GEOGRÁFICO: Amazonia colombiana, Guainía: al Sur de los ríos Guaviare y Vaupés, aprox. 2'800.000 has.

SINÓNIMOS: Sb, Plancha 5-16. IGAC, 1984.

OBSERVACIONES: Predominan especies de las familias Leguminosae y Melastomataceae.

709. **Bosque claro deciduo por la sequía, de baja altitud y submontano**. UNESCO, 1979.

DEFINICIÓN: Bosque claro de especies casi todas caducifolias con excepción de *Capparis odoratissima* cuando existe. Cuando son persistentes, las hojas son coriáceas. Hay algunos árboles de troncos abombados como *Cavanillesia platanifolia* (Bombacaceae).

ALCANCE GEOGRÁFICO: Franja costera estrecha en el mar Caribe.

OBSERVACIONES: Especies características: *Acacia farnesiana, Bombacopsis quinata, Bulnesia arborea, Capparis odoratissima, Capparis flexuosa, Libidibia cariaria, Pereskia colombiana, Piptadenia flava, Pithecolobium dulce, Poponax tortuosa* y especies de *Cassia* e *Hyptis*.

710. **Bosque claro submontano espinoso**. UNESCO, 1979.

DEFINICIÓN: Vegetación xeromorfa, bosque claro con predominio de árboles espinosos, mezclados con vegetales inermes, generalmente deciduos. Frecuencia de fanerófitas con hojas suculentas y de plantas suculentas erguidas.
ALCANCE GEOGRÁFICO: Valles interandinos y valle de Cúcuta.
OBSERVACIONES: Especies características: *Calotropis procera, Cephalocereus columbianus, Cercidium praecox, Fagara culantrillo, Jatropha gossypiifolia, Lantana rugulosa, Melocactus amoenus, Lemaireocereus griseus, Pithecolobium dulce* y *Poponax tortuosa*.

711. **Bosque con vegetación poco desarrollada**. IGAC, 1984.

DEFINICIÓN: Bosque no comercial por razones físicas, generalmente presenta árboles maduros dispersos y mal formados.
ALCANCE GEOGRÁFICO: Amazonia colombiana, en diques naturales, complejos de orillales, vegas permanentemente inundadas.
SINÓNIMOS: IpA, Plancha 5-14. IGAC, 1984.
OBSERVACIONES: Especies dominantes: *Mauritia flexuosa* y especies de *Cecropia* y de Cyperaceae.

712. **Bosque de colina alta**. PRORADAM, 1979.

DEFINICIÓN: Vegetación achaparrada típica de las zonas de cerros y colinas, con individuos que presentan diámetros de 3 a 10 cm y alturas hasta de 8 m.
ALCANCE GEOGRÁFICO: Amazonia colombiana, en zonas de relieve muy quebrado, con suelos pobres.
SINÓNIMOS: C, Plancha 7. PRORADAM, 1979.
OBSERVACIONES: Especies asociadas: *Vismia* sp. (lacre), *Nectandra* sp. (laurel), *Lecythis* sp. (carguero), *Manilkara* sp. (chicle), *Hevea* sp. (siringa), *Virola* sp. (sangre toro) y *Couma macrocarpa* (juan soco).

713. **Bosque de colinas accesibles**. IGAC, 1984.

DEFINICIÓN: Bosque no intervenido, heterogéneo en diversidad de especies. Los árboles presentan gran variación en tamaño de copas y altura total.
ALCANCE GEOGRÁFICO: Se encuentran en terrenos con pendientes entre 25 y 50% a lo largo del territorio nacional.
SINÓNIMOS: Ip1Ca, Placha 5-03. IGAC, 1984.
OBSERVACIONES: Especies dominantes: *Brosimum utile* (sande), *Pouteria* sp. (caimito), *Sapium* sp. (cauchillo), *Protium veneralense* (anime).

714. **Bosque de colinas no accesibles**. IGAC, 1984.

DEFINICIÓN: Se desarrolla en relieves abruptos que son de difícil accceso y con

discontinuidad en la cimas. En la Amazonia colombiana la vegetación es de tipo arbustiva con árboles de fustes delgados y mal formados.
ALCANCE GEOGRÁFICO: Se encuentra en las regiones Pacífica, Andina y Amazónica, aprox. 3´300.000 hectáreas.
SINÓNIMOS: IpCn, Plancha 5-05. IGAC, 1984.
OBSERVACIONES: Especies dominantes: *Virola flexuosa* y especies de *Nectandra, de Hevea* y de *Vismia.*

715. **Bosque de cordillera y serranía**. IGAC, 1984.

DEFINICIÓN: Bosque con árboles mal formados y acahaparrados, que crecen sobre laderas de Cordilleras y serranías con pendientes pronunciadas mayores del 75%.
ALCANCE GEOGRÁFICO: Se encuentra en la regiones Andina (piedemonte) y Orinocense con una extensión de 156.500 has.
SINÓNIMOS: IIpQ, Plancha 5-14. IGAC, 1984.
OBSERVACIONES: Especie dominante: *Hyeronima* sp. (granadillo).

716. **Bosque de diques naturales y complejo de orillales**. PRORADAM, 1979.

DEFINICIÓN: Vegetación que se desarrolla en fajas angostas a ambos lados de los ríos, en lugares donde por deposición de materiales transportados se forma un dique natural. Con árboles de alturas de 30 m, abundan las lianas, bejucos y epífitas.
ALCANCE GEOGRÁFICO: Ocupa un superficie de 357.00 hectáreas en la Amazonia colombiana.
SINÓNIMOS: A0, Plancha 7. PRORADAM, 1979.

717. **Bosque de galería**. IGAC, 1984.

DEFINICIÓN: Vegetación arbórea con varios estratos, en el superior los elementos sobrepasan los 20 m de altura.
ALCANCE GEOGRÁFICO: Orinoquia colombiana; en los aluviones recientes y vegas de los ríos.
SINONIMO: Matas de monte

718. **Bosque de galería**. Salamanca, 1984.

DEFINICIÓN: Bosques subhigrófilos que se localizan a lo largo de las riberas de los ríos y caños; los efectos de la irregularidad en la distribución de lluvias o de las épocas de sequía prolongadas estan atenuados por la superficialidad de la capa freática.
ALCANCE GEOGRÁFICO: Llanos Orientales.
OBSERVACIONES: Especies típicas: *Calophyllum lucidum, Xylopia emarginata, Protium mcrassipetalum, Socratea elegans, Vochysia ferruginea, Lacistema aggregatum, Vismia baccifera, Catostemma alstoni* y especies de los géneros *Eugenia, Virola, Brossimum* y *Nectandra.*

719. **Bosque de galería inundable**. González *et al.*, 1990.

DEFINICIÓN: Vegetación de los alrededores de los sitios que permanecen anegados de 9 a

11 meses del año; los individuos con 20 m de altura, presentan neumatóforos y raíces hinchadas; son frecuentes los helechos terrestres.
ALCANCE GEOGRÁFICO: Orinoquia colombiana, a lo largo de los ríos y caños.

720. **Bosque de galería no inundable**. González *et al.*, 1990.

DEFINICIÓN: Vegetación de los lugares bien drenados, con individuos 20 m de altura; en épocas de poca precipitación su follaje se cae.
ALCANCE GEOGRÁFICO: En la Orinoquia colombiana se ecuentran a lo largo de ríos y caños.

721. **Bosque de la altillanura**. FAO, 1964; IGAC, 1984.

DEFINICIÓN: Vegetación caracterizada por la hetereogeneidad sus especies; es una vegetación de transición entre la zona muy húmeda de la Amazonia y la zona menos húmeda de la Orinoquia.
ALCANCE GEOGRÁFICO: Entre los interfluvios de los departamentos de Vichada y Guaviare.
SINÓNIMOS: Bosque de transición.

722. **Bosque de la altillanura**. Salamanca, 1984.

DEFINICIÓN: Se presenta en formas de parches en la altillanura al este del río Meta; acompaña a las matas de monte en la sabana pirófila.
ALCANCE GEOGRÁFICO: Llanos Orientales.
OBSERVACIONES: Especies características: *Bocageopsis multiflora, Coumarouna rosea, Parkia pendula, Licania subrachnophylla, Sclerolobium bracteosum, Buchevania capitata, Qualea rosea e Hymenaea courbaril.*

723. **Bosque de la llanura aluvial**. PRORADAM, 1979.

DEFINICIÓN: Vegetación que se desarrolla en áreas aledañas a los ríos y sometidas a inundación. Varian en magnitud, dimensión e importancia según su ubicación geográfica, geomorfología y material de suelo.
ALCANCE GEOGRÁFICO: Amazonia colombiana.
SINÓNIMOS: A0,A1,A2,A3 Plancha 2. PRORADAM, 1979.
OBSERVACIONES: Comprende las subunidades: Bosques de diques naturales y complejo de orillales, de vega permanentemente inundable, de vega alta inundable y de terrazas bajas esporádicamente inundable.

724. **Bosque de ladera de la cordillera**. IGAC, 1984.

DEFINICIÓN: Bosque con árboles de diferentes diámetros que crecen sobre laderas de cordillera, con pendientes menores de 50%. En ciertos casos, se evidencia una tendencia a la homogeneidad en especies de acuerdo con determinados regímenes climáticos.
ALCANCE GEOGRÁFICO: Cordilleras y serranías de las regiones Andina y Caribe aprox. 1'700.000 has.
SINÓNIMOS: IIIP1Q. Plancha 5-13, IGAC, 1984.
OBSERVACIONES: Especies dominantes: *Luehea seemannii* (guácimo colorado) y *Heliocarpus popayanesis* (majagua colorada).

725. Bosque de las colinas de piedemonte. FAO, 1964.

DEFINICIÓN: Tipo de vegetación considerado como un bosque de transición entre el bosque de la Cordillera y el de la sabana.

ALCANCE GEOGRÁFICO: Se distribuye a lo largo del piedemonte de la Cordillera Oriental colombiana.

OBSERVACIONES: Especies dominantes: *Brosimum* sp. (guaimaro), *Vismia baccifera* (punta de lanza), *Clusia* cf. *multiflora* (cucharo), *Clavija* sp. (huevo de iguana), *Nectandra* sp. (arenillo), *Virola* sp. (carne de vaca) y *Enterolobium contortisiliqua* (cara caro).

726. Bosque de las partes altas bien drenadas. Van Andel, 1992.

DEFINICIÓN: Vegetación boscosa alta y muy diversa, con elementos qua alcanzan 19 m de altura y diámetros grandes; se desarrolla sobre las partes superiores de la terraza baja.

ALCANCE GEOGRÁFICO: Amazonas, a 30 km del centro de investigación Araracuara, margen derecha del río Caquetá.

OBSERVACIONES: Especies exclusivas: *Chrysophyllum pomiferum, Swartzia argenta* var. *flavescens* y *Eschweilera decolorans*, acompañadas por *Virola duckei, Swartzia brachyranchis, Eschweilera coriacea, Daccryodes sclerophylla* y *Astrocaryum aculeatum.*

727. Bosque de las partes altas del complejo de barras del cauce. Van Andel, 1992.

DEFINICIÓN: Vegetación que se desarrolla sobre las depresiones superficiales del complejo de barras del cauce; los elementos del dosel superior alcanzan 20 m de altura.

ALCANCE GEOGRÁFICO: Amazonas: a 30 km del centro de investigación Araracuara, margen derecha del río Caquetá.

OBSERVACIONES: Especies dominantes: *Licania hypoleuca, Minquartia guianensis, Alexa* sp., *Eschweilera andina, Qualea pulcherrima, Parkia* sp., *Pachira aquatica, Oxandra euneurea, Iryanthera ulei, Sloanea guianensis* y *Pouteria torta* ssp. *glabrum.*

728. Bosque de las terrazas aluviales. FAO, 1964.

DEFINICIÓN: Vegetación boscosa con elementos que alcanza los 20 m de altitud se caracteriza por encontrarse en un ambiente de precipitación muy alta que llega hasta 5000 mm anuales en cercania a la Cordillera Oriental.

ALCANCE GEOGRÁFICO: Se ubica en las terrazas aluviales altas en la Cordillera Oriental.

OBSERVACIONES: En algunas terrazas altas se encuentra una expansión de la sabana de *Melinis minutiflora*

729. Bosque de mangle joven. IGAC, 1984.

DEFINICIÓN: Bosque de crecimiento secundario, de composición florística similar al bosque primario.

ALCANCE GEOGRÁFICO: Crece en las áreas de marea y llanuras fluvio-marinas de las costas Atlántica y Pacíficá.

DEFINICIÓN: IP2M. Plancha 5-03, 5-01, IGAC, 1984.

OBSERVACIONES: Especies dominantes: *Rizophora brevistyla* (mangle rojo), *Conocarpus erecta* (piñuelo) y *Mora megistosperma* (nato).

730. Bosque de mangle maduro. IGAC, 1984.
DEFINICIÓN: Es un bosque generalmente homogéneo en especies y fisionomía, característico de las zonas de inundación por mareas y llanuras fluviomarinas.
ALCANCE GEOGRÁFICO: Está localizado principalmente en las costas Pacífica y Atlántica.
SINÓNIMOS: IP1M. Plancha 5-03, 5-01, IGAC, 1984.
OBSERVACIONES: Especies dominantes: *Rizophora brevistyla* (mangle rojo), *Conocarpus erecta* (piñuelo) y *Mora megistosperma* (nato).

731. Bosque de matorral de cactos. Hueck, 1978.
DEFINICIÓN: Bosques muy secos con precipitaciones menores de 500 mm anuales, en suelos amarillos muy pobres en humus; en el estrato alto predominan cactáceas en forma de candelabro y algunas leguminosas de hoja pequeña. En los cactos candelabros hay una exhuberante flora epifítica.
ALCANCE GEOGRÁFICO: En Colombia en la zona Norte, se extiende a Venezuela (Paraguaipoa, Guajira y al estado Falcón).
SINÓNIMO: Cardonales
OBSERVACIONES: Especies importantes: *Cephalocereus moritzianus, Lemaireocereus griseus, Opuntia wentiana, Opuntia caribaea, Prosopis juliflora,* y especies de *Cereus, Mammillaria* y *Melocactus*.

732. Bosque de matorrales espinosos. Hueck, 1978.
DEFINICIÓN: Bosques secos con un aspecto particular determinado porque los árboles tienen el carácter de las acacias en forma de paraguas; son achaparrados (6-10 m), predominando las leguminosas de hoja pequeña. Durante mas de la mitad del año permanecen sin follaje dando la apariencia de estar muertos.
ALCANCE GEOGRÁFICO: En Colombia en la zona Norte; se extiende a Venezuela (Paraguaipoa, Guajira y al estado Falcón).
SINÓNIMO: Espinares
OBSERVACIONES: Especies importantes: *Prosopis juliflora, Poponax tortuosa, Poponax flexuosa, Caesalpinia coriaria, Cercidium praecox, Capparis coccolobifolia, Bulnesia arborea, Guajacum officinale, Bursera simaruba* y *Malphigia punicifolia*.

733. Bosque de montaña. Chapman, 1917.
DEFINICIÓN: Se incluyen los bosques de la zonas subtropical y templada, son bosques de nube; el limite altitudinal inferior del subtropical está determinado por la altura de condensación mientras que el límite altitudinal superior del bosque templado está influenciado por la temperatura crítica para el crecimiento de los árboles
ALCANCE GEOGRÁFICO: Colombia, entre 5000 y 9500 pies (1600-3100 m aprox.)
OBSERVACIONES: La distribución de la vegetación depende de la continuidad topográfica, de la exposición de la vertiente y de las corrientes de aire prevalentes al igual que de las condiciones locales en las mesetas y serranías.

734. Bosque de piedemonte. Salamanca, 1984.
DEFINICIÓN: El mas característico en la región de la Orinoquia es el higrófilo del piedemonte llanero (mesas, terrazas y colinas en la vertiente oeste de la Cordillera Oriental

mas o menos hasta los 1000 metros), muy intervenido; en la actualidad gran parte ha desaparecido ha dado paso a extensas zonas de cultivo y/o pastos mejorados y en algunos sectores a pastizales.
ALCANCE GEOGRÁFICO: Llanos Orientales.

735. **Bosque de piedemonte cordillerano**. IGAC, 1984.

DEFINICIÓN: Bosque sin intervención en sitios con pendientes entre 25-50% de inclinación. Predominan las especies mesófitas maderables.
ALCANCE GEOGRÁFICO: Cordilleras y serranías de las zonas Andina y Caribe, aprox. 2'250.000 has.
SINÓNIMOS: IIP1Q. Plancha 5-13, IGAC, 1984.
OBSERVACIONES: Especies dominantes: *Guarea* cf. *macrocarpa* (zambocedro), *Cedrella montana* (cedro cebollo), *Persea* sp. (aguacatillo), *Eugenia* sp. (guayabillo), *Ficus glabrata* (higuerón) y *Luehea seemannii* (guácimo colorado).

736. **Bosque de piedemonte cordillerano intervenido**. IGAC, 1984.

DEFINICIÓN: Son los relictos de bosques que crecen sobre laderas de cordilleras, con pendientes mayores al 50 %. Presentan características florísticas similares al bosque no intervenido.
ALCANCE GEOGRÁFICO: Regiones Andina y Atlántica de Colombia, aprox. 370.000 has.
SINÓNIMOS: IIP2Q, Plancha 5-13, IGAC, 1984.
OBSERVACIONES: Especies dominantes: *Parathesis* cf. *candolleana* (fruta de pavo), *Dendropanax* sp. (Mano de oso) y *Cedrela odorata* (cedro cebollo).

737. **Bosque de rebalse**. Vincelli, 1981.

DEFINICIÓN: Vegetación caracterizada por el anegamiento severo del suelo por ríos de agua blanca, alternando con desecación del terreno. Tiene afinidades con el bosque estacional de varzea en la Amazonia.
ALCANCE GEOGRÁFICO: Se encuentra en áreas extensas a lo largo de ríos y caños de la Orinoquia colombiana.

738. **Bosque de relieve abrupto**. IGAC, 1984.

DEFINICIÓN: Bosque muy heterogéneo y de gran apariencia y volumen por hectárea, similar al bosque de colinas. Se desarrolla en pendientes prolongadas hasta de 50% y en las cimas de las colinas.
ALCANCE GEOGRÁFICO: Se encuentra en las regiones del Pacífico, Andina y Caribe aprox 2.200.000 hectáreas.
SINÓNIMOS: IP1S, Plancha 5-05. IGAC, 1984
OBSERVACIONES: Especies dominantes: *Basiloxilum excelsum* (mastre), *Cavanillesia platanifolia* (macondo) y *Protium* sp. (noura).

739. **Bosque de serranía**. IGAC, 1984.

DEFINICIÓN: Está caracterizado por la presencia de *Cavanillesia platanifolia* (macondo) y *Baxiloxylon excelsum* (mastre), especies que tipifican el paisaje de serranía por su vistosidad y su altura. También se destaca la abundacia de especies arbóreas de Burseraceae.

ALCANCE GEOGRÁFICO: Se encuentra en las regiones Pacífica, Atlántica y Andina colombiana.
SINÓNIMOS: IP1S Plancha 5-01. IGAC, 1984.
OBSERVACIONES: El epifitismo arbóreo es considerable y está constituido básicamente por algunas especies de las familias Araceae y Bromeliaceae, se nota escasez de árboles de valor comercial especialmente de las familias Myristicaceae y Lauraceae.

740. Bosque de serranía de difícil acceso. IGAC, 1984.

DEFINICIÓN: Presenta una marcada hetereogenidad en especies, con pendientes mayores a 75% de inclinación.
ALCANCE GEOGRÁFICO: Costas Pacífica, Atlántica y zona Andina aprox. 2'060.250 hectáreas.
SINÓNIMOS: IpS, plancha 5-02. IGAC, 1984.
OBSERVACIONES: Especies dominantes: *Opuntia* sp. (tuno), *Bursera simaruba* (indio desnudo), *Aspidosperma* sp. (carreto), *Cephalocereus columbianus* (canelón), *Anacardium excelsum* (caracolí) y *Acacia farnesiana* (pelá).

741. Bosque de serranía intervenido. IGAC, 1984.

DEFINICIÓN: Bosque con intervención antrópica, donde se abren claros para cultivar especies prohibidas.
ALCANCE GEOGRÁFICO: Costa Atlántica y región Andina, aprox. 88325 hectáreas sobre relieve abrupto.
SINÓNIMOS: IP2S, plancha 5-01. IGAC, 1984
OBSERVACIONES: Especies dominantes: *Basiloxilum excelsum* (mastre), *Cavanillesia platanifolia* (macondo) y *Protium* sp. (noura).

742. Bosque de superficies planas o ligeramente disectadas. PRORADAM, 1979.

DEFINICIÓN: Vegetación compuesta por árboles bien desarrollados, hasta 30 m de altura y diámetros entre 25-60 cm. Presentan fustes rectos con raíces zancos o superficiales. Se presenta en áreas mal drenadas y sobre antiguos cauces de ríos.
ALCANCE GEOGRÁFICO: Amazonia colombiana.
SINÓNIMOS: B1, PRORADAM, 1979.
SINÓNIMOS: Dominan especies de los géneros *Couratari, Pouteria* y *Nectandra*.

743. Bosque de terrazas bajas esporadicamente inundables. PRORADAM, 1979.

DEFINICIÓN: Vegetación que se desarrolla en la zona de trasición de la llanura aluvial a la superficies de erosión; con árboles hasta de 30 m y diámetros de 40 cm, con fustes bien conformados; algunas especies con raíces tabloides.
ALCANCE GEOGRÁFICO: Amazonia colombiana, aprox. 281.800 hectáreas, en suelos mas o menos bien drenados.
SINÓNIMOS: A3, Plancha 1. PRORADAM, 1979.
OBSERVACIONES: Especies dominantes: *Hevea guianensis* y especies de *Achras*, de *Virola* y de *Lecythis*.

744. Bosque de terrazas del Pacífico. IGAC, 1984.
DEFINICIÓN: Vegetación de tipo selvático, pluriestratificada, con dos estratos arbóreos y varios estratos bajos en los cuales se presenta diversidad de especies y valores altos en el cubrimiento. Las trepadoras y epífitas alcanzan un gran desarrollo.
ALCANCE GEOGRÁFICO: Costa Pacífica de Colombia, aprox. 200725 hectáreas.
SINÓNIMOS: IP1Be Plancha 5-05., IGAC, 1984.
OBSERVACIONES: Especies dominantes: *Virola reidii* (cuángare), *Brosimum utile* (sande), *Mora megistosperma* (nato), *Sacoglottis procera* (chanul), *Eschweilera* sp. (guasco) y *Dacryodes colombiana* (caraño).

745. Bosque de terrazas y altillanuras de la Orinoquia. IGAC, 1984.
DEFINICIÓN: Bosque sin intervención, de composición florística y fisionómica similar a los bosques de galería. La vegetación arbórea es menos exhuberante.
ALCANCE GEOGRÁFICO: Orinoquia colombiana, aprox. 4'000.000 has.
SINÓNIMOS: IP1Bo, Plancha 5-14. IGAC, 1984.
OBSERVACIONES: Especies dominantes: *Pera arborea, Simaruba amara, Dialyanthera parvifolia* y especies de *Humiria, Myrcia* y *Pentagonia.*

746. Bosque de transición en la costa Pacífica. Pérez-A., 1986.
DEFINICIÓN: Vegetación pluriestratificada que se desarrolla en los niveles mas bajos respecto al mar, en zonas de escasa pluviosidad; en suelos poco absorventes o en suelos salitrosos sometidos a una fuerte acción eólica desecadora.
ALCANCE GEOGRÁFICO: Costa Pacífica, después de la faja del manglar y antes de los bosques de tierra firme.
SINÓNIMOS: Selva árida, bosque xerófilo

747. Bosque de vega alta inundable. PRORADAM, 1979.
DEFINICIÓN: Vegetación con árboles de diámetros hasta de 40 cm y alturas hasta de 25 m, abundan los bejucos y las lianas; el sotobosque es poco denso.
ALCANCE GEOGRÁFICO: Amazonia colombiana, sobre las vegas altas inundables, aprox. 251.600 hectáreas.

748. Bosque de vega de ríos pequeños y quebradas. PRORADAM, 1979.
DEFINICIÓN: Vegetación rala con predominio de herbáceas; se encuentran árboles ailados con diámetros entre 25 y 50 cm y alturas superiores a los 25 m, con fustes rectos, bejucos y lianas. Se presenta en los valles de los pequeños ríos y quebradas.
ALCANCE GEOGRÁFICO: Amazonia colombiana.
SINÓNIMOS: B0, Plancha 1. PRORADAM, 1979.
OBSERVACIONES: Especies dominantes: *Hevea nitida, Parkia oppositifolia, Dialium guianense* y especies de *Cupania, de Hyeronima* y de *Inga*.

749. Bosque de vega permanentemente inundado. PRORADAM, 1979.
DEFINICIÓN: Vegetación con árboles que crecen de manera dispersa con diámetros de 30 cm y alturas de 17 m y fustes mal formados, el sotobosque es ralo.

ALCANCE GEOGRÁFICO: Amazonia colombiana, en área de basines situada detrás del dique natural; aprox. 195.000 has.
SINÓNIMOS: A1, Plancha 1. PRORADAM, 1979.
OBSERVACIONES: Especie asociada: *Mauritia flexuosa* (palma canangucha).

750. Bosque de zonas escarpadas de cordillera. IGAC, 1984.
DEFINICIÓN: Bosques no aptos para la explotación maderera, crecen sobre suelos superficiales, suceptibles a la erosión. Se consideran como típicos bosques de protección.
ALCANCE GEOGRÁFICO: Zona Andina y sistemas independientes de la Orinoquia y región Caribe, aprox. 1'100.000 has.
SINÓNIMOS: IIIpQ, Plancha 5-13. IGAC, 1984.
OBSERVACIONES: Especies dominantes: *Persea* sp. (aguacatillo) y *Eugenia* sp. (guayabillo).

751. Bosque del dique. Van Andel, 1992.
DEFINICIÓN: Vegetación que se desarrolla a los lados del canal del río; los elementos del dosel superior alcanzan hasta 20 m de altura.
ALCANCE GEOGRÁFICO: Amazonas: a 30 km del centro de investigación Araracuara, margen derecha del río Caquetá.
OBSERVACIONES: Especies dominantes: *Inga nobilis, Pouteria cuspidata, Eschweilera andina, Licania* sp., *Theobroma sunincanum, Brownea gandiceps, Trymatococcus amazonicus* y *Pouteria scytalophora.*

752. Bosque enano del páramo Andino. Van der Hammen & González 1963.
DEFINICIÓN: Vegetación baja con arbustos y árboles enanos en la zona de transición entre la vegetación andina y la del páramo, en valles protegidos del viento.
ALCANCE GEOGRÁFICO: Región altoandina de las tres cordilleras; localidad típica: Cordillera Oriental, Cundinamarca: Páramo de Palacio, 3500-3600 m.
SINÓNIMOS: Vaccinion floribundi Cuatrecasas,1934.
OBSERVACIONES: Especies dominantes-asociadas: *Vaccinium floribundum, Hespereomeles obtusifolia, Clethra bicolor, Miconia elaeioides, Miconia summa, Hypericum laricifolium, Weinmannia tomentosa* y *Tibouchina grossa.*

753. Bosque espinoso exclusivamente deciduo. UNESCO, 1979.
DEFINICIÓN: Bosque caducifolio en la estación seca.
ALCANCE GEOGRÁFICO: Vasta zona de llanura de la vertiente caribeña que llega a la Sierra Nevada de Santa Marta, también otros países como Venezuela, Ecuador y Argentina.

754. Bosque humedo subtropical. Espinal & Montenegro, 1963.
DEFINICIÓN: Vegetación que se desarrolla en los límites con el bosque seco tropical; la temperatura media anual varía entre 18 y 24 °C y el promedio anual de lluvias entre 1000 y 2000 mm. Se encuentra ente 900 y 2100 m de altitud.
ALCANCE GEOGRÁFICO: Se manifiesta en todo el territorio especialmente en las laderas de las cordilleras.
SINÓNIMO: bh-ST en el mapa ecológico.

OBSERVACIONES: Especies típicas: *Gynerium sagittatum, Mimosa pigra, Calliandra* sp., *Salix humboldtiana, Myrsine guianensis, Adenaria floribunda* y *Byrsonima cumingana*; así como especies de los géneros *Cedrela, Inga, Vismia, Cecropia, Cestrum, Croton* y *Erythrina*.

755. Bosque húmedo tropical. Espinal & Montenegro, 1963.

DEFINICIÓN: Bosque formado por varios estratos arbóreos de gan complejidad florística y un sotobosque con abundantes hierbas, arbustos y lianas. La humedad del ambiente provoca la proliferación de epífitas y parásitas en las ramas o los troncos.
ALCANCE GEOGRÁFICO: Costa Pacífica, hoyas de los ríos Magdalena, Guaviare, Putumayo, Amazonas, Patia y Dagua.
SINÓNIMO: bh-T en el mapa ecológico.
OBSERVACIONES: Especies típicas: *Spondias mombin, Cedrela odorata, Tabebuia pentaphylla, Cavanillesia platanifolia, Hura crepitans, Anacardium excelsum, Trema micrantha, Bursera simaruba, Castilla elastica, Genipa americana* y *Lecythis* sp.

756. Bosque intervenido de colinas accesibles. IGAC, 1984.

DEFINICIÓN: Vegetación con composición florística y posición fisiográfica similar al bosque de colinas accesibles.
ALCANCE GEOGRÁFICO: Costas Pacífica, Atlántica y zona Andina, aprox. 168350 hectáreas.
SINÓNIMOS: IP2Ca
OBSERVACIONES: Especies dominantes: *Poulsenia armata* (cucúa), *Cavanillesia platanifolia* (macondo) y *Protium* sp. (noura).

757. Bosque intervenido de la llanura aluvial. IGAC, 1984.

DEFINICIÓN: Bosque con árboles bien conformados en diámetro y altura, con marcada tendencia a la homogeneidad en especies.
ALCANCE GEOGRÁFICO: Se presenta en las regiones de la Orinquia y Pacífica, aprox. 2'700.000 has.
SINÓNIMOS: IP2A, Plancha 5-16. IGAC, 1984.
OBSERVACIONES: Especies dominantes: *Inga* sp. (guamo), *Carapa guianensis* (tangaré), *Anacardium excelsum* (caracolí), *Symphonia globulifera* (machare), *Brosimum utile* (sande), *Virola reidii* (cuangaré), *Prioira copaifera* (cativo), *Pouteria* sp. (caimo) y *Parkia auriculata*.

758. Bosque intervenido de terrazas del Pacífico. IGAC, 1984.

DEFINICIÓN: Vegetación densa y heterogénea que se desarrolla bajo condiciones climáticas muy severas; es aprovechado.
ALCANCE GEOGRÁFICO: Región Pacífica de Colombia, ocupa un área total de 306.025 hectáreas.
SINÓNIMOS: IP2Be, Plancha 5-13. IGAC, 1984.
OBSERVACIONES: Especies dominantes: *Apeiba aspera* (peine de mono), *Calophyllum mariae* (aceite de maria), *Cespedesia spatulatha* (paco), *Humiria balsamifera* (ají) e *Inga* sp. (guama).

759. Bosque intervenido de terrazas y altillanuras de la Orinoquia. IGAC, 1984.

DEFINICIÓN: Bosque aprovechado, con características florísticas y fisiográficas similares al de terrazas y altillanuras de la Orinoquia (Ip1Bo).

ALCANCE GEOGRÁFICO: Orinoquia colombiana, aprox. 400.000 has.

SINÓNIMOS: IP2Bo, Plancha 5-14. IGAC, 1984.

OBSERVACIONES: Especies dominantes: *Aspidosperma oblongum, Hyeronima laxiflora, Himatanthus articulatus* y especies de *Protium, Olmedia, Perebea* y *Terminalia*.

760. Bosque intervenido sobre relieve abrupto. IGAC, 1984.

DEFINICIÓN: Bosque intervenido muy hetereogéneo y de gran apariencia y volumen por hectárea, similar al bosque de colinas en pendientes prolongadas hasta del 50% de inclinación.

ALCANCE GEOGRÁFICO: Se localiza en la región Andina y la región Caribe con una extensión total de 88.325 hectáreas.

IP2S, Plancha 5-01. IGAC, 1984

OBSERVACIONES: Especies dominantes: *Basiloxilum excelsum* (mastre), *Cavanillesia platanifolia* (macondo) y *Protium* sp. *(noura)*.

761. Bosque marginal subperenifolio. Dugand, 1970.

DEFINICIÓN: Vegetación pluriestratificada con dosel cerrado relacionada directamente con el suministro de agua en el suelo.

ALCANCE GEOGRÁFICO: Costa Atlántica colombiana.

OBSERVACIONES: En el estrato superior aparecen: *Astronium graveolens, Spondias mombin, Ceiba pentandra, Acalypha villosa, Hura crepitans, Nectandra concinna, Lecythis minor, Chamaefistula fruticosa, Lonchocarpus sanctae-martae* y *Machaerium moritzianum*.

762. Bosque montano deciduo por la sequía. UNESCO, 1979.

DEFINICIÓN: Bosques muy perturbados; en los sitios originales actualmente subsiste vegetación secundaria.

ALCANCE GEOGRÁFICO: Terrenos ondulados de altas mesetas como al Norte de Bogotá y en el Sur del país. La precipitación fluctúa entre 500 y 1000 mm y la temperatura media es de 14°C.

OBSERVACIONES: Géneros importantes: *Agave, Dodonaea, Duranta, Escallonia, Euphorbia, Opuntia, Oreopanax* y *Solanum*.

763. Bosque muy húmedo subtropical. Espinal & Montenegro, 1963.

DEFINICIÓN: Vegetación alta siempreverde, con algunas epífitas y quiches sobre las ramas, regidos por una temperatura media entre 17 y 24°C y una precipitación ente 1000 y 4000 mm anuales, en una faja altitudinal entre 1000 y 2000 m de altura.

ALCANCE GEOGRÁFICO: Se distribuye ampliamente en las vertientes de las cordilleras andina.

SINÓNIMO: bmh-ST en el mapa ecológico.

OBSERVACIONES: Especies típicas: *Persea coerulea, Alchornea* sp., *Trema micrantha, Albizia carbonaria, Cecropia* sp., *Inga edulis, Miconia caudata, Erythrina glauca, Saurauia choriophylla, Ochroma lagopus,* y *Ontanoa* sp.

764. **Bosque muy húmedo tropical**. Espinal & Montenegro, 1963.

DEFINICIÓN: Es uno de los bosques mas interesantes del trópico, los árboles se distribuyen en varios estratos alcanzando de 45 a 50 m de altura, con grandes fustes y raíces tabulares; existe gran variedad de epífitas así como de palmas y bejucos trepadores.

ALCANCE GEOGRÁFICO: Vertiente del Oceano Pacífico, piedemonte de la Cordillera Oriental, valle del Magdalena.

SINÓNIMO: bmh-T en el mapa ecológico.

OBSERVACIONES: Especies típicas: *Coumarouna oleifera, Spondias mombin, Pterocapus* sp., *Terminalia* sp., *Pentaclethra macroloba, Prioira copaifera, Apeiba aspera, Anacardium excelsum, Ceiba pentandra, Huberodendon patinoi, Ochroma lagopus* y *Pachira aquatica.*

765. **Bosque muy seco tropical**. Espinal & Montenegro, 1963.

DEFINICIÓN: Vegetación que se desarrolla en lugares abiertos bajo la influencia de los vientos Alisios; se encuentan en zonas de topografía desde planas hasta quebradas con una temperatura promedio por encima de 24°C y un promedio de lluvia anual entre 125 y 250 mm.

ALCANCE GEOGRÁFICO: Costa Atlántica y en algunas cuencas del interior del país.

SINÓNIMO: bms-T en el mapa ecológico.

OBSERVACIONES: Especies típicas: *Armatocereus griseus, Opuntia* sp., *Bromelia pinguin, Panicum maximum, Bursera simaruba, Libidibia cariaria, Bombacopsis quinata, Capparis odoratisima, Acasia farnesiana, Sapindus saporiana* y *Prosopis juliflora.*

766. **Bosque ombrófilo tropical de baja altitud (preciptación > 2000 mm)**. UNESCO, 1979.

DEFINICIÓN: Bosque pluriestratificado con elementos hasta 40 metros de altura, principalmente siempreverde, con una precipitación mayor a 2000 mm anuales (2000-4000 mm). Apreciablemente se reduce el follaje en la estación seca; la densidad de árboles es alta.

ALCANCE GEOGRÁFICO: Muy vasta extensión. Valle medio del río Magdalena; vertiente Norte de las cordilleras.

OBSERVACIONES: Familias representativas: Bignoniaceae, Bombacaceae, Euphorbiaceae, Moraceae, Sterculiaceae, Lauraceae, Vochysiaceae, Sapotaceae, Lecythidaceae, Leguminosae, Combretaceae, Anacardiaceae, Rubiaceae, Meliaceae, Sapindaceae, Annonaceae y Palmae.

767. **Bosque ombrófilo tropical de baja altitud (preciptación > 3000 mm)**. UNESCO, 1979.

DEFINICIÓN: Formación siempreverde, pluriestratificada, con elementos hasta 50 metros de altura; la precipitación puede variar entre 3000 y 8000 mm. Con frecuencia hay árboles emergentes. Fustes de corteza lisa y derechos. Contrafuertes y raíces zancos presentes.

ALCANCE GEOGRÁFICO: Llanura de la costa Occidental del Pacífico entre el itsmo de Panamá y el Ecuador.

OBSERVACIONES: Géneros característicos: *Anaxagorea, Duguetia, Guatteria, Crematosperma, Alchornea, Croton, Hevea, Eschweilera, Gustavia, Lecythis, Andira, Clathrotropis, Eperua, Inga, Swietenia, Cedrella, Carapa, Dialyanthera, Virola, Astrocaryum, Attalea* y *Psychotria*.

768. **Bosque ombrófilo tropical pantanoso**. UNESCO, 1979.

DEFINICIÓN: Bosques que se desarrollan sobre suelos hidromorfos y que están periódicamente inundados.

ALCANCE GEOGRÁFICO: Regiones inundadas de aguas dulces por el reflujo de los estuarios de la costa Occidental; también en Venezuela y Brasil.

OBSERVACIONES: Especies características: *Brosimum utile, Dussia leehmanni, Iryanthera ulei, Mora oleifera, Pachira aquatica, Pterocarpus officinalis, Otoba gracilipes, Euterpe cuatrecasana, Euterpe rodoxyla, Mauritiella pacífica* y *Symphonia globulifera*.

769. **Bosque ombrófilo tropical ribereño**. UNESCO, 1979.

DEFINICIÓN: Bosques con una flora muy diversificada y rica en la que se pueden distinguir varios estratos.

ALCANCE GEOGRÁFICO: Tramo inferior del río Magdalena y ríos de los Llanos Orientales. Bosque de Galería; también en Perú, Uruguay, Bolivia, Brasil y Venezuela.

OBSERVACIONES: Especies características: *Allophyllus amazonicus, Bahuinia tarapoensis, Casearia javitensis, Couroupia peruviana, Jacaranda obtusifolia, Palicourea condensata, Palicourea punicea, Pterocarpus ulei* y *Maurita flexuosa*.

770. **Bosque pantanoso**. Salamanca, 1984.

DEFINICIÓN: Constituye un tipo especial de bosque tropófilo, en donde las condiciones climáticas estan atenuadas por el exceso de agua en el suelo.

ALCANCE GEOGRÁFICO: Llanos Orientales.

OBSERVACIONES: Especies características: *Protium calanense, Pseudolemdia laevigata, Manilkara bidentata, Socratea durissima* y especies de los géneros *Nectandra, Alchornea, Inga, Jacaranda, Scheelea, Jessenia, Terminalia, Pourouma, Chrysophyllum, Geonoma* y *Bactris*.

771. **Bosque pantanoso de la sabana inundable**. Salamanca, 1984.

DEFINICIÓN: Cubetas pantanosas con suelos con caracteres vérticos y vertisoles, los cuales presentan hidomorfia completa durante la mayor parte del año.

ALCANCE GEOGRÁFICO: Llanos Orientales.

OBSERVACIONES: La vegetación es principalmente bosque pantanoso.

772. **Bosque pluvial**. Pérez-A., 1986.

DEFINICIÓN: Formación hidromegatérmica con 11 a 9 meses de lluvia; ostenta en forma mas desarrollada el optimum vegetativo de suelo, atmosfera y variedad de especies en el período geológico actual.

ALCANCE GEOGRÁFICO: Chocó: hoyas del Atrato y del San Juan, cubre gran parte de este departamento.
SINÓNIMOS: Selva, selva húmeda y superhúmeda

773. **Bosque pluvial de pantano**. Hueck, 1978.

DEFINICIÓN: Vegetación caracterizada por rodales puros de palmeras de 5-12 m de altura o también con densidades de palmeras un tanto mas bajas.
ALCANCE GEOGRÁFICO: Se encuentran en los suelos aluviales planos, frecuentemente inundados y siempre húmedos en los valles de los grandes ríos en sus cursos medio e inferior
OBSERVACIONES: Especies características: *Mauritella pacifica, Manicaria saccifera, Orbignya cuatrecasana, Euterpe cuatrecasana* y *Attalea* sp.

774. **Bosque pluvial subtropical**. Espinal & Montenegro, 1963.

DEFINICIÓN: En este tipo de vegetación los árboles se cubren de quiches, epífitas, musgos y lianas y los troncos se cubren en gran parte de líquenes y trepadoras. Es notable la cantidad de palmas.
ALCANCE GEOGRÁFICO: En las vertientes externas de las Cordilleras Oriental y Occidental.
SINÓNIMO: bp-ST en el mapa ecológico.
OBSERVACIONES: Especies típicas: *Vismia* sp., e *Isertia haenkeana.*

775. **Bosque pluvial tropical**. Espinal & Montenegro, 1963.

DEFINICIÓN: Es un bosque que no alcanza demasiada altura pero la densidad de tallos es muy alta, los árboles están cubiertos de musgos, quiches, lianas y líquenes y sus diámetros no alcanzan grandes dimensiones. Es notable la cantidad de palmas.
ALCANCE GEOGRÁFICO: Cuenca Pacífica; bp-T en el mapa ecológico.
OBSERVACIONES: Especies típicas: *Tapirira myriantha, Guatteria chocoensis, Xylopia colombiana, Couma macrocarpa,, Ilex nayana, Matisia castaño, Dacryodes occidentalis, Protium colombianum, Hyeronima chocoensis, Gustavia occidentalis* y *Vismia cuatrecasasii*

776. **Bosque pluvial verdadero**. Hueck, 1978.

DEFINICIÓN: Vegetación caracterizada por un gran número de especies en una área reducida, hay dos estratos arbóreos con elementos hasta de 50 m de altura y un estrato con palmeras
ALCANCE GEOGRÁFICO: Se extiende por la llanura pacífica de Colombia, serranía del Baudó y sube por el lado Occidental de la Cordillera Occidental hasta 1500 m
OBSERVACIONES: Especies características: *Otoba* sp., *Cespedesia spathulata, Brosimum utile, Aniba perutilis, Cedrela odorata, Carinaria piriformis, Myroxylon balsamum, Jessenia polycarpa, Welfia regia* y *Phytelephas* sp.

777. **Bosque ripario estacionalmente inundable**. Sánchez *et al.*, 1993.

DEFINICIÓN: Vegetación con un estrato arbóreo de 13 a 15 m, dominados por *Mauritia flexuosa*; en algunos lugares hay vegetación graminoide pantanosa.
ALCANCE GEOGRÁFICO: Orinoquia colombiana, sabanas de San Juan de Arama y regiones aledañas.
SINONIMO: Morichal.

OBSERVACIONES: Especies domiantes-asociadas: *Mauritia flexuosa, Vismia angusta* y especies de *Hyptis* y de *Xyris*.

778. Bosque ripario inundable. Vincelli, 1981.
DEFINICIÓN: Bosque de ciénaga no turboso con un dosel generalmente entre 18-20 m, son comunes los neumatóforos y las raíces superficiales e hinchadas y también las grandes hierbas y los helechos.
ALCANCE GEOGRÁFICO: Orinoquia colombiana, en los caños.
SINÓNIMOS: Bosque de galeria inundable

779. Bosque ripario multiestratificado. Sánchez *et al.*, 1993.
DEFINICIÓN: Vegetación que se establece en terrazas y depositos recientes no unindables con coluvios erodados de la serranía. En el dosel hay elementos con alturas mayores a 25 m; abundan las epífitas fanerogámicas, criptogámicas, las lianas y las palmas.
ALCANCE GEOGRÁFICO: Orinoquia colombiana, plano aluvial de río Guejar.
OBSERVACIONES: Especies dominantes: *Apeiba aspera, Aspidosperma oblonga, Couroupita guianensis, Hymenaea courbarir* y especies de *Heliconia*.

780. Bosque ripario no inundable. Sánchez *et al.*, 1993.
DEFINICIÓN: Vegetación a lo largo de los caños y quebradas con un estrato arbóreo superior con elementos entre 15 y 20 m de altura; especies perennifolias y caducifolias. Abundan las lianas y las palmas y en el sotobosque la hierbas gigantes.
ALCANCE GEOGRÁFICO: Orinoquia colombiana, sabanas de San Juan de Arama y regiones aledañas.
OBSERVACIONES: Especies asociadas: *Calophyllum brasiliensis, Enterolobium cyclocarpum, Garcinia floribunda, Genipa americana, Socratea exhorriza, Phenakospermum guianesis, Guada angustifolia* y *Norantea guianensis*.

781. Bosque seco subtropical. Espinal & Montenegro, 1963.
DEFINICIÓN: Vegetación que se desarrolla en las cuencas abrigadas; limita con el bosque seco tropical o con el monte espinoso subtropical, se rige por una temperatura inferior a 24°C y un promedio anual de lluvias ente 500 y 1000 mm, entre 800 y 2100 m de altura.
ALCANCE GEOGRÁFICO: En los Santanderes.
SINÓNIMO: bs-ST en el mapa ecológico.
OBSERVACIONES: Especies típicas: *Schinus molle, Cephalocereus colombianus, Opuntia elatior, Arrmatocereus griseus, Melocactus amoenus, Dodonaeea viscosa, Acacia farnesiana, Prosopis juliflora, Tara spinosa, Fagara culatrillo, Thevetia peruviana* y *Calotropis procera.*

782. Bosque seco tropical. Espinal & Montenegro, 1963.
DEFINICIÓN: Vegetación que se desarrolla entre 0 y 1100 m de altura, con una temperatura media superior a 24 °C y un promedio de lluvia anual entre 1000 y 2000 mm.
ALCANCE GEOGRÁFICO: Llanura del Caribe, incluye los departamentos de Córdoba, Atlántico, Bolívar, Magdalena.
SINÓNIMO: bs-T en el mapa ecológico.

OBSERVACIONES: Especies típicas: *Attalea (Schellea) magdalenica, Curatella americana, Chlorophora tinctoria, Ficus prinoides, Spondias mombin, Achatocarpus nigricans Anacardium excelsum, Samanea saman* y *Guarea trichiltoides*.

783. Bosque sempervirente estacional tropical (o subtropical) submontano latifolio. UNESCO, 1979.

DEFINICIÓN: Se trata de regiones principalmente forestales y no agrícolas. El terreno, a menudo muy accidentado. La vegetación secundaria se caracteriza por la presencia de los géneros *Isertia, Seleria* y *Vismia*. Principales cultivos: cafetero, maiz, y frutales.

ALCANCE GEOGRÁFICO: Vertientes de las tres cordilleras entre 900 y 2000 m; corresponde a la zona de los cafetales. También presente en Argentina, Ecuador, Perú y Venezuela.

OBSERVACIONES: Géneros característicos: *Aiphanes, Alchornea, Albizia, Bocconia, Calliandra, Casearia, Cassia, Cecropia, Clethra, Erythrina, Ficus, Guadua, Hamelia, Heliocarpus, Inga, Ladenbergia, Miconia, Montanoa, Nectandra, Ochroma, Oreopanax, Persea* y *Phyllanthus*.

784. Bosque sempervirente estacional tropical (o subtropical) montano. UNESCO, 1979.

DEFINICIÓN: Bosque bajo de transición hacia el páramo, al que se pasa gradualmente por intermedio de un matorral.

ALCANCE GEOGRÁFICO: Regiones por encima de 3000 m de altitud, principalmente en el Sur y en el Oriente del país; también en Venezuela, Argentina y Ecuador.

OBSERVACIONES: Géneros característicos: *Alnus, Baccharis, Befaria, Buddleia, Clusia, Espeletia, Miconia, Ocotea, Podocarpus, Polylepis, Rapanea, Pentacalia, Viburnum* y *Weinmannia*.

785. Bosque sempervirente estacional tropical de baja altitud. UNESCO, 1979.

DEFINICIÓN: Tipo de bosque con tres estratos arbóreos (40, 20 y 10 m de altura); aunque la mayoría de las especies son siempreverdes se observa una tendencia a la caída de hojas acentuada.

ALCANCE GEOGRÁFICO: Poco representado en Colombia.

OBSERVACIONES: Son representativas especies de los géneros: *Lecythis, Ceiba, Cariniana, Copaifera, Castilloa, Myroxylon, Qualea, Vochysia, Euterpe, Macrolobium, Aspidosperma, Ochroma* y *Swartzia*.

786. Bosque sin intervencion de la llanura aluvial. IGAC, 1984.

DEFINICIÓN: Bosque con árboles bien conformados en diámetro y altura, con marcada tendencia a la homogeneidad en especies.

ALCANCE GEOGRÁFICO: Regiones Pacífica, Andina, Caribe y Amazonia en paisajes aluviales sometidos a inundaciones.

IP1A, Plancha 5-05. IGAC, 1984.

OBSERVACIONES: Especies dominantes: *Protium nervosum* (anime), *Tabebuia ochracea, Pterocarpus officinalis* (sula bambudo), *Brosimum utile* (sande), *Parkia auriculata* (aserrín), *Pouteria* sp. (caimo), *Prioira copaifera* (cativo) y *Virola reidii* (cuángare).

787. Bosque subxerofilo caducifolio. Dugand, 1970.

DEFINICIÓN: Vegetación con un estrato superior dominando por *Tabebuia billbergii, Hura crepitans* y *Prosopis juliflora*.

ALCANCE GEOGRÁFICO: Costa Atlántica, Atlantico: al Oeste y Suroeste de Barranquilla.

OBSERVACIONES: En el estrato subarbóreo dominan *Cordia dentata, Pereskia guamacho, Coccoloba obtusifolia, Gliricidia sepium, Poponax flexuosa* y *Poponax tortuosa*, y en el estrato arbustivo, *Belencita nemorosa, Capparis pachaca* y *Capparis tenuisiliqua*.

788. Bosque tropical ombrófilo neblinoso. UNESCO, 1979.

DEFINICIÓN: Vegetación con elementos que pueden alcanzar 20 metros de altura, pero cuya talla disminuye con la altitud. La temperatura es un factor limitante para el desarrollo del bosque.

ALCANCE GEOGRÁFICO: Andes colombianos, regiones de altitud moderada y sometidas a vientos húmedos; también en Venezuela.

OBSERVACIONES: Géneros característicos: *Alnus, Befaria, Berberis, Brunellia, Ceroxylon, Clusia, Escallonia, Eugenia, Daphnopsis, Drimys, Ilex, Miconia, Monochaetum, Nectandra, Oreopanax, Podocarpus, Rapanea, Ternstroemia, Tibouchina* y *Weinmannia*.

789. Bosque tropical montano ombrófilo. UNESCO, 1979.

DEFINICIÓN: Bosques pluriestratificados de talla mediana y copas redondeadas, con los troncos mas bien delgados; son abundantes los musgos, las epífitas vasculares y los líquenes. El estrato inferior es exhuberante y rico sobre todo en palmas y helechos arborescentes. La precipitación media es de 200 mm y la temperatura media de 14°C.

ALCANCE GEOGRÁFICO: Vertientes altas de los Andes; también en Perú, Venezuela, Bolivia y Argentina.

OBSERVACIONES: Familias características: Boraginaceae, Brunelliaceae, Caprifoliaceae,, Clethraceae, Ericaceae, Fagaceae, Guttiferae, Lauraceae, Myristicaceae, Myrtaceae, Monimiaceae, Proteaceae y Winteraceae.

790. Bosque tropical montano sempervirente estacional. UNESCO, 1979.

DEFINICIÓN: Vegetación original con elementos arborescentes que han cedido sus espacios a los rodales industriales de *Pinus, Eucalyptus* y *Cupressus lusitanicus*.

ALCANCE GEOGRÁFICO: Regiones montañosas de la Cordillera Oriental entre 1900 y 2900 m; restos de bosque primario en el Darién. La precipitación varía entre 1500 y 2000 mm y la temperatura media es de 15°C.

OBSERVACIONES: Géneros importantes: *Cedrela, Clethra, Clusia, Croton, Inga, Juglans, Miconia, Piper, Podocarpus, Psidium, Quercus, Saurauia, Sciadophyllum, Senecio, Tibouchina* y *Weinmannia*.

791. Bosque tropical submontano ombrófilo. UNESCO, 1979.

DEFINICIÓN: Bosque denso exhuberante, en general poco degradado, con dos estrato arbóreos el superior de 20 a 25 metros de altura y el inferior de 15 metros. Abundantes epífitas y lianas; numerosas palmeras.

ALCANCE GEOGRÁFICO: Vertiente Occidental de la Cordillera Occidental y vertiente Oriental de la Cordillera Oriental en sitios con preciptación dentre 2000 y 3000 mm y temperatura media de 20 °C.
OBSERVACIONES: Especies características: *Alsophila elongata, Cordia corymbosa, Cupania americana, Juglans columbiensis, Miconia caudata, Podocarpus macrostachya, Quercus granatensis, Trema micrantha* y *Vismia dealbata.*

792. Bosque y matorral seco. González *et al.*, 1990.

DEFINICIÓN: Formación con bosques semi deciduos a totalmente deciduos y con dosel arboreo alto cerrado hasta matorrales en zonas con deficiencia de agua.
ALCANCE GEOGRÁFICO: Guajira: en la parte media y Norte de la península de la Guajira, el cañon de Chicamocha y en Ocaña.
SINÓNIMOS: Bosque seco tropical

793. Bosque y/o sabana inundable a lo largo de los caños, esteros y arroyuelos. Salamanca, 1984.

DEFINICIÓN: La unidad incluye la zona de inundación a lo lago de vías de drenaje que no pueden considerarse como ríos. Generalmente los cauces son planos y se encuentan prácticamente a nivel con la superficie del terreno circundante.
ALCANCE GEOGRÁFICO: Llanos Orientales.
OBSERVACIONES: Predomina el bosque de galería aunque también se encuentra vegetación de sabana inundable tipo bajo/zural, morichales y saladillales.

794. Bosque y/o sabana inundable a lo largo de los ríos. Salamanca, 1984.

DEFINICIÓN: En esta unidad se incluyen las llanuras de desborde de los ríos principales, que estan sometidos a inudación estacional. En las zonas donde la inundación es mas severa hay una vegetación de sabana inundable del tipo bajo y/o zural.
ALCANCE GEOGRÁFICO: Llanos Orientales.
OBSERVACIONES: Predominan el bosque de galería que puede ser inundable o no.

795. Bosques de la costa Pacífica. Chapman, 1917.

DEFINICIÓN: Formaciones boscosas que se extienden desde el Noreste del Ecuador hasta el Este de Panamá y forman la zona ribereña hacia el Occidente.
ALCANCE GEOGRÁFICO: Colombia.
OBSERVACIONES: Al Noreste, en la margen derecha del bajo Atrato, el bosque del Pacífico se une aparentemente con el del Cauca-Magdalena, siendo esta quizas la única unión entre las zonas forestales de la zona tropical (Chapman, 1917 en Murillo, 1951).

796. Bosques de la región Amazónica de Colombia. Chapman, 1917.

DEFINICIÓN: Ocupan el territorio comprendido entre los Andes y el Sur del río Guaviare; su límite Norte queda al Norte de la cresta divisoria entre la cuenca de la Amazonia y el Orinoco. Forma la esquina Noreste de la alta Amazonia, que hacia el Sur llega a Bolivia.
ALCANCE GEOGRÁFICO: Colombia.

797. Bosques de la región Cauca-Magdalena. Chapman, 1917.
DEFINICIÓN: Formaciones boscosas que se extienden desde el límite Noreste de la costa Pacífica hacia el Norte de la costa del Caribe y hacia el Este hasta las orillas del río Sinú. De allí hacia el Sur bordean el bajo Cauca y el Nechí y llegan a la Dorada. Aparentemente pueden distribuirse hasta las estribaciones de las Cordilleras Oriental y Occidental.
ALCANCE GEOGRÁFICO: Colombia.En extensa superficie.
OBSERVACIONES: En su área original de distribuición se encuentra con otras formaciones como las pantanosas del Caribe al Norte y con las sabanas del alto Magdalena en La Dorada.

798. Bosques de la región de Santa Marta. Chapman, 1917.
DEFINICIÓN: Los bosques de la Sierra Nevada se extienden en el lado Norte desde las cercanías del Cabo de San Juan de Guía hasta Cammarones; hacia el Occidente se extiende hasta las playas de la Ciénaga Grande.

799. Bosques de la zona tropical. Chapman, 1917.
DEFINICIÓN: Grandes áreas de bosque húmedo y tupido que incluye las regiones Amazónica, la costa del Pacífico, el bajo Cauca-Magdalena, la hoya de Maracaibo con los ramales Occidentales que penetran en Colombia y las Samarias (Sierra Nevada de Santa Marta).
ALCANCE GEOGRÁFICO: Colombia.

800. Bosques de los afloramientos rocosos. Salamanca, 1984.
DEFINICIÓN: Vegetación que crece en domos, mesas y colinas rocosas disectadas de los afloramientos de Roraima.
ALCANCE GEOGRÁFICO: Amazonia colombiana, Guainía, Pedrera y Pirá-paraná.

801. Bosques de los médanos y de los afloramientos rocosos. Salamanca, 1984.
DEFINICIÓN: Sobre la parte superior de los médanos se encuentra vegetación boscosa y en los afloramientos del escudo Guyanés se desarrolla un bosque higrófilo, con un dosel arbóreo parcialmente abierto con abundancia de palmas.
ALCANCE GEOGRÁFICO: Llanos Orientales.
OBSERVACIONES: Especies características del bosque de los médanos: *Byrsonima crassifolia, Byrsonima coccolobifolia e Hirtella* sp.; del bosque de afloramientos rocosos: *Syagrus inajai, Attalea regia, Terminalia amazonica* y especies de *Pouteria* y de *Protium*.

802. Bosques densos y hetereogeneos. PRORADAM, 1979.
DEFINICIÓN: Vegetación rala con predominio de herbáceas, hay árboles aislados con alturas de 25 m, presentan fustes rectos; el sotobosque es poco denso con presencia de palmas.
ALCANCE GEOGRÁFICO: Amazonia colombiana, en los valles de los ríos pequeños, quebradas o caños.
OBSERVACIONES: Comprende las subasociaciones de los bosques: de vega de ríos y quebradas, de superficies planas o ligeramente disectadas, alto bien desarrollado con superficie de erosión y bosque alto denso bien desarrollado en superficies de erosión disectadas.

803. Bosques higrófilos y subhigrófilos. Salamanca, 1984.
DEFINICIÓN: Los primeros se encuentran en zonas con buena disponibilidad de agua durante todo el año y son de estructura pluriestratificada. El segundo tipo se presenta en climas con una manifiesta irregularidad en cuanto a la distribución de las lluvias.
ALCANCE GEOGRÁFICO: Llanos Orientales.
OBSERVACIONES: Incluye los bosques de piedemonte y de galería

804. Bosques húmedos del Catatumbo. Dinerstein *et al.*, 1995
DEFINICIÓN: Bosques establecidos ente 100 y 300 m, tienen pocas especies de distibución restringida; en algunos sectores por la acción de las inundaciones se originan bosques pantanosos.
ALCANCE GEOGRÁFICO: Colombia y Venezuela. La áreas estan sometidas a la presión de los ganaderos e igualmente son afectadas por los derrames frecuentes de petróleo.

805. Bosques húmedos del Chocó/Darién. Dinerstein *et al.*, 1995
DEFINICIÓN: Ecoregión con una de las biótas mas ricas del globo; la diversidad es elevada en diferentes organismos animales y vegetales.
ALCANCE GEOGRÁFICO: Colombia, Panamá y Ecuador. El recuso vegetal está amenazado por la colonización no planificada, la construcción de vías y las conseciones forestales indiscriminadas.

806. Bosques húmedos del río Napo. Dinerstein *et al.*, 1995.
DEFINICIÓN: Ecoregión de Suramérica que engloba también localidades del Ecuador y del Perú, tiene una de las biotas mas ricas del globo. Las condiciones ecológicas que prevalecen son precipitación elevada, complejidad topográfica y sistema hídrico con ríos y meandros.
ALCANCE GEOGRÁFICO: Colombia, Ecuador y Perú; extensión aproximada 369.847 Km^2.

807. Bosques tropófilos. Salamanca, 1984.
DEFINICIÓN: Se caracterizan por presentar un aspecto cambiante a través del año, durante la temporada seca muchos árboles pierden las hojas y en la época de lluvias su aspecto no difiere del bosque higrófilo.
ALCANCE GEOGRÁFICO: Llanos Orientales.
OBSERVACIONES: Incluye los tipos fisionómicos: matas de monte, bosque de altillanura, bosque de los médanos y de los afloramientos rocosos y el bosque pantanoso.

808. Chasmophytia. Del Llano, 1990.
DEFINICIÓN: Vegetación que crece en las fisuras de las rocas, contiene vegetación árborea (rupícola).
ALCANCE GEOGRÁFICO: Cundinamarca: Municipio de la Calera; Tolima: Vereda Santa Helena, Nevado del Ruiz, Páramo de Guasca.
OBSERVACIONES: Especies asociadas: *Loricaria colombiana, Lycopodium saururus, Nardus stricta* y *Vaccinium floribundum*.

809. Chersophytia. Del Llano, 1990.

DEFINICIÓN: Vegetación sobre sitios con suelos de poca profundidad efectiva sobre substratos rocosos.

ALCANCE GEOGRÁFICO: Cordillera Oriental, Cundinamarca: Páramos de Chisacá (3650 m.) y de Palacio.

OBSERVACIONES: Especies asociadas: *Calamagrostis effusa, Pernettya prostrata, Lucilia pusilla* y *Gnaphalium americanum.*

810. Comunidad herbácea cespitosa andina abierta con o sin plantas leñosas (páramo seco). UNESCO, 1979.

DEFINICIÓN: Los páramos secos son bastante semejantes a los páramos húmedos con plantas cespitosas en almohadillas o en rosetas. Las estructuras xeromorfas son mas acentuadas y la comunidad herbácea es sobre todo mas abierta.

ALCANCE GEOGRÁFICO: Parte elevada de los Andes, principalmente en la Cordillera Oriental. La precipitación varía entre 500 y 1000 mm y la temperatura media es de 4°C.

OBSERVACIONES: Géneros característicos: *Festuca, Calamagrostis, Brachyotum, Calceolaria, Loricaria, Hypericum, Ribes* y *Pentacalia*.

811. Comunidad herbácea cespitosa andina tropical abierta a cerrada con sinusia leñosa de plantas amacolladas (páramo húmedo). UNESCO, 1979.

DEFINICIÓN: Vegetación con plantas adaptadas al frío y a la sequedad fisiológica (disminución de la absorción debida al frío e intensa transpiración a la horas de sol) y han adquirido estructuras xeromorfas. Predominan las gramíneas con plantas rosetosas.

ALCANCE GEOGRÁFICO: Principalmente, altas cimas de las Cordilleras. La precipitación media varia entre 3800 y 4800 mm y la temperatura media es de 3°C.

OBSERVACIONES: Especies características: *Diplostephium revolutum, Gynoxys paramuna, Senecio vaccinioides, Valeriana arborea, Polylepis boyacensis* y especies de los géneros *Festuca* y *Calamagrostis*.

812. Corredores hidromórficos. Salamanca, 1984.

DEFINICIÓN: Separan los médanos y se encuentran en numerosos sectores al Sur de los ríos Cravo Norte y Ariporo. También en menor proporción en la sabana pirófila al Sur de los ríos Meta, Vita y Tomo.

ALCANCE GEOGRÁFICO: Llanos Orientales.

OBSERVACIONES: Entre las especies típicas aparece *Burmannia bicolor* y especies de los géneros *Bulbostylis, Utricularia* y *Xirys*.

813. Cryptophytia. Del Llano, 1990.

DEFINICIÓN: Vegetación que prospera en lugares amparados de factores ecológicos con efectos excesivos y fauna que habita debajo de las rocas.

814. Formación arbustiva subdesértica decidua con plantas suculentas. UNESCO, 1979.

DEFINICIÓN: Matorral bajo y claro, a menudo degradado con dominancia de plantas espinosas deciduas y suculentas se distigue del matorral semideciduo espinoso con plantas suculentas por que su clima es mas seco (precipitación 250-500 mm y temperatura media de 27°C).

ALCANCE GEOGRÁFICO: Península de la Guajira; también en Venezuela.

OBSERVACIONES: Las especies características son: *Bromelia* sp., *Calotropis procera, Capparis* sp., *Cephalocereus moritzianus, Cnidoscolus tubulosus, Croton ferrugineus, Lemaireocerus (Armatocereus) griseus, Libidibia cariaria, Pereskia colombiana* y *Opuntia* sp.

815. Formación arbustiva subdesértica decidua sin plantas suculentas. UNESCO, 1979.

DEFINICIÓN: Vegetación arbustiva raquítica con arbustos enanos muy esparcidos y con pocas plantas suculentas.

ALCANCE GEOGRÁFICO: Norte de la península de la Guajira. También en Venezuela, Chile y Perú.

OBSERVACIONES: Especies características *Cercidium praecox, Prosopis juliflora* y especies de *Poponax*.

816. Formaciones de playas y márgenes (Com.). Cuatrecasas, 1958; 1989.

DEFINICIÓN: Primeras fases de la vegetación sobre suelo recien formado por depósitos aluviales; dominan las gramíneas estoloniferas que fijan el suelo arenoso.

ALCANCE GEOGRÁFICO: Orillas de los ríos de los Llanos Orientales, Putumayo, Calima y Magdalena.

OBSERVACIONES: Se agrupan las siguientes fases en el proceso de sucesión: Pajonal de gramíneas; cañar de *Gynerium sagittatum*, Guarumal de Cecropia y matorral de *Tessaria integrifolia*.

817. Formaciones psicrofíticas. Cuadros, 1990.

DEFINICIÓN: Enclaves de vegetación de alta montaña con aspecto xerofítico causado por los vientos helados que barren las altas montañas.

ALCANCE GEOGRÁFICO: Magdalena-Cesar: Sierra Nevada de Santa Marta y la serranía de Perijá entre 2500 y 3400 m.

818. Formaciones xerofíticas. Cuadros, 1990.

DEFINICIÓN: Formaciones vegetales afectadas por los fuertes vientos que arrastran la humedad y dan forma de bandera a las plantas que logran establecerse sobre el suelo reseco y árido de la alta Guajira.

ALCANCE GEOGRÁFICO: Guajira: En la zona Norte de la península de la Guajira.

819. Formaciones xerofíticas y subxerofíticas. Cuatrecasas, 1958; 1989.

DEFINICIÓN: Vegetación en zonas secas, por acción de los vientos Alisios, con un período

deficitario en agua de seis meses. Los árboles achaparrados con hojas persistentes coriáceas y rígidas o con espinas y de hojas crasas.
ALCANCE GEOGRÁFICO: Costa del Caribe de Colombia desde el río Sinú hasta la Guajira.
OBSERVACIONES: Especies asociadas: *Rumex tortuosa, Cavanillesia platanifolia, Piptadenia flava, Neltuma juliflora, Poponax tortuosa, Chloreleucon mangense, Coccoloba ramosisissima, Capparis odoratissima, C.flexuosa, C.verrucosa* y *Stuebelia nemorosa.*

820. Halohelobiomas. Hernández & Sánchez, 1992.

DEFINICIÓN: Con referencia a la vegetación del Manglar.
ALCANCE GEOGRÁFICO: Costas Atlática y Pacífica e islas oceánicas.
SINÓNIMOS: Manglar, Cuatrecasas, 1934.

821. Helophitia. Del Llano, 1990.

DEFINICIÓN: Vegetación anfibia de pantanos y bordes de lagos, con elementos que arraigan en el fondo.
OBSERVACIONES: Unidades de vegetación representativa del orden: *Ranunculus flagelliformis; Carex jamesoni* var. *chordalis*; Marchantio-Epilobietalia; Galio-Trianae Gratiolion peruvianae; de *Carex pichinchensis* y *Polytrichum commune* (Cleef, 1981).

822. Hilea próxima a los Andes. Hueck, 1978

DEFINICIÓN: La región del Caquetá, Vaupés y Guainía, con una fuerte afinidad con el territorio del Río Negro.
ALCANCE GEOGRÁFICO: Cursos superiores de los ríos Caquetá, Vaupés, Isana, Guainía, Guaviare y Vichada; terrenos quebrados con elevaciones de 800 m y pluviosidad alta.
OBSERVACIONES: Entre los tipos principales de vegetación están el bosque pluvial de la tierra firme, hay presencia aislada de caatinga y junto a los ríos parches de Igapó.

823. Hydrothermophytia. Del Llano, 1990.

DEFINICIÓN: Vegetación de aguas termales; control ecológico discrepante del habitat por razón de la alta temperatura de las aguas, corresponde a un medio total o parcialmente acuático, solo en sus límites inferiores llega a contener fanerógamas.
ALCANCE GEOGRÁFICO: Cauca: Parque Nacional Natural Puracé; San Juan.
OBSERVACIONES: Especies características: *Blechnum loxense, Pernettya postrata* y especies de *Sphagnum* y *Puya.*

824. Hygrodrynium. Cuatrecasas, 1958.

DEFINICIÓN: Vegetación de tipo selvático, pluriestratificada, con dos estratos arbóreos; entre las especies dominantes aparecen *Anacardium excelsum* y *Brossimum utile*.
ALCANCE GEOGRÁFICO: La Costa del Pacífico de Colombia, Chocó-Valle: Bajo Calima.
OBSERVACIONES: Especies dominantes: *Perebea castilloides, Helicostylis paraensis, Mayna pacifica, Duroia hirsuta, Henrietella verrucosa, Miconia* sp., *Jessenia polycarpa, Welfia regia, Wettinia quinaria, Otoba lehmannii, Compsoneura trianae* y *Compsoneura atopa.*

825. Hygrophytia. Cuatrecasas, 1958.

DEFINICIÓN: Vegetación selvática pluriestratificada con 2 estratos superiores y varios

estratos bajos en los cuales se presenta diversidad de especies y valores altos en el cubrimiento. Las trepadoras y epífitas alcanzan un gran desarrollo.
ALCANCE GEOGRÁFICO: Chocó-Nariño: Al Sur de la Costa Pacífica.
OBSERVACIONES: Especies dominantes: *Carapa guianensis* (tangare), *Cedrella fissilis* (cedro), *Humiria procera* (chanul), *Cryptocarya* sp. (amarillo tainde), *Minquartia guianensis* (guayacan) y *Dialyanthera gordoniifolia*.

826. **Hygrosphagnium** Cuatrecasas, 1934.

DEFINICIÓN: Turberas que en los casos mas desarrollados forman prados anegados y pantanos que llegan a alcanzar dos metros de profundidad, con una superficie completamente tapizada de *Sphagnum*.
ALCANCE GEOGRÁFICO: Amplia distribución en los páramos de la Cordillera Oriental; localidad típica: Cundinamarca: Páramo de Guasca, 3000-3300 m.

827. **Hylaea amazónica**. Salamanca, 1984.

DEFINICIÓN: Corresponde al bosque ombrófilo tropical, con árboles altos, algunos sobrepasan 45 m de altura y se agrupan generalmente en 3 estratos, troncos rectos; el dosel superior es cerrado. Son características especies caulifloras y árboles caducifolios.
ALCANCE GEOGRÁFICO: Amazonia colombiana.
OBSERVACIONES: Géneros típicos: *Anaxagorea, Annona, Guateria, Couma, Bombax, Ceiba, Matisia, Protium, Alchornea, Hevea, Humiria, Astrocaryum, Geonoma, Chamaedorea, Mauritia, Jessenia, Miconia, Clidemia, Myrica, Piper, Mandevilla, Heteropteris, Connarus* y *Mikania*.

828. **Hylaea amazónica (bosque tropical ombrófilo de tierras bajas) muy intervenido y poco intervenido por acción humana**. Salamanca, 1984.

DEFINICIÓN: Se desarrolla principalmente sobre terrazas, en terrenos con disección pronunciada. La Hylaea ocupa los terrrenos no sometidos a inundación, mientras que en las zonas inudables por crecidas estacionales de los ríos se encuentran bosques pantanosos.
ALCANCE GEOGRÁFICO: Amazonia colombiana

829. **Limnophytia**. Del Llano, 1990.

DEFINICIÓN: Control armónico del habitat por razón de una constante sumersión en el agua, tipo ecológico correspondiente a un medio total o parcialmente acuático, rica en serie de biotipos, desde plancton hasta el arboretum.

830. **Lithophytia**. Del Llano, 1990.

DEFINICIÓN: Vegetación establecida sobre un medio rocoso.

831. **Llanos.** Chapman, 1917.

DEFINICIÓN: Región comprendida desde la Cordillera hasta el río Orinoco y desde Arauca hasta el Guaviare; está cubierta de pastos altos y tupidos, con grupos de palmeras, maniguas y zonas de árboles repartidos por toda la zona
ALCANCE GEOGRÁFICO: Colombia, al Oriente de los Andes y al Norte del río Guaviare.

832. Llanos. Dinerstein *et al*., 1995

DEFINICIÓN: Representan el ecosistema de sabana mas grande del Norte de Suramérica. Se establece en um mosaico de vegetación que incluye bosques húmedos de galería, bosques secos, pastizales y humedales.

ALCANCE GEOGRÁFICO: Colombia y Venezuela, cerca de 355.112 Km².

OBSERVACIONES: Las amenazas a los ambientes naturales radican en la extensión de la agricultura y el pastoreo el drenaje y la canalización de humedales y la quema frecuente.

833. Maleza desértica tropical. Espinal & Montenegro, 1963.

DEFINICIÓN: Vegetación que se desarrolla en terrazas planas y poco permeables azotadas por el viento, provocando erosión eólica y formando así extensos arenales y dunas.

ALCANCE GEOGRÁFICO: extremo noroeste clombiano.

SINÓNIMO: d-T en el mapa ecológico.

OBSERVACIONES: Especies típicas: *Pereskia colombiana, Prosopis juliflora, Calotropis procera* y especies de *Opuntia, Melochia* y *Armatocereus*.

834. Manglar de barra. Von Prahl *et al*, 1990.

DEFINICIÓN: Formaciones que se desarrollan detrás de una barrera de protección conocida localmente como bajo, la cual corre generalmente paralela a la costa, separada de esta por una laguna o batea mareal.

ALCANCE GEOGRÁFICO: Costas Pacífica, Atlántica y en las islas oceánicas.

SINÓNIMOS: Halohelofitia

835. Matas de monte. Salamanca, 1984.

DEFINICIÓN: Manchas de bosque generalmente en forma circular, rodeadas por grandes extensiones de sabanas, su concentración va aumentando hacia el oriente y a medida que nos acercamos a la zona de transición entre la sabana y las selvas amazónicas.

ALCANCE GEOGRÁFICO: Llanos Orientales.

OBSERVACIONES: Especies características: *Xylopia aromatica, Miconia albicans* y especies de *Cedrela* y *Annona*.

836. Matas de monte. Sánchez *et al*., 1993.

DEFINICIÓN: Islotes dispersos de bosque con elementos de 10 a 15 m de altura.

ALCANCE GEOGRÁFICO: Orinoquia colombiana, sabanas de San Juan de Arama y regiones aledañas.

OBSERVACIONES: Especies asociadas: *Casearia corymbosa, Curatella americana, Didymopanax morototoni, Erythroxylum macrophyllum, Jacarada caucana, Pera arborea, Raimondia cherimoliodes, Vismia macrophylla, Vismia baccifera* y *Xylopia aromatica*.

837. Matorral deciduo por la sequía sin plantas leñosas. UNESCO, 1979.

DEFINICIÓN: Vegetación de las dunas costeras y franjas aledañas, con gramíneas en macollas que fijan las arenas.

ALCANCE GEOGRÁFICO: Costa Atlántica, península de la Guajira; también en Venezuela en sitios con precipitación de 500 a 600 mm y temperaturas entre 24 y 28 °C.

OBSERVACIONES: Especies comunes: *Canavalia maritima, Cenchrus pauciflorus, Homolepis aturensis, Ipomoea pes-caprae, Ipomoea stolonifera, Pectis arenaria, Phyla nodiflora* y *Stenotaphrum secundatum*.

838. Matorral montano deciduo degradado. UNESCO, 1979.

DEFINICIÓN: Formación secundaria resultante de la fuerte degradación del "bosque montano deciduo por sequía". En él se encuentran aproximadamente los mismos géneros con adición de algunas cactáceas (*Opuntia* y *Mamilaria*), *Agave* sp. y *Aloe* sp.

ALCANCE GEOGRÁFICO: Regiones elevadas de la Cordillera de los Andes (altitud 3000 m) principalmente en el Sur del país; también en el Perú.

OBSERVACIONES: Es una de las zonas mas cultivadas del país. Riego en ciertos valles aluviales (cereales y patatas), cultivo de hortalizas y árboles frutales.

839. Matorral semideciduo espinoso con plantas suculentas. UNESCO, 1979.

DEFINICIÓN: La fisionomía se caracteriza por la presencia de cactáceas y de arbustos espinosos y deciduos que constituyen un matorral mas o menos denso y mas o menos alto en función de las condiciones climáticas. Son mas frecuentes los matorrales bajos en sitios con precipitación menor a 500 mm.

ALCANCE GEOGRÁFICO:Muy poco extendido, Costa Atlántica; península de la Guajira. También en Brasil y Venezuela.

OBSERVACIONES:Especies características: *Bromelia* sp., *Calotropis procera, Capparis sp., Cephalocereus moritzianus, Cnidoscolus tubulosus, Croton ferrugineus, Lemaireocerus (Armatocereus) griseus, Libidibia cariaria, Pereskia colombiana* y *Opuntia* sp.

840. Monte espinoso subtropical. Espinal & Montenegro, 1963.

DEFINICIÓN: Vegetación dominada en las laderas por cactáceas sobresaliendo el canelón (*Cephalocereus colombianus*). Esta regida por una pecipitación promedio anual entre 250 y 500 mm y ocupa una faja altitudinal entre 800 y 2000 m.

ALCANCE GEOGRÁFICO: Boyacá-Santander: parte media de la cuenca del río Chicamocha.

SINÓNIMO: me-ST en el mapa ecológico.

OBSERVACIONES: Especies típicas: *Cephalocereus colombianus, Opuntia* sp., *Fagara culantrillo, Acasia farnesiana, Prosopis juliflora, Calotropis procera, Jatopha gossypiifolia, Bursera simaruba* y *Croton* sp.

841. Monte espinoso tropical. Espinal & Montenegro, 1963.

DEFINICIÓN: Vegetación que se desarrolla en lugares abiertos en zonas de topografía desde planas hasta quebrada con una temperatura promedio por encima de 24°C y un promedio de lluvia anual entrre 250 y 500 mm.

ALCANCE GEOGRÁFICO: Departamentos de la Guajira y Magdalena.

SINÓNIMO: me-T en el mapa ecológico.

OBSERVACIONES: Especies típicas: *Pereskia colombiana, Prosopis juliflora, Bursera simaruba, Pithecelobium* sp., *Calothropis procera* y *Libidibia cariaria*

842. Mosaico de bosque de piedemonte, hylaea amazonica y áreas con influencia antrópica. Salamanca, 1984.
DEFINICIÓN: Unidad paisajística que incluye abanicos aluvio-torrenciales altos, medios y bajos, que actualmente presentan fomas de terrazas, mesas y colinas.
ALCANCE GEOGRÁFICO: Llanos Orientales.
OBSERVACIONES: Incluye las formaciones vegetales: bosque higrófilo del piedemonte e Hylaea amazonica, actualmente muy reducidos por influencia antrópica y reemplazados por cultivos, pastos mejorados o gramíneas propias del llano adentro.

843. Mosaico de bosque tropófilo/vegetación casmófita. Salamanca, 1984.
DEFINICIÓN: Paisaje de llanuras extensas, en donde aparecen a intervalos, afloramientos del escudo guyanés, en forma de domos graníticos que alcanzan hasta 200 m de altura o forma de cúpulas bajas de 20 a 50 m de altura.
ALCANCE GEOGRÁFICO: Llanos Orientales.
OBSERVACIONES: Es característico un mosaico de vegetación casmófita con bosque tropófilo, este último en los lugares donde se encuentra un suelo incipiente. Además se encuentran las sabanas abiertas, los chaparrales y las matas de monte.

844. Mosaico de campinas y caatingas con Hylaea amazonica. Salamanca, 1984.
DEFINICIÓN: Se desarrolla entre los ríos Guaviare y Apaporis, las caatinga y capinas coinciden generalmente con la presencia de suelos podsólicos que se desarrollan sobre arenas provenientes de la meteorización de areniscas y/o granitos del escudo Guyanés.
ALCANCE GEOGRÁFICO: Amazonia colombiana.

845. Mosaico de formaciones de bosques claros deciduos o xeromorfos alteradas por el hombre y cultivos. UNESCO, 1979.
DEFINICIÓN: Estos bosques están con frecuencia talados e intensamente cultivados con arroz, maiz, caña de azucar, batata, algodón, pastos mantenidos y cultivados para bovinos con *Hyparrhenia rufa, Panicum maximum* y *Panicum purpurascens*.
ALCANCE GEOGRÁFICO: Llanura de la vertiente caribeña que llega a la Sierra Nevada de Santa Marta.

846. Mosaico de formaciones del bosque sempervirente estacional tropical de baja altitud alteradas por el hombre y de cultivos. UNESCO, 1979.
DEFINICIÓN: Los principales cultivos establecidos después de las alteraciones son el maiz, arroz, cacao y los cítricos; también es importante la cría de bovinos.
ALCANCE GEOGRÁFICO: En la amazonia.

847. Mosaico de formaciones de los bosques ombrófilos alteradas por el hombre y de cultivos. UNESCO, 1979.
DEFINICIÓN: Los bosques ombrófilos tropicales (hiperhúmedos y muy húmedos) pueden

estar degradados por la acción del hombre ya sea para la explotación de ciertas maderas o mas a menudo para el establecimiento de cultivos y la extensión de pastos.
ALCANCE GEOGRÁFICO: Costa del Pacífico, región del Caquetá, Purtumayo, Amazonas y Vaupés.
OBSERVACIONES: Los cultivos mas extendidos son el de cereales, arroz, caña de azucar, algodón y tabaco.

848. Mosaico de várzeas, igapos e hylaea amazónica. Salamanca, 1984.

DEFINICIÓN: Se desarrolla en los interfluvios de los ríos Amazonas, Putumayo y Caquetá, en los valles aluviales inundables, especialmente las várzeas e igapós cuya presencia coincide con los modelados en cubetas en suelos vérticos sobre arcillas negras.
ALCANCE GEOGRÁFICO: Amazonia colombiana

849. Mosaico hylaea amazónica/sabanas. Salamanca, 1984.

DEFINICIÓN: El paisaje es muy plano. Se encuentra el mismo tipo de suelos que en la unidad Mosaico sabana/Hylaea amazonica. El patrón de distribución cambia.
ALCANCE GEOGRÁFICO: Llanos Orientales.
OBSERVACIONES: Sobre la matriz de hylaea amazonica se encuentran parches de sabanas abiertas.

850. Mosaico sabana/hylaea amazonica. Salamanca, 1984.

DEFINICIÓN: Paisaje con menor grado de disección que el de la sabana pirófila; altillanuras desde onduladas a casi planas.
ALCANCE GEOGRÁFICO: Llanos Orientales.
OBSERVACIONES: Dentro de esta unidad la vegetación aumenta su densidad notoriamente y forma un mosaico de sabana y bosque del tipo hylaea amazonica. Se encuentran sabanas abiertas, con chaparrales, morichales y bosques de galería principalmente.

851. Orobioma de páramo. Hernández & Sánchez, 1992.

DEFINICIÓN: Característico del piso oligotérmico, constituido por 3 suborobiomas: subpáramo, páramo propiamente dicho (matorral denso, UNESCO) y superpáramo o páramo alto.
ALCANCE GEOGRÁFICO: Se extiende de 3500 m a 4200-4500 m.
OBSERVACIONES: Posee un alto grado de endemismo en especies vegetales.

852. Orobioma de selva andina. Hernández & Sánchez, 1992.

DEFINICIÓN: Selvas higrofíticas o subhigrofíticas de los pisos isomesotérmico e isomicrotérmico sometida a la influencia de nieblas frecuentes.
ALCANCE GEOGRÁFICO: Distribuido ampliamente en las cordilleras andinas, Sierra Nevada Santa Marta y Serranía de La Macarena.

853. Orobioma de selva subandina. Hernández & Sánchez, 1992.

DEFINICIÓN: Selvas higrofíticas de los pisos térmicos isomesotémico (22-24° a 14-15°C), la frecuencia de nieblas tiende a elevar la humedad ambiental y decrece la evapotranspiración, este bioma corresponde al cinturón cafetalero.

ALCANCE GEOGRÁFICO: En las vertientes Este y Oeste de las tres cordilleras, Serranía del Baudó-Los Saltos, Serranía del Darién y Sierra Nevada de Santa Marta y en la Sierra de la Macarena.

854. Oxhydrophyta de páramo. Del Llano, 1990.
DEFINICIÓN: Tipo ecológico que coresponde a un medio total o parcialmente acuático con exceso de acidez, turberas con especies del género *Sphagnun* acompañada de una vegetación compleja de otros musgos, herbetum y lignetum llegando hasta el arboretum. Fangales.
ALCANCE GEOGRÁFICO: Páramos de la Cordillera Oriental y Central.
Unidades de vegetación representativas: turbera *Carex bonplandii* y *Sphagnum magellanicum*; *Calamagrostis effusa-Espeletia hartwegiana* ssp. *centroandina* var. *vegasana*; *Werneria crassa* ssp. *crassa* e *Hypericum lancioides* (Cleef *et al.*, 1983).

855. Oxypezophytia u oxyphytia. Del Llano, 1990.
DEFINICIÓN: Vegetación propia de suelos levantados orgánicos de reacción extremadamente ácido.
ALCANCE GEOGRÁFICO: Cordillera Oriental, Cundinamarca: Páramos de Chisacá, Palacio; Boyacá: Sierra Nevada del Cocuy, Santander; Cordillera Central, Caldas-Tolima: Nevado del Ruiz.
SINONIMOS: Turbera.
OBSERVACIONES: Especies características: *Sphagnum magellanicum, Pernettya protrata, Puya* sp. y *Blechnum loxense*.

856. Pajonal de gramíneas. Cuatrecasas, 1958.
DEFINICIÓN: Formación de playa caracterizada por ser la pionera la fase mono-específica de gramineas dominada por *Hymenachne amplexicaulis*.
ALCANCE GEOGRÁFICO: Costa Pacífica en los aluviones; ríos Andinos.

857. Paranthropophytia. Del Llano, 1990.
DEFINICIÓN: Vegetación propia de medios modificados por el hombre, para su habitación y sus construcciones o también para explotaciones, como la tala de bosques, roturaciones,cultivos, riegos, vías.
ALCANCE GEOGRÁFICO: Cordillera Oriental, Cundinamarca: Páramos cercanos a Bogotá

858. Pedobiomas freatófitos. Hernández & Sánchez, 1992.
DEFINICIÓN: Selvas y bosques riparios, o de galería que forman fajas a lo largo de ríos de aguas permanentes o temporales y algunas veces inundadas transitoriamente cada año; los bosques riparios sobre áreas subxerofíticas o de sabanas naturales.
ALCANCE GEOGRÁFICO: Llanos Orientales, sabanas.
Son importantes como corredores para la dispersión de la biota silvícola y como albergue para la fauna.

859. Pedorobioma de bosques oxihigrofíticos del piso térmico frío. Hernández & Sánchez, 1992.

DEFINICIÓN: Comunidades sobre suelos negros turbosos, encharcados o inundables, en la periferia de pantanos y lagunas de los altiplanos andinos a manera de fajas ecotonales helobiomas de Cundinamarca y Boyacá y la vegetación pezófita circundante. Las comunidades han desaparecido en su totalidad debido al drenaje y a la actividad agropecuaria.

OBSERVACIONES: Especies características: *Alnus acuminata, Escallonia myrtilloides, Diplostephium rosmarinifolium, Vallea stipularis.*

860. Pedorobioma quersofítico del piso térmico frío. Hernández & Sánchez, 1992.

DEFINICIÓN: Enclaves extensos sobre suelos planosólicos (haplustalfs) con poca profundidad efectiva debido a la presencia de una capa de arcilla.

ALCANCE GEOGRÁFICO: Terrazas que bordean rellenos lacustres de altiplanos de Bogotá y Ubaté y periferia de los cañones.

OBSERVACIONES: Especies características: *Caesalpinia spinosa, Dodonaea viscosa, Baccharis cassinefolia, Opuntia* aff. *schumanni, Mammillaria columbiana* y especies de *Croton* y de *Agave.*

861. Pedorobioma subxerofítico del piso térmico templado. Hernández & Sánchez, 1992.

DEFINICIÓN: Comunidades con una fisionomía xeromórfica, en pendientes o terrazas sobre suelos poco evolucionados (Orthents) y en condiciones climáticas semiáridas, la vegetación es casmoquersofítica.

ALCANCE GEOGRÁFICO: Cuenca media de los ríos Chicamocha, Sogamoso, Patía, incluyendo los valles del Guáitara y Juanambú.

OBSERVACIONES: Especies características en el cañon del río Chicamocha: *Pithecolobium dulce, Prosopis juliflora, Acacia tortuosa, Cercidium praecox, Fagara culantrilo, Bursera graveolens, Dodonaea viscosa, Thevetia peruviana, Ficus soatensis* y especies de cactáceas.

862. Pezofitia. Páramo, 1990.

DEFINICIÓN: Vegetación que vive en medios esencialmente emergidos; presenta un sinnúmero de estructuras según esten adaptados a la humedad ambiental, tipo de suelo, temperatura y a la intervención humana.

ALCANCE GEOGRÁFICO: Diferentes zonas a lo largo del territorio nacional.

863. Phreatophytia. Del Llano, 1990.

DEFINICIÓN: Vegetación que crece en suelos o substratos no dependientes totalmente del clima regional, vegetación propia de vegas u orillas de cursos de agua o depresiones, para la cual no hay escasez de agua incluso en los meses mas secos.

864. Plantaciones de *Eucalyptus* y de *Pinus*. Vink & Wijninga, 1986.

DEFINICIÓN: Territorio plantado con árboles de *Eucalyptus globulus, Pinus patula* y *Pinus radiata*.

ALCANCE GEOGRÁFICO: Cordillera Oriental, Cundinamarca: Municipio de Mosquera, laguna de la Herrera, 2500 m.

OBSERVACIONES: Especies asociadas: *Opuntia schumanni, Tradescantia multiflora, Artemisia sodiroi, Baccharis floribunda, Chromolaena leivensis, Gnaphalium spicatum, Dichondra repens* y *Echeveria bicolor*.

865. Potamophytia. Del Llano, 1990.

DEFINICIÓN: Vegetación de riachuelos y ríos. Control ecológico armónico del habitat por razón de la velocidad moderada del agua.

OBSERVACIONES: Unidades de vegetación representativas: Dendrocryphaeo-Plantyhypnidietum riparoides; *Cryptochila grandiflora* y *Cratoneuro filicinum*, Cleef y Gradstein (en Cleef, 1981).

866. Pradera alta con sinusia arbórea sepervirente latifolia (llanos o sabanas). UNESCO, 1979.

DEFINICIÓN: Sabana arbolada donde con árboles bastante bajos con hojas anchas y gruesas (latiolios), perennes o deciduos, de corteza suberosa.

ALCANCE GEOGRÁFICO: Llanos Orientales; la precipitacíon varía entre 1000 y 2000 mm y la temperatura media es de 28°C; también se encuentra en Argentina, Brasil y Venezuela.

OBSERVACIONES: Especies características: *Bowdichia virgilioides, Byrsonima crasifolia, Cochlospermum vitifolium, Curatella americana, Palicourea rigida, Andropogon bicornis, Andropogon leucostachys, Aristida capillacea, Axonopus chrysoblepharis* y *Eragrostis mayporensis*.

867. Pradera alta tropical inundada. UNESCO, 1979.

DEFINICIÓN: Pradera alta casi desprovista de elementos leñosos. La precipitacíon varía entre 1000 y 2000 mm y la temperatura media es de 28°C.

ALCANCE GEOGRÁFICO: Orillas del tramo inferior del río Magdalena; también en el Brasil, Bolivia, Perú, Ecuador y Venezuela.

OBSERVACIONES: Especies características: *Attalea* sp., *Euterpe cuatrecasana, Manicaria saccifera, Mauritiella pacifica* y especies de los géneros *Jissieua, Lagenocarpus, Mesosetum, Neptunia, Paspalum* y *Rhynchospora*.

868. Pradera media con sinusia leñosa. UNESCO, 1979.

DEFINICIÓN: Sabanas arboladas icluidas en el bosque amazónico, con dos tipos de fisionomía: las campinas con una vegetación leñosa que recuerda los matorrales amazónicos y los cerrados con especies leñosas como *Curatella americana, Byrsonima crassifolia* e *Himatanthus* sp.

ALCANCE GEOGRÁFICO: En la amazonia, pero poco representado en Colombia.

869. **Prados artificiales**. Pérez-A., 1986.

DEFINICIÓN: Sabanas frías Andinas.

ALCANCE GEOGRÁFICO: Se encuentra a lo largo de la zona Andina entre 2000-3500 m.

870. **Psammobiomas**. Hernández & Sánchez, 1992.

DEFINICIÓN: Comunidades vegetales estables en suelos arenosos poco evolucionados de las playas y en dunas o médanos del litoral Caribe y en menor escala en el Pacífico.

ALCANCE GEOGRÁFICO: Costas Atlántica y Pacífica colombianas.

OBSERVACIONES: Especies características: *Prosopis juliflora, Hippomane mancinella, Chrysobalanus icaco, Coccoloba uvifera, Bursera glauca, Erythroxylum carthagenense, Guaiacum officinale, Suriana maritima, Tournefortia gnaphalodes, Canavalia maritima.*

871. **Psamofitia**. Páramo, 1990.

DEFINICIÓN: Vegetación herbácea, rastrera que se halla en arenas sueltas.

ALCANCE GEOGRÁFICO: Se presenta en las playas arenosas marítimas del litoral Caribe, en partes no batidas por las olas.

SINÓNIMOS: Comunidades de playas maritimas

872. **Psychroeolophyta**. Del Llano, 1990.

DEFINICIÓN: Vegetación terrestre y medio estacional del superpáramo, en donde la temperatura es muy baja y el viento fuerte.

ALCANCE GEOGRÁFICO: Páramos de las cordilleras colombianas.

OBSERVACIONES: Especies características: *Senecio canescens, Senecio nivales, Senecio cocuyanus, Lupinus alopecuroides, Cerastium caespitosum, C. floccosum, Agrostis nigritella, Poa orthophylla, Draba pachythyrsa, Luzula racemosa* y *Rumex tolimensis.*

873. **Psychrophytia**. Del Llano, 1990.

DEFINICIÓN: Vegetación zonal o regional del páramo propiamente dicho, en topografía normal. Vegetación pezofítica de un medio con temperatura extremadamente baja, comprendido entre el paramillo y el superpáramo; paisaje desolado por la acción glacial.

ALCANCE GEOGRÁFICO: Cordilleras Central y Oriental, páramos húmedos; Magdalena: Sierra Nevada de Santa Marta.

SINÓNIMOS: Comunidades representativas: Pajonales de *Calamagrostis recta (effusa)* y *Espeletia hartwegiana* spp. *centro-andina*; *Calamagrostis effusa* y *Festuca* aff. *dolichophylla*; *Festuca* aff. *sublimis* y *Diplostephium rupestre* (Cleef *et al.*, 1983).

874. **Rastrojo adaptado a la sequía**. Hettner, 1966.

DEFINICIÓN: Vegetación cuyos elementos tienen hojas pequeñas y espinosas, frecuentemente en forma de Acacia u hojas carnosas en forma de espada o cactáceas con adaptaciones para el período de sequía.

ALCANCE GEOGRÁFICO: Cordillera Central, Tolima: Orillas del río Magdalena arriba de Honda; Cordillera Oriental, Cundinamarca: Valle del río Bogotá entre Tocaima y Girardot, Sur del altiplano de Bogotá, Boyacá: Villa de Leyva; Norte de Santander: Alrededores de Cúcuta.

875. Rastrojo con manchas de bosque. Hettner, 1966.
DEFINICIÓN: Rastrojo del doble o triple de la altura de un hombre al lado de manchas de bosque natural.
ALCANCE GEOGRÁFICO: Varias zonas de las cordilleras colombianas.

876. Región de Antioquia y Cordillera Central. Cortés, primera edición 1896, segunda edición, 1903.
DEFINICIÓN: Allí se encuentra la extensa zona del Quindío con sus selvas y su variada vegetación tropical, abundantes palmas de cera, labiadas, helechos, orquídeas y rubiáceas. En la región fría de la Cordillera viven el *Ceratostema* y otras ericáceas; hay encinares.

877. Región de la Cordillera Oriental. Cortés, primera edición 1896, segunda edición, 1903.
DEFINICIÓN: Area de considerable extensión y de variada riqueza en toda clase de plantas medicinales, industriales y de ornamento.

878. Región de la Guajira y montes de Oca. Cortés, primera edición 1896, segunda edición, 1903.
DEFINICIÓN: Llanuras arenosas, ardientes y de poca vegetación, en donde viven la familia de las cactáceas, las asclepias gigantes, varios arbustos espinosos de las leguminosas, algunos árboles pequeños de las caparidáceas y muchas de las burseráceas y terebintáceas.
ALCANCE GEOGRÁFICO: Península de la Guajira.
OBSERVACIONES: En las sierras se encuentran bosques de mamones, guaimaros, cedros, caracoles y jabillos.

879. Región de la Sierra Nevada de Santa Marta. Cortés, primera edición 1896, segunda edición, 1903.
DEFINICIÓN: Rica, bella y extensa zona, abundante en vegetales característicos como algunas primorosas, gesneríaceas y la *Calaminta (=Satureja) caerulescens* de las labiadas, que vive a 4000 metros sobre el nivel del mar.
ALCANCE GEOGRÁFICO: Departamento del Magdalena.

880. Región de la *Wintera granatensis* y de la *Escallonia*. Humboldt, 1807.
DEFINICIÓN: Formaciones densas ("cubiertas con arbustos espesos") en los Andes; troncos achaparrados con numerosas ramas, con copas verdes brillantes.
Alcance geográfico: Entre 2800 y 3300 m en los Andes.
OBSERVACIONES: Especies dominantes: *Drimys* (Wintera) *granatensis, Escallonia myrtilloides, Castilleja fissifolia, Vallea stipularis* y especies de *los géneros Styrax, Weinmannia* y *Lachemilla.*

881. Región de las hierbas alpinas. Humboldt, 1807.
DEFINICIÓN: Asociaciones con especies de Gentianaceas y con frailejones (*Espeletia* frailexon !sic!) después de la región de las Escallonias.

ALCANCE GEOGRÁFICO: Cordillera Oriental, entre 3300 y 4100; en la altiplanicie de Bogotá a 2678 m.
OBSERVACIONES: Géneros importantes: *Lobelia, Ranunculus, Gentiana, Loricaria, Calamagrostis, Agrostis* y *Lupinus.*

882. Región de las palmas y los plátanos. Humboldt, 1807.
DEFINICIÓN: Zona que sigue a la de las plantas subterráneas; comprende vegetación desde playas y de zonas costeras hasta la de las vertientes de las Cordilleras.
ALCANCE GEOGRÁFICO: Desde el nivel del mar hasta 1000 m, en América tropical.
OBSERVACIONES: Géneros importantes: *Avicennia, Conocarpus, Clavija, Cecropia, Heliconia, Pereskia, Sesuvium, Erythrina, Gyrocarpus, Virola, Ficus, Cassia* y *Mimosa.*

883. Región de los bosques alisios colombiano-venezolanos. Hueck, 1978.
DEFINICIÓN: Región boscosa cuyos árboles periódicamente pierden su follaje, constituyen un paralelismo con los bosque de monzón de la India. Son consecuencia de los vientos que con intensidad estacional variable influyen en el paisaje, en el clima y en la vegetación.
ALCANCE GEOGRÁFICO: Región entre los bosque andinos cordilleranos y las planicies sin árboles o pobres en estos como los bosques de los LLanos.
OBSERVACIONES: La precipitaciones anuales varían entre 1200 y 2000 mm, aumentando desde el este hacia el oeste; la temperatura media anual es 27 grados centigrados.

884. Región de los helechos arbóreos. Humboldt, 1807.
DEFINICIÓN: También conocida como región de la "Corteza contra la fiebre", caracterizada por la abundancia de especies de Quina (*Cinchona*, Rubiaceae)."
ALCANCE GEOGRÁFICO: Entre 400 y 1600 m, América tropical.
OBSERVACIONES: Especies de importancia económica: *Cinchona macrocarpa, Matisia cordata, Cichona lanceifolia* y especies de *los génerros Eugenia, Miconia, Prunus, Thibaudia, Clusia* y *Bocconia.*

885. Región de los llanos u Oriental. Cortés, primera edición 1896, segunda edición, 1903.
DEFINICIÓN: Comprende una vastísima extensión y abaraza gran parte de las riquezas vegetales del Amazonas y del Orinoco. Numerosas palmas, tales como el cumare, el moriche, el chiquichique y el seje, pueblan aquella tierra virgen donde se hallan además gardenias.
ALCANCE GEOGRÁFICO: Arauca, Casanare, Vichada, Meta, Guainía y Guaviare.

886. Región de los valles secos del interior andino. Hueck, 1978.
DEFINICIÓN: Sistema de valles generalmente abiertos hacia el este, se destacan de sus alrededores por su gran aridez; bosques con especies arbóreas xerófilas y matorrales con cactáceas de 1.5-2 m son los tipos de vegetación mas comunes.
ALCANCE GEOGRÁFICO: Valle del río Patía cerca de Pasto, valles del Chicamocha y cercanias del río Sucio, valle del río Dagua, valles de los ríos Magdalena y Cauca. Se encuentra desde el Norte de la Argentina hasta Venezuela.

OBSERVACIONES: Especies importantes: *Pithecolobium dulce, Poponax tortuosa, Fagara culantrillo, Cercidium praecox, Cephalocereus columbianus, Cephalocereus smithianus, Lemaireocereus griseus, Melocactus amoenus, Mammillaria columbiana, Cactus caesius, Opuntia tunicata* y *Opuntia elatior.*

887. Región del bajo Magdalena. Cortés, primera edición 1896, segunda edición, 1903.

DEFINICIÓN: Una de las regiones mas extensas y de incomparable riqueza vegetal, en donde se encuentra la mayor parte de la flora colombiana.

888. Región del Chocó y el río Atrato. Cortés, primera edición 1896, segunda edición, 1903.

DEFINICIÓN: Es la región mas rica del país en metales preciosos como el platino, iridio y el urano; poblada de serpientes venenosas como la "verrugosa" y rica en plantas y de ornato, tales como la hermosa *Cattleya chocoensis*, la palma "almendrón" y la "curaverruga".

ALCANCE GEOGRÁFICO: Departamento del Chocó.

889. Región del páramo de Tamá y de los ríos Oirá y Margua. Cortés, primera edición 1896, segunda edición, 1903.

DEFINICIÓN: Vasto territorio cubierto de bosques en la parte baja y en la faldas del Tamá, poblado de quinas, clorantáceas, musgos, líquenes y melastomátaceas, en la región templada; en la fría, pajonales y frailejonales enanos, con ribes, gencianas y berberis.

ALCANCE GEOGRÁFICO: Santanderes.

890. Región del Sur del Cauca. Cortés, primera edición 1896, segunda edición, 1903.

DEFINICIÓN: Vegetación compuesta de bosques donde se encuentran las primorosas orquideas como la *Masdevallia chimaera* y varios *Odontoglossum*; el tulipan, bella melastomatácea de Quilcac; el peine de mico del Patía; la pata de gallo de Túquerres y otras ericáceas.

ALCANCE GEOGRÁFICO: Nariño; también al Norte del Ecuador.

891. Región del Valle del Cauca. Cortés, primera edición 1896, segunda edición, 1903.

DEFINICIÓN: Hermoso territorio, donde abundan especies vegetales que enriquecen nuestra flora, tales como la yerba del cancer, el matatotumo, la hoja hedionda, el paloblanco, el precioso quereme, el burilico y la hoja de atajasangre.

ALCANCE GEOGRÁFICO: Departamentos del Valle del Cauca y del Cauca.

892. Región del Zulia y Catatumbo. Cortés, primera edición 1896, segunda edición, 1903.

DEFINICIÓN: Vegetación compuesta por selvas húmedas y malsanas y de poca elevación sobre el nivel del mar. Con árboles como higuerones, árbustos espinosos de las leguminosas, algunos árboles pequeños de las caparidáceas y muchas de las burceráceas y terebintáceas.

ALCANCE GEOGRÁFICO: Santander y Norte de Santander

893. Región natural andina. Pinto, 1993.

DEFINICIÓN: Se encuentran los pisos térmicos: cálido, templado, frío y páramo.

ALCANCE GEOGRÁFICO: comprende las Cordilleras de los Andes con sus ramales y la Sierra Nevada de Santa Marta.

894. Región natural de la Amazonia. Pinto, 1993.

DEFINICIÓN: La vegetación incluye selva densa de gran porte, cerros y enclaves rocosos con vegetación casmoquersófita.

ALCANCE GEOGRÁFICO: Esta región hace parte de las tierras bajas al Oriente de los Andes. Se divide en 3 subregiones: la primera se extiende a través de la cuenca del río Putumayo, el trapecio amazónico, al bajo Apaporis, el bajo Caquetá; la segunda en la porción Oriental del Vaupés y la tercera la cuenca alta y media del Apaporis y el Yarí.

895. Región natural de los Llanos Orientales. Pinto, 1993.

DEFINICIÓN: Dominan las Sabanas que incluyen comunidades casmoquersofíticas sub-xerofíticas, alternohígricas o temporalmente inundadas; las comunidades leñosas van desde selvas higofíticas a selvas freátofitas o de galería y comunidades oxidrofiticos con moriche.

ALCANCE GEOGRÁFICO: En Colombia, esta región hace parte de las tierras bajas al oriente de los Andes; se puede subdividir en la altillanura bien drenada que se extiende al Sur del río Meta; los llanos del Arauca y Casanare, llanura mal dreanada y el piedemonte llanero.

896. Región natural del Caribe (Costa Atlántica). Pinto, 1993.

DEFINICIÓN: Región con varios tipos de vegetación: bosques halo-helofíticos (manglares), comunidades herbáceas o arbustivas psammo-halofíticas (playas, dunas y playones), hiperxerofítia (desierto), halo-helofíticas herbáceas (zonas cenagosas costeras)

ALCANCE GEOGRÁFICO: planicie costera del caribe desde el río Sinú hasta la península de la Guajira.

OBSERVACIONES: Una cliserie latitudinal icluye matorral subxerofitico ralo y de bajo porte; matorrales densos y bosques subxerofiticos e higotopofiticos además bosques freatófito o de galeria en las márgenes del río Rancheria y matorrales con fisionomía subhigrofítica

897. Región natural del Pacífico. Pinto, 1993.

DEFINICIÓN: Región con selvas higrófitas, además figuran comunidades psammophytas de playa, halo-helophytia (manglares), el natal, el guandal, el catival y de paganal.

ALCANCE GEOGRÁFICO: comprende una franja estrecha desde el noreste del Ecuador hasta el oriente de Panamá.

898. Región semiárida del Cauca. Chapman, 1917.
DEFINICIÓN: Región que comienza al Sur de la cabecera de navegación del río Cauca en Antioquia y se extiende entre los andes Occidentales y centrales hasta el Valle del Cauca.
OBSERVACIONES:La región ha sido intensamente explotada y la tala de bosques para lograr potreros alteró grandes áreas. Los bosque actuales estan circunscritos a las márgenes de los arroyos y en las zonas bajas con suficiente irrigación subterránea.

899. Regiones de montaña desprovistas de bosque. Chapman, 1917.
DEFINICIÓN: Regiones que se encuentran en la zona templada como en la Sabana de Bogotá y en la región al Sur de Popayán, en donde hay extensas áreas desprovistas de árboles.

900. Sabana abierta. Salamanca, 1984.
DEFINICIÓN: Vegetación en áreas degradadas por sobrepastoreo o quemas frecuentes; las sabanas estan salpicadas de arbolitos. El porcentaje de plantas leñosas en la cobertura general es notoriamente menor que el de las herbáceas.
ALCANCE GEOGRÁFICO: Llanos Orientales

901. Sabana arbustiva. IGAC, 1984.
DEFINICIÓN: Vegetación sobre superficies de topografia ondulada con un dosel superior hasta de 10 m de altura; presenta árboles de copa pequeña y fustes rectos.
ALCANCE GEOGRÁFICO: Amazonia colombiana, al Sur del río Guaviare y en la región del Guainía, aprox. 1'800.000 has.
SINÓNIMO: Sa, Plancha 5-14. IGAC, 1984.
OBSERVACIONES: Especie dominante: *Schoenocephalium martianum* (flor inírida)

902. Sabana arbustiva con bosque de galería en superficie plana. PRORADAM, 1979.
DEFINICIÓN: Formación vegetal con predominio de especies de Graminae, Cyperaceae y Rapateaceae.
ALCANCE GEOGRÁFICO: Guainia: Muy común en el departamento.
SINÓNIMO: S2, Plancha 3. PRORADAM, 1979.

903. Sabana arbustiva sobre superficies disectadas. PRORADAM, 1979.
DEFINICIÓN: Vegetación poco densa; el estrato dominante con árboles de 10-15 cm de diámetrro y 8-10 m de altura; fustes rectos con copas pequeñas. Se encuentra en lugares de alta humedad, con epífitas, lianas y bejucos.
ALCANCE GEOGRÁFICO: Amazonia colombiana.
S3, Plancha 1. PRORADAM, 1979.
OBSERVACIONES: Especies dominantes: individuos de las familias Malpighiaceae, Rosaceae, Apocynaceae y Clusiaceae.

904. Sabana casmofita. Cuatrecasas, 1958; 1989.
DEFINICIÓN: Tipo especial de vegetación en lo alto de cerros y mesetas, aisladas entre las selvas de las Guyanas. La estructura del sustrato -muy permeable- hace que el agua se filtre y escurra rápidamente e imprima caracter ecológico xenomórfico a la vegetación.

ALCANCE GEOGRÁFICO: Cerros Roraima, Duida, Auyan-tepuí,Chimanta-tepuí; terrazas de San José del Guaviare, Chiribiquete.
OBSERVACIONES: Especies dominantes: En mesetas San Jose del Guaviare: *Navia acaulis, Vellozia litbophila, Senefelderopsis chiriquitensis, Acanthella conferta, Syngonanthus humboldtii, Siphanthera capitata.*

905. Sabana con resto de bosque. FAO, 1964.

DEFINICIÓN: Sabana que se deriva del bosque de piedemonte al ser talados los bosques originales.
ALCANCE GEOGRÁFICO: Al Norte del río Guacavía y en los alrededores.

906. Sabana de gramíneas con bosque de galería. IGAC, 1984; PRORADAM, 1979.

DEFINICIÓN: Vegetación localizada sobre superficies de topografía plana, el bosque de galeria crece adyacente al cauce de los ríos y caños, que contrasta con los pastizales adyacentes.
ALCANCE GEOGRÁFICO: Orinoquia y amazonia colombiana, aprox. 2'700.000 has.
SINÓNIMOS: Sg1, Placha 5-14. IGAC, 1984.
OBSERVACIONES: Especies dominantes: *Curatella americana* (chaparro), *Dacryodes* sp. *(carraño), Pseudolmedia laevigata* (leche chiva), *Protium* sp. (anime), *Mauritia flexuosa* (moriche), *Astrocaryum chambira* (cumare), *Paspalum pectinatum* y *Trachypogon vestitus*.

907. Sabana de gramíneas con bosque de galería en superficies onduladas. IGAC, 1984.

DEFINICIÓN: Vegetación mixta de pastizales y bosques que se desarrollan sobre superficies de topografia (serranías).
ALCANCE GEOGRÁFICO: Orinoquia y amazonia colombiana, aprox. 11'100.000 has.
SINÓNIMOS: Sg2, Plancha 5-14. IGAC, 1984. S1, Plancha1. PRORADAM, 1979.

908. Sabana disectada. Salamanca, 1984.

DEFINICIÓN: Altillanura ondulada, con caños de cauce amplio en forma de cuña.
ALCANCE GEOGRÁFICO: Llanos Orientales.
OBSERVACIONES: Incluye las formaciones vegetales: Sabanas abiertas, chaparrales, matas de monte y en menor extensión las sabanas inundables a lo largo de los esteros, de los bajos, los saladillales, los zurales y los bosques de galería.

909. Sabana eólica. Salamanca, 1984.

DEFINICIÓN: Unidad de paisaje con relieve ligeramente ondulado, casi plano; el drenaje es malo y como consecuencia se presentan numerosos encharcamientos. Se destacan en el paisaje los escarceos. El patrón de drenaje lo constituyen principalmente los esteros.
ALCANCE GEOGRÁFICO: Llanos Orientales Incluye las formaciones vegetales: sabanas de morichal, saladillales, sabanas inundables.

910. Sabana pirófila. Salamanca, 1984.
DEFINICIÓN: El paisaje varía entre altillanuras planas y onduladas al este del río Meta y altillanuras disectadas y fuertemente disectadas al este y oeste de la comisaria del Vichada. El área pobremente drenada presenta escarceos y en la bien drenada los esteros.
ALCANCE GEOGRÁFICO: Llanos Orientales.
OBSERVACIONES: Incluye las formaciones vegetales: sabanas abiertas, chaparrales, matas de monte y en menor extensión las sabanas inundables a lo largo de los esteros, de los bajos, los saladillales y los zurales.

911. Sabana seca. FAO, 1964.
DEFINICIÓN: Bajo esta denominación se incluyen las sabanas secas de *Trachypogon vestitus-Axonopus purpisii*; de *Paspalum pectinatum* y las de *Trachypogon vestitus*.
ALCANCE GEOGRÁFICO: Orinoquia colombiana.

912. Sabana temporal y permanentemente inundada. Salamanca, 1984.
DEFINICIÓN: Unidad constituida por conos aluviales muy anchos y alargados. El paisaje es de llanuras bajas y planas atravesadas por numerosos caños y ríos meandriformes.
ALCANCE GEOGRÁFICO: Llanos Orientales.
OBSERVACIONES: Incluye las formaciones vegetales: bosque pantanoso de la sabana permanentemente inundada y vegetación de los bajos y zurales en la sabana temporalmente inundable.

913. Sabanas arboladas. Salamanca, 1984.
DEFINICIÓN: Tipo de formacion en el cual aumenta el porcentaje de árboles en la cobertura general, pero subsiste la matriz herbácea como en el caso de la sabana abierta.
ALCANCE GEOGRÁFICO: Llanos Orientales.

914. Sabanas con régimen alternohígrico o estacionales. Hernández & Sánchez, 1992.
DEFINICIÓN: La mayor parte de sabanas corresponden a este grupo, aparecen en suelos bien drenados, textura media o gruesa, pobres en nutrientes y con nivel freático profundo. Constituye comunidades vegetales con un estrato herbáceo dominante.
ALCANCE GEOGRÁFICO: Se establece especialmente en la Orinoquia.
OBSERVACIONES: Elementos característicos: *Especies de Andropogon, Aristida, Axonopus, Leptocoryphium, Paspalum, Trachypogon, Curatella americana, Byrsonima crassifolia, Bowdichia virgilioides y Miconia rufescens* (sabanas Orinoquia).

915. Sabanas de la Amazonia. Dinerstein *et al.*, 1995
DEFINICIÓN: Ambientes distribuidos a lo largo de un área geográfica amplia con marcada variabilidad en la bióta y en el arreglo comunitario.
ALCANCE GEOGÁFICO: Colombia, Venezuela y Brasíl.
OBSERVACIONES: Las amenazas a la conservación estan representadas por la extracción de arenas blancas de sílice, la minería, el pastoreo y la quema.

916. Sabanas del Sur del departamento del César. Hernández & Sánchez, 1992.

DEFINICIÓN: Pastizales naturales sobre terrazas pleistocénicas, con precipitaciones superiores a 1500 mm y dos períodos con déficit de agua (enero a abril y julio).

ALCANCE GEOGRÁFICO: Cesar: Sector de Chiriguaná, Tamalameque, Las Lomas, Aguachica y La Gloria.

OBSERVACIONES: Especies características: *Andropogon bicornis, Axonopus purpusii, Leptocoryphium lanatum, Trachypogon vestitus, Curatella americana, Byrsonima crassifolia* y *Bowdichia virgilioides*.

917. Sabanas del valle medio del río César, departamento del César. Hernández & Sánchez, 1992.

DEFINICIÓN: Complejo de sabanas naturales y formaciones de bosque abierto, vegetación leñosa y elementos de bosques subxerofíticos, con una precipitación anual de 1000-1300 mm.

ALCANCE GEOGRÁFICO: Valle del río César, sector de Bonda y en la Guajira.

OBSERVACIONES: Especies características: *Byrsomina crassifolia, Prosopis juliflora, Caesalpinia cariaria, Pereskia guamacho* y *Capparis odoratissima*.

918. Sabanas inundables. Salamanca, 1984.

DEFINICIÓN: Vegetación que se desarrolla en áreas en donde el suelo permanece anegado durante la mayor parte de la estación lluviosa. Se destacan varios tipos: escarceos, bajos, zurales y esteros.

ALCANCE GEOGRÁFICO: Llanos Orientales.

919. Sabanas y bosques bajos cerrados. Van Andel, 1992.

DEFINICIÓN: Vegetación con un dosel superior muy abierto y un estrato con formas graminoides.

ALCANCE GEOGRÁFICO: Amazonas: a 30 km del centro de investigación Araracuara, margen derecha del río Caquetá.

OBSERVACIONES: Especies dominantes: *Mauritia flexuosa, Qualea pulcherrima, Macrolobium limbatum* y *Eugenia coffeifolia. Especies asociadas: Lonchocarpus latifolius, Tabebuia insignis* var. *monophylla, Qualea pulcherrima, Micrandra siphonioides* y *Xylopia ligustrifolia*.

920. Saprophytia. Del Llano, 1990.

DEFINICIÓN: Vegetación establecida sobre materiales orgánicos en putrefacción como ciertas griegies y cumulos de hongos, según sea el medio seco, sumergido o encharcado.

ALCANCE GEOGRÁFICO: Entre 3.400-3500 m.

OBSERVACIONES: Especies dominantes: *Psilocybe montana* (hongo) sobre suelo musgoso y *Marasmius buza*.

921. Saxiphytia. Del Llano, 1990.

DEFINICIÓN: Vegetación de suelos cascajosos y bloques rocosos, también sobre pedregales desérticos, un ejemplo teórico el caso de Polylepis, que asciende por pedregales y canchales

a grandes alturas en Venezuela y Colombia y por roquedales en Perú.
ALCANCE GEOGRÁFICO: Quebrada Bocatoma a 4270 m, en el superpáramo bajo de la Sierra Nevada del Cocuy (Cleef, 1981).
OBSERVACIONES: Especies típicas: *Arcytophyllum nitidum, Miconia salicifolia* y *Polilepis quadrijuga.*

922. Selva andina. Cuatrecasas, 1958.
DEFINICIÓN: Formacion selvática con elementos arbóreo- arborescentes de tamaño variable (hasta 30 m, en la parte baja y 15-20 m, en el límite superior); sotobosque vigoroso.
ALCANCE GEOGRÁFICO: Entre 2400 y 3500 m, a lo largo de las tres Cordilleras y en sistemas independientes.
SINÓNIMOS: Bosque andino.
OBSERVACIONES: Familias y géneros importantes: Cunoniaceae *(Weinmannia);* Brunelliaceae *(Brunellia);* Rubiaceae *(Psychotria, Palicourea);* Melastomataceae *(Miconia);* Ericaceae *(Cavendishia);* Compositae *(Diplostephium)* y Gesneriaceae *(Besleria).*

923. Selva de la cordillera. Hettner, 1966.
DEFINICIÓN: Selva tropical, pluvial con variedad florística, presenta árboles gigantes, de troncos gruesos y abundante epifitismo.
ALCANCE GEOGRÁFICO: Parte media de las cordilleras colombianas.

924. Selva inferior. Cuatrecasas, 1958.
DEFINICIÓN: Formaciones selváticas con elementos de 30-40 m de altura, raíces fulcreas. Sotobosque con hierbas gigantes; abundan los bejucos leñosos, follaje siempre verde y diversidad florística elevada.
ALCANCE GEOGRÁFICO: Desde el nivel del mar hasta 1000 m en llanuras aluviales y base de la Cordilleras Occidental, Central y Oriental.
OBSERVACIONES: Familias y generos importantes: Anacardiaceae *(Anacardium, Campnosperma, Tapirira),* Annonaceae *(Anaxagorea, Guatteria),* Bombacaceae *(Matisia),* Clusiaceae *(Clusia),* Lècythidaceae *(Gustavia),* Leguminosae *(Inga)* y Palmae *(Euterpe).*

925. Selva neotropical. Cuatrecasas, 1958.
DEFINICIÓN: Vegetación que constituye el climax geográfico, con la máxima expresión biológica en las condiciones climático-geográficas actuales; rica en especies arbóreas, abundan bejucos leñosos y epífitas.
ALCANCE GEOGRÁFICO: Es la formación vegetal mas importante de Colombia, 2/3 partes del territorio nacional.
SINÓNIMOS: Selva ecuatorial
OBSERVACIONES: Comprende 3 subtipos altitudinales de formación selvática inferior, subandina y andina entre 0-3500 m. Las selvas neotropicales entran en la Pluvisylva de Rübel y en el Hygrodrymium de Diels.

926. Selva sometida a inundaciones por ríos de aguas blancas. Salamanca, 1984.
DEFINICIÓN: Ambiente de várzea que se desarrolla a lo largo de las llanuras de desborde

de los ríos que provienen de la Cordillera Oriental, principalmente del Guaviare, Caquetá y Putumayo.

ALCANCE GEOGRÁFICO: Amazonia colombiana.

927. **Selva sometida a inundaciones por ríos de aguas negras**. Salamanca, 1984.

DEFINICIÓN: Ambiente de igapó que se desarrolla sobre zonas influenciadas por la inundación de aguas cristalinas provenientes especialmente de caños y quebradas.

ALCANCE GEOGRÁFICO: Amazonia colombiana.

928. **Selva subandina**. Cuatrecasas, 1958.

DEFINICIÓN: Fisionómicamente es una selva con árboles frondosos de 25-35 m altura. Predomina la hoja meso-notofílica. En el sotobosque los helechos arborescenetes y las palma son muy comunes.

ALCANCE GEOGRÁFICO: Se extiende desde 1000 hasta 2400 m, por las faldas de las cordilleras y de sistemas independientes.

SINÓNIMOS: Bosque subandino.

OBSERVACIONES: Familias y generos importantes: Clusiaceaea *(Chrysochlamys, Clusia, Tovomita),* Euphorbiaceae *(Alchornea, Croton),* Lauraceae *(Nectandra),* Leguminosae *(Calliandra, Inga),* Meliaceae *(Guarea),* Melastomataceae *(Ossaea, Miconia),* Rubiaceae *(Palicourea).*

929. **Serranía**. Salamanca, 1984.

DEFINICIÓN: Altillanura fuertemente disectada; red hidrográfica intrincada, con caños de valles en V e interfluvios estrechos. Modelado de colinas y serranías.

ALCANCE GEOGRÁFICO: Llanos Orientales.

OBSERVACIONES: Actualmente se encuentran áeas de influencia antrópica, sabanas abiertas, chaparrales y morichales en sectores localizados, extensas zonas dedicadas a cultvos y/o pastos mejorados y algunos restos de bosque higrófilo e Hylaea amazonica.

930. **Subxerofitia**. Páramo, 1990.

DEFINICIÓN: Tipo de vegetación semejante a la xerofítia, de la cual se diferencia por tener como factor limitante las altas temperaturas y no la ausencia de lluvias.

ALCANCE GEOGRÁFICO: En Colombia se distribuye en las extensas sabanas de los llanos Orientales, las sabanas de Córdoba.

OBSERVACIONES: La fisionomía y la estructura de la subxerofitia es muy similar a la xerofitia.

931. **Superpáramo**. Cuatrecasas, 1958.

DEFINICIÓN: Zona entrecha por encima de 4200 m, que llega al nivel de la nieve; la distribución de la vegetación es dispersa se encuentra en suelos pobres, arenosos y gravillosos; sujeta a nevadas nocturnas todo el año.

ALCANCE GEOGRÁFICO: Cumbres andinas por encima de los 4500 m.

SINÓNIMOS: Tierra gélida.

OBSERVACIONES: Especies características: *Senecio canescens, Cerastium floccosum, especies de Arcytophyllum* y *de Draba*.

932. Tachyrheophytia. Del Llano, 1990.

DEFINICIÓN: Vegetación de aguas torrentosas (llamada taquireófila)
ALCANCE GEOGRÁFICO: Se caracteriza en Colombia y en América Tropical (según Dugand) únicamente por *Marathrum hankeanum* (ej. de adaptación a un medio hostil).
OBSERVACIONES: Comunidades representaivas: Rheophytic communities; Philonoto-Isotachidetum serrulatae (Cleef, 1981).

933. Territorios insulares. Pinto, 1993.

DEFINICIÓN: Hacen parte de las regiones del Caribe y del Pacífico, se encuentra vegetación de comunidades psammofítas de playa, bosques y matorrales calcícolas desarrollados sobre antiguos arrecifes coralinos hoy emergentes y bosques sub-higrofíticos o con esta tendencia
ALCANCE GEOGRÁFICO: Archipiélago de San Andrés y Providencia en el Caribe y en el Pacífico, Gorgona entre otras.

934. Vegetación casmófita. Salamanca, 1984.

DEFINICIÓN: Tipo de formación vegetal muy particular llamada por Cuatrecasas (1958) Sabana Casmófita aunque no es propiamente sabana pues no predominan las hierbas del tipo graminoides sino las plantas de porte arbustivo en incluso árboles pequeños.
ALCANCE GEOGRÁFICO: Llanos Orientales. Se desarrolla en la pequeñas cubetas y canales de disolución de los afloramientos rocosos del escudo Guyanés.
OBSERVACIONES: Dominan las especies de los géneros *Vellozia, Papepalanthus, Mandevilla, Diodia, Eleocharis* y *Cissus erosa*.

935. Vegetación con Podostemonáceas. Dugand, 1944.

DEFINICIÓN: Hierbas anuales pequeñas, adaptadas a medios hostiles, adheridas a rocas y piedras sumergidas en los lechos de los ríos de corrientes rápidas.
ALCANCE GEOGRÁFICO: Río Vaupés, Chocó, Amazonas, ríos de la Sierra Nevada de Santa Marta, raudales del Orinoco, ríos Guainía, salto del Tequendama.
OBSERVACIONES: Especies: *Weddellina uaupensis, Tristicha hypnoides, Marathrum pauciflorum, Marathrum squamosum, Marathrum schiedeanum, Marathrum utile, Marathrum foeniculaceum, Rhyncholacis crassipes, Rhyncholacis oligandra* y *Rhyncholacis linearis*.

936. Vegetación de la carretera. Vink & Wijninga, 1986.

DEFINICIÓN: Vegetación con especies subespontáneas en los bordes de la carretera y de los caminos.
ALCANCE GEOGRÁFICO: Cordillera Oriental, Cundinamarca: Municipio de Mosquera, laguna de La Herrera, 2500 m.
OBSERVACIONES: Especies presentes: *Pennisetum clandestinum, Holcus lanatus, Eragrostis patula, Salvia bogotensis, Solanum lycioides, Opuntia* cf. *schumanni, Solanum marginatum, Echeveria bicolor* y *Tillandsia incarnata*.

937. Vegetación de la llanura eólica. FAO, 1964.

DEFINICIÓN: Tipo especial de vegetación que se desarrolla en una región baja e inundable entre la llanura aluvial de desborde por el Oeste y el río Meta y la llanura por el este.

ALCANCE GEOGRÁFICO: Se extiende desde la frontera con Venezuela hasta el departamento del Meta en Colombia.

938. Vegetación de las llanuras bajas lindantes. Hettner, 1966.

DEFINICIÓN: Alude a la vegetación de la parte baja de las cordilleras, diferenciadas por el monto de las precipitaciones.

ALCANCE GEOGRÁFICO: Piso basal de las cordilleras colombianas. Llanuras del valle del río Magdalena con selva espesa; llanuras Orientales con praderas extensas.

939. Vegetación de los escarceos. González *et al.*, 1990; FAO, 1964.

DEFINICIÓN: Pastizales que se desarrollan sobre formas de modelado alargadas, suavemente curvadas y en dirección perpendicular a la pendiente en la llanura eólica.

ALCANCE GEOGRÁFICO: En la llanura eólica de la Orinoquia colombiana.

940. Vegetación de los medanos. Vincelli, 1981.

DEFINICIÓN: Mosaico de vegetación relacionado con un gradiente de profundidad del nivel freático, la vegetación exhibe un patrón regular en el espacio, como respuesta a un patrón espacialmente uniforme del ambiente.

ALCANCE GEOGRÁFICO: Vichada: en el Parque Nacional Natural El Tuparro.

941. Vegetación de los planos meándricos. FAO, 1964.

DEFINICIÓN: Tipo de vegetación que se establece en la franjas inundables entre los diques de los antiguos meandros.

ALCANCE GEOGRÁFICO: En las zonas de inundación de los ríos.

OBSERVACIONES: Especies dominantes: *Panicum tricholaenoides, Panicum laxum, Leersia hexandra, Trachypogon vestitus* y *Axonopus purpusii*.

942. Vegetación de los raudales. FAO, 1964.

DEFINICIÓN: Tipo de vegetación especial resultante de ciertas condiciones de humedad y de aireación que se presentan en zonas inundadas con agua profunda y corriente.

ALCANCE GEOGRÁFICO: Orinoquia colombiana, en sitios de la llanura aluvial de desborde.

OBSERVACIONES: Especies dominantes: *Eichhornia heterosperma, Panicum laxum, Commelina elegans, Eleocharis mutata, Euphorbia* sp., *Polygonum punctatum, Aeschynomene evenia* y *Jussiaea* sp.

943. Vegetación de los surquillos. FAO, 1964.

DEFINICIÓN: Vegetación que se establece en ligeras depresiones alargadas de terrenos pendientes cercanos a los esteros.

ALCANCE GEOGRÁFICO: Orinoquia colombiana, en algunas partes de la altillanura.

OBSERVACIONES: Especies dominantes: *Trachypogon vestitus, Digitaria neesiana, Paspalum virgatum, Sporobolus cubensis* y *Byrsonima verbascifolia*.

944. Vegetación de pantano. IGAC, 1984.
DEFINICIÓN: Esta vegetación caracteriza a las zonas bajas e inundadas, espcialmente del río Atrato, en donde aparecen arbustos y palmas de poca importancia maderable.
ALCANCE GEOGRÁFICO: Regiones Pacífica, Atlántica y Orinoquia, aprox. 600.000 has.
SINÓNIMOS: Vpt, Plancha 5-13. IGAC 1984.
OBSERVACIONES: Especies dominantes: *Eichhornia azurea, Pistia striatiotes, Polygonum acuminatum, Montrichardia arborescens (arracacho)* y *Raphia taedigera (palma pangana)*.

945. Vegetación del borde pirófilo. Vincelli, 1981.
DEFINICIÓN: Tipo de vegetación que forma una faja continua alrededor de los bosques constituyendo un límite brusco entre el bosque y el comienzo de la sabana, no se le considera un ecotono.
ALCANCE GEOGRÁFICO: Se encuentra en la mayoría de los bosques de la Orinoquia colombiana.

946. Vegetación gramínoide de páramo. IGAC, 1984.
DEFINICIÓN: Se presenta en áreas colindantes con bosques de zonas escarpadas de Cordillera, en alturas superiores a los 3000 m.
ALCANCE GEOGRÁFICO: Zonas Andina y Atlántica de Colombia, aprox. 1'100.000 has.
SINÓNIMOS: Vpa, Plancha 5-13, IGAC, 1984.
OBSERVACIONES: Géneros dominantes: *Espeletia (frailejón), Chusquea (chusque)* y *Calamagrostis (paja)*.

947. Vegetación secundaria de colinas altas y serranías. Zuluaga, 1987.
DEFINICIÓN: Unidad de vegetación que incluye diversas fitocenosis desde matorrales hasta bosques altos en áreas inundables, sometida a la acción antrópica.
ALCANCE GEOGRÁFICO: Región del pacífico colombiano; colinas y serranías entre 100-600 m. OBSERVACIONES: Incluye: Franja boscosa con *Cecropia peltata, Cecropia occidentalis, Ochroma lagopus, Heliocarpus popayanensis*; matorrales con *Trema micrantha, Solanum jamaicense, Heliconia longiflora, Vernonia baccharidea* y pastizales con *Hypharhenia rufa* y *Andropogon bicornis*.

948. Vegetación secundaria de la Llanura aluvial inundable. Zuluaga, 1987.
DEFINICIÓN: Complejo de vegetación que engloba las comunidades de orillas y diques del río Atrato y de sus cienagas, incluye desde herbazales monoespecíficos hasta bosques bien desarrollados en las orillas de los ríos.
ALCANCE GEOGRÁFICO: Región del pacífico colombiano; río Atrato (ciénagas).
OBSERVACIONES: comprende vegetación de los basines con *Thalia geniculata, Calathea lutea* y *Scleria pterota*; vegetación de las riberas con *Prioira copaifera, Erythrina fusca, Triplaris* cf. *americana* y bosques cerca de colinas con *Spondias mombin* y *Ochroma pyramidalis*.

949. Vegetación secundaria de La Llanura no inundable. Zuluaga, 1987.
DEFINICIÓN: Vegetación secundaria con mosaico de fisionomías y etapas de regeneración desde bosques altos hasta matorrales, abundancia de bejucos y un estrato herbáceo denso.

ALCANCE GEOGRÁFICO: Región del Pacífico Colombiano; riberas de los ríos.
OBSERVACIONES: Especies dominantes: *Inga alba, Inga nobilis, Inga punctata, Spondias mombin, Hura crepitans, Pseudobombax septenatum, Ochroma pyramidalis* y *Casearia arguta*.

950. **Xerofítia**. Páramo, 1990.

DEFINICIÓN: Vegetación sujeta a sequías prolongadas, se caracteriza por la presencia de plantas cactiformes y arbustos de crecimiento lento, muy aislados. En este tipo de formación predominan los arbustos achaparrados y las formas herbáceas estacionales.
ALCANCE GEOGRÁFICO: Guajira: Se distribuye en la parte media y Norte de la península y en enclaves aislados.

951. **Zona sin bosque del Caribe.** Chapman, 1917.

ALCANCE GEOGRÁFICO: Región semi-árida o árida en donde la ausencia de bosque se debe probablemente a insuficientes o irregulares lluvias con largos períodos de sequía. Cactus, matorrales espinosos y xerófilos componen la vegetación característica.
ALCANCE GEOGRÁFICO: Colombia. Desde el río Sinú hasta la península de la Guajira, excepto la zona de manglar y los bosques de la Sierra Nevada de Santa Marta.

952. **Zonas tropicales sin bosques**. Chapman, 1917.

DEFINICIÓN: La parte de la zona tropical de Colombia que no está cubierta de bosques; incluye también las areas semi-áridas (alto Dagua) y los valles cubiertos de matorrales como en el bajo río Negro.
ALCANCE GEOGRÁFICO: Colombia, en extensa superficie.
OBSERVACIONES: En esta categoría se agrupan: Los Llanos, El Caribe, el alto Magadalena y el alto Cauca o verdadero Valle del Cauca.

953. **Zonobioma desértico tropical**. Hernández & Sánchez, 1992.

DEFINICIÓN: Incluye vegetación desde densa hasta rala en climas del tipo isomegatérmico y precipitación escasa, 500-800 mm.
ALCANCE GEOGRÁFICO: Guajira: al Norte de la Península; Santa Marta; oriente Isla de Salamanca.
OBSERVACIONES: Cardonal Guajiro; matoral xeromórfico.

954. **Zonobioma tropical alternohígrico**. Hernández & Sánchez, 1992.

DEFINICIÓN: Bosques altos del piso isomegatérmico en áreas con períodos prolongado de sequía en donde la plantas experimentan deficiencia de agua y perdida del follaje.
ALCANCE GEOGRÁFICO: Costa Atlántica, del Sur de la Guajira hasta Córdoba; San Andrés, Providencia y Santa Catalina.

955. **Zonobiomas subxerofíticos tropicales**. Hernández & Sánchez, 1992.

DEFINICIÓN: Bosques y matorrales del piso isomegatérmico, con caracteres xeromórficos muy pronunciados debido a la precipitación anual muy baja y varios meses secos.
ALCANCE GEOGRÁFICO: Litoral Caribe, Barranquilla- Golfo de Morrosquillo; Santa Marta; Guajira; Cúcuta; río Chicamocha.

SINÓNIMOS: Subxerofitia isomegatérmica.
OBSERVACIONES: Especies características: *Prosopis juliflora* y especies de *Armatocereus, Cereus, Mimosa* y *Phitecolobium.*

TERMINOS TOPONIMICOS O DE USO COMUN POR LA GENTE

956. Bajos. Salamanca, 1984.
DEFINICIÓN: Pequeñas depresiones que por razones pedológicas e hidroedafológicas se inundan periódicamente. Se desarrolla una sabana en donde predominan *Leptocoryphium lanatum, Andropogon selloanus, Axonopus purpusii* y *Eriochrysis holcoides*.
ALCANCE GEOGRÁFICO: Llanos Orientales.
OBSERVACIONES: También se encuentran *Sorghastrum parviflorum, Rhynchospora globosa* y en menor proporción especies de *Mesosetum* y de *Andropogon*.

957. Bajos. González *et al.,* 1990.
DEFINICIÓN: Vegetación de pastizal que se establece en pequeñas depresiones que se inundan temporalmente.
ALCANCE GEOGRÁFICO: Se presenta en cualquier sabana contigua al alto Llano colombiano.
OBSERVACIONES: Especies dominantes: *Leptocoryphium lanatum, Andropogon selloanus* y *Axonopus purpusii.*

958. Caatinga. González *et al.,* 1990.
DEFINICIÓN: Unidad ecológica que se desarrolla sobre suelos de arenas blancas. La vegetación es esclerófila; los bosques tienen individuos que alcanzan 30 m de altura.
ALCANCE GEOGRÁFICO: Amazonia colombiana.
SINÓNIMOS: Bosque Peinomórfico

959. Caatinga amazónica. Salamanca, 1984.
DEFINICIÓN: Tipo de bosque con estructura mas sencilla que la Hylaea y un dosel mas abierto. La vegetación exhibe marcadas características de escleromorfia que parece obedecer a la condición oligotrófica de los suelos. El porcentaje de endemismo es alto.
ALCANCE GEOGRÁFICO: Amazonia colombiana.
OBSERVACIONES: Familias características: *Caesalpiniaceae, Chrysobalanaceae, Vochysiaceae, Sapotaceae, Euphorbiaceae, Guttiferae, Linaceae* y *Myristicaceae.*

960. Campinas. Salamanca, 1984.
DEFINICIÓN: Formaciones mas abiertas que las caatingas, pero compuestas por plantas que generalmente no superan el estrato herbáceo, como máximo forman pequeños matorrales con caracteísticas de escleromorfia.
ALCANCE GEOGRÁFICO: Amazonia colombiana.

OBSERVACIONES: Especies características: *Annona nitida, Borreria capitata, Clusia* spp., *Erythroxylum campinense, Hirtella racemosa, Doliocarpus spraguei, Glycoxylon inophyllum, Mabea occidentalis, Mycia servata, Ormosia costulata* y *Psychotria* cf. *lupulina*.

961. Campinas. González *et al.*, 1990.

DEFINICIÓN: Vegetación esclerófila de bosques pequeños de hasta 15 m de altura.

ALCANCE GEOGRÁFICO: En la región Amazónica.

962. Cananguchales. Van Andel, 1992.

DEFINICIÓN: Vegetación dominada por el cananguche *Mauritia flexuosa* que se desarrolla en las partes mal drenadas de la terraza baja.

ALCANCE GEOGRÁFICO: Amazonas: a 30 km del centro de investigación Araracuara, margen derecha del río Caquetá.

OBSERVACIONES: Especies asociadas: *Qualea pulcherrima, Micrandra siphonioides, Xylopia ligustrifolia, Lonchocarpus latifolius* y *Hevea guianensis*.

963. Cardonales. Pérez-A., 1986.

DEFINICIÓN: Bosque semidesértico dominado por el cardón o cactus arbóreo.

ALCANCE GEOGRÁFICO: Guajira: costa Norte de la Guajira.

SINÓNIMOS: Espinadales, espinales.

OBSERVACIONES: Especies dominantes: *Lemaireocereus griseus* (s.l.) y *Pereskia colombiana*.

964. Catival. Hernández & Sánchez, 1992.

DEFINICIÓN: Helobioma caracterizado por el predominio del cativo, *Prioria copaifera*, árbol de gran porte que forma rodales.

ALCANCE GEOGRÁFICO: Chocó: Vegas de los ríos Atrato, Sucio y valle medio del Magdalena.

SINÓNIMOS: Véase *Prioria copaifera* (Com.)

965. Chaparrales. Hueck, 1978.

DEFINICIÓN: Sabanas con un estrato ralo de árboles de 3-4 m de altura con notable semejanza en la fisionomía, en la ecología y en la composición florística con los "campos cerrados" del Brasil.

ALCANCE GEOGRÁFICO: A menudo en extensiones considerables en la región de los bosques alisios Colombiano-Venezolanos.

OBSERVACIONES: La precipitaciones anuales varían entre 1200 y 2000 mm.

966. Chaparrales. Salamanca, 1984.

DEFINICIÓN: Son sabanas en las cuales dentro de la matriz herbácea constituida por mosaicos de *Paspalum carinatum* y *Paspalum pectinatum* se encuentran interespaciados los diferentes chaparros: *Palicourea rigida, Curatella americana, Byrsonima crassifolia* y *Byrsonima* sp.

ALCANCE GEOGRÁFICO: Llanos Orientales.

OBSERVACIONES: Otras especies características de la sabana son: *Trachypogon vestitus, Trachypogon ligularis, Bulbostylis junciformis, Cassia tetraphylla* y *Leptocoryphium lanatum*.

967. Chaparrales. Vergara & Velasco, 1901.

DEFINICIÓN: Bosquecillos de tierra caliente, en llanuras ardientes y pedregosas de composición florística pobre.

ALCANCE GEOGRÁFICO: Hoyas del Magdalena y del Cauca y localidades de la región Oriental.

OBSERVACIONES: Las especies dominantes son *Curatella americana* (chaparro o peralejo), *Doliocarpus nitidus* (bejuco tomé), *Davilla kunthii* y *Cissampelos caapeba* (amargoso).

968. Chusquedales. González *et al.*, 1990.

DEFINICIÓN: Formación caracterizada por el desarrollo del chusque *Chusquea tessellata*, que alcanza alturas hasta de tres metros y coberturas muy cerradas.

ALCANCE GEOGRÁFICO: Se distribuye a lo largo de los páramos de las tres cordilleras.

SINÓNIMOS: Chuscales

969. Cuangarial. González *et al.*, 1990.

DEFINICIÓN: Unidad vegetal que se desarrolla a continuación del natal en donde predomia el cuangaré *Dialyanthera gracilipes*.

ALCANCE GEOGRÁFICO: Región Pacífica colombiana, sectores de la zona Occidental.

970. Escarceos. Salamanca, 1984.

DEFINICIÓN: Son formas del modelado en camellones alargados y suavemente curvados en una dirección perpendicular a la pendiente, se producen cuando por procesos de solifluxión, se remueve el material limoso superficial del suelo. Forma orlas.

ALCANCE GEOGRÁFICO: Llanos Orientales.

OBSERVACIONES: En la parte mas elevada abundan gramineas altas, *Paspalum virgatum, Panicum tricholenoides, Trachypogon ligularis* y *Leptocoryphium lanatum*; en la parte baja aparecen *Mesosetum* spp., *Eriochrysis holcoides* y *Panicum stenodes*.

971. Esteros. Salamanca, 1984.

DEFINICIÓN: Formas de drenaje semejantes a caños, pero de cauce plano y amplio, se encuentran suelos hidromórficos que algunas veces presentan caracteres vérticos. Predominan en la llanura eólica y en la sabana pirófila.

ALCANCE GEOGRÁFICO: Llanos Orientales.

OBSERVACIONES: En los sectores no cubiertos por morichales y/o saladillales se desarrolla una sabana donde predominan *Andropogon virgatus, Eriochrysis cayennensis, Leptocoryphium lanatum, Panicum versicolor, Paspalum pulchellum, Sclerria hirtella* e *Hyptis conferta*.

972. Esteros. González *et al.*, 1990.

DEFINICIÓN: Vegetación muy frecuente en zonas de drenajes con cauce plano y amplio que se inundan frecuentemente.

ALCANCE GEOGRÁFICO: Orinoquia colombiana.
OBSERVACIONES: Especies dominantes: *Andropogon virgatus, Leptocoryphium lanatum* y *Panicum versicolor.*

973. **Frailejonal**. Cuatrecasas, 1958.

DEFINICIÓN: Formación propia de los páramos andinos en donde predomina el frailejón (*Espeletia* sp.). Los frailejonales van asociados a otras especies igualmente importantes en la vegetación de los páramos.
ALCANCE GEOGRÁFICO: A lo largo de los páramos andinos (Ecuador hacia Venezuela).

974. **Guandal**. Hernández & Sánchez, 1992.

DEFINICIÓN: Complejo de selvas pantanosas desprovistas de influjo salino que se intergradan con el natal formando un mosaico de rodales homogéneos; originando varias comunidades como el sajal y el cuangaral.
ALCANCE GEOGRÁFICO: Zona costera del pacífico.
OBSERVACIONES: Especies características: *Campnosperma panamensis, Symphonia globulifera, Carapa guianensis, Pachira aquatica, Osteophloeum platyspermum, Brosimum utile, Euterpe cuatrecasana, Euterpe rhodoxyla, Manicaria saccifera* y especies de *Virola* e *Iryanthera.*

975. **Guarumal**. Cuatrecasas, 1958.

DEFINICIÓN: Formación de playa, marginal riparia; constituye la tercera etapa en la invasión de las playas por la vegetación dominada por especies de *Cecropia*.
ALCANCE GEOGRÁFICO: A lo largo del territorio nacional.
OBSERVACIONES: Generalmente sirve como indicativo de bosque secundario.

976. **Igapos**. González *et al.*, 1990.

DEFINICIÓN: Formaciones vegetales en sitios con suelos inundables por los ríos de aguas negras. Se caracterizan por el dominio de especies de la familia Myristicaceae y de los géneros *Triplaris*, *Piranhea, Copaifera* y *Alchornea*.
ALCANCE GEOGRÁFICO: Presentes en la Amazonia y Orinoquia colombiana.

977. **Manglar**. UNESCO, 1979.

DEFINICIÓN: Formaciones bien desarrolladas en los grandes estuarios, particularemnete en la zona de oscilación de las mareas. Las aguas, mas o menos saladas, bañan el suelo. La fisionomía se caracteriza por la presencia de raíces zanco o con neumatóforos.
ALCANCE GEOGRÁFICO: Ocupan casi toda la costa del Pacífico y parte de la costa del Atlántico; también en el Brasil, Ecuador, Perú y Venezuela.
OBSERVACIONES: Especies características: *Ardisia granatensis, Avicennia nitida, Conocarpus erectus, Conostegia polyantha, Laguncularia racemosa, Pellicera rozophorae, Rizophora brevistyla, Rustia occidentalis, Acrostichum aureum* y *Tuberostylis axillaris*.

978. Manglar. Von Prahl *et al.*, 1990.
DEFINICIÓN: Asociación vegetal costera de los trópicos y subtrópicos con una marcada tolerancia al agua salada y salobres, con adaptaciones para ocupar sustratos inestables (raíces zancos) y adaptaciones para intercambiar gases en sustratos anaeróbicos (neumatóforo).
ALCANCE GEOGRÁFICO: Costas Pacífica y Atlántica, así como en las islas oceánicas colombianas.

979. Manglares. Hueck, 1978.
DEFINICIÓN: Tipo de vegetación que se desarrolla en partes con bahías tranquilas y fangosas. Colombia es el único país suramericano con manglares en las dos costas.
ALCANCE GEOGRÁFICO: En Colombia en la costa Pacífica comienzan en el Cabo Corrientes, se extienden hasta Guayaquil (Ecuador) llegando hasta Tumbes (Perú).
OBSERVACIONES: Especies importantes: *Rhizophora brevistila* (no presente en el Atlántico), *Avicennia nitida, Laguncularia racemosa* y *Conocarpus erecta* y particularmente en Colombia *Pelliceria rhizophorae*.

980. Médanos. Salamanca, 1984.
DEFINICIÓN: Son dunas longuitudinales a lo largo de muchos de los ríos principales y de cauces abandonados; generalmente presentan dirección Suroeste y tienen una altura y un ancho de 50 X 25 Km respectivamente.
ALCANCE GEOGRÁFICO: Llanos Orientales.
OBSERVACIONES: Sobres la dunas se encuentra vegetación de sabana abierta y/o bosque tropófilo del tipo bosque de los médanos. En los corredores hidromórficos se encuentra una sabana inundable similar a la de los escarceos.

981. Morichal. Páramo, 1990.
DEFINICIÓN: Formación vegetal compuesta primordialmente por individuos de *Maurita flexuosa*, en sectores donde hay bajos mas o menos pantanosos.
ALCANCE GEOGRÁFICO: Orinoquia colombiana.
SINÓNIMOS: Formaciónes de moriche

982. Morichales. Salamanca, 1984.
DEFINICIÓN: Vegetación muy similar en la fisionomía a los saladillales pero en el estrato arbóreo predominan los moriches (*Mauritia flexuosa*), mientras que en el estrato herbáceo son comunes *Andropogon leucostachyus, Rhynchospora barbata* y *Utricularia* sp.
ALCANCE GEOGRÁFICO: Llanos Orientales

983. Naidizal. González *et al.,* 1990.
DEFINICIÓN: Estado de regeneración de la selva de Sajo y Cuángare dominado por la palma naidi (*Euterpe cuatrecasana*).
ALCANCE GEOGRÁFICO: Es una consociación propia de las áreas con mal drenaje del Sur de la costa del Pacífico.

984. Natal. Cuatrecasas, 1958.
DEFINICIÓN: Variante de la selva inferior, se encuentra en la parte mas baja e inundada por el reflujo de agua del río.
ALCANCE GEOGRÁFICO: Costa Pacífica, se halla detras del Manglar.
SINÓNIMOS: Natal, Hernández y Sánchez, 1992

985. Pajonales. González *et al.*, 1990.
DEFINICIÓN: Extensiones cubiertas por estratos herbáceos y rasantes muy desarrollados dominados por gramineas y estratos dispersos de arbustos bajos. Son características importantes el hábito arrosetado y el indumento aislante de las hojas.
ALCANCE GEOGRÁFICO: Páramos de Colombia.

986. Panganal. Hernández & Sánchez, 1992.
DEFINICIÓN: Vegetación dominada por la palma *Raphia taedigera*.
ALCANCE GEOGRÁFICO: Costa Pacífica, río Atrato y en sectores pantanosos de la Orinoquia y de la Amazonia.
SINÓNIMOS: Raphietum taedigerae, Zuluaga, 1987.
OBSERVACIONES: Especies asociadas: *Montrichardia arborescens*

987. Pantano. Pérez-A., 1986.
DEFINICIÓN: Formación vegetal que crece en lugares donde se apoza el agua lluvia, lejos de lugares de ríos, con una vegetación típica fija al suelo cenagoso.
SINÓNIMOS: Cenegales, tembladales, limnobenthos.
OBSERVACIONES: Especies dominantes pertenecen a los géneros *Rumex* (omanzas), *Polygonum* (barbasco), *Typha* (totora o juncos de pasión), *Mimosa* y *Sphagnum*; entre las sumergidas especies de *Nitella* (Chara) y de *Oenothera*.

988. Páramo. A. von Humboldt, 1805.
DEFINICIÓN: En los Andes así se denomina a todo lugar en una altura desde las 1700 hasta 2000 toisas (1 toisa= 1.95 m); la vegetación mayor no prospera y el frío penetra hasta los huesos.

989. Páramo. Cuatrecasas, 1958. (Figuras 87a,b)
DEFINICIÓN: Extensas regiones desarboladas que coronan las cordilleras por encima del bosque andino. Son fríos y húmedos con cambios climáticos bruscos, estan casi siempre cubiertos por niebla. Los pastos son abundantes.
ALCANCE GEOGRÁFICO: Sistemas andinos, desde 3500-3800 m hasta el nivel de nieve 4700 m, también Ecuador y Costa Rica.
SINÓNIMOS: Psycrofitia

990. Páramo. Guhl, 1995.
DEFINICIÓN: Regiones montañosas de los andes ecuatoriales húmedos por encima del limite superior del bosque, mayor de 3100 m; la forma del relieve incluye hasta el modelado periglacial. En el páramo alto, por encima de 3500 m son comunes las morrenas y los procesos de solifluxión y gelifracción.

1-*Espeletiopsis pleiochasia*

Figura 87a. Aspecto de la vegetación arbustiva de *Espeletiopsis pleiochasia*, Boyacá; Páramo de la Rusia, 3150 m. Tomado de Cleef, 1981.

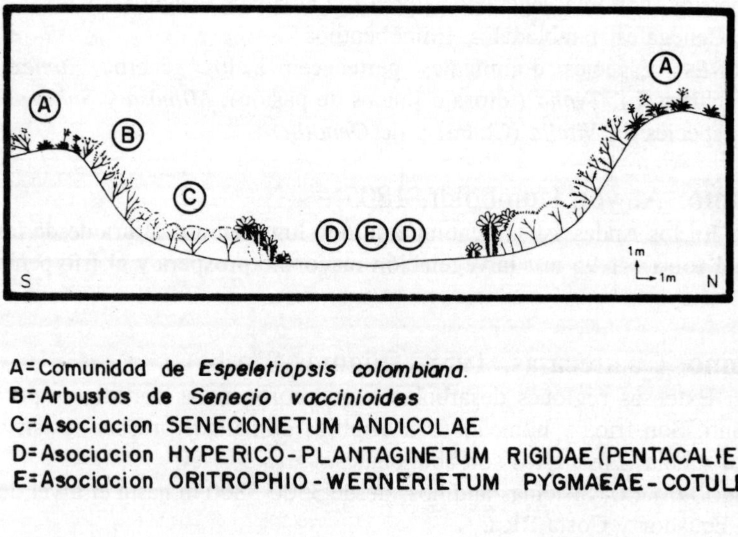

A=Comunidad de *Espeletiopsis colombiana*.
B=Arbustos de *Senecio vaccinioides*
C=Asociacion SENECIONETUM ANDICOLAE
D=Asociacion HYPERICO-PLANTAGINETUM RIGIDAE (PENTACALIETUM)
E=Asociacion ORITROPHIO-WERNERIETUM PYGMAEAE-COTULETOSUM-

Figura 87b. Aspecto de la vegetación arbustiva de páramo, Boyacá; Sierra Nevada del Cocuy, Alto de la Cueva, 3880 m. Tomado de Cleef, 1981.

ALCANCE GEOGRÁFICO: Montañas de los andes ecuatoriales.
OBSERVACIONES: Las condiciones ambientales son extremas, los suelos son ácidos, la presión atmosférica es baja y la temperatura media es baja con oscilaciones diurnas fuertes

991. Páramos. Vergara & Velasco, 1901

DEFINICIÓN: Regiones solitarias y melancólicas comprendidas entre 3000 y 4000 m sobre el nivel del mar. Especies de *Drimys*, de *Weinmannia, Berberis* y otros arbustos viven hasta 3600 m. A partir de allí predominan las gramíneas y la espeletia frailejón.
ALCANCE GEOGRÁFICO: Colombia.
OBSERVACIONES: A los 4000 m predominan los pajonales formados por diferentes especies de gramíneas; de 4400 m en adelante desaparecen las fanerógamas y solo algunos líquenes y otras criptógamas crecen en las rocas desnudas y medio cubiertas por la nieve.

992. Playones de la región Caribe. Pérez-A., 1986.

DEFINICIÓN: Formaciones vegetales con especies de cyperaceas sobre tapetes de suelo.
ALCANCE GEOGRÁFICO: Se distribuyen a lo largo de la costa Atlántica colombiana.
SINÓNIMOS: Playones, sabanas.

993. Prado. Cuatrecasas, 1958.

DEFINICIÓN: Areas deforestadas de las montañas cubiertas con vegetación rasante, se presentan cuando la precipitación es uniforme y no hay un período seco que favorece la quema. Tierra caliente con praderas de gramíneas como *Melinis minutiflora* y *Axonopus compressus*; en la zona subandina, praderas con *Paspalum macrophyllum* y *Digitaria sanguinalis* y en el piso andino prados con *Panicum bulbosum, Dactilis glomerata* y *Juncus andreanus*.
ALCANCE GEOGRÁFICO: Desde el piso cálido tropical hasta el páramo en Colombia.

994. Raudales. FAO, 1964.

DEFINICIÓN: Tipo de vegetación especial resultante de ciertas condiciones de humedad y de aireación que se presentan en zonas inundadas con agua profunda y corriente.
ALCANCE GEOGRÁFICO: Orionquia colombiana, en sitios de la llanura aluvial de desborde.
OBSERVACIONES: Especies dominantes: *Eichhornia heterosperma, Panicum laxum, Commelina elegans, Eleocharis mutata, Euphorbia* sp., *Polygonum punctatum, Aeschynomene evenia* y *Jussiaea* sp.

995. Sabana. Cuatrecasas, 1958; 1989.

DEFINICIÓN: Llanuras cubiertas de una vegetación baja de gramíneas, arbustos y a veces árboles esparcidos en regiones calidas con estación seca, mas o menos larga.
ALCANCE GEOGRÁFICO: Llanos Orientales de Colombia y Venezuela es de extensión considerable. Orinoquia colombiana, al Norte río Guaviare; costa Atlántica, al Este del río Sinú.
OBSERVACIONES: Especies dominantes: árboles y arbustos como *Bowdichia virgilioides, Byrsonima crassifolia, Curatella americana, Palicourea rigida, Hyptis dilatata, Miconia rufescens, Tibouchina bipenicillata*; pastos como *Paspalum pectinatum* y *Aristida capillacea*.

996. Sajal. González *et al.*, 1990.

DEFINICIÓN: Selva pantanosa dominada por el sajo (*Campnosperma panamensis*), se encuentra a continuación del Natal.

ALCANCE GEOGRÁFICO: Se distribuye a lo largo de la costa del pacífico.

SINÓNIMOS: Guandal

997. Saladillales. FAO, 1964.

DEFINICIÓN: Tipo de vegetación que se encuentra en la llanura eólica con niveles de iunudación de 20-30 cm de profundidad.

ALCANCE GEOGRÁFICO: Se encuentra en la llanura eólica de la Orinoquia colombiana.

998. Saladillales. Salamanca, 1984.

DEFINICIÓN: Vegetación con la presencia del saladillo: *Caraipa llanorum*; en la matriz herbácea predominan *Axonopus anceps, Stipa* sp., *Drosera* sp., *Melochia villosa, Tibouchina aspera* y en menor proporción *Andropogon bicornis, A. hypogynus* y *A. virgatus*.

ALCANCE GEOGRÁFICO: Llanos Orientales.

OBSERVACIONES: Especies asociadas: *Lagenocarpus rigidus, Pterogastra majo, Perama galioides, Bulbostylis paradoxa, Bulbostylis capillaris, Sipanea pratensis, Schiekia* sp. y *Drosera* sp.

999. Subpáramo. Cuatrecasas, 1958; 1989. (Figuras 88a,b)

DEFINICIÓN: Región con abundante matorral que ocupa el cinturón de anchura irregular mas bajo del páramo, es una zona de transición entre la zona inferior andina y el páramo propiamente dicho.

ALCANCE GEOGRÁFICO: Cordilleras Andinas de Colombia, Venezuela, Ecuador, entre 2900 y 3300 m.

OBSERVACIONES: Géneros mas frecuentes: *Hypericum, Arcytophyllum, Gynoxys, Brachyotum, Vaccinium, Befaria, Myrsine, Weinmannia, Symplocos* y *Escallonia.*

1000. Surquillos. FAO, 1964.

DEFINICIÓN: Vegetación que se establece en ligeras depresiones alargadas de terrenos pendientes cercanos a los esteros.

ALCANCE GEOGRÁFICO: Orinoquia colombiana, en algunas partes de la altillanura.

OBSERVACIONES: Especies dominantes: *Trachypogon vestitus, Digitaria neesiana, Paspalum virgatum, Sporobolus cubensis* y *Byrsonima verbascifolia.*

1001. Taruyales. Pérez-A., 1986.

DEFINICIÓN: Vegetación flotante de las aguas dulces; se desarrolla en tierras bajas. Son muy dicenibles en planicies verdes que a trechos dejan ver el agua de que se alimentan.

SINÓNIMOS: Madres viejas, Hidrocharitalia.

OBSERVACIONES: Especies características: *Eichhornia crassipes* (buchón), *Pontederia stratiotes* (lechuga de agua), *Neptunia prostrata* (sensitiva) y especies de *Utricularia* y de *Ranunculus* (boton de oro).

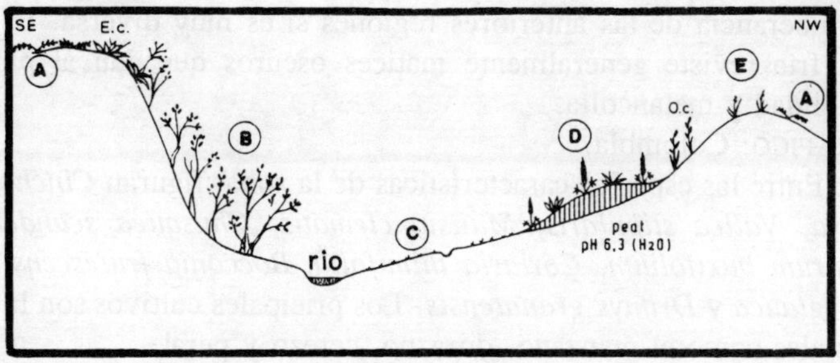

A=Comunidad *Acaena cylindristachya*
B=Arbustos de *Eupatorium (Ageratina) tinifolium*
C=Asociacion ORITROPHIO LIMNOPHILI-WERNERIETUM PYGMAEAE COTULETOSUM
D=Asociacion LUPINO ALOPECUROIDES-MIMULETUM GLABRATAE
E=Asociacion ACAENO CYLINDRISTACHYAE-PLANTAGINETUM SERICEAE

Figura 88a. Perfil de vegetación del subpáramo, Boyacá; Páramo de Pisba El Cadillal, 3480 m. Tomado de Cleef, 1981.

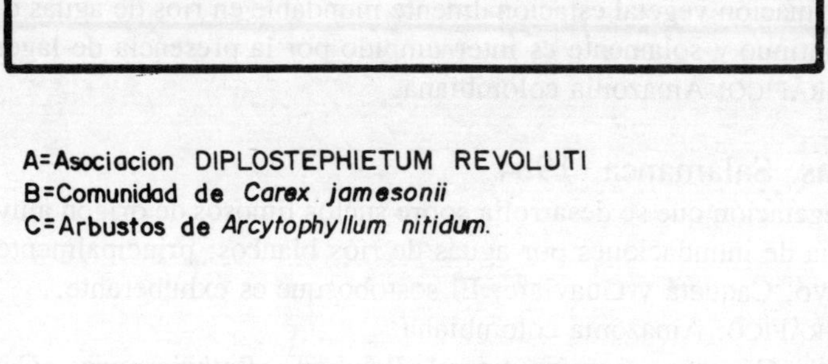

A=Asociacion DIPLOSTEPHIETUM REVOLUTI
B=Comunidad de *Carex jamesonii*
C=Arbustos de *Arcytophyllum nitidum.*

Figura 88b. Perfil de vegetación del subparamo en el Páramo de Sumapaz (Cundinamarca), Alto de Lagunitas, 3550 m. Tomado de Cleef, 1981.

1002. Tierra fría. Vergara & Velasco, 1901

DEFINICIÓN: Regiones comprendidas entre 2400 y 3000 m. La vegetación aunque no tiene el vigor ni la exhuberancia de las anteriores regiones si es muy diversa. El follaje de los árboles de tierra fría reviste generalmente matices oscuros que dan al paisaje un sello especial de solemnidad y melancolía.

ALCANCE GEOGRÁFICO: Colombia.

OBSERVACIONES: Entre las especies características de la zona, figuran *Cinchona lancifolia, Cinchona calisaya, Vallea stipularis, Mutisia clematis, Chusquea scandens, Polymnia pyramidalis, Cestrum buxifolium, Coriaria thimifolia, Bocconia frutescens, Weinmannia hirtella, Berberis glauca* y *Drimys granatensis*. Los pricipales cultivos son la papa, el trigo y la cebada y frutales como el manzano, durazno, cerezo y peral.

1003. Tierra templada. Vergara & Velasco, 1901.

DEFINICIÓN: Regiones comprendidas entre 1000 y 1800 m sobre el nivel del mar, su flora es mas variada que la de la tierra caliente; es la zona en donde la vegetación tropical ostenta sus mas vistosas galas. Incluye desde los guaduales (*Bambusa guadua*) hasta los bosques con especies de *Erythrina, Clusia, Inga* y *Cecropia*.

ALCANCE GEOGRÁFICO: Colombia.

OBSERVACIONES: Es la zona del cultivo del café, proliferan los árboles de sombrío y las especies frutales. En la parte superior de la zona abundan los helechos arborescentes (Cyatheaceae) y los guarumos (*Cecropia*).

1004. Tierra templada de transición. Vergara & Velasco, 1901.

DEFINICIÓN: Regiones comprendidas entre 1800 y 2400 m sobre el nivel del mar; su flora es un punto de contacto entre la de la tierra templada y la de tierra fría.

ALCANCE GEOGRÁFICO: Colombia.

OBSERVACIONES: "Dentro de la zona no se producen el plátano ni la yuca, ni crecen las bambusas, ni las erythrinas que requieren temperaturas mas altas, ni las polymias, daturas y otras plantas de la región fría descienden hasta este nivel" (Vergara & Velasco, 1901).

1005. Várzea. Gonzáles *et al.*, 1990.

DEFINICIÓN: Formación vegetal estacionalmente inundable en ríos de aguas claras, este tipo de bosque es continuo y solamente es interrumpido por la presencia de lagos.

ALCANCE GEOGRÁFICO: Amazonia colombiana.

1006. Várzeas. Salamanca, 1984.

DEFINICIÓN: Vegetación que se desarrolla sobre suelos limosos de origen aluvial, que están bajo la influencia de inundaciones por aguas de ríos blancos; principalmente a lo largo de los ríos Putumayo, Caquetá y Guaviare. El sostobosque es exhuberante.

ALCANCE GEOGRÁFICO: Amazonia colombiana.

OBSERVACIONES: Géneros característicos: *Bombax, Bothriospora, Carapa, Ceiba, Couroupita, Cratavea, Gustavia, Hevea, Hura, Piranhea* y *Vitex*.

1007. Várzeas e Igapos. Hernández & Sánchez, 1992.

DEFINICIÓN: Vegetación dominada por palmas en áreas permanentemente encharcadas

durante gran parte del año.
ALCANCE GEOGRÁFICO: Amazonia colombiana.
SINÓNIMO: Aguajales, burutizales, morichales y cananguchales.
OBSERVACIONES: Especies características: *Mauritia flexuosa* y especies de *Melastomataceae*.

1008. Zurales. González *et al.*, 1990.
DEFINICIÓN: Se encuentran a lo largo de las llanuras de desborde en la sabana pirófila en sitios humedos.
ALCANCE GEOGRÁFICO: Orinoquia colombiana.
OBSERVACIONES: Especies dominantes: *Axonopus* sp., *Elyonurus adustus* y *Paepalanthus* sp.

LITERATURA CITADA

ACOSTA-S., M. 1970. La selva del noroccidente Ecuatoriano. *Revista Acad. Colomb. Ci. Exact.* **13** (52): 499-534. Bogotá.

AGUIRRE-C., J. & J.O. RANGEL-CH. 1976. Contribución al estudio ecológico y fitosociológico de las comunidades acuáticas macroscópicas y continentales del Lago de Tota y alrededores. Trabajo de grado. Departamento de Biología, Universidad Nacional de Colombia (manuscrito). Bogotá.

AMAYA-M., M. 1991. Análisis palinológico de la flora del Parque Nacional Natural Amacayacu (Amazonas) visitada por colibries (Aves: Trochilidae). Trabajo de grado. Departamento de Biología, Universidad Nacional de Colombia (manuscrito). Bogotá.

ANDRADE, G. 1992. Contribución de la deforestación de la Amazonia Colombiana al cambio climático. **En**: G. Andrade, A. Hurtado & R. Torres (eds). Amazonia Colombiana diversidad y conflicto: 68-91. Colciencias, Conia y Cega.

BARBOSA, C. 1986. Contribución al conocimiento de la flora y vegetación del Parque Nacional Natural Isla Gorgona y Gorgonilla. *Perez Arbelaezia.* **1** (3): 311-335.

BASTIDAS, N. & H. CORREDOR. 1977. Contribución al estudio fitosociológico del Parque Nacional Natural Tayrona. Trabajo de grado. Departamento de Biología, Universidad Nacional de Colombia (manuscrito). Bogotá.

BEKKER, R.P. & A.M. CLEEF. 1985. La vegetación del Páramo de Laguna Verde. (Municipio de Tausa Cundinamarca). *Análisis Geográficos*. **14**: 193 pp. 1 Plancha. IGAC. Bogotá.

BELLO, A. & L. KATTIB. 1994. Aspectos ecológicos en la sucesión secundaria de la vegetación subandina (2010-2510 m.) en localidades del Municipio de Santa Rosa de Cabal, Risaralda -Colombia-. Trabajo de grado. Departamento de Biología, Universidad Nacional de Colombia (manuscrito). Bogotá.

BOGGAN, J., V. FUNK, C. KELLOFF, M. HOFF, G. CREMERS & C. FEUILLET. 1992. Checklist of the plants of the Guianas (Guyana, Surinam, French Guiana). Centre for the Study of Biology Diversity: 381 pp. Guyana.

BRAKO, L. & J.L. ZARUCCHI. 1993. Catálogo de las Angiospermas y Gimnospermas del Perú. Monographs in Systematic Botany from The Missouri Botanical Garden. 45: 1286 pp. St. Louis Missouri.

CARDOZO, H. 1965. Estudio fitoecológico de la región semiárida de La Herrera (Cundinamarca). Trabajo de grado. Departamento. de Biología, Universidad Nacional de Colombia (manuscrito). Bogotá.

CASTILLO, A. & F.A. FORERO. 1991. Estudio ecológico comparativo de los macrófitos acuáticos en dos sistemas lagunares del Municipio de Puerto López (Meta). Trabajo de grado. Departamento de Biología, Universidad Nacional de Colombia (manuscrito). Bogotá.

CASTILLO, J.E. & O. REYES. 1991. Contribución al estudio de la brioflora epifílica de las zonas de vida tropical y subandina en un gradiente altitudinal (entre 550 y 1650 m) en el macizo de Tatamá. Cordillera Occidental colombiana. Trabajo de grado. Departamento de Biología, Universidad Nacional de Colombia (manuscrito). Bogotá.

CEDIEL, J.C. & M.E. PARDO. 1995. Composición y diversidad florística de los bosques del Cabo Corrientes, Costa Pacífica del Chocó. Trabajo de grado. Departamento de Biología, Universidad Nacional de Colombia (manuscrito). Bogotá.

CLEEF, A.M. 1980. La posición fitogeográfica de la flora vascular del páramo neotropical. *Colombia Geográfica*. 7(2): 68-86. IGAC. Bogotá.

__________. **1981.** The vegetation of the paramos of the Colombian Cordillera Oriental. Dissertaciones Botanicae 61: 321 pp, J. Cramer, Vaduz. También publicado en: *El Cuaternario de Colombia* **9** (T. Van der Hammen, ed.) Amsterdam.

_________ & J.O. RANGEL-CH., S. SALAMANCA V. **1983.** Reconocimiento de la vegetación de la parte alta del transecto Parque Los Nevados. **En**: T. Van der Hammen, A. Pérez-P., & P. Pinto-E. (eds). La Cordillera Central Colombiana-Transecto Parque de los Nevados. *Estudios de Ecosistemas Tropandinos* **1**: 150-173. J. Cramer, Vaduz.

_________ & H. HOOGHIEMSTRA. **1984.** Present vegetation of the área of the high plain of Bogotá. **En**: H. Hooghiemstra: Vegetational and climatic history of the high plain of Bogotá. Dissertationes Botanicae 79: 42-65. J. Cramer, Berlín. También publicado en: *El Cuaternario de Colombia* **10** (T. Van der Hammen, ed.). Amsterdam.

_________ & J.O. RANGEL-CH. **1984.** La Vegetación del páramo del noroeste de la Sierra Nevada de Santa Marta. **En**: T. Van der Hammen & P.Ruiz (eds). La Sierra Nevada de Santa Marta (Colombia). Transecto Buritica-La Cumbre. *Estudios de Ecosistemas Tropoandinos* **2:** 203-266. J. Cramer, Berlín-Stuttgart.

_________________________, & S. SALAMANCA V. (en prensa) The andean rainforests of the Parque los Nevados transect, Cordillera Central. **En**: T. Van der Hammen & A. Dos-Santos (eds). *Estudios de Ecosistemas Tropoandinos* **5**. J. Cramer, Berlín-Stuttgart.

____. (en prensa) La vegetación de la región andina del Macizo del Tatamá. **En**: T. Van der Hammen & A. Dos-Santos (eds). *Estudios de Ecosistemas Tropoandinos* **6**. J. Cramer, Berlín-Stuttgart.

CÓRDOBA, M.P. 1995. Caracterización florística-estructural y biotipológica de la vegetación en dos tipos de bosque en la parte central de la Serranía de Naquen (departamento del Güainía). Trabajo de grado. Departamento de Biología, Pontificia Universidad Javeriana (manuscrito). Bogotá.

CORTÉS, A. 1986. Las tierras de la Orinoquia capacidad de uso actual y futuro. Universidad Jorge Tadeo Lozano: 10-14. Bogotá.

CORTÉS-B., R. 1996. Estudio florístico y análisis panbiogeográfico de la Sierra de Chiribiquete. Trabajo de Magister en Sistemática. Instituto de Ciencias Naturales, Universidad Nacional de Colombia (manuscrito). Bogotá.

CORTÉS, S. 1903. Flora de Colombia. Segunda edición. 311 pp. Libreria el Mensajero. Primera edición 1896. Bogotá.

CUADROS-V., H. 1990. Vegetación caribeña. **En:** M.C. Jimeno. (ed.). Caribe Colombia. 67-83. Fondo FEN-Colombia.

CUATRECASAS, J. 1934. Observaciones geobotánicas en Colombia. *Trab. Museo Nacional Ciencias Naturales, Serie Bot.* **27**:144 pp. Madrid.

______________. **1958.** Aspectos de la vegetación natural de Colombia. *Revista Acad. Colomb. Ci. Exact.* **10** (40): 221-268. Bogotá.

_____________. **1947.** Vistazo a la vegetación natural del Bajo Calima. *Revista Acad. Colomb. Ci. Exact.* **7** (27): 306-312. Bogotá.

______________. **1989.** Aspectos de la vegetación natural en Colombia. *Perez-Arbelaezia* **2**(8): 155-284. Bogotá.

DEL LLANO, M. 1990. Los Páramos de los Andes. Editorial Montoya & Naranjo Ltda: 314 pp. Bogotá.

DEN HOLLANDER, D.C. & H.M. SWAAN. 1992. Zonation in epyphitic vegetations of two sub andean oak .forests in Colombia. Internal Report. Hugo de Vries-Laboratorium, University of Amsterdam. The Netherlands.

DINERSTEIN, E., D.M. OLSON, D.J. GRAHAM, A.L. WEBSTER, S.A. PRIMM, M.P. BOOKBINDER & G. LEDEC. 1995. Una evaluación del estado de conservación de las ecoregiones terrestres de América Latina y el Caribe: 135 pp y mapas. Banco Mundial, Washington D.C.

DÍAZ-C., J & P. LOWY-C. 1992. Contribución al conocimiento de la flora vascular terrestre del Archipiélago de San Andrés y Providencia. Trabajo de grado. Departamento de Biología, Universidad Nacional de Colombia (manuscrito). Bogotá.

DUEÑAS, J.H. 1980. Palinology of Oligocene Miocene strata of Borehde Q-E22, Planeta Rica, Northern. Colombia. *Revista Palaeobot. Palinol.* **30**: 313-328.

DUGAND, A. 1941. Estudios geobotánicos Colombianos, descripción de una sinecia tipica en la subxerofitia del litoral caribe. *Revista Acad. Colomb. Ci. Exact.* **4**: 135-141. Bogotá.

__________. **1944.** Nuevos conceptos biotipológicos y ecológicos en la Hydrophytia y breve sinopsis de la flora Podostemonácea de Colombia. *Revista Acad. Colomb. Ci. Exact.* **6** (21): 28-31. Bogotá.

__________. **1970.** Observaciones botánicas y geobotánicas en la Costa Colombiana del Caribe. *Revista Acad. Colomb. Ci. Exact.* **13** (52): 415-466. Bogotá.

Duivenvoorden, J.F., J.M. Lips, P.A. Palacios & J.G. Saldarriaga. 1989. Levantamiento Ecológico de parte de la cuenca del medio Caquetá en la Amazonia Colombiana. *Colombia Amazonica*. **3** (1): 7-37.

____________________ **& J.M. Lips. 1993.** Ecología del paisaje del medio Caquetá, Memoria explicativa y mapas. **En:** J.G. Saldarriaga & T. Van der Hammen (eds). *Estudios en la Amazonia Colombiana*. TROPENBOS-COLOMBIA-. **III A**: 301 pp. y 11 mapas. Bogotá.

________________________________**. 1994.** A land-ecological study of soils, vegetation and plant diversity in Colombian Amazonia. TROPENBOS-COLOMBIA-. Serie 12: 438 pp. The Tropenbos Foundation, Wageningen.

____________________ **& A.M. Cleef. 1994.** Amazonanian savana vegetation on the sanstone plateau near Araracuara, Colombia. *Phytocoenologia*. 24: 197-232. Berlín.

Duque-N., A. 1987. Comunidades vegetales en la zona paramuna del Parque Nacional Natural Purace (Colombia). Trabajo de grado. Departamento de Biología, Universidad del Valle (manuscrito). Cali.

__________ **& J.O. Rangel-Ch. 1989.** Análisis fitosociológico de la Vegetación paramuna del Parque Natural del Puracé. **En**: L.F. Herrera, R. Drennan & C. Uribe (eds). Cacicazgos prehispánicos del Valle de la Plata I. *University of Pittsburg Memoirs in Latin America-Archaeology* **2**: 137-164.

Espinal, L.S. & E. Montenegro. 1963. Formaciones vegetales de Colombia. Memoria explicativa sobre el mapa ecológico: 221 pp. IGAC, Bogotá.

Fao. 1966. Reconocimiento edafológico de los Llanos Orientales de Colombia. Tomo III. La vegetación natural y la ganadería. Organización de las Naciones Unidas para la Agricultura y la Alimentación: 233 pp. Roma.

Forero-G., E. 1965. Estudio fitosociológico de un bosque subclimacico en el antiplano de Bogotá. Trabajo de grado. Departamento de Biología, Universidad Nacional de Colombia (manuscrito). Bogotá.

____________ **& A. Gentry. 1989.** Lista anotada de las plantas del departamento del Chocó. Biblioteca J. J. Triana. Instituto de Ciencias Naturales. 10: 142 pp. Bogotá.

Franco-R., P. 1982. Estudios fitoecológicos en el Parque Nacional Natural Chingaza. Trabajo de grado. Departamento de Biología, Universidad Nacional de Colombia (manuscrito). Bogotá.

_____________, J.O. Rangel-Ch. & G. Lozano C. 1986. Estudios ecológicos en la Cordillera Oriental-II. Las Comunidades vegetales de los alrededores de la Laguna de Chingaza (Cundinamarca). *Caldasia* **15** (71-75): 219-248.

Gentry, A. 1986. Sumario de patrones fitogeográficos neotropicales y sus implicaciones para el desarrollo de la Amazonia. *Revista Acad. Colomb. Ci. Exact.* **16** (61): 101-116. Bogotá.

________. 1993. A Field guide to Families and Genera of Woody Plants of Northwest South America (Colombia, Ecuador, Perú) with supplementary notes on herbaceous taxa. Conservation international. 595 pp. Washington, D.C.

González, E., G. Guillot, N. Miranda & D. Pombo. 1990. (eds). Perfil Ambiental de Colombia. Impresiones Escala: 349 pp. Bogotá.

Guhl, E. 1990. Los páramos circundantes de la Sabana de Bogotá. Fondo FEN-Colombia.

Gunn, C.R., J.H. Wiersema, C.A. Ritchie & J.H. Kirkbride. 1992. Families and Genera of Spermathophytes recognized by the Agricultural Research Service. Bulletin Technical No. 1796: 500 pp. United States Departament of Agriculture, USA.

Hernández-C., J. & H. Sánchez. 1992. Biomas Terrestres de Colombia. **En**: G. Halffter (Compilador). La Diversidad biológica de Iberoamérica. *Acta zoológica mexicana*. Vol Especial: 153-173. CYTED-D. México.

Hettner, A. 1966. (Primera versión Castellana de Ernesto Guhl). La Cordillera de Bogotá. Resultados de viajes y estudios con mapas y perfiles. Ediciones Banco de la República: 352 pp. Bogotá.

Hooghiemstra, H. 1984. Vegetational and climatic history of high plain of Bogotá, Colombia: A Continuous Record of the Last 3.5 Million Years. Dissertationes Botanicae 79: 368 pp. Cramer, Vaduz, Berlín. También publicado en: *El Cuaternario de Colombia* **10** (T. Van der Hammen, ed.). Amsterdam.

Index Kewsensis. 1993. Versión en CD.

IGAC-INDERENA-CONIF. 1984. Bosques de Colombia (Memoria Explicativa). 201 pp. 24 Planchas. Bogotá.

KUHRY, P. 1988. Paleobotanical-paleoecological studies of tropical high andean peatbog sections (Cordillera Oriental, Colombia). **En**: T. Van der Hammen (ed.). *El Cuaternario de Colombia* 14. Amsterdam.

LEÓN, H. 1982. Flora del Parque Nacional Natural "Los Katios". Trabajo de grado. Departamento de Biología, Universidad Nacional de Colombia (manuscrito). Bogotá.

LOZANO-C., G. 1984. Comunidades Vegetales del flanco Norte del cerro "El Cielo" y la flora vascular del Parque Nacional Natural Tayrona. **En**: T. Van der Hammen & P. Ruiz (eds). La Sierra Nevada de Santa Marta (Colombia). Transecto Buritica-La Cumbre. *Estudios de Ecosistemas Tropandinos* **2**: 407-422. J. Cramer, Berlín-Stuttgart.

__________ **& J.H. TORRES. 1965.** Estudio fitosociológico de un bosque de robles (*Quercus humboldtii* H.& B.) de la merced (Cundinamarca). Trabajo de grado, Instituto de Ciencias Naturales. Universidad Nacional de Colombia (manuscrito). Bogotá.

__________ **& R. SCHNETTER. 1976.** Estudios ecológicos en el Páramo de Cruz Verde. Colombia II. Las Comunidades vegetales. *Caldasia*. **11** (54): 53-68. Bogotá.

__________ **& J.O. RANGEL-CH. 1989.** Inventario florístico del perfil de vegetación entre el Municipio de la Plata (Depto. del Huila) y el Volcán Puracé (Depto. del Cauca). **En**: L.F. Herrera, R. Drennan y C. Uribe (eds). Cacicazgos prehispánicos del Valle de la Plata Tomo 1. El Contexto medioambiental de la ocupación humana. *University of Pittsburg. Memoirs in Latin America Archaeology* **2**: 40-69. Pittsburg-Bogotá.

MABBERLEY, D.J. 1987. The plant-book. Cambridge University Press: 707 pp. Cambridge.

MAHECHA, G., R. RODRÍGUEZ & L.E. ACERO. 1984. Estudio Dendrológico de Colombia. Facultad de Ingeniería Forestal. Universidad Distrital Francisco José de Caldas. 282 pp. Bogotá.

MAYO-M., M. 1965. Algunas características ecológicas de los Bosques Inundables del Darién, Panamá, con miras su posible utilización. *Turrialba* **15** (4): 336-347.

MURILLO, L.M. 1951. Colombia, un archipielago biológico. *Revista Acad. Colomb. Ci. Exact.* **8**: 168-219. Bogotá.

NARVÁEZ-R., L.H. & J.R. OLMOS-S. 1990. Caracterización fitoedafológica de algunos salados en el Parque Nacional Natural Amacayacu, Amazonas, Colombia. Trabajo de grado. Departamento de Biología, Universidad Nacional de Colombia (manuscrito). Bogotá.

PÁRAMO, G.E. 1990. Ecología y corología de la vegetación colombiana (anotaciones preliminares). *Colombia Geográfica* **16** (1): 25-50. IGAC. Bogotá.

PÉREZ-ARBELÁEZ, E. 1986. Vegetación desde el aire. *Perez-Arbelaezia* **1** (2): 113-124. Bogotá.

PINTO-E., P. 1993. Vegetación y flora de Colombia. Fundación segunda expedición botánica. Fondo nacional universitario. 72 pp. Bogotá.

PRIETO-C., A. 1994. Análisis estructural y florístico de la vegetación de la isla Mocagua, río Amazonas (Amazonia Colombiana). Trabajo de grado. Departamento de Biología, Universidad Nacional de Colombia (manuscrito). Bogotá.

_____________, J.O. RANGEL-CH., A. RUDAS & P. PALACIOS. 1995. Aspectos estructurales y tipos de vegetación de la Isla Mocagua, Río Amazonas. *Caldasia* **17** (82-85): 463-480. Bogotá.

PRORADAM. 1979. La Amazonia Colombiana y sus Recursos. Proyecto Radargramétrico del Amazonas. Tomo I (Memoria Técnica). Tomo IV (Mapas de Bosques) 11 Planchas. Publicación del IGAC: 590 pp. Bogotá.

RANGEL-CH., J.O. 1990. Tipos de vegetación. **En**: J. Aguirre-C. & J.O. Rangel-Ch. (eds). Biota y ecosistemas de Gorgona: 107-126, Fondo FEN-Colombia, Bogotá.

_______________. 1990. Caracterización ecológica, síntesis final. **En**: J. Aguirre-C. & J.O. Rangel-Ch. (eds). Biota y ecosistemas de Gorgona: 275-292, Fondo FEN-Colombia, Bogotá.

_______________. 1991. Vegetación y ambiente en tres gradientes montañosos de Colombia. Tesis de doctor: 349 pp. Universidad de Amsterdam, Amsterdam. Holanda.

______________. **1993.** Tipos de vegetación en el Parque Nacional Natural Tatamá. Diagnóstico de las condiciones bióticas del Parque Nacional Natural Tatamá. Informe final. CARDER, Pereira.

______________. **1994.** Diversidad y frecuencia de las familias, géneros y especies de plantas superiores en el transecto del Parque Los Nevados. **En**: T. Van der Hammen, & A. Dos-Santos (eds). La Cordillera Central, *Estudios de Ecosistemas Tropandinos* **4**: 419-428. J. Cramer, Berlín-Stuttgart.

______________. **1994.** Caracterización de la vegetación en el costado norte de la Serrania del Perijá. Informe Final. CORPOCESAR.

______________. **1995.** Parque Nacional Natural Amacayacu. **En**: J.O. Rangel-Ch. (ed.). Colombia diversidad Biótica I: 104-111. Instituto de Ciencias Naturales. Universidad Nacional de Colombia. Bogotá.

______________. **1995.** Islas Gorgona y Gorgonilla. **En**: J.O. Rangel-Ch. (ed.). Colombia Diversidad Biótica I: 145-154. Instituto de Ciencias Naturales. Universidad Nacional de Colombia. Bogotá.

______________, **A.M. Cleef, T. van der Hammen & R. Jaramillo-M. 1982.** Tipos de vegetación en el transecto Buritaca-La Cumbre (entre 0-4100 m.s.n.m.) Sierra Nevada de Santa Marta. *Colombia Geográfica* **10** (1): 1-20. IGAC. Bogotá.

______________ **& J. Aguirre-C. 1983.** Comunidades acuáticas alto-andinas. Vegetación sumergida y de ribera en el Lago de Tota (Boyacá, Colombia). *Caldasia* **13** (65): 719-742. Bogotá.

______________ **& P. Franco-R. 1985.** Flora actual. **En**: R. Drennan (ed.). Arqueología regional en el valle de a Plata, Colombia. Informe preliminar sobre la temporada de 1984 del proyecto arqueológico Valle de la Plata. Museum of Anthropology University of Michigan. *Technical Reports* **16**: 81-108. Ann. Arbor, Michigan.

______________________________. **1985.** Observaciones fitoecológicas en varias regiones de vida de la Cordillera Central de Colombia. *Caldasia* **14** (67): 211-249. Bogotá.

______________ **& J. Aguirre-C. 1986.** Estudios ecológicos en la Cordillera Oriental Colombiana III. Vegetación de la cuenca del Lago Tota (Boyacá). *Caldasia* **15** (71-75): 263-312.

________ & G. LOZANO-C. **1986.** Un perfil de vegetación entre La Plata (Huila) y el Volcán Puracé. *Caldasia* **14** (68-70): 53-547. Bogotá.

________. **1989.** La vegetación selvática y boscosa del Valle de la Plata. (Entre el río Magdalena y el Parque Nacional Natural Puracé). **En**: L.F. Herrera, R. Drennan & C. Uribe (eds). Cacicazgos prehispánicos del Valle de la Plata, Tomo 1. El contexto medioambiental de la ocupación humana. *University of Pittsburg Memoirs in Latin America-Archaeology* **2**:95-118.

________ & E. SANTANA-C. **1989.** Estudios en Draba (Cruciferae) de Colombia.I. Cuatro especies nuevas de la Cordillera Oriental. *Revista Acad. Colomb. Ci. Exact.* **17** (65): 347-355. Bogotá.

________, A.M. CLEEF & S. SALAMANCA. **1989.** La vegetación de las regiones de vida subandina y ecuatorial del Transecto Parque Los Nevados (Cordillera Central Colombiana). *Pérez-Arbelaezia* **2** (8): 329-382. Bogotá.

________ & P. LOWY-C. **1993.** Tipos de vegetación y rasgos fitogeográficos en la Región Pacífica de Colombia. **En**: P. Leyva (ed.). Colombia Pacífico. Tomo **I**: 182-198. Fondo FEN-Colombia.

________. **1993.** Notas sobre la vegetación de la región amazónica de Colombia. Contribución del Proyecto Estudio de la diversidad biótica de Colombia. Convenio INDERENA-UNIVERSIDAD NACIONAL DE COLOMBIA. (Documento Interno).

________ & H. STURM. **1995.** Consideraciones sobre la vegetación, la productividad primaria neta y la artropofauna asociada en regiones paramunas de la Cordillera Oriental. **En**: L.E. Mora-O. & H. Sturm (eds). Estudios Ecológicos del páramo y del Bosque Altoandino Cordillera Oriental de Colombia. Colección Jorge Alvarez Lleras No 6: 47-70. Tomo I. Acad. Colomb. Ci. Exact.

________ & A. GARZÓN-C. **1995.** Sierra Nevada de Santa Marta. **En**: J.O. Rangel-Ch. (ed.). Colombia Diversidad Biótica I: 155-170. Instituto de Ciencias Naturales. Universidad Nacional de Colombia. Bogotá.

________ & A. GARZÓN-C. **1995.** Macizo Central Colombiano. **En**: J.O. Rangel-Ch. (ed.). Colombia Diversidad Biótica I: 171-183. Instituto de Ciencias Naturales. Universidad Nacional de Colombia. Bogotá.

_______________ & A. GARZÓN-C. 1995. Parque Nacional Natural Los Nevados. **En**: J.O. Rangel-Ch. (ed.). Colombia Diversidad Biótica I: 184-204. Instituto de Ciencias Naturales. Universidad Nacional de Colombia. Bogotá.

_______________ & A. GARZÓN-C. 1995. Volcanes del Altiplano Nariñense. **En**: J.O. Rangel-Ch. (ed.). Colombia Diversidad Biótica I: 205-216. Instituto de Ciencias Naturales. Universidad Nacional de Colombia. Bogotá.

_______________ & P. LOWY-C. 1995. Parque Nacional Natural Tayrona. **En**: J.O. Rangel-Ch. (ed.). Colombia Diversidad Biótica I: 233-238. Instituto de Ciencias Naturales. Universidad Nacional de Colombia. Bogotá.

_______________, M. AGUILAR-P. & P. LOWY-C. 1995. Parque Nacional Natural Sierra de la Macarena. **En**: J.O. Rangel-Ch. (ed.). Colombia Diversidad Biótica I: 112-120. Instituto de Ciencias Naturales. Universidad Nacional de Colombia. Bogotá.

_______________, P. LOWY-C. & M. AGUILAR-P. 1995. Selva Pluvial Central. **En**: J.O. Rangel-Ch. (ed.). Colombia Diversidad Biótica I: 140-144. Instituto de Ciencias Naturales. Universidad Nacional de Colombia. Bogotá.

_______________, P. LOWY-C. & A.M. CLEEF. 1995. Comunidades vegetales en Regiones Paramunas del Altiplano Cundinoboyacense. **En:** Fundación Ecosistemas Andinos (ed.). El Páramo. Ecosistema de alta montaña. Serie Montañas Tropandinas I: 95-131. Bogotá.

_______________, P. LOWY-C. & A. GARZÓN-C. 1995. Parque Nacional Natural El Tuparro. **En**: J.O. Rangel-Ch. (ed.). Colombia Diversidad Biótica I: 239-245. Instituto de Ciencias Naturales. Universidad Nacional de Colombia. Bogotá.

_______________, P. LOWY-C & H. SÁNCHEZ-C. 1995. Región Caribe. **En**: J.O. Rangel-Ch. (ed.). Colombia Diversidad Biótica I: 217-232. Instituto de Ciencias Naturales. Universidad Nacional de Colombia. Bogotá.

_______________, M. AGUILAR-P., H. SÁNCHEZ-C. & P. LOWY-C. 1995. Región Costa Pacífica. **En**: J.O. Rangel-Ch. (ed.). Colombia Diversidad Biótica I: 121-139. Instituto de Ciencias Naturales. Universidad Nacional de Colombia. Bogotá.

_______________, **M. Aguilar-P., H. Sánchez-C., P. Lowy-C., A. Garzón-C. & L.A. Sánchez. 1995.** Región Amazonica. **En**: J.O. Rangel-Ch. (ed.). Colombia Diversidad Biótica I: 82-103. Instituto de Ciencias Naturales. Universidad Nacional de Colombia. Bogotá.

_______________, **H. Sánchez-C., P. Lowy-C., M. Aguilar-P. & A. Castillo. 1995.** Región de la Orinoquia. **En**: J.O. Rangel-Ch. (ed.). Colombia Diversidad Biótica I: 255-262. Instituto de Ciencias Naturales. Universidad Nacional de Colombia. Bogotá.

_______________, **A.M. Cleef & S. Salamanca** (en prensa). The ecuatorial interandean and subandean forests of the Parque Los Nevados transect -Cordillera Central Colombia. **En**: T. Van der Hammen & A.G. Dos Santos (eds). *Estudios de Ecosistemas Tropandinos* **5**. J. Cramer, Berlín-Stuttgart.

_______________ **& A. Garzón-C.** (en prensa). Volcanos of Nariñense plateau. Colombian and Ecuador. **In**: H. Heywood & O. Herrera-Macbryde (eds). Centres of plant diversity **3**. Latin Àmerican an Caribbean. UICN. Union Inetrnacional Para la Conservación de la Naturaleza.

Rivas-M., S. & O. Tovar. 1982. Vegeatatio Andinae I. Datos sobre las Comunidades vegetales altoandinas de los Andes Centrales del Perú. *Lazaroa* 4: 167-187.

Rieger, W. 1976. Vegetations kundliche untersuchungen auf der Guajira-Halbinsel (Nordost-Kolumbien). Giess. Geogr. Schr. 40:142 pp. Germany.

Rudas-Ll., A. 1996. Análisis florístico de la vegetación del Parque Nacional Natural Amacayacu (Amazonas). Trabajo de Maestria en Sistemática. Instituto de Ciencias Naturales, Universidad Nacional de Colombia (manuscrito). Bogotá.

Salamanca-V., S. 1984. La vegetación de la Orinoquia y Amazonia fisiografía y formaciones vegetales. *Colombia Geográfica* **10** (2): 5-31. IGAC. Bogotá.

_______________. **1985.** Visión global de la vegetación en Colombia. *Colombia sus gentes y regiones* 2: 17-41. IGAC. Bogotá.

_______________. **1986.** La vegetación del páramo, única en el mundo. *Colombia sus gentes y regiones* 2: 2-14. IGAC. Bogotá.

_______________. **1988.** Los Bosques Altoandinos. *Colombia sus gentes y regiones* 9: 19-29. IGAC. Bogotá.

____________. **1991.** The vegetation of the páramo and its dynamics in the volcanc massif Ruiz-Tolima. (Cordillera Central Colombiana). Ph.D. Thesis 122 pp. University of Amsterdam, Amsterdam. The Netherlands.

SÁNCHEZ-P., P., P. RIVAS & A. CADENA. 1993. Composición, abundancia y riqueza de especies de la comunidad de murciélagos en bosques de galería en la sierra de la Macarena (Meta-Colombia). *Caldasia* **17** (2): 301-311. Bogotá.

SÁNCHEZ-M., R. 1988. Composición florística de la turberas de los páramos cirrcundantes a Bogotá y su relación con algunos aspectos físicos químicos del sustrato. Trabajo de grado. Departamento de Biología, Universidad Nacional de Colombia (manuscrito). Bogotá.

____________ **& J.O. RANGEL-CH. 1990.** Estudios ecológicos en la Cordillera Oriental Colombiana V. Análisis fitosociológicos de la vegetación de los depósitos turbosos paramunos de los alrededores de Bogotá. *Caldasia* **16** (77): 155-192. Bogotá.

SCHMIDT-M., U. 1988. Vegetación acuática y palustre de la parte alta de la hoya del río Namay (Albán, Cundinamarca). *Perez-Arbelaezia* **2** (6-7): 9-41. Bogotá.

SCHNETTER, R. 1968. Die Vegetation des Cerro San Fernando und des Cerro La Llorona im Trockengebiet bei Santa Marta, Kolumbien. *Ber. Dtsch. Bot. Ges.* **81**: 289-302.

STURM, H. & J.O. RANGEL-CH. 1985. Ecología de los páramos Andinos: Una visión preliminar integrada. Biblioteca J.J. No 9: 292. Instituto de Ciencias Naturales. Bogotá.

SCHULTES, R.E. 1945. Glimpses of the little known Apaporis River in Colombia. *Chronica Botanica* **9**: 123-127.

STEYERMARK, J. 1986. Speciacion and endemism in the Flora of the Venezuelan Tepuis. **In**: F. Vuillemier & M. Monasterio (eds). High altitude tropical biogeography. Oxford University Press: 317-373. New York-Oxford.

TORO-V., A.P. & J.G. SALDARRIAGA. 1990. Algunas características de la sucesión secundaria en campos de cultivo abandonados en Araracuara, Amazonas, colombia. *Colombia Amazonica* **4** (2): 31-58. Bogotá.

UNESCO. 1973. International clasification and mapping of vegetation. Ecology and conservation. Serie No. 6: 93 pp. París.

URREGO, L.E. 1990. Apuntes preliminares sobre la composición y estructura de los bosques inundables en el medio Caquetá, Amazonas, Colombia. *Colombia Amazonica* **4** (2): 23-30. Bogotá.

__________. **1994.** Los Bosques inundables del medio Caquetá (Amazonia Colombiana). Ph.D. Tesis: 240 pp. University of Amsterdam, Amsterdam. The Netherlands.

VAN ANDEL, T. 1992. Caracterización y clasificación de bosques inundables en una llanura aluvial en el medio Caquetá, Amazonas, Colombia. Internal report. Hugo de Vries-Laboratorium, University of Amsterdam. 18 pp. 1 mapa y dos anexos. Amsterdam.

VAN DER HAMMEN, T. & E. GONZÁLEZ. 1963. Historia de clima y vegetación del Pleistoceno Superior y del Holoceno de la Sabana de Bogotá. *Boletín Geológico* **XI** (1-3): 189-266.

VARGAS, O. & S. ZULUAGA. 1981. Contribución al estudio fitoecológico de la región de Monserrate. Trabajo de grado, Departamento de Biología, Universidad Nacional de Colombia (manuscrito). Bogotá.

________ **& D. RIVERA. 1990.** El Páramo un ecosistema fragil. Cuadernos de Agroindustria y Economía Rural. Universidad Pontificia Javeriana. No. 25, Segundo Semestre. 145-163. Bogotá.

VERGARA & VELASCO, F.J. (1901) 1974. (Reimpresión). Nueva geografía de Colombia. Escrita por regiones naturales. Publicaciones del Banco de la Republica, Archivo de la Economía Nacional, Tomo **III**: 447-456. Imprenta de Vapor. Bogotá.

VINCELLI, P.C. 1981. Estudio de la Vegetación del Territorio Faunístico "El Tuparro". *Cespedesia* **10** (37-38): 5-54. Cali.

VINK, R. & V. WIJNINGA. 1986. The Vegetation of the semi-arid región of La Herrera (Cundinamarca, Colombia). Internal report. Hugo de Vries-Laboratorium, University of Amsterdam. Amsterdam. The Netherlands.

VON PRAHL, H., J.R. CANTERA & R. CONTRERAS. 1990. Manglares y Hombres del Pacífico Colombiano: 184 pp. Fondo FEN Colombia. Bogotá.

WIJNINGA, V.M., J.O. RANGEL-CH. & A.M. CLEEF. 1989. Botanical ecology and conservation of Laguna de la Herrera (Sabana de Bogotá, Colombia). *Caldasia* **16** (76): 23-40.

WALTER, H. 1979. Vegetation of the Earth. Translated from the third revised German edition by Joy Wierrerr: 275 pp. Spinger Verlag. New York.

WOLF, J.H. 1993. Ecology of epiphytes and epiphyte communities in montane rainforests, Colombia. Ph.D. Thesis: 238 pp. University of Amsterdam, Amsterdam. The Netherlands.

ZULUAGA-R., S. 1987. Observaciones fitoecológicas en el Darién Colombiano. *Perez-Arbelaezia* **1** (4-5): 85-145. Bogotá.

DISTRIBUCION DE LOS TIPOS DE VEGETACION EN LAS REGIONES NATURALES DE COLOMBIA
Aproximación inicial

J. Orlando Rangel-Ch., Petter D. Lowy-C. & Mauricio Aguilar-P.

Resumen

La compilación de la información relacionada con los tipos de vegetación en las diferentes regiones naturales de Colombia arrojó un total de 1010 términos, la mayor parte de los cuales se ocupan de la vegetación andina o cordillerana (595), resultado que se explica -en parte- por la facilidad de acceso en estas áreas geográficas lo cual ha permitido una mayor exploración botánica.

Abstract

We make a detailed revision of literature that deals with vegetation types that occur in the different natural regions of Colombia. Of a total of 1010 terms, we find the highest number of vegetation types in the Andean region. This region has more logistic facilities to develop botanical explorations than other regions and it has received more attention by the botanists also.

INTRODUCCION

Se compilaron 1009 tèrminos con información relativa a tipos de vegetación en Colombia que se definieron según criterios ecológicos, fitosociológicos o fisionómicos; su distribución según regiones naturales se muestra en la figura 89 y en el anexo 1. La mayor cantidad de registros corresponde a la región Andina o Cordillerana con 595 seguida por la Amazonia con 131. Los resultados tiene una explicación directa, si se tiene en cuenta que en la región Andina se han efectuado con mayor intensidad las exploraciones botánicas y los estudios de la vegetación. Con un nivel de exploración aceptable figuran la Orinoquia (104), seguida por la región Caribe (93). En razón a que en los últimos años se ha impulsado el estudio de la vegetación en la regiones Amazónica y Pacífica, es de esperar que aparezcan numerosas novedades fitoecológicas, que aumentarán significativamente la representación de estas regiones. La distribución de los tipos de vegetación y rasgos generales según las regiones naturales (Figurra 90) muestra este preliminar arreglo:

REGION AMAZONICA

Región de relieve ondulado con una superficie de 154.193.2 km², en su geología aparecen rocas sedimentarias del terciario y afloramientos del escudo guyanés en

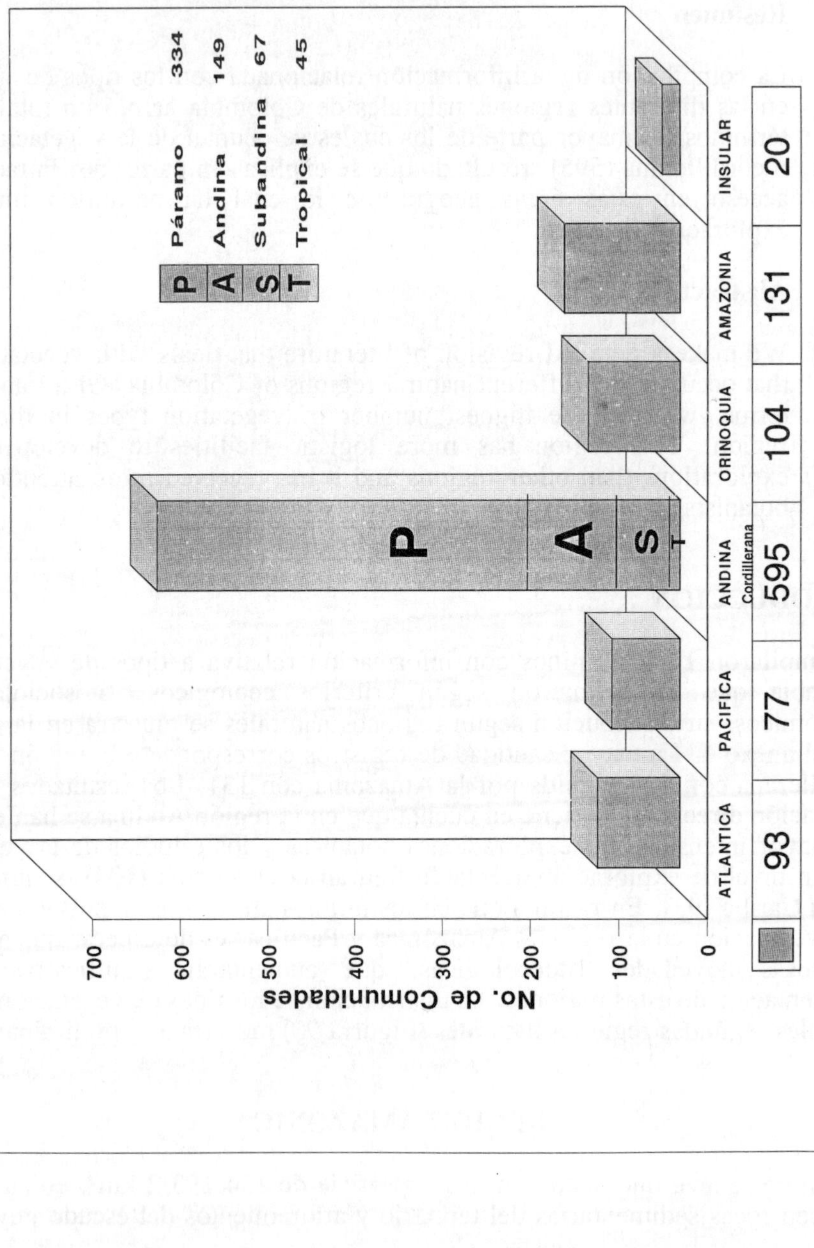

Figura 89. Distribución de los tipos de vegetación en las regiones naturales de Colombia

Figura 90. Regiones naturales de Colombia y su distribución político administrativa.

el noreste. Comprende localidades de los departamentos Amazonas, Putumayo, Vaupés, Guaviare Guainía y Caquetá; está ubicada entre los 4°10' latitud Sur y 4°05' latitud Norte y entre los 76°16' y 66°50' longitud Oeste.

En general, en su vegetación prevalecen las formaciones selváticas de los interfluvios de los ríos Caquetá, Amazonas, Putumayo y Apaporis y de las terrazas y superficies de erosión y colinas altas del río Vaupés y las formaciones mixtas selvas-bosques y sabanas de la región del Guainía (Figura 91).

Los tipos de vegetación mas frecuentes son:

Gramalotales: Vegetación enraizada o flotante, dominada por *Paspalum repens* (gramalote).

Varzea: Vegetación estacionalmente inundable por ríos de aguas claras; el bosque se distribuye de manera continua y solamente es interrumpido por la presencia de lagos.

Selvas de tierra firme: Formaciones con elementos arbóreos de 30-40 m de altura con raíces fúlcreas y tabloides; abundan los bejucos leñosos y las lianas, el follaje es siempre verde y la diversidad florística elevada.

Bosques y matorrales xeromórficos en las mesetas de Chiribiquete dominados por arbolitos y arbustos enanos, que se establecen en las partes planas y en las cimas de las mesetas.

Para la región se encontraron 131 registros, la mayoría de los cuales se refieren a:

Caatinga	5	Comunidades de altillanura	3
Vegetación boscosa=	85	Igapos	2
- Bosques achaparrados	1	Matorrales	4
- Bosques altos	13	Pastizal-prado-pajonal	8
- Bosques bajos	12	Sabanas	3
- Bosques ralos	1	Selvas	6
- Bosques de tierra firme	3	Varzea	5
- Bosques de pantano	7	Vegetación acuática	1
- Otros bosques sin definición precisa	48	Vegetación meándrica y de pantanos	8
Vegetación de playas	5		

REGION DE LA ORINOQUIA

Con una superficie de 154.193.2 km², comprende localidades de los departamentos de Arauca, Casanare, Meta y Vichada, se ubica entre 5° y 2° latitud Norte y entre los 75° y los 67° longitud Oeste.

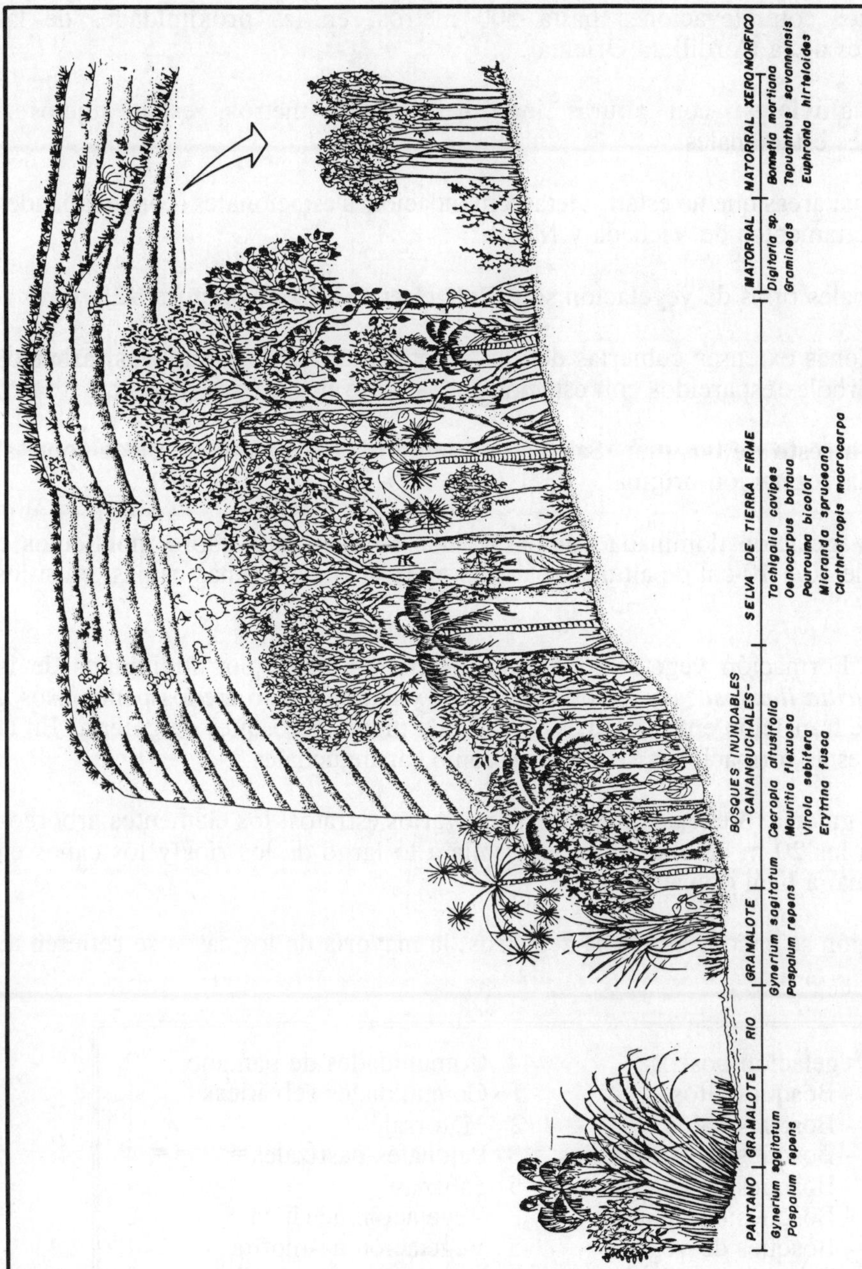

Figura 91. Principales tipos de vegetación en un corte idealizado en la Amazonia colombiana.

Los principales paisajes o subregiones son:

Piedemonte: con elevaciones hasta 500 metros, en las proximidades de las estribaciones de la Cordillera Oriental.

Abanicos aluviales: con alturas inferiores a 400 metros, están sujetos a inundaciones estacionales.

Altillanuras: áreas que no están sujetas a inundaciones estacionales (con localidades de los departamentos de Vichada y Meta).

Los principales tipos de vegetación son (Rangel *et al.*, 1995) (Figura 92):

Sabana: Zonas extensas cubiertas de una vegetación baja de gramíneas, arbustos y a veces árboles esparcidos con estación seca de 6 o más meses del año.

Sabana con resto de bosque: Sabana que se deriva del bosque de piedemonte al ser talada la vegetación original.

Zurales: Vegetación dominada por pastos que se desarrolla sobre montículos o columnas de 40 a 70 cm de altura separados entre si por estrechas zanjas; en sitios húmedos.

Morichal: Formación vegetal compuesta primordialmente por individuos de la palma *Mauritia flexuosa*, en sectores de caños y bajíos mas o menos pantanosos y en zonas de transición entre sabanas y matas de monte o bosques de galería. En la Amazonía estas formaciones se conocen como cananguchales.

Bosque de galería: Vegetación arbórea con varios estratos, los elementos arbóreos sobrepasan los 20 m de altura, se desarrolla a lo largo de los ríos y los caños en suelos de mal a bien drenados.

Para la región se encontraron 104 registros, la mayoría de los casos se refieren a:

Vegetación boscosa	44	Comunidades de pantano	2
- Bosques altos	1	Comunidades selváticas	1
- Bosques bajos	2	Matorrales	1
- Bosques de altillanuras	3	Pajonales-pastizales	4
- Bosques de galeria	9	Sabanas	27
- Bosques de llanuras	3	Vegetación acuática	2
- Bosques de vegas	5	Vegetación casmófita	1
- Bosques inundables	1	Vegetación de raudales	2
- Bosques ralos	1		
- Otros bosques sin definición precisa	19		

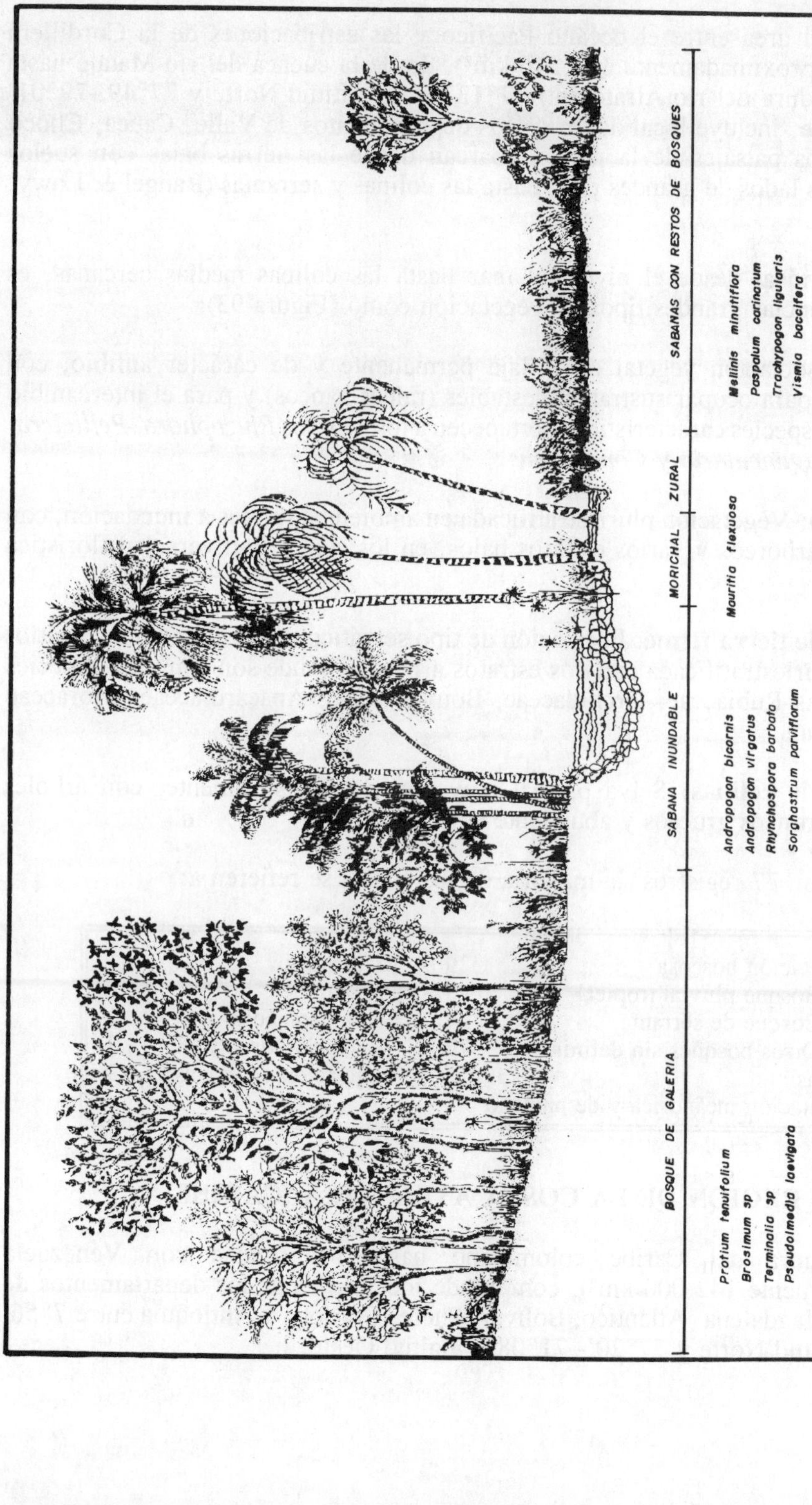

Figura 92. Principales tipos de vegetación en un corte idealizado en los Llanos Orientales-Orinoquia colombiana

REGION DE LA COSTA PACIFICA

Comprende el área entre el océano Pacífico y las estribaciones de la Cordillera Occidental (aproximadamente 131.246 km²), desde la cuenca del río Mataje hasta la desembocadura del río Atrato entre 7°13'-1°36' latitud Norte y 77°49'-79°01' longitud Oeste; incluye localidades de los departamentos de Valle, Cauca, Chocó y Nariño. Los paisajes de la región abarcan desde las tierras bajas con suelos aluviales a los lados de grandes ríos, hasta las colinas y serranías (Rangel & Lowy, 1993)

En un corte ideal desde el nivel del mar hasta las colinas medias cercanas, es posible diferenciar grandes tipos de vegetación como (Figura 93):

Manglar: Asociación vegetal de follaje permanente y de carácter anfibio, con adaptaciones para ocupar sustratos inestables (raíces zancos) y para el intercambio gaseoso; las especies características pertenecen a los géneros *Rhizophora, Pelliciera, Avicennia, Laguncularia* y *Conocarpus*.

Selva costera: Vegetación pluriestratificada en ambientes sujetos a inundación, con dos estratos arbóreos y varios estratos bajos, en los cuales la diversidad florística es alta.

Vegetación de tierra firme: Formación de tipo selvático que se desarrolla en sitios planos, es pluriestratificada con dos estratos arbóreos donde son comunes especies de las familias Rubiaceae, Orchidaceae, Bombacaceae, Anacardiaceae, Moraceae y Leguminosae.

Vegetación de colinas: Selva pluvial muy variada florísticamente, con árboles gigantes de troncos gruesos y abundante epifitismo.

Se encontraron 77 registros, la mayoría de los cuales se refieren a:

Vegetación boscosa	29	Matorrales	1
- Bosque pluvial tropical	3	Palmar	1
- Bosque de serranía	4	Selva pantanosa	2
- Otros bosques sin definir	22	Vegetación de manglar	8
Selvas	12	Vegetación de playas	3
Vegetación meándrica y de pantano	8		

REGION DE LA COSTA ATLANTICA (CARIBE)

Extensa llanura del Caribe colombiano hasta los límites con Venezuela (aproximadamente 142.000 km²); comprende localidades de los departamentos de la Guajira, Magdalena, Atlántico, Bolívar, Sucre, Córdoba y Antioquia entre 7°56' y 12°25' latitud Norte y 77°20'- 71°08' longitud Oeste.

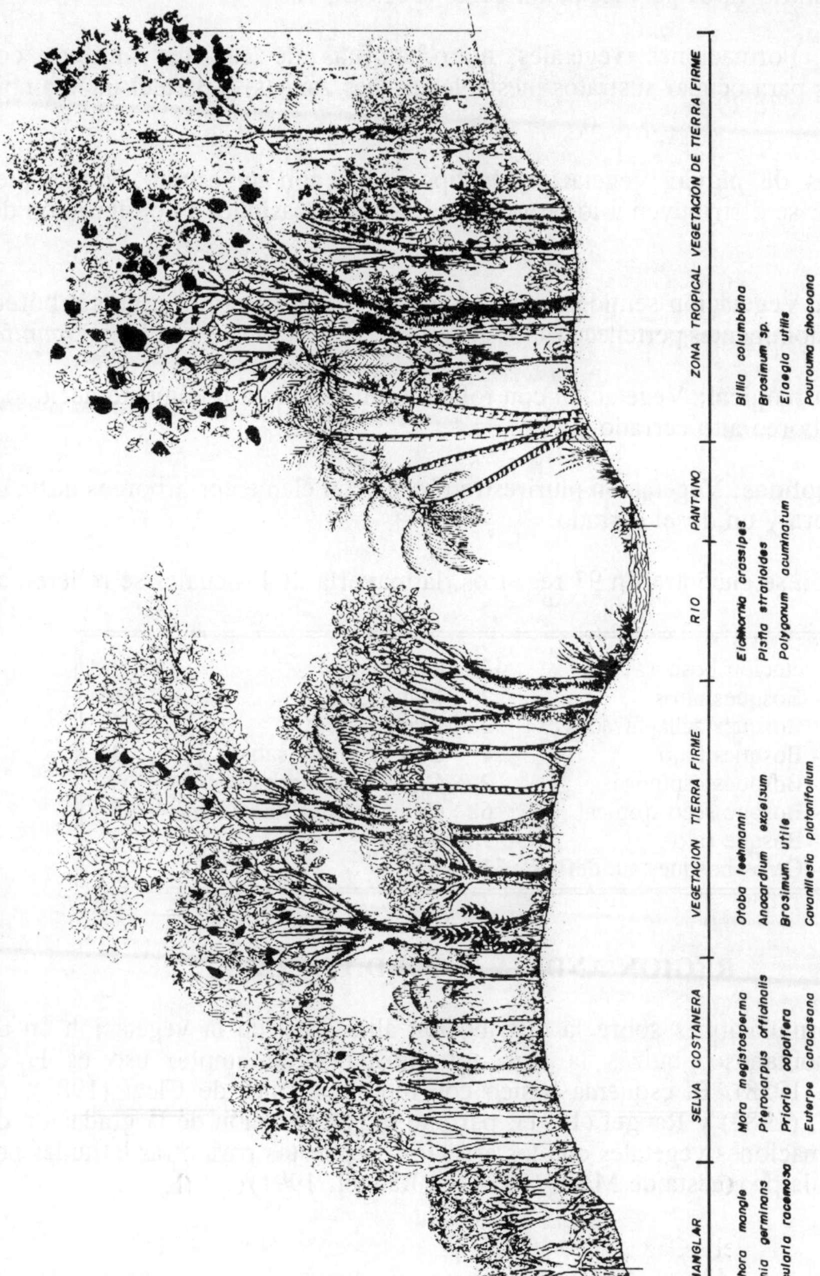

Figura 93. Principales tipos de vegetación en un corte idealizado en el Pacífico colombiano.

En un perfil ideal desde el nivel del mar hasta las colinas adyacentes (especialmente la serranía de la Macuira y el basamento de la Sierra Nevada de Santa Marta), es factible encontrar tipos de vegetación como (Figura 94):

Manglares: Formaciones vegetales hidro-halófitas de carácter anfibio, con adaptaciones para ocupar sustratos inestables (raíces zancos) y para el intercambio gaseoso.

Formaciones de playa: Vegetación de tipo prado con un estrato rasante bien desarrollado; se distribuyen a lo largo de la costa en ocasiones a continuación del manglar.

Cardonales: Vegetación semidesértica dominada por el cardón o cactus arbóreo; las especies dominantes pertenecen a los géneros *Armatocereus, Pereskia* y *Opuntia*.

Bosque seco tropical: Vegetación con follaje semideciduo a totalmente deciduo y con dosel arbóreo alto cerrado.

Bosque de colinas: Vegetación plurirestratificada con elementos arbóreos hasta de 20 m de altura y un dosel cerrado.

Para la región se encontraron 93 registros, la mayoría de los cuales se refieren a:

Vegetación boscosa	47	Cardonales	1
- Bosques altos	2	Matorrales	13
- Bosques achaparrados	2	Prados	3
- Bosques bajos	1	Complejos de sabana	4
- Bosques espinosos	2	Complejos marinos	9
- Bosque seco tropical	6	Comunidades de pantano	5
- Bosque ralo	1	Selvas	1
- Otros bosques sin definir	33		

REGION ANDINA O CORDILLERANA

Entre las formulaciones sobre la distribución altitudinal de la vegetación en un gradiente montañoso, quizás la mas aproximada y de amplio uso es la de Cuatrecasas (1958). El esquema básico con modificaciones de Cleef (1981), de Rangel *et al*, (1982) y Rangel (1991), permite la comparación de la gradación de nuestras formaciones vegetales con los arreglos propuestos para otras latitudes por ejemplo con la propuesta de Mann (1964; en Rangel, 1991)

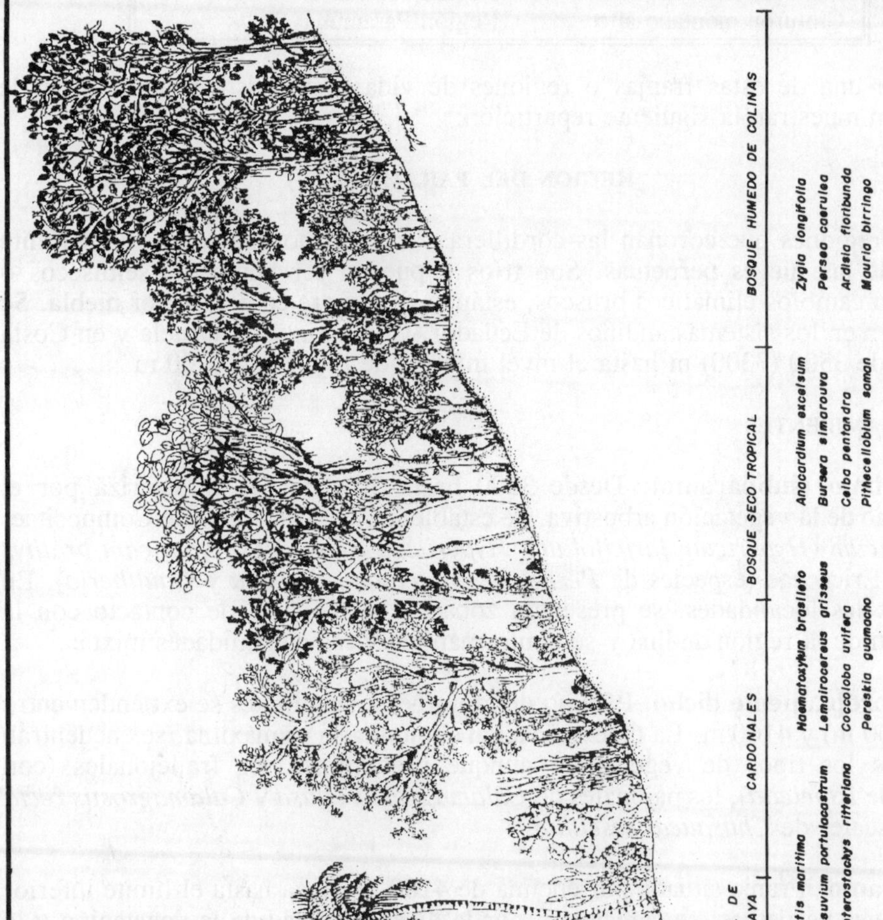

Figura 94 Principales tipos de vegetación en un corte idealizado en la Costa Atlántica colombiana.

Sistema de Mann	Sistema de Cuatrecasas (modificado)
Cinturón basi-montano	Región Ecuatorial o Tropical
Cinturón premontano	Región Subandina
Cinturón montano	Región Andina
Cinturón montano-alto	Región Paramuna

Para cada una de estas franjas o regiones de vida, los registros sobre tipos de vegetación muestran la siguiente repartición:

REGION DEL PARAMO

Extensas regiones que coronan las cordilleras, entre el bosque andino y el límite inferior de las nieves perpetuas. Son fríos y pueden ser húmedos, semisecos o secos, con cambios climáticos bruscos, están casi siempre cubiertos por niebla. Se distribuyen en los sistemas andinos de Ecuador, Colombia y Venezuela y en Costa Rica, desde 3500 (3300) m hasta el nivel inferior de la nieve a 4700 m.

TIPOS DE AMBIENTES

Páramo bajo (subpáramo): Desde 3200 hasta 3600 m; se caracteriza por el predominio de la vegetación arbustiva. Se establecen los matorrales de Compositae, de *Hypericum* (*Hypericum laricifolium, Hypericum ruscoides, Hypericum brathys* (s.l.), de Ericaceae (especies de *Pernettya, Vaccinium, Bejaria* y *Gaultheria*). En casi todas las localidades, se presentan zonas de ecotonía o de contacto con la vegetación de la región andina y se conforman entonces comunidades mixtas.

Páramo propiamente dicho: Páramo de gramíneas, sus límites se extienden entre 3200 (3600 m) y 4100 m. La diversificación comunitaria es máxima, se encuentran casi todos los tipos de vegetación, aunque predominan los frailejonales (con especies de *Espeletia*), los pajonales de *Calamagrostis effusa* y *Calamagrostis recta* y los chuscales de *Chusquea tessellata.*

Superpáramo: Franja situada por encima de 4100 m, llega hasta el límite inferior de las nieves perpetuas; se caracteriza por la discontinuidad de la vegetación y la apreciable superficie de suelo desnudo. Los tipos de vegetación mas comunes están dominadas por especies de *Draba* (Cruciferae), *Azorella* (Umbelliferae), *Pentacalia* (Compositae) y *Cerastium* (Caryophyllaceae).

TIPOS DE VEGETACIÓN (Figura 95)

Pajonales: Vegetación herbácea dominada por gramíneas en macollas. Se encuentran desde el páramo propiamente dicho hasta el superpáramo. Entre las comunidades mejor representadas en cuanto a área de distribución, figuran las de *Calamagrostis effusa* (Cordilleras Central, Oriental y Occidental), de *Calamagrostis recta* (Cordillera Central) y de *Agrostis tolucensis* (Cordillera Oriental).

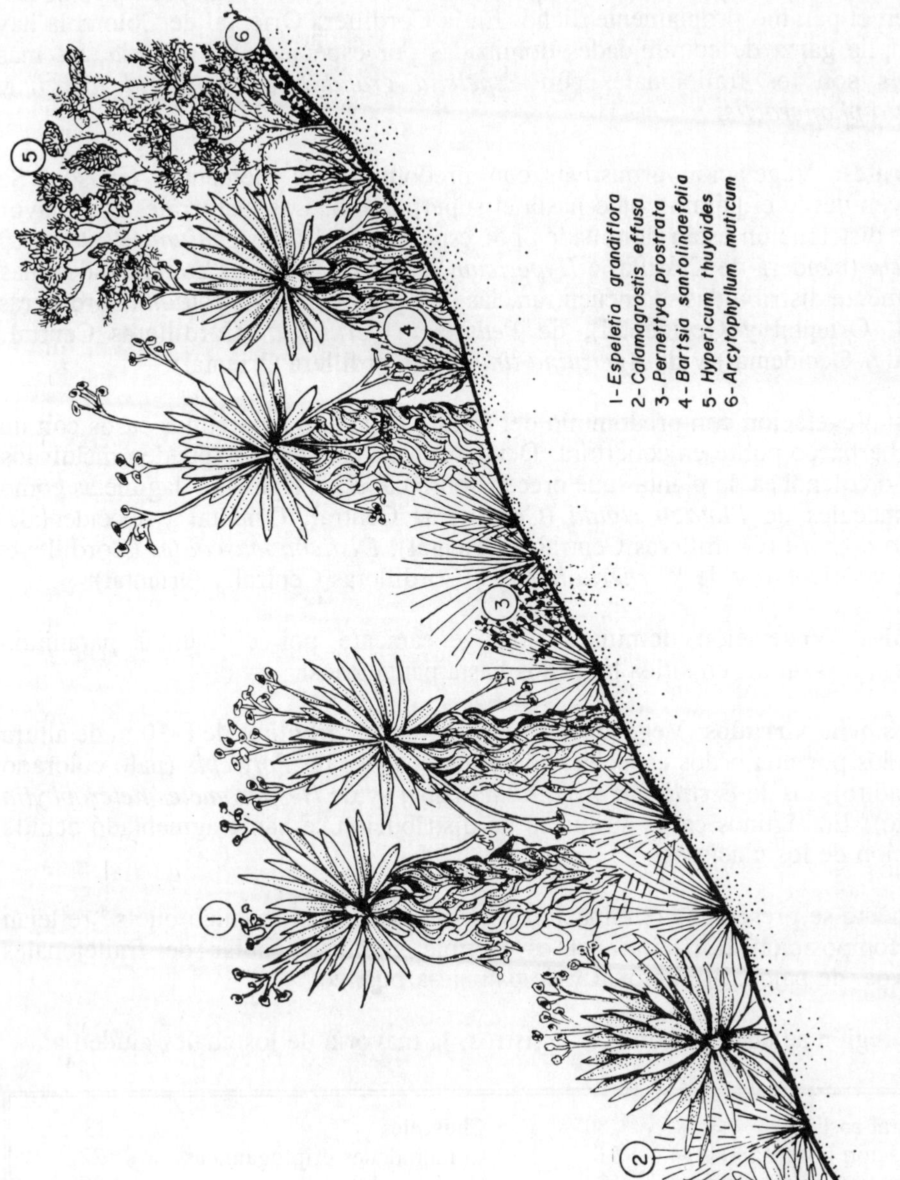

Figura 95. Comunidad de *Espeletia grandiflora* y *Calamagrostis effusa*. Cundinamarca; Páramo de Sumapaz, alrededores de la cuchilla de la Rabona, 3700–4025 m. Tomado de Sturm y Rangel, 1985.

Frailejonales: Vegetación con un estrato arbustivo emergente conformado por la rosetas de *Espeletia*. Se les registra desde el páramo bajo hasta los límites entre el superpáramo y las nieves perpetuas; preferentemente logran su mayor representatividad en el páramo propiamente dicho. En la Cordillera Oriental de Colombia hay una amplia gama de comunidades dominadas por especies de *Espeletia*, las mas comunes son los frailejonales con *Espeletia grandiflora, Espeletia lopezii* y *Espeletia phaneractis*.

Matorrales: Vegetación arbustiva, con predominio de elementos leñosos. Se establecen desde el páramo bajo hasta el superpáramo. Los matorrales con mayor área de distribución están dominados por especies de *Diplostephium, Pentacalia, Castilleja* (bandera de Castilla) e *Hypericum* (chites). Entre las comunidades mas ampliamente distribuidas se encuentran, las de *Hypericum laricifolium* (Cordilleras Central, Oriental y Occidental), de *Pentacalia vernicosa* (Cordilleras Central, Oriental y Occidental) y de *Ageratina tinifolia* (Cordillera Oriental).

Prados: Vegetación con predominio del estrato rasante o en algunos casos con un estrato herbáceo pobre en cobertura. Dentro de esta categoría se pueden incluir los cojines o colchones de plantas que crecen sobre cubetas, lagunas y lagunetas como los tremedales de *Platago rigida* (Cordilleras Central, Oriental y Occidental), *Azorella crenata* (Cordilleras Central y Oriental), *Disticha muscoides* (Cordilleras Central y Oriental) y de *Werneria humilis* (Cordilleras Central y Oriental).

Chuscales: Vegetación dominada homogéneamente por el bambú paramuno *Chusquea tessellata*, en sitios húmedos hasta pantanosos.

Bosques achaparrados: Vegetación con un estrato de arbolitos de 8-10 m de altura dominados por una o dos especies; como los bosques de *Polylepis* (palo colorado o coloradito), los de *Escallonia myrtilloides* (tibar) y de *Hesperomeles heterophylla* (mortiño). En algunos casos sus áreas de distribución se han fragmentado debido a la acción de los glaciares.

Obviamente se presentan combinaciones en el aspecto fisionómico que se reflejan en la composición florística; así es factible entonces hablar de frailejonales arbustivos, de pajonal-frailejonal y de pajonal-arbustivo.

Para la región se encontraron 334 registros, la mayoría de los cuales aluden a:

Arbustal-rosetal	8	Chuscales	13
Vegetación boscosa=	21	Comunidades criptogámicas	22
- Bosques achaparrados	12	Frailejonales	29
- Otros bosques sin definir	9	Matorrales	81
Pajonal-frailejonal	15	Pajonales	53
Prados	49	Vegetación de pantano o acuática	43

Figura 96. Comunidad de *Clusia aff. clusioides, Axinaea sp., Viburnum pichinchensis y Escallonia myrtilloides*, Choco; Valle de San Francisco, 3300 m. Tomado de Rangel et al. (en preparación Ecoandes Cor. Occidental).

REGION ANDINA PROPIAMENTE DICHA

Empieza aproximadamente a 2400 m de altitud, forma una faja continua hasta los 3500 (3800 m).

Entre los tipos de vegetación se encuentran (Figura 96):

Los **Robledales** con *Quercus humboldtii*; las **Selvas y Bosques** con *Ocotea calophylla* (aguacatillo), especies de *Weinmannia* (encenillos) y *Hesperomeles lanuginosa* (mortiños); los **Bosques** con especies de *Prunus* (cerezo) y de *Myrsine* (cucharos) y los **Bosques** dominados por *Podocarpus oleifolius* (pino chaquiro, pino romerón). También figuran los **Bosques** con *Drimys granatensis* (canelo de páramo) y *Clusia* cf. *multiflora* (raque, manchón) que en ocasiones constituyen la vegetación leñosa que más alto se distribuye en algunas montañas y el **Bosque alto** con especies de *Oreopanax* (mano de oso, cinco dedos), de *Schefflera* y de *Tovomita*. Igualmente aparecen los bosques achaparrados con especies de *Hedyosmum* e *Ilex* a los cuales se les asocian especies de *Symplocos* y de *Ternstroemia*. En el límite con la vegetación abierta del páramo, se establecen los **Bosques y Matorrales altoandinos** como los dominados por especies de *Polylepis* (colorado), *Escallonia myrtilloides* (tibar) y especies de *Miconia* (niguitos).

Para la región se encontraron 149 registros, que en su mayoría se refieren a:

Vegetación boscosa=	59	Comunidades criptogámicas	11
- Bosques achaparrados	5	Comunidades de pantano	19
- Bosques altos	1	Herbazal	6
- Bosque alto-andino	3	Juncales	3
- Bosques bajos	4	Matorrales bajos	17
- Bosques ralos	2	Prados	4
- Otros bosques sin definir	44	Selvas	16

REGION SUBANDINA

Se extiende desde 1000 a 2400 m de altitud por las laderas de nuestras cordilleras. La vegetación constituye el clímax geográfico, con la máxima expresión biológica en las condiciones climático-geográficas actuales.

En las vertientes -atmosféricamente con menor humedad- de las tres cordilleras, la vegetación dominante la constituyen los **Robledales** (dominados por *Quercus humboldtii*) que puede asociarse a especies de los géneros *Alfaroa* (nogal, Juglandaceae), *Hedyosmum* (granizo, silba-silba, Chloranthaceae), *Weinmannia* (encenillo, Cunoniaceae) y *Clusia* (raque, Clusiaceae). Otro tipo de vegetación muy importante lo constituyen las **Selvas** de Lauraceas dominadas principalmente por especies de *Nectandra* (jiguas, amarillos) y de *Ocotea* (aguacatillo) en localidades con valores mayores en precipitación que la de los robledales. En las vertientes húmedas, dominan las selvas con especies de *Hedyosmum* y de Rubiaceae.

Figura 97. Comunidad de *Coussapoa contorta*, *Weinmannia balbisiana* y especies de Lauraceae y Myristicaceae, Chocó; San José del Palmar, vereda el Tambor 1650 m. Tomado de Rangel et al. (en preparación Ecoandes Cor. Occidental).

Igualmente son frecuentes los ***Palmares*** *con especies de Dictyocaryum* (tagua),Geonoma y *Wettinia* (makenke), como en la Cordillera Occidental y las selvas dominadas por especies de *Weinmannia*, *Brunellia* (cedro cebolla) y de *Clusia* (Figura 97).

Se encontraron 67 registros, la mayoría de los cuales aluden a:

Vegetación boscosa=	23	Comunidades criptogámicas	15
Bosques achaparrados	8	Matorrales	2
- Bosques altos	1	Pastizales	1
- Bosques bajos	1	Prados	1
- Bosques ralos	1	Selvas	26
- Otros bosques sin definición fisionómica	12	Vegetación de pantanos y charcas	3

Region Tropical

Se extiende desde 100 metros hasta 1000 (1100) m de altitud en el basamento de las tres cordilleras. En el gradiente de humedad que incluye desde ambientes desérticos hasta selvas pluviales, es factible trazar un cuadro general así (Rangel, 1991) (Figura 98):

a. En áreas con valores de precipitación menor de 800 mm anuales, se establecen **Cardonales** dominados por *Armatocereus (Lemaireocereus) griseus* (cardón), *Randia aculeata* (uña de gato) y por especies de *Opuntia* (tunos) como en el desierto de la Tatacoa con valores mínimos extremos de precipitación, o **Cardonales-espinares** con *Armatocereus* sp., *Benthamantha caribaea, Opuntia wentiana, Thevetia peruviana* y especies de Mimosaceae en los alrededores de Santa Marta. Igualmente figuran los **Matorrales desérticos** con *Ipomoea carnea, Portulacca halimoides* y especies de *Poponax* como en el basamento de la Serranía del Perijá o en otras áreas de la costa Norte de Colombia.

b. En localidades con precipitación >800 mm pero menor de 1200 mm aparecen los **Bosques espinosos** dominados por *Pithecolobium dulce*, *Xylosma velutinum, Croton agyrophyllus* y cactáceas columnares como en la llanura de Tesalia (Huila) y **Bosques deciduos** ralos con *Guazuma ulmifolia* (guácimo), *Bursera tomentosa* (indio desnudo) y *Eugenia acapulcensis*, que en ocasiones pueden arraigar sobre aluviones recientes. También son frecuentes los **Matorrales o bosques bajos** con *Tessaria integrifolia* (aliso de tierra caliente), *Mimosa pudica* (dormidera) y especies de Euphorbiaceae en las orillas de los ríos y los **Bosques bajos** con *Ochroma lagopus* (balso) y *Cecropia* cf. *peltata* (yarumo).

c. En áreas con valor de precipitación entre 1200 y 1600 mm (1800 mm) al año, persisten restos de **Bosques** con *Spondias mombin, Hirtella americana* y *Mouriri myrtilloides* cerca de las quebradas y corrientes de agua y **Bosques más desarrollados** y vigorosos como los de las asociaciones Amyro pinnatensis-Crotonetum glabellae y Coccolobo candolleanae-Maurietum birringae en el basamento de la Cordillera Central (Rangel *et al.*, 1989).

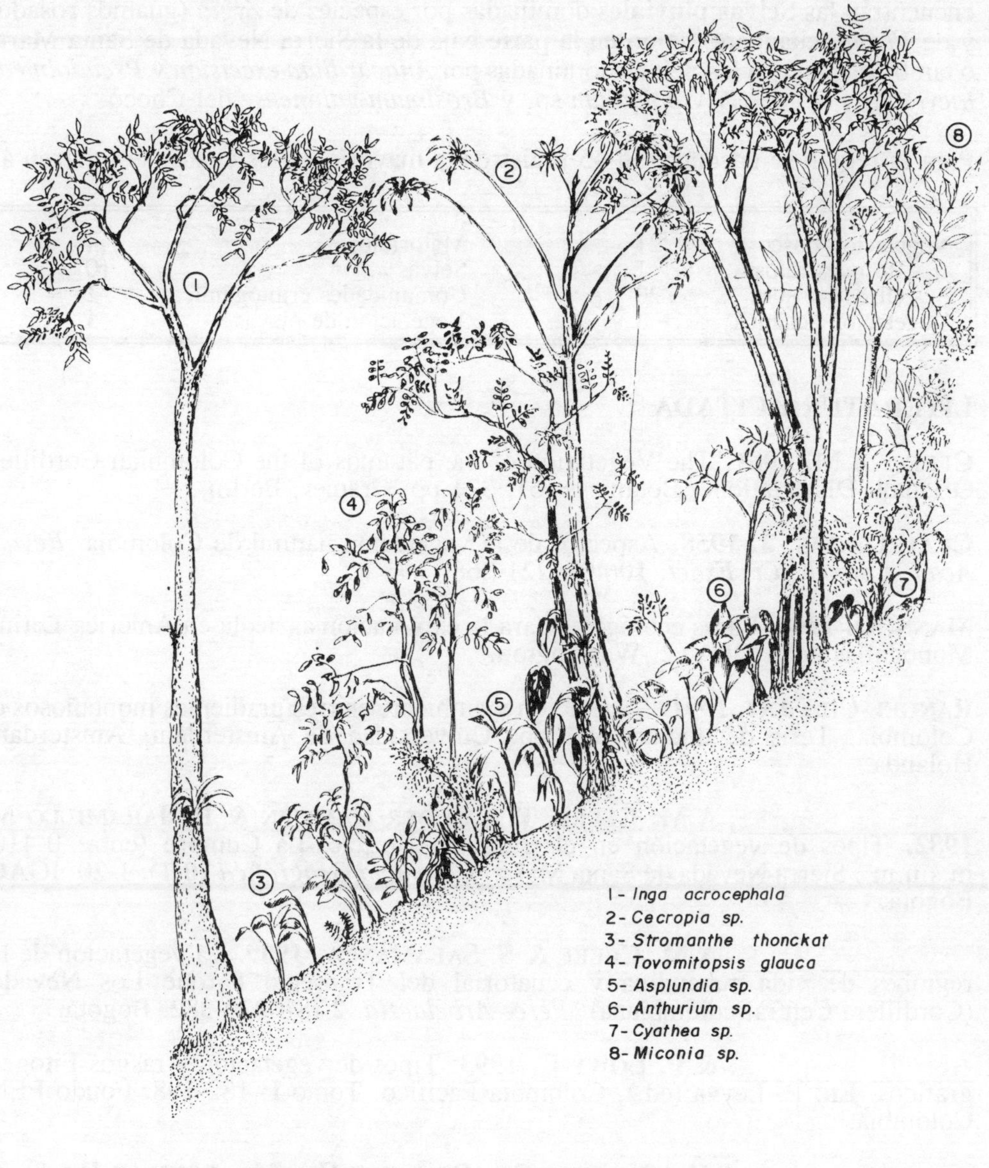

Figura 98. Comunidad selvática de *Inga acrocephala y Cecropia sp.* Chocó; Curundó, 550 m. Tomado de Rangel et al. (en preparación Ecoandes Cor. Occidental).

d. En sitios con 1800-2000 mm de precipitación, se presentan **Formaciones selváticas** como la comunidad de *Guarea guindonia* y *Pseudolmedia* sp. en los alrededores de Paicol (Huila) y la vegetación de la asociación Mayno suaveolentis-Casearietum corymbosae de las partes planas del valle del Magdalena.

e. En localidades con valores de precipitación mayor a 2200 mm hasta 4800 mm encuentran las **Selvas pluviales** dominadas por especies de *Zygia* (guamos rosados) y de *Virola* (cuángare) como en la parte baja de la Sierra Nevada de Santa Marta, o también aparecen las **Selvas** dominadas por *Anacardium excelsum* y *Pseudolmedia laevigata* y las de *Chrysophyllum* sp. y *Brosimum guianense* del Chocó.

Para la región se encontraron 45 registros la mayoría de los cuales se refieren a:

Vegetación boscosa	21	Matorrales	4
- Bosques ralos	1	Selvas	10
- Otros bosques	20	Comunidades criptogámicas	2
Vegetación acuática	3	Vegetación de playas	1

LITERATURA CITADA

CLEEF, A.M. **1981.** The Vegetation of the paramos of the Colombian Cordillera Oriental. Dissertationes Botanicae. 61: 321 pp. Cramer, Berlín.

CUATRECASAS, J. **1958.** Aspectos de la vegetación natural de Colombia. *Revista Acad. Colomb. Ci. Exact.* **10**(40): 221-268.

MANN, O. **1964.** Bases ecológicas para la explotación agrícola en América Latina. Monogafías de la OEA. 2. Washington.

RANGEL-CH., J.O. **1991.** Vegetación y ambiente en tres gradientes montañosos de Colombia. Tesis de doctor: 392 pp. Universidad de Amsterdam, Amsterdam. Holanda.

______________, **A.M. CLEEF, T. VAN DER HAMMEN & R. JARAMILLO M. 1982.** Tipos de vegetación en el transecto Buritaca-La Cumbre (entre 0-4100 m.s.n.m.) Sierra Nevada de Santa Marta. *Colombia Geográfica* **10**(1): 1-20. IGAC. Bogotá.

______________, **A.M. CLEEF & S. SALAMANCA. 1989.** La vegetación de las regiones de vida subandina y ecuatorial del Transecto Parque Los Nevados (Cordillera Central colombiana). *Perez-Arbelaezia.* **2** (8): 329-382. Bogotá.

______________**. & P. LOWY-C. 1993**. Tipos de vegetación y rasgos Fitogeográficos. **En**: P. Leyva (ed.). Colombia Pacífico. Tomo **I**: 182-198. Fondo FEN-Colombia.

______________, **H. SÁNCHEZ-C., P. LOWY-C., M. AGUILAR-P. & A. CASTILLO. 1995.** Región de la Orinoquia. **En**: J.O. Rangel-Ch. (ed.). Colombia Diversidad Biótica I: 239-254. Instituto de Ciencias Naturales. Universidad Nacional de Colombia. Santafé de Bogotá.

ANEXO 1

DISTRIBUCION DE LOS TIPOS DE VEGETACION EN LAS REGIONES NATURALES DE COLOMBIA

TERMINO	No. en el Texto	Amazonia	Andina	Atlántica	Insular	Orinoquia	Pacífica
Acacia tortuosa (Ass. fit. s.l.)	1			X			
Acaena cilindrostachya e Hypericum cf. lancioides (Com.)	2		X				
Acaenetum (Ass. fit. s.l.)	3		X				
Acaenetum cylindrostachyae (Ass. fit.)	4		X				
Acaeno cylindrostachyae-Plantaginetum sericeae (Ass. fit.)	5		X				
Achyrocline lehmannii, Castilleja fissifolia, Gnaphalium sp. y Luzula racemosa (Com.)	6		X				
Aciachne pulvinata-Escallonia myrtilloides (Com.)	7		X				
Aciachnetum pulvinatae (Ass. fit.)	8		X				
Ageratina (Eupatorium) rhomboidale, Miconia salicifolia, Hypericum laricifolium y Myrsine dependens (Com.)	9		X				
Ageratina (Eupatorium) tinifolia-Baccharis prunifolia (Com.)	10		X				
Ageratina tinifolia (Com.)	11		X				
Ageratina tinifolia-Baccharis revoluta (Com.)	12		X				
Ageratina tinifolia-Miconia salicifolia (Com.)	13		X				
Ageratino tinifoliae-Chusquetum tessellatae (Ass. fit.)	14		X				
Agrostietum foliatae (Ass. fit.)	15		X				
Agrostio boyacensis-Distichietum muscoides (Ass. fit.)	16		X				
Agrostio breviculmis-Lachemilletum orbiculatae (Ass. fit.)	17		X				
Agrostio tolucensi-Calamgrostietum effusae (Ass. fit.)	18		X				
Agrostis breviculmis-Acaulimalva purdiei (Com.)	19		X				
Agrostis breviculmis-Lachemilla pinnata (Com.)	20		X				
Agrostis cf. haenkeana (Com.)	21		X				
Agrupaciones de Palmas y otras especies arbóreas	687		X				
Alfaroo-Quercetum humboldtii (Ass. fit.)	22		X				
Aluviones recientes	688					X	

TERMINO	No. en el Texto	Amazonia	Andina	Atlántica	Insular	Orinoquia	Pacífica
Ambientes lenticos con macrofitas acuaticas	689						
Amyro pinnatensis-Crotonetum glabellae (Ass. fit.)	23		X				
Anacardium excelsum y Castilloa elastica (Com.)	24						X
Anacardium excelsum y Pseudolmedia laevigata (Com.)	25						X
Anacardium excelsum-Hura crepitans (Ass. fit. s.l.)	26			X			
Aragoa abietina-Blechnum columbiense (Com.)	27		X				
Aragoetum abietinae (Ass. fit.)	28		X				
Aragoetum abietinae-Chusquetosum (Ass. fit.)	29		X				
Aragoo abietinae-Puyetum santosii (Ass. fit.)	30		X				
Aragoo cupressina-Arcytophylletum nitidae (Ass. fit.)	31		X				
Arcytophyllo-Ilicetum colombianae (Ass. fit.)	32		X				
Arcytophyllum caracasanum y Calamagrostis effusa (Com.)	33		X				
Arcytophyllum nitidum (Com.)	34		X				
Ardisio foetidae-Axinetum macrophyllae (Ass. fit.)	35		X				
Ardisio foetidae-Cupanietum latifoliae (Ass. fit.)	36		X				
Ardisio foetidae-Cupanietum latifoliae-Maurietosum birringae (Subass. fit.)	37		X				
Ardisio foetidae-Cupanietum latifoliae-Ochrometosum (Subass. fit.)	38		X				
Areas con influencia antrópica	690					X	
Armatocereus sp. (Lemaireocereus griseus s.l.), Pithecellobium dulce y Randia aculeata (Com.)	39		X				
Armatocereus (Lemaireocereus) griseus, Pereskia colombiana y Mimosa leiocarpa (Com.)	40			X			
Ascomium nitens-Amanoa oblongifolia (Com.)	41	X					
Asociaciones boscosas en áreas con suelos normalmente no saturados con agua.	691		X				
Astronium graveolens-Tabebuia billbergii (Ass. fit. s.l.)	42			X			
Avicennia germinans (Com.)	43			X	X		X
Avicennia nitida (Com.)	44			X			X

TERMINO	No. en el Texto	Amazonia	Andina	Atlántica	Insular	Orinoquia	Pacífica
Avicennia nitida-Batis maritima (Ass. fit. s.l.)	45			X			
Axonopus pulcher, Trachypogon plumosus y Andropogon leuchostachyus	46					X	
Axonopus schultesii-Schoenocephalium martianum (Com.)	47	X					
Azolla filiculoides-Lemna cf. minuscula (Com.)	48		X				
Azorelletum crenatae (Ass. fit.)	49		X				
Azorelletum multifidae (Ass. fit.)	50		X				
Baccharido caespitosae-Agrostietum araucanae (Ass. fit.)	51		X				
Baccharis revoluta y Cortaderia cf. nitida (Com.)	52		X				
Bajos	956					X	
Bajos	957					X	
Batis maritima-Sesuvium portulacastrum (Com.)	53			X	X		X
Beilschmiedia sulcata y Guarea kunthiana (Com.)	54		X				
Bidens laevis (Com.)	55		X				
Billia columbiana, Brosimum utile y Carinaria piriformis (Com.)	56	X	X			X	
Billia columbiana, Weinmannia aff. balbisiana y Brunellia cf. glabra	57		X				
Biogenophytia	692		X				
Biomas azonales de tierras bajas. Pedobiomas.	693	X					
Biomas zonales de tierras bajas. Zonobioma húmedo ecuatorial	694	X	X	X	X	X	X
Biophytia	695		X				
Blechno loxensis-Diplostephietum floribundi (Ass. fit.)	58		X				
Blechno loxensis-Espeletietum hartwegianae (Ass. fit.)	59		X				
Blechnum sp., Alloispermum pachensis, Cuphea racemosa, Polypogon elongatus y Pennisetum clandestinum (Com.)	60		X				
Bonnetia colombiana- Ternstroemia aff. pungens (Com.)	61						
Bonnetia martiana (Com.)	62	X					
Bonnetia martiana, Digitaria sp. y especies de Gramineae (Com.)	63	X					
Bonnetia martiana-Tepuianthus savannensis y Euphronia hirtelloides (Com.)	64	X					

TERMINO	No. en el Texto	Amazonia	Andina	Atlántica	Insular	Orinoquia	Pacífica
Bosque abierto de Mimosaceas	696		X				
Bosque alto de la vega del río Arauca	697					X	
Bosque alto de la vega del río Guaviare	698					X	
Bosque alto de sabana sobre superficies disectadas	699	X					
Bosque alto desarrollado en superficie de erosión disectado	700	X					
Bosque alto desarrollado en superficie de erosión profundamente disectado	701	X					
Bosque alto y bien desarrollado	702	X					
Bosque bajo de la vega del río Arauca	703					X	
Bosque bajo de la vega del río Guaviare	704					X	
Bosque bajo de sabana con vegetación arbustiva	705	X				X	
Bosque bajo de superficie de erosión	706	X					
Bosque bajo poco desarrollado	707	X					
Bosque bajo y alto de la sabana arbórea	708	X					
Bosque claro decíduo por la sequía, de baja altitud y submontano.	709						
Bosque claro submontano espinoso.	710						
Bosque con vegetación poco desarrollada	711	X					
Bosque de colina alta	712	X					
Bosque de colinas accesibles	713						
Bosque de colinas no accesibles	714	X	X				X
Bosque de cordillera y serranía	715		X			X	
Bosque de diques naturales y complejo de orillales	716	X					
Bosque de galería	717					X	
Bosque de galería	718					X	
Bosque de galería inundable	719					X	
Bosque de galería no inundable	720					X	
Bosque de la altillanura	721					X	
Bosque de la altillanura	722					X	
Bosque de la llanura aluvial	723	X					
Bosque de ladera de la cordillera	724		X	X			
Bosque de las colinas de piedemonte	725		X			X	
Bosque de las partes altas bien drenadas	726	X					
Bosque de las partes altas del complejo de barras del cauce	727	X					
Bosque de las terrazas aluviales	728		X				
Bosque de mangle joven	729			X			X
Bosque de mangle maduro	730			X			X
Bosque de matorral de cactos	731			X			
Bosque de matorrales espinosos	732			X			

TERMINO	No. en el Texto	Amazonia	Andina	Atlántica	Insular	Orinoquia	Pacífica
Bosque de montaña	733		X				
Bosque de piedemonte	734					X	
Bosque de piedemonte cordillerano	735		X	X			
Bosque de piedemonte cordillerano intervenido	736		X	X			
Bosque de rebalse	737					X	
Bosque de relieve abrupto	738		X	X			X
Bosque de Serranía	739		X	X			X
Bosque de serranía de difícil acceso	740		X	X			X
Bosque de serranía intervenido	741		X	X			
Bosque de superficies planas o ligeramente disectadas	742	X					
Bosque de terrazas bajas esporádicamente inundables	743	X					
Bosque de terrazas del pacífico	744						X
Bosque de terrazas y altillanuras de la Orinoquia	745					X	
Bosque de transición en la Costa Pacífica	746						X
Bosque de vega alta inundable	747	X					
Bosque de vega de ríos pequeños y quebradas	748	X					
Bosque de vega permanentemente inundado	749	X					
Bosque de zonas escarpadas de cordillera	750	X	X				
Bosque del dique	751	X					
Bosque enano del páramo Andino	752		X				
Bosque espinoso exclusivamente decíduo.	753			X			
Bosque húmedo subtropical	754		X				
Bosque húmedo tropical	755	X	X				X
Bosque intervenido de colinas accesibles	756		X	X			X
Bosque intervenido de la llanura aluvial	757					X	X
Bosque intervenido de terrazas del pacífico	758						X
Bosque intervenido de terrazas y altillanuras de la Orinoquia	759					X	
Bosque intervenido sobre relieve abrupto	760		X	X			
Bosque marginal subperenifolio	761			X			
Bosque montano deciduo por la sequía.	762						
Bosque muy húmedo subtropical	763		X				
Bosque muy húmedo tropical	764		X				X
Bosque muy seco tropical	765		X	X			
Bosque ombrófilo tropical de baja altitud (precipitación > 2000 mm)	766		X				
Bosque ombrófilo tropical de baja altitud (precipitación > 3000 mm)	767						X
Bosque ombrófilo tropical pantanoso.	768			X			
Bosque ombrófilo tropical ribereño.	769		X			X	

TERMINO	No. en el Texto	Amazonia	Andina	Atlántica	Insular	Orinoquia	Pacífica
Bosque pantanoso	770					X	
Bosque pantanoso de la sabana inundable	771					X	
Bosque pluvial	772						X
Bosque pluvial de pantano	773						
Bosque pluvial subtropical	774		X				
Bosque pluvial tropical	775						X
Bosque pluvial verdadero	776		X				X
Bosque ripario estacionalmente inundable	777					X	
Bosque ripario inundable	778					X	
Bosque ripario multiestratificado	779					X	
Bosque ripario no inundable	780					X	
Bosque seco subtropical	781		X				
Bosque seco tropical	782			X			
Bosque sempervirente estacional tropical (o subtropical) submontano latifolio.	783		X				
Bosque sempervirente estacional tropical (o subtropical) montano.	784		X				
Bosque sempervirente estacional tropical de baja altitud.	785		X				
Bosque sin intervención de la llanura aluvial	786	X	X	X			X
Bosque subxerofilo caducifolio	787			X			
Bosque tropical montano ombrófilo neblinoso.	788	X					
Bosque tropical montano ombrófilo.	789						
Bosque tropical montano sempervirente estacional	790	X					
Bosque tropical submontano ombrófilo.	791		X				
Bosque y matorral seco	792			X			
Bosque y/o sabana inundable a lo largo de los caños, esteros y arroyuelos	793					X	
Bosque y/o sabana inundable a lo largo de los ríos	794					X	
Bosques de la costa Pacífica	795					X	
Bosques de la región Amazónica de Colombia	796	X					
Bosques de la región Cauca-Magdalena	797		X				
Bosques de la región de Santa Marta	798			X			
Bosques de la zona tropical	799	X	X				X
Bosques de los afloramientos rocosos	800	X					
Bosques de los médanos y de los afloramientos rocosos	801					X	
Bosques densos y hetereogéneos	802	X					
Bosques higrófilos y subhigrófilos	803					X	
Bosques húmedos del Catatumbo	804		X				
Bosques húmedos del Chocó/Darién	805						X

TERMINO	No. en el Texto	Amazonia	Andina	Atlántica	Insular	Orinoquia	Pacífica
Bosques húmedos del río Napo	806		X				
Bosques tropófilos	807					X	
Bowdichia virgilioides, Byrsonima crassifolia y especies de Clusia (Com.)	65					X	
Brachyoto-Calamagrostietum effusae (Ass. fit.)	66		X				
Breutelia lorentzii (Com.)	67		X				
Brocchinia hechtioides-Bonnetia martiana (Com.)	68	X					
Brosimion utilae (Al. fit. s.l.)	69						X
Brosimum alicastrum, Eugenia oblongifolia y Randia aculeata (Com.)	70			X			
Brownea grandiceps-Iriartea deltoidea (Com.)	71	X					
Brunellia macrophylla y Clethra aff. revoluta (Com.)	72		X				
Brunellia macrophylla, Weinmannia pubescens, Clethra aff. revoluta y Hedyosmum cf. bonplandianum (Com.)	73		X				
Brunellio occidentalis-Moretum insigni-Geonometosum (Subass. fit.)	74		X				
Brunellio occidentalis-Moretum isigni (Ass. fit.)	75		X				
Brunellio occidentalis-Moretum isigni-Cassietosum (Subass. fit.)	76		X				
Bryopteris filiciana (Com.)	77		X				
Bursera glabra-Castela erecta (Ass. fit. s.l.)	78			X			
Bursera tomentosa y Bursera graveolens (Ass. fit. s.l.)	79			X			
Bursera tomentosa y Guazuma ulmifolia (Com.)	80		X				
Byrsonima japurensis-Inga punctata (Com.)	81	X					
Caatinga	958	X					
Caatinga amazónica	959	X					
Calamagrostietum effuso-rectae (Ass. fit.)	82		X				
Calamagrostietum ligulatae (Ass. fit.)	83		X				
Calamagrostietum planifoli-effusae (Ass. fit.)	84		X				
Calamagrostio bogotensii-Chusquetum tessellatae (Ass. fit.)	85		X				
Calamagrostio effusae-Calamagrostietum macrophyllae (Ass. fit.)	86		X				
Calamagrostio-Espeletion hartwegianae (Al. fit.)	87		X				
Calamagrostion ligulatae (Al. fit.)	88		X				
Calamagrostis effusa con Azorella julianii y Oritrophium peruvianum (Com.)	89		X				

TERMINO	No. en el Texto	Amazonia	Andina	Atlántica	Insular	Orinoquia	Pacífica
Calamagrostis effusa, Espeletia grandiflora y Geranium multiceps (Com.)	90		X				
Calamagrostis effusa, Espeletia argentea y Espeletia barclayana (Com.)	91		X				
Calamagrostis effusa, Espeletia grandiflora y Geranium santanderiense (Com.)	92		X				
Calamagrostis effusa y Altesteinia fimbriata (Com.)	93		X				
Calamagrostis effusa y Arcytophyllum nitidum (Com.)	94		X				
Calamagrostis effusa y Arcytophyllum nitidum (Com.)	95		X				
Calamagrostis effusa y Cortaderia sericantha (Com.)	96		X				
Calamagrostis effusa y Espeletia argentea (Com.)	97		X				
Calamagrostis effusa y Espeletia barclayana (Com.)	98		X				
Calamagrostis effusa y Espeletia corymbosa (Com.)	99		X				
Calamagrostis effusa y Espeletia cf. pycnophylla (Com.)	100		X				
Calamagrostis effusa y Espeletia hartwegiana (Com.)	101		X				
Calamagrostis effusa y Espeletia hartwegiana (Com.)	102		X				
Calamagrostis effusa y Espeletia hartwegiana spp. centroandina (Com.)	103		X				
Calamagrostis effusa y Espeletia pycnophylla (Com.)	104		X				
Calamagrostis effusa y Espeletiopsis colombiana (Com.)	105		X				
Calamagrostis effusa y Espeletiopsis corymbosa (Com.)	106		X				
Calamagrostis effusa, Espeletiopsis corymbosa, Espeletia argentea y Espeletia barclayana (Com.)	107		X				
Calamagrostis effusa y Festuca aff. dolichophylla (Com.)	108		X				
Calamagrostis effusa y Loricaria cf. complanata (Com.)	109		X				
Calamagrostis effusa y Spiranthes vaginata (Com.)	110		X				
Calamagrostis ligulata con Drepanocladus aduncus y Calliergonella cuspidata (Com.)	111		X				

TERMINO	No. en el Texto	Amazonia	Andina	Atlántica	Insular	Orinoquia	Pacífica
Calamagrostis ligulata y Breutelia allionii (Com.)	112		X				
Calamagrostis ligulata y Montia fontana (Com.)	113		X				
Calamagrostis ligulata y Sphagnun sancto-josephense (Com.)	114		X				
Calamagrostis recta, Festuca aff. sublimis y Diplostephium rupestre (Com.)	115		X				
Calamagrostio effusae - Espeletiopsietum corymbosae (Ass. fit.)	116		X				
Calandrinia acaulis, Draba pachytyrsa y Draba pennell-hazenii (Com.)	117		X				
Calandrinio acaulis-Calamagrostietum rectae (Ass. fit.)	118		X				
Calatolo costaricensis-Dictyocaryetum schultzii (Ass. fit.)	119		X				
Callitriche cf. nubigena y Ranunculus limoselloides (Com.)	120		X				
Calophyllum brasiliense y Protium sp. (Com.)	121	X					
Campinas	960	X					
Campinas	961	X					
Campylopus aff. incertus (Com.)	122		X				
Campylopus cavifolius (Com.)	123		X				
Campylopus pittieri (Com.)	124		X				
Cananguchales	962	X					
Capparis odoratissima y Platymiscium polystachyum (Ass. fit. s.l.)	125			X			
Cardonal de Lemaireocereus griseus (s.l.), Pereskia colombiana y Mimosa leiocarpa (Com.)	126			X			
Cardonales	963			X			
Carex acutata (Com.)	127		X				
Carex aff. pichinchensis (Com.)	128		X				
Carex bonplandii y Agrostis sp. (Com.)	129		X				
Carex bonplandii y Sphagnum sp. (Com.)	130		X				
Carex cf. pygmaea-Agrostis breviculmis (Com.)	131		X				
Carex jamesonii (Com.)	132		X				
Carex jamesonii var. chordalis (Com.)	133		X				
Carex pichinchensis y Carex bonplandii (Com.)	134		X				
Carex pichinchensis y Polytrichum commune (Com.)	135		X				
Caricenion pichinchensis (Subal. fit.)	136		X				

TERMINO	No. en el Texto	Amazonia	Andina	Atlántica	Insular	Orinoquia	Pacífica
Caricetum bonplandii (Ass. fit.)	137		X				
Caricetum pichinchensis (Ass. fit.)	138		X				
Carici peucophilae-Wernerietum crassae (Ass. fit.)	139		X				
Carici peucophilae-Wernerietum crassae var Cotula minuta (Var. fit.)	140		X				
Carici-Sphagnetum cuspidati (Ass. fit.)	141		X				
Carludovico palmatae-Acalyphion villosae (Al. fit.)	142		X				
Caryocar microcarpum-Macrolobium acaciaefolium (Com.)	143	X					
Caseario corymbosae-Randion aculeatae (Al. fit.)	144		X				
Cassipoureo ellipticae- Ryanetum speciosae (Ass. fit.)	145				X		X
Castela erecta y Cercidium praecox (Ass. fit. s.l.)	146			X			
Castratello-Calamagrostietum effusae (Ass. fit.)	147		X				
Castratello-Calamagrostitum effusae-Espeletiosum (Subass. fit.)	148		X				
Catival	964						X
Cavanillesietum platanifoliae (Ass. fit. s.l.)	149						X
Cavendishio callistae-Tovomitetum weddellianae (Ass. fit.)	150		X				
Cavendishio-Tovomitetum-Graffenriedetosum santamartensis (Subass. fit.)	151		X				
Cavendishio-Tovomitetum-Stylogynetosum (Subass. fit.)	152		X				
Cecropia ficifolia y Croton mutisianus (Com.)	153		X				
Cecropia membranacea-Annona hypoglauca (Com.)	154	X					
Cecropia pacis (Com.)	155	X	X				
Cecropion (Al. fit. s.l.)	156		X				
Cerastio floccosi-Pentacalietum gelidae (Ass. fit.)	157		X				
Cereus margaritensis-Castela erecta (Ass. fit. s.l.)	158			X			
Cereus margaritensis-Libidibia cariaria (Ass. fit. s.l.)	159			X			
Cespedesio-Symphonion globuliferae (Al. fit.)	160				X		
Cetrariastrum dubitans- Cetrariastrum ecuadoriense (Com.)	161		X				

TERMINO	No. en el Texto	Amazonia	Andina	Atlántica	Insular	Orinoquia	Pacífica
Chaetolepido santamartensis-Myrcianthetum ternifoliae (Ass. fit.)	162		X				
Chaetolepido-Myrcianthetum Libanothamnetosum glossophylli (Subass. fit.)	163		X				
Chaetolepido-Myrcianthetum Weinmannietosum pinnatae (Ass. fit.)	164		X				
Chamaedoreo pinnatifrontis-Clathrotropetum macrocarpae (Ass. fit.)	165	X					
Chaparrales	965					X	
Chaparrales	966					X	
Chasmophytia	808		X				
Cheilolejeunea trifaria e Hypotrachyna bogotensis (Com.)	166		X				
Cheilolejeunea trifaria y Schlotheimia angustifolia (Com.)	167		X				
Chersophytia	809		X				
Chromolaena sp., Baccharis latifolia, Dunalia solanaceae y Myrica pubescens (Com.)	168		X				
Chrysochlamydo dependens - Nectandretum globosae (Ass. fit.)	169		X				
Chrysophyllum sp. y Brosimum guianense (Com.)	170						X
Chusquea tessellata (Com.)	171		X				
Chusquea tessellata (Com.)	172		X				
Chusquea tessellata (Com.)	173		X				
Chusquea tesellata, Espeletia grandiflora y Calamagrostis effusa (Com.)	174		X				
Chusquea tessellata y Calamagrostis effusa (Com.)	175		X				
Chusquea tessellata y especies de Sphagnum y de Breutelia (Com.)	176		X				
Chusquea tessellata, Eryngium humile y Jessenia erythropus (Com.)	177		X				
Chusquea tessellata, Espeletia hartwegiana ssp. centroandina con Hypericum laricifolium (Com.)	178		X				
Chusquea tessellata-Oreobolus obtusangulus ssp. rubrovaginatus (Com.)	179		X				
Chusquea tessellata, Rhacocarpus purpurascens-Oritrophium peruvianum y Paepalanthus sp. (Com.)	180		X				
Chusquedales	968		X				
Chusqueo scandentis-Brunellietum goudoti (Ass. fit.)	181		X				

TERMINO	No. en el Texto	Amazonia	Andina	Atlántica	Insular	Orinoquia	Pacífica
Chusqueo scandentis-Hedyosmetum bonplandiani (Ass. fit.)	182		X				
Chusqueo scandentis-Weinmannion rollottii (Al. fit.)	183		X				
Chusquetum tessellatae (Ass. fit.)	184		X				
Chusquion tessellatae (All.fit.)	185		X				
Cladino rangiferinae-Befarietum resinosae (Ass. fit.)	186		X				
Clathrotropis macrocarpa y especies de Lecythis y de Pouteria sp. (Com.)	187	X					
Clethra cf. fagifolia y Clusia minor (Com.)	188		X				
Clethrion (Al.fit.s.l)	189		X				
Clusia aff. clusioides, Axinaea sp., Viburnum pichinchensis y Escallonia myrtilloides (Com.)	190		X				
Clusia clusioides, Clusia multiflora y Myrsine jelkii (Com.)	191		X				
Clusia multiflora- Ternstroemia cf. camelliaefolia y Schefflera sp. (Com.)	192		X				
Clusio multiflorae-Weinmannietum pinnatae (Ass. fit.)	193		X				
Clusio spathulaefoliae-Rhodognaphalopsietalia brevipes (Ord. fit.)	194	X					
Coccoloba candolleana - Mauria birringo (Com.)	195		X				
Comunidad con especies de Inga, Cecropia y con Quecus humboldtii	196		X				
Comunidad con especies de Inga, de Cecropia, de Vismia y de Hyeronima	197		X				
Comunidad con especies de Oreopanax y Cordia	198		X				
Comunidad con especies de Sapotaceae y de Casearia (Flacourtiaceae)	199		X				
Comunidad con especies de Vallea, Ilex y Eugenia	200		X				
Comunidad con Opuntia sp. y Dononea viscosa	201		X				
Comunidad de Weinmannia microphylla, Weinmannia rollotii y Neurolepis aperta	202		X				
Comunidad herbácea cespitosa andina abierta con o sin plantas leñosas (páramo seco).	810		X				
Comunidad herbácea cespitosa andina tropical abierta a cerrada con sinusia leñosa de plantas amacolladas (páramo húmedo)	811		X				
Consocietas de Bambusa	203		X				

TERMINO	No. en el Texto	Amazonia	Andina	Atlántica	Insular	Orinoquia	Pacífica
Consocietas de Cordia lanata	204		X				
Consocietas de Culcitium (Senecio) canescens	205		X				
Corredores hidromórficos	812					X	
Cortaderia bifida (Com.)	206						
Cortaderia nitida (Com.)	207		X				
Cortaderia sericantha (Com.)	208		X				
Cortaderio sericanthae-Arcytophylletum caracasani (Ass. fit.)	209		X				
Cotula mexicana (Com.)	210		X				
Cotula mexicana, Werneria humilis y Ranunculus praemorsus (Com.)	211		X				
Cotula minuta (Com.)	212		X				
Cousapoa contorta, Weinmannia balbisiana y especies de Lauraceae y Myristiceae (Com.)	213						X
Crassulion paludosae (All.fit.)	214		X				
Cryptophytia	813						
Cuangarial	969						X
Cupania americana, Ocotea cf. caudata y Amyris pinnata (Com.)	215		X				
Cyperetum rivularis (Ass. fit.)	216		X				
Cyperetum rufi (Ass. fit.)	217		X				
Dendrocryphaeo-Platyhypnidietum riparoides (Ass. fit.)	218		X				
Dendropanaco palustris-Rhodognaphalopsietum brevipes (Ass. fit.)	219	X					
Depranocladus revolvens (Com.)	220		X				
Dialium guianense, Phenakospermum guianense y Leopoldinia sp. (Com.)	221	X					
Dictyocaryo schultzei-Zygietum longifoliae (Ass. fit.)	222		X				
Didymocistus chrysadenius-Euterpe precatoria (Com.)	223	X					
Dimorphandra cuprea e Ilex divaricata (Com.)	224	X					
Diplasiolejeunea pauckertii y Brachiolejeunea laxifolia (Com.)	225		X				
Diplasiolejeunea pauckertii y Usnea sp. (Com.)	226		X				
Diplostephietum revoluti (Ass. fit.)	227		X				
Diplostephio-Buddleietum incanae (Ass. fit.)	228		X				
Diplostephium eriophori-Loricarietum colombianae (Ass. fit.)	229		X				
Diplostephio floribundi-bicoloris-Hesperomelion lanugunosae (Al. fit.)	230		X				

TERMINO	No. en el Texto	Amazonia	Andina	Atlántica	Insular	Orinoquia	Pacífica
Diplostephion revoluti (All. fit.)	231		X				
Diplostephium alveolatum (Com.)	232		X				
Diplostephium columbianum (Com.)	233		X				
Diplostephium floribundum, Miconia salicifolia y Solanum bogotense (Com.)	234		X				
Diplostephium glutinosum (Com.)	235		X				
Diplostephium juajibioyi (Com.)	236		X				
Diplostephium revolutum (Ass. fit)	237		X				
Diplostephium rhomboidale (Com.)	238		X				
Diplostephium schultzei-Diplostephium floribundum (Com.)	239		X				
Distichia muscoides-Cortaderia sericantha y Campylopus fulvus (Com.)	240		X				
Distichlietum spicatae	241			X			
Draba sericea (Com.)	242		X				
Drabo cheiranthoides-Calamagrostietum effusae (Ass. fit.)	243		X				
Drabo-Calamagrostietum-Erigeronetosum raphaelis (Subass. fit.)	244		X				
Drabo-Calamagrostietum-Oligandretosum chrysocomae (Subass. fit.)	245		X				
Drimo granatensis-Weinmannietum fagaroidis (Ass. fit.)	246		X				
Drimys granatensis y Clusia sp. (Com.)	247		X				
Eichhornia crassipes (Com.)	248		X				
Eichhornia crassipes y Pistia stratioites (Com.)	249	X	X	X	X	X	X
Elaegia utilis, Brunellia sp., Pourouma cf. aspera y especies de Inga (Com.)	250		X				
Elaphoglosso mathewsii-Muehlenbeckietum vulcanicae (Ass. fit.)	251		X				
Elatino chilensis-Juncetum ecuadoriensis (Ass. fit.)	252		X				
Eleocharis stenocarpa (Com.)	253		X				
Eleocharitetum macrostachyae (Ass. fit.)	254		X				
Epilobio denticulatae-Typhetum latifoliae (Ass. fit.)	255		X				
Equisetum bogotense (Com.)	256		X				
Erythrina velutina y Clerodendrum ternifolium (Com.)	257			X			
Erythrino Chrysobalanetum (Ass. fit).	258						X
Erythroxylo citrifoliae-Coccolobietalia obovatae (Clase. fit.)	259		X				
Escallonia myrtillodes (Com.)	260		X				
Escallonia myrtilloides (Com.)	261		X				

TERMINO	No. en el Texto	Amazonia	Andina	Atlántica	Insular	Orinoquia	Pacífica
Escallonia myrtilloides y Weinmannia microphylla (Com.)	262		X				
Escallonietum (Ass. fit. s.l.)	263		X				
Escarceos	970					X	
Eschweilera verruculosa (Com.)	264						X
Espeletia aff. conglomerata y Calamagrostis effusa (Com.)	265		X				
Espeletia arbelaezii (Com.)	266		X				
Espeletia argentea (Com.)	267		X				
Espeletia argentea e Hypericum sp. (Com.)	268		X				
Espeletia argentea y Pernettya prostrata (Com.)	269		X				
Espeletia boyacensis y Calamagrostis effusa (Com.)	270		X				
Espeletia brachyaxiantha ssp. pescana (Com.)	271		X				
Espeletia brachyaxiantha, Festuca cf. dolichophylla y Calamagrostis effusa (Com.)	272		X				
Espeletia chocontana (Com.)	273		X				
Espeletia chocontona-Aragoa abietina (Com.)	274		X				
Espeletia congestiflora y Calamagrostis effusa (Com.)	275		X				
Espeletia grandiflora y Calamagrostis effusa (Com.)	276		X				
Espeletia hartwegiana ssp. centroandina-Calamagrostis recta (Com.)	277		X				
Espeletia incana, Chusquea tessellata y Calamagrostis effusa (Com.)	278		X				
Espeletia lopezii y Calamagrostis effusa (Com.)	279		X				
Espeletia lopezii y Geranium sibbaldioides (Com.)	280		X				
Espeletia lopezii y Laestadia muscicola (Com.)	281		X				
Espeletia murilloi y Chusquea tessellata (Com.)	282		X				
Espeletia pycnophylla y Arcytophyllum capitatum (Com.)	283		X				
Espeletietum argenteae-Calamagrostiosum effusum (Subass. fit. s.l.)	284		X				
Espeletietum hartwegianae-Calamagrostiosum effusum (Subass. fit. s.l.)	285		X				
Espeletietum hartwegianae-Hypericeti laricifoliosum (Subass. fit. s.l.)	286		X				
Espeletio argentae-Calamagrostietum effusae (Ass. fit.)	287		X				

TERMINO	No. en el Texto	Amazonia	Andina	Atlántica	Insular	Orinoquia	Pacífica
Espeletio chocontanae-Caricetum pichinchensis (Ass. fit.)	288		X				
Espeletio hartwegianae-Calamagrostietum effusae (Ass. fit.)	289		X				
Espeletion (All. fit. s.l.)	290		X				
Espeletion hartwegianae (Al. fit. s.l.)	291		X				
Espeletiopsis colombiana y Calamagrotis effusa (Com.)	292		X				
Espeletiopsis glandulosa y Calamagrostis effusa (Com.)	293		X				
Espeletiopsis guacharaca con Arcytophyllum nitidum y Befaria resinosa (Com.)	294		X				
Esteros	971					X	
Esteros	972					X	
Eugenia procera, Daphnopsis caribaea y Casearia corymbosa (Com.)	295			X			
Euphorbia latazi y Miconia spicellata (Com.)	296		X				
Euterpe catinga-Rapanea elongata (Com.)	297	X					
Festuca dolichophylla y Paspalum bonplandianum (Com.)	298		X				
Festuca dolichophylla, Senecio latiflorus y Pentacalia vernicosa (Com.)	299		X				
Festuco dolichophyllae-Calamagrostietum effusae (Ass. fit.)	300		X				
Ficus insipida, Trophis racemosa y Piper amalogo (Com.)	301			X			
Floscaldasio hypsophyllae-Distichietum muscoides (Ass. fit.)	302		X				
Formación arbustiva subdesértica decidua con plantas suculentas.	814			X			
Formación arbustiva subdesértica decidua sin plantas suculentas.	815			X			
Formaciones de playas y margenes (Com.)	816	X	X			X	
Formaciones psicrofiticas	817		X	X			
Formaciones xerofíticas	818			X			
Formaciones xerofíticas y subxerofíticas	819			X			
Frailejonal	973		X				
Frullania arecae-Frullanoides densifolia - Squamidium nigricans (Com.)	303		X				
Furcraea cf. humboldtii-Peperomia galloides (Com.)	304		X				
Galio (trianae) cuatrecasasii-Gratiolion peruvianae (Al. fit.)	305		X				
Garcinia (Rheedia) madruñae (Ass. fit.)	306		X				

TERMINO	No. en el Texto	Amazonia	Andina	Atlántica	Insular	Orinoquia	Pacífica
Garcinia (Rheedia) madruño, Desmoncus sp., y Chrysophyllum argenteum (Com.)	307	X					
Garcinia (Rheedia) madruño-Palicourea crocea (Com.)	308	X					
Gaultheria hapalotrichia e Hypericum cf. juniperinum (Com.)	309		X				
Gaultheria ramosissima y Aragoa perez-arbelaeziana (Com.)	310		X				
Gaultheria ramosissima, Disterigma empetrifolium y Arcytophyllum caracasasum (Com.)	311		X				
Gentiana sedifolia, Gentianella sp. y Draba cf. cheiranthoides (Com.)	312		X				
Gentianello dasyanthae-Plantaginetum rigidae (Ass. fit.)	313		X				
Gentiano-Oritrophion (Al. fit.)	314		X				
Geranio confertae-Calamagrostietum ligulatae (Ass. fit.)	315		X				
Gordonio speciosae - Weinmannietum pubescentis (Ass. fit.)	316		X				
Goupia glabra-Clathrotropis macrocarpa (Com.)	317	X					
Greigia mulfordii (Com.)	318		X				
Guandal	974						X
Guarea guidonia y Perebea sp. (Com.)	319		X				
Guarea guidonia, Maytenus aff. longipes y Thelypteris vivipara (Com.)	320			X			
Guarumal	975	X	X	X	X	X	X
Guatteria ferruginea y especies de Cecropia y de Inga. (Com.)	321		X				
Guazuma ulmifolia-Bursera tomentosa-Eugenia acapulcensis (Com.)	322		X				
Gustavio speciosae-Tovomition weddelienae (Al. fit.)	323		X				
Gynerium sagittatum (Com.)	324		X				
Gynoxyo baccharoidis-Diplostephietum floribundae (Ass. fit.)	325		X				
Gynoxyo baccharoidis-Hesperomeletum lanuginosae (Ass. fit.)	326		X				
Gynoxyo-Polylepidetum sericae (Ass. fit.)	327		X				
Gynoxys cf. hirsuta (Com.)	328		X				
Gyrocarpus americanus, Benthamantha caribeae y Pereskia colombiana (Com.)	329			X			
Gyrocarpus americanus, Bursera graveolens y Pseudobombax septenatum (Com.)	330			X			

TERMINO	No. en el Texto	Amazonia	Andina	Atlántica	Insular	Orinoquia	Pacífica
Haematoxylon brasiletto y especies de Melochia y de Lippia (Ass. fit s.l.)	331			X			
Haematoxylon brasiletto y Melochia tomentosa (Ass. fit. s.l.)	332			X			
Halenia cf. inaequalis y Ranunculus spaniophyllus (Com.)	333		X				
Halohelobiomas.	820			X	X		X
Hedyosmo racemosi-Nectandrion caucanae (Al. fit.)	334		X				
Hedyosmo-Quercetum humboldtii (Ass. fit.)	335		X				
Hedyosmum huilense, Persea sp., Clethra fagifolia y Billia columbiana (Com.)	336		X				
Heliconietum bihai (Ass. fit. s.l)	337		X				
Heliconion (Al. s.l.)	338		X				
Helophitia	821						
Hesperomeles lanuginosa y Miconia limitaris (Com.)	339		X				
Hesperomelion (Al.fit.s.l)	340		X				
Heterodermia albicans - Trypethelium eluteriae (Com.)	341		X				
Hilea próxima a los Andes	822	X					
Hormidium mucosum-Nostoc comune (Com.)	342		X				
Hydrocotyle ranunculoides (Com.)	343		X				
Hydrocotylo ranunculoides-Myriophylletum quitensis (Ass. fit.)	344		X				
Hydrothermophytia	823		X				
Hygrodrynium	824						X
Hygrophila guianensis-Eleocharis elegans (Com.)	345		X				
Hygrophytia	825						X
Hygrosphagnium	826		X				
Hylaea amazónica	827	X					
Hylaea amazonica (bosque tropical ombrófilo de tierras bajas) muy intervenido y poco intervenido por acción humana	828	X					
Hymenachne amplexicaulis (Com.)	346	X	X			X	
Hymenophyllum lindenii y Bazzania breuteliana (Com.)	347		X				
Hyparrhenion bracteatae (All. fit. s.l.)	348		X				
Hypericetum laricifolii (Ass. fit.)	349		X				
Hyperico lancioides-Plantaginetum rigidae (Ass. fit.)	350		X				
Hyperico ruscoidis-Chusquetum tessellatae (Ass. fit.)	351		X				
Hyperico-Calamagrostion effusae (Al. fit.)	352		X				

TERMINO	No. en el Texto	Amazonia	Andina	Atlántica	Insular	Orinoquia	Pacífica
Hyperico-Diplosthephietum revoluti (Ass. fit..)	353		X				
Hypericum cf. pimeloides, Castilleja sp., Baccharis caespitosa y Pernettya prostrata (Com.)	354		X				
Hypericum goyanesii (Com.)	355		X				
Hypericum humboldtianum (Com.)	356		X				
Hypericum juniperinum (Com.)	357		X				
Hypericum juniperinum (Com.)	358		X				
Hypericum laricifolium (Com.)	359		X				
Hypericum laricifolium ssp. laricifolium (Com.)	360		X				
Hypericum lindenii (laricifolium)-Carex spp. (Com.)	361		X				
Hypericum lindenii (laricifolium)-Espeletia argentea (Com.)	362		X				
Hypericum lindenii (laricifolium)-Espeletia chocontana (Com.)	363		X				
Hypericum lycopodioides (Com.)	364		X				
Hypericum magniflorum (Com.)	365		X				
Hypericum strictum (Com.)	366		X				
Hypericum strictum y Espeletia argentea (Com.)	367		X				
Hypericum struthiolaefolium, Hypericum laricoides e Hypericum bathrys (Com.)	368		X				
Hypericum thuyoides (Com.)	369		X				
Hypericum trianae y Pentacalia vacciniodes (Com.)	370		X				
Hypopterygium tamariscinum (Com.)	371		X				
Hypotrachyna imbricatula - Rimelia reticulata (Com.)	372		X				
Igapos	976	X				X	
Ilex colombiana, Gynoxys tolimensis y Diplostephium tenuifolium (Com.)	373		X				
Ilico laureolae-Mauritietum flexuosae (Ass. fit.)	374	X					
Inga acrocephala y Cecropia sp.	375		X			X	
Inga nobilis y Aniba megaphylla (Com.)	376	X					
Inga sp., Billia columbiana y Brosimum sp. (Com.)	377		X				
Inga sp.-Couratari cf. stellata (Com.)	378	X					
Inga-Vismia-Croton (Com.)	379		X				
Ingion (Al. fit. s.l.)	380		X				
Isoetes palmeri (Com.)	381		X				

TERMINO	No. en el Texto	Amazonia	Andina	Atlántica	Insular	Orinoquia	Pacífica
Isoetetum karstenii (Ass. fit.)	382		X				
Jamesonio bogotensi-Calamagrostietum effusae (Ass. fit.)	383		X				
Jessenia-Welfietum (Ass. fit. s.l.)	384						X
Juglans neotropica y Chamaedorea poeppigiana (Com.)	385		X				
Junco microcephali-Scirpetum californicae (Ass. fit.)	386		X				
Junco-Chusquetum tessellatae (Ass. fit..)	387		X				
Juncus cf. effusa (Com.)	388		X				
Juncus ecuadoriensis (Com.)	389		X				
Lachemilla orbiculata y Breutelia cf. allonii (Com.)	390		X				
Lachemilla polylepis y Ribes sp. (Com.)	391		X				
Lachemilletum orbiculatae (Ass. fit. s.l.)	392		X				
Lachemilletum orbiculatae-Hydrocotylosum	393		X				
Lachemilletum orbiculatae-Paspalosum (Subass. fit. s.l.)	394		X				
Lachemilletum polylepidis (Ass. fit.)	395		X				
Lachemillion orbiculatae (Al.fit.s.l)	396		X				
Lachemillo pectinatae-Loricarietum colombianae (Ass. fit.)	397		X				
Ladenbergio macrophyllae-Huerteetum glandulosae (Ass. fit.)	398		X				
Laguncularia racemosa (Com.)	399			X			X
Lecanora bogotana - Lecanora myriocarpoides (Com.)	400		X				
Lecythis sp.-Micrandra spruceana (Com.)	401	X					
Leersia hexandra (Com.)	402	X	X	X	X	X	X
Lejeunea laetevirens - Lejeunea sp. (Com.)	403		X				
Lejeunea sp. y Cyrtolejeunea holostipa (Com.)	404		X				
Lemmo-Azolletum filiculoides	405		X				
Leopoldinia piassaba, Lecythis sp., y Jessenia (Oenocarpus) polycarpa (Com.)	406	X					
Leptochloa scabra-Torulinium macrocephalu m (Com.)	407	X					
Leucobryum polakowskyi - Syrrhopodon gaudichandii (Com.)	408		X				
Libanothamnus glossophyllus y Satureja caerulescens (Com.)	409		X				
Libidibia cariaria y Cordia curassavica (Com.)	410			X			
Limnobium laevigatum (Com.)	411		X				
Limnophytia	829						

TERMINO	No. en el Texto	Amazonia	Andina	Atlántica	Insular	Orinoquia	Pacífica
Limosella australis (Com.)	412		X				
Lithophytia	830		X				
Llanos	831					X	
Llanos	832					X	
Lonchocarpus punctatus (Com.)	413			X			
Lonchocarpus sanctae-martae y Bulnesia arbórea (Ass. fit.)	414			X			
Lorenzochloetum erectifoliae (Ass. fit.)	415		X				
Loricaria cf. colombiana y Agrostis foliata (Com.)	416		X				
Loricaria thuyoides y Arcytophyllum capitatum (Com.)	417		X				
Loricaria thuyoides y Pentacalia vernicosa (Com.)	418		X				
Loricarietum complanatae (Ass. fit.)	419		X				
Lorostemon bombaciflorus-Oxandra polyantha (Com.)	420	X					
Ludwigia decurrens-Fimbristylis littoralis (Com.)	421	X					
Lupino alopecuroides-Mimuletum glabratae (Ass. fit.)	422		X				
Lupino alopecuroides-Valerianetum microphyllae (Ass. fit.)	423		X				
Lupino alopecuroidis-Agrostietum araucanae (Ass. fit.)	424		X				
Lupinus alopecuroides-Gynoxys sp. (Com.)	425		X				
Luzulo racemosae-Calamagrostion effusae (Al. fit.)	426		X				
Lysipomia sphagnophilla ssp. minor (Com.)	427		X				
Lysipomio-Diplostephietum revoluti (Ass. fit.)	428		X				
Macaireo rufescentis-Bonnetietum martianae (Ass. fit.)	429	X					
Macaireo rufescentis-Bonnetietum martianae-Brocchinietosum hechtioides (Subass. fit)	430	X					
Macaireo rufescentis-Bonnetietum martianae-Duckeelletosum pauciflorae (Subass. fit)	431	X					
Macleania rupestris, Miconia eleaoides, Hesperomeles pernettyoides y Geranium sp. (Com.)	432		X				
Macleania rupestris y Cordia cylindristachya (Com.)	433		X				
Macrocneum glabrescens (Com.)	434						X
Maleza desértica tropical	833			X			

TERMINO	No. en el Texto	Amazonia	Andina	Atlántica	Insular	Orinoquia	Pacífica
Malpighio glabrae-Cespedesietum macrophyllae (Ass. fit.)	435				X		X
Manglar	977						
Manglar	978			X	X		X
Manglares	979			X	X		X
Manglar de barra	834			X	X		X
Marathro-Dicranopigietum (Ass. fit. s.l.)	436						X
Marchantio-Epilobietalia (Ord. fit.)	437		X				
Marliereo umbraticolae-Mauritietum flexuosae (Ass. fit.)	438	X					
Matas de Monte	835					X	
Matas de Monte	836					X	
Matorral deciduo por la sequía sin plantas leñosas	837			X			
Matorral montano deciduo degradado.	838		X				
Matorral semideciduo espinoso con plantas suculentas.	839			X			
Mauritia carana-Rhodognaphalopsis brevipes (Com.)	439	X					
Mauritia flexuosa (Com.)	440	X					
Mauritiello aculeatae - Euterpion catingae	441			X			
Mayno suaveolentis-Casearietum corymbosae (Ass. fit.)	442		X				
Médanos	980					X	
Memoro bracteatae-Miconietum punctatae (Ass. fit.)	443	X					
Meriania grandidens y Styloceras laurifolium (Com.)	444		X				
Miconia cf. salicifolia, Oreopanax sp. y Diplosthephium tenuifolium (Com.)	445		X				
Miconia cleefii y Baccharis macrantha (Com.)	446		X				
Miconia salicifolia (Com.)	447		X				
Miconia salicifolia y Aragoa abietina (Com.)	448		X				
Miconietalia (Clase. fit. s.l.)	449		X				
Micrandra sprucei - Eperua leucantha (Com.)	450						
Microchloa kunthii-Aster squamatus (Com.)	451		X				
Mimosa cabrera-Cordia curassavica (Ass. fit. s.l.)	452			X			
Mimosion asperatae (Al. fit. s.l)	453		X	X		X	
Mittenothamnium reptans (Com.)	454		X				
Monochaeto lindeniani-Weinmannietum mariquitae (Ass. fit.)	455		X				
Monotropo-Quercion humboldtii (Al. fit.)	456		X				
Monte espinoso subtropical	840		X				

TERMINO	No. en el Texto	Amazonia	Andina	Atlántica	Insular	Orinoquia	Pacífica
Monte espinoso tropical	841			X			
Montia meridendis, Hinterhubera nevadensis, Pentacalia subarachnoidea (Com.)	457		X				
Montrichardia arborescens-Cecropia latiloba (Com.)	458	X					
Montrichardia arborescens-Elaeoluma glabrescens (Com.)	459	X					
Montrichardietum arborescentis (Ass. fit. s.l.)	460						X
Mora megistosperma (Com.)	461			X	X		X
Morichal	981					X	
Morichales	982					X	
Mosaico bosque piedemonte, hylaea amazonica y áreas con influencia antrópica	842					X	
Mosaico de bosque tropófilo/vegetación casmófita	843					X	
Mosaico de campinas y caatingas con hylaea amazonica	844	X					
Mosaico de formaciones de bosques claros deciduos o xeromorfos alteradas por el hombre y cultivos	845			X			
Mosaico de formaciones del bosque sempervirente estacional tropical de baja altitu alteradas por el hombre y de cultivos	846						X
Mosaico de formaciones de los bosques ombrófilos alteradas por el hombre y de cultivos.	847	X					
Mosaico de várzeas, igapos e Hylaea amazónica	848	X					
Mosaico Hylaea amazonica/Sabanas	849					X	
Mosaico sabana/Hylaea amazonica	850					X	
Moretum insignis (Ass. fit.)	462		X				
Muhlenbergia sp. (Com.)	463		X				
Muhlenbergietum fastigiatae (Ass. fit.)	464		X				
Muhlenbergio-Plantaginetum rigidae (Ass. fit.)	465		X				
Myrciantho ternifoliae-Weinmannion pinnatae (Al. fit.)	466		X				
Myrica pubescens y Weinmannia subvelutina (Com.)	467		X				
Myricetum parvifoliae (Ass. fit.)	468		X				
Myriophyllo quitensis-Potametum illinoiensis (Ass. fit.)	469		X				
Myrsine dependens, Buddleia lindenii y Miconia sp. (hoja ferruginea) (Com.)	470		X				

TERMINO	No. en el Texto	Amazonia	Andina	Atlántica	Insular	Orinoquia	Pacífica
Myrsine ferruginea, Trichipteris procera y Polybotria osmundacea (Com.)	471			X			
Naidizal	983						X
Najo guadalupensis-Egerietum canadensis (Ass. fit.)	472		X				
Natal	984						X
Navia garcia-barrigae-Lagenocarpus aff. pendulus (Com.)	473	X					
Navio garcia-barrigae - Lagenocarpetum (Ass. fit.)	474	X					
Nectandra cf. reticulata, Gustavia cf. speciosa y Trichiptera procera (Com.)	475			X			
Nectandretum acutifolio-caucanae (Ass. fit.)	476		X				
Neetosum divariticae (Subass. fit.)	477	X					
Neurolepido aristatae-Oreopanacion nitidi (Al. fit.)	478		X				
Nitellion clavatae-flexilis (All.fit)	479		X				
Noticastro-Eryngietum humboldti (Ass. fit..)	480		X				
Nynphaea goudotiana-Trapa natans-Cabomba aquatica (Com.)	481		X				X
Ochroma lagopus - Cecropia peltata (Com.)	482		X				
Ocoteo discoloris-Huertetum glandulosae-Ladenbergetiosum (Subass. fit.)	483		X				
Ocoteo neblinae- Mauritietea flexuosae (Cl. fit.)	484	X					
Oenocarpus bataua-Mauritia flexuosa	485	X					
Olyro langifoliae - Pouterion guianensis (Al. fit.)	486						
Omphalanthus filiformis (Com.)	487		X				
Opuntia aff. schumanni y Lantana sp. (Com.)	488		X				
Oritrophio limnophili-Wernerietum pygmaeae (Ass. fit.)	489		X				
Oritrophio-Distichion muscoidis (Al. fit.)	490		X				
Orobioma de Páramo	851		X				
Orobioma de selva andina	852	X	X				
Orobioma de selva subandina	853	X	X				X
Oropogon bicolor - Oropogon loxensis (Com.)	491		X				
Ossaeo sessilifoliae - Anaxagoretum phaeocarpae (Ass. fit.)	492				X		X
Oxandro polyanthae - Viroletalia surinamensis (Ord. fit.)	493	X					
Oxhydro - Oxylophyta	494		X				
Oxhydrophyta de páramo	854		X				

TERMINO	No. en el Texto	Amazonia	Andina	Atlántica	Insular	Orinoquia	Pacífica
Oxycaryum cubense-Pontederia rotundifolia (Com.)	495	X					
Oxypezophytia u oxyphytia	855		X				
Paepalanthus columbiensis y Puya trianae (Com.)	496		X				
Pajonal de gramíneas	856		X				X
Pajonales	985		X				
Palicoureo angustifoliae-Hedyosmion racemosi (Al. fit.)	497		X				
Palmetum (Ass. fit. s.l.)	498		X				
Panganal	986	X				X	X
Panicum polygonatum (Com.)	499		X				
Pantano	987						
Papillaria nigrescens y Radula caldana (Com.)	500		X				
Páramo	988		X				
Páramo	989		X				
Páramo	990		X				
Páramos	991		X				
Paranthropophytia	857		X				
Parmotrema reticulatum - Hypotrachyna rockii (Com.)	501		X				
Paspalum repens-Cecropia latiloba (Com.)	502	X					
Pedobiomas freatófitos	858					X	
Pedorobioma de bosques oxihigrofíticos del piso térmico frío.	859		X				
Pedorobioma quersofítico del piso térmico frío	860		X				
Pedorobioma subxerofítico del piso térmico templado	861		X				
Pentacalia cacaosensis (Com.)	503		X				
Pentacalia guantivana (Com.)	504		X				
Pentacalia guicanensis (Com.)	505		X				
Pentacalia nitida-Carex bonplandii (Com.)	506		X				
Pentacalia (Senecio) vaccinioides (Com.)	507		X				
Pentacalietum andicolae (Ass. fit.)	508		X				
Pentacalietum flos-fragrantis. (Ass. fit.)	509		X				
Pentacalietum nitidi (Ass. fit.)	510		X				
Pentacalietum reissiani (Ass. fit.)	511		X				
Pentacalietum vernicosi (Ass. fit.)	512		X				
Pentacalio abietinae-Cortaderietum nitidae (Ass. fit.)	513		X				
Pentacalio nitidae-Chusquetum tessellatae (Ass. fit.)	514		X				

TERMINO	No. en el Texto	Amazonia	Andina	Atlántica	Insular	Orinoquia	Pacífica
Pentacalio stuebeli-Chusquetum tessellatae (Ass. fit..)	515		X				
Perebea guianensis, Guettarda chiriquiensis y Dictyocaryum sp. (Com.)	516						X
Pereskia colombiana y Lemaireocereus (s.l.) griseus (Ass. fit s.l.)	517			X			
Perissocarpa umbellifera y especies de Swartzia y de Protium (Com.)	518	X					
Perissocoelo-Calamagrostietum effusae (Ass. fit.)	519		X				
Pernettya prostrata y Luzula racemosa (Com.)	520		X				
Pernettyo-Hypericetum goyanesi (Ass. fit..)	521		X				
Pernettyo-Hypericetum-Pentacalietosum nitidi (Subass. fit.)	522		X				
Perseo caeruleo-Cybiantion iteoidis (All. fit.)	523		X				
Pertusaria hypothmanolica - Omphalanthus filiformis (Com.)	524		X				
Pezofitia	862	X	X	X	X	X	X
Philonoto-Isotachidetum serrulatae (Ass. fit.)	525		X				
Phreatophytia	863		X				
Phytolacca bogotensis (Com.)	526		X				
Pithecolobium dulce y Lemaireocereus (Armatocereus) cf. griseus. (Com.)	527		X				
Plagiochila bursata - Plagiochila bidens (Com.)	528		X				
Plagiochila fragilis (Com.)	529		X				
Plagiochila fragilis y Phyllospora corallina (Com.)	530		X				
Plagiochila fuscolutea (Com.)	531		X				
Plantaciones de Eucalyptus y de Pinus	864		X				
Plantagini-Hypericetum ruscoidis (Ass. fit..)	532		X				
Plantagini rigidae-Distichietea muscoidis (Clase fit.)	533						
Plantago linearis (Com.)	534		X				
Plantago monticola y Calamagrostis effusa (Com.)	535		X				
Plantago rigida (Com.)	536		X				
Plantago rigida y Sphagnum cf. magellanicum (Com.)	537		X				
Playones de la región Caribe	992			X			
Polygonetum acuminati (Ass. fit. s.l.)	538						X
Polygono punctatae-Scirpion californici (All. fit)	539		X				
Polygonum punctatum (Com.)	540		X				

TERMINO	No. en el Texto	Amazonia	Andina	Atlántica	Insular	Orinoquia	Pacífica
Polylepis cf. incana (Com.)	541		X				
Polylepis quadrijuga (Com.)	542		X				
Polylepis quadrijuga y Baccharis sp. (Com.)	543		X				
Polylepis sericea (Com.)	544		X				
Polypietum (Ass. fit.)	545		X				
Polystichum polyphyllum, Cystopteris diaphana, Hackelia revoluta y Agrostis sp. (Com.)	546		X				
Potamogeton berteroanus y Scorpidium scorpioides (Com.)	547		X				
Potamophytia	865						
Poulsenio armatae-Perseetum americanae (Ass. fit.)	548		X				
Pouterietosum tortae (Subass. fit.)	549	X					
Pradera alta con sinusia arbórea sepervirente latifolia (llanos o sabanas).	866						
Pradera alta tropical inundada	867		X				
Pradera media con sinusia leñosa	868	X					
Prado	993		X				
Prados artificiales	869		X				
Prioretum copaiferae (Ass. fit. s.l.)	550			X	X		X
Prosopis juliflora (Com.)	551			X			
Prosopis juliflora y Adesmia verrucosa (Ass. fit. s.l.)	552			X			
Prosopis juliflora y Adipera bicapsularis (Ass. fit. s.l.)	553			X			
Protio macrophyllae-Garcinietum madruñae (Ass. fit.)	554		X				
Protium sp., Iryanthera ulei y Lauraceae spec. (Com.)	555	X					
Pruno integrifoliae-Axinion macrophyllae (Al. fit.)	556		X				
Psammobiomas	870			X			X
Psamofitia	871			X			
Pseudolmedia laevigata y Cosmibuena macrocarpa (Com.)	557				X		X
Pseudolmedia rigida y Guatteria aff. columbiana (Com.)	558		X				
Psychotrio cuspidatae - Maquirion coriaceae (Al. fit.)	559	X					
Psychroeolophyta	872		X				
Psychrophytia	873		X				
Pteridium aquilinum (Com.)	560		X				

TERMINO	No. en el Texto	Amazonia	Andina	Atlántica	Insular	Orinoquia	Pacífica
Puya nitida y Rhynchospora macrochaeta (Com.)	561		X				
Puyetum santosii (Ass. fit..)	562		X				
Quercetum (Ass. fit.)	563		X				
Quercetum humboldtii (Ass. fit. s.l.)	564		X				
Quercetum tolimense (Ass. fit. s.l.)	565		X				
Quercus humboldtii (Com.)	566		X				
Quercus humboldtii y especies de Clusia y Weinmannia (Com.)	567		X				
Quercus humboldtii, Miconia pedicellata, Prunus myrtifolia y Psychotria sp. (Com.)	568		X				
Quercus humboldtii y Weinmannia tometosa (Com.)	569		X				
Racomitrium crispipilum (Var. fit.)	570		X				
Racromitrio crispipili-Lachemilletum nivalis (Ass. fit.)	571		X				
Ranunculus flagelliformis (Com.)	572		X				
Raphietum taedigerae (Ass. fit. s.l.)	573						X
Rastrojo adaptado a la sequía	874		X				
Rastrojo con manchas de Bosque	875		X				
Raudales	994					X	
Región de Antioquia y Cordillera Central	876		X				
Región de la Cordillera Oriental	877		X				
Región de la Guajira y montes de Oca	878			X			
Región de la Sierra Nevada de Santa Marta	879		X				
Región de la Wintera granadensis y de la Escallonia	880		X				
Región de las hierbas alpinas	881		X				
Región de las palmas y los plátanos	882		X	X	X		X
Región de los bosques alisios Colombo-venezolanos	883		X				
Región de los helechos arbóreos	884		X				
Región de los llanos u Oriental	885						
Región de los valles secos del interior andino	886		X				
Región del bajo Magdalena	887		X				
Región del Chocó y el río Atrato	888						X
Región del páramo de Tamá y de los ríos Oirá y Margua	889		X				
Región del sur del Cauca	890						X
Región del Valle del Cauca	891						X
Región del Zulia y Catatumbo	892		X				
Región natural andina	893		X				
Región natural de la Amazonía	894	X				X	
Región natural de los Llanos Orientales	895	X				X	

TERMINO	No. en el Texto	Amazonia	Andina	Atlántica	Insular	Orinoquia	Pacífica
Región natural del Caribe (Costa Atlántica)	896			X			
Región natural del Pacífico	897						X
Región semiárida del Cauca	898		X				
Regiones de montaña desprovistas de bosque	899		X				
Rhacocarpus purpuracens-Racomitrium crispipilum (Com.)	574		X				
Rheedia sp., Desmoncus sp., y Chrysophyllu m argenteum (Com.)	575	X					
Rhizogonium lindigii (Com.)	576		X				
Rhizophora brevistyla (Com.)	577						X
Rhizophora mangle (Com.)	578			X	X		X
Rhizophoretalia (Clase fit. s.l.)	579			X			X
Rhodognaphalopsis brevipes-Elaeoluma sp.	580	X					
Riccardia aberrans (Com.)	581		X				
Rollinia sp., Eugenia procera y Tectaria incisa (Com.)	582			X			
Ruageo pubescentis-Lippietum schlimi (Ass. fit.)	583		X				
Rumex obtusifolius-Polygonum puctatum (Com.)	584		X				
Sabana	995			X		X	
Sabana abierta	900					X	
Sabana arbustiva	901	X					
Sabana arbustiva con bosque de galeria en superficie plana	902			X			
Sabana arbustiva sobre superficies disectadas	903	X					
Sabana casmófita	904	X					
Sabana con resto de bosque	905					X	
Sabana de Andropogon	585					X	
Sabana de gramineas con bosque de galería	906	X				X	
Sabana de gramineas con bosque de galería en superficies onduladas	907	X				X	
Sabana de Leptocoryphium lanatum	586					X	
Sabana de Melinis minutiflora	587					X	
Sabana de Mesosetum	588					X	
Sabana de Paspalum carinatum	589					X	
Sabana de Paspalum pectinatum	590					X	
Sabana de Stipa	591		X				
Sabana de Trachypogon ligularis y Paspalum carinatum	592					X	
Sabana de Trachypogon vestitus	593					X	
Sabana de Trachypogon vestitus y Axonopus purpusii	594					X	
Sabana disectada	908					X	

TERMINO	No. en el Texto	Amazonia	Andina	Atlántica	Insular	Orinoquia	Pacífica
Sabana eólica	909					X	
Sabana pirófila	910					X	
Sabana seca	911					X	
Sabana temporal y permanentemente inundada	912					X	
Sabanas arboladas	913					X	
Sabanas con régimen alternohígrico o estacionales.	914					X	
Sabanas de la Amazonía	915	X					
Sabanas del sur del Departamento del César	916			X			
Sabanas del valle medio del río César, Departamento César.	917			X			
Sabanas inundables	918					X	
Sabanas y bosques bajos cerrados	919	X					
Sajal	996						X
Saladillales	997					X	
Saladillales	998					X	
Salicetum humboldtianae (Ass. fit. s.l)	595		X	X			
Salvia bogotense-Dodonaea viscosa (Com.)	596		X				
Saprophytia	920		X				
Saxiphytia	921		X				
Scapania portoricensis - Plagiothecium novogranatense (Com.)	597		X				
Schefflera bejucosa, Weinmannia engleriana, Ilex laureola y Diplostephium rosmarinifoliu m (Com.)	598		X				
Scirpus californicus-Typha angustifolia (Com.)	599		X				
Selva andina	922		X				
Selva de la cordillera	923		X				
Selva inferior	924		X				X
Selva neotropical	925		X				
Selva sometida a inundaciones por ríos de aguas blancas	926	X					
Selva sometida a inundaciones por ríos de aguas negras	927	X					
Selva subandina	928		X				
Senecio canescentis-Cerastietum floccosi (Ass. fit.)	600		X				
Senecio canescens y Calamagrotis effusa (Com.)	601		X				
Senecio isabelis-Senecio canescens (Com.)	602		X				
Senecio latiflori-Calamagrostietum ligulatae (Ass. fit.)	603		X				
Senecio niveo-aureus (Com.)	604		X				

TERMINO	No. en el Texto	Amazonia	Andina	Atlántica	Insular	Orinoquia	Pacífica
Senecio niveo-aureus y Erythrophyllopsis andina (Com.)	605		X				
Senecio niveo-aureus y Luzula gigantea (Com.)	606		X				
Senecio summus (Com.)	607		X				
Senecionetum rufescentis-Agrostiosum (Ass. fit. s.l.)	608		X				
Senegalia sp.-Pithecolobium dulce (Com.)	609		X				
Senegalia sp.-Pithecolobium dulce - Piper medium (Com.)	610		X				
Serranía	929						
Sesuvium edmonstonei (Ass. fit. s.l.)	611			X	X		X
Siphanthera hostmannii-Xyris paraensis	612	X					
Siphanthero hostmannii-Xyridetum paraensis (Ass. fit.)	613	X					
Solanum inopinum, Brunellia goudotii, Hyeronima colombiana y Palicourea sp. (Com.)	614		X				
Sorocea affinis y Ocotea ira (Com.)	615		X				
Sorocea sp., Jacaranda hesperia y Pourouma chocoana (Com.)	616		X				
Sorocea sp., Pourouma chocoana, Ficus macrocyse y Billia columbiana (Com.)	617		X				
Sphagnum cyclophyllum (Com.)	618		X				
Sphagnum magellanicum y Chusquea tesellata (Com.)	619		X				
Sphagnum magellanicum y Werneria humilis (Com.)	620		X				
Sphagnum sancto-josephense-Carex pichinchensis (Com.)	621		X				
Sphagnum sp., Chusquea tessellata y Puya goudotiana (Com.)	622		X				
Sphagnum sp. y Puya aristiguietae (Com.)	623		X				
Sphagnum spp.-Espeletia barclayana (Com.)	624		X				
Spirantho vaginatae-Pernettyetum prostratae (Ass. fit.)	625		X				
Spirodela intermedia-Utricularia gibba (Com.)	626		X				
Spondias mombin-Hirtella americana-Mouriri myrtilloides (Com.)	627		X				
Spondias mombin e Hirtella americana (Com.)	628		X				
Sporoboli-Odontoglossetum ixioidis (Ass. fit..)	629		X				

TERMINO	No. en el Texto	Amazonia	Andina	Atlántica	Insular	Orinoquia	Pacífica
Stevio lucidae-Calamagrostietum effusae (Ass. fit.)	630		X				
Subpáramo	999		X				
Subxerofitia	930			X		X	
Superpáramo	931		X				
Surquillos	1000					X	
Swartzia schomburgkii-Clathrotopis macrocarpa (Com.)	631	X					
Swartzia sp. y Micrandra spruceana (Com.)	632	X					
Symphonia globulifera, Hyeronima oblonga y Terminalia amazonia (Com.)	633				X		
Symplocos aff. theiformis, Gynoxys cf. fuliginosa y Acnistus quitoensis (Com.)	634		X				
Tabebuia insignis y Mauritia flexuosa (Com.)	635	X					
Tabebuio insignis-Mauritietum flexuosae (Ass. fit.)	636	X					
Tachigali aff. cavipes y Guatteria sp. (Com.)	637	X					
Tachyrheophytia	932						
Taruyales	1001						
Territorios insulares	933			X			X
Tessaria integrifolia (Com.)	638	X	X			X	X
Thamnolia vermicularis y Alectoria cf. ochroleuca (Com.)	639		X				
Thamnolio vermicularis-Racomitrietum crispipili (Ass. fit.)	640		X				
Theobroma obovatum y Oxandra mediocris (Com.)	641	X					
Tierra fría	1002		X				
Tierra templada	1003		X				
Tierra templada de trasición	1004		X				
Tillaetum paludosae (Ass. fit.)	642		X				
Tillandsia incarnata-Echeveria bicolor (Com.)	643		X				
Tovomito guianensis-Clusietum multiflorae (Ass. fit.)	644		X				
Trachypogon ligularis, Trachypogon vetistus y especies de Bulbostylis (Com.)	645					X	
Trichilia pallida y Sommera sabiceoides (Com.)	646	X					
Trichomano cellulosi-Mauritielletum aculeatae (Ass. fit.)	647	X					
Usnea spp. - Frullania brasiliensis (Com.)	648		X				
Utricularia longecalcarata-Bonnetia martiana (Com.)	649	X					
Utricularietum neottioidis (Ass. fit.)	650	X					
Vaccinio-Arcytophylletum nitidi (Ass. fit..)	651		X				

TERMINO	No. en el Texto	Amazonia	Andina	Atlántica	Insular	Orinoquia	Pacífica
Vaccinion floribundi (Al. s.l.)	652		X				
Valeriana arbórea y Gynoxys hirsutissima (Com.)	653		X				
Valeriana hirta y Puya trianae (Com.)	654		X				
Valeriana plantaginea y Racomitrium crispipilum (Com.)	655		X				
Valeriana stenophylla (Com.)	656		X				
Valeriano karstenii-Libanothamnetum glossophyllus (Ass. fit.)	657		X				
Varzea	1005	X					
Varzeas	1006	X					
Varzeas e Igapos	1007	X					
Vegetación casmófita	934					X	
Vegetación con Podostemonáceas	935	X	X			X	X
Vegetación de la carretera	936		X				
Vegetación de la llanura eólica	937					X	
Vegetación de las llanuras bajas lindantes	938		X				
Vegetación de los escarceos	939					X	
Vegetación de los medanos	940					X	
Vegetación de los planos meándricos	941	X	X	X		X	X
Vegetación de los raudales	942					X	
Vegetación de los surquillos	943					X	
Vegetación de pantano	944	X	X	X	X	X	X
Vegetación del borde pirófilo	945					X	
Vegetación graminoide de páramo	946		X	X			
Vegetación secundaria de colinas altas y serranías (Com.)	947						X
Vegetación secundaria de la llanura aluvial inundable (Com.)	948						X
Vegetación secundaria de la llanura no inundable. (Com.)	949						X
Vegetación de la llanura eólica	950					X	
Verbena hispida y Eupatorium fastigiatum (Com.)	658		X				
Verbeno hispidae-Scirpetum gigantei (Ass. fit)	659		X				
Verbesina sp. y Palicourea sp. (Com.)	660		X				
Viburno cornifoliae-Alnetum acuminatae (Ass. fit.)	661		X				
Viburno jamesoni-Quercetum humboldti (Ass. fit.)	662		X				
Virola sp., Jessenia (Oenocarpus) bataua y especies de Lecythis, y de Pouteria (Com.)	663	X					
Vitex cymosa-Libidibia cariaria (Com.)	664			X			

TERMINO	No. en el Texto	Amazonia	Andina	Atlántica	Insular	Orinoquia	Pacífica
Weinmannia balbisiana, Eugenia sp. y Allophyllus aff. goudotii (Com.)	665						
Weinmannia balbisana y Weinmannia pubescens (Com.)	666		X				
Weinmannia cochensis, Vaccinium floribundum y Neurolepis aperta (Com.)	667		X				
Weinmannia aff. magnifolia y Podocarpus oleifolius (Com.)	668		X				
Weinmannia mariquitae, Diplostephium bicolor y Myrsine dependens (Com.)	669		X				
Weinmannia mariquitae y Miconia cuneifolia (Com.)	670		X				
Weinmannia microphyla (Com.)	671		X				
Weinmannia microphylla, Clusia cf. multiflora y Neurolepis aperta.	672		X				
Weinmannia cf. microphylla (Com.)	673		X				
Weinmannia pubescens y Saurauia scabra (Com.)	674		X				
Weinmannia tomentosa (Com.)	675		X				
Weinmannietum tolimensis (Ass. fit. s.l.)	676		X				
Weinmannietum tomentosae (Ass. fit. s.l.)	677		X				
Weinmannio brachystachyae-Miconietum cuneifoliae (Ass. fit.)	678		X				
Weinmannion (All.fit.l.)	679		X				
Werneria crassa ssp. crassa e Hypericum lancioides (Com.)	680		X				
Wernerietosum crassae (Subass. fit.)	681		X				
Wernerietum humilis (Ass. fit.)	682		X				
Wernerion crassae-pygmaeae (Al. fit.)	683		X				
Xerofitia	950			X			
Xyrido wurdackii-Paspaletum tillettii (Ass. fit.)	684	X					
Xyris subulata (Com.)	685		X				
Zigio longifoliae-Virolion sebiferae (Al. fit.)	686		X				
Zona sin bosque del Caribe	951			X			
Zonas tropicales sin bosque	952						
Zonobioma desértico tropical	953			X			
Zonobioma tropical alternohígrico	954			X	X		
Zonobiomas subxerofiticos tropicales	955			X			
Zurales	1008					X	